U0378370

Pragmatic Big Data Analytics

Statistical Machine Learning through Data-Driven Programming

大数据分析与应用实战

统计机器学习之数据导向编程

邹庆士　编著

清华大学出版社
北　京

内 容 简 介

本书主要介绍大数据分析与应用，包括数据驱动程序设计、数据前处理、统计机器学习基础、无监督式学习、监督式学习、其他学习方式（集成学习、深度学习、强化学习）等6章内容。

本书特色：文字说明、程序代码与执行结果等交叉呈现，有助于阅读理解；提供来自不同领域的数据处理与分析范例；同时掌握数据分析两大主流工具——R与Python；凸显第四代与第三代程序语言的不同之处。

读者对象：计算机、人工智能、大数据等相关专业的本科生、研究生，对大数据分析与应用感兴趣的社会读者，以及大数据分析与应用行业的工程技术人员。

图书在版编目（CIP）数据

大数据分析与应用实战：统计机器学习之数据导向编程/邹庆士编著. —北京：清华大学出版社，2021.4
ISBN 978-7-302-57533-7

Ⅰ. ①大… Ⅱ. ①邹… Ⅲ. ①机器学习②软件工具-程序设计 Ⅳ. ①TP181②TP311.561

中国版本图书馆 CIP 数据核字(2021)第 025190 号

责任编辑：文　怡
封面设计：王昭红
责任校对：郝美丽
责任印制：杨　艳
出版发行：清华大学出版社
网　址：http://www.tup.com.cn，http://www.wqbook.com
地　址：北京清华大学学研大厦A座　　邮　编：100084
社 总 机：010-62770175　　邮　购：010-83470235
投稿与读者服务：010-62776969，c-service@tup.tsinghua.edu.cn
质 量 反 馈：010-62772015，zhiliang@tup.tsinghua.edu.cn
印 装 者：三河市科茂嘉荣印务有限公司
经　销：全国新华书店
开　本：186mm×240mm　　印　张：34　　字　数：764千字
版　次：2021年6月第1版　　印　次：2021年6月第1次印刷
印　数：1~2500
定　价：128.00元

产品编号：087850-01

推荐序1

邹庆士教授是我博士班的同班同学，对我而言，他亦师亦友。以前在读书时代，共同学习时，他就经常指导我。毕业后，他积累了丰富的教学经验，教学与研究十分严谨，深受学生欢迎。除了教学之外，这几年，他也积极地推广 R 语言的教学与应用。他是台湾 R 软件学会及台湾数据科学与商业应用协会前理事长，积极投入学会、协会的运作，令人敬佩！除了学术表现杰出外，他也是许多企业的培训讲师，并承接了许多产学合作的计划，由此可以看出，他的实践能力超强；同时，他也担任企业法人机构的授课教师，教授 R 语言与 Python 语言，桃李满天下。

东吴大学于 2015 年成立巨量资料管理学院，自成立学院之初，我们一直向邹教授请教，他对于本校成立学院贡献极大。在大数据领域，个人亦荣幸与他共同指导研究生，我们更荣幸力邀他教授数据挖掘 (Data Mining) 与机器学习 (Machine Learning) 等课程，本院学生也从他那里学到许多分析技巧，个人对于他的大力支持，甚为感激！

有机会来推荐《大数据分析与应用实战》，个人深感荣幸。本书撰写内容结合了邹教授二十多年的教学与实践经验，以简单易懂、清晰直白的叙述，带领读者认识数据分析与数据科学程序运行。其中，每个主题都会通过案例带入练习，希望能够帮助读者快速建立数据科学的概念。无论您是学生还是上班族，只要您对数据科学感兴趣，本书都可以帮助您对数据科学有进一步的认识。

许晋雄

东吴大学巨量资料管理学院院长

推荐序2

此次应邹庆士教授邀请，为其新书《大数据分析与应用实战》撰写推荐序，深感与有荣焉。我与邹教授结缘地十分偶然，在中国台湾地区教授赴美国辛辛那提大学参访的社群中，因见识到邹教授在人工智能、大数据等领域的精湛专业知识，而萌生与其认识的想法。我通过邀请演讲的方式得以更进一步认识邹教授，也很荣幸征得其同意，将其跨校借调至明志科技大学机械工程系担任特聘教授并兼任“人工智能暨资料科学研究中心”主任职务。

2020 年台塑集团王文渊总裁有感于人工智能技术有助于厚植产业竞争力，遂要求旗下长庚大学、明志科技大学教师与台塑集团产业联盟，钻研人工智能技术如何提升化工产业的制程效能，同时也要求台塑集团各级主管接受 AI 相关课程训练。邹教授由于在 AI 领域的厚实学养，很快便得到台塑集团总管理处认可，进而延聘为企业主管 AI 课程的训练讲师，自 2020 年 8 月借调至明志科技大学服务至今，短短不及一年，邹教授已先后为台塑集团各级主管开授“统计与回归分析实务培训计划——以化学计量学及化工产业为焦点”与“统计与回归建模实践经验分享——从分析机理、设计概念到应用展望”等课程。

学者的研究主题多半固定在某些范围内，所使用的数学分析工具或软件通常也有局限，就个人印象所及很少人能像邹教授一样，醉心追求国际上关于人工智能的最新趋势、分析工具、软件，且都能娓娓道出关键所在。基于此，我相信本书的付梓发行，必将造福有意钻研大数据分析的众多学子与技术工作者，让相关技术落地生根。

梁晶炜

明志科技大学机械工程系特聘教授兼工程学院院长

推荐序3

2012 年 7 月与邹庆士教授相识后，他在 R 语言、Python 语言、数据挖掘方法及如何帮助企业解决问题等多方面的广博学识深深吸引了我，我们因此建立了良好的合作关系。这些年来，邹教授为南京理工大学的人才培养、对江苏省应用统计学会面向企业推广质量工具与统计技术的应用都提供了很大帮助。

2012 年受邹教授邀请访问台北商业大学和东吴大学，我了解到作为台湾 R 学会创会理事长的邹教授正在与东吴大学吴晋雄教授等共同关注大数据及其分析方法，并且在运用大数据分析方法解决企业的诸多实际问题。随后在邹教授的支持下，我相继邀请台湾清华大学苏朝墩、大叶大学余丰荣、成功大学杨大河及辅仁大学陈丽妃等多位教授多次来南京理工大学和江苏省应用统计学会做系列讲座。2017 年以来，邹教授每年秋季都为南京理工大学经济管理学院开设“高等统计方法”课程，讲授 R/Python 语言编程技巧、相关大数据分析方法及其应用案例。在邹教授的指导下，我们的博士、硕士研究生开始能很好地运用所学方法开展学术研究；受邹教授影响，我儿子也走上了基于深度学习的图像处理研究之路。对于邹教授给予学生们和我孩子的指导、指引，本人不胜感激。

邹教授在新书《大数据分析与应用实战》中，结合自己多年来的研究经验和体会，深入浅出地介绍了机器学习基础、无监督学习与有监督学习方式下的数据分析方法，以及集群学习（ensemble learning）、深度学习（deep learning）、强化学习（reinforcement learning）等其他学习方式下的数据分析方法，既清晰呈现了大数据分析方法的原理，又涉及 R/Python 语言编程技巧，并用诸多实际案例展示了大数据分析的广泛用途。书中的内容将对高校学生及有关领域科技工作者起到很好的启发作用。

程龙生

南京理工大学教授、博导

江苏省应用统计学会秘书长

前 言

本书酝酿已久，走笔至此，不敢说是完美，但总算告一段落了！大数据分析是一个宽阔迷人的交叉学科领域，至少包括计算机科学、统计学与运筹学，让我到现在还不知道如何走出来。任何跨领域的新兴学科，其实很少有人是专家，而我只是众多对大数据充满兴趣的研究者中的一员。

知识探索的过程有时就像充满惊奇变化的自助旅行一样，抓住重要的基本方向，例如大数据分析背后的数学模型与计算机模型，先理论后实践，不断地相互交叉验证，其他就顺势而为，且战且走，享受意外的收获了。关于数据科学工具的采用，我们经历了 R 语言因统计机器学习而走红，Python 语言因深度学习而兴起的过程，甚至要思考何时拥抱运算效率更好的 Julia 语言。就数据领域而言，气象、交通、社群网络、电子商务、金融科技、物理化学、制造技术、农渔养殖、绿能发电、环境辐射、生物医学等，大数据研究永无止境。

道是本，术是末，因为物有本末，事有终始，知所先后，则近道矣，所以我们“重道轻术”了。但道是灵，术是体，术是道的具体实现，是看得见、摸得着的规律，也算是道的一部分，所以我们得“从术悟道”了。无论如何，笔者建议大数据分析的学习过程避免昨非今是、有我无你的文人相轻式学习。重视与慎选优质灵活工具，不断地动手探索尝试，并从失败中积累经验，努力思索跨领域的源头，方能迈向术道兼修的至高境界。

本书特色：

- 文字说明、程序代码与执行结果等交叉呈现，有助于阅读理解。
- 提供来自不同领域的数据处理与分析范例。
- 同时掌握数据分析两大主流工具——R 与 Python。
- 凸显第四代与第三代程序语言的不同之处。
- 深入浅出地介绍统计机器学习理论与实践。

大数据分析人才需要具备的特质是“谦卑与学习、固本但跨域”，笔者希望通过本书分享这几年积累的学习方向：一数据、二工具、三模型。一心向着数据理解的根本要务前进，精通至少两种弹性的分析工具 (R 与 Python)，掌握概率统计、机器学习与运筹学等三大类模型，大步迈向数据驱动的智能决策新纪元。

本书的完成首先要感谢家人们的支持与协助，让我无后顾之忧，专心写作与编程。工作单位台北商业大学信息与决策科学研究所提供良好的研究环境，让我这几年在大数据领域钻研。稿件整理与校阅工作多是在半年休假研究期间完成的，新加坡国立大学商学院分析与作业学系，以及南京理工大学经济管理学院，为我提供了很好的写作与住宿环境。最后，笔者才疏学浅，校稿期间一再发现许多误谬、疏漏、错置与不严谨之处，虽已努力改进，一定还有未竟之处，敬请广大读者给予建议与斧正。

邹庆士

2021 年 1 月于台北市

目录

第 1 章

数据驱动程序设计

数据驱动程序设计 (data-driven programming) 是以数据为核心，将数据处理与分析的各项任务程序化的过程。程序员基于传统程序设计的控制流程与自定义函数，加入一维、二维、三维或更高维数据对象的**向量化 (vectorization)** 处理方式，运用**隐式循环 (implicit looping)** 的**泛函式编程 (functional programming)** 范式，结合**面向对象编程 (object-oriented programming)** 概念，以抽象层次较高的方式进行高效且精简的程序编写。

许多数据分析语言属于**动态程序设计语言 (dynamic programming languages)**，它们是高阶程序语言的一个类别，动态的意思是在执行时 (runtime) 才决定数据的结构，或引进所需的函数、对象或其他程序代码。JavaScript、PHP、Ruby、Python、R、MATLAB 等都属于动态语言，而 FORTRAN、C、C++ 则是传统的静态语言；前者弹性大、互动佳，后者执行速度快。数据科学家除了掌握传统的程序设计逻辑外，还要结合动态程序设计语言的数据结构与编程要领，更重要的是统计机器学习的专业知识，方能完成大数据分析不断尝试错误 (trial-and-error) 的快速雏形化建模 (fast prototyping) 任务，迎接数据驱动决策制定 (data-driven decision making) 的新时代。

1.1 套件管理

数据分析开源 (open source) 软件，早已跳脱传统盒装软件以有形光盘传递产品与服务的概念了，R 与 Python 将实现数据处理与建模的形形色色套件 (或称包、模块) 提供于互联网的诸多服务器上，且不断地推陈出新 (evolvable)。截至 2021 年年初，R 语言套件数已接近 17 000，Python 语言更有超过 280 000 个开发项目 (不仅限于数据分析)，两者在统计计算 (statistical computing) 与科学计算 (scientific computing) 方面各有擅长，可谓数据分析不可或缺的利器。使用这些工具须先了解图 1.1中套件管理的两个步骤，第一步是从云端将套件下载到本机的硬盘中，例如，R 语言通过 `install.packages(pkgs="xxx")`，从默认的镜像网站 (mirror sites) 下载套件 `xxx` 至本机硬盘，函数 `install.packages()` 内加套件字符串名，作为参数 `pkgs` 的值。第二步是每次启动新的对话 (new session) 时，须将本机硬盘中的套件加载至随机存取内存 (Random Access Memory, RAM) 中，例如，R 语言通过 `library()` 函数内加套件字符串名（即 `library(xxx)`）后，方能使用该套件下的数据、函数与说明文件 (见图 1.2)。

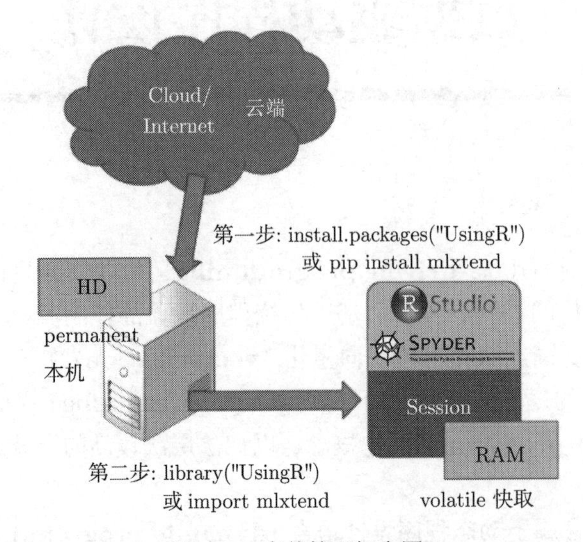

图 1.1　套件管理概念图

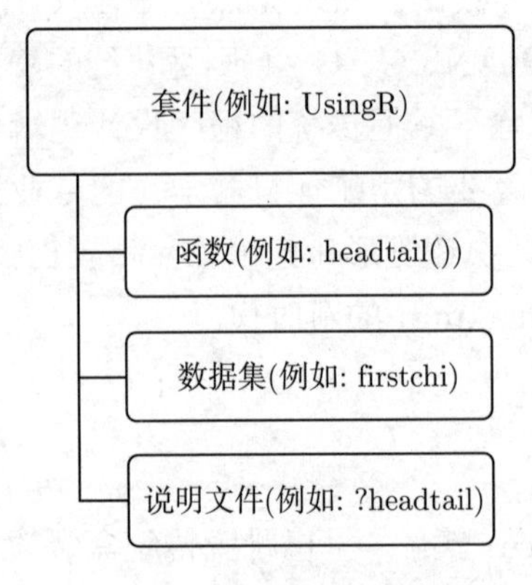

图 1.2　R 语言套件内容

Python 的套件管理概念与 R 相同，只不过将第一步云端下载的指令改为在命令提示字符模式 (Windows 操作系统)、终端机模式 (Mac OS 与 Linux 操作系统) 下输入 `pip install xxx` 来下载套件；第二步则通过 `import xxx as yy` 加载 Python 套件 `xxx` 至内存中，并将其简记为 `yy`，或者通过 `from xxx import zzz`，从较大的套件 `xxx` 中加载其中所需的模块 `zzz`。

套件分类方面，R 语言的套件分成三级：

- 基本套件 (base packages)：在未更改初始设定下，每次启动 R 新对话时，会自动从硬盘加载下列基本套件："package:stats", "package:graphics", "package:grDevices", "package:utils", "package:datasets", "package:methods", "package:base" 至内存，也就是说第一次安装 R 时，这些由 R 语言核心开发团队 (R core development team)[1]维护的基本套件的第一步已经完成，每次启动 R 时也会先将之加载至内存中，换句话说第二步也是自动完成的。
- 建议套件 (recommended packages)：R 语言核心开发团队建议使用的重要套件，第一次安装 R 时也会自动从云端下载这些套件到本机硬盘，每次启动 R 新对话时如要使用仅须用 `library()` 函数将其加载至内存即可。也就是说第一步已于安装时完成，第二步须使用者手动完成。
- 贡献套件 (contributed packages)：数量最多的由志愿者提供的套件，第一次使用时须执行前述的两步骤，尔后仅须执行第二步。

根据图 1.1，套件管理的重点是执行程序代码时，须留意内存与硬盘中有无所需套件，方能判断是否应执行第二步，或两步骤皆须完成。首先，`search()` 函数查看当前 R 对话已将哪些套件加载至内存中。

```
# 已加载至内存的 R 套件
search()
```

```
##  [1] ".GlobalEnv"         "package:reticulate"
##  [3] "package:stats"      "package:graphics"
##  [5] "package:grDevices"  "package:utils"
##  [7] "package:datasets"   "package:methods"
##  [9] "Autoloads"          "package:base"
```

上面的程序代码直接输入在 R 语言控制台 (console) 中命令提示字符 (command prompt) > 的后面，再按回车键 (return key) 执行命令；或者是输入在集成开发环境 (Integrated Development Environment, IDE) RStudio 的程序代码编辑区，再送往控制台执行 (请单击程序代码编辑区上方工具栏中的 Run)。

[1] https://www.r-project.org/contributors.html

通过 installed.packages() 和 library() 函数可以了解本机硬盘下载了哪些套件，而.libPaths() 则返回下载的套件在本机硬盘的存放路径。如前所示，程序员可以 # 开头，在程序代码中加上批注说明。

```
# 已安装套件报表又宽又长，只显示前六笔 (head()) 结果的部分内容
head(installed.packages()[,-c(2, 5:8)])
```

```
##             Package       Version  Priority Enhances
## abind       "abind"       "1.4-5"  NA       NA
## acepack     "acepack"     "1.4.1"  NA       NA
## AER         "AER"         "1.2-8"  NA       NA
## ALL         "ALL"         "1.28.0" NA       NA
## AmesHousing "AmesHousing" "0.0.3"  NA       NA
## animation   "animation"   "2.6"    NA       NA
##             License              License_is_FOSS
## abind       "LGPL (>= 2)"        NA
## acepack     "MIT + file LICENSE" NA
## AER         "GPL-2 | GPL-3"      NA
## ALL         "Artistic-2.0"       NA
## AmesHousing "GPL-2"              NA
## animation   "GPL"                NA
##             License_restricts_use OS_type MD5sum
## abind       NA                    NA      NA
## acepack     NA                    NA      NA
## AER         NA                    NA      NA
## ALL         NA                    NA      NA
## AmesHousing NA                    NA      NA
## animation   NA                    NA      NA
##             NeedsCompilation Built
## abind       "no"             "3.6.0"
## acepack     "yes"            "3.6.0"
## AER         "no"             "3.6.0"
## ALL         "no"             "3.6.1"
## AmesHousing "no"             "3.6.0"
## animation   "no"             "3.6.0"
```

```
# str() 查看 install.packages() 返回的结果对象结构
# 各套件 16 项信息组成的字符串矩阵
str(installed.packages())
```

```
## chr [1:587, 1:16] "abind" "acepack" "AER" "ALL"
```

```
## ...
## - attr(*, "dimnames")=List of 2
## ..$ : chr [1:587] "abind" "acepack" "AER" "ALL"
## ...
## ..$ : chr [1:16] "Package" "LibPath" "Version"
## "Priority" ...
```

```
# 套件存放路径
.libPaths()
# [1] "/Library/Frameworks/R.framework/Versions/3.5/Resources
# /library"
```

以下三小节举例实际操作三类套件的使用方式。

1.1.1 基本套件

套件使用的基本概念如图 1.1和图 1.2所示，不在当前搜索路径 (内存) 中的套件，其数据集、函数与说明文件均无法使用。当我们想使用 {stats} 套件 (本书均以大括号圈框名称表示 R 语言中的套件) 中的 `hclust()` 函数，应先用 `search()` 函数查看搜索路径下的套件名称，结果发现 {stats} 已在内存中后，直接使用其下的 `hclust()` 函数，进行美国 50 州犯罪与人口数据的阶层式聚类 (见 4.3.2 节)，再通过指派操作符`'<-'`将聚类结果存为 `hc` 对象，并绘制聚类结果树形图 (见图 1.3)。

```
# 看到 {stats}
search()
```

```
##  [1] ".GlobalEnv"        "package:reticulate"
##  [3] "package:stats"     "package:graphics"
##  [5] "package:grDevices" "package:utils"
##  [7] "package:datasets"  "package:methods"
##  [9] "Autoloads"         "package:base"
```

```
# 美国各州暴力犯罪率数据集前六笔数据
head(USArrests)
```

```
##            Murder Assault UrbanPop Rape
## Alabama      13.2     236       58 21.2
## Alaska       10.0     263       48 44.5
## Arizona       8.1     294       80 31.0
## Arkansas      8.8     190       50 19.5
## California    9.0     276       91 40.6
## Colorado      7.9     204       78 38.7
```

```
# 标准化各变量向量
USArrests_z <- scale(USArrests)
# 直接使用 {stats} 下的 hclust()
# 用 dist() 函数计算两州之间的欧几里得距离
# 根据两州间距离方阵，对各州进行阶层式聚类（参见 4.3.2 节）
hc <- hclust(dist(USArrests_z), method = "average")
```

```
plot(hc, hang = -1, cex = 0.8)
```

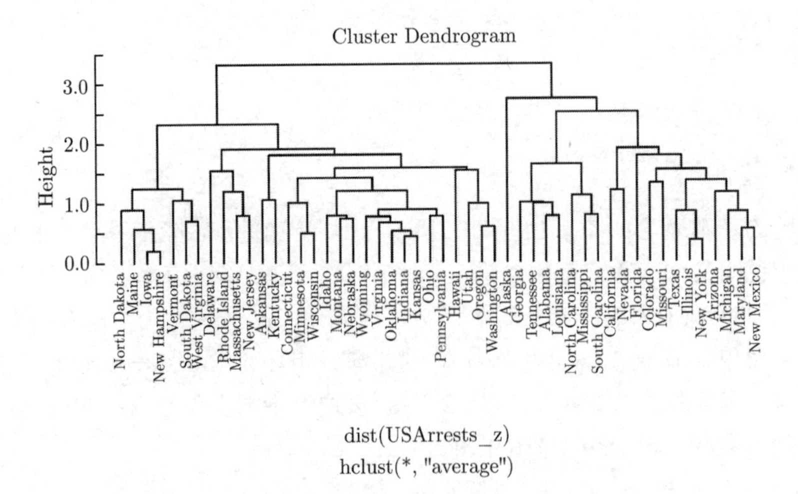

图 1.3 美国 50 州犯罪与人口数据阶层式聚类树形图

所以结论是基本套件在安装 R 时已经下载，且每次启动 R 对话时也自动被加载到内存中，用户可以直接使用此类套件。

1.1.2 建议套件

欲使用 {lattice} 套件中的克里夫兰点图 dotplot() 函数，首先检查内存中是否有 {lattice} 套件：

```
# 没有看到 {lattice}
search()
```

```
## [1] ".GlobalEnv"         "package:reticulate"
## [3] "package:stats"      "package:graphics"
## [5] "package:grDevices"  "package:utils"
## [7] "package:datasets"   "package:methods"
## [9] "Autoloads"          "package:base"
```

```
# grep() 函数应该在 search() 的结果中抓取不到 lattice
# 输出 character(0) 表示结果没有套件 {lattice}
grep("lattice", search(), value=TRUE)
```

```
## character(0)
```

接着用 installed.packages() 函数查看已安装套件列表，rownames() 函数是取出 installed.packages() 函数返回的字符串矩阵 (参见 1.3.2节 R 语言数据对象矩阵小节) 的列名 (已安装套件名)，再次结合 grep() 函数抓取其中是否有"lattice"，发现的确已于安装 R 语言环境时即下载 {lattice} 及其延伸套件 {latticeExtra} 至本机硬盘中。

```
# 查看已下载套件清单
head(rownames(installed.packages()))
```

```
## [1] "abind"       "acepack"     "AER"
## [4] "ALL"         "AmesHousing" "animation"
```

```
# 查看硬盘中是否有"lattice", value=TRUE 表示返回匹配到的元素值
grep("lattice", rownames(installed.packages()), value = TRUE)
```

```
## [1] "lattice"      "latticeExtra"
```

因此接下来只须做第二步，就可以使用 dotplot() 函数绘制数据集 barley 中各地区各年 (1931 年和 1932 年) 十种麦种的产量的克里夫兰点图 (Cleveland dot plot)(图 1.4)。波浪号～前是 y 轴变量，其后是 x 轴变量，垂直线 | 后是分组条件变量，year * site 表示根据年份与种植地区的所有组合进行分组，参见表 5.1 模型公式语法运用的符号。

```
# 加载建议套件
library(lattice)
```

```
# 数据集 barley 结构，4 个变量除了 yield 外，其余都是类别 (因子) 变量
str(barley)
```

```
## 'data.frame': 120 obs. of 4 variables:
## $ yield : num 27 48.9 27.4 39.9 33 ...
## $ variety: Factor w/ 10 levels "Svansota","No.
## 462",..: 3 3 3 3 3 3 7 7 7 7 ...
## $ year : Factor w/ 2 levels "1932","1931": 2 2 2
## 2 2 2 2 2 2 2 ...
## $ site : Factor w/ 6 levels "Grand Rapids",..: 3
## 6 4 5 1 2 3 6 4 5 ...
```

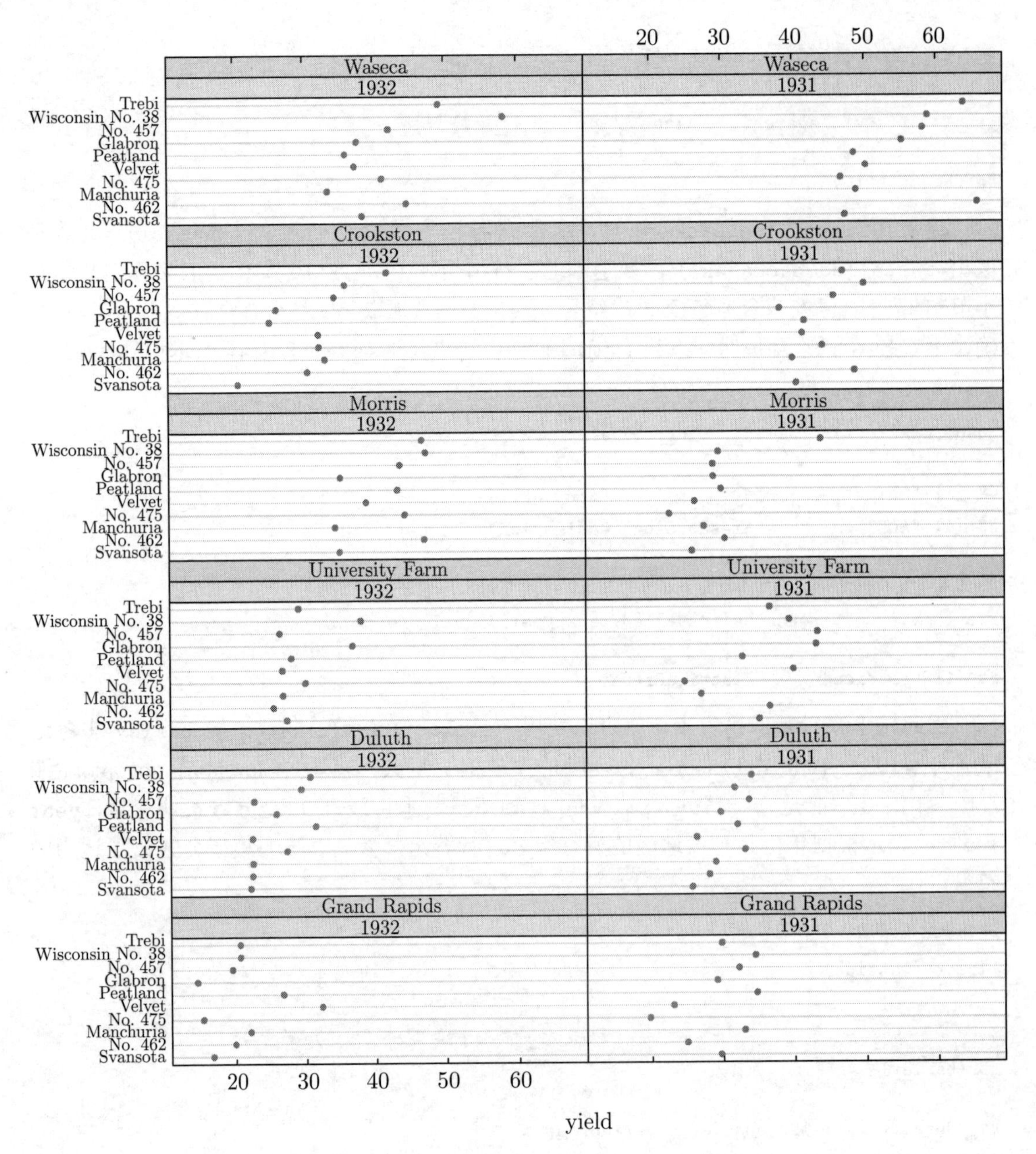

图 1.4 不同地区各年十种麦种的产量点图

```
# barley 前六笔数据
head(barley)
```

```
##    yield   variety year            site
## 1 27.00 Manchuria 1931 University Farm
```

```
## 2 48.87 Manchuria 1931          Waseca
## 3 27.43 Manchuria 1931          Morris
## 4 39.93 Manchuria 1931       Crookston
## 5 32.97 Manchuria 1931    Grand Rapids
## 6 28.97 Manchuria 1931          Duluth
```

```
# 克里夫兰点图绘制，多维列联表可视化绘图方法
dotplot(variety ~ yield | year * site, data = barley)
```

所以结论是建议套件 (以 {lattice} 为例) 在安装 R 时已经下载，但每次启动 R 对话时不会被加载到内存中，用户必须通过 `library(lattice)` 方能使用建议套件的函数与数据集。

1.1.3 贡献套件

第三种情形是我们想使用贡献套件 {nutshell} 中的数据集 team.batting.00to08，因为贡献套件的数量最多，所以我们示范使用者经常遇到的错误情形，第一种错误是直接使用 data() 调用 team.batting.00to08 数据集，或使用 str() 查看其数据结构，均出现警告或错误信息，显示内存中并无数据对象 team.batting.00to08。

```
# data() 加载数据集出现警告信息，因为 RAM 中没有其所依附的套件
# data(team.batting.00to08)
# Warning message: In data (team.batting.00to08) : data set
# 'team.batting.00to08' not found
# str() 查看数据结构时出现错误，因为 RAM 中根本没有该数据集
# str(team.batting.00to08)
# Error in str(team.batting.00to08 ) : object
# 'team.batting.00to08' not found
```

上面两行指令前面均加上程序代码批注符号 #，这是因为错误的代码会中断 Latex + R 与 Latex + Python 的编译，所以将其标注为不执行，并在后方附上执行所得的警告或错误信息。另外一种必须标记的情形是程序代码执行后，结果会出现在浏览器窗口中，因而将之标记起来，以上情况请读者自行演练查看相关结果 (参见 1.2节环境与辅助说明部分)。

另一种错误是欲加载数据集隶属的 {nutshell} 套件到内存后，再使用 team.batting.00to08 数据对象，但发现 library(nutshell) 亦回报并无套件 {nutshell} 的错误信息。

```
# 内存加载套件错误，因为硬盘中没有该贡献套件
# library(nutshell) # Error in library(nutshell) :
# there is no package called ‘nutshell’
```

回顾前面套件管理与使用的两步骤 (见图 1.1)，我们发现以上错误是因为第一、二步均未完成。所以正确的做法还是要先检查搜索路径 (内存) 中是否有 {nutshell} 套件，如果没有，则再检查本机硬盘中是否已安装 {nutshell} 套件。

```
# 未加载 {nutshell} 到内存
search()
```

```
##  [1] ".GlobalEnv"           "package:lattice"
##  [3] "package:reticulate" "package:stats"
##  [5] "package:graphics"   "package:grDevices"
##  [7] "package:utils"      "package:datasets"
##  [9] "package:methods"    "Autoloads"
## [11] "package:base"
```

```
# 返回 character(0), 表示未下载 {nutshell} 到硬盘
grep("nutshell", rownames(installed.packages()), value = TRUE)
## character(0)
```

安装套件与加载内存后，可顺利地加载 team.batting.00to08 数据集。

```
# 一步套件下载也可以通过 RStudio GUI 完成
# install.packages("nutshell")
# 二步套件载入
library(nutshell)
# 取用套件中数据集
data(team.batting.00to08)
```

```
# 可以查看数据结构了
str(team.batting.00to08)
```

```
## 'data.frame': 270 obs. of 13 variables:
## $ teamID : chr "ANA" "BAL" "BOS" "CHA" ...
## $ yearID : int 2000 2000 2000 2000 2000 2000
## 2000 2000 2000 2000 ...
## $ runs : int 864 794 792 978 950 823 879 748 871
## 947 ...
## $ singles : int 995 992 988 1041 1078 1028 1186
## 1026 1017 958 ...
## $ doubles : int 309 310 316 325 310 307 281 325
## 294 281 ...
## $ triples : int 34 22 32 33 30 41 27 49 25 23
## ...
## $ homeruns : int 236 184 167 216 221 177 150 116
## 205 239 ...
## $ walks : int 608 558 611 591 685 562 511 556
```

```
## 631 750 ...
## $ stolenbases : int 93 126 43 119 113 83 121 90
## 99 40 ...
## $ caughtstealing: int 52 65 30 42 34 38 35 45 48
## 15 ...
## $ hitbypitch : int 47 49 42 53 51 43 48 35 57 52
## ...
## $ sacrificeflies: int 43 54 48 61 52 49 70 51 50
## 44 ...
## $ atbats : int 5628 5549 5630 5646 5683 5644
## 5709 5615 5556 5560 ...
```

所以贡献套件的结论是在安装 R 时并未从云端下载到本机硬盘，所以启动 R 对话时当然也无从加载到内存中，用户必须完成两步后方能使用该套件下的数据、函数与说明文件。

本机硬盘与内存的套件查核，也可通过 RStudio 右下角 Package 页签窗格 (pane) 的放大镜搜索本机硬盘套件以及是否已勾选复选框 (check box)，来确认是否已加载内存。读者请留意网络上或课程中所附的程序代码，通常只有每次对话均须加载内存的 `library("xxx")` 指令，不会有仅需下载到硬盘一次的 `install.packages("xxx")` 指令。Python 代码同样也只有 `import`，缺少套件时请自行通过 `pip install xxx` 安装。因此，本书后续也假设读者已预先安装好所需的 R 或 Python 套件。

1.2 环境与辅助说明

编写程序时变量名称的正式称谓是符号 (symbols)，当我们指定一个对象 (参见 1.6节编程范式与面向对象概念) 给某个变量名称时，实际上就是指定该对象到当前环境 (environment) 中的一个符号。以 R 语言为例：

```
# 在当前的环境中将符号"x" 与对象 168 关联起来
(x <- 168)
```

```
## [1] 168
```

```
# 同一环境中将符号"y" 与对象 2 关联起来
(y <- 2)
```

```
## [1] 2
```

```
# 符号"x" 与"y" 再组成"z"
(z <- x*y)
```

```
## [1] 336
```

因此，反过来说，环境的定义是一组定义在相同情景 (context) 的符号集合。R 语言中的一切都是对象 (object)，前述的符号、后面要谈的函数与 R 表达式、此处的环境等都是对象。理解对象最简单的方式就是把它想象成运用计算机表达出来的事物，而所有的 R 语言程序代码都是在处理对象，每个 R 指令的评价与求值 (evaluation) 都与某个环境有关 (Adler，2012)。

一般而言，R 语言有四个特殊环境[1]：

- globalenv() 函数返回全局环境，亦称为交互式工作空间 (interactive workspace)，它通常是用户进行数据处理与建模等工作的当前环境。图 1.5显示此环境包含任何用户定义的对象，例如向量、矩阵、数组、数据集、列表、时间序列等数据对象 (参见 1.3节 R 语言数据对象) 或函数对象。加载的各个套件与附加上的数据集会依序地串在全局环境之下，成为全局环境的父环境，这一长串的父子环境又称为搜索路径 (search path)，如图 1.6所示。图中下方为父，上方为子，全局环境的父环境指的是先前使用 library() 或 require() 载入的一个个套件 (library() 与 require() 的区别请看 `https://yihui.name/en/2014/07/library-vs-require/`)。1.1.2 节提过的 search() 函数，列出了全局环境的所有父环境，因此可以检查我们到底已经加载了哪些套件到内存中。

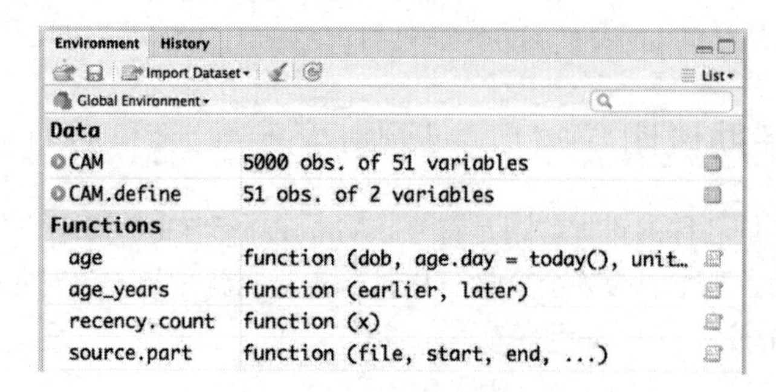

图 1.5　全局环境下的数据与函数

- baseenv() 返回基本环境，顾名思义是前述第一类基本套件 base package 的环境，其父环境是下面的空环境 (empty environment)。
- emptyenv() 返回空环境，是所有环境最终的起源，也就是所有环境的祖先 (ancestor)，是唯一没有父环境的环境。
- environment() 返回当前的环境，如前所述，通常是第一点的全局环境。

search() 函数除了可以检查内存中加载了哪些套件，还可以看到 attach() 函数附加上的数据集，以方便用户进行数据处理与分析，例如下面的 longley 数据集加载到内存后，可

[1] http://adv-r.had.co.nz/Environments.html

以直接引用数据集的变量名，无须输入数据集名称。虽然看似方便，但读者应该思考有哪些缺点？attach() 的反向执行就是 detach()，可将搜索路径下的数据集与套件从内存中删除。

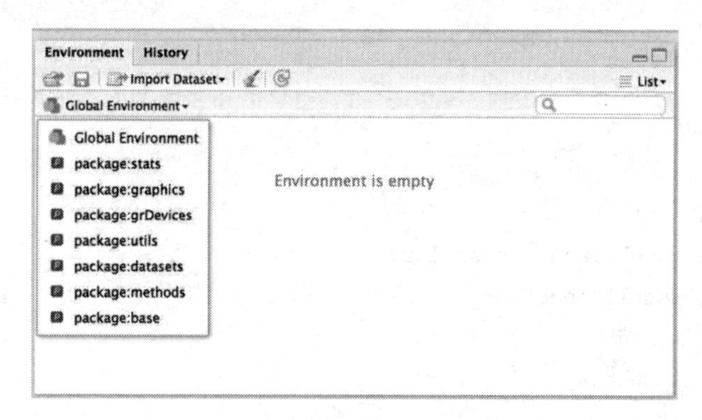

图 1.6 全局环境及其父环境图

```
# 都是套件，没有数据集
search()
```

```
##  [1] ".GlobalEnv"
##  [2] "package:nutshell"
##  [3] "package:nutshell.audioscrobbler"
##  [4] "package:nutshell.bbdb"
##  [5] "package:lattice"
##  [6] "package:reticulate"
##  [7] "package:stats"
##  [8] "package:graphics"
##  [9] "package:grDevices"
## [10] "package:utils"
## [11] "package:datasets"
## [12] "package:methods"
## [13] "Autoloads"
## [14] "package:base"
```

```
# 基本套件 {datasets} 中 1947 —1962 年 7 个经济变量数据集
longley$GNP # longley 未附加在搜索路径前的引用语法 (1.3.5 节)
```

```
##  [1] 234.3 259.4 258.1 284.6 329.0 347.0 365.4 363.1
##  [9] 397.5 419.2 442.8 444.5 482.7 502.6 518.2 554.9
```

```
# 在全局环境中附加上数据集 longley
attach(longley)
# 看到数据集 longley
search()
```

```
##  [1] ".GlobalEnv"
##  [2] "longley"
##  [3] "package:nutshell"
##  [4] "package:nutshell.audioscrobbler"
##  [5] "package:nutshell.bbdb"
##  [6] "package:lattice"
##  [7] "package:reticulate"
##  [8] "package:stats"
##  [9] "package:graphics"
## [10] "package:grDevices"
## [11] "package:utils"
## [12] "package:datasets"
## [13] "package:methods"
## [14] "Autoloads"
## [15] "package:base"
```

```
# 数据集附加在搜索路径后的引用语法（无须加上数据集名称！）
GNP
```

```
##  [1] 234.3 259.4 258.1 284.6 329.0 347.0 365.4 363.1
##  [9] 397.5 419.2 442.8 444.5 482.7 502.6 518.2 554.9
```

```
# 全局环境中删除数据集 longley
detach(longley)
# 删除后没见到数据集 longley
search()
```

```
##  [1] ".GlobalEnv"
##  [2] "package:nutshell"
##  [3] "package:nutshell.audioscrobbler"
##  [4] "package:nutshell.bbdb"
##  [5] "package:lattice"
##  [6] "package:reticulate"
##  [7] "package:stats"
##  [8] "package:graphics"
##  [9] "package:grDevices"
```

```
## [10] "package:utils"
## [11] "package:datasets"
## [12] "package:methods"
## [13] "Autoloads"
## [14] "package:base"
```

```
# 也可以删除套件
detach(package:nutshell)
# 删除后没见到套件 {nutshell}
search()
```

```
##  [1] ".GlobalEnv"
##  [2] "package:nutshell.audioscrobbler"
##  [3] "package:nutshell.bbdb"
##  [4] "package:lattice"
##  [5] "package:reticulate"
##  [6] "package:stats"
##  [7] "package:graphics"
##  [8] "package:grDevices"
##  [9] "package:utils"
## [10] "package:datasets"
## [11] "package:methods"
## [12] "Autoloads"
## [13] "package:base"
```

objects() 和 ls() 函数也常用来查询特定环境中的对象名称，例如全局环境与基本环境中的对象。

```
# 查询全局环境中的对象
objects()
```

```
## [1] "hc"                  "team.batting.00to08"
## [3] "USArrests_z"         "x"
## [5] "y"                   "z"
```

```
ls()
```

```
## [1] "hc"                  "team.batting.00to08"
## [3] "USArrests_z"         "x"
## [5] "y"                   "z"
```

```
# 查询基本环境中的对象，只显示后六笔
tail(objects(envir = baseenv()))
```

```
## [1] "xtfrm.factor"           "xtfrm.numeric_version"
## [3] "xtfrm.POSIXct"          "xtfrm.POSIXlt"
## [5] "xzfile"                 "zapsmall"
```

除了环境外，当前工作目录 (或称路径) 是 R 读写文件的默认文件夹，因此读者需熟悉工作目录的查询与设定，方能顺利地读写文件。

```
# 使用 getwd() 查询当前工作目录，并存储为 iPAS 字符串对象
(iPAS <- getwd())
```

```
# 设定工作目录为 MAC OS 下的家目录
setwd("~")
# 取得我的家目录
getwd()
```

```
## [1] "/Users/Vince"
```

```
# 还原 iPAS 目录
setwd(iPAS)
```

```
# 确定工作目录已变更
getwd()
# [1] "/Users/Vince/cstsouMac/BookWriting/bookdown-chinese-
# master"
```

接下来简单介绍辅助说明，R 语言有相当丰富的辅助说明，help.start() 返回核心开发团队编制的使用手册、套件参考指南与其他文件。

```
# R 语言网页版在线使用说明
# help.start()
```

如果已经明确知道欲查询的函数名或数据集名，可以使用 help() 函数或其别名 (alias) 运算符?。

```
# help(plot)
# ?plot
```

若搜索名称不确定时，则使用 help.search() 函数扩大搜索范围，从套件短文 (vignette) 名称、示范代码与说明页面 (标题与关键词) 中搜索包含“plot”的字符串，?? 则为 help.search() 函数的别名。

```
# help.search("plot")
# ??plot # an alias of help.search
```

上面搜索的范围如果太大，可以使用 apropos() 函数只搜索函数名称中包含字符串 "plot" 的函数。而 find() 函数是搜索包含 plot 函数的套件，参数 simple.words = FALSE 时会扩大搜索包含"plot" 字符串的所有对象。

```
# 名称中包含字符串"plot" 的函数
head(apropos("plot"), 10)
```

```
##  [1] "assocplot"       "barplot"
##  [3] "barplot.default" "biplot"
##  [5] "boxplot"         "boxplot.default"
##  [7] "boxplot.matrix"  "boxplot.stats"
##  [9] "bwplot"          "cdplot"
```

```
# 名称中包含字符串"plot" 的套件
find("plot")
```

```
## [1] "package:graphics"
```

```
# 扩大搜索名称中包含字符串"plot" 的套件
find("plot", simple.words = FALSE)
```

```
## [1] "package:lattice"   "package:stats"
## [3] "package:graphics"  "package:grDevices"
```

如欲在互联网上寻求帮助，读者可访问下列网站并输入搜索关键词：

- Google：`http://www.google.com/`
- Rseek：`http://rseek.org/`
- Crantastic：`http://crantastic.org/`

Python 语言可以使用 pwd 查询当前的工作路径，查阅辅助说明也是使用 help() 函数。当 dir() 函数不带参数时，返回当前环境内的变量、方法和定义的类别；当 dir() 函数带环境参数 (即套件或对象) 时，返回环境的属性与方法 (参见 1.6节编程范式与面向对象概念)。

1.3　R 语言数据对象

R 语言有多种存放数据的数据对象，包括标量 (scalars)、向量 (vectors)、因子 (factors)、矩阵 (matrices)、数组 (arrays)、数据集 (data frames) 与列表 (lists)(图 1.7)。它们的不同点在于可以存放数据的类型、建立的方式、结构复杂度以及个别元素取值的方式。

处理各种 R 语言数据对象时，请注意该数据对象的类别名称、其是几维的结构、各维度的名称 (一维以上结构)、各维的长度、各维水平名称与元素名称 (指一维结构下的元素) 等。

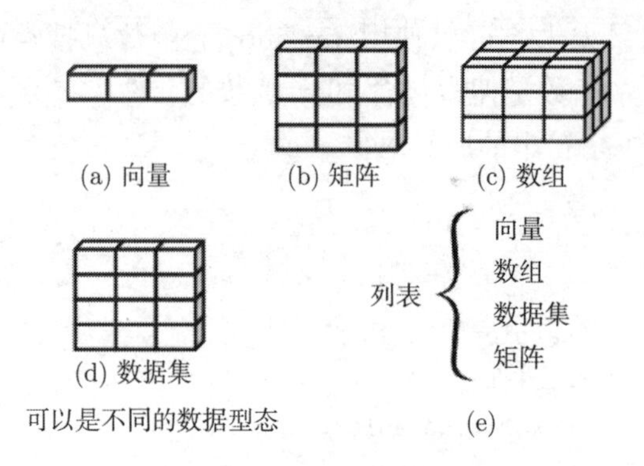

图 1.7　R 语言常用数据对象 (Kabacoff, 2015)

1.3.1　向量

R 语言最简单的数据对象是向量，可视为 Python 语言的一维数组，内部存放字符串 (character)、整数值 (integer)、实数值 (numeric)、逻辑值 (logical)、复数值 (complex) 与字节值 (raw)，其中前四种最常见。套件 {UsingR} 中有一个向量对象 firstchi，记载了母亲生第一胎小孩时的年龄：

```
# 套件 {UsingR} 内含数据集 bumpers、firstchi 与 crime
library(UsingR)
firstchi
```

```
##  [1] 30 18 35 22 23 22 36 24 23 28 19 23 25 24 33 21 24
## [18] 19 33 23 19 32 21 18 36 21 25 17 21 24 39 22 23 18
## [35] 22 28 18 15 25 21 23 26 38 24 20 36 27 21 28 26 22
## [52] 28 33 18 17 21 15 20 16 21 23 15 20 38 16 24 42 22
## [69] 24 24 20 17 26 39 22 21 28 20 29 14 25 20 19 17 21
## [86] 24 26
```

使用 class() 函数查看其类别名称可以发现 firstchi 是前述的实数值向量，或简称数值向量。再用 names() 函数查看其元素名称，得知 firstchi 各元素并无名称，因此返回 R 语言的空对象 NULL，或称为空值，NULL 也是 R 语言的一种特殊变量。

```
# 查阅数据集使用说明，后续不再列出
# help(firstchi)
# 因为是实数值向量，所以类型是 numeric
class(firstchi)
```

```
## [1] "numeric"
```

```r
# NULL 表示各元素无名称
names(firstchi)
```

```
## NULL
```

套件 {UsingR} 中另有一个具名向量 (named vector) 对象 bumpers，其中是各厂牌汽车保险杆的维修成本，使用 names() 函数可查看各个维修数据的车厂与车型，也就是向量元素名称。

```r
# 注意具名向量的呈现方式，并无各行最左元素的编号
bumpers
```

```
##       Honda Accord Chevrolet Cavalier
##                618                795
##       Toyota Camry         Saturn SL2
##               1304               1308
##  Mitsubishi Galant       Dodge Monaco
##               1340               1456
##   Plymouth Acclaim  Chevrolet Corsica
##               1500               1600
##    Pontiac Sunbird  Oldsmobile Calais
##               1969               1999
##      Dodge Dynasty   Chevrolet Lumina
##               2008               2129
##         Ford Tempo      Nissan Stanza
##               2247               2284
##   Pontiac Grand Am      Buick Century
##               2357               2381
##      Buick Skylark        Ford Taurus
##               2546               3002
##          Mazda 626   Oldsmobile Ciere
##               3096               3113
##       Pontiac 6000      Subaru Legacy
##               3201               3266
##     Hyundai Sonata
##               3298
```

```r
# 类型同样是 numeric
class(bumpers)
```

```
## [1] "numeric"
```

```
# 具名向量元素名称
names(bumpers)
```

```
##  [1] "Honda Accord"       "Chevrolet Cavalier"
##  [3] "Toyota Camry"       "Saturn SL2"
##  [5] "Mitsubishi Galant"  "Dodge Monaco"
##  [7] "Plymouth Acclaim"   "Chevrolet Corsica"
##  [9] "Pontiac Sunbird"    "Oldsmobile Calais"
## [11] "Dodge Dynasty"      "Chevrolet Lumina"
## [13] "Ford Tempo"         "Nissan Stanza"
## [15] "Pontiac Grand Am"   "Buick Century"
## [17] "Buick Skylark"      "Ford Taurus"
## [19] "Mazda 626"          "Oldsmobile Ciere"
## [21] "Pontiac 6000"       "Subaru Legacy"
## [23] "Hyundai Sonata"
```

- 向量创建的函数是 c()，创建整数值向量时，各整数尾部需添加 L：

```
# 使用 R 语言冒号运算符':' 创建向量
(a <- 0L:4L)
```

```
## [1] 0 1 2 3 4
```

```
# 也可以使用向量创建函数 c()
(a <- c(0,1,2,3,4))
```

```
## [1] 0 1 2 3 4
```

```
# 因为是实数值向量，所以类型是 numeric
class(a)
```

```
## [1] "numeric"
```

字符串向量的元素须以单引号或双引号括起来，逻辑值 TRUE 与 FALSE 可用第一个字母 T 与 F 简记。

```
# 创建字符串向量
(b <- c("one", "two", "three", "four", "five"))
```

```
## [1] "one"   "two"   "three" "four"  "five"
```

```
# 因为是字符串向量，所以类型是 character
class(b)
```

```
## [1] "character"
```

```
# 创建逻辑值向量
(c <- c(TRUE, TRUE, TRUE, F, T, F))
```

```
## [1]  TRUE  TRUE  TRUE FALSE  TRUE FALSE
```

```
# 因为是逻辑值向量，所以类型是 logical
class(c)
```

```
## [1] "logical"
```

请注意，所有向量只能存放单一的数据类型 (例如：数值、字符串或逻辑值)，若有混合型的状况，则会发生下列类型强制转换 (type coersion) 的状况。

```
# 数值强制转换为字符串
(d <- c("one", "two", "three", 4, 5))
```

```
## [1] "one"   "two"   "three" "4"     "5"
```

```
# 类型强制转换后类型是 character
class(d)
```

```
## [1] "character"
```

```
# 逻辑值强制转换为数值
(e <- c(1, 0, TRUE, FALSE))
```

```
## [1] 1 0 1 0
```

```
# 类型强制转换后类型是 numeric
class(e)
```

```
## [1] "numeric"
```

```
# 逻辑值强制转换为字符串
(f <- c("one", "zero", TRUE, FALSE))
```

```
## [1] "one"   "zero"  "TRUE"  "FALSE"
```

```
# 类型强制转换后类型是 character
class(f)
```

```
## [1] "character"
```

1.3.2 矩阵

矩阵是二维数组，与向量对象一样，每个元素的数据类型必须相同。套件 {datasets} 中有一个矩阵对象 state.x77，它是美国 50 州的统计数据 (如人口、收入、治安、气候与面积等)。

```
# 美国 50 州的统计数据
head(state.x77)
```

```
##            Population Income Illiteracy Life Exp
## Alabama          3615   3624        2.1    69.05
## Alaska            365   6315        1.5    69.31
## Arizona          2212   4530        1.8    70.55
## Arkansas         2110   3378        1.9    70.66
## California      21198   5114        1.1    71.71
## Colorado         2541   4884        0.7    72.06
##            Murder HS Grad Frost   Area
## Alabama      15.1    41.3    20  50708
## Alaska       11.3    66.7   152 566432
## Arizona       7.8    58.1    15 113417
## Arkansas     10.1    39.9    65  51945
## California   10.3    62.6    20 156361
## Colorado      6.8    63.9   166 103766
```

```
# 因为是矩阵，所以类型是 matrix
class(state.x77)
```

```
## [1] "matrix"
```

```
# 查询维度名称
dimnames(state.x77)
```

```
## [[1]]
##  [1] "Alabama"        "Alaska"         "Arizona"
##  [4] "Arkansas"       "California"     "Colorado"
##  [7] "Connecticut"    "Delaware"       "Florida"
## [10] "Georgia"        "Hawaii"         "Idaho"
```

```
## [13] "Illinois"       "Indiana"        "Iowa"
## [16] "Kansas"         "Kentucky"       "Louisiana"
## [19] "Maine"          "Maryland"       "Massachusetts"
## [22] "Michigan"       "Minnesota"      "Mississippi"
## [25] "Missouri"       "Montana"        "Nebraska"
## [28] "Nevada"         "New Hampshire"  "New Jersey"
## [31] "New Mexico"     "New York"       "North Carolina"
## [34] "North Dakota"   "Ohio"           "Oklahoma"
## [37] "Oregon"         "Pennsylvania"   "Rhode Island"
## [40] "South Carolina" "South Dakota"   "Tennessee"
## [43] "Texas"          "Utah"           "Vermont"
## [46] "Virginia"       "Washington"     "West Virginia"
## [49] "Wisconsin"      "Wyoming"
##
## [[2]]
## [1] "Population" "Income"     "Illiteracy" "Life Exp"
## [5] "Murder"     "HS Grad"    "Frost"      "Area"
```

```
# 注意！矩阵无元素或变量名称
names(state.x77)
```

```
## NULL
```

state.x77 是 matrix 类型的对象，在查询维度名称时请注意，names() 只能用来查询向量、列表 (1.3.4节) 与数据集 (1.3.5节) 等广义的一维对象中元素或变量名称，此处用于 matrix 上则返回空值。因此，查询矩阵行名及列名时须用 dimnames()，而非 names()。通过 dimnames() 返回结果的两个成对中括号内的列表元素编号，读者可发现：50×8 矩阵的 50 个行名与 8 个列名字符串向量因长度的不同，所以组织成 1.3.4节将提到的列表对象。

R 语言面向对象的类别概念比较紊乱，有多个函数可返回对象的类型，前述 class() 函数是从面向对象泛型函数 (参见 1.6节编程范式与面向对象概念) 的视角，返回对象的类型，也就是说任何可以处理 matrix 类型对象的泛型函数，都可以施加在 state.x77 上。此外，typeof() 函数从 R 语言内部的视角返回对象类型；而 mode() 则从 S 语言的视角返回对象类型或模态 (mode)，与其他 S 语言的工具兼容性更高；storage.mode() 则与 R 对象传到编译代码中的任务有关[1]。

[1]https://stats.stackexchange.com/questions/3212/mode-class-and-type-of-r-objects

```
# R 语言内部的视角
typeof(state.x77)
```

```
## [1] "double"
```

```
# S 语言的视角
mode(state.x77)
```

```
## [1] "numeric"
```

```
# 与 R 对象编译任务有关
storage.mode(state.x77)
```

```
## [1] "double"
```

- 矩阵创建的函数是 matrix()，语法如下：

mymatrix <- matrix(向量对象, nrow= 行数, ncol= 列数, byrow= 逻辑值, dimnames= list(行名字符串向量, 列名字符串向量))

下例中先使用字符粘贴函数 paste0() 产生行名与列名字符串向量，请注意 R 语言以及 Python 语言的 **numpy** 模块因为向量化运算的特征，都会将长度较短的向量 (此例中为"row" 与"col") 自动放大为等长的向量，再按照对应元素进行粘贴操作。关于这种特性，R 语言称为循环 (recycle)，而 Python 则命名为广播 (broadcasting)。最后，matrix() 创建函数中，因为各维因子水平数不一定相同，用 1.3.4节将介绍的列表创建函数 list()，组织其各维名称向量 dimnames。

```
# 行名字符串向量长度 5
rnames <- paste0("row", 1:5)
# 列名字符串向量长度 4
cnames <- paste0("col", 1:4)
# 注意行名与列名 (even 两者长度相同) 组成列表
(y <- matrix(1:20, nrow = 5, ncol = 4, dimnames =
list(rnames, cnames)))
```

```
##      col1 col2 col3 col4
## row1    1    6   11   16
## row2    2    7   12   17
## row3    3    8   13   18
## row4    4    9   14   19
## row5    5   10   15   20
```

```
# 注意无行列名称的矩阵呈现方式 ([行编号,] 与 [, 列编号])
(y <- matrix(1:20, nrow = 5, ncol = 4))
```

```
##      [,1] [,2] [,3] [,4]
## [1,]    1    6   11   16
## [2,]    2    7   12   17
## [3,]    3    8   13   18
## [4,]    4    9   14   19
## [5,]    5   10   15   20
```

1.3.3　数组

数组结构类似矩阵，但其为二维以上的数据对象，与向量、矩阵对象一样，每个元素的数据类型必须相同。套件 {datasets} 中有一个数组对象 Titanic，它是关于泰坦尼克号船难的乘客统计数据。Titanic 数据集是四维**列联表 (contingency table)**，其中各维的因子水平数分别是 4、2、2 及 2(参见 1.3.6节因子)。R 默认会呈现最后两维 (Age 与 Survived) 的四种组合状况下，前面两维 (Class 与 Sex) 的二维**频率分布 (frequency distribution)** 表 (频率也可称为频次)，或称列联表。class() 函数返回的类别名称 table 意指 array，又因为各维因子水平数 (经常) 不一，故使用列表组织其各维度的名称向量。ftable() 可呈现报刊杂志上常见的扁平式高维列联表，此函数将上述默认的呈现方式转换为前三个因子共 16 $(4 \times 2 \times 2)$ 行，列为最后一个因子的两个水平之扁平式四维列联表。读者可细心观察，两者仅是摆放方式不同，数值内容其实完全一致。

```
# 四张 4×2 的二维表格
Titanic
```

```
## , , Age = Child, Survived = No
##
##       Sex
## Class  Male Female
##   1st     0      0
##   2nd     0      0
##   3rd    35     17
##   Crew    0      0
##
## , , Age = Adult, Survived = No
##
##       Sex
## Class  Male Female
##   1st   118      4
```

```
##   2nd   154     13
##   3rd   387     89
##   Crew  670      3
##
## , , Age = Child, Survived = Yes
##
##       Sex
## Class  Male Female
##   1st     5      1
##   2nd    11     13
##   3rd    13     14
##   Crew    0      0
##
## , , Age = Adult, Survived = Yes
##
##       Sex
## Class  Male Female
##   1st    57    140
##   2nd    14     80
##   3rd    75     76
##   Crew  192     20
```

```
# 高维数组对象的类别为 table
class(Titanic)
```

```
## [1] "table"
```

```
# 各维因子变量水平名 (参见 1.3.6 节因子)
dimnames(Titanic)
```

```
## $Class
## [1] "1st"  "2nd"  "3rd"  "Crew"
##
## $Sex
## [1] "Male"   "Female"
##
## $Age
## [1] "Child" "Adult"
##
## $Survived
## [1] "No"  "Yes"
```

```
# 扁平式四维列联表，与前面的摆放方式不同而已
ftable(Titanic)
```

```
##                    Survived  No Yes
## Class Sex    Age
## 1st   Male   Child            0   5
##              Adult          118  57
##       Female Child            0   1
##              Adult            4 140
## 2nd   Male   Child            0  11
##              Adult          154  14
##       Female Child            0  13
##              Adult           13  80
## 3rd   Male   Child           35  13
##              Adult          387  75
##       Female Child           17  14
##              Adult           89  76
## Crew  Male   Child            0   0
##              Adult          670 192
##       Female Child            0   0
##              Adult            3  20
```

- 数组创建函数是 array()，语法如下：

myarray <- array(向量对象, dim = 各维因子水平数所形成的数值**向量**, dimnames = 各维因子水平名称的字符串向量所形成的**列表**)

```
# 各维（因子水平）名称向量
dim1 <- c("A1", "A2")
dim2 <- c("B1", "B2", "B3")
dim3 <- c("C1", "C2", "C3", "C4")
# 四个 2×3 二维矩阵
# 请思考 dim 和 dimnames 哪个是向量？哪个是列表？为什么？
(z <- array(1:24, dim = c(2, 3, 4), dimnames =
list(dim1, dim2, dim3)))
```

```
## , , C1
##
##    B1 B2 B3
## A1  1  3  5
```

```
## A2  2  4  6
##
## , , C2
##
##    B1 B2 B3
## A1  7  9 11
## A2  8 10 12
##
## , , C3
##
##    B1 B2 B3
## A1 13 15 17
## A2 14 16 18
##
## , , C4
##
##    B1 B2 B3
## A1 19 21 23
## A2 20 22 24
```

1.3.4 列表

列表 (或称串行) 是 R 语言最通用且结构可以很复杂的数据对象，列表收集了一群有序的对象，或是一群具名的元素 (元素和对象此处交替使用)。它与向量一样都是一维的结构，但是它基本上可以串联任何类别的对象，也就是说，列表可以将向量、矩阵、数组、数据集甚至是列表等组织起来。套件 {datasets} 中有一个列表对象 Harman23.cor，它是关于 305 位 7~17 岁女孩的八处身材测量值，此列表包含三个元素：cov、center 与 n.obs。

```
# 三个元素的列表
Harman23.cor
```

```
## $cov
##                height arm.span forearm lower.leg
## height          1.000    0.846   0.805     0.859
## arm.span        0.846    1.000   0.881     0.826
## forearm         0.805    0.881   1.000     0.801
## lower.leg       0.859    0.826   0.801     1.000
## weight          0.473    0.376   0.380     0.436
## bitro.diameter  0.398    0.326   0.319     0.329
## chest.girth     0.301    0.277   0.237     0.327
## chest.width     0.382    0.415   0.345     0.365
```

```
##                 weight bitro.diameter chest.girth
## height           0.473          0.398       0.301
## arm.span         0.376          0.326       0.277
## forearm          0.380          0.319       0.237
## lower.leg        0.436          0.329       0.327
## weight           1.000          0.762       0.730
## bitro.diameter   0.762          1.000       0.583
## chest.girth      0.730          0.583       1.000
## chest.width      0.629          0.577       0.539
##                 chest.width
## height                0.382
## arm.span              0.415
## forearm               0.345
## lower.leg             0.365
## weight                0.629
## bitro.diameter        0.577
## chest.girth           0.539
## chest.width           1.000
##
## $center
## [1] 0 0 0 0 0 0 0 0
##
## $n.obs
## [1] 305
```

str() 函数返回列表三个元素的名称及其各自的数据结构，分别是 8 阶的相关系数数值方阵 (cov，行列均有名称属性，注意其表达方式 attr(*, "dimnames"))、长度为 8 的平均值向量 (center)，以及长度为 1 的观测值个数 (n.obs)。

```
# 注意 cov 元素下方有矩阵维度名称属性"dimnames"
str(Harman23.cor)
```

```
## List of 3
## $ cov : num [1:8, 1:8] 1 0.846 0.805 0.859 0.473
## 0.398 0.301 0.382 0.846 1 ...
## ..- attr(*, "dimnames")=List of 2
## .. ..$ : chr [1:8] "height" "arm.span" "forearm"
## "lower.leg" ...
## .. ..$ : chr [1:8] "height" "arm.span" "forearm"
## "lower.leg" ...
## $ center: num [1:8] 0 0 0 0 0 0 0 0
```

```
## $ n.obs : num 305
```

```
# 使用 names() 函数取出列表元素名称
names(Harman23.cor)
```

```
## [1] "cov"    "center" "n.obs"
```

- 列表创建函数是 list()，语法如下：

mylist <- list(元素名称 1= 对象 1, 元素名称 2= 对象 2, $\cdots$)

R 语言列表在具名的情况下，是最接近 Python 语言字典 (dict) 结构 (参见 1.4.1节 Python 语言原生数据对象处理) 的对象，其中元素名称可视为键 (key)，等号后方的各对象则为对应的值 (value)。

```
# 五花八门的列表元素 g,h,j,k
g <- "My First List"
h <- c(25, 26, 18, 39)
j <- matrix(1:10, nrow = 5, byrow = T)
k <- c("one", "two", "three")
# 注意有给定和未给定元素名称的语法差异与显示差异
(mylist <- list(title = g, ages = h, j, k))
```

```
## $title
## [1] "My First List"
##
## $ages
## [1] 25 26 18 39
##
## [[3]]
##      [,1] [,2]
## [1,]    1    2
## [2,]    3    4
## [3,]    5    6
## [4,]    7    8
## [5,]    9   10
##
## [[4]]
## [1] "one"   "two"   "three"
```

从上例中可看出，若列表元素无名称，可将创建函数中等号前面的名称或键名省略，读者也可以发现无名称元素的呈现方式为两个中括号内标注其位置编号，而有名称的列表元素呈现方式则为符号 $ 后加上名称字符。最后，列表是 R 语言最重要的数据对象之一，因为它是最有弹性的数据存放方式，可容纳不同模态与长度的数据，经常用来组织各种数据处理与建模函数**返回的结果**，而且它也与 Python 语言重要原生 (native) 数据结构字典类似，建议初学者尽早熟悉列表的用法。

1.3.5　数据集

数据集与 1.3.2节矩阵一样都是具有行及列的二维结构，但是数据集允许各纵向字段有不同的数据类型，它类似其他统计软件 SAS、SPSS 与 Stata 中的数据集 (data set 或 dataset)，以及 Python 语言 **pandas** 包的 DataFrame 对象 (参见 1.4.2节 Python 语言衍生数据对象取值)，也是我们在 R 中最常遇到的数据对象。套件 {UsingR} 中有一个数据集对象 crime，它是美国 50 州的暴力犯罪率数据。

```
# 数据集外表看似矩阵
head(crime)
```

```
##            y1983  y1993
## Alabama    416.0  871.7
## Alaska     613.8  660.5
## Arizona    494.2  670.8
## Arkansas   297.7  576.5
## California 772.6 1119.7
## Colorado   476.4  578.8
```

```
# 返回类别值既非 matrix 亦非 list，但须注意与这两类对象的异同
class(crime)
```

```
## [1] "data.frame"
```

因为都是二维结构，所以数据集外表上与矩阵看来非常相似。但是数据集本质上是以列表方式存储的，也就是说，数据集是各列向量 (即各变量) 均等长的列表结构，因此可用矩阵的方式来呈现。

```
# 列表对象的各种类别值返回函数的结果均相同
typeof(crime)
```

```
## [1] "list"
```

```
mode(crime)
```

```
## [1] "list"
```

```
storage.mode(crime)
```

```
## [1] "list"
```

```
# 数据集实际上使用列表的方式存储各栏等长的向量
as.list(crime) # 恢复原貌!
```

```
## $y1983
##  [1]  416.0  613.8  494.2  297.7  772.6  476.4  375.0
##  [8]  453.1 1985.4  826.7  456.7  252.1  238.7  553.0
## [15]  283.8  181.1  326.6  322.2  640.9  159.6  807.1
## [22]  576.8  716.7  190.9  280.4  477.2  212.6  217.7
## [29]  655.2  125.1  553.1  686.8  914.1  409.6   53.7
## [36]  397.9  423.4  487.8  342.8  355.2  616.8  120.0
## [43]  402.0  512.2  256.0  132.6  292.5  371.8  171.8
## [50]  190.9  237.2
##
## $y1993
##  [1]  871.7  660.5  670.8  576.5 1119.7  578.8  495.3
##  [8]  621.2 2832.8 1207.2  733.2  258.4  281.4  977.3
## [15]  508.3  278.0  510.8  535.5  984.6  130.9 1000.1
## [22]  779.0  770.1  338.0  411.7  740.4  169.9  348.6
## [29]  696.8  125.7  625.8  934.9 1122.1  681.0   83.3
## [36]  525.9  622.8  510.2  427.0  394.5  944.5  194.5
## [43]  746.2  806.3  290.5  109.5  374.9  534.5  211.5
## [50]  275.7  319.5
```

names() 函数将 crime 视为一维列表返回其元素名称，因此，数据分析师经常以此取得数据集的变量名称。dimnames() 则返回 crime 矩阵下的行名与列名，反而比较少用。

```
# 视为列表，返回变量名称
names(crime) # 想想上面 as.list(crime) 的结果
```

```
## [1] "y1983" "y1993"
```

```
# 视为矩阵，返回二维维度名称
dimnames(crime) # 想想数据集外表看似矩阵
```

```
## [[1]]
##  [1] "Alabama"          "Alaska"           "Arizona"
##  [4] "Arkansas"         "California"       "Colorado"
##  [7] "Connecticut"      "Delaware"         "DC"
```

```
## [10] "Florida"        "Georgia"        "Hawaii"
## [13] "Idaho"          "Illinois"       "Indiana"
## [16] "Iowa"           "Kansas"         "Kentucky"
## [19] "Louisiana"      "Maine"          "Maryland"
## [22] "Massachusetts"  "Michigan"       "Minnesota"
## [25] "Mississippi"    "Missour"        "Montana"
## [28] "Nebraska"       "Nevada"         "New Hampshire"
## [31] "New Jersey"     "New Mexico"     "New York"
## [34] "North Carolina" "North Dakota"   "Ohio"
## [37] "Oklahoma"       "Oregon"         "Pennsylvania"
## [40] "Rhode Island"   "South Carolina" "South Dakota"
## [43] "Tennessee"      "Texas"          "Utah"
## [46] "Vermont"        "Virginia"       "Washington"
## [49] "West Virginia"  "Wisconsin"      "Wyoming"
##
## [[2]]
## [1] "y1983" "y1993"
```

前述数据集各字段都是数值类型，因此也可以存为 matrix，两者显示的结果完全相同，因此建议读者要认真查看数据对象的类型，以避免使用 R 函数时传入不正确的类型，产生不必要的错误，Python 语言亦是如此。

```
# 将 crime 数据集强制转为矩阵
crime_mtx <- as.matrix(crime)
# 显示结果与数据集存储方式一模一样!
head(crime_mtx)
```

```
##            y1983  y1993
## Alabama    416.0  871.7
## Alaska     613.8  660.5
## Arizona    494.2  670.8
## Arkansas   297.7  576.5
## California 772.6 1119.7
## Colorado   476.4  578.8
```

```
class(crime_mtx)
```

```
## [1] "matrix"
```

再举一个各纵向字段有不同数据类型的 R 数据集，套件 {MASS} 中有一数据集 Cars，它记录了 93 种汽车于 1993 年在美国的销售量，从 str() 函数返回的结果，我们可以看出其域类型有因子、整数及数值型等。

```
head(Cars93, n=3L)
```

```
## Manufacturer Model Type Min.Price Price
## 1 Acura Integra Small 12.9 15.9
## 2 Acura Legend Midsize 29.2 33.9
## 3 Audi 90 Compact 25.9 29.1
## Max.Price MPG.city MPG.highway AirBags
## 1 18.8 25 31 None
## 2 38.7 18 25 Driver & Passenger
## 3 32.3 20 26 Driver only
## DriveTrain Cylinders EngineSize Horsepower RPM
## 1 Front 4 1.8 140 6300
## 2 Front 6 3.2 200 5500
## 3 Front 6 2.8 172 5500
## Rev.per.mile Man.trans.avail Fuel.tank.capacity
## 1 2890 Yes 13.2
## 2 2335 Yes 18.0
## 3 2280 Yes 16.9
## Passengers Length Wheelbase Width Turn.circle
## 1 5 177 102 68 37
## 2 5 195 115 71 38
## 3 5 180 102 67 37
## Rear.seat.room Luggage.room Weight Origin
## 1 26.5 11 2705 non-USA
## 2 30.0 15 3560 non-USA
## 3 28.0 14 3375 non-USA
## Make
## 1 Acura Integra
## 2 Acura Legend
## 3 Audi 90
```

```
# 查看数据集结构，注意 $ 开头的各字段的类型
str(Cars93)
```

```
## 'data.frame': 93 obs. of 27 variables:
## $ Manufacturer : Factor w/ 32 levels
## "Acura","Audi",..: 1 1 2 2 3 4 4 4 4 5 ...
## $ Model : Factor w/ 93 levels
## "100","190E","240",..: 49 56 9 1 6 24 54 74 73
## 35 ...
```

```
## $ Type : Factor w/ 6 levels
## "Compact","Large",..: 4 3 1 3 3 3 2 2 3 2 ...
## $ Min.Price : num 12.9 29.2 25.9 30.8 23.7 14.2
## 19.9 22.6 26.3 33 ...
## $ Price : num 15.9 33.9 29.1 37.7 30 15.7 20.8
## 23.7 26.3 34.7 ...
## $ Max.Price : num 18.8 38.7 32.3 44.6 36.2 17.3
## 21.7 24.9 26.3 36.3 ...
## $ MPG.city : int 25 18 20 19 22 22 19 16 19 16
## ...
## $ MPG.highway : int 31 25 26 26 30 31 28 25 27
## 25 ...
## $ AirBags : Factor w/ 3 levels "Driver &
## Passenger",..: 3 1 2 1 2 2 2 2 2 2 ...
## $ DriveTrain : Factor w/ 3 levels
## "4WD","Front",..: 2 2 2 2 3 2 2 3 2 2 ...
## $ Cylinders : Factor w/ 6 levels
## "3","4","5","6",..: 2 4 4 4 2 2 4 4 4 5 ...
## $ EngineSize : num 1.8 3.2 2.8 2.8 3.5 2.2 3.8
## 5.7 3.8 4.9 ...
## $ Horsepower : int 140 200 172 172 208 110 170
## 180 170 200 ...
## $ RPM : int 6300 5500 5500 5500 5700 5200 4800
## 4000 4800 4100 ...
## $ Rev.per.mile : int 2890 2335 2280 2535 2545
## 2565 1570 1320 1690 1510 ...
## $ Man.trans.avail : Factor w/ 2 levels
## "No","Yes": 2 2 2 2 2 1 1 1 1 1 ...
## $ Fuel.tank.capacity: num 13.2 18 16.9 21.1 21.1
## 16.4 18 23 18.8 18 ...
## $ Passengers : int 5 5 5 6 4 6 6 6 5 6 ...
## $ Length : int 177 195 180 193 186 189 200 216
## 198 206 ...
## $ Wheelbase : int 102 115 102 106 109 105 111
## 116 108 114 ...
## $ Width : int 68 71 67 70 69 69 74 78 73 73 ...
## $ Turn.circle : int 37 38 37 37 39 41 42 45 41
## 43 ...
## $ Rear.seat.room : num 26.5 30 28 31 27 28 30.5
```

```
## 30.5 26.5 35 ...
## $ Luggage.room : int 11 15 14 17 13 16 17 21 14
## 18 ...
## $ Weight : int 2705 3560 3375 3405 3640 2880
## 3470 4105 3495 3620 ...
## $ Origin : Factor w/ 2 levels "USA","non-USA": 2
## 2 2 2 2 1 1 1 1 1 ...
## $ Make : Factor w/ 93 levels "Acura Integra",..:
## 1 2 4 3 5 6 7 9 8 10 ...
```

此时将 Cars93 转为 matrix 类型时，会把值类型的字段变成字符串类型 (有双引号)，我们要注意前述数据类型在后台自动 (强制) 转换的现象。

```
# 将 Cars93 数据集强制转为矩阵
head(as.matrix(Cars93), 2)
```

```
##   Manufacturer Model     Type      Min.Price Price
## 1 "Acura"      "Integra" "Small"   "12.9"    "15.9"
## 2 "Acura"      "Legend"  "Midsize" "29.2"    "33.9"
##   Max.Price MPG.city MPG.highway AirBags
## 1 "18.8"    "25"     "31"        "None"
## 2 "38.7"    "18"     "25"        "Driver & Passenger"
##   DriveTrain Cylinders EngineSize Horsepower RPM
## 1 "Front"    "4"       "1.8"      "140"      "6300"
## 2 "Front"    "6"       "3.2"      "200"      "5500"
##   Rev.per.mile Man.trans.avail Fuel.tank.capacity
## 1 "2890"       "Yes"           "13.2"
## 2 "2335"       "Yes"           "18.0"
##   Passengers Length Wheelbase Width Turn.circle
## 1 "5"        "177"  "102"     "68"  "37"
## 2 "5"        "195"  "115"     "71"  "38"
##   Rear.seat.room Luggage.room Weight Origin
## 1 "26.5"         "11"         "2705" "non-USA"
## 2 "30.0"         "15"         "3560" "non-USA"
##   Make
## 1 "Acura Integra"
## 2 "Acura Legend"
```

- 数据集创建函数是 data.frame()，语法如下：

mydata <- data.frame(域名 1= 向量 1, 域名 2= 向量 2, $\cdots$)

```
# 建立各字段向量
patientID <- c(1, 2, 3, 4)
age <- c(25, 34, 28, 52)
diabetes <- c("Type1", "Type2", "Type1", "Type1")
status <- c("Poor", "Improved", "Excellent", "Poor")
# 注意省略域名时，自动产生栏名的方式
(patientdata <- data.frame(patientID, age, diabetes, status))
```

```
##   patientID age diabetes    status
## 1         1  25    Type1      Poor
## 2         2  34    Type2  Improved
## 3         3  28    Type1 Excellent
## 4         4  52    Type1      Poor
```

从上例中可以看出，数据集字段若未给定名称，R 语言会根据传入的向量名称自动产生各域名。此外，建立数据集时，默认会将字符串变量转为因子变量 (或称因子向量)(参见1.3.6节因子)，用户如果需要保留字符串类型，可以通过参数 stringsAsFactors = F 改变默认的设定。

```
# 字符串默认会转为因子向量，注意 diabetes 与 status
str(patientdata)
```

```
## 'data.frame': 4 obs. of 4 variables:
## $ patientID: num 1 2 3 4
## $ age : num 25 34 28 52
## $ diabetes : Factor w/ 2 levels "Type1","Type2":
## 1 2 1 1
## $ status : Factor w/ 3 levels
## "Excellent","Improved",..: 3 2 1 3
```

```
# 改变默认设定为 stringsAsFactors = F，注意前述字符串字段的类型
str(data.frame(patientID, age, diabetes, status,
stringsAsFactors = F))
```

```
## 'data.frame':    4 obs. of  4 variables:
##  $ patientID: num  1 2 3 4
##  $ age      : num  25 34 28 52
##  $ diabetes : chr  "Type1" "Type2" "Type1" "Type1"
##  $ status   : chr  "Poor" "Improved" "Excellent" "Poor"
```

1.3.6 因子

一般而言，属性的衡量尺度分成名目尺度 (nominal scale)、顺序尺度 (ordinal scale)、区间尺度 (interval scale) 与比例尺度 (ratio scale)。名目尺度数据表示群或类别，仅能进行是否相等的运算，如身份证号码、眼色、邮政编码等。顺序尺度数据顺序有别，大小比较的排序是有意义的，如排名、年级，或者是以高大、中等或矮小来表示高度的衡量值。区间尺度数据可自定义任意零点，零以下还有负值，以加减计算差值或距离有意义，如日期、摄氏度或华氏温度。比例尺度数据有自然零点，或称绝对零点，没有负值，乘除运算产生的比率有意义，如开氏 (Kelvin) 温度、长度、耗时、次数等。

名目尺度属性又称为类别变量 (此后属性、特征、变量与变项会交替使用)，顺序尺度又称为有序的类别变量，在 R 语言中两者都称为因子 (factor)，是 R 语言非常重要的一个类别，它决定数据如何被分析与可视化，例如，分类问题建模时因变量必须为因子类别，又可视化时因子变量会按照其**频率分布 (frequency distribution)** 产生直方图与圆饼图等。下例中函数 factor() 将字符串向量中的类别值对应到 $[1, 2, \cdots, k]$ 的整数值向量，其中 k 为名目变量中独特值的个数，统计术语称为水平数 (number of levels)，名目变量的各个独特值即为各水平 (level)。因此，字符串向量与整数值的因子向量间有一对应关系，默认的对应关系中字符串与整数值分别按照字母顺序与大小升幂排列。以前面五位患者其糖尿病类型的字符串向量 diabetes 为例，转换为因子向量的做法如下:

```
# 创建糖尿病类型字符串向量
(diabetes <- c("Type1", "Type2", "Type1", "Type1"))
```

```
## [1] "Type1" "Type2" "Type1" "Type1"
```

```
# 请注意转为因子类别后，与上方字符串向量不同之处是少了双引号
# 以及多了下方的元数据 (metadata) Levels: Type1 Type2
(diabetes <- factor(diabetes))
```

```
## [1] Type1 Type2 Type1 Type1
## Levels: Type1 Type2
```

```
# 因子类别表面上看似类别，其实背后对应到数字了！
class(diabetes)
```

```
## [1] "factor"
```

```
# as.numeric() 可将因子向量打回原形，请思考何时会用到？
as.numeric(diabetes)
```

```
## [1] 1 2 1 1
```

```
# 水平数 (no. of levels) 为 2 的频率分布表，上方为水平
# (level) Type1 与 Type2，下方为频率 (frequency)
table(diabetes)
```

```
## diabetes
## Type1 Type2
##     3     1
```

对于有序的类别变量，可在 factor() 函数中设定 ordered 的参数值为 TRUE，形成 R 语言有序因子 (ordered factor) 对象。但此处患者康复状况的类别值字母顺序为 Excellent, Improved 与 Poor，所以须用 levels 参数强制设定两者的对应关系如下 (1 = Poor, 2 = Improved, 3 = Excellent)，表达数值越高，复原状况越好。总结来说，因子变量的模式 (mode) 是数值的，但外表看来像字符串，如此贴心的设计是 R 语言特有的，Python 语言需要自行编码 (参见 1.4.3节 Python 语言类别变量编码)。

```
# 患者康复状况 status 字符串变量
(status <- c("Poor", "Improved", "Excellent", "Poor"))
```

```
## [1] "Poor"      "Improved"  "Excellent" "Poor"
```

```
# 设定有序因子的大小顺序后转为有序类别变量
# 注意有序因子与因子两者的元数据不同
(status <- factor(status, order = TRUE, levels = c("Poor",
"Improved", "Excellent")))
```

```
## [1] Poor      Improved  Excellent Poor
## Levels: Poor < Improved < Excellent
```

```
class(status)
```

```
## [1] "ordered" "factor"
```

前述因子的编码方式，是所谓的**标签编码 (label encoding)**。另一种常用的编码方式**单热编码 (onehot encoding)** 与**虚拟编码 (dummy encoding)** 相似，将原本单一的类别变量编码成多个互相独立的二元类别变量 (independent binary categories)。此处以套件 {vcd} 中的关节炎 Arthritis 数据集为例，使用单热编码套件 {onehot} 先建立模型对象 encoder，其类别值为 onehot，再使用 predict() 泛型函数对 Treatment 与 Sex 两字段进行单热编码，最后再与未做单热编码的三个字段整合为数据集 arthritisOh。因为 Treatment 与 Sex 均为两水平的因子变量，整合后的表格共有 7 个 (3 未单热编码 + 2 水平单热编码 + 2 水平单热编码) 变量。此处 {onehot} 套件单热编码过程与 R 语言机器学习建模过程相同，也是 1.6.2节中 Python 语言模型拟合过程的精简版，请参考该节内容及后面的建模案例。

```r
# 类别数据可视化套件
library(vcd)
# 关节炎数据集
data(Arthritis)
```

```r
# 编号、疗法、性别、年龄、治愈状况等变量
str(Arthritis)
```

```
## 'data.frame': 84 obs. of 5 variables:
## $ ID : int 57 46 77 17 36 23 75 39 33 55 ...
## $ Treatment: Factor w/ 2 levels
## "Placebo","Treated": 2 2 2 2 2 2 2 2 2 2 ...
## $ Sex : Factor w/ 2 levels "Female","Male": 2 2
## 2 2 2 2 2 2 2 2 ...
## $ Age : int 27 29 30 32 46 58 59 59 63 63 ...
## $ Improved : Ord.factor w/ 3 levels
## "None"<"Some"<..: 2 1 1 3 3 3 1 3 1 1 ...
```

```r
# 单热编码 R 套件
library(onehot)
# 因为 Treatment 与 Sex 各有两个水平，所以结果为四栏矩阵
(encoder <- onehot(Arthritis[c("Treatment", "Sex")]))
```

```
## onehot object with following types:
##  |-   2 factors
## Producing matrix with 4 columns
```

```r
# 模型对象 encoder 类别值与建模函数名称相同
class(encoder)
```

```
## [1] "onehot"
```

```r
# 预测方法 predict() 根据模型 encoder 对两类别字段做编码转换
arthritisOh <- predict(encoder, Arthritis[c("Treatment",
"Sex")])
# 对比观测值 41~45 编码前后的结果（; 分隔两个指令）
Arthritis[41:45,c("Treatment", "Sex")]; arthritisOh[41:45,]
```

```
##    Treatment    Sex
## 41   Treated Female
## 42   Placebo   Male
## 43   Placebo   Male
## 44   Placebo   Male
## 45   Placebo   Male
```

```
##      Treatment=Placebo Treatment=Treated Sex=Female
## [1,]                 0                 1          1
## [2,]                 1                 0          0
## [3,]                 1                 0          0
## [4,]                 1                 0          0
## [5,]                 1                 0          0
##      Sex=Male
## [1,]        0
## [2,]        1
## [3,]        1
## [4,]        1
## [5,]        1
```

```
# 合并单热编码结果
arthritisOh <- cbind(Arthritis[c("ID", "Age", "Improved")],
arthritisOh)
head(arthritisOh)
```

```
##   ID Age Improved Treatment=Placebo Treatment=Treated
## 1 57  27     Some                 0                 1
## 2 46  29     None                 0                 1
## 3 77  30     None                 0                 1
## 4 17  32   Marked                 0                 1
## 5 36  46   Marked                 0                 1
## 6 23  58   Marked                 0                 1
##   Sex=Female Sex=Male
## 1          0        1
## 2          0        1
## 3          0        1
## 4          0        1
## 5          0        1
## 6          0        1
```

总结来说，R 语言的前身 S 语言是数据分析语言与统计运算 (statistical computing) 环境的先驱，大多数的情况下它们会将数据表中的字符串变量自动编码成因子变量，例如，read.csv() 函数也可以通过 stringsAsFactors 参数的设定，自动完成标签编码，方便后续的统计计算。然而 Python 语言并非如此，许多 Python 套件并无这种自动转换的功能，数据导入 Python 后，通常须先进行类别变量编码的动作。想同时使用 R 语言和 Python 语言的数据分析工作者请注意这种差异，以免导致无谓的错误。1.4节介绍完 Python 语言数据对象后，我们会举例说明 Python 类别变量编码的工作流程。

1.3.7 R 语言原生数据对象取值

本节介绍向量、矩阵、数组、数据集与列表等取值方式，向量或列表均为一维，取值(或称索引) 使用中括号运算符 [] 或 [[]]，其中无逗号 (,)。假设 x 为一向量，取值语法为 x[i]，i 可以为整数值向量、字符向量或逻辑值向量，放入中括号中的向量，须用冒号运算符或 c() 函数创建。

```
# 冒号运算符创建向量，注意结果中位首元素的左方编号
(x <- 20:16)
```

```
## [1] 20 19 18 17 16
```

```
# 元素设定名称
names(x) <- c("1st", "2nd", "3rd", "4th", "5th")
# 具名向量的呈现与不具名的不同
x
```

```
## 1st 2nd 3rd 4th 5th
##  20  19  18  17  16
```

```
# 单一位置取值
x[4]
```

```
## 4th
##  17
```

```
# R 负索引值是去掉第四个，Python 是倒数第四个！
# 参见 1.4.2 节图 1.8 Python 语言前向与后向索引编号示意图
x[-4]
```

```
## 1st 2nd 3rd 5th
##  20  19  18  16
```

```
# 单一名称取值（如果 x 是具名向量）
x["4th"]
```

```
## 4th
##  17
```

```
# 连续位置范围取值
x[1:4]
```

```
## 1st 2nd 3rd 4th
##  20  19  18  17
```

```
# 连续位置范围移除
x[-(1:4)]
```

```
## 5th
##  16
```

```
# 位置间隔取值 (注意位置的错置)
x[c(1,4,2)]
```

```
## 1st 4th 2nd
##  20  17  19
```

```
# 位置重复取值
x[c(1,2,2,3,3,3,4,4,4,4)]
```

```
## 1st 2nd 2nd 3rd 3rd 3rd 4th 4th 4th 4th
##  20  19  19  18  18  18  17  17  17  17
```

```
# 多重名称取值 (如果 x 是具名向量)
x[c("1st","3rd")]
```

```
## 1st 3rd
##  20  18
```

真假逻辑取值，或称**逻辑值索引 (logical indexing)**，是数据处理与分析实战常用的技巧之一，只有位置对应到真值 (TRUE) 的元素会被取出。

```
# 逻辑值取值
x[c(T,T,F,F,F)]
```

```
## 1st 2nd
##  20  19
```

理解上述原理后，再结合前述的循环与向量化运算，可以快速地取出符合条件的元素，其中二元运算符%in% 返回值亦为真假逻辑值。

```
# 进阶逻辑值取值 (18 重复了五次，接着就向量 x 中对应的元素比较)
x[x > 18]
```

```
## 1st 2nd
##  20  19
```

```
# 逻辑陈述复合句
x[x > 16 & x < 19]
```

```
## 3rd 4th
##  18  17
```

```
# 善用二元运算符%in% 返回的逻辑值
x[x %in% c(16, 18, 20)]
```

```
## 1st 3rd 5th
##  20  18  16
```

列表是一维结构，取值方式类似向量，但要注意两对中括号 [[]] 与一对中括号 [] 的差异。两对中括号里可为一个整数值，或是长度为 1 的字符向量，也就是说两对中括号只能取出单一元素，且取出对象的类别为该元素类别值。而一对中括号也是内附位置编号或名称字符，但是可以取出多个元素，即取出的对象是多个元素形成的子列表。具名列表还可以通过符号 $ 后面串接元素名称来取值，与两对中括号一样，也只能取出单一元素。

下面延续 1.3.4节列表的 mylist 对象，练习前述列表取值方式。

```
# 1.3.4 节的 mylist
mylist
```

```
## $title
## [1] "My First List"
##
## $ages
## [1] 25 26 18 39
##
## [[3]]
##      [,1] [,2]
## [1,]    1    2
## [2,]    3    4
## [3,]    5    6
## [4,]    7    8
## [5,]    9   10
##
## [[4]]
## [1] "one"   "two"   "three"
```

```r
# 取出列表的第二个元素
mylist[[2]]
```

```
## [1] 25 26 18 39
```

```r
# 取出列表中名称为 ages 的元素
mylist[["ages"]]
```

```
## [1] 25 26 18 39
```

```r
# 同样可以取出列表中名称为 ages 的元素
mylist$ages
```

```
## [1] 25 26 18 39
```

```r
# 取出列表第四个元素形成的子列表，注意结果带有两对中括号
mylist[4]
```

```
## [[1]]
## [1] "one"   "two"   "three"
```

再次强调，请注意不同的列表索引方式 (`[]`, `[[]]`, `$`) 取出的数据对象类别。Python 语言也有相同的状况，请参考 1.4.2节 Python 语言衍生数据对象取值 (**pandas** 套件)。

```r
# 一对中括号取出子列表对象
class(mylist[4])
```

```
## [1] "list"
```

```r
# 两对中括号取出该元素类别的对象 (此处为一维字符串向量对象)
class(mylist[[4]])
```

```
## [1] "character"
```

```r
# 取出列表第二到第三个元素形成的子列表，列表唯一可取多个元素的语法
mylist[2:3]
```

```
## $ages
## [1] 25 26 18 39
##
## [[2]]
##      [,1] [,2]
## [1,]    1    2
## [2,]    3    4
## [3,]    5    6
## [4,]    7    8
## [5,]    9   10
```

```
# 语法错误！不可以使用两对中括号取多个元素
# mylist[[1:2]]
# Error in mylist[[1:2]] : subscript out of bounds
```

矩阵 (二维) 或数组 (三维以上) 取值用 []，其中至少有一个逗号 (,)。

```
# matrix() 函数创建二维矩阵
(x <- matrix(1:12, nrow = 3, ncol = 4))
```

```
##      [,1] [,2] [,3] [,4]
## [1,]    1    4    7   10
## [2,]    2    5    8   11
## [3,]    3    6    9   12
```

```
# 行列命名
dimnames(x) <- list(paste("row", 1:3, sep = ''),
paste("col", 1:4, sep = ''))
# 注意具名矩阵 (named matrix) 呈现方式
x
```

```
##      col1 col2 col3 col4
## row1    1    4    7   10
## row2    2    5    8   11
## row3    3    6    9   12
```

```
# 取行列交叉下单一元素
x[3, 4]
```

```
## [1] 12
```

```
# 取单行
x[3,]
```

```
## col1 col2 col3 col4
##    3    6    9   12
```

```
# 类别是一维向量对象
class(x[3,])
```

```
## [1] "integer"
```

```
# 取单列（注意结果还是横向呈现）
x[,4]
```

```
## row1 row2 row3
##   10   11   12
```

```
# 类别也是一维向量对象
class(x[,4])
```

```
## [1] "integer"
```

```
# 取不连续的两列
x[,c(1,3)]
```

```
##      col1 col3
## row1    1    7
## row2    2    8
## row3    3    9
```

```
# 用行名取值
x["row3",]
```

```
## col1 col2 col3 col4
##    3    6    9   12
```

```
# 用列名取值
x[,"col4"]
```

```
## row1 row2 row3
##   10   11   12
```

前面取单行单列的结果默认均为向量对象，如要以矩阵呈现取值结果，可在中括号取值运算符中加上 drop=FALSE 的设定 (注：Python 语言也有此要求，参见 1.4.3节 Python 语言类别变量编码的 reshape() 方法说明)。

```
# 设定 drop=FALSE 后，返回单行矩阵
x[3, , drop = F]
```

```
##      col1 col2 col3 col4
## row3    3    6    9   12
```

```
# 确认是二维矩阵对象
class(x[3, , drop = F])
```

```
## [1] "matrix"
```

```
# 设定 drop=FALSE 后，返回单列矩阵
x[,4, drop = F]
```

```
##      col4
## row1   10
## row2   11
## row3   12
```

```
# 确认是二维矩阵对象
class(x[,4, drop = F])
```

```
## [1] "matrix"
```

如前所述，数据集可以视为列表或矩阵，因此列表与矩阵的取值方式皆可用，建议初学者特别留意这一点。

```
# 数据集以列表的 $ 取值方式取出单一变量的内容（不含变量名称）
Cars93$Price
```

```
##  [1] 15.9 33.9 29.1 37.7 30.0 15.7 20.8 23.7 26.3 34.7
## [11] 40.1 13.4 11.4 15.1 15.9 16.3 16.6 18.8 38.0 18.4
## [21] 15.8 29.5  9.2 11.3 13.3 19.0 15.6 25.8 12.2 19.3
## [31]  7.4 10.1 11.3 15.9 14.0 19.9 20.2 20.9  8.4 12.5
## [41] 19.8 12.1 17.5  8.0 10.0 10.0 13.9 47.9 28.0 35.2
## [51] 34.3 36.1  8.3 11.6 16.5 19.1 32.5 31.9 61.9 14.1
## [61] 14.9 10.3 26.1 11.8 15.7 19.1 21.5 13.5 16.3 19.5
## [71] 20.7 14.4  9.0 11.1 17.7 18.5 24.4 28.7 11.1  8.4
## [81] 10.9 19.5  8.6  9.8 18.4 18.2 22.7  9.1 19.7 20.0
## [91] 23.3 22.7 26.7
```

```
# 数据集以列表的一对中括号取值方式取多个变量
head(Cars93[c('Price', 'AirBags')])
```

```
##   Price            AirBags
## 1  15.9               None
## 2  33.9 Driver & Passenger
## 3  29.1        Driver only
## 4  37.7 Driver & Passenger
## 5  30.0        Driver only
## 6  15.7        Driver only
```

```
# 数据集以列表的两对中括号取值方式取出单一变量内容 (不含变量名称)
Cars93[['DriveTrain']]
```

```
##  [1] Front Front Front Front Rear  Front Front Rear
##  [9] Front Front Front Front Front Rear  Front Front
## [17] 4WD   Rear  Rear  Front Front Front Front Front
## [25] Front 4WD   Front 4WD   Front Front Front Front
## [33] Front Rear  Front 4WD   Front Rear  Front Front
## [41] Front Front Front Front Front Front Front Rear
## [49] Front Rear  Front Rear  Front Front Front 4WD
## [57] Rear  Rear  Rear  Front Rear  Front Front Front
## [65] Front Front Front Front Front Front Front 4WD
## [73] Front Front Rear  Front Front Front Front 4WD
## [81] 4WD   4WD   Front Front Front Front 4WD   Front
## [89] Front Front Front Rear  Front
## Levels: 4WD Front Rear
```

```
# 数据集以矩阵取值方式取出第 5 笔观测值
Cars93[5, ]
```

```
##   Manufacturer Model    Type Min.Price Price Max.Price
## 5          BMW  535i Midsize      23.7    30      36.2
##   MPG.city MPG.highway     AirBags DriveTrain
## 5       22          30 Driver only       Rear
##   Cylinders EngineSize Horsepower  RPM Rev.per.mile
## 5         4        3.5        208 5700         2545
##   Man.trans.avail Fuel.tank.capacity Passengers Length
## 5             Yes               21.1          4    186
##   Wheelbase Width Turn.circle Rear.seat.room
## 5       109    69          39             27
##   Luggage.room Weight  Origin      Make
## 5           13   3640 non-USA BMW 535i
```

1.3.8　R 语言衍生数据对象

基于前述的基本数据对象，可以衍生出定制化的结构。例如，套件 {DMwR} 中 1970-01-02 到 2009-09-15 的 SP500 每日收盘股价指数 GSPC，此数据对象存储多变量时间序列数据，其类别名称为定义在套件 {xts} 中的同名类别 xts。从对象的结构信息中可看出，xts 类的时间序列数据是用 10 022 $\times$ 6 的数值矩阵存放 10 022 笔样本，每笔有开盘价、最高价、最低价、收盘价、成交量与调整后的价格这六个变量。这类对象可以时间值进行索引，并带有数据源 (Yahoo) 与更新时间 (2009-10-06 23:47:09) 等属性。

```
library(DMwR)
data(GSPC)
# xts 类时间序列对象，列名为时间索引，索引类别为 POSIXt
head(GSPC)
```

```
##             Open  High   Low Close   Volume Adjusted
## 1970-01-02 92.06 93.54 91.79 93.00  8050000    93.00
## 1970-01-05 93.00 94.25 92.53 93.46 11490000    93.46
## 1970-01-06 93.46 93.81 92.13 92.82 11460000    92.82
## 1970-01-07 92.82 93.38 91.93 92.63 10010000    92.63
## 1970-01-08 92.63 93.47 91.99 92.68 10670000    92.68
## 1970-01-09 92.68 93.25 91.82 92.40  9380000    92.40
```

```
str(GSPC)
```

```
## An 'xts' object on 1970-01-02/2009-09-15 containing:
##   Data: num [1:10022, 1:6] 92.1 93 93.5 92.8 92.6 ...
##  - attr(*, "dimnames")=List of 2
##   ..$ : NULL
##   ..$ : chr [1:6] "Open" "High" "Low" "Close" ...
##   Indexed by objects of class: [Date] TZ: GMT
##   xts Attributes:
## List of 2
##  $ src    : chr "yahoo"
##  $ updated: POSIXt[1:1], format: "2009-10-06 23:47:09"
```

```
# 存放数据的矩阵行名（多变量时间序列变量名）
names(GSPC)
```

```
## [1] "Open"     "High"     "Low"      "Close"
## [5] "Volume"   "Adjusted"
```

```
library(xts)
# 用 coredata() 函数取出核心数据
head(coredata(GSPC))
```

```
##       Open  High   Low Close   Volume Adjusted
## [1,] 92.06 93.54 91.79 93.00  8050000    93.00
## [2,] 93.00 94.25 92.53 93.46 11490000    93.46
## [3,] 93.46 93.81 92.13 92.82 11460000    92.82
## [4,] 92.82 93.38 91.93 92.63 10010000    92.63
## [5,] 92.63 93.47 91.99 92.68 10670000    92.68
## [6,] 92.68 93.25 91.82 92.40  9380000    92.40
```

```
# 用 index() 函数取出时间戳
headtail(index(GSPC))
```

```
##     [1] "1970-01-02" "1970-01-05" "1970-01-06"
##     [4] "1970-01-07" "1970-01-08" "1970-01-09"
##     [7] "1970-01-12" "1970-01-13" "1970-01-14"
##    [10] "1970-01-15" "1970-01-16" "1970-01-19"
##    ...
## [10012] "2009-08-31" "2009-09-01" "2009-09-02"
## [10015] "2009-09-03" "2009-09-04" "2009-09-08"
## [10018] "2009-09-09" "2009-09-10" "2009-09-11"
## [10021] "2009-09-14" "2009-09-15"
```

```
# xts 时间序列对象取值语法
# 用正斜线运算符取出从"2000-02-26" 到"2000-03-03" 的数据
GSPC["2000-02-26/2000-03-03"]
```

```
##            Open High  Low Close    Volume Adjusted
## 2000-02-28 1333 1361 1325  1348 1.026e+09     1348
## 2000-02-29 1348 1370 1348  1366 1.204e+09     1366
## 2000-03-01 1366 1383 1366  1379 1.274e+09     1379
## 2000-03-02 1379 1387 1370  1382 1.199e+09     1382
## 2000-03-03 1382 1411 1382  1409 1.150e+09     1409
```

```
# 用 xtsAttributes() 函数取出属性
xtsAttributes(GSPC)
```

```
## $src
## [1] "yahoo"
##
## $updated
## [1] "2009-10-06 23:47:09 CST"
```

{xts} 套件有许多处理时间序列数据的函数，nmonths()、nquarters()、ndays() 返回时间序列数据周期的月份、季度与天数。endpoints() 函数可获取数据周期中秒、分、时、日、周、月、季或年等的起止点，结合 period.apply() 函数 (参见 1.5节向量化与隐式循环)，可对各时间区间的数据进行统计，例如下例中的算术平均数。

```
# 数据周期月份
nmonths(GSPC)
```

```
## Warning in tclass.xts(x): index does not have a
## 'tclass' attribute
```

```
## Warning in tzone.xts(x): index does not have a 'tzone'
## attribute

## [1] 477
```

```
# 数据周期季度
nquarters(GSPC)
```

```
## Warning in tclass.xts(x): index does not have a
## 'tclass' attribute

## Warning in tclass.xts(x): index does not have a 'tzone'
## attribute

## [1] 159
```

```
# 数据周期天数
ndays(GSPC)
```

```
## Warning in tclass.xts(x): index does not have a
## 'tclass' attribute

## Warning in tclass.xts(x): index does not have a 'tzone'
## attribute

## [1] 10022
```

```
# 获取数据周期中各周的起止点
epWks <- endpoints(GSPC, on = "weeks")
head(epWks)
```

```
## [1]  0  1  6 11 16 21
```

```
# {quantmod} 套件内有收盘价获取函数 Cl()
library(quantmod)
# 以 period.apply() 隐式循环函数计算 2073 周的收盘价平均值
wksMean <- period.apply(Cl(GSPC),INDEX = epWks,FUN = mean)
class(wksMean)
```

```
## [1] "xts" "zoo"
```

```
headtail(wksMean)
```

```
##               Close
## 1970-01-02   93.00
## 1970-01-09   92.80
## 1970-01-16   91.57
##     ...
## 2009-08-28 1028.32
## 2009-09-04 1006.61
## 2009-09-11 1036.41
## 2009-09-15 1050.99
```

接下来运用逻辑值索引取出超出这段周期收盘平均指数加上 2.15 倍标准偏差的数据，程序代码先使用套件 {quantmod} 中的 Cl() 函数取出收盘指数，计算平均值与标准偏差后，再按 2.15 倍标准偏差界线进行逻辑判断后取值 (收盘价高于 1542 者)。

```
# 先产生 10022 笔数据的逻辑判断真假值，存储为 range 逻辑值向量
range <- Cl(GSPC) > mean(Cl(GSPC)) + 2.15*sd(Cl(GSPC))
```

```
## Warning in tclass.xts(x): index does not have a
## 'tclass' attribute
```

```
mean(Cl(GSPC)) + 2.15*sd(Cl(GSPC))
```

```
## [1] 1542
```

```
# 逻辑值索引取出 17 笔日数据
GSPC[range]
```

```
## Warning in tclass.xts(x): index does not have a
## 'tclass' attribute

## Warning in tzone.xts(x): index does not have a 'tzone'
## attribute

## Warning in tclass.xts(x): index does not have a
## 'tclass' attribute

##            Open High  Low Close    Volume Adjusted
## 2007-07-12 1519 1548 1519  1548 3.490e+09     1548
## 2007-07-13 1548 1555 1545  1552 2.801e+09     1552
## 2007-07-16 1552 1556 1547  1550 2.704e+09     1550
## 2007-07-17 1550 1555 1548  1549 3.007e+09     1549
## 2007-07-18 1549 1549 1534  1546 3.609e+09     1546
```

```
## 2007-07-19 1546 1555 1546  1553 3.251e+09     1553
## 2007-10-01 1527 1549 1527  1547 3.282e+09     1547
## 2007-10-02 1547 1548 1540  1547 3.102e+09     1547
## 2007-10-04 1540 1544 1538  1543 2.690e+09     1543
## 2007-10-05 1544 1562 1544  1558 2.919e+09     1558
## 2007-10-08 1557 1557 1549  1553 2.041e+09     1553
## 2007-10-09 1553 1565 1552  1565 2.932e+09     1565
## 2007-10-10 1565 1565 1555  1562 3.045e+09     1562
## 2007-10-11 1565 1576 1547  1554 3.911e+09     1554
## 2007-10-12 1555 1563 1554  1562 2.789e+09     1562
## 2007-10-15 1562 1565 1541  1549 3.139e+09     1549
## 2007-10-31 1532 1553 1529  1549 3.953e+09     1549
```

1.4 Python 语言数据对象

另一种重要的数据分析语言 Python，近年来被众多数据科学家使用。相较于 R 语言的前身 S 语言 (https://en.wikipedia.org/wiki/S_(programming_language))，Python 其实是通用程序语言 (General Purpose Language, GPL)，与其他计算机软硬件兼容性高，因此又常被称为胶水语言 (glue language)。近年来因为深度学习 (deep learning) 日益重要，Python 语言容易与诸多深度学习框架结合，因而大受欢迎。

S 语言是 1975—1976 年间，由贝尔实验室 (Bell Laboratories) 所研发的统计运算语言。创建者 John Chambers 曾经提及其设计目标为：将创意快速且忠实地转换成软件 (Chambers，1998)。GNU-S(即开源 R 语言) 或商业版 S-Plus 语言，是统计与数学专业领域 (Domain-Specific Language, DSL) 的研究工具 (research-oriented)，是数据探索、可视化与建模不可或缺的利器，有许多前沿的统计、数据挖掘、机器学习等函数库。

想要成为顶尖的数据科学家，通常都要通晓这两种数据驱动程序设计语言。本书同时提供 Python 与 R 两种语言的实操代码，以**可重复性研究 (reproducible research)** 编程的方式，适时地在两种语言间切换，有效帮助读者快速掌握两种数据驱动程序设计语言的异同。

1.4.1 Python 语言原生数据对象处理

接下来介绍 Python 语言的原生数据对象与衍生数据对象，并与 R 语言数据对象作对比。如同前面所介绍的 R 语言原生数据对象，Python 也是由内置的数据对象——列表 (list)、元组 (tuple)、字典 (dict) 与集合 (set) 等，再生成各套件 (或模块) 中所定义的衍生数据对象，例如，**numpy** 模块中的 n 维数组 ndarray 结构对象，**pandas** 模块中的一维序列 Series 对象，以及二维数据集 DataFrame 对象。

实际演练 Python 编程前，读者请注意 Python 语法的明显特征是运用句点 (.) 运算符，取用某类对象所具有的性质 (或称属性) 以及方法。有关类别、对象、属性与方法等定义，请参考 1.6节编程范式与面向对象概念。

Python 原生数据对象中列表可能是最基本的结构，它是长度不定、内容可以变更的 (mutable) 有序对象 (ordered collection)，用户可运用中括号 [ ] 或 list() 函数来创建列表对象，并以下列方式进行处理。

```
# 中括号创建 Python 列表，千万别与 R 列表混为一谈！
x = [1,3,6,8]
print(x)
```

```
## [1, 3, 6, 8]
```

上面的程序代码也是直接输入在 Python 语言壳层 (shell) 中命令提示字符 >>>，或者 Python 的交互式直译器 **IPython** 控制台 `In [x]:` 的后面 (x 是同一次对话输入指令的流水号)，再按 Enter 键执行命令；或者输入在集成开发环境 (Integrated Development Environment, IDE) Spyder 的程序代码编辑区中，再往控制台 (可选择配置原生壳层或 **IPython** 控制台) 送出执行。

```
# 可以混型存放，参见图 1.8 Python 索引编号从 0 开始
x[1] = 'peekaboo'
print(x)
```

```
## [1, 'peekaboo', 6, 8]
```

```
# Python 句点语法，引用列表对象 append() 方法
# 添加传入的元素于列表末端
x.append('dwarf')
print(x)
```

```
## [1, 'peekaboo', 6, 8, 'dwarf']
```

```
# insert() 方法在指定位置插入元素
x.insert(1, 'Safari')
print(x)
```

```
## [1, 'Safari', 'peekaboo', 6, 8, 'dwarf']
```

```
# pop() 方法将指定位置上的元素移除
x.pop(2)
```

```
## 'peekaboo'
```

```
print(x)

## [1, 'Safari', 6, 8, 'dwarf']

# 以 in 关键词判断，序列类型对象中是否包含某个元素
print('Safari' in x)

## True

# 列表串接
print([4, 'A_A', '>_<'] + [7, 8, 2, 3])

## [4, 'A_A', '>_<', 7, 8, 2, 3]

# 排序
a = [7, 2, 5, 1, 3]
print(sorted(a))

## [1, 2, 3, 5, 7]

# 通过字符串长度升幂（默认）排序
b = ['saw', 'small', 'He', 'foxes', 'six']
# 列表对象 b 为 sorted() 函数的位置 (positional) 参数值
# key 为 sorted 函数的关键词 (keyword) 参数,len 是关键词参数值
# Python 函数的位置参数必须在关键词参数前
# 参见 1.6.2 节 Python 语言面向对象
print(sorted(b, key=len))

## ['He', 'saw', 'six', 'small', 'foxes']
```

Python 语言基本列表的许多应用场景类似 R 语言中的向量 c()，不过进阶的嵌套列表 (nested list) 可以生成 R 语言中的矩阵与数组，而且 Python 的列表可以混放不同类型的元素，此点与 R 语言向量不同。总结来说，Python 列表可以生成高维数据结构，且混合存放各类元素；而 R 语言的向量与列表均为一维结构，只有列表可以混合存放。

元组则是固定长度但内容不可变更的 (immutable) 有序对象，用户可运用小括号 () 或 tuple() 函数来创建元组对象，并可以进行以下的元组操作。

```
# 小括号创建 Python 元组
y = (1, 3, 5, 7)
print(y)

## (1, 3, 5, 7)
```

```
# 可以省略小括号
y = 1, 3, 5, 7
print(y)
```

```
## (1, 3, 5, 7)
```

```
# 元组中还有元组，称为嵌套元组
nested_tup = (4, 5, 6), (7, 8)
print(nested_tup)
```

```
## ((4, 5, 6), (7, 8))
```

```
# 通过 tuple() 函数可将序列或迭代对象转为元组
tup = tuple(['foo', [1, 2], True])
print(tup)
```

```
## ('foo', [1, 2], True)
```

```
# 元组是不可更改的
# tup[2] = False
# TypeError: 'tuple' object does not support item assignment
# 但是元组 tup 的第二个元素仍为可变的 (mutable) 列表
tup[1].append(3)
print(tup)
```

```
## ('foo', [1, 2, 3], True)
```

```
# 解构 (unpacking) 元组
tup = (4, 5, 6)
a, b, c = tup
print(c)
```

```
## 6
```

```
# Python 的变量交换方式
x, y = 1, 2
x, y = y, x
print(x)
```

```
## 2
```

```
print(y)
```

```
## 1
```

元组不可更改的特性相当重要，当 Python 衍生数据结构需要这一特性时，其底层的原生数据结构通常是元组，例如，**pandas** 数据集的索引对象。

字典可能是 Python 最重要的数据对象，常称为哈希图 (hash map) 和关联矩阵 (associative array)。字典有可长可短的键值对 (key-value pairs)，键与值均须为 Python 对象，我们可以用大括号 {} 或 dict() 函数来创建字典对象，大括号中以冒号: 来分隔键与值，例如：

```
# 大括号创建字典
d1 = {'a' : 'some value', 'b' : [1, 2, 3, 4]}
print(d1)
```

```
## {'a': 'some value', 'b': [1, 2, 3, 4]}
```

```
# 字典新增元素方式
d1['c'] = 'baby'
d1['dummy'] = 'another value'
```

```
print(d1)
## {'a': 'some value', 'b': [1, 2, 3, 4], 'c': 'baby',
## 'dummy': 'another value'}
```

```
# 字典取值
print(d1['b'])
```

```
## [1, 2, 3, 4]
```

```
# 字典对象 get() 方法可以取值，查无该键时返回'There does
# not have this key.'
print(d1.get('b', 'There does not have this key.'))
```

```
## [1, 2, 3, 4]
```

```
# 例外状况发生
print(d1.get('z', 'There does not have this key.'))
```

```
## There does not have this key.
```

```
# 判断字典中是否有此键
print('b' in d1)
```

```
## True
```

```
print('z' in d1)
```

```
## False
```

```
# 字典对象 pop() 方法可以删除元素，例外处理同 get() 方法
print(d1.pop('b','There does not have this key.'))
```

```
## [1, 2, 3, 4]
```

```
# 键为'b' 的字典元素被移除了
print(d1)
```

```
## {'a': 'some value', 'c': 'baby', 'dummy': 'another value'}
```

```
# 例外状况发生
print(d1.pop('z','There does not have this key.'))
```

```
## There does not have this key.
```

```
# 取得 dict 中所有 keys，常用！
print(d1.keys())
```

```
## dict_keys(['a', 'c', 'dummy'])
```

```
# 以 list() 方法转换为列表对象，注意与上方结果的差异，后不赘述！
print(list(d1.keys()))
```

```
## ['a', 'c', 'dummy']
```

```
# 取得 dict 中所有 values
print(d1.values())
```

```
## dict_values(['some value', 'baby', 'another value'])
```

```
print(list(d1.values()))
```

```
## ['some value', 'baby', 'another value']
```

```
# 取得 dict 中所有的元素 (items)，各元素以 tuple 包着 key 及
# value
print(d1.items())
## dict_items([('a', 'some value'), ('c', 'baby'),
## ('dummy', 'another value')])
```

```
# 将两个 dict 合并，后面更新前面
a = {'a':1,'b':2}
b = {'b':0,'c':3}
a.update(b)
print(a)
```

```
## {'a': 1, 'b': 0, 'c': 3}
```

```
# 两个列表分别表示 keys 与 values
# 用拉链函数 zip() 将对应元素捆绑后转换为 dict
tmp = dict(zip(['name','age'], ['Tommy',20]))
print(tmp)
```

```
## {'name': 'Tommy', 'age': 20}
```

Python 语言的字典结构类似 R 语言的列表，读者可将 Python 字典中的冒号: 想象成 R 列表中的 =。Python 还有一种原生的数据对象称为集合，它是独一无二元素所形成的无序对象 (unordered collection)，因此可将集合视为无键的字典对象。创建集合对象有两种方式：set() 函数与大括号 {} 运算符。

```
# set() 函数创建 Python 集合对象
print(set([2, 2, 2, 1, 3, 3]))
```

```
## {1, 2, 3}
```

```
# 同前，不计入重复的元素，所以还是 1, 2, 3
print({1, 2, 3, 3, 3, 1})
```

```
## {1, 2, 3}
```

```
# 集合对象并集运算 union (or)
a = {1, 2, 3, 4, 5}
b = {3, 4, 5, 6, 7, 8}
print(a | b)
```

```
## {1, 2, 3, 4, 5, 6, 7, 8}
```

```
# 集合对象交集运算 intersection (and)
print(a & b)
```

```
## {3, 4, 5}
```

```
# 集合对象差集运算 difference
print(a - b)
```

```
## {1, 2}
```

```
# 集合对象对称差集（或逻辑互斥）运算 symmetric difference(xor)
print(a ^ b)
```

```
## {1, 2, 6, 7, 8}
```

```
# 判断子集 issubset() 方法
a_set = {1, 2, 3, 4, 5}
print({1, 2, 3}.issubset(a_set))
```

```
## True
```

```
# 判断超集 issuperset() 方法
print(a_set.issuperset({1, 2, 3}))
```

```
## True
```

```
# 判断两集合是否相等 == 运算符
print({1, 2, 3} == {3, 2, 1})
```

```
## True
```

```
# 判断两元组是否不等 != 运算符
print({1, 2, 3} != {3, 2, 1})
```

```
## False
```

集合对象还有许多方法：a.add()、a.remove()、a.isdisjoint()、a.union()、a.intersection()、a.difference() 与 a.symmetric_difference() 等，其中后四者等同于前面四个集合运算符(|,&,-,^)，读者请自行演练。此外，Python 语言的各种对象都有许多属性与方法，本书限于篇幅，无法详述。读者应注意开放源码的动态程序语言是会进化的 (evolvable)，不断有新的套件会与时俱进地出现，因此我们踏上的可能是一段无法终止的学习旅程，这是第四代程序语言的一大特点。

1.4.2 Python 语言衍生数据对象取值

如前所述，Python 最重要的衍生数据对象当属 **numpy** 模块中的 n 维数组 ndarray 结构对象，以及 **pandas** 模块中的二维 DataFrame 结构对象。取值工作首先要了解 Python 语言的索引编号规则，图 1.8显示前向索引编号从 0 开始，后向索引编号的负号 (–) 表示倒数，此点与 R 语言取值的负索引删除之意不同[1]。

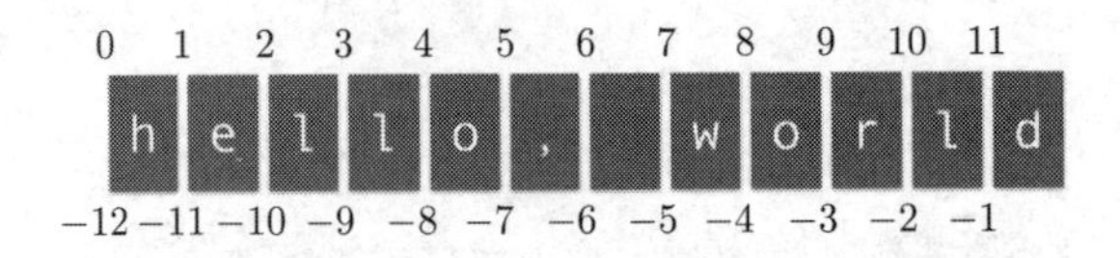

图 1.8 Python 语言前向与后向索引编号示意图

numpy 模块的 n 维数组 ndarray 取值方式类似 R 语言，首先使用 np.arange() 函数产生 20 个整数值，将其排列成 4 行 5 列的二维矩阵 data。

```
# 载入 numpy 套件并简记为 np，方便后续引用
import numpy as np
```

```
# 调用 arange() 方法 (类似 R 语言 seq() 函数)
# 并结合 reshape() 方法创建 ndarray 对象 (4 行 5 列)
data = np.arange(20, dtype='int32').reshape((4, 5))
print(data)
```

```
## [[ 0  1  2  3  4]
##  [ 5  6  7  8  9]
##  [10 11 12 13 14]
##  [15 16 17 18 19]]
```

```
# numpy ndarray 类别
print(type(data))
```

```
## <class 'numpy.ndarray'>
```

Python 语言取值以冒号运算符: 分隔起始索引、终止索引与索引增量，形如 (start:stop:step)，起始与终止编号的取值规则是前包后不包，最后一个索引增量值默认为 1，所以通常省略。假设对象 data 前四列是属性变量，最末列是反应变量，我们以 numpy ndarray 的取值语法分割属性矩阵与反应变量，二维取值以逗号，分隔行列各自的冒号运算符语法，各维全取时仍须键入冒号，而非 R 语言的空白。

[1] https://stackoverflow.com/questions/509211/understanding-pythons-slice-notation

```
# 属性矩阵与反应变量分割
# 留意 X 取至倒数第一列 (前包后不包), 以及 y 只取最后一列
X, y = data[:, :-1], data[:, -1]
print(X)
```

```
## [[ 0  1  2  3]
##  [ 5  6  7  8]
##  [10 11 12 13]
##  [15 16 17 18]]
```

```
print(y)
```

```
## [ 4  9 14 19]
```

二维 data 仍然可视为一维的结构进行取值，读者请注意终止索引被省略的含义 (取到最后一个)，以及负索引与间距的应用。

```
# 一维取单一元素
print(X[2]) # 取第三行
```

```
## [10 11 12 13]
```

```
# 二维取单行, 结果同上
print(X[2,:])
```

```
## [10 11 12 13]
```

```
# 一维取值从给定位置至最末端
# 中括号取值时同 R 语言一样运用冒号 (start:end) 运算符
# 冒号 (start:end) 后方留空表示取到尽头
print(X[2:])
```

```
## [[10 11 12 13]
##  [15 16 17 18]]
```

```
# 二维取值, 结果同上
print(X[2:,:])
```

```
## [[10 11 12 13]
##  [15 16 17 18]]
```

```
# 倒数的负索引与间距（从倒数第三列取到最末列，取值间距为 2）
print(X[2:,-3::2])
```

```
## [[11 13]
##  [16 18]]
```

接下来说明初学者相当困扰的 **pandas** 二维 DataFrame 各种取值方法，先使用 **pandas** 模块的 Excel 读文件函数 read_excel() 读入 Facebook 打卡数据：

```
import pandas as pd
```

```
# skiprows=1 表示从第 2 行开始读取数据（请自行更换读文件路径）
fb=pd.read_excel("./_data/facebook_checkins_2013-08-24_GB.xls",
skiprows=1)
```

类别 type() 确认数据对象 fb 的类别，dir() 函数查询 pandas 数据集对象可用属性与方法。

```
# 确认其为 pandas 数据集对象
print(type(fb))
```

```
## <class 'pandas.core.frame.DataFrame'>
```

```
# 查询对象 fb 的属性与方法，内容过长返回部分结果
print(dir(fb)[-175:-170])
```

```
## ['unstack', 'update', 'values', 'var', 'where', 'xs']
```

运用前述 Python 句点语法，查看各字段数据类型，其中 int 是整数变量，float 是浮点数变量，而类别与地区两字段的 object 表示字符串。

```
# 以 pandas DataFrame 对象的 dtypes 属性查看各字段数据类型
print(fb.dtypes)
```

```
## 地标ID          int64
## 地标名称        object
## 累积打卡数      int64
## latitude      float64
## longitude     float64
## 类别           object
## 地区           object
## dtype: object
```

Python 套件 **pandas** 也有 head() 方法，默认可以显示前五笔数据。在此我们粗浅地比较 Python 与 R 语法的差异：R 语言的泛函式编程语法倾向将数据对象传入函数中，如 head(fb)；而 Python 语言大多用面向对象句点语法 (虽然 Python 也融入了泛函式编程的范式，参见 1.6节编程范式与面向对象概念)，对象名后接属性或方法，例如此处的 fb.head()。两者输入参数值的方式是相同的，例如 head(fb, n=4) 与 fb.head(n=4)。读者如能掌握 R 与 Python 前述语法上的差异，从数据驱动程序设计的角度理解代码，可以加快掌握两大工具的学习过程。

```
# 请与 R 比较语法异同及结果差异
print(fb.tail())
```

```
##                地标ID          地标名称            累积打卡数
## 995  183364761700661      亚运保龄球馆            15331
## 996  196517257038264      台北火车站              15330
## 997  190824237614716      台北市立第二殡仪馆      15318
## 998  183471931687138      炸蛋葱油饼              15307
## 999  193948277283180      后壁湖游艇港            15301

##        latitude   longitude         类别
## 995  24.953810  121.260255  体育场/运动中心
## 996  25.062309  121.519505  车站
## 997  25.013344  121.552826  其他
## 998  23.982602  121.606029  餐饮
## 999  21.945043  120.743781  港口/码头

##        地区
## 995  桃园县
## 996  台北市
## 997  台北市
## 998  花莲县
## 999  屏东县
```

pandas 数据集取值第一种方法是以中括号加上属性名称取出整列 (注：R 语言数据集大多也是用中括号取值)，请注意一对中括号与两对中括号的差异，此点与 1.3.7节提及的 R 语言列表对象两对中括号 `[[]]` 与一对中括号 `[]` 的取值差异类似。

```
# 二维数据集取出一维序列，无域名
print(fb['地标名称'].head())
```

```
## 0     Taiwan Taoyuan International Airport
## 1                 台湾桃园国际机场第二航站楼
```

```
## 2                  Taipei Railway Station
## 3                  Shilin Night Market
## 4                  花园夜市
## Name: 地标名称, dtype: object
```

```
# pandas 一维结构 Series
print(type(fb['地标名称']))
```

```
## <class 'pandas.core.series.Series'>
```

```
# 双中括号取出的对象仍为二维结构，有域名
print(fb[['地标名称']].head())
```

```
##                                        地标名称
## 0          Taiwan Taoyuan International Airport
## 1          台湾桃园国际机场第二航站楼
## 2          Taipei Railway Station
## 3          Shilin Night Market
## 4          花园夜市
```

```
# pandas 二维结构 DataFrame
print(type(fb[['地标名称']]))
```

```
## <class 'pandas.core.frame.DataFrame'>
```

第二种方法以 Python 的句点语法，后接 DataFrame 的属性取出整列。

```
# 数据集句点语法取值，无域名
print(fb.类别.head())
```

```
## 0     机场
## 1     机场
## 2     车站
## 3     观光夜市
## 4     观光夜市
## Name: 类别, dtype: object
```

```
# pandas 一维结构 Series
print(type(fb.类别))
```

```
## <class 'pandas.core.series.Series'>
```

第三种方法通过 DataFrame 的 loc() 方法取值，可以对行列进行限制，不过必须使用列名进行索引 (label-based indexing)。

```
# 数据集 loc 方法取值 (注意此处冒号运算符为前包后也包!)
print(fb.loc[:10, [' 地区',' 累积打卡数']])
```

```
##       地区    累积打卡数
## 0    桃园县   711761
## 1    桃园县   411525
## 2    台北市   391239
## 3    台北市   385886
## 4    台南市   351568
## 5    台北市   304376
## 6    台北市   297655
## 7    台北市   290853
## 8    新竹县   287132
## 9    新北市   278212
## 10   桃园县   268713
```

第四种方法通过 iloc() 方法取值，类似 loc() 方法也可以对行列进行限制，不过必须使用位置索引 (positional indexing)，也就是用变量编号而非变量名称了。

```
# 数据集 iloc() 方法取值 (注意此处冒号运算符却又是前包后不包!)
print(fb.iloc[:10, [6, 2]])
```

```
##      地区    累积打卡数
## 0   桃园县   711761
## 1   桃园县   411525
## 2   台北市   391239
## 3   台北市   385886
## 4   台南市   351568
## 5   台北市   304376
## 6   台北市   297655
## 7   台北市   290853
## 8   新竹县   287132
## 9   新北市   278212
```

过去 **pandas** 数据集有一种通过 ix() 方法取值的方式，允许交替使用列名与列索引。不过新版的 **pandas** 套件已经宣布未来不支持 ix() 的取值方法，这也是使用开放源码软件须留意诸多套件改版信息的原因了。

```
# 过期用法在此未执行，因为过期后会产生错误信息
print(fb.ix[:10, ['latitude', 'longtitude']])
print(fb.ix[:10, [3, 4]])
```

总结来说，**pandas** 的数据集整列选取可以使用第一种、第二种方法，后两种方法 (loc() 与 iloc()) 适合做多条件的弹性数据选取。提醒读者：Python 是计算机科学家开发出来的语言，其数据对象相比数学与统计驱动的 R 语言相对简单但是功能强大，虽然 R 语言的前身 S 语言也是四十多年前源自通信、计算机操作系统与程序语言的重要研发机构之一 —— 贝尔实验室。无论学习何种程序语言，精通该语言数据对象的使用是成为熟练程序员的关键第一步。

1.4.3 Python 语言类别变量编码

1.3.6节 R 语言因子曾提及数据创建或导入 Python 后，在建模前通常须先进行类别变量编码，以下举例说明。首先通过原生数据结构嵌套列表 (nested lists) 建构 **pandas** 数据集 df：

```
import pandas as pd
# 以原生数据结构嵌套列表建构 pandas 数据集
df = pd.DataFrame([['green', 'M', 10.1, 'class1'], ['red',
'L', 13.5, 'class2'], ['blue', 'XL', 15.3, 'class1']])
# 设定数据集域名
df.columns = ['color', 'size', 'price', 'classlabel']
print(df)
```

```
##    color size  price classlabel
## 0  green    M   10.1     class1
## 1    red    L   13.5     class2
## 2   blue   XL   15.3     class1
```

接着定义好数据集字段 size 三个类别值 (或称水平) 与整数值的对应关系字典 size_mapping，再取出 **pandas** 一维序列对象 `df['size']`，将编码规则字典传入序列的 map() 方法，更新 `df['size']` 后完成标签编码的工作。

```
# 定义编码规则字典
size_mapping = {'XL': 3, 'L': 2, 'M': 1}
# 序列 map() 方法完成编码，并更新 size 变量
df['size'] = df['size'].map(size_mapping)
print(df)
```

```
##    color  size  price classlabel
## 0  green     1   10.1     class1
## 1    red     2   13.5     class2
## 2   blue     3   15.3     class1
```

以上是手工类别变量标签编码的步骤,Python 套件 **scikit-learn** 中的 LabelEncoder 类别也可方便地达成相同的目的。加载类别并创建 LabelEncoder 类别对象后,fit_transform() 方法是循序调用 fit() 与 transform() 方法，对 `df['classlabel']` 进行拟合与转换 (参见1.6.2节 Python 语言面向对象)。

```
# 载入类别
from sklearn.preprocessing import LabelEncoder
# 创建 (或称实作) 类别对象 class_le
class_le = LabelEncoder()
# 传入类别变量进行拟合与转换
y = class_le.fit_transform(df['classlabel'])
```

```
# 标签编码完成 (对应整数值默认从 0 开始)
print(y)
```

```
## [0 1 0]
```

LabelEncoder 类别对象 class_le 还有 inverse_transform() 方法可将编码后的结果逆转换回原类别变量，此时传入逆转换方法的对象必须是一维的，而非二维的 y.reshape(−1, 1)。读者请注意 **numpy** 的 ndarray 对象，其 reshape() 方法的第一个参数值设为 −1 的含义是：根据给定的第二个参数值 1，自动推断数据变形后的第一维长度。

```
# 逆转换回原类别
print(class_le.inverse_transform(y.reshape(-1, 1)))
```

```
## ['class1' 'class2' 'class1']
##
## /opt/anaconda3/lib/python3.7/site-packages/sklearn/preprocessing/labe]
##   y = column_or_1d(y, warn=True)
```

```
# 注意下面两个数据对象内涵相同，但维度不同！前者一维，后者二维
print(y)
```

```
## [0 1 0]
```

```
print(y.reshape(-1, 1))
```

```
## [[0]
##  [1]
##  [0]]
```

OneHotEncoder 是 **scikit-learn** 套件的单热编码类别，不过进行单热编码前，须先将数据表中所有类别变量都完成标签编码，不能有任何字段是 object 类别。

```
# 取出欲编码字段，转成 ndarray(域名会遗失)
X = df[['color', 'size', 'price']].values
print(X)
```

```
## [['green' 1 10.1]
##  ['red' 2 13.5]
##  ['blue' 3 15.3]]
```

```
# 先进行 color 字段标签编码，因为单热编码不能有 object!
color_le = LabelEncoder()
X[:, 0] = color_le.fit_transform(X[:, 0])
```

```
# color 标签编码已完成
print(X)
```

```
## [[1 1 10.1]
##  [2 2 13.5]
##  [0 3 15.3]]
```

加载单热编码类别后，指定欲编码的类别属性为第一个 ([0]) 属性 color，传入 X 拟合与转换后，所得为默认的稀疏矩阵 (sparse matrix) 格式，这是因为单热编码矩阵中 0 的个数经常多于 1 的个数，因此需要用 toarray() 方法转换为常规矩阵。

```
# 加载单热编码类别
from sklearn.preprocessing import OneHotEncoder
# 定义类别对象 ohe
ohe = OneHotEncoder(categorical_features=[0])
# 默认编码完成后转为常规矩阵
print(ohe.fit_transform(X).toarray())
# 或者可设定 sparse 参数为 False 传回常规矩阵
# ohe=OneHotEncoder(categorical_features=[0], sparse=False)
# print(ohe.fit_transform(X))
```

```
## [[ 0.   1.   0.   1.   10.1]
##  [ 0.   0.   1.   2.   13.5]
##  [ 1.   0.   0.   3.   15.3]]
##
##
```

pandas 套件的 get_dummies() 方法可能是最方便的单热编码方式，get_dummies() 应用在 DataFrame 对象，仅将字符串字段进行虚拟编码，其他字段维持不变。

```
# get_dummies() 编码前
print(df[['color', 'size', 'price']])
```

```
##     color  size  price
## 0   green     1   10.1
## 1     red     2   13.5
## 2    blue     3   15.3
```

```
# pandas DataFrame 的 get_dummies() 方法最为方便
print(pd.get_dummies(df[['color', 'size', 'price']]))
```

```
##     size  price  color_blue  color_green  color_red
## 0      1   10.1           0            1          0
## 1      2   13.5           0            0          1
## 2      3   15.3           1            0          0
```

1.5 向量化与隐式循环

数据分析语言的有趣特征之一是函数可以应用许多不同的数据对象，如向量、矩阵、数组与数据集等，而非仅仅标量而已，此即称为向量化 (vectorization)，请看下面范例 (Kabacoff, 2015)。

```
# 方根函数应用到 R 语言标量
a <- 5
sqrt(a)
```

```
## [1] 2.236
```

上例中 a 为一常数 (标量)，而函数 sqrt() 如同计算机 (calculator) 一般执行于单值标量上。如果将函数 round() 与 log() 分别应用到一维向量或二维的矩阵，其结果如下：

```
b <- c(1.243, 5.654, 2.99)
# 四舍五入函数应用到向量每个元素
round(b)
```

```
## [1] 1 6 3
```

```
m <- matrix(runif(12), nrow = 3)
# 对数函数应用到矩阵每个元素
log(m)
```

```
##          [,1]    [,2]   [,3]     [,4]
## [1,] -2.240 -0.8703 -1.127 -0.13479
## [2,] -1.511 -0.3437 -0.059 -0.02704
## [3,] -1.298 -0.2672 -1.076 -0.58798
```

从上面的结果读者不难发现，sqrt()、round() 与 log() 等函数是施加在数据中的每一个元素上，但是有些函数就并非如此执行了！例如下面常用的平均值计算函数 mean()：

```
# 计算矩阵中所有元素的平均值
mean(m)
```

```
## [1] 0.542
```

mean() 函数计算矩阵 m 的 12 个元素的算术平均数，因此读者须经常注意输入的数据对象 (此处 m 为 3×4 矩阵)，经函数处理后产生的输出对象 (上例传回单值)，其维度是否改变？数据结构是否改变？类型是否改变？这是掌握数据驱动程序设计的重要概念 (参见1.9节程序调试与效率监测)。

上例中如果要计算矩阵 m 三行的平均值或四列的平均值，可以运用 apply() 函数：

```
# 各行 (MARGIN = 1 表示沿行) 平均值
apply(m, MARGIN = 1, FUN = mean)
```

```
## [1] 0.4308 0.7115 0.4838
```

```
# 也可以用 rowMeans()
rowMeans(m)
```

```
## [1] 0.4308 0.7115 0.4838
```

```
# 各列 (MARGIN = 2 表示沿列) 平均值
apply(m, MARGIN = 2, FUN = mean)
```

```
## [1] 0.2001 0.6312 0.5360 0.8009
```

```
# 也可以用 colMeans()
colMeans(m)
```

```
## [1] 0.2001 0.6312 0.5360 0.8009
```

其语法为：

apply(m, MARGIN, FUN, ...)

apply() 函数是将 FUN 运算施加于矩阵或数组对象的某一维度上，其中 m 是数组 (包括二维矩阵)，MARGIN 是给定运作维度的数值向量或字符串向量，FUN 是欲应用的函数，而... 是额外要传入 FUN 的参数值。m 为二维的矩阵或数据集时，MARGIN=1 表示逐行套用函数，MARGIN=2 表示逐列套用函数。在数据驱动的程序语言中，R 或 Python 的 **numpy** 与 **pandas** 等模块，建议避免写显式循环 (explicit looping，即 for 循环)，而以隐式循环 (implicit looping) 的 apply() 系列函数取代之，不过上例中 apply() 还是比 rowMeans() 或 colMeans() 等更直接的向量化函数慢。Python 语言 apply() 方法的编程应用，请参见 1.6节编程范式与面向对象概念、2.2.3 节 Python 语言群组与摘要，以及 4.2.2 节在线音乐城关联规则分析等各节范例。

```
# 带有 NA 的矩阵
(m <- matrix(c(NA, runif(10), NA), nrow = 3))
```

```
##        [,1]   [,2]   [,3]    [,4]
## [1,]     NA 0.3685 0.3235 0.36756
## [2,] 0.2266 0.8710 0.7626 0.04239
## [3,] 0.5344 0.4586 0.1106      NA
```

```
# 首末两行的平均值为 NAs
apply(m, 1, mean)
```

```
## [1]     NA 0.4756     NA
```

```
# '...' 的位置传送额外参数到 mean() 函数中
apply(m, 1, mean, na.rm=TRUE)
```

```
## [1] 0.3532 0.4756 0.3679
```

若为一维的向量或列表对象，可以使用 lapply() 或 sapply() 函数，两者执行方式相同，其中"s" 意指简化 (simplify)，此函数在必要时将简化 lapply() 函数返回的数据对象。以下用简例说明两者的用法：

```
# 创建三元素列表
temp <- list(x = c(1,3,5), y = c(2,4,6), z = c("a","b"))
temp
```

```
## $x
## [1] 1 3 5
##
## $y
## [1] 2 4 6
##
## $z
## [1] "a" "b"
```

```
# lapply() 逐行表示 temp 的各元素，运用相同函数 length()
lapply(temp, FUN = length)
```

```
## $x
## [1] 3
##
## $y
## [1] 3
##
## $z
## [1] 2
```

```
# sapply() 将返回结果简化为具名向量
sapply(temp, FUN = length)
```

```
## x y z
## 3 3 2
```

R 语言 apply 系列函数众多，mapply() 可施加一个函数于多个列表或向量的对应元素上，下例中 firstList 与 secondList 均是长度为 3 的列表对象，mapply() 将 identical() 函数施加在上述两列表的对应元素上，判断其是否完全相同。

```
# 长度为 3 的列表，三个元素类别分别是方阵、矩阵与向量
(firstList <- list(A = matrix(1:16, 4), B = matrix(1:16, 2),
C = 1:5))
```

```
## $A
##      [,1] [,2] [,3] [,4]
## [1,]    1    5    9   13
## [2,]    2    6   10   14
## [3,]    3    7   11   15
## [4,]    4    8   12   16
##
## $B
##      [,1] [,2] [,3] [,4] [,5] [,6] [,7] [,8]
## [1,]    1    3    5    7    9   11   13   15
## [2,]    2    4    6    8   10   12   14   16
##
## $C
## [1] 1 2 3 4 5
```

```
# 长度为 3 的列表，三个元素类别也是方阵、矩阵与向量
(secondList <- list(A = matrix(1:16, 4), B = matrix(1:16, 8),
C = 15:1))
```

```
## $A
##      [,1] [,2] [,3] [,4]
## [1,]    1    5    9   13
## [2,]    2    6   10   14
## [3,]    3    7   11   15
## [4,]    4    8   12   16
##
## $B
##      [,1] [,2]
## [1,]    1    9
## [2,]    2   10
## [3,]    3   11
## [4,]    4   12
## [5,]    5   13
## [6,]    6   14
## [7,]    7   15
## [8,]    8   16
##
## $C
##  [1] 15 14 13 12 11 10  9  8  7  6  5  4  3  2  1
```

```
# 用 mapply() 判断两等长列表的对应元素是否完全相同
mapply(FUN = identical, firstList, secondList)
```

```
##     A     B     C
##  TRUE FALSE FALSE
```

mapply() 函数语法中的 FUN 也可以是如下自定义的**匿名函数 (anonymous function)**，计算 firstList 与 secondList 对应元素的列数和，其他 apply 系列函数也可以调用自定义的匿名函数。

```
# 自定义匿名函数，注意 NROW() 与 nrow() 的异同
simpleFunc <- function(x, y) {NROW(x) + NROW(y)}
# 累加两列表对应元素的行数和
mapply(FUN=simpleFunc, firstList, secondList)
```

```
##  A  B  C
##  8 10 20
```

活用 mapply() 函数有时可以快速完成某些分组处理或可视化的工作，下例在 mapply() 函数中定义绘制各组回归直线的匿名函数后，将其添加到 iris 数据集的 Sepal.Width 对 Petal.Length 的散点图上，然后在适当位置标出图例 (图 1.9)(Verzani, 2014)。

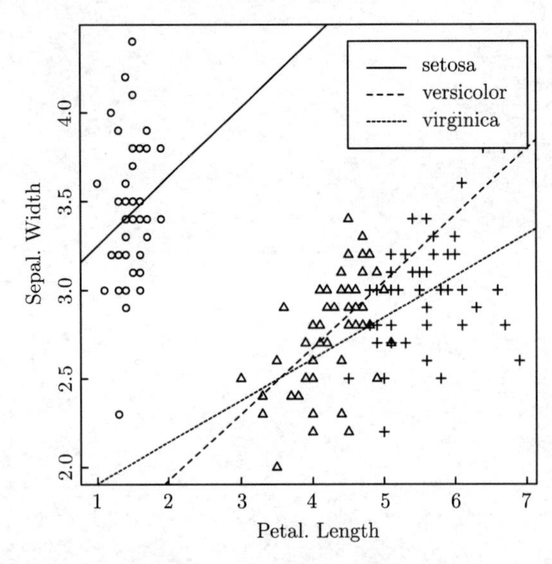

图 1.9 鸢尾花花萼宽度与花瓣长度分布情形及分组回归直线图

```
# 著名的鸢尾花数据集，五个变量为花萼长宽、花瓣长宽以及花种
head(iris)
```

```
##   Sepal.Length Sepal.Width Petal.Length Petal.Width
## 1          5.1         3.5          1.4         0.2
## 2          4.9         3.0          1.4         0.2
## 3          4.7         3.2          1.3         0.2
## 4          4.6         3.1          1.5         0.2
## 5          5.0         3.6          1.4         0.2
## 6          5.4         3.9          1.7         0.4
##   Species
## 1  setosa
## 2  setosa
## 3  setosa
## 4  setosa
## 5  setosa
## 6  setosa
```

```
# 花萼宽对花瓣长的散点图，pch 控制绘图点字符，注意因子变量转数值
plot(Sepal.Width ~ Petal.Length, iris, pch =
```

```
as.numeric(Species))
# 运用 mapply() 对 split() 分组完成的数据，拟合模型与画回归直线
regline <- mapply(function(i, x) {abline(lm(Sepal.Width ~
Petal.Length, data = x), lty = i)}, i = 1:3,
x = split(iris, iris$Species))
# 适当位置 (4.5, 4.4) 上加上图例说明
legend(4.5, 4.4, levels(iris$Species), cex = 1.5, lty = 1:3)
```

其实数据驱动程序设计中输入输出的变量符号 (symbol) 大多是数据对象，它们可能是一维、二维或更高维的结构。因此，数据分析语言多采用向量化数据处理与计算的方式，以避免额外循环执行，提升工作效率。许多运算符 (如乘方运算符 ^、比较运算符 >、加号 +) 及函数 (如 apply(), lapply(), sapply(), scale(), rowMeans(), colMeans()) 都是向量化函数，也就是说函数中隐藏着循环 (implicit looping) 的处理方式。所以再次提醒读者注意思考下面问题：输入的数据对象经函数处理后产生的输出对象，其维度是否改变？数据结构是否改变？类型是否改变？(参见 1.9节程序调试与效率监测) 反复思索上述问题可以掌握数据驱动程序设计背后的运行逻辑。

1.6 编程范式与面向对象概念

面向对象编程 (object-oriented programming) 是一种结构化程序的方式，使得个别对象的性质 (属性) 与行为 (方法)，得以封装成一个抽象的类别 (class)，以供反复利用。所谓相近对象 (object) 归为类，相近的意思正是同类对象有共同的性质与行为。举例来说，类别如果是人，名字、年龄与地址等就是应具有的属性，走路、说话、呼吸与跑步等就是人的行为或方法；电子邮件类别具有收件人列表、主题、内容主体等属性，而添加附件与发送等即为方法。对象是将抽象类中属性与方法具体实现后的结果，例如，张三与李四都是依照前述人的类别实例化 (instantiate，有具体赋形之意) 出来的实体对象，你打算通过电子邮件发送邀请函给张三与李四，则此封电子邮件对象的收件人列表包括张三与李四两人，且必有主题与内容主体等属性，并可在其中添加邀请函并发送出去。

从上面的说明可发现面向对象概念是对真实世界各种具体事物，及其之间的关系建模的一种方式，例如公司与员工、学生与老师等之间的关系。就数据驱动程序设计与大数据分析而言，面向对象概念将人类对真实世界的知识，视为软件中的对象，其下有属性数据，并可进行某些函数的运算。例如，如果时间序列 (time series) 为一类别，则开始时间、结束时间、采样频率等为该类别的属性，时间序列分解是该类别的方法；个人体重的历史记录则为时间序列类别实操出来的时间序列对象；数据科学工作者通常不太在乎时间序列对象的实际存储方式，关心的是这类数据对象的创建方法、所具有的属性与各种处理的方法。

泛函式编程 (functional programming) 是另一种重要的编程范式，它将计算机运

算视为数学上的函数计算，也就是应用数学函数的输入 (input)、处理 (processing) 与输出 (output) 的概念编写程序。泛函式编程支持且鼓励无副作用 (side effects) 的程序设计，因为副作用让程序变得复杂且容易产生错误。具体来说，泛函式编程倡导利用简单的执行区块，让程序计算结果不断渐进，逐层推导最终所需要的运算结果，而不是设计一个复杂的执行过程。

程序式编程 (procedural programming) 是历史悠久的编程范式，如同食谱一样，它提供完成一项任务的循序步骤，步骤内容的形式可能是处理函数或/及代码区块。代码区块依据任务所需，可以反复多次地执行某些指令语句的循环 (loop)，或者当某些条件满足时，才执行后续指令语句的流程控制 (flow control)，详见 1.7节控制流程与自定义函数。

当代许多程序语言以混合范式 (mixed paradigms) 的方式进行编程，两种常用的数据分析脚本语言 R 与 Python 都结合了传统程序式编程、面向对象编程与泛函式编程等编程范式语法，以期有效完成数据处理与分析的任务。以 Python 为例，泛函式编程的写法是载入 **numpy** 套件并简记为 `np` 后，引用 **numpy** 套件中的 `std()` 函数，将类别为列表 (list) 的数据对象 (data object)`[1,2,3]` 传入函数中进行其标准偏差的计算。

```
# Python 泛函式编程语法示例
import numpy as np
# 用 builtins 模块中的类别 type 查核传入对象的类别
print(type([1,2,3]))
```

```
## <class 'list'>
```

```
# 调用 numpy 套件的 std() 函数，输入为列表对象
print(np.std([1,2,3]))
```

```
## 0.816496580927726
```

另一种面向对象编程的方法是先创建 **numpy** 的数组 (array) 类对象 `a` 后，引用对象 `a` 下的方法 (method)`std()`，以计算对象 `a` 本身的标准偏差。

```
# Python 面向对象编程语法示例
# 用 numpy 套件的 array() 函数，将原生列表对象转换为衍生的
# ndarray 对象
a = np.array([1,2,3])
print(a)
```

```
## [1 2 3]
```

```
print(type(a))
```

```
## <class 'numpy.ndarray'>
```

```
# 句点语法取用 ndarray 对象 a 的 std() 方法
print(a.std())
```

```
## 0.816496580927726
```

Python 语言**向量化 (vectorization)** 做法与 1.5节所述相同，是将一运算施加在复杂对象一次，而非将其元素取出进行迭代式运用。例如，欲对前述 ndarray 的对象 a 中三个元素进行方根运算，仅须将其传入 **numpy** 的向量化函数 sqrt() 中，即可对各元素一一计算其方根值。

```
# Python 的 numpy 套件向量化运算示例
print(np.sqrt(a))
```

```
## [1.         1.41421356 1.73205081]
```

而 Python **隐式循环 (implicit looping)** 要先将对象 a 从 ndarray 对象转为 **pandas** 套件 Series 序列类型，再引用序列类型的 apply() 方法，传入关键词为 lambda 的**匿名函数 (anonymous function)**，逐一取出 a 中元素 (代号为 x) 进行加 4 处理，完成循环的重复性工作。

```
# 运用 pandas 序列对象 Series 的 apply() 方法的隐式循环
import pandas as pd
# 用 pandas 套件的 Series() 函数，将原生列表对象转换为衍生的
# Series 对象
a = pd.Series(a)
print(type(a))
```

```
## <class 'pandas.core.series.Series'>
```

```
# Python pandas 套件的 apply() 方法
print(a.apply(lambda x: x+4))
```

```
## 0    5
## 1    6
## 2    7
## dtype: int64
```

值得注意的是，面向对象编程使得程序代码更清楚易读，且提升程序代码的可复用性 (reusability)。Python 的面向对象较接近一般人熟知的面向对象语言，如 C++ 与 Java(参见 1.6.2节 Python 语言面向对象)，而 R 语言的面向对象虽然比较不正规，但表面上仍然实现了面向对象的诸多概念 (Matloff, 2011)。

简而言之，R 与 Python 语言中面向对象的概念有：

- 两种语言中所见都是对象，从数字到字符串到矩阵到函数都是对象，因此程序员应常常关注环境中对象的类别。
- 面向对象提倡将个别但相关的数据项封装 (encapsulation) 成单一的类别实例，以追踪相关的变量，并强化程序代码的清晰度。
- 继承 (inheritance) 的概念可将某一类别延伸为更专门的类别，例如，猫头鹰继承鸟类的属性与方法，成为更特别的鸟类。
- 函数是多态的 (polymorphic)，即表面上看似相同的函数调用，其实会因传入对象的不同类别，进行不同的运算。例如 R 语言 summary()、plot()、print()、predict() 等泛型函数 (generic functions)，依据传入对象的类别，调用适合的具体方法对对象进行相应的计算与绘图，促进了程序代码的可复用性，可视为模块化设计的一种方式。Python 也可以在自定义函数中根据传入的不同类别对象，进行相应的处理，这种一个函数有多重版本的概念也称为多重方法 (multimethods)[1]。

1.6.1 R 语言 S3 类别

R 语言的类别概念是源自于 S 语言 Version 3 的原始结构，通常简称 S3，至今仍是 R 语言中最常见的类别范式，许多 R 语言内置类别亦为 S3 类型。S3 类别通过列表函数 list() 建立对象，内含属性与属性值的设定，并利用 class() 函数设定其类别名称。

```r
# 列表创建函数建立对象 j
j <- list(name="Joe", salary=55000, union=T)
# 设定对象 j 的类别为"employee"
class(j) <- "employee"
# 查看对象 j 的属性
attributes(j)
```

```
## $names
## [1] "name"   "salary" "union"
##
## $class
## [1] "employee"
```

[1] https://www.artima.com/weblogs/viewpost.jsp?thread=101605

从前面结果可看出列表对象 j 具有类别属性，其值为 employee。

```
# 注意最下面的"class" 属性
j
```

```
## $name
## [1] "Joe"
##
## $salary
## [1] 55000
##
## $union
## [1] TRUE
##
## attr(,"class")
## [1] "employee"
```

print() 泛型函数可定义类别为 employee 的具体输出方法 print.employee() 如下：

```
# 注意具体方法函数名称须为：方法.类别
print.employee <- function(wrkr) {
  # 根据传入对象 wrkr 的属性进行输出
  cat(wrkr$name,"\n")
  cat("salary",wrkr$salary,"\n")
  cat("union member",wrkr$union,"\n")
}
methods(, "employee")
```

```
## [1] print
## see '?methods' for accessing help and source code
```

接着调用 print() 泛型函数，传入 employee 类别对象 j，即可依 print.employee() 方法的设计内容，将对象 j 输出了。

```
# 读者思考实际调用了哪个具体方法
print(j)
```

```
## Joe
## salary 55000
## union member TRUE
```

前述的面向对象**多态 (polymorphism)** 是一个重要概念，它与泛型函数有关。plot() 是 R 语言 S3 面向对象编程中的一个泛型函数，下例根据传入的对象类型，分派 (dispatch) 相应任务给 plot.default()、plot.lm()、plot.ts() 等函数进行实际处理。首先创建体重与身高的双栏数据集 test，并建立体重对身高的简单线性回归模型 test.lm。

```r
# 相同随机数种子下结果可重置 (reproducible)
set.seed(168)
# 创建 weight 和 height 向量
weight <- seq(50, 70, length = 10) + rnorm(10,5,1)
height <- seq(150, 170, length = 10) + rnorm(10,6,2)
# 组成数据集
test <- data.frame(weight, height)
# 建立回归模型
test_lm <- lm(weight ~ height, data = test)
# 类别为 data.frame
class(test)
```

```
## [1] "data.frame"
```

```r
# 类别为"lm"
class(test_lm)
```

```
## [1] "lm"
```

```r
# 类别为"ts"
class(AirPassengers)
```

```
## [1] "ts"
```

接着规划绘图输出布局，layout() 函数中号码相同的区域为同一图形输出区域。参照下方矩阵的数值，最上方与最下方的区块各输出一张图形，而中间四个不同的数字，则分配给四张图形。读者可以从结果看出，若传入对象为 data.frame，则调用 plot.default() 绘制散点图；若传入对象为线性模型的结果对象 lm 类，则调用 plot.lm() 绘制四个残差诊断图；若传入对象为时间序列 ts 类，则调用 plot.ts() 绘制时间序列折线图 (图 1.10)。

```r
# 创建绘图输出布局矩阵
matrix(c(1,1,2:5,6,6), 4, 2, byrow = TRUE)
```

```
##      [,1] [,2]
## [1,]    1    1
## [2,]    2    3
## [3,]    4    5
## [4,]    6    6
```

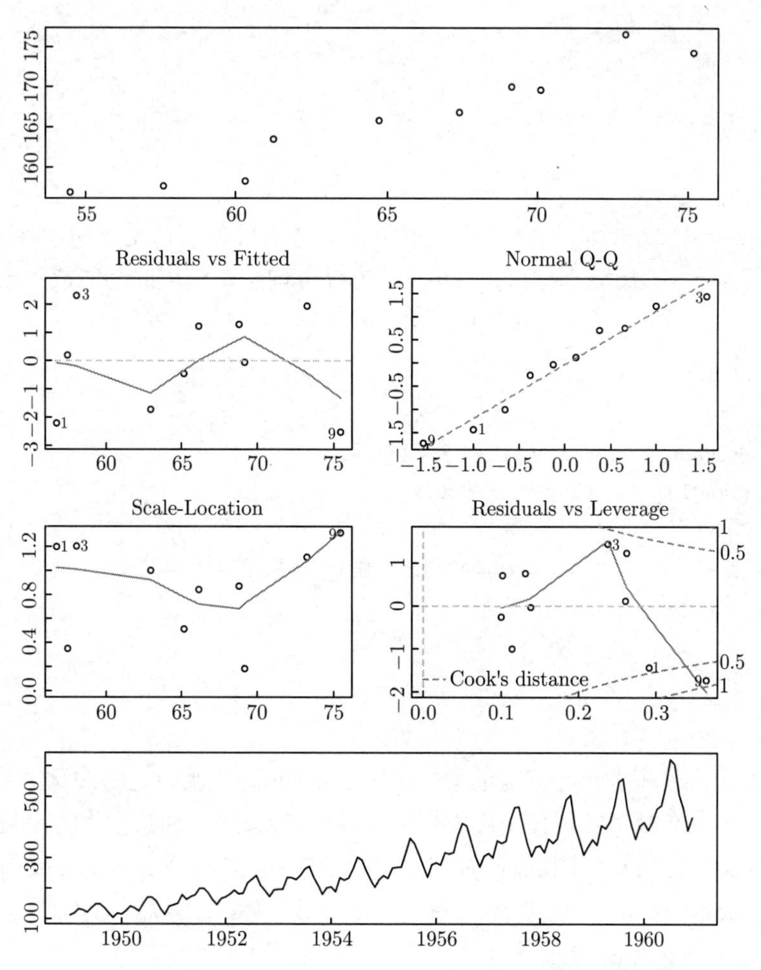

图 1.10 S3 泛型函数 plot() 输入不同类型对象所绘制的各种图形

```
# 图面布局设定
layout(matrix(c(1,1,2:5,6,6), 4, 2, byrow = TRUE))
# 设定图形区域边界，注意重要的绘图参数设定函数 par()
op <- par(mar = rep(2, 4)) # rep() 将 2 重复 4 次
# 实际调用 plot.default()
plot(test)
# 实际调用 plot.lm()
plot(test_lm)
# 实际调用 plot.ts()
plot(AirPassengers)
```

```
# 还原绘图的默认设定
par(op)
# 还原图面布局默认设定
layout(c(1))
```

最后，methods() 函数可以查看 S3 泛型函数 plot() 的所有可用方法，或该类别所有可用方法。此函数类似 Python 中常用的 dir()，可以查询某个模块的功能或对象的方法。

```
# 可用方法较多，不逐一列举了
methods(plot)[65:74]
```

```
##  [1] "plot.rm.boot"     "plot.rpart"
##  [3] "plot.shingle"     "plot.silhouette"
##  [5] "plot.SOM"         "plot.somgrid"
##  [7] "plot.spec"        "plot.spline"
##  [9] "plot.stepfun"     "plot.stl"
```

```
# 查询多态函数具体方法的使用说明
# ?predict.lm
```

注意：根据每位使用者已经安装的套件不同，methods() 函数返回的泛型函数 plot() 的具体方法或有不同，数量多寡视使用者本机的套件而定。另外，如欲查询特定类别 plot 方法的说明页面，请以句点语法加注类别名称于泛型函数名称后方，如 `?plot.lm` 或 `?predict.lm`。最后，`.S3methods('plot')` 与 `.S4methods('plot')` 两函数可以帮助我们区分 methods() 传回的结果哪个是 S3 或 S4 的面向对象泛型函数。

1.6.2 Python 语言面向对象

本节举例实践 Python 语言的面向对象编程，假设我们想用**普通最小二乘法 (Ordinary Least Squares, OLS)** 估计简单线性回归方程 $\hat{y}_i = b_0 + b_1 x_i, i = 1, 2, \cdots, n$ 的系数，此模型是在最小化式 (1.1) 的**损失函数 (loss function)**$L(\boldsymbol{w})$ 的目标下，根据训练样本 (training samples，参见图 3.1 保留法下简单的训练与测试机制)x_i 与 y_i 来估计线性回归系数 $\boldsymbol{w} = [b_0, b_1]$。

$$L(\boldsymbol{w}) = \frac{1}{2}\sum_{i=1}^{n}(y_i - \hat{y}_i)^2 \tag{1.1}$$

其中，n 为样本数，y_i 为实际值，$\hat{y}_i$ 为预测值。上式其实是残差平方和，$\frac{1}{2}$ 是为了 $L(\boldsymbol{w})$ 对 $\boldsymbol{w}$ 微分后，能取得较简单的形式而乘的常数，以方便后续建立梯度陡降法中回归系数的更新法则。

回归系数的具体求解方法可用梯度陡降法 (gradient descent)，即通过迭代的方式，依照梯度最大的方向 $-\nabla_{\boldsymbol{w}} L(\boldsymbol{w})$ 与**学习率 (learning rate)**(或称步距)α(alpha)，逐步修正欲求的向量 $\boldsymbol{w}=[b_0,b_1]$，渐次地将随机初始化的回归参数推向最佳解 $\boldsymbol{w}^*$。

$$\lim_{\alpha\to 0} L(\boldsymbol{w}+\alpha\boldsymbol{u}) \tag{1.2}$$

式 (1.2) 的梯度陡降数学模型是在学习率 α 趋近于零的条件下，寻找最小化损失函数式 (1.1) 的参数 $\boldsymbol{w}$ 改进方向 $\boldsymbol{u}$。利用微积分可证明出 $\boldsymbol{u}=-\nabla_{\boldsymbol{w}} L(\boldsymbol{w})$，因此梯度陡降算法的伪码如下：

- 输入：学习率 α(alpha) 与迭代次数 n；
- 初始化回归系数值 $\boldsymbol{w}$；
- 依公式 $\boldsymbol{w}=\boldsymbol{w}-\alpha\nabla_{\boldsymbol{w}} L(\boldsymbol{w})$，更新回归系数值 $\boldsymbol{w}$；
- 输出 $\boldsymbol{w}$，直到迭代次数达到 n。

Python 通过面向对象编程实现上述算法时，须先用关键词 class 定义类别 LinearRegressionGD，此处传入小括号的参数 object，说明了这个类没有父类 (到始祖源头了！)。Python 的类别定义中通常会有 __init__() 这个特殊方法 (前后两下画线包夹)，创建对象时 Python 会自动调用这个方法，这个过程也称为初始化 (initialization)(Raschka, 2015)。

```
# 线性回归梯度陡降参数解法
# 定义类别 LinearRegressionGD
class LinearRegressionGD(object):
    # 定义对象初始化方法，对象初始化时带有两个属性
    def __init__(self, alpha=0.001, n_iter=20):
        self.alpha = alpha
        self.n_iter = n_iter
    # 定义对象的方法 fit()，此方法会根据传入的 X 与 y 计算属性
    # w_ 和 cost_
    def fit(self, X, y):
        # 随机初始化属性 w_
        self.w_ = np.random.randn(1 + X.shape[1])
        # 损失函数属性 cost_
        self.cost_ = []
        # 根据对象属性 alpha 与 n_iter，以及传入的 X 与 y 计算属性
        # w_ 和 cost_
        for i in range(self.n_iter):
            output = self.lin_comb(X)
```

```
            errors = (y - output)
            self.w_[1:] += self.alpha * X.T.dot(errors)
            self.w_[0] += self.alpha * errors.sum()
            cost = (errors**2).sum() / 2.0 # 式 (1.1)
            self.cost_.append(cost)
        return self
    # 定义 fit 方法会用到的 lin_comb 线性组合方法
    def lin_comb(self, X):
        return np.dot(X, self.w_[1:]) + self.w_[0]
    # 定义对象的方法 predict()
    def predict(self, X):
        return self.lin_comb(X)
```

梯度陡降算法需要学习率 alpha 与迭代次数 n_iter 才能运行，因此在对象初始化时就设定这两个属性。接着使用 fit() 方法根据传入的预测变量 X 与反应变量 y，计算回归系数向量 w_，以及每次迭代的损失函数值 cost_(即残差平方和)。LinearRegressionGD 类别另有两个计算向量点积和预测 y 值的方法 lin_comb() 和 predict()。

前述的类别初始化特殊方法 _ _init_ _() 中有一个参数 self，它是为了方便我们引用后续创建出来的对象本身。类别定义中所有方法的第一个参数必须是 self，无论它是否会用到。我们可以通过处理 self，来修改某个对象的性质。

LinearRegressionGD 类别定义中，还使用了 Python 的自定义函数语法，以及 for 循环控制语句。前者使用关键词 def 开始定义函数名称，欲传入的位置参数 (positional argument) 或关键词参数 (keyword argument) 置于小括号内，位置参数必须在关键词参数之前，首行最后以冒号: 结尾。其下各行语句内缩四个空格，或是两次 Tab 键，最末一行通常是 return 语句，让结果返回到调用函数的地方，并把程序的控制权一起返回。没有 return 语句的情况就是程序自己内部运行，没有传回值。for 循环控制语句的首行同样以关键词和冒号: 开头与结尾，两者的中间定义指标变量 i，它在 0 到 `self.n_iter-1` 的范围 `range(self.n_iter)` 中循环，首行下方缩排部分是循环内部反复执行的语句。

执行上面类别定义后，即将 LinearRegressionGD 加载到内存中，接着仿真五十笔预测变量 x_i 与反应变量 y_i，作为回归模型训练数据。

```
# 前段程序代码区块加载类别后，可发现环境中有 LinearRegressionGD
# 此行语句是 Python 单行 for 循环写法，请参考 1.8.2 节 Python
# 语言数据导入及导出的列表推导 (list comprehension)
print([name for name in dir() if name in
["LinearRegressionGD"]])
```

```
## ['LinearRegressionGD']
```

```
# 仿真五十笔预测变量，使用 numpy 常用函数 linspace()
X = np.linspace(0, 5, 50) # linspace(start, stop, num)
print(X[:4]) # 前四笔仿真的预测变量
```

```
## [0.         0.10204082 0.20408163 0.30612245]
```

```
# 仿真五十笔反应变量，利用 numpy.random 模块从标准正态分布产生
# 随机数
y = 7.7 * X + 55 + np.random.randn(50)
print(y[:4])
```

```
## [55.87968066 55.19118967 58.22073554 57.48938075]
```

有了类别定义后，我们实现 n_iter=350 的模型对象 lr(此时 lr 为空模)，传入 X 与 y 完成梯度陡降拟合计算后，lr 变成实模。从实模 lr 新增的 w_ 与 costs_ 属性，可得知估计的回归系数与历代损失函数值，最后运用实模进行预测，并可视化模型拟合状况 (图 1.11)。总结来说，Python 语言的模型拟合过程通常如下：

- 载入类别；
- 定义空模规格；
- 传入训练数据拟合实模 (估计或学习模型参数)；
- 以实模进行预测或转换。

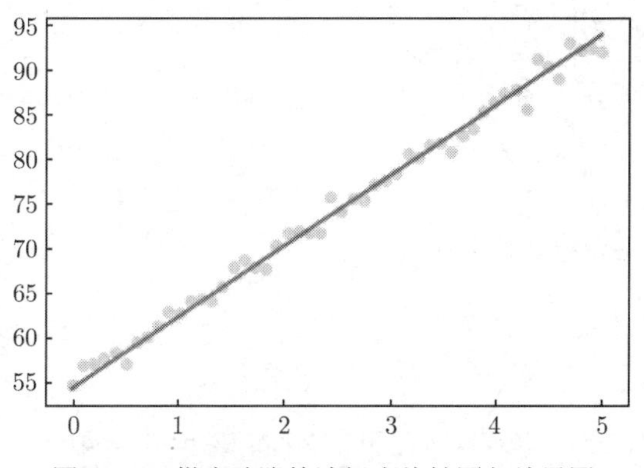

图 1.11 梯度陡降算法拟合线性回归结果图

R 语言也是这种模型拟合的流程，其中第二步空模定义与第三步的实模拟合可能合并在一起，建议读者弄清楚空模与实模之间的异同及其转换点，剩余的差异就是两种语言或各个模型的不同关键词了。

```
# 创建 LinearRegressionGD 类对象 lr
lr = LinearRegressionGD(n_iter=350)
# 创建后拟合前有 alpha, n_iter, fit(), lin_comb() 与 predict()
# print(dir(lr))
```

```
# 尚无 w_ 与 cost_ 属性
for tmp in ["w_", "cost_"]:
    print(tmp in dir(lr))
```

```
## False
## False
```

```
# 确认默认迭代次数已变更为 350
print(lr.n_iter)
```

```
## 350
```

```
# 传入单行二维矩阵 X 与一维向量 y，用梯度陡降法计算系数
lr.fit(X.reshape(-1,1), y)
# 拟合完毕后新增加 w_ 与 cost_ 属性
```

```
## <__main__.LinearRegressionGD object at 0x7ff4e0fe6b90>
```

```
for tmp in ["w_", "cost_"]:
    print(tmp in dir(lr))
```

```
## True
## True
```

```
# 截距与斜率系数
print(lr.w_)
```

```
## [54.07942561  8.00135188]
```

```
# 最后三代的损失函数值，随着代数增加而降低
print(lr.cost_[-3:])
```

```
## [28.683892417968007, 28.594535262178706, 28.5072758046043]
```

```
# 预测 X_new 的 y 值
X_new = np.array([2])
print(lr.predict(X_new))
```

```
## 70.08212936649349
```

```
# X 与 y 散点图及 LinearRegressionGD 拟合的线性回归直线
# Python 绘图语法参见 4.1 节数据可视化
import matplotlib.pyplot as plt
fig = plt.figure()
ax = fig.add_subplot(111)
ax.scatter(X, y)
ax.plot(X, lr.predict(X.reshape(-1,1)), color='red',
linewidth=2)
# fig.savefig ('./_img/oo_scatterplot.png')
```

1.7　控制流程与自定义函数

控制流程与自定义函数是任何程序语言编程设计的核心内涵，**动态程序设计语言 (dynamic programming languages)**R 与 Python 当然也不例外。数据科学家必须灵活运用控制流程与自定义函数，才能快速完成数据模型雏形开发的工作。

1.7.1　控制流程

大多数的程序代码是以循序的方式从头执行到尾，但有时我们会反复地执行某些指令语句许多次；或者当某些条件判断式满足 (R 返回 TRUE，Python 返回 True) 或不满足 (R 返回 FALSE，Python 返回 False) 时，反复地执行一段语句；也可以在条件满足或不满足时，一次性地执行一段语句。这些程序编写方式就统称为控制语句或控制流程 (control statements or flow)，以 R 语言而言，前述的头两种情况可以用 for、while 和 repeat 等循环控制语句，最后一种则是 if 或 if··· else··· 条件判断语句，以及 ifelse() 函数。

- R 语言控制语句 for 循环，其语法 (syntax) 为：

for (name in vector) {commands}

下面是输出数值向量中各个元素平方值的显式循环 (explicit looping 或称外显循环) 写法：

```
x <- c(5,12,13)
# 循环语句关键词 for
for (n in x) {
  print(n^2)
}
```

```
## [1] 25
## [1] 144
## [1] 169
```

首先创建向量对象 x，n 为循环指标变量 (index variable)。因为向量对象长度为 3，所以大括号中的输出指令会执行三次，依续输出向量中三个元素的平方值。

- 接着是未事先固定执行次数 while 循环，其语法为：

while (condition) {statements}

下例中先将循环指标变量的初始值设为 1，只要指标变量的值不超过 10(i <= 10)，就反复将其值往上加 4。因此整个 while 循环会执行三次，最后离开循环时的 i 值为 13。

```
i <- 1
# 循环语句关键词 while
while (i <= 10){
  i <- i + 4
}
print(i) # 13
```

```
## [1] 13
```

另一个例子是牛顿法求根 (解 $f(x) = 0$)，如果函数值与零的距离不低于允许误差 (tolerance)0.000001，则继续执行 while 循环大括号中解的更新过程。

```
# 解的初始值
x <- 2
# 欲求根的函数
f <- x^3 + 2 * x^2 - 7
# 牛顿法允许误差
tolerance <- 0.000001
while (abs(f) > tolerance) {
  # 求根函数的一阶导函数
  f.prime <- 3*x^2 + 4*x
  # 用牛顿法的根逼近公式更新解
  x <- x - f/f.prime
  # 新解的函数值
  f <- x^3 + 2*x^2 - 7
}
# 输出解
x
```

```
## [1] 1.429
```

- 第三种循环语句是 repeat，其语法为：

repeat {statements}

继续以牛顿法求根为例，请注意大括号中含有 `if (condition) break` 的语句，一旦函数值与零的距离低于 tolerance，就执行 break 指令跳出 repeat 循环。

```
x <- 2
tolerance <- 0.000001
# 循环语句关键词 repeat
repeat {
  f <- x^3+2*x^2-7
  if (abs(f) < tolerance) break
  f.prime <- 3*x^2+4*x
  x <- x-f/f.prime
  }
x
```

```
## [1] 1.429
```

- 最后是条件判断语句 if 与 if··· else···，其语法为：

if (condition) {commands when TRUE}

if (condition) {commands when TRUE} else {commands when FALSE}

下例中 grade 是内容为成绩等级的字符串向量，首先用 is.character() 函数判定 grade 是否为字符串向量，如为 TRUE 则执行后方大括号内语句一次，将 grade 强制转换为 factor 向量并更新它；再用 is.factor() 函数判定 grade 是否不为因子向量，结果如为 TRUE，则执行 if 关键词后方大括号内语句一次，也是将 grade 强制转换为 factor 向量，并更新它；结果如为 FALSE，则执行 else 关键词后方大括号内语句一次，输出条件判定的结果说明：`"Grade already is a factor."`。

```
grade <- c("C", "C-", "A-", "B", "F")
if (is.character(grade)) {grade <- as.factor(grade)}
if (!is.factor(grade)) {grade <- as.factor(grade)} else
  {print("Grade already is a factor.")}
```

```
## [1] "Grade already is a factor."
```

读者请注意各控制语句语法的关键词，小括号内的条件 (condition)，以及大括号内指令语句的主体 {commands}。相较于来自计算机科学界的 Python 语言，R 语言源于数学与统计特定领域 (domain specific)，所以程序语言结构较为宽松，许多有经验的程序员经常将成对大括号省略，造成新手对程序代码的理解存在困难。以自定义函数为例，下面两种定义是一样的：

f <- function(x,y) x + y

f <- function(x,y) {x + y}

此外，数据处理与分析常须取出符合某些条件的数据子集，建议读者尽量采用逻辑值索引 (1.3.7节 R 语言原生数据对象取值)，避免运用条件式语法。

1.7.2 自定义函数

如同数学上的函数一样，动态程序语言 R 与 Python 的函数对象都是依据输入的对象参数 (objects as arguments) 进行计算与转换后再传出输出对象。以 R 语言为例，它运用 function 关键词创建函数的语法如下 (Python 自定义函数请参见 1.6.2节 Python 语言面向对象)：

function(arguments) {body}

其中参数值 (arguments) 是一个 (或以上) 对象名称 (a set of symbol names)，可用等号运算符给予对象参数默认值，传入函数主体内执行指令语句后，用 return 关键词传回最后一行语句，但 return 关键词常被省略。

```
# R 语言自定义函数，注意关键词 function，以及三个参数在函数主体
# 如何运用
corplot <- function(x, y, plotit = FALSE) {
    if (plotit == TRUE) plot(x, y)
    # 省略关键词 return，如 return(cor(x, y))
    cor(x, y)
}
```

与函数相关的另一个名词是参数 (parameter)，它是函数内程序转换或运算所需要的固有性质 (intrinsic property)，须包含在函数的定义中；参数值 (argument) 是当调用函数时，实际传入函数程序中的值，R 语言用 args() 函数显示函数的参数名与对应的默认值。为了方便说明，本书后续不刻意区分参数与参数值。

大部分情况下，需将关键词 function 定义的函数对象用用户自定义的名称存储起来，方便后续使用。但是也有不具名函数嵌套在其他函数中结合运用的情况，此时不具名函数被称为**匿名函数 (anonymous function)**，Python 语言称之为 Lambda 函数。

上例说明 R 语言如何自定义函数，函数 corplot 有三个参数，其中参数 plotit 已有默认的参数值 FALSE。下面调用 corplot() 时，根据使用者传入的参数值 u、v 和真假值 (最后一个可传可不传，因为已经有默认值 FALSE 了)，计算相关系数，并进行逻辑语句判断，决定是否绘制散点图。

```
# 用连续型均匀分布 Uniform(2, 8) 随机产生 u, v 随机数向量
u <- runif(10, 2, 8); v <- runif(10, 2, 8)
```

```
# 函数调用与传入参数值 u 与 v
corplot(u, v)
```

```
## [1] -0.1673
```

```
# 改变 plotit 默认值
corplot(u, v, plotit = TRUE)
```

```
## [1] -0.1673
```

plotit 为真的散点图如图 1.12所示。

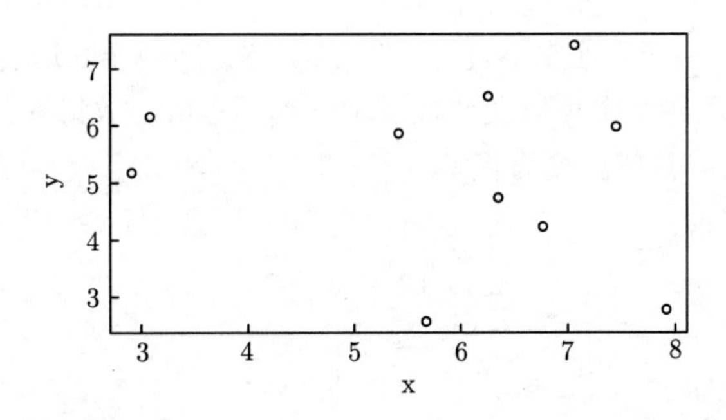

图 1.12 corplot() 函数的参数 plotit 设定为真时绘制的散点图

在数据处理与分析实战时，经常将重复性的工作定义为函数，便于精简代码、模块化工作流程。下例先读入新生数据集，有入学学年、学院、系所、班级、性别与毕业学校等字符串字段。

```
# 加载 Excel 电子表格读文件套件
library(readxl)
newbie <-read_excel("./_data/106-freshman-final-new.xls")
```

```
str(newbie)
```

```
## tibble [2,508 x 10] (S3: tbl_df/tbl/data.frame)
## $ 入学学年: chr [1:2508] "106" "106" "106" "106"
## ...
## $ 系所代码: chr [1:2508] "119" "119" "119" "119"
## ...
## $ 班级代码: chr [1:2508] "119101" "119101"
## "119101" "119101" ...
## $ 班级名称: chr [1:2508] "二技国贸三甲"
## "二技国贸三甲" "二技国贸三甲" "二技国贸三甲" ...
## $ 部别 : chr [1:2508] "日间部" "日间部" "日间部"
```

```
## "日间部" ...
## $ 学制 : chr [1:2508] "二技" "二技" "二技"
## "二技" ...
## $ 系所 : chr [1:2508] "国际贸易系" "国际贸易系"
## "国际贸易系" "国际贸易系"...
## $ 学院 : chr [1:2508] "经济管理学院"
## "经济管理学院" "经济管理学院" "经济管理学院" ...
## $ 性别 : chr [1:2508] "女" "女" "女" "女" ...
## $ 毕业学校: chr [1:2508] "蓝青学校" "蓝青学校"
## "蓝青学校" "蓝青学校"...
```

除了字段学号 (识别变量通常不转为因子) 外，先将 newbie 所有字段转换为因子向量，并查看各字段摘要报表。其中可以发现性别字段有异常值，故将其再转回字符串类型，并用 gsub() 函数将男女异常值替换为正常值。

```
# 将选定字段成批转换为因子
newbie[-8] <- lapply(newbie[-8], factor)
# 因子或字符串变量频率统计
summary(newbie)
```

```
##  入学学年     系所代码       班级代码
##  106:2508   601    : 250   101102 :  58
##             501    : 212   601105 :  57
##             101    : 168   101103 :  56
##             401    : 145   101101 :  54
##             419    : 115   601102 :  54
##             C13    : 101   401102 :  53
##             (Other):1517   (Other):2176
##       班级名称           部别           学制
##  五专企管一甲 : 192     日间部 : 1447     四技:835
##  四技安工一甲 : 123   进修学院 : 384      五专:423
##  四技交通甲   : 114  进修部    : 677      二技:350
##  五专交通甲   :  99                     夜二技:250
##  二技化学一甲 :  95                     夜四技:204
##  四技化学一甲 :  95                       五专:200
##  (Other)      :1790                  (Other) :287

##       系所           学号              性别
##  交通工程系 :1284   Length:2508        1男:215
##  企业管理系 :302    Class :character   2女:456
##  国际贸易系 :222    Mode  :character     女:1319
```

```
##  化学系      :190                          男:518
##  自动控制系 :153
##  安全工程系 :123
##  (Other)    :234
##                         毕业学校
##  绵阳中学              : 342
##  南昌市第二中学        : 105
##  人大附中              :  94
##  兵团二中              :  86
##  蓝青学校              :  86
##  (Other)               :1777
##  NA's                  :  18
```

```
# 性别变量有异常，再转回字符串类型做处理
newbie$性别 <- as.character(newbie$性别)
# 前 ("1 男") 换为后 (" 男")
newbie$性别 <- gsub("1 男", " 男", newbie$性别)
# 前 ("2 女") 换为后 (" 女")
newbie$性别 <- gsub("2 女", " 女", newbie$性别)
```

查看清理后的性别值频率分布，确定正常后再将其转为因子向量。

```
# 频率分布确认无误后再转为因子
table(newbie$性别)
```

```
##
##   女   男
## 1775  733
```

```
newbie$性别 <- factor(newbie$性别)
```

使用 lapply() 隐式循环函数，对部别、学制、系所、学院与性别等类别字段，成批产生频率分布表，了解其类别数据分布状况。

```
# 将选定字段成批产生频率分布表
lapply(newbie[-c(1:4,10)], table)
```

```
## $部别
##
##   日间部 进修学院   进修部
##     1447      384      677
##
```

```
## $学制
##
##         二技         五专      五专      四技      四技自      夜二技
##          350          423       159       835           4         250
##       夜四技     进院二专     进院二技
##          204          136          147
##
## $系所
##
##           交通工程系          企业管理系
##                1284                302
##             会计学系          信息工程系
##                  93                 97
##   制药与精细化工系系             化学系
##                  44                190
##           国际贸易系          安全工程系
##                 222                123
##           自动控制系
##                 153
##
## $学院
##
## 化工学院   经济管理学院        自动化学院
##      357              617               1534
##
## $性别
##
##    女    男
## 1775   733
```

所谓文不如表，表不如排序后的表。因此，进一步使用 lapply() 隐式循环函数，结合前述匿名函数概念，将各个字段 (即匿名函数中的参数 u，读者请自行思考其为几维的数据对象？) 依序产生频率分布表后再进行排序。

```
# lapply() 加自定义匿名函数成批产生排序后的频率分布表
lapply(newbie[-c(1:4,10)], function(u) {
  # 内圈加外圈的合成函数用法
  sort(table(u), decreasing = TRUE)
})
```

```
## $部别
```

```
## u
##   日间部   进修部    进修学院
##    1447      677         384
##
## $学制
## u
##           四技       五专      二技     夜二技     夜四技    五专
##            835        423       350        250        204     159
##        进院二技   进院二专    四技自
##            147        136         4
##
## $系所
## u
##          交通工程系              企业管理系
##                1284                     302
##          国际贸易系                  化学系
##                 222                     190
##          自动控制系              安全工程系
##                 153                     123
##          信息工程系                会计学系
##                  97                      93
##  制药与精细化工系系
##                  44
##
## $学院
## u
## 自动化学院   经济管理学院          化工学院
##       1534            617              357
##
## $性别
## u
##   女    男
## 1775  733
```

校方需要统计各系科 (dept) 各学制 (acasys) 下生源排名前三与后三的学校，因此定义下面 deptByAcaSys() 的函数。函数在传入科系与学制名后，先用**逻辑值索引 (logical indexing)** 挑选子表 tbl，接着对子表中的毕业学校一栏产生排序后的频率分布表 top3 与 bottom3，最后组织成数据集 df 后传出。

```
# 系科学制自定义函数设计
deptByAcaSys <- function(dept=" 信息工程系", acasys=" 四技") {
  TF <- newbie$系所 == dept & newbie$学制 == acasys
  tbl <- newbie[TF,]
  top3 <- head(sort(table(tbl$毕业学校), decreasing = TRUE),
  3)
  bottom3 <- tail(sort(table(tbl$毕业学校), decreasing = TRUE)
  , 3)
  df <- data.frame(top3 = top3, bottom3 = bottom3)
  names(df) <- c("Top", "TopFreq", "Bottom", "BottomFreq")
  return(df)
}
```

以下是调用 deptByAcaSys() 自定义函数的两个例子，我们还须思考是否有可以改进之处。其实 deptByAcaSys() 缺乏输入参数的合理性检查 (sanity check)，好的用户自定义函数应该能够避免不当参数的输入，例如，dept 是否在该校 9 个系所名单内，避免造成意料之外的错误。限于篇幅，请读者自行举一反三。

```
# 根据默认值调用函数，仍然要加上成对小括号
deptByAcaSys()
```

```
##               Top TopFreq              Bottom BottomFreq
## 1        兵团二中       9            黄石二中          0
## 2  南昌市第二中学       7      黑龙江省实验中学          0
## 3        合肥六中       3    齐齐哈尔市实验中学          0
```

```
# 改变函数默认值
deptByAcaSys(" 化学系", " 二技")
```

```
##                  Top TopFreq              Bottom
## 1           绵阳中学      15            黄石二中
## 2           兵团二中      35      黑龙江省实验中学
## 3 福建省安溪第一中学       5    齐齐哈尔市实验中学
##   BottomFreq
## 1          0
## 2          0
## 3          0
```

最后，无论是内置函数、各套件中的函数，还是自行定义的函数，读者应注意引用函数时其默认的参数值与可能的参数选项，才能善用函数模块化数据处理与分析的工作流程。

1.8 数据导入与导出

数据导入通常是数据处理与分析的第一项工作,R 语言单一数据集导入方法在许多书籍中已有介绍。本节以美国国家航空航天局 (National Aeronautics and Space Administration, NASA) 公开的飞机引擎仿真数据 C-MAPSS 为例，说明多个训练与测试数据集的导入方法。Python 数据导入部分我们介绍传统的读文件方式，以及 **pandas** 套件中方便的读文件函数。

1.8.1 R 语言数据导入及导出

C-MAPSS 其实是用 MATLAB/Simulink 编码的引擎模式仿真环境，全名是商用模块化航空推进系统仿真环境 (Commercial Modular Aero-Propulsion System Simulation, C-MAPSS)，它能模拟大型商用喷射引擎的运转，提供不同操作条件与故障设计下的喷射引擎衰退数据。设定输入参数、涡轮引擎运作条件、封闭回路控制器与高度、温度等环境状况后，在引擎效率参数的变化规定下，C-MAPSS 可以仿真引擎系统不同部位的各种退化情形。

C-MAPSS 数据集是在上述模拟环境中产生的数据集，由 NASA 提供作为故障预测与健康管理 (Prognostics and Health Management, PHM) 数据分析竞赛的数据集。故障预测 (prognostics) 与故障诊断 (diagnostics) 的区别在于前者关心未来的状况将会如何；而后者则是描述当前的状况为何[1]。C-MAPSS 总共有 12 个数据集，其中四个是仿真各引擎从启用到弃用的训练集，四个测试集则在引擎故障前即提取截略数据 (为什么?)，另外还有四个记录各测试集中各引擎编号对应的剩余寿命值 (Remaining Useful Life, RUL)。

首先将下载的压缩文件 CMAPSSData.zip 解压缩到路径./_data/C-MAPSS 下，路径名称中的. 代表当前路径。用 list.files() 函数列出路径下所有文件名并存储为 fnames，我们先导入四个训练集数据，从文件名可观察到它们均为 train 开头。因此用 grep() 函数，结合 2.4.1 节中的**正则表示式 (Regular Expression, RE)**，以 ^ 字符后接训练集文件名开头字符 train,取得各个文件名是否为 train 开头的索引编号后,再返回 fnames 抓取训练集文件名向量。运用循环语法，逐一以训练集文件名前冠字 train(运用 `strsplit(train[i], "[_]"` 抓出)，与流水号粘贴为对象名称，再用 assign() 函数指派对象字符串名称给 read.table() 函数依序导入的数据，语法为 assign(对象名称, 读入的数据对象)。

```
# list.files() 列出路径下所有文件名
fnames <- list.files("./_data/C-MAPSS")
# 找出由 train 开头的文件名位置
grep("^train", fnames)
```

[1] http://info.senseye.io/blog/

```
## [1] 11 12 13 14
```

```
# 运用逻辑值索引，形成训练集文件名向量
(train <- fnames[grep("^train", fnames)])
```

```
## [1] "train_FD001.txt" "train_FD002.txt"
## [3] "train_FD003.txt" "train_FD004.txt"
```

```
# 用 for 循环读取训练集数据
for (i in 1:length(train)) {
  # 粘贴各训练数据对象名称 ("train"+ 流水号)
  myfile <- paste0(unlist(strsplit(train[i], "[_]"))
  [1],i)
  # assign() 函数指定字符串名称 myfile 给依序读进来的训练集文件
  assign(myfile, read.table(paste0("./_data/C-MAPSS/",
  train[i]), header = FALSE))
}
# 运用逻辑值索引，形成测试集文件名向量
test <- fnames[grep("^test", fnames)]
# 用 for 循环读取测试集数据
for (i in 1:length(test)) {
  # 粘贴各测试数据对象名称 ("test"+ 流水号)
  myfile <- paste0(unlist(strsplit(test[i], "[_]"))[1],i)
  # assign() 函数指定字符串名称 myfile 给依序读进来的测试集文件
  assign(myfile, read.table(paste0("./_data/C-MAPSS/",
  test[i]), header = FALSE))
}
# 抓取 RUL 开头的文件名，形成余寿数据文件名向量
RUL <- fnames[grep("^RUL", fnames)]
# 用 for 循环读取余寿数据
for (i in 1:length(RUL)) {
  # 粘贴各余寿数据对象名称 ("rul"+ 流水号)
  myfile <- paste0(tolower(unlist(strsplit(RUL[i],
"[_]"))[1]),i)
  # assign() 函数指定字符串名称 myfile 给依序读进来的余寿文件
  assign(myfile, read.table(paste0("./_data/C-MAPSS/",
  RUL[i]), header = FALSE))
}
```

所有文件导入后，将读文件过程产生的中间对象，用 rm() 函数从工作空间中全数删除，再将剩下的训练集、测试集与余寿文件用 save.image() 函数打包成一个 R 数据对象 CMAPSS.RData，方便下次用 `load()` 函数直接加载环境中使用。

```
# 用 rm() 函数移除工作空间中对象
rm(fnames, i, myfile, RUL, test, train)
# 存储工作空间中所有对象为单一 RData
# save.image(file = "CMAPSS.RData")
# 下次直接加载所有对象
# load(file = "CMAPSS.RData")
```

1.8.2 Python 语言数据导入及导出

在 Python 读文件的部分，传统上用 io 模块内置的 open() 函数开启文件连接 (file connection) 后，结合 read() 方法导入逗号分隔文件 letterdata.csv。我们首先设定存放文件的文件夹路径与文件名：

```
data_dir="/Users/Vince/cstsouMac/Python/Examples/MachineLearning/data/"
# Python 空字符串的 join() 方法，类似 R 语言的 paste0() 函数
fname = ''.join([data_dir, "letterdata.csv"])
```

接着用 io 模块的 open() 函数打开文件，产生文件处理链接对象 f，open() 函数的参数 mode 默认为读取模式'r'。运用 dir() 函数查看对象 f 的可用方法，其中可发现 read 方法，用它读取文件内容存储为字符串类型 str 对象 data，读取成功后记得要关闭文件连接。

```
# mode 参数默认为'r' 读取模式
f = open(fname)
```

```
# 有 read() 方法
print(dir(f)[49:54])
```

```
## ['read', 'readable', 'readline', 'readlines', 'reconfigure']
```

```
# read() 方法读文件
data = f.read()
# 记得关闭文件连接
f.close()
```

```
# data 为 str 类型对象
print(type(data))
```

```
## <class 'str'>
```

从图 1.13可发现导入的 str 类型对象 data，仅有一个元素 (size 为 1)，故须对其进行后处理。先用换行符号 “\n” 将数据分成各行，再以逗号区分出首行中的各个域名。

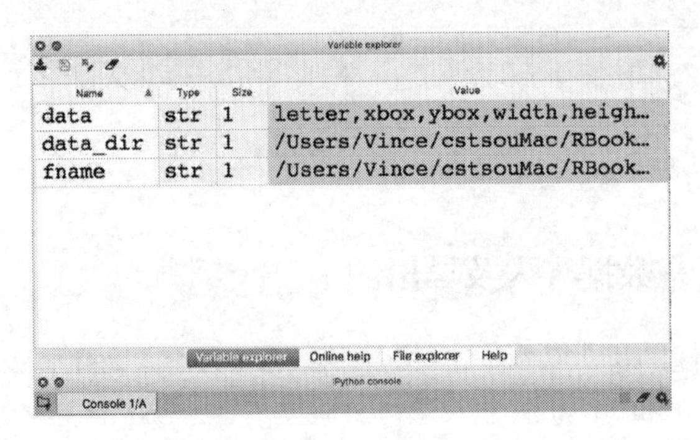

图 1.13　Python 集成开发环境 Spyder 中的变量查看器 (Variable explorer)

```
# 类别为 str 的 data 有 712669 个字符
print(len(data))
```

```
## 712669
```

```
# split() 方法用换行符号"\n" 将 data 切成多个样本的 lines
lines = data.split("\n")
# lines 类型为列表
print(type(lines))
```

```
## <class 'list'>
```

```
# 查看第一行发现：一行一元素，元素内以逗号分隔开各域名
# Python 列表取值冒号运算符，前包后不包
print(lines[0][:35])
```

```
## letter,xbox,ybox,width,height,onpix
```

```
# 再次用 split() 方法以逗号切出首行中的各栏名称
header = lines[0].split(',')
print(header[:6])
```

```
## ['letter', 'xbox', 'ybox', 'width', 'height', 'onpix']
```

注意，列表 (list) 对象 lines 的长度为 20 002，其中编号 20 001 的最后一个元素为空字符串，故观测值列表 lines 要排除此列，数据处理与分析工作经常会碰到不可预期的状况。

```
# 20002 笔
print(len(lines))
```

```
## 20002
```

```
# 注意最末空字符串
print(lines[20000:])
```

```
## ['A,4,9,6,6,2,9,5,3,1,8,1,8,2,7,2,8', '']
```

```
# 排除首行域名与末行空字符串
lines = lines[1:20001]
```

输出初步处理的结果，显然各笔观测值中各个字段的数值都需用逗号分隔开。

```
# 第一笔观测值
print(lines[:1])
```

```
## ['T,2,8,3,5,1,8,13,0,6,6,10,8,0,8,0,8']
```

```
# 共 20000 笔观测值
print(len(lines))
```

```
## 20000
```

接下来用循环加列表推导剖析各笔观测值数据，完成以逗号分隔各个字段数值的重复性工作。执行循环前先用 **numpy** 定义空的二维字符矩阵 data，传入 chararray() 的维度信息是不可变的元组结构 (20 000, 17)。另外，在 for 循环首行中，enumerate() 函数同时抓取观测值编号与观测值，这是 Python 语言常见的显式循环编写方式。进入外显 for 循环后的首行语句被称为**列表推导 (list comprehension)**，其实是单行的循环写法，所以 20 000 笔观测值的剖析工作是以双层循环来完成的。外圈一笔笔取出观测值后，内圈的列表推导再一一以逗号分隔各个域值。列表推导该行语句请从关键词 for 开始向右看，把各个观测值 line 用逗号 (,) 分割后所得的 17 个元素一一取出并表示为 x，接着从 for 关键词的左边了解取出的各元素 x 做了何种处理，此处原封不动将 17 个元素封装成列表 (即最外圈的列表生成中括号对 `[]`)，最后存储成各观测值变量值列表 values，下行语句逐列把 values 并入数据表 data 中 (如第 i 列)。

```
import numpy as np
# 定义 numpy 二维字符矩阵 (20000, 17)
data = np.chararray((len(lines), len(header)))
print(data.shape)
```

```
## (20000, 17)
```

```
# 用 enumerate() 同时抓取观测值编号与观测值
for i, line in enumerate(lines):
    # 列表推导 list comprehension
    values = [x for x in line.split(',')]
    # 并入 data 的第 i 列
    data[i, :] = values
```

完成后输出导入的变量名称 (太宽，读者请自行执行) 与观测值。

```
# 输出变量名称
# print(header)
# 输出各观测值
print(data)
```

```
## [[b'T' b'2' b'8' ... b'8' b'0' b'8']
##  [b'I' b'5' b'1' ... b'8' b'4' b'1']
##  [b'D' b'4' b'1' ... b'7' b'3' b'9']
##  ...
##  [b'T' b'6' b'9' ... b'1' b'2' b'4']
##  [b'S' b'2' b'3' ... b'9' b'5' b'8']
##  [b'A' b'4' b'9' ... b'7' b'2' b'8']]
```

前述 Python 的传统读文件方式比较烦琐，**pandas** 套件出现后使得读文件工作方便很多，1.4.2节已用 read_excel() 方法从第 2 行 (skiprows=1) 开始读取 Facebook 打卡数据的第一张 (默认值) 工作表。本节用参数 sheet_name 指定欲导入的工作表名称为‘总累积’，以及从第 2 行读取域名 (header=1)，导入数据存成对象类型为 DataFrame 的 fb。

```
# 1.4.2 节 pandas 读文件指令
# fb=pd.read_excel ("./_data/facebook_checkins_2013-08-24_GB.xls"
# , skiprows = 1)
import pandas as pd
fname=''.join(['./_data','/facebook_checkins_2013-08-24_GB.xls'])
# 本节指定工作表名称与字段名所在的行数
fb = pd.read_excel(fname, sheet_name=' 总累积', header = 1)
# 读入后仍为 pandas 套件 DataFrame 对象
print(type(fb))
```

```
## <class 'pandas.core.frame.DataFrame'>
```

接着可以用 head()、columns 与 index 等方法或属性，查看前五笔数据、变量名称及观测值索引。

```
# 查看前五笔数据
print(fb[[' 地标名称', ' 累积打卡数', ' 地区']].head())
```

```
##     地标名称                                 累积打卡数    地区
## 0  Taiwan Taoyuan International Airport  711761       桃园县
## 1  台湾桃园国际机场第二航站楼                 411525       桃园县
## 2  Taipei Railway Station                391239       台北市
## 3  Shilin Night Market                   385886       台北市
## 4  花园夜市                                351568       台南市
```

```
# 纵向变量名称属性 columns
print(fb.columns[:3])
```

```
## Index(['地标ID', '地标名称', '累积打卡数'], dtype='object')
```

```
# 横向观测值索引属性 index(从 0 到 1000 间距 1)
print(fb.index)
```

```
## RangeIndex(start=0, stop=1000, step=1)
```

有关 Python 语言数据导出，常用的有 **pandas** 数据集对象的 to_csv() 或 to_excel() 等方法，还有运用 Python 压缩存储与提取的套件 **pickle**，将对象列表化 (serialization) 后保存到硬盘中，请参考 4.3.1 节中的青少年市场区隔案例中的模型存储与加载部分。

1.9 程序调试与效率监测

编写程序时经常发生不可预期的错误，例如，读文件时发现文件不在当前的工作目录下，或是传入函数的数据形式不对，可能的原因是整个数据对象有误，抑或个别字段的值类型不适用函数某部分运算，程序调试 (debugging) 正是修正这些不可预期的问题的艺术与科学。

一旦程序代码执行有状况发生时，系统会回报错误 (errors)、警告 (warninigs) 或信息 (messages) 等三种等级的信息。

- 错误信息会停止正在执行的所有程序；
- 警告信息说明潜在的问题；
- 一般传回的信息传达代码输出的结果。

如果不希望系统报告这些信息，suppressMessages() 函数可用来禁止这些信息的显示。

```
# 数学函数不能施加在字符串上
# log("abc")
# Error in log("abc") : non-numeric argument to mathematical
# function
# log() 函数施加在负值上会有警告信息，
# 告知产生 NaNs(Not a number!)
log(-1:2) # 有警告信息
```

```
## Warning in log(-1:2): NaNs produced
```

```
## [1]     NaN    -Inf 0.0000 0.6931
```

```
# 载入套件时传回套件 {caret} 与 {survival} 中同名对象遮蔽的信息
library(caret)
```

```
##
## Attaching package: 'caret'
```

```
## The following object is masked from 'package:survival':
##
##     cluster
```

```
# 从内存中移除 caret 套件
detach(package:caret)
# 重载时不显示上述信息
suppressMessages(library(caret))
```

如同其他程序语言，R 语言也有 withCallingHandlers()、tryCatch() 与 try() 等例外状况处理函数，在例外状况发生时，这些函数允许程序员采取某些行动；结合 stop()、warning() 与 message() 等函数，可以帮助程序员在必要时传回信息，进而了解程序代码执行的状况。

```
iter <- 12
# stop() 停止程序运行
try(if (iter > 10) stop("too many iterations"))
```

```
## Error in try(if (iter > 10) stop("too many iterations")) :
##   too many iterations
```

一般而言，程序员通过下列调试流程来解决代码的错误：

- 意识到错误的存在；
- 让错误可以重现；
- 找出错误的原因；

- 修正错误并进行测试，确认结果符合预期；
- 最后会寻找相似的错误并修正。

优秀的程序员必须了解程序无法执行与程序可以执行但是结果不正确这两种情况的区别，后者反而更难发现且后果不容小觑。所以通常我们会将程序模块化，拆解为简单且独立的函数 (参见 1.7.2节自定义函数)，以利于整体调试工作的进行。初学者可从做出执行效率较低但是运算逻辑正确的程序，再设法提升程序执行效率，最后当然必须确认效率较高的程序结果是否正确。

程序测试时必须特别注意边界案例 (edge cases)，就数据驱动程序设计而言，测试长度为零的向量、测试非常大和非常小的值等，会是确认程序代码是否鲁棒的重要方向。接下来我们以简例说明程序调试流程，错误信息是程序编写学习过程中的至宝，如果习惯性忽略错误信息，学习效果会非常差。因此，尝试阅读错误信息，并用 traceback() 函数获得错误相关的额外信息，是重要的第一步。

```
# 自定义函数 cv() 计算向量各元素除以平均值后的标准偏差
cv <- function(x) {
  sd(x/mean(x))
}
# 天啊！传入"0" 字符既有错误又有警告信息
# cv("0")
# Error in x/mean(x): non-numeric argument to binary operator
# In addition: Warning message:
# In mean.default(x) :
# Error in x/mean(x): non-numeric argument to binary operator
```

上面程序代码定义了 cv() 函数，计算传入的 x 对象除以其平均值 (mean() 函数的输出) 后的标准偏差 (sd() 函数返回结果)。当我们输入字符"0" 时，cv() 函数传回执行错误的信息：当执行 x/mean(x) 时，传入二元运算的参数值是非数值的 (non-numeric)。错误信息涉及 x/mean(x) 运算，如果我们想要了解更多错误信息，可以用 traceback() 函数查看当前调用堆栈 (stack) 中的作用函数，因为是堆栈的数据结构，所以越下方是越早调用的函数。

```
# 查看调用堆栈 (call stack)
# traceback()
# 4: is.data.frame(x)
# 3: var(if (is.vector(x) || is.factor(x)) x else
# as.double(x), na.rm = na.rm )
# 2: sd(x/mean(x)) at #2
# 1: cv("0")
```

traceback() 函数显示错误发生于何处 (注意 at #2，这代表错误发生在调用函数堆栈中的第二个函数，符合前段错误信息的说明)，因此将此步骤涉及的函数再进行逐步测试：

```
# 先测试分母，结果为 NA，但有下面的警告信息！
mean("0")
```

```
## Warning in mean.default("0"): argument is not numeric
## or logical: returning NA
```

```
## [1] NA
```

上面结果显示：mean("0") 可以执行，但有警告信息，因为执行结果为 R 语言特殊变量 NA，表示计算结果异常。继续执行"0"/mean("0")，发现下面的错误信息：

```
# 分母是警告信息的来源，分子除以分母才是错误信息的来源
# "0" / mean("0")
# Error in "0"/mean("0") : non-numeric argument to binary
# operator
# In addition: Warning message:
# In mean.default("0") : argument is not numeric or logical:
# returning NA
```

错误信息显示"0"/mean("0")，造成非数值型的参数值"0" 与 NA 传入二元除法运算是错误发生的原因，读者可以运行下面程序代码进一步确认错误原因。

```
# "0"/NA
# Error in "0"/NA : non-numeric argument to binary operator
```

请注意 0/NA 既无错误信息，也没有警告信息，只是计算的结果为 NA，读者可再自行测试 sd("0"/NA) 与 sd(0/NA) 两者结果的差异。

```
# 既无错误亦无警告
0/NA
```

```
## [1] NA
```

逐步追踪的结果是计算过程须先计算对象 x 的算术平均数,传入的字符串"0" 在 mean() 函数执行后的结果是 R 语言的特殊值 NA，此步骤只有警告信息，所以不是造成程序停止的真正原因。接着程序计算 x/mean(x)，因为二元运算除法不能对字符串"0" 这种非数值型变量进行运算，因而程序停止且报出错误信息。解决之道是在 cv() 函数开头加上输入对象 x 的值类型检查函数 is.numeric()，并用 stopifnot() 函数返回适当信息。

```
# 加入合理性检查 (sanity check) 语句修正原函数
cv <- function(x) {
  # sanity check
  stopifnot(is.numeric(x))
  sd(x / mean(x))
}
# 传入"0" 直接停止程序运行且报错 (stopifnot())
# cv("0")
# Error: is.numeric(x) is not TRUE
```

前述的 traceback() 函数只显示错误发生在何处，并未告知为何发生错误，程序员还是得自己思索错误原因。再者，如前所述，许多结果的错误不见得会发出任何错误信息，程序设计过程只会看到代码产生的错误信息。也就是说，没有错误信息不代表结果没有错，correct code $\neq$ correct result。因此，编写程序时建议正确使用 cat() 与 print() 等函数，将中间结果输出以便发现任何可能的错误。

```
# cat() 输出中间结果，尤其是 mean(x)，因为它在分母
cv <- function(x) {
  cat("In cv, x=", x, "\n")
  cat("mean(x)=", mean(x), "\n")
  sd(x/mean(x))
}
cv(0:3)
```

```
## In cv, x= 0 1 2 3
## mean(x)= 1.5
```

```
## [1] 0.8607
```

另外，程序员可在 cv() 函数的开头加入 browser() 函数，如此执行 cv() 时会进入函数的调试模式，暂停完整执行整个函数，让程序员一步步检查或变更局部变量，并且可以在函数的调试模式中执行任何其他的 R 指令，常用的调试模式执行指令有：

- n - 执行下一行"next";
- c - 继续执行函数直到结束"continue";
- Q - 离开侦测模式。

```
# 函数主体首行加入 browser()，以进入调试模式
# cv <- function(x) {
#   browser()
```

```
#    cat("In cv, x=", x, "\n")
#    cat("mean(x)=", mean(x), "\n")
#    sd(x/mean(x))
# }
# cv(0:3)
```

也可以用 debug(f) 与 undebug(f) 的方式启动及关闭函数 f 的调试模式，启动调试模式后每次调用函数 f 都会进入该环境中，执行 undebug(f) 后可离开调试环境。

```
# debug() 与 undebug() 调试模式示例
# cv <- function(x) {
#    cat("In cv, x=", x, "\n")
#    cat("mean(x)=", mean (x), "\n")
#    y <- mean(x)
#    sd(x/y)
# }
# debug(cv)
# cv(0:3)
# undebug(cv)
# cv(0:3)
```

除了程序功能外，程序员也须关注程序效率。R 语言的 system.time() 函数可以衡量程序代码的运行时间，帮助我们了解一段代码执行的时间，以及大程序中可能的代码瓶颈。system.time() 返回的用户 (user) 时间是执行特定任务的时间，系统 (system) 时间是计算机系统执行其他任务的时间，消逝 (elapsed) 时间是我们按下秒表流逝的时间。三者存在差异的原因是计算机为多任务的，除了送出的 R 代码，操作系统与其他应用程序可能同时间在后台执行其他的任务，如收发电子邮件、暂存工作中的文件等。Python 程序代码运行时间的衡量可用 **time** 套件，请参考 4.2.2 节在线音乐城关联规则分析案例。

```
# 输入的向量中，奇数元素的个数 (%% 表示除法运算后取余数)
oddcount <- function(x) {return(sum(x %% 2 == 1))}
# 随机从 1~1000000 中回置抽样取出 100000 个整数
x <- sample(1:1000000, 100000, replace = T)
system.time(oddcount(x))
```

```
##    user  system elapsed
##   0.001   0.000   0.001
```

R 语言是泛函式编程语言的代表之一，运用时须知泛函式编程输入、处理、输出 (Input, Processing, Output, IPO) 的基本概念为：输入对象的类型为何？数据结构是什么？转换过程中有何参数需要设定？不同的参数设定值可能代表用不同的方式完成转换，实战时需参阅在线使用说明文件以了解各种参数设定的变化。最后，输出对象的类型为何？数据结构又是什么？R 语言通常用列表结构封装函数计算的所有结果，也就是说其输出对象的数据结构通常是列表，类别名称则与函数名称相同。同为第四代程序语言的 Python，同样要注意上述问题与现象。

总结来说，读者在进行数据驱动程序设计时应当注意下列要点：

(1) 输入输出的变量符号大多是数据对象，可能是一维、二维或更高维的结构，故多采用向量化数据运算方式，可避免额外循环执行，以提升性能。

(2) 许多运算符 (如 R 语言幂运算符 ^、比较运算符 `>`、加号 `+`) 及函数 (如 R 语言中的 apply()、lapply()、sapply()、scale())，Python pandas 套件 Series 对象下的 apply() 方法，scikit-learn 套件中的 scale() 函数都是向量化的处理函数，也就是说是隐藏着循环的处理方式。

(3) 数据处理时多采用逻辑值索引，避免使用 `if…then…`条件式语句。

(4) 注意何时短对象中的元素被循环利用。

(5) 注意元素类型可能被强制转换的情况。

(6) 注意引用函数时其默认的参数值与可能的参数选项。

(7) 经常注意输入的数据对象经函数处理后产生的输出对象，其维度是否改变？数据结构是否改变？类型是否改变？

(8) 正确使用自定义函数模块化工作流程。

(9) 熟悉内存管理与编写平行化程序的技巧，以提升程序执行效率。

第 2 章

数据前处理

图 2.1所示数据建模的流程可以概括为三个步骤：数据前处理、数据挖掘与机器学习、模型结果后处理，进而产生问题解决的相关信息。本章介绍能产生准确预测结果的数据前处理做法。一般而言，**数据前处理 (data preprocessing)** 泛指训练数据集的增加、删除或转换等，这些数据准备工作可能造就成效显著的模型，也可能破坏模型的预测能力。数据前处理进行的时间点通常在建立数据模型之前，但也经常在发现模型效果不好，反复来回地修正前处理工作内容。前处理工作须先组织与管理不同来源的数据，清理其中遗缺或异常的数据，再经过数据探索与理解，获得可能的信息。探索的目的在于发现数据的样貌，如集中趋势 (往哪里靠拢？)、离散程度 (分布多宽？) 及其分布形状 (如何分布？) 等。这些发现增加我们对问题的认识，促进思索后续适合的特征工程和建模分析方法，然而读者应注意不同模型因对噪声或无关属性的敏感度不同，其所需的前处理工作内涵或有不同。结合领域相关知识，数据开始述说与问题相关的故事，数据科学家由此掌握这些故事的来龙去脉，才能做好对客户的数据服务工作。

2.1 数据管理

许多数据导入软件环境后，我们可能需要手动添加数据，整体规划数据呈现的样貌，或是组织不同数据源的表格，这些工作称为数据管理 (data management)。1.8 节导入数据与导出对象后，接着要架构数据排列方式，以获取信息；或是将数据转换为特定分析与绘图方法所需的格式，此项工作称为数据排序 (sorting) 与变形 (reshaping)。举例来说，方差

分析 (ANalysis Of VAriance, ANOVA) 或**图形文法 (grammar of graphics)** 绘图套件 {ggplot2} 只接受长格式数据；而协方差与相关系数的计算，则需要输入宽格式的数据。此外，真实的数据难免有缺失值，2.1.5节与 2.1.6节将介绍 R 与 Python 语言的缺失值辨识与基本填补方法。

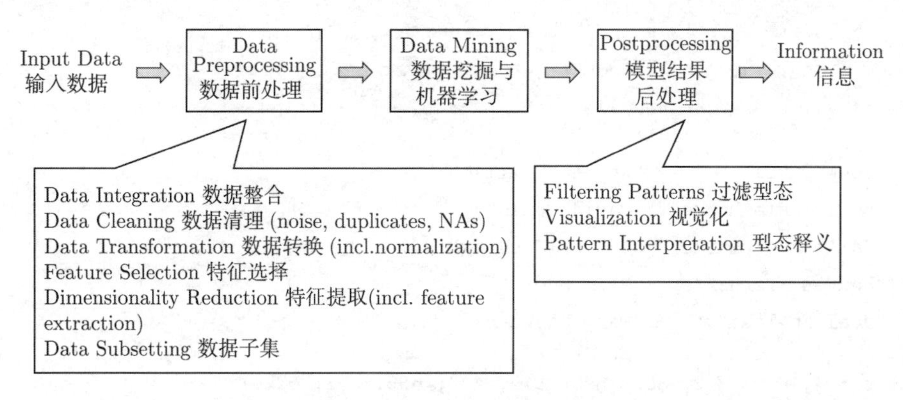

图 2.1 数据建模流程三部曲

2.1.1 R 语言数据组织与排序

数据驱动程序语言有许多建立与管理数据集的函数，由于数据不外乎就是数字与字符串，因此可运用的工具包括数学函数、统计函数、概率函数与字符串函数，有时也须用用户自定义的函数 (1.7.2 节) 来完成数据组织与管理的工作。以下用表 2.1十位学生的成绩计算与排序为例，说明 R 语言数据管理的实际做法 (Kabacoff, 2015)。

表 2.1 十位学生三科成绩表

姓名	数学	科学	英语
John Davis	502	95	25
Angela Williams	600	99	22
Bullwinkle Moose	412	80	18
David Jones	358	82	15
Janice Markhammer	495	75	20
Cheryl Cushing	512	85	28
Reuven Ytzrhak	410	80	15
Greg Knox	625	95	30
Joel England	573	89	27
Mary Rayburn	522	86	18

我们首先建立学生的数学、科学与英语成绩向量，并计算三科的平均成绩，请注意各科成绩无法直接比较 (incomparable)，因为各科满分不尽相同。然后进行百分比等级排名

(percentile ranking)，前 20% 为 A、接着的 20% 为 B、…… 以此类推，并按照学生姓氏的字母顺序排序成绩表。

```
# 创建姓名与成绩向量，注意指令有无包在小括号里的差异
(Student <- c("John Davis", "Angela Williams",
"Bullwinkle Moose", "David Jones", "Janice Markhammer",
"Cheryl Cushing", "Reuven Ytzrhak", "Greg Knox",
"Joel England", "Mary Rayburn"))
```

```
##  [1] "John Davis"        "Angela Williams"
##  [3] "Bullwinkle Moose"  "David Jones"
##  [5] "Janice Markhammer" "Cheryl Cushing"
##  [7] "Reuven Ytzrhak"    "Greg Knox"
##  [9] "Joel England"      "Mary Rayburn"
```

```
(Math <- c(502, 600, 412, 358, 495, 512, 410, 625, 573, 522))
```

```
##  [1] 502 600 412 358 495 512 410 625 573 522
```

```
Science <- c(95, 99, 80, 82, 75, 85, 80, 95, 89, 86)
English <- c(25, 22, 18, 15, 20, 28, 15, 30, 27, 18)
# 组织二维数据集 roster
(roster <- data.frame(Student, Math, Science, English,
stringsAsFactors = FALSE))
```

```
##              Student Math Science English
## 1         John Davis  502      95      25
## 2    Angela Williams  600      99      22
## 3   Bullwinkle Moose  412      80      18
## 4        David Jones  358      82      15
## 5  Janice Markhammer  495      75      20
## 6     Cheryl Cushing  512      85      28
## 7     Reuven Ytzrhak  410      80      15
## 8          Greg Knox  625      95      30
## 9       Joel England  573      89      27
## 10      Mary Rayburn  522      86      18
```

因为三科满分不一致，所以调用 scale() 函数调整三科成绩尺度后，再计算每位同学的平均成绩。请注意输出的对象 z 其类别已非数据集，而是数值矩阵了。我们可以用函数 apply() 搭配 mean() 与 sd() 验证数据标准化的计算是否正确，结果显示三科成绩均已标准化为平均数接近于 0，标准偏差为 1 的情况。

```
# 尺度调整函数，注意标准化计算所需的各科平均数与标准偏差
(z <- scale(roster[, 2:4])) # vectorization !
```

```
##            Math Science  English
##  [1,]  0.01269  1.0781  0.58685
##  [2,]  1.14337  1.5914  0.03668
##  [3,] -1.02569 -0.8471 -0.69689
##  [4,] -1.64871 -0.5904 -1.24706
##  [5,] -0.06807 -1.4888 -0.33010
##  [6,]  0.12807 -0.2053  1.13702
##  [7,] -1.04876 -0.8471 -1.24706
##  [8,]  1.43181  1.0781  1.50381
##  [9,]  0.83186  0.3080  0.95363
## [10,]  0.24344 -0.0770 -0.69689
## attr(,"scaled:center")
##    Math Science English
##   500.9    86.6    21.8
## attr(,"scaled:scale")
##    Math Science English
##  86.674   7.792   5.453
```

```
# z 类别为数值型矩阵
mode(z)
```

```
## [1] "numeric"
```

```
class(z)
```

```
## [1] "matrix"
```

```
# 标准化后各科平均数非常接近于 0
apply(z, MARGIN = 2, FUN = mean)
```

```
##       Math    Science    English
##  2.567e-16  7.022e-16 -1.638e-16
```

```
# 标准化后各科标准偏差为 1
apply(z, 2, sd)
```

```
##    Math Science English
##       1       1       1
```

公平的平均成绩 score 计算方式，是用标准化后的各科成绩计算每位同学的三科成绩的算术平均数：

```
# 计算三科平均成绩，并用 cbind () 并入 roster 最末行
score <- apply(z, 1, mean)
(roster <- cbind(roster, score))
```

```
##               Student Math Science English   score
## 1          John Davis  502      95      25  0.5592
## 2     Angela Williams  600      99      22  0.9238
## 3    Bullwinkle Moose  412      80      18 -0.8565
## 4         David Jones  358      82      15 -1.1620
## 5   Janice Markhammer  495      75      20 -0.6290
## 6      Cheryl Cushing  512      85      28  0.3532
## 7      Reuven Ytzrhak  410      80      15 -1.0476
## 8           Greg Knox  625      95      30  1.3379
## 9        Joel England  573      89      27  0.6978
## 10       Mary Rayburn  522      86      18 -0.1768
```

接着用 quantile() 函数决定全班三科平均成绩 score 的 80%、60%、40%、20% 的百分位数 (percentiles)，作为百分比等级排名的阈值。百分比等级排名值将存入原 roster 数据集最右边新增的字段 grade，按照每位学生三科平均成绩 score 的落点 (所在区间) 填入等级值。此处请注意**逻辑值索引 (logical indexing)** 的灵活运用，`score >= y[1]`、`score < y[1] & score >= y[2]` 等返回的逻辑值，搭配填入相应等级值`"A"`、`"B"`、··· 的聪明做法。

```
# 百分位等级排名函数 quantile ()
(y <- quantile(score, probs = c(.8,.6,.4,.2)))
```

```
##     80%     60%     40%     20%
##  0.7430  0.4356 -0.3577 -0.8948
```

```
# y[1] 被循环利用 (recycled )
score >= y[1]
```

```
##  [1] FALSE  TRUE FALSE FALSE FALSE FALSE FALSE  TRUE
##  [9] FALSE FALSE
```

```
# 不用定义即可直接新增 grade 字段
# 百分比等级排名值从高到低依序填入 grade 字段
roster$grade[score >= y[1]] <- "A"
roster$grade[score < y[1] & score >= y[2]] <- "B"
roster$grade[score < y[2] & score >= y[3]] <- "C"
roster$grade[score < y[3] & score >= y[4]] <- "D"
roster$grade[score < y[4]] <- "F"
```

排序表格前先将姓名字符串作断字处理，用 strsplit() 函数将学生姓名向量 roster$Student 依空白分为名字与姓氏。strsplit() 字符串处理函数也是向量化处理函数，它将传入的向量对象 roster$Student 逐一切分为 firstname 与 lastname，返回十个元素的列表对象 name。接着再用 sapply() 函数搭配向量取值中括号运算符"["，一个一个地取出每位学生的姓氏 (lastname) 与名字 (firstname)。R 语言是一种泛函式编程语言，运算符背后对应着函数，输入?"[" 求助指令后可了解其函数名称为 Extract，就是数据对象取值函数。

```
# 以空白断开名字与姓氏
name <- strsplit((roster$Student), " ")
name[1:2]
```

```
## [[1]]
## [1] "John"  "Davis"
##
## [[2]]
## [1] "Angela"   "Williams"
```

```
# sapply () 取出列表 name 的一个个向量元素后再结合中括号取值运算符
(lastname <- sapply(name, "[", 2))
```

```
##  [1] "Davis"      "Williams"   "Moose"
##  [4] "Jones"      "Markhammer" "Cushing"
##  [7] "Ytzrhak"    "Knox"       "England"
## [10] "Rayburn"
```

```
# 同前，取向量的第一个元素
(firstname <- sapply(name, "[", 1))
```

```
##  [1] "John"       "Angela"     "Bullwinkle"
##  [4] "David"      "Janice"     "Cheryl"
##  [7] "Reuven"     "Greg"       "Joel"
## [10] "Mary"
```

```
# 数据对象取值函数说明页面
# ?" ["
```

最后，order() 函数先将观测值编号按照姓氏 lastname 与名字 firstname 的字词顺序 (lexicographical order) 升幂排序成 lexiAscen 索引值向量，再将 lexiAscen 传入 roster 的行索引位置，以重新排列成绩表。

```
# 移除原 Student 字段，添加 firstname 与 lastname 两字段
roster <- cbind(firstname,lastname, roster[,-1])
# order () 按照传入的字符串向量 lastname 的字词升序传出观测值编号，
# 同时根据第二个向量 firstname 决定顺序
(lexiAscen <- order(lastname, firstname))
```

```
##  [1]  6  1  9  4  8  5  3 10  2  7
```

```
# R 语言常用的表格排序做法
roster <- roster[lexiAscen,]
# 注意行首的观测值编号
roster
```

```
##     firstname   lastname Math Science English   score
## 6      Cheryl    Cushing  512      85      28  0.3532
## 1        John      Davis  502      95      25  0.5592
## 9        Joel    England  573      89      27  0.6978
## 4       David      Jones  358      82      15 -1.1620
## 8        Greg       Knox  625      95      30  1.3379
## 5      Janice Markhammer  495      75      20 -0.6290
## 3  Bullwinkle      Moose  412      80      18 -0.8565
## 10       Mary    Rayburn  522      86      18 -0.1768
## 2     Angela   Williams  600      99      22  0.9238
## 7      Reuven    Ytzrhak  410      80      15 -1.0476
##    grade
## 6      C
## 1      B
## 9      B
## 4      F
## 8      A
## 5      D
## 3      D
## 10     C
## 2      A
## 7      F
```

特别注意 R 语言排序相关函数 order()、sort() 与 rank() 的差别，order() 返回排序后的观测值编号，sort() 返回排序后的字符串或数值，rank() 则是返回每个元素的排序值。而 sort() 只能对单一向量进行排序，order() 可针对输入的多个向量进行平局决胜 (tiebreaking) 的排序方式。

```
# 简例说明排序相关函数的区别，随机产生 10 个均匀分配随机数
(x <- runif(10, min = 0, max = 1))
```

```
##  [1] 0.39377 0.51156 0.45091 0.83544 0.73616 0.50671
##  [7] 0.48273 0.08989 0.28202 0.55650
```

```
# 输入数据，输出排序后的索引值 (values in, sorted indices out )
order(x)
```

```
##  [1]  8  9  1  3  7  6  2 10  5  4
```

```
# 输入数据，输出排序后的值 (values in, sorted values out )
sort(x)
```

```
##  [1] 0.08989 0.28202 0.39377 0.45091 0.48273 0.50671
##  [7] 0.51156 0.55650 0.73616 0.83544
```

```
# sort() 也可以返回排序后的索引值
sort(x, index.return = TRUE)
```

```
## $x
##  [1] 0.08989 0.28202 0.39377 0.45091 0.48273 0.50671
##  [7] 0.51156 0.55650 0.73616 0.83544
##
## $ix
##  [1]  8  9  1  3  7  6  2 10  5  4
```

```
# 输入数据，输出各元素排名值 (values in,ranks for each position out )
rank(x)
```

```
##  [1]  3  7  4 10  9  6  5  1  2  8
```

2.1.2 Python 语言数据排序

如 1.8.2 节 Python 语言数据导入及导出所述，**pandas** 套件出现后使得 Python 导入数据文件的工作方便很多。除此之外，**pandas** 还有许多好用的数据处理与计算方法。本节首先读入美国 50 州暴力犯罪与人口数据集 USArrests，此逗号分隔文件原来是以五十个州名为横向观测值索引，**pandas** 套件读文件函数 read_csv() 读入后却将州名索引视为不知域名 (Unnamed: 0) 的变量。

```
import pandas as pd
# 输出 pandas 套件版次
print(pd.__version__)
```

```
## 0.24.2
```

```
USArrests = pd.read_csv("./_data/USArrests.csv")
# 查看读文件结果，注意奇怪栏名 (Unnamed: 0 )!
print(USArrests.head())
```

```
##    Unnamed: 0  Murder  Assault  UrbanPop  Rape
## 0     Alabama    13.2      236        58  21.2
## 1      Alaska    10.0      263        48  44.5
## 2     Arizona     8.1      294        80  31.0
## 3    Arkansas     8.8      190        50  19.5
## 4  California     9.0      276        91  40.6
```

我们先对 USArrests 域名进行修正，再使用 set_index() 方法将州名 state 设定为数据集的索引，此时数据即为 50 州的市区人口数 UrbanPop、谋杀 Murder、暴力攻击 Assault 与强暴 Rape 等四项事实数据的二维表格。

```
# 修正域名(也可以用pandas数据集对象的rename ()方法)
USArrests.columns = ['state', 'Murder', 'Assault',
'UrbanPop', 'Rape']
# 设定 state 为索引 (index 从上面流水号变成下面州名 )
USArrests = USArrests.set_index('state')
# Python 查看数据表前五笔数据，类似 R 语言 head(USArrests)
print(USArrests.head())
```

```
##             Murder  Assault  UrbanPop  Rape
## state
## Alabama       13.2      236        58  21.2
## Alaska        10.0      263        48  44.5
## Arizona        8.1      294        80  31.0
## Arkansas       8.8      190        50  19.5
## California     9.0      276        91  40.6
```

```
# Python 查看数据表的维度与维数 (shape )
print(USArrests.shape)
```

```
## (50, 4)
```

Python 的二维数据表排序方法可根据双轴的索引名称 (axis=0) 与域名 (axis=1) 进行升降序排序 (sort_index() 方法)，也可以根据数据集的某个或某些字段做升降序排序 (sort_values(['栏名', ···]) 方法)。

```
# 默认是根据横向第一轴 (axis = 0 ) 的索引名称升序 (ascending ) 排列
print(USArrests.sort_index().head())
```

```
##             Murder  Assault  UrbanPop  Rape
## state
## Alabama       13.2      236        58  21.2
## Alaska        10.0      263        48  44.5
## Arizona        8.1      294        80  31.0
## Arkansas       8.8      190        50  19.5
## California     9.0      276        91  40.6
```

```
# 可调整为根据纵向第二轴 (axis = 1 ) 的索引名称降序 (descending ) 排列
print(USArrests.sort_index(axis=1, ascending = False).head())
```

```
##             UrbanPop  Rape  Murder  Assault
## state
## Alabama           58  21.2    13.2      236
## Alaska            48  44.5    10.0      263
## Arizona           80  31.0     8.1      294
## Arkansas          50  19.5     8.8      190
## California        91  40.6     9.0      276
```

```
# 按照 Rape 域值，沿第一轴 (axis = 0 ) 降序排列
print(USArrests.sort_values(by="Rape", ascending=False).head())
```

```
##             Murder  Assault  UrbanPop  Rape
## state
## Nevada        12.2      252        81  46.0
## Alaska        10.0      263        48  44.5
## California     9.0      276        91  40.6
## Colorado       7.9      204        78  38.7
## Michigan      12.1      255        74  35.1
```

```
# 也可以按照两字段排序，前面域值相同时按后面域值排序
print(USArrests.sort_values(by=["Rape","UrbanPop"],ascending=False).head())
```

```
##            Murder  Assault  UrbanPop  Rape
## state
## Nevada        12.2      252        81  46.0
## Alaska        10.0      263        48  44.5
## California     9.0      276        91  40.6
## Colorado       7.9      204        78  38.7
## Michigan      12.1      255        74  35.1
```

pandas 数据集另有 rank() 方法返回表中数据按照双轴升降序排列的排名值，method 参数可以进一步设定平手 (即相同时) 处理方法。

```
# 沿第二轴 (axis = 1 ) 同一观测值的四项事实数据名次
print(USArrests.rank(axis=1, ascending=False).head())
```

```
##            Murder  Assault  UrbanPop  Rape
## state
## Alabama        4.0      1.0       2.0   3.0
## Alaska         4.0      1.0       2.0   3.0
## Arizona        4.0      1.0       2.0   3.0
## Arkansas       4.0      1.0       2.0   3.0
## California     4.0      1.0       2.0   3.0
```

```
# 各字段沿第一轴 (axis = 0 ) 的 50 州排名值
print(USArrests.rank(axis=0, ascending=False).head())
```

```
##            Murder  Assault  UrbanPop  Rape
## state
## Alabama        6.5     16.0      35.0  22.0
## Alaska        16.0      8.0      43.5   2.0
## Arizona       22.0      4.0      10.5   8.0
## Arkansas      20.0     20.0      42.0  27.0
## California    18.5      7.0       1.0   3.0
```

```
# 同名时取最大名次值 (method 默认为 average )
print(USArrests.rank(axis=0, ascending=False,method="max")[:10])
```

```
##              Murder  Assault  UrbanPop  Rape
## state
## Alabama          7.0     16.0      35.0  22.0
## Alaska          16.0      8.0      44.0   2.0
## Arizona         22.0      4.0      12.0   8.0
## Arkansas        20.0     20.0      42.0  27.0
```

```
## California     19.0      7.0       1.0   3.0
## Colorado       23.0     18.0      13.0   4.0
## Connecticut    41.0     36.0      14.0  44.0
## Delaware       32.0     15.0      19.0  36.0
## Florida         4.0      2.0      12.0   7.0
## Georgia         1.0     17.0      33.0  15.0
```

2.1.3　R 语言数据变形

数据变形指的是长宽数据表间的转换，首先读取一个宽数据表：

```
fname <- './_data/nst-est2015-popchg2010_2015.csv'
pop <- read.csv(fname)
```

为了方便说明，我们选取四个字段，并变更域名。

```
# 选取四个字段
pop <- pop[,c("NAME","POPESTIMATE2010","POPESTIMATE2011",
"POPESTIMATE2012")]
# 简化域名
colnames(pop) <- c('state', seq(2010, 2012))
head(pop, 6)
```

```
##                state      2010      2011      2012
## 1      United States 309346863 311718857 314102623
## 2 Northeast Region  55387174  55638038  55835056
## 3   Midwest Region  66977505  67156488  67340231
## 4     South Region 114862858 116080267 117331340
## 5      West Region  72119326  72844064  73595996
## 6           Alabama   4785161   4801108   4816089
```

pop 是常见的宽数据格式，又名宽表，它是将每个样本的多个测量变量值向右横向地展开为一张表。宽表 pop 的样本观测值为美国各地区或州，测量变量值是各地 2010—2012 年三年的人口估计值。长表则是将每个样本的多个测量变量值展开成纵向的，因此测量变量名称 2010—2012，需要不断地被重复，请参见下面的 mpop。

R 语言数据变形需要加载套件 {reshape2}，用其中的 melt() 函数固定 id.vars 为 state，将横向的测量变量名称 2010—2012 转为纵向的因子变量 year，各地区或州对应的三年人口估计值即为 polulation 变量。

```
library(reshape2)
# 宽 (pop ) 转长 (mpop )
mpop <- melt(pop, id.vars = 'state', variable.name = 'year',
```

```
value.name = 'population')
# 适合方差分析、ggplot2 绘图与数据库存储的长数据
head(mpop)
```

```
##                state year population
## 1    United States 2010  309346863
## 2 Northeast Region 2010   55387174
## 3   Midwest Region 2010   66977505
## 4     South Region 2010  114862858
## 5      West Region 2010   72119326
## 6          Alabama 2010    4785161
```

```
# state 是州名，year 是年，population 是人口估计值
str(mpop)
```

```
## 'data.frame': 171 obs. of 3 variables:
## $ state : Factor w/ 57 levels
## "Alabama","Alaska",..: 49 37 24 46 54 1 2 3 4 5
## ...
## $ year : Factor w/ 3 levels "2010","2011",..: 1
## 1 1 1 1 1 1 1 1 1 ...
## $ population: int 309346863 55387174 66977505
## 114862858 72119326 4785161 714021 6408208
## 2922394 37334079 ...
```

长数据可以再利用 dcast() 函数变形为宽数据，其语法相当简单，通过模型公式符号 (model formula)，决定长表 mpop 中两个因子变量 state 与 year 的横纵方向后，交叉所得的值 (value) 设定为纵向表的 population 变量，即又还原成二维 (two-way) 或称二因子交叉列联表 (contingency table)，简称为交叉列表 (cross tabulation)。

```
# 长转宽，表格内容顺序与前面 pop 不同
dcast(mpop, state~year, value.var = 'population')[1:5,]
```

```
##        state     2010     2011     2012
## 1    Alabama  4785161  4801108  4816089
## 2     Alaska   714021   722720   731228
## 3    Arizona  6408208  6468732  6553262
## 4   Arkansas  2922394  2938538  2949499
## 5 California 37334079 37700034 38056055
```

R 语言中较新的 {dplyr} 和 {tidyr} 等套件也可以完成数据变形的工作，首先加载告示牌数据集 billboard.csv，它记录了艺人 (artist.inverted)、歌曲名称 (track)、歌曲长度 (time)、

曲风 (genre)、首次进榜 top100 日期 (date.entered)、最高排名日期 (date.peaked)、首次进榜排名 (x1st.week) 与后续 75 周的排名 (x2nd.week~x76th.week) 等。

```
library(tidyr)
library(dplyr)
# 放大 dplyr 横向显示宽度
options(dplyr.width = Inf)
billboard <- read.csv('./_data/billboard.csv',
stringsAsFactors = FALSE)
dim(billboard)
```

```
## [1] 317  83
```

```
# billboard 数据集变量众多, 限于篇幅, 只查看前九个
head(billboard[1:9])
```

```
##   year     artist.inverted
## 1 2000     Destiny's Child
## 2 2000             Santana
## 3 2000       Savage Garden
## 4 2000             Madonna
## 5 2000 Aguilera, Christina
## 6 2000               Janet
##                                   track time genre
## 1               Independent Women Part I 3:38  Rock
## 2                           Maria, Maria 4:18  Rock
## 3                     I Knew I Loved You 4:07  Rock
## 4                                  Music 3:45  Rock
## 5 Come On Over Baby (All I Want Is You) 3:38  Rock
## 6                  Doesn't Really Matter 4:17  Rock
##   date.entered date.peaked x1st.week x2nd.week
## 1   2000-09-23  2000-11-18        78        63
## 2   2000-02-12  2000-04-08        15         8
## 3   1999-10-23  2000-01-29        71        48
## 4   2000-08-12  2000-09-16        41        23
## 5   2000-08-05  2000-10-14        57        47
## 6   2000-06-17  2000-08-26        59        52
```

{tidyr} 套件是 {reshape2} 的更新版,搭配 {dplyr} 套件能有效地完成数据整理工作。下面通过前向式管道运算符 (forward-pipe operator)%>%，将宽表 `billboard` 传入 `gather()` 函数中，收起 (gather) 原为宽表的 `x1st.week:x76th.week` 等变量 (运算符: 表从左至右)，成为长表的 `week` 变量，而 76 周各自对应的排名值即为长表的 `rank` 变量。

```
# 宽表收起 (gather ) 为长表
# 管道运算符语法同 billboard2 <- gather (billboard, key = week,
# value = rank, x1st.week:x76th.week )
# x1st.week~x76th.week 收集成 key 参数指名的 week
# 字段，各周对应的排名值收集成 value 参数指名的 rank 字段
billboard2 <- billboard %>% gather(key = week, value = rank,
x1st.week:x76th.week)
head(billboard2, 3)
```

```
##   year artist.inverted                        track time
## 1 2000 Destiny's Child Independent Women Part I 3:38
## 2 2000         Santana                Maria, Maria 4:18
## 3 2000   Savage Garden          I Knew I Loved You 4:07
##   genre date.entered date.peaked      week rank
## 1  Rock   2000-09-23  2000-11-18 x1st.week   78
## 2  Rock   2000-02-12  2000-04-08 x1st.week   15
## 3  Rock   1999-10-23  2000-01-29 x1st.week   71
```

{tidyr} 长表转为宽表时则是在 spread() 函数中指定从纵向散开 (spread) 为横向的 week 与 rank 两字段，即可产生宽表。

```
# 长表散开 (spread) 成宽表
billboard3 <- billboard2 %>% spread(week, rank)
# 管道运算符语法同 billboard3 <- spread (billboard2, week, rank )
# 结果与 billboard 相同，只是字段顺序不一样
head(billboard3[1:9])
```

```
##   year     artist.inverted
## 1 2000     Destiny's Child
## 2 2000             Santana
## 3 2000       Savage Garden
## 4 2000             Madonna
## 5 2000 Aguilera, Christina
## 6 2000               Janet
##                                  track time genre
## 1             Independent Women Part I 3:38  Rock
## 2                         Maria, Maria 4:18  Rock
## 3                   I Knew I Loved You 4:07  Rock
## 4                                Music 3:45  Rock
## 5 Come On Over Baby (All I Want Is You) 3:38  Rock
## 6                 Doesn't Really Matter 4:17  Rock
```

```
##    date.entered date.peaked x10th.week x11th.week
## 1    2000-09-23  2000-11-18          1          1
## 2    2000-02-12  2000-04-08          1          1
## 3    1999-10-23  2000-01-29          4          4
## 4    2000-08-12  2000-09-16          2          2
## 5    2000-08-05  2000-10-14         11          1
## 6    2000-06-17  2000-08-26          5          1
```

至此，读者可以发现英语与自学能力不断地提升，才是领略数据分析奥秘的不二法门。

2.1.4 Python 语言数据变形

Python 语言在 **pandas** 套件下有类似 R 语言的长宽表互转函数，宽转长用 melt()，长转宽则用 pivot()。

```
USArrests = pd.read_csv("./_data/USArrests.csv")
# 变量名称调整
USArrests.columns = ['state', 'Murder', 'Assault',
'UrbanPop', 'Rape']
# pandas 宽表转长表 (Python 语法中句点有特殊意义，故改为下画线'_')
USArrests_dfl = (pd.melt(USArrests, id_vars=['state'],
var_name='fact', value_name='figure'))
print(USArrests_dfl.head())
```

```
##          state    fact  figure
## 0      Alabama  Murder    13.2
## 1       Alaska  Murder    10.0
## 2      Arizona  Murder     8.1
## 3     Arkansas  Murder     8.8
## 4   California  Murder     9.0
```

```
# pandas 长表转宽表
# index 为横向变量，columns 为纵向变量，value 为交叉值
print(USArrests_dfl.pivot(index='state', columns='fact',
values='figure').head())
```

```
## fact         Assault  Murder  Rape  UrbanPop
## state
## Alabama        236.0    13.2  21.2      58.0
## Alaska         263.0    10.0  44.5      48.0
## Arizona        294.0     8.1  31.0      80.0
## Arkansas       190.0     8.8  19.5      50.0
## California     276.0     9.0  40.6      91.0
```

2.1.5 R 语言数据清理

一般来说，没有一个数据集是完美的。数据的世界普遍存在着**缺失值 (missing values)**、不正确的 (inaccurate) 数据值，或域值间存在着不一致 (inconsistency) 的情况。数据科学家应该牢记，没有优质的数据，就无法建立好的模型，这就是信息系统中所谓 GIGO(Garbage In Garbage Out) 的原则，它说明了如果将错误且无意义的数据输入计算机系统，计算机也一定会输出错误、无意义的结果。所以如果我们节省数据前处理的时间，很有可能会在后段数据建模时浪费更多的时间。

以下以缺失值识别与填补为例，说明数据清理工作的内涵。缺失值指的是数据中本来应该有值，却因某种原因缺失了该值，也可以称为缺失值。如前所述，实战时数据缺失常常发生，缺失的状况又分为下列两种 (Kabacoff, 2015)。

- 完全随机遗缺 (Missing Completely At Random, MCAR)：这是数据遗缺的理想状况，但通常并非如此。
- 非随机遗缺 (Missing Not At Random, MNAR)：在这种情况下，可能要检查数据的收集过程是否有问题。例如问卷的缺失值，可能是因为问题过于敏感，让受访者不想回答；或是选项中根本没有问题的答案。

即使 MCAR 是理想状况，但是在完全随机遗缺的情况下，过多的数据遗缺仍然是个问题。而所谓遗缺过多的标准又为何呢？常用的最大遗缺数量阈值是观测值笔数或属性个数的 5%~20%。如果某些属性或样本遗缺的观测值笔数或属性个数超过了最大遗缺阈值，则忽略这些属性或样本或许是比较好的做法。

为何我们要关注缺失值呢？因为统计函数大多不能接受缺失值！下例说明我们必须将缺失值移除后 (参数 `na.rm` 设定为 `TRUE`)，方能计算数据之和。首先 R 中缺失值记为 `NA`，Python 中则记为 `NaN`。

```
x <- c(1, 2, 3, NA)
# 向量元素求和产生 NA
(y <- x[1] + x[2] + x[3] + x[4])
```

```
## [1] NA
```

```
# 求和函数的结果也是 NA
(z <- sum(x))
```

```
## [1] NA
```

```
# 移除 NA 后再做求和计算
(z <- sum(x, na.rm = TRUE))
```

```
## [1] 6
```

因此，我们须先辨识缺失值发生于何处，R 语言用 `is.na()` 函数返回的真假值判定何位置上为缺失值。

```
# 缺失值 NA 辨识函数
is.na(x)
```

```
## [1] FALSE FALSE FALSE  TRUE
```

```
# 取得缺失值位置编号 (Which one is TRUE ? )
which(is.na(x))
```

```
## [1] 4
```

如果是二维数据表，仍然可以用 `is.na()` 函数辨识缺失值发生位置。下面先建立数据表 `leadership`，辨识缺失值后再用 `na.omit()` 函数返回横向移除不完整样本的数据对象，请注意移除缺失值后的行名，并非重新编号，而是有跳号的现象。

```
# 建立二维数据表
manager <- c(1, 2, 3, 4, 5)
date <- c("10/24/08", "10/28/08", "10/1/08", "10/12/08",
"5/1/09")
country <- c("US", "US", "UK", "UK", "UK")
gender <- c("M", "F", "F", "M", "F")
age <- c(32, 45, 25, 39, 99)
q1 <- c(5, 3, 3, 3, 2)
q2 <- c(4, 5, 5, 3, 2)
q3 <- c(5, 2, 5, 4, 1)
q4 <- c(5, 5, 5, NA, 2)
q5 <- c(5, 5, 2, NA, 1)
(leadership <- data.frame(manager, date, country, gender,
age, q1, q2, q3, q4, q5, stringsAsFactors = FALSE))
```

```
##   manager     date country gender age q1 q2 q3 q4 q5
## 1       1 10/24/08      US      M  32  5  4  5  5  5
## 2       2 10/28/08      US      F  45  3  5  2  5  5
## 3       3  10/1/08      UK      F  25  3  5  5  5  2
## 4       4 10/12/08      UK      M  39  3  3  4 NA NA
## 5       5   5/1/09      UK      F  99  2  2  1  2  1
```

```
# 二维数据表缺失值辨识
is.na(leadership[,6:10])
```

```
##         q1    q2    q3    q4    q5
## [1,] FALSE FALSE FALSE FALSE FALSE
## [2,] FALSE FALSE FALSE FALSE FALSE
## [3,] FALSE FALSE FALSE FALSE FALSE
## [4,] FALSE FALSE FALSE  TRUE  TRUE
## [5,] FALSE FALSE FALSE FALSE FALSE
```

```
# 横向移除有缺失值的观测值
newdata <- na.omit(leadership)
# 第 4 笔观测值被移除，因此跳号
newdata
```

```
##   manager     date country gender age q1 q2 q3 q4 q5
## 1       1 10/24/08      US      M  32  5  4  5  5  5
## 2       2 10/28/08      US      F  45  3  5  2  5  5
## 3       3  10/1/08      UK      F  25  3  5  5  5  2
## 5       5   5/1/09      UK      F  99  2  2  1  2  1
```

```
# 可以重新设定横向索引 rownames 为流水号 (optional)
rownames(newdata) <- 1:nrow(newdata)
newdata
```

```
##   manager     date country gender age q1 q2 q3 q4 q5
## 1       1 10/24/08      US      M  32  5  4  5  5  5
## 2       2 10/28/08      US      F  45  3  5  2  5  5
## 3       3  10/1/08      UK      F  25  3  5  5  5  2
## 4       5   5/1/09      UK      F  99  2  2  1  2  1
```

下面用套件 {DMwR} 中的河水样本藻类数据集 algae，说明缺失值清理流程 (Torgo, 2011)。

```
# 载入 R 套件与数据集
library(DMwR)
data(algae)
```

algae 前三个属性为水质样本取样季节 (秋、春、夏、冬)、河川大小 (大、中、小) 与流速 (高、低、中) 等三个因子变量，各因子变量的水平默认按照字母顺序排列。接着是最大酸碱值、最小含氧量、氯、铵根正离子、硝酸盐、正磷酸盐、磷酸盐与叶绿素等八种化合物成分，以及 a1, a2, ⋯, a7 七种有害藻类的浓度值。

```
str(algae)
```

```
## 'data.frame': 200 obs. of 18 variables:
## $ season: Factor w/ 4 levels
## "autumn","spring",..: 4 2 1 2 1 4 3 1 4 4 ...
## $ size : Factor w/ 3 levels "large","medium",..:
## 3 3 3 3 3 3 3 3 3 3 ...
## $ speed : Factor w/ 3 levels
## "high","low","medium": 3 3 3 3 3 1 1 1 3 1 ...
## $ mxPH : num 8 8.35 8.1 8.07 8.06 8.25 8.15 8.05
## 8.7 7.93 ...
## $ mnO2 : num 9.8 8 11.4 4.8 9 13.1 10.3 10.6 3.4
## 9.9 ...
## $ Cl : num 60.8 57.8 40 77.4 55.4 ...
## $ NO3 : num 6.24 1.29 5.33 2.3 10.42 ...
## $ NH4 : num 578 370 346.7 98.2 233.7 ...
## $ oPO4 : num 105 428.8 125.7 61.2 58.2 ...
## $ PO4 : num 170 558.8 187.1 138.7 97.6 ...
## $ Chla : num 50 1.3 15.6 1.4 10.5 ...
## $ a1 : num 0 1.4 3.3 3.1 9.2 15.1 2.4 18.2 25.4
## 17 ...
## $ a2 : num 0 7.6 53.6 41 2.9 14.6 1.2 1.6 5.4 0
## ...
## $ a3 : num 0 4.8 1.9 18.9 7.5 1.4 3.2 0 2.5 0
## ...
## $ a4 : num 0 1.9 0 0 0 0 3.9 0 0 2.9 ...
## $ a5 : num 34.2 6.7 0 1.4 7.5 22.5 5.8 5.5 0 0
## ...
## $ a6 : num 8.3 0 0 0 4.1 12.6 6.8 8.7 0 0 ...
## $ a7 : num 0 2.1 9.7 1.4 1 2.9 0 0 0 1.7 ...
```

单一变量的缺失值辨识如前所述，is.na() 返回的逻辑值，可以结合 which() 函数快速查出缺失值的位置。na.omit() 函数将缺失值移除后，会有元数据 (metadata) 说明其缺失值处理的方式为"omit"。

```
# is.na () 返回 200 个是否遗缺的真假值（结果未全部显示，后不赘述 ）
is.na(algae$mxPH)[1:48]
```

```
##  [1] FALSE FALSE FALSE FALSE FALSE FALSE FALSE FALSE
##  [9] FALSE FALSE FALSE FALSE FALSE FALSE FALSE FALSE
## [17] FALSE FALSE FALSE FALSE FALSE FALSE FALSE FALSE
```

```
## [25] FALSE FALSE FALSE FALSE FALSE FALSE FALSE FALSE
## [33] FALSE FALSE FALSE FALSE FALSE FALSE FALSE FALSE
## [41] FALSE FALSE FALSE FALSE FALSE FALSE FALSE  TRUE
```

```
# 合成函数语法，快速知晓遗缺位置
which(is.na(algae$mxPH))
```

```
## [1] 48
```

```
# 直接移除 NA 并另存为 mxPH.na.omit
mxPH.na.omit <- na.omit(algae$mxPH)
length(mxPH.na.omit)
```

```
## [1] 199
```

```
# 说明缺失值处理方式的元数据
attributes(mxPH.na.omit)
```

```
## $na.action
## [1] 48
## attr(,"class")
## [1] "omit"
```

R 语言中另一种缺失值处理方式为"fail"，若向量内包括至少一个 NA，则 na.fail() 会返回如下的错误信息。

```
# 有 NA 就报错的处理方式 na.fail()
# na.fail  (algae$mxPH )
# Error in na.fail.default(algae$mxPH) : missing values in
# object
```

如果以整个数据表来辨识有无缺失值，{mice} 套件中的函数 md.pattern() 可以快速查看缺失值分布状况。md.pattern() 返回的 algae 遗缺形态结果显示：第一行表示所有属性都没有遗缺 (二元指标值全为 1，代表上方属性有值) 的观测值共有 184 笔；第二行表示只有属性 Chla 为缺失值 (Chla 的二元指标值为 0，代表上方属性遗缺) 的观测值共有 3 笔，接下来的各行可以此类推；最右边的纵列统计左边每种遗缺形态 (含完全无遗缺的形态) 遗缺了几个变量；最下面那行则为每个属性的缺失值总数 (如何计算?)。

```
# R 语言多重插补套件 {mice}
library(mice)
# 各种遗缺形态统计报表
md.pattern(algae, plot = FALSE)
```

```
##     season size speed a1 a2 a3 a4 a5 a6 a7 mxPH mnO2
## 184      1    1     1  1  1  1  1  1  1  1    1    1
## 3        1    1     1  1  1  1  1  1  1  1    1    1
## 1        1    1     1  1  1  1  1  1  1  1    1    1
## 7        1    1     1  1  1  1  1  1  1  1    1    1
## 1        1    1     1  1  1  1  1  1  1  1    1    1
## 1        1    1     1  1  1  1  1  1  1  1    1    1
## 1        1    1     1  1  1  1  1  1  1  1    1    0
## 1        1    1     1  1  1  1  1  1  1  1    1    0
## 1        1    1     1  1  1  1  1  1  1  1    0    1
##          0    0     0  0  0  0  0  0  0  0    1    2
##     NO3 NH4 oPO4 PO4 Cl Chla
## 184   1   1    1   1  1    1  0
## 3     1   1    1   1  1    0  1
## 1     1   1    1   1  0    1  1
## 7     1   1    1   1  0    0  2
## 1     1   1    1   0  1    1  1
## 1     0   0    0   0  0    0  6
## 1     1   1    1   1  1    1  1
## 1     0   0    0   1  0    0  6
## 1     1   1    1   1  1    1  1
##       2   2    2   2 10   12 33
```

套件 {VIM} 中的 aggr() 函数，可将前述遗缺状况报表可视化，图 2.2(a) 为各变量遗缺观测值笔数的直方图，而图 2.2(b) 则为各种遗缺形态下的频率分布图 (最右边亦为横向直方图)，其中遗缺位置以红 (深) 蓝 (浅) 热图 (heatmap) 显示，红色格子表示下方对应的变量是遗缺的。

```
# R 语言缺失值可视化与填补套件 {VIM}
library(VIM)
aggr(algae, prop = FALSE, numbers = TRUE, cex.axis = .5)
```

此外，核心开发团队维护的统计套件 {stats} 中的 complete.cases() 函数，可就各观测值来判断其是否有缺失值，也就是辨识各横向数据是否完整 (complete or not)。因此，其返回的逻辑真假值数量为 200。

```
# 各样本 (横向) 是否完整无缺
complete.cases(algae)[1:60]
```

```
##  [1] TRUE TRUE TRUE TRUE TRUE TRUE TRUE TRUE
##  [9] TRUE TRUE TRUE TRUE TRUE TRUE TRUE TRUE
```

```
## [17]  TRUE  TRUE  TRUE  TRUE  TRUE  TRUE  TRUE  TRUE
## [25]  TRUE  TRUE  TRUE FALSE  TRUE  TRUE  TRUE  TRUE
## [33]  TRUE  TRUE  TRUE  TRUE  TRUE FALSE  TRUE  TRUE
## [41]  TRUE  TRUE  TRUE  TRUE  TRUE  TRUE  TRUE FALSE
## [49]  TRUE  TRUE  TRUE  TRUE  TRUE  TRUE FALSE FALSE
## [57] FALSE FALSE FALSE FALSE
```

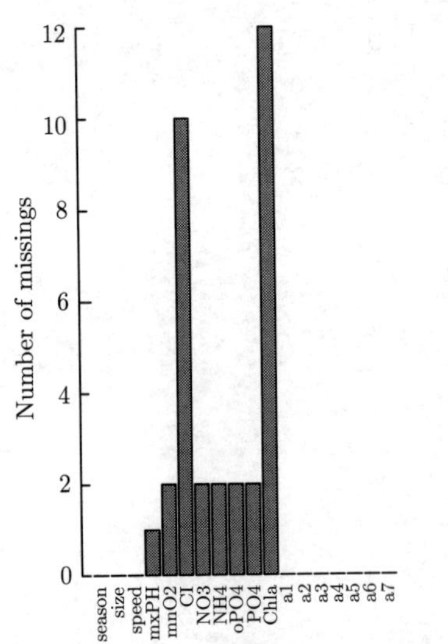

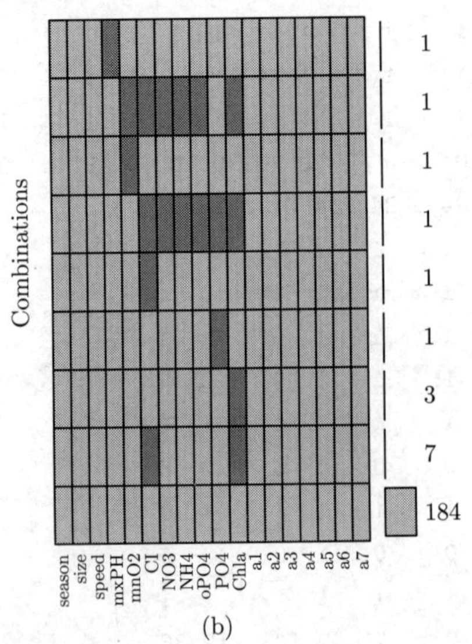

图 2.2　水质样本遗缺形态可视化图形

结合 which() 函数 (Python 对应的函数是 **numpy** 中的 argwhere())，一样可以了解哪些观测值是不完整的，algae 数据集中总共有 16 个不完整的观测值。

```
# 逻辑否定运算符搭配 which () 函数，找出不完整样本位置
which(!complete.cases(algae))
```

```
##  [1]  28  38  48  55  56  57  58  59  60  61  62  63
## [13] 116 161 184 199
```

在思索如何处理这些不完整的观测值之前，我们应先查看这些观测值有多不完整，以避免不当去除不完整观测值的可能风险。

```
# 取出不完整的样本加以查看
algae[which(!complete.cases(algae)),]
```

```
##     season  size  speed mxPH mnO2     Cl   NO3 NH4
## 28  autumn  small  high 6.80 11.1 9.000 0.630  20
```

```
## 38  spring  small    high 8.00   NA 1.450 0.810  10
## 48  winter  small     low   NA 12.6 9.000 0.230  10
## 55  winter  small    high 6.60 10.8    NA 3.245  10
## 56  spring  small medium 5.60 11.8    NA 2.220   5
## 57  autumn  small medium 5.70 10.8    NA 2.550  10
## 58  spring  small    high 6.60  9.5    NA 1.320  20
## 59  summer  small    high 6.60 10.8    NA 2.640  10
## 60  autumn  small medium 6.60 11.3    NA 4.170  10
## 61  spring  small medium 6.50 10.4    NA 5.970  10
## 62  summer  small medium 6.40   NA    NA    NA  NA
## 63  autumn  small    high 7.83 11.7 4.083 1.328  18
## 116 winter medium    high 9.70 10.8 0.222 0.406  10
## 161 spring  large     low 9.00  5.8    NA 0.900 142
## 184 winter  large    high 8.00 10.9 9.055 0.825  40
## 199 winter  large medium 8.00  7.6    NA    NA  NA
##        oPO4     PO4  Chla   a1   a2  a3   a4  a5  a6
## 28    4.000      NA  2.70 30.3  1.9 0.0  0.0 2.1 1.4
## 38    2.500   3.000  0.30 75.8  0.0 0.0  0.0 0.0 0.0
## 48    5.000   6.000  1.10 35.5  0.0 0.0  0.0 0.0 0.0
## 55    1.000   6.500    NA 24.3  0.0 0.0  0.0 0.0 0.0
## 56    1.000   1.000    NA 82.7  0.0 0.0  0.0 0.0 0.0
## 57    1.000   4.000    NA 16.8  4.6 3.9 11.5 0.0 0.0
## 58    1.000   6.000    NA 46.8  0.0 0.0 28.8 0.0 0.0
## 59    2.000  11.000    NA 46.9  0.0 0.0 13.4 0.0 0.0
## 60    1.000   6.000    NA 47.1  0.0 0.0  0.0 0.0 1.2
## 61    2.000  14.000    NA 66.9  0.0 0.0  0.0 0.0 0.0
## 62       NA  14.000    NA 19.4  0.0 0.0  2.0 0.0 3.9
## 63    3.333   6.667    NA 14.4  0.0 0.0  0.0 0.0 0.0
## 116  22.444  10.111    NA 41.0  1.5 0.0  0.0 0.0 0.0
## 161 102.000 186.000 68.05  1.7 20.6 1.5  2.2 0.0 0.0
## 184  21.083  56.091    NA 16.8 19.6 4.0  0.0 0.0 0.0
## 199      NA      NA    NA  0.0 12.5 3.7  1.0 0.0 0.0
##      a7
## 28  2.1
## 38  0.0
## 48  0.0
## 55  0.0
## 56  0.0
## 57  0.0
```

```
## 58  0.0
## 59  0.0
## 60  0.0
## 61  0.0
## 62  1.7
## 63  0.0
## 116 0.0
## 161 0.0
## 184 0.0
## 199 4.9
```

```
# 也可以用逻辑值索引取出不完整的样本 (请自行练习)
# algae [!complete.cases(algae), ]
```

接下来介绍如何处理不完整的观测值，最快速的处理方式是直接移除它们。

```
# 用逻辑值索引移除不完整的观测值
algae1 <- algae[complete.cases(algae),]
```

建议读者思考是否有处理不完整观测值更保守的方式？例如，可否根据各观测值遗缺的严重程度，决定是否将其删除，而非全部移除。因此我们需要计算各个观测值遗缺变量的个数，此处将 algae 二维数据表传入隐式循环函数 apply() 中，再逐行 (因为 MARGIN=1，所以后方匿名函数中的 x 代表数据集 algae 的各行向量) 套用匿名函数；匿名函数先查看各行向量元素遗缺的状况 (is.na(x) 返回真假值)，接着再求和计算各横向观测值的遗缺变量个数。

```
# 统计各样本遗缺变量个数
apply(algae, MARGIN = 1, FUN = function(x) {sum(is.na(x))})
```

```
##   [1] 0 0 0 0 0 0 0 0 0 0 0 0 0 0 0 0 0 0 0 0 0 0 0 0 0
##  [26] 0 0 1 0 0 0 0 0 0 0 0 0 1 0 0 0 0 0 0 0 0 0 1 0 0
##  [51] 0 0 0 0 2 2 2 2 2 2 2 6 1 0 0 0 0 0 0 0 0 0 0 0 0
##  [76] 0 0 0 0 0 0 0 0 0 0 0 0 0 0 0 0 0 0 0 0 0 0 0 0 0
## [101] 0 0 0 0 0 0 0 0 0 0 0 0 0 0 0 1 0 0 0 0 0 0 0 0 0
## [126] 0 0 0 0 0 0 0 0 0 0 0 0 0 0 0 0 0 0 0 0 0 0 0 0 0
## [151] 0 0 0 0 0 0 0 0 0 0 1 0 0 0 0 0 0 0 0 0 0 0 0 0 0
## [176] 0 0 0 0 0 0 0 0 1 0 0 0 0 0 0 0 0 0 0 0 0 0 0 6 0
```

条条大路通罗马，搭配 which() 函数，亦可得知 16 笔不完整的观测值编号。

```
# 结果与前面 complete.cases () 结合 which () 一致
which(apply(algae, MARGIN = 1, FUN = function(x)
{sum(is.na(x))}) > 0)
```

```
##  [1]  28  38  48  55  56  57  58  59  60  61  62  63
## [13] 116 161 184 199
```

上述 16 笔不完整的观测值中，有些遗缺的变量数量较多，例如，第 62 笔与第 199 笔，其余则较少。再用 data() 函数重载数据集 algae，套件 {DMwR} 中的函数 manyNAs() 可以返回遗缺字段数超过 20% 的观测值编号，再用 R 语言负索引将其删除。总结来说，观测值遗缺变量太多时，建议直接删除该笔观测值。

```
data(algae)
# 返回遗缺变量数量超过 20% (nORp=0.2 ) 的样本编号
manyNAs(algae, nORp = 0.2)
```

```
## [1]  62 199
```

```
# R 语言用负索引删除遗缺程度较严重的样本
# Python 语言用 DataFrame 的 drop () 方法删除
algae <- algae[-manyNAs(algae),]
```

图 2.3是 R 语言的缺失值处理方式，其中前两种属于删除策略，其余则是估计与插补法 (Kabacoff, 2015)：

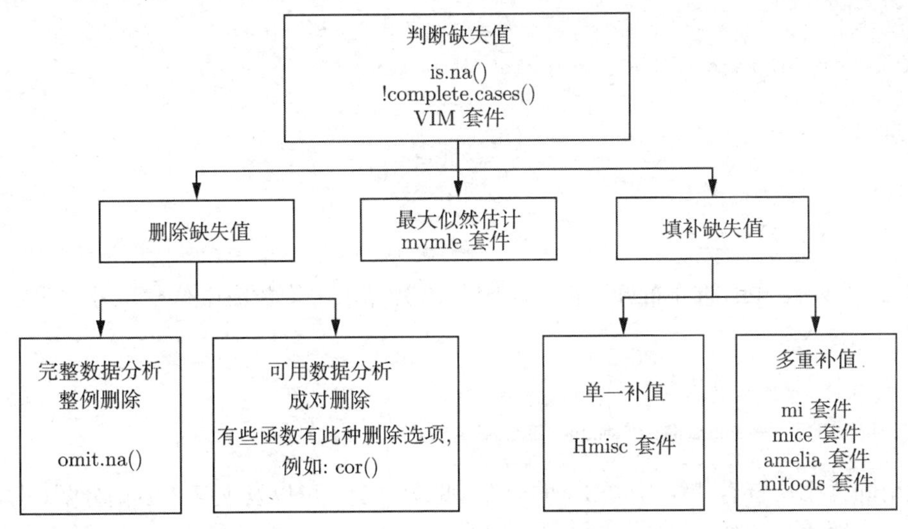

图 2.3　R 语言缺失值处理方式 (Kabacoff, 2015)

- 前述删除法实行的是完整数据分析 (complete case analysis)，亦即只使用数据集中完整无缺失的观测值来进行分析，称为逐案删除法 (casewise)。

- 可用数据分析 (available data analysis)，有些分析函数 (如 Pearson 相关系数) 可以采用成对可用样本来完成计算，称为成对删除法 (pairwise)。
- 插补法 (imputation)，对数据表中遗缺的部分先行插补，再做分析，又可分为单一插补 (single imputation) 法与多重插补 (multiple imputation) 法。前者是以单值替换缺失值，例如算术平均数、中位数或众数；后者在合适的假设下，重复模拟多个带缺失值的数据集后，再用统计方法推估缺失值及其置信区间，是适合复杂缺失值问题的推估方法，请读者自行参阅统计专业书籍。相较之下单一插补法未引入随机误差，因此也称为非随机 (nonstochastic) 填补法。

接下来我们针对图 2.4 最大酸碱值 mxPH 绘制直方图、密度曲线与正态概率图 (Normal probability plot)，其中通过 rug() 低阶绘图指令，在直方图横轴显示 mxPH 的一维分布状况。

```
library(car)
# 图面切分一行两列 (mfrow=c (1,2)), cex.main 主标题文字缩小 70%
par(mfrow = c(1, 2), cex.main = 0.7)
# 左列高阶绘图 (直方图)
hist(algae$mxPH, prob = T, xlab = '', main =
'Histogram of maximum pH value', ylim = 0:1)
# 左列低阶绘图两次 (密度曲线加一维分布刻度)
lines(density(algae$mxPH, na.rm = T))
rug(jitter(algae$mxPH))
# 右列高阶绘图 (正态概率绘图，点靠近斜直线表示近似正态分布)
qqPlot(algae$mxPH, main = 'Normal QQ plot of maximum pH')
```

```
## [1] 56 57
```

```
# 还原图面一行一列原始设定
par(mfrow = c(1,1))
```

图 2.4显示 mxPH 的分布近乎正态，因此以其算术平均数或中位数填补缺失值都是合理的。

```
# 用自己的算术平均数填补缺失值
algae[48,'mxPH'] <- mean(algae$mxPH, na.rm = T)
```

运用同样手法查看叶绿素 Chla 的分布 (见图 2.5)，可以发现其为右偏分配，较适合用中位数进行缺失值填补。

```
par(mfrow = c(1,2))
hist(algae$Chla, prob = T, xlab='', main='Histogram of Chla')
lines(density(algae$Chla, na.rm = T))
```

```
rug(jitter(algae$Chla))
# 顺带返回偏离严重的样本编号
qqPlot(algae$Chla, main = 'Normal QQ plot of Chla')
```

```
## [1] 127  97
```

```
par(mfrow = c(1,1))
# 用自己的中位数填补缺失值
algae[is.na(algae$Chla),'Chla'] <-
median(algae$Chla, na.rm = T)
```

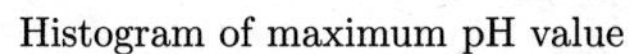

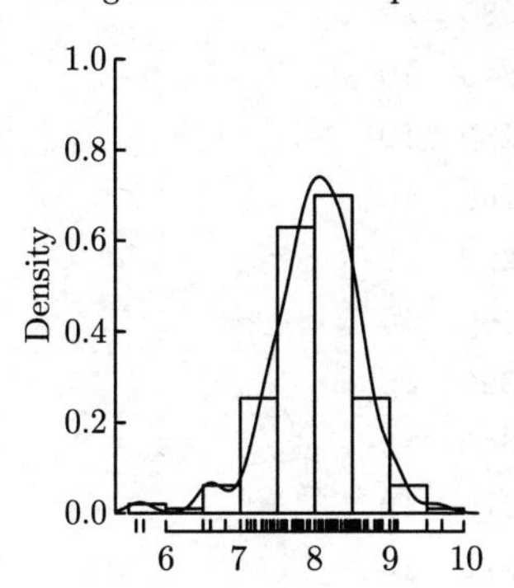

Normal QQ plot of maximum pH

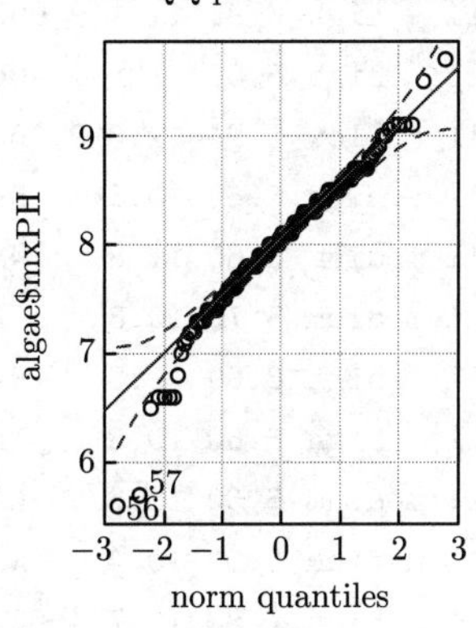

图 2.4 最大酸碱值 mxPH 分布状况图

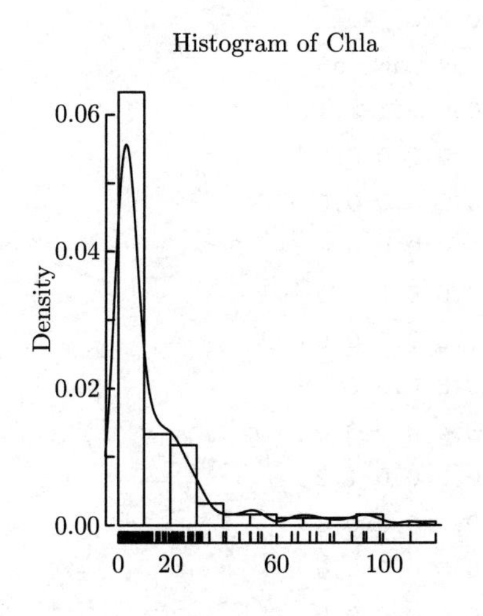

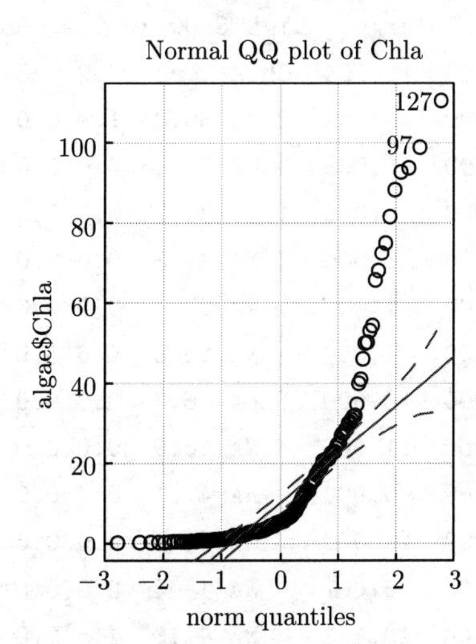

图 2.5 叶绿素 Chla 分布状况图

上述插补法均属集中趋势填补方式，套件 {DMwR} 中有一个 centralImputation() 填补函数，此函数用中位数填补数值变量缺失值，名目变量缺失值则用众数来填补。将数据集 algae 重载后，首先把遗缺变量个数超过 20% 的观测值删除，再运用 centralImputation() 纵向填补剩下的缺失值，查看填补后的结果可发现数据表中已无 NA 了！

```
data(algae)
# 移除遗缺状况严重的样本
algae <- algae[-manyNAs(algae),]
# 查看遗缺状况较不严重的样本(共 14 个)
algae[!complete.cases(algae),]
```

```
##      season   size  speed mxPH mnO2    Cl   NO3 NH4
## 28   autumn  small   high 6.80 11.1 9.000 0.630  20
## 38   spring  small   high 8.00   NA 1.450 0.810  10
## 48   winter  small    low   NA 12.6 9.000 0.230  10
## 55   winter  small   high 6.60 10.8    NA 3.245  10
## 56   spring  small medium 5.60 11.8    NA 2.220   5
## 57   autumn  small medium 5.70 10.8    NA 2.550  10
## 58   spring  small   high 6.60  9.5    NA 1.320  20
## 59   summer  small   high 6.60 10.8    NA 2.640  10
## 60   autumn  small medium 6.60 11.3    NA 4.170  10
## 61   spring  small medium 6.50 10.4    NA 5.970  10
## 63   autumn  small   high 7.83 11.7 4.083 1.328  18
## 116 winter medium   high 9.70 10.8 0.222 0.406  10
## 161 spring  large    low 9.00  5.8    NA 0.900 142
## 184 winter  large   high 8.00 10.9 9.055 0.825  40
##        oPO4     PO4  Chla   a1   a2  a3   a4  a5  a6
## 28    4.000      NA  2.70 30.3  1.9 0.0  0.0 2.1 1.4
## 38    2.500   3.000  0.30 75.8  0.0 0.0  0.0 0.0 0.0
## 48    5.000   6.000  1.10 35.5  0.0 0.0  0.0 0.0 0.0
## 55    1.000   6.500    NA 24.3  0.0 0.0  0.0 0.0 0.0
## 56    1.000   1.000    NA 82.7  0.0 0.0  0.0 0.0 0.0
## 57    1.000   4.000    NA 16.8  4.6 3.9 11.5 0.0 0.0
## 58    1.000   6.000    NA 46.8  0.0 0.0 28.8 0.0 0.0
## 59    2.000  11.000    NA 46.9  0.0 0.0 13.4 0.0 0.0
## 60    1.000   6.000    NA 47.1  0.0 0.0  0.0 0.0 1.2
## 61    2.000  14.000    NA 66.9  0.0 0.0  0.0 0.0 0.0
## 63    3.333   6.667    NA 14.4  0.0 0.0  0.0 0.0 0.0
## 116  22.444  10.111    NA 41.0  1.5 0.0  0.0 0.0 0.0
## 161 102.000 186.000 68.05  1.7 20.6 1.5  2.2 0.0 0.0
```

```
## 184  21.083  56.091    NA 16.8 19.6 4.0  0.0 0.0 0.0
##      a7
## 28  2.1
## 38  0.0
## 48  0.0
## 55  0.0
## 56  0.0
## 57  0.0
## 58  0.0
## 59  0.0
## 60  0.0
## 61  0.0
## 63  0.0
## 116 0.0
## 161 0.0
## 184 0.0
```

```
# 用各字段自身的集中趋势信息进行填补
algae <- centralImputation(algae)
# 已无不完整的样本了!
algae[!complete.cases(algae),]
```

```
##  [1] season size   speed  mxPH   mnO2   Cl     NO3
##  [8] NH4    oPO4   PO4    Chla   a1     a2     a3
## [15] a4     a5     a6     a7
## <0 rows> (or 0-length row.names)
```

另一个常用的 R 套件 {Hmisc} 中有缺失值填补泛型函数 impute()，传入数据向量后，再用参数 fun 设定插补值或插补函数，即可完成填补工作。填补函数常用选项有 mean、median 和 random，其中 random 填补函数会用变量值域中的随机值进行填补，返回的向量元素标有星号者为填补后的数据。

```
# Harrell Miscellaneous Functions 套件
library(Hmisc)
data(algae)
# 用算术平均数填补 mxPH 缺失值，星号显示填补位置
impute(algae$mxPH, 'mean')[40:55]
```

```
##    40    41    42    43    44    45    46    47    48
## 8.1   8     8.15  8.3   8.3   8.4   8.3   8     8.012*
##    49    50    51    52    53    54    55
## 7.6   7.29  7.6   8     7.9   7.9   6.6
```

```
# Chla 有缺失值
summary(algae$Chla)
```

```
##    Min. 1st Qu.  Median    Mean 3rd Qu.    Max.
##    0.20    2.00    5.47   13.97   18.31  110.46
##    NA's
##      12
```

```
# 用中位数填补 Chla 缺失值
impute(algae$Chla, fun = median)[50:65]
```

```
##      50      51      52      53      54      55
##  12.100   7.900   4.500   0.500   0.800  5.475*
##      56      57      58      59      60      61
##  5.475*  5.475*  5.475*  5.475*  5.475*  5.475*
##      62      63      64      65
##  5.475*  5.475*   1.000   0.300
```

```
# 用固定数值 45 填补 Chla 缺失值
impute(algae$Chla, fun = 45)[50:65]
```

```
##    50    51    52    53    54    55    56    57    58
##  12.1   7.9   4.5   0.5   0.8 45.0* 45.0* 45.0* 45.0*
##    59    60    61    62    63    64    65
## 45.0* 45.0* 45.0* 45.0* 45.0*   1.0   0.3
```

```
# 用随机产生的数值填补 Chla 缺失值
impute(algae$Chla, fun = "random")[50:65]
```

```
##      50      51      52      53      54      55
##  12.100   7.900   4.500   0.500   0.800 93.683*
##      56      57      58      59      60      61
##  3.000* 72.478* 28.400* 26.800*  3.900*  6.429*
##      62      63      64      65
##  6.800*  0.800*   1.000   0.300
```

多变量插补法 (勿与前述多重插补法混为一谈！) 会依据变量间的相关性进行填补操作，因此须先计算数值变量之间的相关系数，请注意 cor() 函数各种不同计算方式的差异。

```
# "complete.obs" 选项使用完整观测值计算两两变量之间的相关系数
cor(algae[,4:18], use = "complete.obs")[6:11,6:11]
```

```
##          oPO4     PO4    Chla      a1      a2
## oPO4  1.000000  0.91196  0.1069 -0.3946  0.12381
## PO4   0.911965  1.00000  0.2485 -0.4582  0.13267
## Chla  0.106915  0.24849  1.0000 -0.2660  0.36672
## a1   -0.394574 -0.45817 -0.2660  1.0000 -0.26267
## a2    0.123811  0.13267  0.3667 -0.2627  1.00000
## a3    0.005705  0.03219 -0.0633 -0.1082  0.00976
##            a3
## oPO4  0.005705
## PO4   0.032194
## Chla -0.063301
## a1   -0.108178
## a2    0.009760
## a3    1.000000
```

```
# "everything" 用全部的观测值计算相关系数，可能返回 NA 值
cor(algae[,4:18], use = "everything")[6:11,6:11]
```

```
##      oPO4 PO4 Chla      a1       a2       a3
## oPO4    1  NA   NA      NA       NA       NA
## PO4    NA   1   NA      NA       NA       NA
## Chla   NA  NA    1      NA       NA       NA
## a1     NA  NA   NA  1.0000 -0.29377 -0.14657
## a2     NA  NA   NA -0.2938  1.00000  0.03214
## a3     NA  NA   NA -0.1466  0.03214  1.00000
```

```
# "all.obs" 选项当观测值中有 NAs 时会返回错误信息
# cor (algae [,4:18 ], use = "all.obs")
# Error in cor (algae [, 4:18], use = "all.obs" ) :
# missing observations in cov/cor
```

```
# "pairwise.complete.obs" 选项使用成对完整的观测值计算相关系数
cor(algae[,4:18], use = "pairwise.complete.obs")[6:11,6:11]
```

```
##         oPO4      PO4     Chla      a1      a2
## oPO4  1.00000  0.91437  0.11562 -0.4174  0.14769
## PO4   0.91437  1.00000  0.25362 -0.4864  0.16465
## Chla  0.11562  0.25362  1.00000 -0.2780  0.37872
## a1   -0.41736 -0.48642 -0.27799  1.0000 -0.29377
## a2    0.14769  0.16465  0.37872 -0.2938  1.00000
## a3    0.03363  0.06793 -0.06145 -0.1466  0.03214
```

```
##            a3
## oPO4  0.03363
## PO4   0.06793
## Chla -0.06145
## a1   -0.14657
## a2    0.03214
## a3    1.00000
```

```
# pairwise.complete.obs 与 complete.obs 两者计算结果不完全相同!
cor(algae[,4:18], use = "pairwise.complete.obs") ==
cor(algae[,4:18], use = "complete.obs")
```

```
##       mxPH  mnO2    Cl   NO3   NH4  oPO4   PO4  Chla
## mxPH  TRUE FALSE FALSE FALSE FALSE FALSE FALSE FALSE
## mnO2 FALSE  TRUE FALSE FALSE FALSE FALSE FALSE FALSE
## Cl   FALSE FALSE  TRUE FALSE FALSE FALSE FALSE FALSE
## NO3  FALSE FALSE FALSE  TRUE FALSE FALSE FALSE FALSE
## NH4  FALSE FALSE FALSE FALSE  TRUE FALSE FALSE FALSE
## oPO4 FALSE FALSE FALSE FALSE FALSE  TRUE FALSE FALSE
## PO4  FALSE FALSE FALSE FALSE FALSE FALSE  TRUE FALSE
## Chla FALSE FALSE FALSE FALSE FALSE FALSE FALSE  TRUE
## a1   FALSE FALSE FALSE FALSE FALSE FALSE FALSE FALSE
## a2   FALSE FALSE FALSE FALSE FALSE FALSE FALSE FALSE
## a3   FALSE FALSE FALSE FALSE FALSE FALSE FALSE FALSE
## a4   FALSE FALSE FALSE FALSE FALSE FALSE FALSE FALSE
## a5   FALSE FALSE FALSE FALSE FALSE FALSE FALSE FALSE
## a6   FALSE FALSE FALSE FALSE FALSE FALSE FALSE FALSE
## a7   FALSE FALSE FALSE FALSE FALSE FALSE FALSE FALSE
##         a1    a2    a3    a4    a5    a6    a7
## mxPH FALSE FALSE FALSE FALSE FALSE FALSE FALSE
## mnO2 FALSE FALSE FALSE FALSE FALSE FALSE FALSE
## Cl   FALSE FALSE FALSE FALSE FALSE FALSE FALSE
## NO3  FALSE FALSE FALSE FALSE FALSE FALSE FALSE
## NH4  FALSE FALSE FALSE FALSE FALSE FALSE FALSE
## oPO4 FALSE FALSE FALSE FALSE FALSE FALSE FALSE
## PO4  FALSE FALSE FALSE FALSE FALSE FALSE FALSE
## Chla FALSE FALSE FALSE FALSE FALSE FALSE FALSE
## a1    TRUE FALSE FALSE FALSE FALSE FALSE FALSE
## a2   FALSE  TRUE FALSE FALSE FALSE FALSE FALSE
## a3   FALSE FALSE  TRUE FALSE FALSE FALSE FALSE
```

```
## a4   FALSE FALSE FALSE  TRUE FALSE FALSE FALSE
## a5   FALSE FALSE FALSE FALSE  TRUE FALSE FALSE
## a6   FALSE FALSE FALSE FALSE FALSE  TRUE FALSE
## a7   FALSE FALSE FALSE FALSE FALSE FALSE  TRUE
```

```
# 只有对角线的相关系数值相同，其他全部不同！
sum(cor(algae[,4:18], use = "pairwise.complete.obs") ==
cor(algae[,4:18], use = "complete.obs"))
```

```
## [1] 15
```

相关系数矩阵中实数值众多，肉眼查看其大小不太容易，因此用 symnum() 函数将各相关系数数值符号化，其中数值绝对值小于 0.3 的用空白' '表示，大于或等于 0.3 且小于 0.6 的用句点'.'表示，大于或等于 0.6 且小于 0.8 的用逗号','表示，大于或等于 0.8 且小于 0.9 的用加号'+'表示，大于或等于 0.9 且小于 0.95 的用星号'*'表示，大于或等于 0.95 且小于 1 的用英文字母'B'表示 (Bingo ?!)，完全正相关或完全负相关的则用数字 1 或 −1 表示。

查看此符号矩阵发现，除了对角线的完全正相关外，PO4 和 oPO4 两者高度相关 (符合直觉)，后续以这两个变量为例进行多变量插补说明。

```
# 相关系数矩阵符号化，* 表示 PO4 与 oPO4 系数绝对值超过 0.9
symnum(cor(algae[,4:18],use = "complete.obs"))
```

```
##      mP mO Cl NO NH o P Ch a1 a2 a3 a4 a5 a6 a7
## mxPH 1
## mnO2    1
## Cl         1
## NO3           1
## NH4           ,  1
## oPO4    .  .        1
## PO4     .  .        * 1
## Chla .                  1
## a1         .        . .    1
## a2   .                  .     1
## a3                               1
## a4      .           . .             1
## a5                                     1
## a6            .  .                     .  1
## a7                                           1
## attr(,"legend")
## [1] 0 ' ' 0.3 '.' 0.6 ',' 0.8 '+' 0.9 '*' 0.95 'B' 1
```

欲以已知的 oPO4 估计遗缺的 PO4，我们使用 lm() 函数拟合 PO4 与 oPO4 之间的线性关系方程式：

```
data(algae)
algae <- algae[-manyNAs(algae),]
# R 语言线性建模重要函数 lm()
(mdl <- lm(PO4 ~ oPO4, data = algae))
```

```
##
## Call:
## lm(formula = PO4 ~ oPO4, data = algae)
##
## Coefficients:
## (Intercept)          oPO4
##       42.90          1.29
```

利用估计所得的线性回归方程式填补 PO4 唯一的缺失值 (#28)：

```
(algae[28,'PO4'] <- 42.897 + 1.293 * algae[28,'oPO4'])
```

```
## [1] 48.07
```

原 PO4 遗缺数量不多，接着我们将 PO4 的多个位置 (第 #29 到 #33 观测值) 更改为 NA，以示范缺失值数量较多时的自动填补操作。

```
data(algae)
algae <- algae[-manyNAs(algae),]
# 创造多个 PO4 遗缺的情形
algae$PO4[29:33] <- NA
```

甚至将第 33 个位置的 oPO4 也更改为 NA，以让读者了解特殊状况下的处理结果 (注：连 oPO4 都遗缺，因此两者的回归方程式亦无助于填补 PO4)。

```
# 考虑连自变量 oPO4 都遗缺的边界案例 (edge case)(参见 1.9 节)
algae$oPO4[33] <- NA
```

缺失值处理前查看 PO4 与 oPO4 的遗缺状况：

```
algae[is.na(algae$PO4), c('oPO4','PO4')]
```

```
##    oPO4 PO4
## 28    4  NA
## 29   26  NA
## 30   12  NA
## 31   72  NA
## 32  246  NA
## 33   NA  NA
```

填补 PO4 多个缺失值时，可先定义如下的填补函数 fillPO4()。此函数传入正磷酸盐变量值 oP，若 oP 值为 NA 则返回 NA 值，因为无法进行回归插补值计算；否则，用先前 lm() 函数所估计的回归方程式进行插补值计算，并返回计算结果。

```
fillPO4 <- function(oP) {
  # 边界案例处理
  if (is.na(oP)) return(NA)
  # 从模型对象 mdl 中取出回归系数进行插补值计算
  else return(mdl$coef[1] + mdl$coef[2] * oP)
}
```

定义完填补函数 fillPO4() 后，将 PO4 遗缺位置上的 oPO4 变量值传入 sapply() 中，一一代入 fillPO4() 中进行 PO4 的计算后再进行填补。最后，查看第 #28～#33 填补后的观测值，可以发现除了第 #33 笔观测值外 (oPO4 为 NA，无法完成插补值的计算)，其余 PO4 缺失值均已完成插补。

```
# 逻辑值索引、隐式循环与自定义函数
algae[is.na(algae$PO4),'PO4'] <- sapply(algae[is.na(algae$PO4),
'oPO4'], fillPO4)
# 查看填补完成状况
algae[28:33, c('PO4', 'oPO4')]
```

```
##        PO4 oPO4
## 28  48.07    4
## 29  76.52   26
## 30  58.41   12
## 31 136.00   72
## 32 360.99  246
## 33     NA   NA
```

还有一种方法可根据样本 (或案例) 间的相似性进行填补，称为k **近邻填补法** (**k nearest neighbors imputation**)。套件 {DMwR} 中的 knnImputation() 函数按照缺失值样本与其 k 个最近邻居间的距离远近，进行加权算术平均数的填补值计算 (近者权值较高)，k 近邻填补法也可以用中位数与众数 (后者适合类别属性) 等统计量数进行填补。

```
data(algae)
algae <- algae[-manyNAs(algae),]
# k 近邻填补函数，默认 meth 参数为加权平均"weighAvg"
algae <- knnImputation(algae, k = 10)
```

```
data(algae)
algae <- algae[-manyNAs(algae),]
# 用近邻的中位数填补缺失值
algae <- knnImputation(algae,k=10, meth='median')
```

前面介绍的各种填补方法，也可依据遗缺的数值变量与某些类别变量之间的相关性进行分层填补。以 mxPH 为例，先将其季节的水平值调整为大家熟悉的春夏秋冬顺序 (默认的水平值顺序依照英文字母排序：autumn, spring, summer, winter)。接着用数值变量 vs. 类别变量的多变量条件式绘图套件 {lattice} 的直方图绘制函数 histogram()，结合模型公式语法，进行条件式绘图，垂直线后方的 season 表示该变量为分组变量，然而因为直方图是单一数值变量的绘图方法，y 轴为 x 轴数值变量 mxPH 装箱后的频率统计值，因此波浪号 (~) 前为空白，图 2.6结果显示 mxPH 似乎不受季节的影响。

```
data(algae)
algae <- algae[-manyNAs(algae),]
# 重要的建议套件
library(lattice)
# 更改默认的因子水平顺序 (默认是按英文字母排序)
algae$season <- factor(algae$season,levels =
c('spring','summer','autumn','winter'))
# mxPH 条件式直方图，按照季节分层
histogram(~ mxPH | season, data = algae)
```

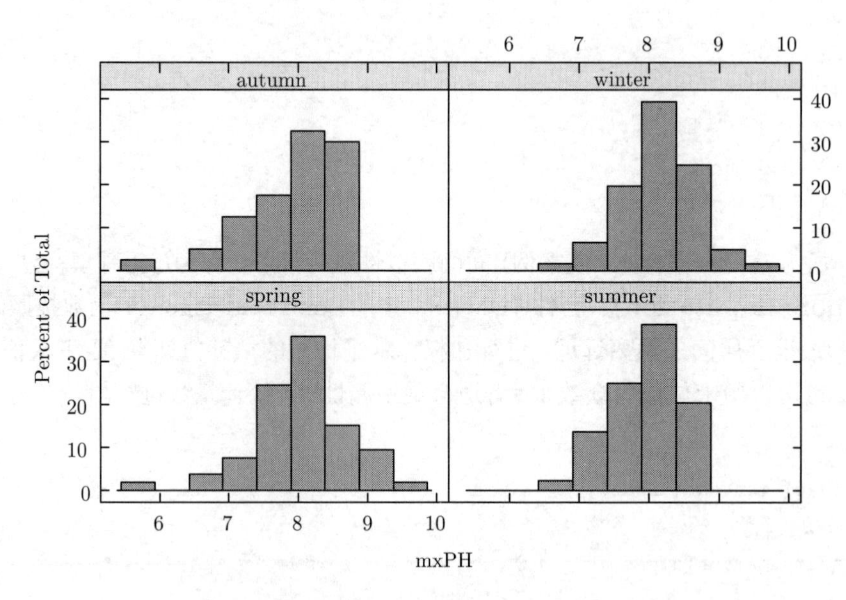

图 2.6 不同季节下最大酸碱值 mxPH 的分布状况

以同样的手法分析 mxPH 与取样河流大小 size 的关系，图 2.7显示小河的 mxPH 值似乎较低，因此可按照取样河川的大小，进行 mxPH 缺失值的分层填补。

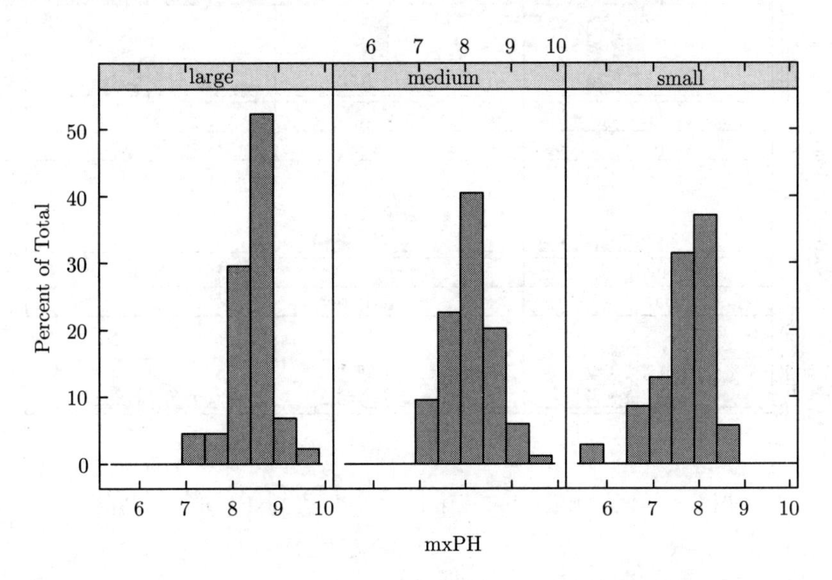

图 2.7　不同河流大小下最大酸碱值 mxPH 的分布状况

```
# mxPH 条件式直方图，按照河流大小分层
histogram(~ mxPH | size, data = algae)
```

```
# mxPH 该笔遗缺样本的 size 为 small
algae[is.na(algae$mxPH), 'size']
```

```
## [1] small
## Levels: large medium small
```

```
# 抓取 size 为 small 的所有样本，计算平均 mxPH 值（显然较低！）
mean(algae[algae$size == "small", 'mxPH'], na.rm = T)
```

```
## [1] 7.675
```

数值变量 vs. 类别变量的多变量条件式绘图，也可以分析 mxPH 与两个以上类别变量的相关情况 (见图 2.8和图 2.9)。除了无小河且低流速的样本外，所得结果与前面一致，即小河的 mxPH 值似乎较低。最后，这种绘图分析的方法，应针对所有遗缺的数值变量运行一次，是一个相当烦琐的过程。

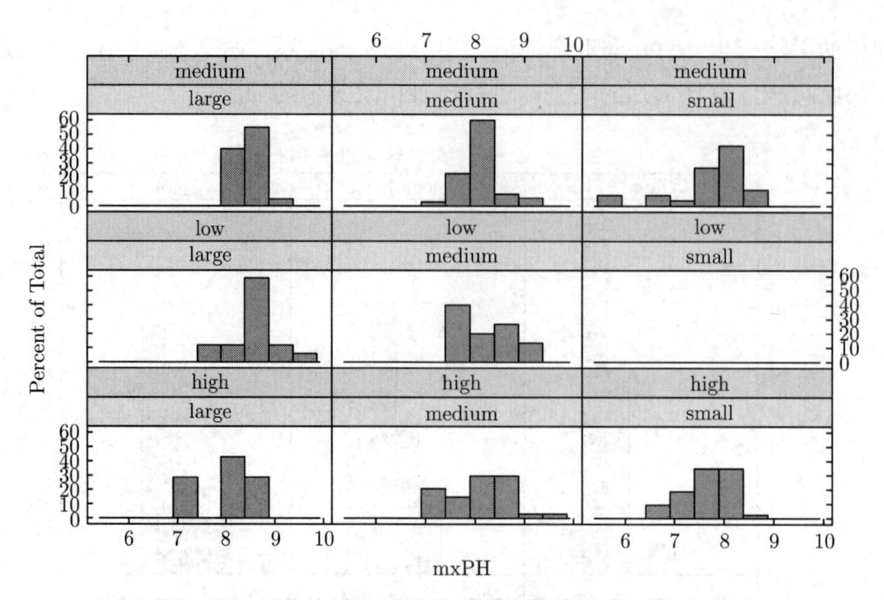

图 2.8 不同河流大小与流速下最大酸碱值 mxPH 的分布状况

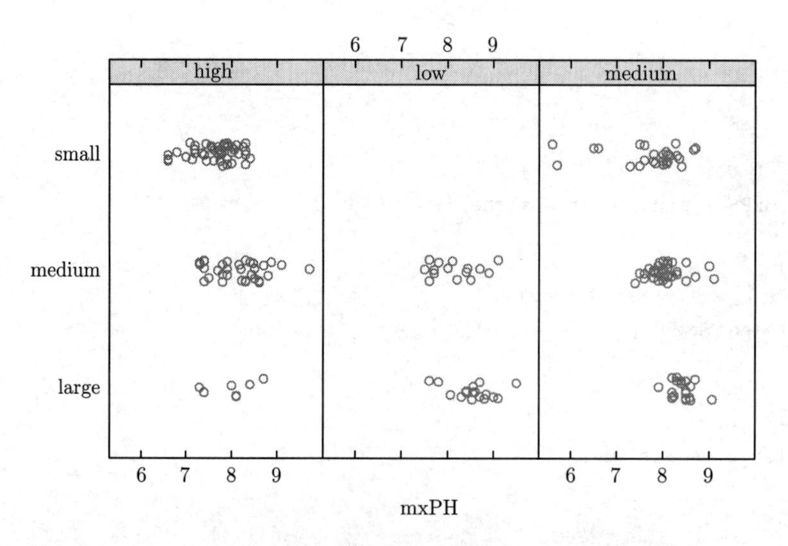

图 2.9 不同河流大小与流速下最大酸碱值 mxPH 的点条图

```
# 多因子变量的条件式直方图，用 * 串接两个分组变量
histogram(~ mxPH | size*speed, data = algae)
```

```
# 两个因子变量，一个数值变量的点条图
# 注意 jitter=T 是为了避免在同一位置过度绘制 (overplotting)!
stripplot(size ~ mxPH | speed, data = algae, jitter = T)
```

2.1.6 Python 语言数据清理

如前所述，Python 语言的缺失值记为 NaN，其辨识与处理工作以 **pandas** 数据集对象的 isnull() 方法为核心，返回的是与 R 语言 is.na() 相同的真假逻辑值。单变量时直接将真假值求和，可得知遗缺笔数。

```
algae = pd.read_csv("./_data/algae.csv")
# 单变量缺失值检查
# R 语言语法可想象成 head (isnull (algae ['mxPH' ]))
print(algae['mxPH'].isnull().head())
```

```
## 0     False
## 1     False
## 2     False
## 3     False
## 4     False
## Name: mxPH, dtype: bool
```

```
# 注意 Python 输出格式化语法 ({} 搭配 format () 方法)
print(" 遗缺{}笔观测值".format(algae['mxPH'].isnull().sum()))
```

```
## 遗缺1笔观测值
```

pandas 序列对象的 dropna() 方法可轻松将单变量缺失值移除，二维表格时 dropna() 默认是横向 (axis=0) 删除有遗缺变量的观测值，axis 参数改为 1 则纵向删除变量。

```
# 利用 pandas 序列方法 dropna () 移除单变量缺失值
mxPH_naomit = algae['mxPH'].dropna()
print(len(mxPH_naomit))
```

```
## 199
```

```
# 查看整个数据表的遗缺状况
print(algae.isnull().iloc[45:55,:5])
```

```
##      season   size  speed   mxPH   mnO2
## 45    False  False  False  False  False
## 46    False  False  False  False  False
## 47    False  False  False   True  False
## 48    False  False  False  False  False
## 49    False  False  False  False  False
## 50    False  False  False  False  False
## 51    False  False  False  False  False
## 52    False  False  False  False  False
## 53    False  False  False  False  False
## 54    False  False  False  False  False
```

```
# 横向移除不完整的观测值 (200 笔移除 16 笔)
algae_naomit = algae.dropna(axis=0)
print(algae_naomit.shape)
```

```
## (184, 18)
```

dropna() 的 thresh 参数可供使用者自行决定最低变量个数。

```
# 用 thresh 参数设定最低变量个数 (200 笔移除 9 笔)
algae_over17 = algae.dropna(thresh=17)
print(algae_over17.shape)
```

```
## (191, 18)
```

isnull() 返回的二维真假值表，可沿横轴或纵轴求和，得知各变量或各观测值遗缺状况。

```
# 各变量遗缺状况: Chla 遗缺观测值数量最多, Cl 次之...
algae_nac = algae.isnull().sum(axis=0)
print(algae_nac)
```

```
## season     0
## size       0
## speed      0
## mxPH       1
## mnO2       2
## Cl        10
## NO3        2
## NH4        2
## oPO4       2
## PO4        2
## Chla      12
## a1         0
## a2         0
## a3         0
## a4         0
## a5         0
## a6         0
## a7         0
## dtype: int64
```

```
# 各观测值遗缺状况：遗缺变量个数
algae_nar = algae.isnull().sum(axis=1)
print(algae_nar[60:65])
```

```
## 60    2
## 61    6
## 62    1
## 63    0
## 64    0
## dtype: int64
```

无论是哪种数据驱动编程语言，活用**逻辑值索引** (logical indexing) 可获得更多的信息。

```
# 查看不完整的观测值 (algae_nar>0 返回横向遗缺数量大于 0 的样本)
print(algae[algae_nar > 0][['mxPH', 'mnO2', 'Cl', 'NO3',
'NH4', 'oPO4', 'PO4', 'Chla']])
```

```
##      mxPH  mnO2     Cl    NO3    NH4     oPO4     PO4   Chla
## 27   6.80  11.1  9.000  0.630   20.0    4.000     NaN   2.70
## 37   8.00   NaN  1.450  0.810   10.0    2.500   3.000   0.30
## 47    NaN  12.6  9.000  0.230   10.0    5.000   6.000   1.10
## 54   6.60  10.8    NaN  3.245   10.0    1.000   6.500    NaN
## 55   5.60  11.8    NaN  2.220    5.0    1.000   1.000    NaN
## 56   5.70  10.8    NaN  2.550   10.0    1.000   4.000    NaN
## 57   6.60   9.5    NaN  1.320   20.0    1.000   6.000    NaN
## 58   6.60  10.8    NaN  2.640   10.0    2.000  11.000    NaN
## 59   6.60  11.3    NaN  4.170   10.0    1.000   6.000    NaN
## 60   6.50  10.4    NaN  5.970   10.0    2.000  14.000    NaN
## 61   6.40   NaN    NaN    NaN    NaN      NaN  14.000    NaN
## 62   7.83  11.7  4.083  1.328   18.0    3.333   6.667    NaN
## 115  9.70  10.8  0.222  0.406   10.0   22.444  10.111    NaN
## 160  9.00   5.8    NaN  0.900  142.0  102.000 186.000  68.05
## 183  8.00  10.9  9.055  0.825   40.0   21.083  56.091    NaN
## 198  8.00   7.6    NaN    NaN    NaN      NaN     NaN    NaN
```

```
# 遗缺变量个数大于 0 (即不完整) 的观测值编号
print(algae[algae_nar > 0].index)
```

```
## Int64Index([27, 37, 47, 54, 55, 56], dtype='int64')
## Int64Index([57, 58, 59, 60, 61, 62], dtype='int64')
## Int64Index([115, 160, 183, 198], dtype='int64')
```

```
# 不完整的观测值笔数
print(len(algae[algae_nar > 0].index))
```

```
## 16
```

```
# 查看遗缺变量超过变量个数 algae.shape [1 ] 的 20% 的观测值
print(algae[algae_nar > algae.shape[1]*.2][['mxPH', 'mn02',
'Cl', 'NO3', 'NH4', 'oPO4', 'PO4', 'Chla']])
```

```
##      mxPH  mn02  Cl   NO3  NH4  oPO4   PO4  Chla
## 61    6.4   NaN NaN   NaN  NaN   NaN  14.0   NaN
## 198   8.0   7.6 NaN   NaN  NaN   NaN   NaN   NaN
```

```
# 如何获取上表的横向索引值？
print(algae[algae_nar > algae.shape[1]*.2].index)
```

```
## Int64Index([61, 198], dtype='int64')
```

也可以用 **pandas** 数据集的 `drop()` 方法，确定横向 (`axis=0`，默认值) 或纵向 (`axis=1`) 执行方向后，再给定欲删除的索引或名称，完成缺失值删除的工作。

```
# 用 drop () 方法，给 IndexRange，横向移除遗缺严重的观测值
algae=algae.drop(algae[algae_nar > algae.shape[1]*.2].index)
print(algae.shape)
```

```
## (198, 18)
```

2.2 数据摘要与汇总

数据摘要 (data summarization) 是运用描述统计学中的数值公式、表格与图形，以展现数据的基本特征[1]。关注的特征包括集中趋势、离散程度与分布形态，数据摘要是量化数据分析的基石，2.2.1节介绍单变量数据的摘要统计量，双变量与多变量数据的摘要统计量参见 3.5 节相关与独立。

数据汇总 (data aggregation) 是以摘要的形式呈现整体或各群数据的任何过程，也可称为数据集计问题，其目的通常是探索与理解数据 (参见 2.2.2节与 2.2.3节群组与摘要)。例如，依据年龄、专业或收入将网站浏览者区分成特定群体，对各群体进行数据摘要分析，以取得网站内容或广告个性化 (personalization) 服务的信息。总结来说，如何在分组数据中运用摘要统计量，是数据科学家理解数据的重要依据。

[1] http://statistics.wikidot.com/ch2

2.2.1 摘要统计量

一般来说，变量的尺度可分为**名目尺度 (nominal scale)**、**顺序尺度 (order scale)**、**区间尺度 (interval scale)**、**比例尺度 (ratio scale)**，前两种尺度亦称为类别 (qualitative) 变量或分类 (categorical) 变量，后两种尺度则是量化 (quantitative) 变量或数值 (numeric) 变量。顺序尺度类别变量经常又被称为**计数变量 (count variable)**，其可能值范围是整数值，因此可兼用名目尺度类别变量与量化变量的处理与计算方式。此外，从整体面向来看，数据可分为结构化数据与**低结构化数据 (highly unstructured data)**，不同变量尺度与不同结构化程度的数据，能画什么图、用什么计算方法、适合何种模型方法，是数据科学家须掌握的基本知识，我们可称为数据敏感性 (data sensitivity) 素养。

常用的单变量摘要统计量分为集中趋势衡量、离散程度指标与分布形态摘要等 (多变量摘要统计量请参考 3.5 节相关与独立)，这些在 R 语言均有相应的统计函数，如 `mean()`、`var()`、`sd()` 及 `quantile()` 等，Python 语言则出现在 **scipy.stats** 模块与 **statsmodels** 套件中。后续将按照**位置量数 (measures of location)**、**离散程度 (variability)**、**异质程度 (heterogeneity)**、**集中程度 (concentration)**、**偏态程度 (asymmetry)** 与**宽狭程度 (kurtosis)** 这六种数据摘要统计量进行说明，其中集中程度与异质程度密切相关，偏态程度可由集中趋势的平均数与中位数的比较得知。

以 R 套件 {nutshell} 中的道琼斯 30 只股票报价数据为例，此数据集包含各股代码、日期、开盘价、最高价、最低价、收盘价、成交量与调整后的价格 (Adler, 2012)。`str()` 函数显示此对象的结构为数据集，观测值有 7482 笔，共有 8 个变量，包括各属性名称、数据类型、显示于 $ 之后的前几笔数据。

```
library(nutshell)
data(dow30)
```

```
# 股价数据集结构
str(dow30)
```

```
## 'data.frame': 7482 obs. of 8 variables:
## $ symbol : Factor w/ 30 levels
## "MMM","AA","AXP",..: 1 1 1 1 1 1 1 1 1 1 ...
## $ Date : Factor w/ 252 levels
## "2008-09-22","2008-09-23",..: 252 251 250 249
## 248 247 246 245 244 243 ...
## $ Open : num 73.9 75.1 75.3 74.8 74.6 ...
## $ High : num 74.7 75.2 75.5 75.5 74.9 ...
## $ Low : num 73.9 74.5 74.5 74.5 74 ...
## $ Close : num 74.5 74.6 74.9 75.4 74.7 ...
```

```
## $ Volume : num 2560400 4387900 3371500 2722500
## 3566900 ...
## $ Adj.Close: num 74.5 74.6 74.9 75.4 74.7 ...
```

在进行数据探索与摘要时，最常关心的是变量的位置量数的集中趋势 (central tendency)，量化变量常用算术**平均数 (mean)** 来衡量，R 中的 `mean()` 函数亦可运用 `trim` 参数设定两侧观测值截取的比例，以求取**截尾平均数 (trimmed mean)**。

```
# 全体平均数 (grand mean)
mean(dow30$Open)
```

```
## [1] 36.25
```

```
# 截尾平均数
mean(dow30$Open, trim = 0.1)
```

```
## [1] 34.4
```

而**中位数 (median)** 是给定一个大小有序的观测值 (统计学称之为顺序统计量，order statistics)，样本中有一半的数值大于它，另一半的数值小于它，数值变量或有序的类别变量 (顺序尺度变量) 都可以计算中位数。

```
# 也称为第 50 个 (50th) 百分位数
median(dow30$Open)
```

```
## [1] 30.16
```

类别变量常用**众数 (mode)** 来寻找最常发生的类别值，代表其集中趋势，R 语言中并无内置众数函数。我们可以自行定义下面的函数 `Mode()`，将传入的因子向量元素提取其唯一的类别值后，建立**频率分布 (frequency distribution)** 表，再提取频率最高的类别值，此处以 {DMwR} 套件中的水质样本数据集 `algae` 为例，求取河水样本取自哪种河川大小 `size` 的众数。

```
library(DMwR)
data(algae)
# 自定义众数计算函数
Mode <- function(x) {
  ux <- unique(x)
  ux[which.max(tabulate(match(x, ux)))]
}
Mode(algae$size)
```

```
## [1] medium
## Levels: large medium small
```

```
# 用频率分布表核验 Mode 函数计算结果
table(algae$size)
```

```
##
##  large medium  small
##     45     84     71
```

这里，套件 {modeest} 也提供众数估计函数 mlv()，其中参数 method="mfv" 时以数值向量中最常发生的值 (most frequent value) 为众数的估计方法。

```
mySamples <- c(19, 4, 5, 7, 29, 19, 29, 13, 25, 19)
# R 语言单变量单峰数据众数估计套件
library(modeest)
# 数值向量最常发生值估计法
mlv(mySamples, method = "mfv")
```

```
## [1] 19
```

前述以中位数衡量集中趋势的概念，可以延伸出其他的位置量数，如**百分位数 (percentiles)**。R 语言中常用的 quantile() 函数，它返回不同百分比值 (用 probs 参数设定) 下的百分位数。分析者经常特别关心**四分位数 (quartiles)**，即将数据按照从小到大的分布划分为四等分的数值，称为 Q1、Q2、Q3 与 Q4。有 1/4(或 25%) 的数值小于 Q1，1/2(或 50%) 的数值小于 Q2，3/4(或 75%) 的数值小于 Q3，Q2 实际上就是中位数。

```
# 最常用的四分位数加上最小值与最大值
quantile(dow30$Open, probs = c(0, 0.25, 0.5, 0.75, 1.0))
```

```
##     0%    25%    50%    75%   100%
##   0.99  19.66  30.16  51.68 122.45
```

知名统计学家 Tukey 定义的五数摘要统计值 (Tukey five-number summaries)，即最小值、四分位低值 (lower-hinge)、中位数、四分位高值 (upper-hinge) 与最大值，可以通过 finvenum() 函数取得：

```
# 结果与上面的四分位数有差异，其实 quantile () 函数有九种计算方法!
fivenum(dow30$Open)
```

```
## [1]   0.99  19.65  30.16  51.68 122.45
```

离散程度也是数据摘要关注的重点，数据分布的边界 (最小值与最大值) 可以通过 min()、max() 或 range() 取得:

```
min(dow30$Open)
```

```
## [1] 0.99
```

```
max(dow30$Open)
```

```
## [1] 122.5
```

range() 函数同时返回数据向量的最大值与最小值；若欲求统计上的**全距 (range)** 量数，请将 range() 函数返回值输入 diff() 函数中：

```
# 一次返回最小值与最大值
range(dow30$Open)
```

```
## [1]   0.99 122.45
```

```
# diff () 常用于时间序列数据，按照 lag 期数计算不同阶数的差分值
diff(range(dow30$Open))
```

```
## [1] 121.5
```

```
# 1~10 跨两期的 8 个 (Why?) 差分值
diff(1:10, lag = 2)
```

```
## [1] 2 2 2 2 2 2 2 2
```

```
# R 语言函数的参数可以只写前几个字母，只要能区分即可
diff(1:10, lag = 2, diff = 2)
```

```
## [1] 0 0 0 0 0 0
```

与全距量数类似的离散程度衡量是求取第一四分位数与第三四分位数的距离，称为**四分位距 (interquartile range, IQR)**，其与截尾平均数有异曲同工之妙，都是将两侧极端值排除后进行计算，以降低原衡量方式易受极端值影响的缺憾，因此均属于稳健统计 (robust statistics) 的计算方法。

```
IQR(dow30$Open)
```

```
## [1] 32.02
```

数值变量最常用的离散程度量数还是**方差 (variance)**，其开方根后取正值即为**标准偏差 (standard deviation)**，后者有单位与原始数据测量单位相同的优势。而**变异系数 (coefficient of variation)** 是标准偏差与平均数的比值，可视为归一化 (normalized) 后的标准偏差。

```
var(dow30$Open)
```

```
## [1] 495.2
```

```
sd(dow30$Open)
```

```
## [1] 22.25
```

```
# 直接由标准偏差与平均数计算变异系数
sd(dow30$Open)/mean(dow30$Open)
```

```
## [1] 0.6139
```

```
# R 语言地理数据分析与建模套件 {raster}
```

```
library(raster)
```

```
# 光栅 (raster) 数据常需要计算变异系数
cv(1:10)
```

```
## In cv, x= 1 2 3 4 5 6 7 8 9 10
## mean(x)= 5.5
```

```
## [1] 0.5505
```

```
sd(1:10)/mean(1:10)
```

```
## [1] 0.5505
```

方差与标准偏差易受离群值影响，稳健统计中常用的离散程度衡量是**中位数绝对偏差 (median absolute deviation)**，它计算各观察值与中位数的距离值 (各观察值与中位数差值的绝对值) 后，再取其中位数。R 语言套件 {stats} 中的 `mad()` 函数实现了上述中位数绝对偏差的计算 (参见下例)，不过计算公式是 $1.4826median(\left|x_i - x_{median_{lowOrright}}\right|)$，请读者参见 mad() 函数说明文档；Python 语言则在 **statsmodels.robust.scale.mad** 与 **astropy.stats.median_absolute_deviation** 模块中提供中位数绝对偏差函数。

```
# R 核心开发团队维护套件 {stats} 中的 mad()
mad(dow30$Open)
```

```
## [1] 22.25
```

另一方面，前述的方差、标准偏差、变异系数、四分位距、中位数绝对偏差等统计变异量数，均不适用于类别变量。Giudici and Figini (2009) 提出的异质程度与集中程度，即为类别变量的离散程度指标。**基尼不纯度 (Gini impurity)** 与**熵系数 (entropy coefficient)** 是常用的类别变量频率分布异质性 (heterogeneity) 衡量方式，基尼不纯度的公式如下：

$$G = 1 - \sum_{i=1}^{k} p_i^2 \tag{2.1}$$

其中类别变量共有 k 个不同的类别值，而 p_i 是第 i 个类别的比例。当完美同构型时，也就是说所有样本的类别值均相同 (都集中于 k 类中的某一类)，此时仅有一个 p_i 为 1，其余均为 0，因此基尼不纯度值为 0；而完美异质性时，各类别值跨样本的分布平均，因此 p_i 均为 $1/k, i = 1, 2, \cdots, k$，此时基尼不纯度值为最大的 $1 - \frac{1}{k}$。

利用最大值可将基尼不纯度归一化到区间 $[0, 1]$ 中，即为下面的异质性相对指标，或称归一化的基尼不纯度：

$$G' = \frac{G}{(k-1)/k} \tag{2.2}$$

熵系数是另一个异质性衡量指标，其公式如下：

$$E = -\sum_{i=1}^{k} p_i \log p_i \tag{2.3}$$

当完美同构型时，熵系数值为 0；而完美异质性时，熵系数值为 $\log k$。同样地，熵系数的最大值可将之归一化到区间 $[0, 1]$ 中，即为下面的归一化熵系数：

$$E' = \frac{E}{\log k} \tag{2.4}$$

集中度系数 (concentration coefficient)，顾名思义是集中程度衡量，它与异质性衡量高度相关，两者的关系是当异质性最低时集中度达到最大；而异质性最高时集中度则最小。但当异质性介于中间时，两者却有不同的解释。因此，理解两者不同的中间结果是非常重要的！以下以固定量的所得，在 N 个人之间的分布为例进行说明。假设每个人分配到的所得为 $x_i, i = 1, 2, \cdots, N$，在不失一般性的情况下，其大小关系为 $0 \leqslant x_1 \leqslant \cdots \leqslant x_N$，而且 $N\bar{x} = \sum x_i$ 是所得总量，其中 $\bar{x}$ 是 N 个人的所得平均值。首先考虑两个极端情况：

- $x_1 = x_2 = \cdots = x_N = \bar{x}$ 表示最小的集中程度，因为所得平均分布在 N 个人身上；
- $x_1 = x_2 = \cdots = x_{N-1} = 0$ 且 $x_N = N\bar{x} = \sum_{i=1}^{N} x_i$ 表示最大的集中程度，一人独享全部的所得。

最小与最大集中程度之间的衡量方式，正是集中度系数所关注的。我们先定义人数比例 F_i 与所得比例 Q_i：

$$F_i = \frac{i}{N}, \quad i = 1, 2, \cdots, N \tag{2.5}$$

$$Q_i = \frac{x_1 + x_2 + \cdots + x_i}{\sum\limits_{i=1}^{N} x_i}, \quad i = 1, 2, \cdots, N \tag{2.6}$$

对每一个 i 而言，式 (2.5) 的 F_i 是累积到第 i 人的人数比例，式 (2.6) 的 Q_i 则是所得 (或其他特征值) 累积到第 i 人的所得比例，F_i 与 Q_i 满足下列关系：

$$0 \leqslant F_i \leqslant 1; 0 \leqslant Q_i \leqslant 1 \tag{2.7}$$

$$Q_i \leqslant F_i \tag{2.8}$$

$$F_N = Q_N = 1 \tag{2.9}$$

将 Q_i 按升幂排列后，与对应的 F_i 可绘制成图 2.10的集中程度曲线图。图中有 $N+1$ 个点 $(0,0), (F_1, Q_1), \cdots, (F_{N1}, Q_{N1}), (1,1)$，相邻点用直线连接可得分段线性的集中程度曲线，45° 角直线代表最小的集中程度，满足 $F_i - Q_i = 0, i = 1, 2, \cdots, N$。而最大集中程度时 $F_i - Q_i = F_i, i = 1, 2, \cdots, N-1$(因为 $Q_i = 0, i = 1, 2, \cdots, N-1$)，且 $F_N - Q_N = 0$(财富全部集中在第 N 人)。因此，偏离最小集中程度的合适指标为曲线与 45° 角直线所夹的面积。

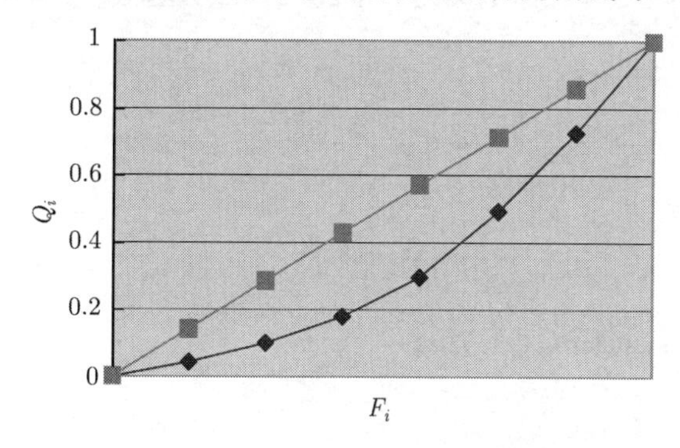

图 2.10　集中程度曲线图 (Giudici and Figini, 2009)

基尼集中度 (Gini concentration) 依据上述观察而发展出下面公式：

$$R = \frac{\sum\limits_{i=1}^{N-1} (F_i - Q_i)}{\sum\limits_{i=1}^{N-1} F_i} \tag{2.10}$$

上式计算 $\sum\limits_{i=1}^{N-1} (F_i - Q_i)$ 与其最大值 $\sum\limits_{i=1}^{N-1} F_i$ 的比值，当完美不集中时，基尼集中度为 0；而完美集中时，基尼集中度为 1。

值得注意的是，异质程度 (基尼不纯度与熵系数) 与集中程度 (基尼集中度) 都是类别变量的离散程度指标，其中基尼集中度也适用于量化变量与有序的类别变量。正因如此，图 2.10说明的基尼集中度计算方式，非常类似 3.2.3 节模型性能可视化中，图 3.6 的**接收者操作特性曲线 (Receiver Operating Characteristic curve, ROC)** 及 **ROC 曲线下方的面积 (Area Under Curve, AUC)** 的说明。最后，基尼不纯度与熵系数常用于 y 是名目类别变量的分类判定树中，各分支的最佳分割属性与分割值的搜索准则 (参见 5.2.4 节分类与回归树)。

R 语言 {ineq} 套件有计算所得分配不均的基尼集中度函数 `ineq()`：

```
# 衡量所得不均、集中度与贫困的 R 套件
library(ineq)
# 建立所得向量  x
x <- c(541, 1463, 2445, 3438, 4437, 5401, 6392, 8304,
11904, 22261)
# 基尼集中度计算函数
ineq(x)
```

```
## [1] 0.4621
```

式 (2.1) 的基尼不纯度可自行定义为如下的 `Gini()` 函数：

```
# 自定义基尼不纯度函数
Gini <- function(x) {
  # 合理性检查
  if (!is.factor(x)) {
    return("Please input factor variable.")
  } else {
    1 - sum((table(x)/sum(table(x)))^2)
  }
}
# 完美同质情况
as.factor(rep("a", 6)) # "a" 重复 6 次
```

```
## [1] a a a a a a
## Levels: a
```

```
Gini(as.factor(rep("a", 6)))
```

```
## [1] 0
```

```
# 非完美情况
as.factor(c(rep("a", 1), rep("b", 5)))
```

```
## [1] a b b b b b
## Levels: a b
```

```
Gini(as.factor(c(rep("a", 1), rep("b", 5))))
```

```
## [1] 0.2778
```

```
# 完美异质情况
as.factor(c("a", "b", "c", "d", "e"))
```

```
## [1] a b c d e
## Levels: a b c d e
```

```
Gini(as.factor(c("a", "b", "c", "d", "e")))
```

```
## [1] 0.8
```

最后，偏态程度与宽狭程度在许多统计书籍中都会提到，本书案例中也有说明 (参见2.3.1节特征转换与移除)，请读者自行参考。

2.2.2 R 语言群组与摘要

数据科学家在探索数据时，经常将某群观测值替换为该群的摘要统计值，以了解各群样貌的异同，此即为群组与摘要 (grouping and summarization)。首先以鸢尾花数据集 iris 为例，说明 R 语言群组与摘要的各种方式 (for 显式循环、tapply()、aggregate()、summaryBy()、ddply() 与 data.table() 等)，iris 常被统计学家用来示范数据处理与分析的程序。此数据集有 150 笔观测值，其中四个数值变量分别为花萼长宽 (Sepal.Length 与 Sepal.Width)、花瓣长宽 (Petal.Length 与 Petal.Width)，以及三种鸢尾花类别 setosa、versicolor 与 virginica 的因子变量 Species。

```
# 知名的鸢尾花数据集
head(iris, 3)
```

```
##   Sepal.Length Sepal.Width Petal.Length Petal.Width
## 1          5.1         3.5          1.4         0.2
## 2          4.9         3.0          1.4         0.2
## 3          4.7         3.2          1.3         0.2
##   Species
## 1  setosa
## 2  setosa
## 3  setosa
```

```
str(iris)
```

```
## 'data.frame': 150 obs. of 5 variables:
## $ Sepal.Length: num 5.1 4.9 4.7 4.6 5 5.4 4.6 5
## 4.4 4.9 ...
## $ Sepal.Width : num 3.5 3 3.2 3.1 3.6 3.9 3.4
## 3.4 2.9 3.1 ...
## $ Petal.Length: num 1.4 1.4 1.3 1.5 1.4 1.7 1.4
## 1.5 1.4 1.5 ...
## $ Petal.Width : num 0.2 0.2 0.2 0.2 0.2 0.4 0.3
## 0.2 0.2 0.1 ...
## $ Species : Factor w/ 3 levels
## "setosa","versicolor",..: 1 1 1 1 1 1 1 1 1 1
## ...
```

```
# 量级接近，花瓣宽度数值最小
summary(iris)
```

```
##   Sepal.Length   Sepal.Width    Petal.Length
##  Min.   :4.30   Min.   :2.00   Min.   :1.00
##  1st Qu.:5.10   1st Qu.:2.80   1st Qu.:1.60
##  Median :5.80   Median :3.00   Median :4.35
##  Mean   :5.84   Mean   :3.06   Mean   :3.76
##  3rd Qu.:6.40   3rd Qu.:3.30   3rd Qu.:5.10
##  Max.   :7.90   Max.   :4.40   Max.   :6.90
##   Petal.Width        Species
##  Min.   :0.1   setosa    :50
##  1st Qu.:0.3   versicolor:50
##  Median :1.3   virginica :50
##  Mean   :1.2
##  3rd Qu.:1.8
##  Max.   :2.5
```

刚从其他程序语言切入 R 语言的读者，会在显式循环 (explicit looping)`for` 语句中，搭配数据子集选取函数 `subset()`，来完成群组与摘要的计算工作。R 与 Python 都是第四代动态编程语言，使用显式循环须注意当数据量较大时，可能会有速度迟缓的现象。`for` 循环外部须先建立一个空的数据集，以逐步收纳计算结果。进入循环后先按照指标变量 `species` 筛选子集，再针对每次 (此循环内部计算工作迭代执行三次) 的数据子集 `tmp`，进行 `Sepal.Length` 变量的样本数、算术平均数、中位数等的计算，并将之组织为 `data.frame`。进入下一次迭代或离开 `for` 循环前，再用 `rbind()` 函数并入 `results` 数据集中。

```
# subset() 选取各花种子集用法
setosa <- subset(iris, Species == 'setosa')
headtail(setosa)
```

```
##    Sepal.Length Sepal.Width Petal.Length Petal.Width
## 1           5.1         3.5          1.4         0.2
## 2           4.9         3.0          1.4         0.2
## 3           4.7         3.2          1.3         0.2
##    ...
## 47  setosa
## 48  setosa
## 49  setosa
## 50  setosa
```

```
# 逐步收纳结果用 (for gathering results)
results <- data.frame()
# 注意因子变量 unique () 后的结果
for (species in unique(iris$Species)) {
  # 逐花种取子集
  tmp <- subset(iris, Species == species)
  # 开始摘要统计
  count <- nrow(tmp)
  mean <- mean(tmp$Sepal.Length)
  median <- median(tmp$Sepal.Length)
  # 结果封装成数据集后再合并
  results <- rbind(results, data.frame(species, count, mean,
  median))
}
results
```

```
##      species count  mean median
## 1     setosa    50 5.006    5.0
## 2 versicolor    50 5.936    5.9
## 3  virginica    50 6.588    6.5
```

tapply()是处理群组与摘要的 apply()系列函数，可将传入的待分组数据向量 iris$Sepal.Length，按照其后因子变量 iris$Species 的不同水平值，进行数据分组后根据参数 FUN 设定的函数进行摘要统计值计算。

```
# 群组与摘要 apply() 系列函数
tapply(iris$Sepal.Length, iris$Species, FUN = length)
```

```
##     setosa versicolor  virginica
##         50         50         50
```

```
# FUN 中设定的摘要统计计算函数，也可以用匿名函数定义多个函数
# 匿名函数的参数 u 代表分组数据
tapply(iris$Sepal.Length, iris$Species, FUN = function(u)
{c(count = length(u), mean = mean(u), median = median(u))})
```

```
## $setosa
##  count   mean median
## 50.000  5.006  5.000
##
## $versicolor
##  count   mean median
## 50.000  5.936  5.900
##
## $virginica
##  count   mean median
## 50.000  6.588  6.500
```

aggregate() 函数可能是 R 语言中最常用的群组与摘要函数，传入的数据对象可以是数据集 data.frame、时间序列 ts 与 mts 等类别。语法的特性是先用 data 参数将环境限定于数据对象 (如 data.frame)，再用模型公式符号设定待分组变量 (Sepal.Length 在 ~ 前)，以及作为分组依据的因子变量 (Species 在 ~ 后)，其余同 tapply() 函数。

```
# 限定环境与结合模型公式符号的 aggregate()
aggregate(Sepal.Length ~ Species, data = iris,
FUN = 'length')
```

```
##      Species Sepal.Length
## 1     setosa           50
## 2 versicolor           50
## 3  virginica           50
```

```
# 匿名函数用法同 tapply()，但返回结果为 data.frame 非 list
aggregate(Sepal.Length ~ Species, data = iris, FUN =
function(u) {c(count = length(u), mean = mean(u),
median = median(u))})
```

```
##      Species Sepal.Length.count Sepal.Length.mean
## 1     setosa             50.000             5.006
## 2 versicolor             50.000             5.936
## 3  virginica             50.000             6.588
##   Sepal.Length.median
## 1               5.000
## 2               5.900
## 3               6.500
```

aggregate() 还可依据两个以上的因子变量群组数据后进行数据摘要，此处以套件 {ggplot2} 中的五万多颗钻石数据集 diamonds 为例，计算五种切割等级与七种钻石色泽下，共三十五组数据的平均价格。最后，aggregate() 函数还可以用 cbind() 函数结合多个欲群组摘要的数值变量，或者是对因子变量进行群组与摘要。其中查看 diamonds 类型后，发现是 tbl_df 对象，它继承 tbl，而 tbl 又继承了 data.frame，所以这种 tibble 对象是 data.frame 的子类型。tibble 是 R 语言用来替代 data.frame 类别的延伸式数据集，它兼容 data.frame 的语法，使用起来很方便，也是由 R 社群重量级人物 Hadley Wickham 博士开发的 R 套件 (https://github.com/tidyverse/tibble)。

```
# 加载 R 语言知名图形文法绘图套件 {ggplot2}
library(ggplot2)
# 读取套件 {ggplot2} 中的钻石数据集
data(diamonds)
# 对象类别为"tbl_df"
class(diamonds)
```

```
## [1] "tbl_df"     "tbl"        "data.frame"
```

```
head(diamonds)
```

```
## # A tibble: 6 x 10
##   carat cut       color clarity depth table price     x
##   <dbl> <ord>     <ord> <ord>   <dbl> <dbl> <int> <dbl>
## 1 0.23  Ideal     E     SI2      61.5    55   326  3.95
## 2 0.21  Premium   E     SI1      59.8    61   326  3.89
## 3 0.23  Good      E     VS1      56.9    65   327  4.05
## 4 0.290 Premium   I     VS2      62.4    58   334  4.2
## 5 0.31  Good      J     SI2      63.3    58   335  4.34
## 6 0.24  Very Good J     VVS2     62.8    57   336  3.94
##       y     z
##   <dbl> <dbl>
## 1  3.98  2.43
```

```
## 2  3.84  2.31
## 3  4.07  2.31
## 4  4.23  2.63
## 5  4.35  2.75
## 6  3.96  2.48
```

```
# 注意 cut 与 color 的水平数
str(diamonds)
```

```
## tibble [53,940 x 10] (S3: tbl_df/tbl/data.frame)
## $ carat : num [1:53940] 0.23 0.21 0.23 0.29 0.31
## 0.24 0.24 0.26 0.22 0.23 ...
## $ cut : Ord.factor w/ 5 levels "Fair"<"Good"<..:
## 5 4 2 4 2 3 3 3 1 3 ...
## $ color : Ord.factor w/ 7 levels
## "D"<"E"<"F"<"G"<..: 2 2 2 6 7 7 6 5 2 5 ...
## $ clarity: Ord.factor w/ 8 levels
## "I1"<"SI2"<"SI1"<..: 2 3 5 4 2 6 7 3 4 5 ...
## $ depth : num [1:53940] 61.5 59.8 56.9 62.4 63.3
## 62.8 62.3 61.9 65.1 59.4 ...
## $ table : num [1:53940] 55 61 65 58 58 57 57 55
## 61 61 ...
## $ price : int [1:53940] 326 326 327 334 335 336
## 336 337 337 338 ...
## $ x : num [1:53940] 3.95 3.89 4.05 4.2 4.34 3.94
## 3.95 4.07 3.87 4 ...
## $ y : num [1:53940] 3.98 3.84 4.07 4.23 4.35
## 3.96 3.98 4.11 3.78 4.05 ...
## $ z : num [1:53940] 2.43 2.31 2.31 2.63 2.75
## 2.48 2.47 2.53 2.49 2.39 ...
```

```
library(UsingR)
# 用模型公式符号的加号运算符串联两个因子变量
headtail(aggregate(price ~ cut + color, data = diamonds,
FUN = "mean"))
```

```
##          cut color price
## 1       Fair     D  4291
## 2       Good     D  3405
## 3  Very Good     D  3470
##    ...
```

```
## 32      Good     J  4574
## 33 Very Good     J  5104
## 34   Premium     J  6295
## 35     Ideal     J  4918
```

```
# 用 cbind () 组织所有待分组变量
headtail(aggregate(cbind(price, carat) ~ cut + color,
data = diamonds, "mean"))
```

```
##            cut color price  carat
## 1         Fair     D  4291 0.9201
## 2         Good     D  3405 0.7445
## 3    Very Good     D  3470 0.6964
## ...
## 32        Good     J  4574 1.0995
## 33   Very Good     J  5104 1.1332
## 34     Premium     J  6295 1.2931
## 35       Ideal     J  4918 1.0636
```

```
# 欲群组要的变量也可以是因子变量
headtail(aggregate(clarity ~ cut + color, data = diamonds,
"table"))
```

```
##            cut color clarity.I1 clarity.SI2 clarity.SI1
## 1         Fair     D          4          56          58
## 2         Good     D          8         223         237
## 3    Very Good     D          5         314         494
## ...
## 32           6
## 33           8
## 34          12
## 35          25
```

```
# clarity 因子变量的各个水平名称
levels(diamonds$clarity)
```

```
## [1] "I1"   "SI2"  "SI1"  "VS2"  "VS1"  "VVS2" "VVS1"
## [8] "IF"
```

套件 {doBy} 中的 summaryBy() 函数也可用于群组与摘要计算,其语法与 aggregate() 函数类似。

```
library(doBy)
# 输出格式与 aggregate() 相同
summaryBy(Sepal.Length ~ Species, data = iris, FUN =
function(x) {c(count = length(x), mean = mean(x), median =
median(x))})
```

```
##      Species Sepal.Length.count Sepal.Length.mean
## 1     setosa                 50             5.006
## 2 versicolor                 50             5.936
## 3  virginica                 50             6.588
##   Sepal.Length.median
## 1                 5.0
## 2                 5.9
## 3                 6.5
```

{plyr} 套件中的 ddply() 函数功能强大，它可将传入的数据集 iris 根据后方因子变量 Species 分割为三个数据子集后，一一传入匿名函数中，成为其中的 x，再分别对维度为 50×5 的数据子集，计算样本数和各数值变量的平均数。

```
library(plyr)
# 注意传入 colMeans() 的数据子集 x 为何要移除第五栏
ddply(iris, 'Species', function(x) c(count = nrow(x), mean=
 colMeans(x[-5])))
```

```
##      Species count mean.Sepal.Length mean.Sepal.Width
## 1     setosa    50             5.006            3.428
## 2 versicolor    50             5.936            2.770
## 3  virginica    50             6.588            2.974
##   mean.Petal.Length mean.Petal.Width
## 1             1.462            0.246
## 2             4.260            1.326
## 3             5.552            2.026
```

近年来许多人用套件 {data.table} 更有效率地处理大数据集，我们仍然以 iris 为例，首先将其转换为 data.table 类的对象，此类别也继承自 data.frame 类，它提供运算速度更快、内存更有效率的处理方式。data.table 选取变量时，变量名称不加单引号或双引号，选取多个变量时用 list 串接。运用**逻辑值索引 (logical indexing)** 取数据子集的语法同 data.frame，移除 data.table 数据表中某个变量的语法请读者注意。

```
# R 语言 data.frame 的延伸套件
library(data.table)
```

```
iris.tbl <- data.table(iris)
# 前者 (data.table) 继承自后者 (data.frame)
class(iris.tbl)
```

```
## [1] "data.table" "data.frame"
```

```
# list () 串接多个变量进行取值，显示方式自动取头尾
iris.tbl[ , list(Sepal.Length, Species)]
```

```
##      Sepal.Length   Species
##   1:          5.1    setosa
##   2:          4.9    setosa
##   3:          4.7    setosa
##   4:          4.6    setosa
##   5:          5.0    setosa
##  ...
## 146:          6.7 virginica
## 147:          6.3 virginica
## 148:          6.5 virginica
## 149:          6.2 virginica
## 150:          5.9 virginica
```

```
# data.table 横向逻辑值取值
iris.tbl[iris.tbl$Petal.Width <= 0.1,]
```

```
##    Sepal.Length Sepal.Width Petal.Length Petal.Width
## 1:          4.9         3.1          1.5         0.1
## 2:          4.8         3.0          1.4         0.1
## 3:          4.3         3.0          1.1         0.1
## 4:          5.2         4.1          1.5         0.1
## 5:          4.9         3.6          1.4         0.1
##    Species
## 1:  setosa
## 2:  setosa
## 3:  setosa
## 4:  setosa
## 5:  setosa
```

```
# data.table 移除变量令其为 NULL
iris.tbl[ , Sepal.Width := NULL]; iris.tbl
```

```
##       Sepal.Length Petal.Length Petal.Width   Species
##   1:          5.1          1.4         0.2    setosa
##   2:          4.9          1.4         0.2    setosa
##   3:          4.7          1.3         0.2    setosa
##   4:          4.6          1.5         0.2    setosa
##   5:          5.0          1.4         0.2    setosa
##  ...
## 146:          6.7          5.2         2.3 virginica
## 147:          6.3          5.0         1.9 virginica
## 148:          6.5          5.2         2.0 virginica
## 149:          6.2          5.4         2.3 virginica
## 150:          5.9          5.1         1.8 virginica
```

data.table 进行群组与摘要的语法精简，简单来说，在纵行的位置上用 list() 函数串待分组的数值变量与统计摘要函数，by 参数则给定分组的因子变量。

```
# data.table 群组与摘要语法特殊
iris.tbl[ , list(Sepal.Length = mean(Sepal.Length),
Petal.Width = median(Petal.Width)), by = Species]
```

```
##       Species Sepal.Length Petal.Width
## 1:     setosa        5.006         0.2
## 2: versicolor        5.936         1.3
## 3:  virginica        6.588         2.0
```

2.2.3 Python 语言群组与摘要

群组与摘要是数据探索与理解的前哨工作，因此我们再用 Python 语言说明其具体做法[1]。phone_data.csv 中有数个月的移动电话使用记录，加载文件查看数据维度与维数、变量类型以及前 5 笔观测值，其中类型为 object 的变量表示内容是字符串。

```
# 加载必要套件
import pandas as pd
import numpy as np
import dateutil
# 载入 csv 文件
path = '/Users/Vince/cstsouMac/Python/Examples/Basics'
fname = '/data/phone_data.csv'
data = pd.read_csv(''.join([path, fname]))
# 830 笔观测值，7 个变量
print(data.shape)
```

[1] www.shanelynn.ie/summarising-aggregation-and-grouping-data-in-python-pandas/

```
## (830, 7)
```

```
# 除 index 与 duration 外，所有字段都是字符串类型的变量
print(data.dtypes)
```

```
## index              int64
## date              object
## duration         float64
## item              object
## month             object
## network           object
## network_type      object
## dtype: object
```

```
# 从编号 1 的第 2 字段向后选，去除 index 字段
data = data.iloc[:,1:]
```

```
print(data.head())
```

```
##             date  duration  item    month   network
## 0  15/10/14 06:58    34.429  data  2014-11      data
## 1  15/10/14 06:58    13.000  call  2014-11  Vodafone
## 2  15/10/14 14:46    23.000  call  2014-11    Meteor
## 3  15/10/14 14:48     4.000  call  2014-11     Tesco
## 4  15/10/14 17:27     4.000  call  2014-11     Tesco
##   network_type
## 0         data
## 1       mobile
## 2       mobile
## 3       mobile
## 4       mobile
```

大数据时代下，数据多带有时间戳 (time stamp) 的情境 (contextual) 变量，将这些原为字符串变量的时间，转为跨时区可计算的时间格式变量，是处理时间序列数据的重要任务。我们接着运用 **pandas** 序列数据结构的 apply() 方法，将序列 `data['date']` 中的每个字符串元素转换为 `datetime64[ns]` 时间格式，ns 表示时间单位为 nanosecond(https://docs.scipy.org/doc/numpy-1.13.0/reference/arrays.datetime.html)。

```
# 将日期字符串逐一转为时间格式
data['date'] = data['date'].apply(dateutil.parser.parse,
dayfirst=True)
# 也可以运用 pandas 的 to_datetime() 方法
data['date'] = pd.to_datetime(data['date'])
```

```
# 'date' 的数据类型已改变
print(data.dtypes)
```

```
## date              datetime64[ns]
## duration                 float64
## item                      object
## month                     object
## network                   object
## network_type              object
## dtype: object
```

前面 **pandas** 序列数据结构的 apply() 方法，与 R 语言的 apply() 函数一样，都是隐式循环，其将内置函数、匿名函数或自定义函数等施加于序列中的每个元素，以下通过一个短序列简例说明 apply() 用法。

```
# 传入原生列表对象创建 pandas 序列，index 参数给定横向索引
series = pd.Series([20, 21, 12], index=['London',
'New York','Helsinki'])
print(series)
```

```
## London      20
## New York    21
## Helsinki    12
## dtype: int64
```

```
# pandas 序列对象 apply() 方法的多种用法
# 可套用内置函数，例如：对数函数 np.log()
print(series.apply(np.log))
```

```
## London      2.995732
## New York    3.044522
## Helsinki    2.484907
## dtype: float64
```

```
# 也可以套用关键词为 lambda 的匿名函数
# 其 x 代表序列对象的各个元素
print(series.apply(lambda x: x**2))
```

```
## London      400
## New York    441
## Helsinki    144
## dtype: int64
```

```
# 或是自定义函数 square()
def square(x):
    return x**2
print(series.apply(square))
```

```
## London      400
## New York    441
## Helsinki    144
## dtype: int64
```

```
# 另一个自定义函数，请注意参数 custom_value 如何传入
def subtract_custom_value(x, custom_value):
    return x - custom_value
# 用 args 参数传入元组 (5,) 作为 custom_value 参数
print(series.apply(subtract_custom_value, args=(5,)))
```

```
## London      15
## New York    16
## Helsinki     7
## dtype: int64
```

回到前面的移动电话使用数据，我们可以用数据集对象的 keys() 方法，或 columns 属性查看变量名称，数据表共有：观测值索引 index、日期 date、通话或数据服务时间 duration、服务类型 item、月份 month、网络营运商 network 与网络服务形式 network_type 等七个字段。

```
# 查看变量名称 (或是 data.keys())
print(data.columns)
```

```
## Index(['index', 'date', 'duration', 'item', 'month',
## 'network', 'network_type'], dtype='object')
```

首先对 object 类型的服务类型 item 与网络服务形式 network_type 进行频率统计，以了解所有可能类别的分布状况。从结果可以看出服务类型有语音 (call)、短信 (sms) 和数据 (data) 三种，其中语音服务频率最多 (388)，数据服务频率最少 (150)；而网络服务形式有移动电话 (mobile)、数据 (data)、座机 (landline)、语音邮件 (voicemail)、国际业务 (world) 与特殊服务 (special) 这六种，value_counts() 方法是 **pandas** 序列对象的一维频率统计方法，默认返回的频率是从高到低，normalize 参数设为 True 会返回相对频率统计值。**pandas** 高维频率统计使用另一个函数 crosstab()(参见 5.2.4.1 节银行贷款风险管理案例)，无法像 R 语言那样用 table() 函数完成所有频率统计的工作。

```
# 服务类型频率分布
print(data['item'].value_counts())
```

```
## call    388
## sms     292
## data    150
## Name: item, dtype: int64
```

```
# 网络服务形式频率分布
print(data['network_type'].value_counts())
```

```
## mobile       601
## data         150
## landline      42
## voicemail     27
## world          7
## special        3
## Name: network_type, dtype: int64
```

接着取出 duration 查询语音/数据的最长服务时间，计算语音通话的总时间，以及各月的记录笔数。

```
# 语音/数据最长服务时间
print(data['duration'].max())
```

```
## 10528.0
```

```
# 语音通话的总时间计算，逻辑值索引+ 求和方法 sum()
print(data['duration'][data['item'] == 'call'].sum())
```

```
## 92321.0
```

```
# 每月记录笔数
print(data['month'].value_counts())
```

```
## 2014-11    230
## 2015-01    205
## 2014-12    157
## 2015-02    137
## 2015-03    101
## Name: month, dtype: int64
```

分析者可能会好奇网络营运商的数量，此时可以用 pandas 序列对象的 nunique() 方法查询类别变量 network 独一无二的类别值数量，或者从 network 的频率分布表得知。

```
# 网络营运商数量
print(data['network'].nunique())
```

```
## 9
```

```
# 网络营运商频率分布表
print(data['network'].value_counts())
```

```
## Vodafone     215
## Three        215
## data         150
## Meteor        87
## Tesco         84
## landline      42
## voicemail     27
## world          7
## special        3
## Name: network, dtype: int64
```

群组与摘要前确认是否有缺失值，结果发现各字段均无缺失值。

```
# 各字段缺失值统计
print(data.isnull().sum())
```

```
## date            0
## duration        0
## item            0
## month           0
## network         0
## network_type    0
## dtype: int64
```

我们按月 (month) 将移动电话使用数据分成五组，分组的数据须转成列表 `list` 后方能查看分组结果，其以年月为键，分组表为值的各元组 (tuple) 所形成的列表对象 (此处为了排版，过宽的结果不便显示为元组，读者请自行执行代码)。

```
# 按月分组，先转为列表后仅显示最后一个月的分组数据
print(list(data.groupby(['month']))[-1])
```

```
## 2015-03
```

```
##                     date  duration  item    month
## 729 2015-02-12 20:15:00    69.000  call  2015-03
## 730 2015-02-12 20:51:00    86.000  call  2015-03
## 731 2015-02-13 06:58:00    34.429  data  2015-03
## 732 2015-02-13 10:58:00   451.000  call  2015-03
## 733 2015-02-13 21:13:00     8.000  call  2015-03

##       network network_type
## 729  landline     landline
## 730     Tesco       mobile
## 731      data         data
## 732  Vodafone       mobile
## 733  Vodafone       mobile
```

```
# 分组数据是 pandas 数据集的 groupby 类型对象
print(type(data.groupby(['month'])))
```

```
## <class 'pandas.core.groupby.generic.DataFrameGroupBy'>
```

```
# groupby 类型对象的 groups 属性是字典结构
print(type(data.groupby(['month']).groups))
```

```
## <class 'dict'>
```

```
# 以年-月为各组数据的键，观测值索引为值
print(data.groupby(['month']).groups.keys())
## dict_keys(['2014-11', '2014-12', '2015-01', '2015-02',
## '2015-03'])
```

```
# '2015-03' 该组数据长度
print(len(data.groupby(['month']).groups['2015-03']))
```

```
## 101
```

```
# 取出'2015-03' 该组 101 笔数据的观测值索引
print(data.groupby(['month']).groups['2015-03'])
```

```
## Int64Index([729, 730, 731, 732, 733, 734, 735, 736, 737, 738,
##             ...
##             820, 821, 822, 823, 824, 825, 826, 827, 828, 829],
##            dtype='int64', length=101)
```

```
# first() 方法取出各月第一笔数据，可发现各组数据字段与原数据相同
print(data.groupby('month').first())
```

```
##                        date  duration  item   network
## month
## 2014-11 2014-10-15 06:58:00    34.429  data      data
## 2014-12 2014-11-13 06:58:00    34.429  data      data
## 2015-01 2014-12-13 06:58:00    34.429  data      data
## 2015-02 2015-01-13 06:58:00    34.429  data      data
## 2015-03 2015-02-12 20:15:00    69.000  call  landline
```

```
##         network_type
## month
## 2014-11         data
## 2014-12         data
## 2015-01         data
## 2015-02         data
## 2015-03     landline
```

从分组数据中取出 duration 求和得各月电信服务总时数如下：

```
# 各月电信服务总时数 (圣诞节前很忙！)
print(data.groupby('month')['duration'].sum())
```

```
## month
## 2014-11    26639.441
## 2014-12    14641.870
## 2015-01    18223.299
## 2015-02    15522.299
## 2015-03    22750.441
## Name: duration, dtype: float64
```

各家电信营运商的语音通话总和也可以用群组与摘要的方式计算出来，处理流程为布尔值索引、群组、挑字段、最后做计算。

```
# 各电信营运商语音通话总和
print(data[data['item'] == 'call'].groupby('network')
['duration'].sum())
```

```
## network
## Meteor       7200.0
## Tesco       13828.0
## Three       36464.0
```

```
## Vodafone     14621.0
## landline     18433.0
## voicemail     1775.0
## Name: duration, dtype: float64
```

群组与摘要当然可以按照多个字段将数据分组后再进行统计。

```
# 多个字段分组，各月各服务类型的数据笔数统计
# 抓出分组数据的任何字段统计笔数均可，此处以 date 为例
print(data.groupby(['month', 'item'])['date'].count())
```

```
## month    item
## 2014-11  call    107
##          data     29
##          sms      94
## 2014-12  call     79
##          data     30
##          sms      48
## 2015-01  call     88
##          data     31
##          sms      86
## 2015-02  call     67
##          data     31
##          sms      39
## 2015-03  call     47
##          data     29
##          sms      25
## Name: date, dtype: int64
```

数据处理与分析的工作有许多魔鬼藏在细节中[1]，例如：分组结果可以用 **pandas** 序列或数据集两种方式呈现，其语法区别在于是否多了一对中括号，细心的读者可从下面的结果观察到这一差异。

```
# 分组统计结果 pandas 序列 (duration 变量名称在最下面)
print(data.groupby('month')['duration'].sum())
```

```
## month
## 2014-11    26639.441
## 2014-12    14641.870
## 2015-01    18223.299
```

[1]西方谚语 (The devil is in the oletails)，提醒人们不要忽略细节，往往是一些不注意、隐藏的细节，最终产生了巨大的(不利) 影响。

```
## 2015-02    15522.299
## 2015-03    22750.441
## Name: duration, dtype: float64
```

```
print(type(data.groupby('month')['duration'].sum()))
```

```
## <class 'pandas.core.series.Series'>
```

```
# 分组统计结果 pandas 数据集 (duration 变量名称在上方)
print(data.groupby('month')[['duration']].sum())
```

```
##           duration
## month
## 2014-11  26639.441
## 2014-12  14641.870
## 2015-01  18223.299
## 2015-02  15522.299
## 2015-03  22750.441
```

```
print(type(data.groupby('month')[['duration']].sum()))
```

```
## <class 'pandas.core.frame.DataFrame'>
```

除了上面的 sum() 与 count() 统计方式外，分组后的数据还可以用 agg() 方法决定统计的字段与计算方法，字段与计算以两者形成的键值原生字典结构传入 agg() 函数中。传出的结果默认是以分组变量为索引的统计表，用户可在数据分组时以 as_index=False 改变默认设定，返回分组变量与欲统计变量的两栏数据集。

```
# 群组数据后的 agg() 分组统计
print(data.groupby('month').agg({"duration": "sum"}))
```

```
##           duration
## month
## 2014-11  26639.441
## 2014-12  14641.870
## 2015-01  18223.299
## 2015-02  15522.299
## 2015-03  22750.441
```

```
# 分组索引值为分组变量 month 的值
print(data.groupby('month').agg({"duration": "sum"}).index)
## Index(['2014-11', '2014-12', '2015-01', '2015-02',
## '2015-03'], dtype='object', name='month')
```

```
# 分组统计的域名为 duration
print(data.groupby('month').agg({"duration": "sum"}).columns)
```

```
## Index(['duration'], dtype='object')
```

```
# as_index=False 改变默认设定，month 从索引变成变量
print(data.groupby('month', as_index=False).agg({"duration":
"sum"}))
```

```
##      month   duration
## 0  2014-11  26639.441
## 1  2014-12  14641.870
## 2  2015-01  18223.299
## 3  2015-02  15522.299
## 4  2015-03  22750.441
```

最后，agg() 方法如果传入多个键值对 (key-value pairs)，即可对分组数据做如下的多个统计计算。

```
# 各组多个统计计算
# 各月 (month) 各服务 (item) 的服务时间、网络服务形式与日期统计
print(data.groupby(['month', 'item']).agg({'duration':
[min, max, sum], 'network_type': "count", 'date':
[min, 'first', 'nunique']}))
#                duration                       network_type
#                     min        max        sum        count
# month   item
# 2014-11 call      1.000   1940.000  25547.000          107
#         data     34.429     34.429    998.441           29
#         sms       1.000      1.000     94.000           94
# 2014-12 call      2.000   2120.000  13561.000           79
#         data     34.429     34.429   1032.870           30
#         sms       1.000      1.000     48.000           48
# 2015-01 call      2.000   1859.000  17070.000           88
#         data     34.429     34.429   1067.299           31
#         sms       1.000      1.000     86.000           86
# 2015-02 call      1.000   1863.000  14416.000           67
#         data     34.429     34.429   1067.299           31
#         sms       1.000      1.000     39.000           39
# 2015-03 call      2.000  10528.000  21727.000           47
#         data     34.429     34.429    998.441           29
```

```
#       sms     1.000      1.000    25.000           25
#
#
#                                   date
# month    item                      min  first               nunique
# 2014-11 call 2014-10-15 06:58:00  2014-10-15 06:58:00 104
#         data 2014-10-15 06:58:00  2014-10-15 06:58:00 29
#         sms  2014-10-16 22:18:00  2014-10-16 22:18:00 79
# 2014-12 call 2014-11-14 17:24:00  2014-11-14 17:24:00 76
#         data 2014-11-13 06:58:00  2014-11-13 06:58:00 30
#         sms  2014-11-14 17:28:00  2014-11-14 17:28:00 41
# 2015-01 call 2014-12-15 20:03:00  2014-12-15 20:03:00 84
#         data 2014-12-13 06:58:00  2014-12-13 06:58:00 31
#         sms  2014-12-15 19:56:00  2014-12-15 19:56:00 58
# 2015-02 call 2015-01-15 10:36:00  2015-01-15 10:36:00 67
#         data 2015-01-13 06:58:00  2015-01-13 06:58:00 31
#         sms  2015-01-15 12:23:00  2015-01-15 12:23:00 27
# 2015-03 call 2015-02-12 20:15:00  2015-02-12 20:15:00 47
#         data 2015-02-13 06:58:00  2015-02-13 06:58:00 29
#         sms  2015-02-19 18:46:00  2015-02-19 18:46:00 17
```

2.3 特征工程

特征转换 (fearure transformation) 与数据规约 (data reduction) 是数据前处理的重要步骤，特征转换除了各种计算所需的变量编码外 (参见 1.3.6 节因子与 1.4.3 节 Python 语言类别变量编码)，还包括通过转换公式降低变量尺度不一、变量偏态性与离群数据对于模型的不良影响，从而提升模型性能。数据规约包括横向的数据抽样，纵向的特征提取 (feature extraction) 与特征选择 (feature selection)，特征提取指结合多个预测变量为一个代理变量 (surrogate variable)，或称**潜在变量 (latent variable)**；特征选择则移除缺失、多余或无关信息的变量。横向抽样将在第 3 章统计机器学习基础中说明，本节将上述其他工作 (特征转换、特征提取与选择) 统称为**属性工程 (feature engineering)**，以细胞分裂高内涵筛选数据为例，说明特征工程内容。

2.3.1 特征转换与移除

最常运用的特征转换当属**标准化 (standardization)** 与**归一化 (normalization)**，两者均适用于数值属性，其目的类似，因此很容易混淆。因为不同属性的值域与分布的明显差异，可能会误导数据分析与建模的算法，所以标准化的目的是规整不同连续属性间的数值分布，而归一化则是规整不同连续属性值的范围 (Cichosz, 2015)。标准化通过转换公式让所有属性的平均值统一为 0，标准偏差规整到 1：

$$x_{ij}^{'} = \frac{x_{ij} - \bar{x}_j}{s_j}, \quad i = 1, 2, \cdots, n \tag{2.11}$$

其中 $\bar{x}_j$ 为变量 j 的平均数；s_j 为变量 j 的标准偏差。计量化学 (Chemometrics) 领域将标准化拆分为两个步骤，分子的中心化 (centering) 与分母的尺度归一化 (scaling)，合起来称为自动尺度归一化 (autoscaling)。

归一化将所有连续值属性规整到 [0, 1] 或 [−1, 1] 等相同的区间中，

$$x_{ij}^{'} = \text{MIN} + \frac{x_{ij} - x_j^{\min}}{x_j^{\max} - x_j^{\min}} \times (\text{MAX} - \text{MIN}), \quad i = 1, 2, \cdots, n \tag{2.12}$$

其中 MIN 与 MAX 分别是目标区间的最小值和最大值；$x_j^{\min}$ 和 $x_j^{\max}$ 分别是变量 j 的最小值和最大值。

属性衡量的方式通常不唯一，以汽车油耗表现为例，有些数据集以每加仑汽油行驶英里数 (miles per gallon, mpg) 来衡量，有些则以每行驶 100 千米耗用的公升数 (liters/100km) 来衡量，方式不同，自然影响其分析方法与结果的诠释。除了衡量方式，变量量级也是分析时的重要考虑，例如：收入从 \$10 000 增加到 \$12 000，与从 \$110 000 增加到 \$112 000，都是 \$2 000 增量，但后者因其量级较大而使得同样的增量较不明显；同样地，从 2% 到 4% 与从 40% 到 42%，后者也因量级而使得增量不明显。当这些情况发生时，分析者应依后续应用的分析建模方法，选择式 (2.11)(标准化式) 或式 (2.12)(归一化式) 进行转换，方能降低量级对模型的影响。举例来说，k 均值聚类、k 近邻法、支持向量机与人工神经网络等需要进行量级调整，而树状模型则无须转换。

一般来说，标准化比归一化更常见，可是某些领域可能更偏好用归一化。此外，计量化学领域里的归一化可能是以行的方式运作，而非前述列的方式。横向归一化方式将观测值各变量的和规整为一个常数值 (constant sum)，例如化合物中各物质的浓度数据；或将质谱数据横向归一化为固定的最大值 (constant maximum)；归一化为固定的向量长度 (constant vector length)(Varmuza and Filzmoser, 2009)。

```
# R 语言产生随机抽样仿真数据
set.seed(1234)
(X <- matrix(runif(12), 3))
```

```
##        [,1]   [,2]     [,3]   [,4]
## [1,] 0.1137 0.6234 0.009496 0.5143
## [2,] 0.6223 0.8609 0.232551 0.6936
## [3,] 0.6093 0.6403 0.666084 0.5450
```

```
# 横向归一化（固定和）
apply(X, 1, sum)
```

```
## [1] 1.261 2.409 2.461
```

```
(X_sum100 <- X/apply(X, 1, sum)*100)
```

```
##        [,1]  [,2]    [,3]  [,4]
## [1,]  9.018 49.44  0.7531 40.79
## [2,] 25.828 35.73  9.6520 28.79
## [3,] 24.761 26.02 27.0695 22.15
```

```
# 核验结果
apply(X_sum100, 1, sum)
```

```
## [1] 100 100 100
```

```
# 横向归一化（固定最大值）
apply(X, 1, max)
```

```
## [1] 0.6234 0.8609 0.6661
```

```
(X_max100 <- X/apply(X, 1, max)*100)
```

```
##       [,1]   [,2]    [,3]  [,4]
## [1,] 18.24 100.00   1.523 82.49
## [2,] 72.28 100.00  27.012 80.56
## [3,] 91.47  96.13 100.000 81.82
```

```
# 核验结果
apply(X_max100, 1, max)
```

```
## [1] 100 100 100
```

```
# 横向归一化（固定向量长）
sqrt(apply(X^2, 1, sum))
```

```
## [1] 0.8161 1.2898 1.2336
```

```
(X_length1 <- X/sqrt(apply(X^2, 1, sum)))
```

```
##        [,1]   [,2]    [,3]   [,4]
## [1,] 0.1393 0.7638 0.01164 0.6301
## [2,] 0.4825 0.6675 0.18030 0.5378
## [3,] 0.4939 0.5190 0.53993 0.4418
```

```r
# 核验结果
apply(X_length1^2, 1, sum)
```

```
## [1] 1 1 1
```

图 2.11说明横向归一化的三种可能方式，结果显示数据的维度降低，且数据点间的距离已经改变。除了思考以上转换的应用情形外，数据科学家应注意每种转换计算方式的利弊得失，如同人生一样，没有人会是永远的赢家！

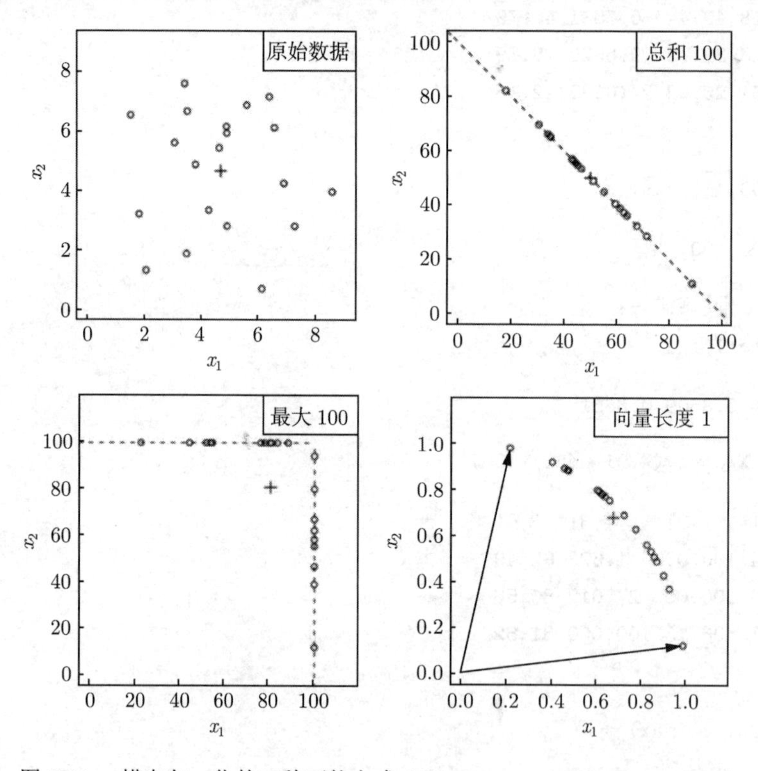

图 2.11　横向归一化的三种可能方式 (Varmuza and Filzmoser, 2009)

接下来我们介绍贯穿 2.3节的细胞分裂高内涵筛选数据特征工程案例 (Kuhn and Johnson, 2013)，传统上欲了解药物或疾病对活体体液的影响 (如细胞大小、形状、发展状态与数量等)，检验专家通常通过显微镜，以肉眼估算体液或组织中欲寻找之细胞特征。这样的工作方式不仅单调乏味，且需要细胞形式与其特征等方面的专业知识。

高内涵筛选技术 (high-content screening) 是当代的细胞特征测量技术，通过样本的染色、打光、运用探测器 (detector) 测量不同波长之光的散射性质，最后运用图像处理软件根据光散射的测量值量化样本的细胞特征。

本案例中频道 1 光线测量值与细胞体有关，可以决定细胞周长与面积；频道 2 探测细胞核 DNA 范围；频道 3 和频道 4 探测肌动蛋白和微管蛋白；四个频道总共测量 116 个属性。可惜前述自动化且产出众多特征的检验方式有时也会出错。换句话说，决定细胞位置与形状的图像处理软件，在辨识各个细胞的边界时可能会有困难。如果细胞大小、形状、数量等是我们所关心的特征，则仪器与图像处理软件能否正确辨识各细胞的边界就非常重要了。

首先加载套件 {AppliedPredictiveModeling} 中的细胞分裂数据集 `segmentationOriginal` 进行数据理解，`str()` 函数返回的变量列表 (共 119 个) 非常长，因此将参数 `list.len` 设定为 10，从中截取一部分。

```
# 本节 running example
library(AppliedPredictiveModeling)
data(segmentationOriginal)
```

```
str(segmentationOriginal, list.len = 10)
```

```
## 'data.frame': 2019 obs. of 119 variables:
## $ Cell : int 207827637 207932307 207932463
## 207932470 207932455 207827656 207827659
## 207827661 207932479 207932480 ...
## $ Case : Factor w/ 2 levels "Test","Train": 1 2
## 2 2 1 1 1 1 1 1 ...
## $ Class : Factor w/ 2 levels "PS","WS": 1 1 2 1
## 1 2 2 1 2 2 ...
## $ AngleCh1 : num 143.25 133.75 106.65 69.15 2.89
## ...
## $ AngleStatusCh1 : int 1 0 0 0 2 2 1 1 2 1 ...
## $ AreaCh1 : int 185 819 431 298 285 172 177 251
## 495 384 ...
## $ AreaStatusCh1 : int 0 1 0 0 0 0 0 0 0 0 ...
## $ AvgIntenCh1 : num 15.7 31.9 28 19.5 24.3 ...
## $ AvgIntenCh2 : num 3.95 205.88 115.32 101.29
## 111.42 ...
## $ AvgIntenCh3 : num 9.55 69.92 63.94 28.22 20.47
## ...
## [list output truncated]
```

`str()` 报表说明 `segmentationOriginal` 有 2019 笔细胞影像观测值，每个细胞影像测量了 119 个变量。进一步用 `names()` 函数查看变量名称，其中目标变量 `Class` 为 `WS` 表示图像处理软件能正确辨识细胞的边界，而 `PS` 则无法正确辨识其边界。再从 `summary()` 函数报表中各变量的最小值与最大值可发现，各变量量级差距大，且有些变量虽为整数类型 (名称都带有"Status" 字符串)，但疑似是类别型变量。

```
library(UsingR)
# 119 个变量名称，限于篇幅，只显示头尾
headtail(names(segmentationOriginal))
```

```
##   [1] "Cell"
##   [2] "Case"
##   [3] "Class"
##   [4] "AngleCh1"
##    ...
## [116] "WidthCh1"
## [117] "WidthStatusCh1"
## [118] "XCentroid"
## [119] "YCentroid"
```

```
# 目标变量 'Class' 频率分布
table(segmentationOriginal$Class)
```

```
##
##   PS   WS
## 1300  719
```

```
# 报表太大，请读者自行执行
summary(segmentationOriginal)
```

```
# 自变项数据集传入 sapply()，以匿名函数计算各变量最小值与最大值
headtail(sapply(segmentationOriginal[-(1:3)], function(u)
c(min = min(u), max = max(u))))
```

```
##      AngleCh1 AngleStatusCh1 AreaCh1 AreaStatusCh1
## min   0.03088              0     150             0
## max 179.93932              2    2186             1
##     AvgIntenCh1 AvgIntenCh2 AvgIntenCh3 AvgIntenCh4
##     ...
## max                   2   54.745              2
##     XCentroid YCentroid
## min         9         8
## max       501       501
```

本案例前处理内容包含：

- 挑出训练集 (training set)；

- 建立属性矩阵 (feature matrix)；
- 建立类别标签向量 (class label)；
- 区分类别与数值属性；
- 低方差过滤 (low variance filter)；
- 偏态 (skewed) 分布属性 Box-Cox 转换 (以上 2.3.1节特征转换与移除)；
- 主成分分析降维 (dimensionality reduction)(2.3.2节特征提取的主成分分析)；
- 高相关过滤 (2.3.3节特征选择)。

本案例数据的因子属性 Case，是事先分割样本为训练与测试两子集的结果。接下来以训练集为例，说明数据前处理中的特征工程，subset() 函数中用 Case == "Train" 取出训练数据子集 segTrain：

```
# 因子属性'Case' 频率分布 table(segmentationOriginal$Case)
segTrain <- subset(segmentationOriginal, Case == "Train")
```

接着将前述 Class 字段独立为类别标签向量，机器学习/计算机科学人群习惯将统计用的数据矩阵分为属性矩阵与目标向量。

```
# 类别标签向量独立为 segTrainClass，1009 个类别标签值
segTrainClass <- segTrain$Class
length(segTrainClass)
```

```
## [1] 1009
```

而字段 Cell 为细胞样本编号，为避免过度拟合 (overfitting)，这种标识变量 (identifier columns) 通常将其移除，所以移除前三栏后得属性矩阵 segTrainX 如下：

```
segTrainX <- segTrain[, -(1:3)]
# 1009 个训练样本，116 个属性
dim(segTrainX)
```

```
## [1] 1009  116
```

退化分布 (degenerate distribution) 的预测变量对模型是没有贡献的，以单变量来说，预测变量只有一个独一无二的值，称其退化分布(https://en.wikipedia.org/wiki/Degenerate_distribution)。通常可以统计量数中的方差辨识此类预测变量，判断量化变量是否为零方差，或近乎零方差 (near-zero variance)，亦可由直方图或密度曲线，观察有无退化现象 (极度右偏、极度左偏、单一高尖峰等)。而类别变量除了以频率分布表、条形图或圆饼图观察分布外，亦可由两个统计值 percentUnique 与 freqRatio 是否低于或超出阈值，得知频率分布是否有异样。percentUnique 为独一无二的类别值数量与样本大小的比值，常用阈值为 10%，如果 percentUnique 太高，代表类别变量的互异类别值非常多，宜删除此

类**准标识变量**；freqRatio 为最频繁的 (the most common) 类别值频次，除以次 (second) 频繁类别值频次的比值，常用阈值为 95/5，如果 freqRatio 太高，代表类别变量高度集中在最频繁的类别，宜删除此类**高度偏态变量**。举例来说，字段 `Cell` 为细胞样本标识列，1009 个训练样本的域值均独一无二，因此其 percentUnique 值为 $\frac{1009}{1009}=100\%$，远超过 10% 的阈值，应该剔除。再举一个例子，某预测变量只有两个独一无二的值，假设 1000 个样本中 999 个样本的变量值相同，则 freqRatio 的值为 $\frac{999}{1}=999$，而 percentUnique 的值为 $\frac{2}{1000}=0.2\%$，所以从 freqRatio 的角度应该将其删除。

R 语言套件 {caret} 中的 `nearZeroVar()` 函数可挑出方差为 0 或近乎为 0 的属性，这种属性信息含量低，不适合作为预测变量，移除之后存储为无零方差属性的训练集属性矩阵 segTrainXV(注：Python 套件 **scikit-learn** 中 **feature_selection** 模块的 **VarianceThreshold()** 类别可以完成低方差过滤任务，请参考 5.2.3 节中的光学手写字符案例)。

```
# 分类与回归训练重要 R 套件
library(caret)
# 默认返回近乎零方差的变量编号
nearZeroVar(segTrainX)
```

```
## [1] 68 73 74
```

```
# 近乎零方差变量名称
names(segTrainX)[nearZeroVar(segTrainX)]
```

```
## [1] "KurtIntenStatusCh1"
## [2] "MemberAvgAvgIntenStatusCh2"
## [3] "MemberAvgTotalIntenStatusCh2"
```

```
# 移除近乎零方差变量后存为 segTrainXV
segTrainXV <- segTrainX[, -nearZeroVar(segTrainX)]
```

`nearZeroVar()` 函数若将参数 `saveMatrics` 设为 `TRUE`，则输出类别为 `data.frame` 的报表，函数对属性矩阵的 116 个变量计算四个退化程度统计值 `freqRatio`、`percentUnique`、`zeroVar` 与 `nzv` 等，其中最后两栏分别为零方差与近乎零方差的逻辑值向量，可如前所述，做逻辑值索引的运用。

```
# 改变参数设定值，取得完整报表 (报表很长，只查看某些变量结果)
nearZeroVar(segTrainX, saveMetrics = TRUE)[68:75,]
```

```
##                              freqRatio percentUnique
## KurtIntenStatusCh1              22.465       0.19822
## KurtIntenStatusCh3               8.702       0.19822
## KurtIntenStatusCh4              10.733       0.19822
## LengthCh1                        1.000     100.00000
## LengthStatusCh1                  7.716       0.29732
## MemberAvgAvgIntenStatusCh2       0.000       0.09911
## MemberAvgTotalIntenStatusCh2     0.000       0.09911
## NeighborAvgDistCh1               1.000     100.00000
##                              zeroVar   nzv
## KurtIntenStatusCh1             FALSE  TRUE
## KurtIntenStatusCh3             FALSE FALSE
## KurtIntenStatusCh4             FALSE FALSE
## LengthCh1                      FALSE FALSE
## LengthStatusCh1                FALSE FALSE
## MemberAvgAvgIntenStatusCh2      TRUE  TRUE
## MemberAvgTotalIntenStatusCh2    TRUE  TRUE
## NeighborAvgDistCh1             FALSE FALSE
```

```
# 输出报表类别为数据集
class(nearZeroVar(segTrainX, saveMetrics = TRUE))
```

```
## [1] "data.frame"
```

```
str(nearZeroVar(segTrainX, saveMetrics = TRUE))
```

```
## 'data.frame':    116 obs. of  4 variables:
##  $ freqRatio    : num  1 3.32 1.18 11.3 1 ...
##  $ percentUnique: num  100 0.297 39.544 0.198 100 ...
##  $ zeroVar      : logi  FALSE FALSE FALSE FALSE FALSE FALSE ...
##  $ nzv          : logi  FALSE FALSE FALSE FALSE FALSE FALSE ...
```

```
# 零方差变量名称
names(segTrainX)[nearZeroVar(segTrainX, saveMetrics =
TRUE)$zeroVar]
```

```
## [1] "MemberAvgAvgIntenStatusCh2"
## [2] "MemberAvgTotalIntenStatusCh2"
```

由上面结果可发现高内涵筛选数据中低方差属性的名称，都是带有"Status" 的疑似类别型变量。先前 summary() 报表中也发现这些变量的最小值为 0，最大值都不超过 3，呈现三元 (含) 以下变量的征兆。因为后续特征转换与规约的方法适合数值变量，此处移除疑似二元或三元的"Status" 字段后，将剩余字段存储为无类别变量的 segTrainXNC。

```
# 抓取名称带有"Status" 的变量编号
(statusColNum <- grep("Status", names(segTrainXV)))
```

```
##  [1]   2   4   9  10  11  12  14  16  20  21  22  26
## [13]  27  28  30  32  34  36  38  40  43  44  46  48
## [25]  51  52  55  56  59  60  63  64  68  69  71  73
## [37]  75  77  79  81  83  85  89  90  91  94  95 100
## [49] 101 102 103 107 108 109 111
```

移除前先查看频率分布表，确认欲分离者均为二元或三元变量。

```
# 名称有"Status" 的变量成批产生频率分布表，确定均为三元以下变量
head(sapply(segTrainXV[, statusColNum], table))
```

```
## $AngleStatusCh1
##
##   0   1   2
## 630 190 189
##
## $AreaStatusCh1
##
##   0   1
## 927  82
##
## $AvgIntenStatusCh1
##
##   0   1
## 805 204
##
## $AvgIntenStatusCh2
##
##   0   1   2
## 622 169 218
##
## $AvgIntenStatusCh3
##
##   0   1
## 923  86
##
## $AvgIntenStatusCh4
##
```

```
## 0 1 2
## 823 132 54
```

```
# 分离出数值属性矩阵 segTrainXNC, NC 表 not categorical
segTrainXNC <- segTrainXV[, -statusColNum]
```

独立出数值属性矩阵 segTrainXNC 后，我们关心各变量分布是否偏态的问题，实践时可用变量最大值与最小值的比值查看其偏态状况，以变量 VarIntenCh3 为例，其最大值为最小值的 870 倍以上，说明此变量分布右偏严重。

```
# VarIntenCh3 严重右偏
summary(segTrainXNC$VarIntenCh3)
```

```
##    Min. 1st Qu.  Median    Mean 3rd Qu.    Max.
##     0.9    37.1    68.1   101.7   125.0   757.0
```

```
max(segTrainX$VarIntenCh3)/min(segTrainX$VarIntenCh3)
```

```
## [1] 870.9
```

套件 {caret} 的函数 skewness() 计算变量的偏态系数，是检验偏态性的严谨方式，正值表右偏 (通常大于 1，或取更高的阈值)，负值表左偏 (小于 -1，或取更低的阈值)，系数值接近 0 时表示是对称型分布。同样以变量 VarIntenCh3 为例计算如下，其值显示此变量确实有右偏的情况。

```
# 偏态系数计算
library(e1071)
skewness(segTrainXNC$VarIntenCh3)
```

```
## [1] 2.392
```

VarIntenCh3 是频道 3 的变量，如前所述此频道与肌动蛋白有关，VarIntenCh3 是肌动蛋白丝像素强度的方差，从图 2.12所示的直方图与密度曲线，并搭配位置量数报表，可看出其数值分布多集中在 100 以内，像素强度方差超过 400 的不到 3%，但是最高可达 757.020 962 9，显示其右偏情况颇为严重。

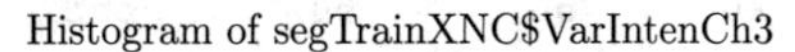

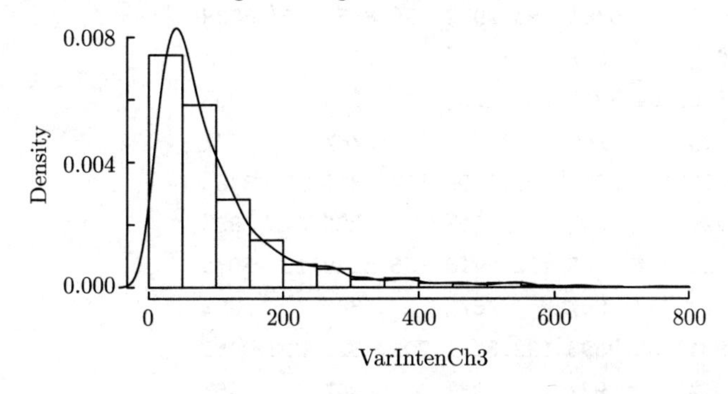

图 2.12　肌动蛋白丝像素强度方差的直方图与密度曲线

```
# 可视化检验偏态状况
hist(segTrainXNC$VarIntenCh3, prob = TRUE, ylim =
c(0, 0.009), xlab = 'VarIntenCh3')
lines(density(segTrainXNC$VarIntenCh3))
```

```
# 通过位置量数细部查验偏态状况 (注意 66% 与 97%)
quantile(segTrainXNC$VarIntenCh3, probs = seq(0, 1, 0.01))
```

```
##        0%        1%        2%        3%        4%        5%
##    0.8693    4.5031    6.7169    8.8801   10.7515   11.7593
##        6%        7%        8%        9%       10%       11%
##   13.7559   14.9896   16.6296   18.7684   19.8926   20.8345
##       12%       13%       14%       15%       16%       17%
##   21.9390   23.7875   24.9118   25.5480   26.7856   28.4036
##       18%       19%       20%       21%       22%       23%
##   29.8523   30.9695   32.3495   33.5802   34.4419   35.0471
##       24%       25%       26%       27%       28%       29%
##   36.5507   37.0615   38.1131   39.5989   40.5193   41.7409
##       30%       31%       32%       33%       34%       35%
##   42.7315   43.7361   44.5174   45.3950   47.2098   48.3857
##       36%       37%       38%       39%       40%       41%
##   49.0533   49.7891   51.5040   53.5576   54.7678   55.9045
##       42%       43%       44%       45%       46%       47%
##   57.3578   58.0820   59.0823   60.3656   61.5161   62.8224
##       48%       49%       50%       51%       52%       53%
##   64.2256   66.1938   68.1316   70.9053   71.5966   72.3819
##       54%       55%       56%       57%       58%       59%
##   73.8940   75.5771   77.8608   80.2354   82.3107   85.5421
##       60%       61%       62%       63%       64%       65%
##   87.4419   88.7011   91.6761   93.9952   95.8153   97.3838
##       66%       67%       68%       69%       70%       71%
##   99.0297  101.9070  104.3245  107.4206  110.1345  113.8203
##       72%       73%       74%       75%       76%       77%
##  116.8309  120.0786  122.2590  124.9899  127.4310  131.3483
##       78%       79%       80%       81%       82%       83%
##  134.9839  139.6621  144.7363  152.1413  156.8249  161.3075
##       84%       85%       86%       87%       88%       89%
##  168.0663  178.0931  182.9593  192.3181  201.7322  213.0455
##       90%       91%       92%       93%       94%       95%
##  224.4370  242.7358  254.0979  270.3246  283.1405  317.5986
```

```
##       96%       97%       98%       99%      100%
## 354.8559 388.5715 448.2813 530.1751 757.0210
```

回到 segTrainXNC 数值属性矩阵，运用 apply() 函数可成批计算 segTrainXNC 所有变量的偏态系数，并将其作降序排序。

```
# 以 apply()+sort() 计算并排序所有数值变量的偏态系数
skewValues <- apply(segTrainXNC, 2, skewness)
headtail(sort(skewValues, decreasing = TRUE))
```

```
##            KurtIntenCh1             KurtIntenCh4
##                12.85965                  6.91850
##  EqEllipseProlateVolCh1           EqSphereVolCh1
##                 6.07083                  5.73950
##    ...
##         EntropyIntenCh3    IntenCoocEntropyCh3
##                -1.00295                 -1.07569
##     IntenCoocEntropyCh4 ConvexHullPerimRatioCh1
##                -1.16028                 -1.30410
```

假设偏态判定阈值为 ±3，应用逻辑值索引挑出偏态系数高于 3 的右偏变量，查看图 2.13右偏前九高变量的直方图 (请读者注意 invisible() 函数去掉后，输出的 breaks、counts、density、mids、xname、equidist 等计算结果,与绘制直方图的过程有关)。lapply() 函数根据传入的右偏前九高变量名称向量 highlySkewed，逐一从数据集 segTrainXNC 中取出各变量向量 segTrainXNC[[u]] 进行直方图绘制，并用 paste() 函数结合 names() 函数确定各变量名称的主标题，隐式循环中指标变量 u 为名称向量 highlySkewed 的各个元素，灵活运用 apply() 系列函数，可帮助数据科学家快速完成手边的工作。

```
# 偏态系数高于 3 的变量
sort(skewValues[skewValues > 3], decreasing = TRUE)
```

```
##           KurtIntenCh1            KurtIntenCh4
##                 12.860                   6.919
## EqEllipseProlateVolCh1          EqSphereVolCh1
##                  6.071                   5.740
##           KurtIntenCh3  EqEllipseOblateVolCh1
##                  5.506                   5.489
##          TotalIntenCh1         EqSphereAreaCh1
##                  5.400                   3.525
##                AreaCh1  IntenCoocContrastCh4
##                  3.525                   3.470
##          TotalIntenCh4
##                  3.149
```

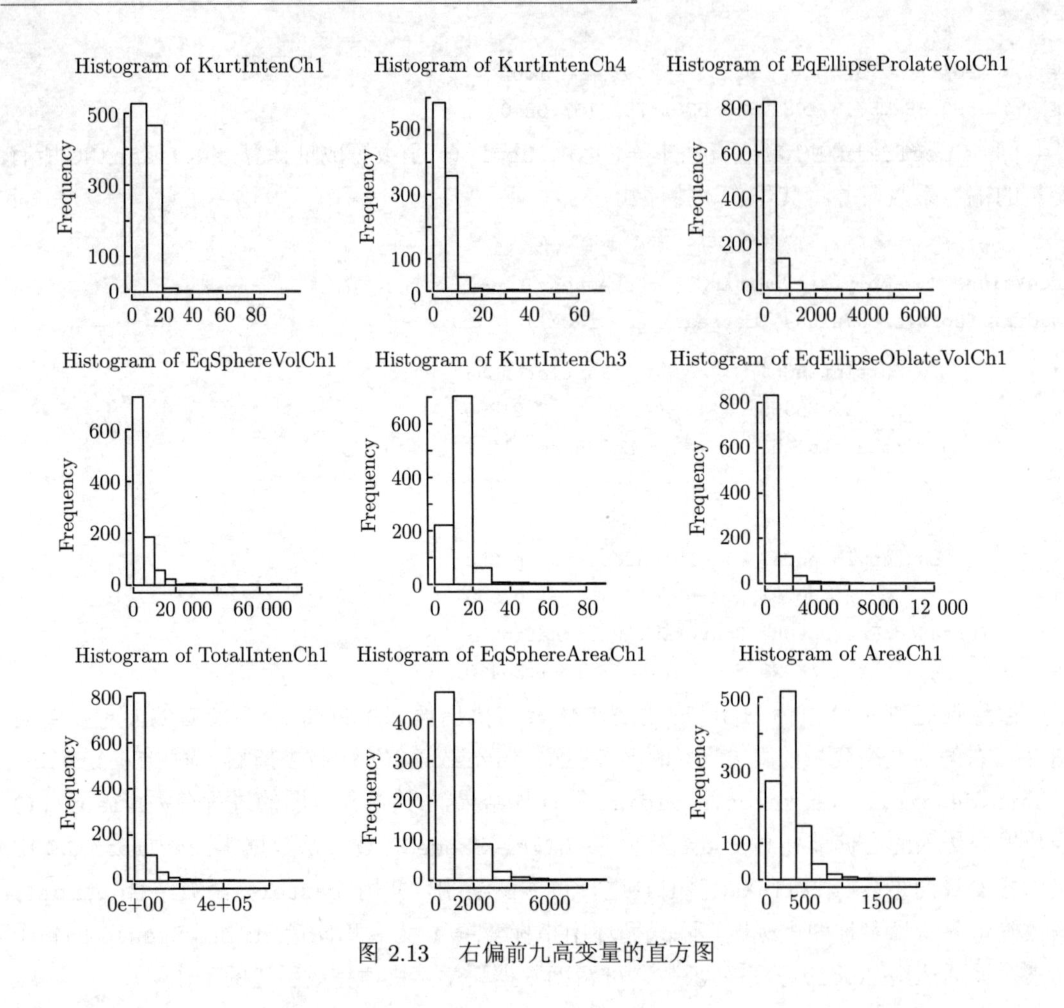

图 2.13 右偏前九高变量的直方图

```
# 取出右偏前九高的变量名称
highlySkewed <- names(sort(skewValues, decreasing=TRUE))[1:9]
# 成批绘制直方图
op <- par(mfrow = c(3,3))
invisible(lapply(highlySkewed, function(u)
{hist(segTrainXNC[[u]], main = paste("Histogram of ",
names(segTrainXNC[u])), xlab = "", cex.main = 0.8)}))
par(op)
```

以同样逻辑查看图 2.14左偏前九高变量的直方图后，这些偏态变量常用幂次方 **Box-Cox 转换 (Box-Cox transformation)** 方程式变换为对称型分布，BC 转换适用于当变量值恒为正时。

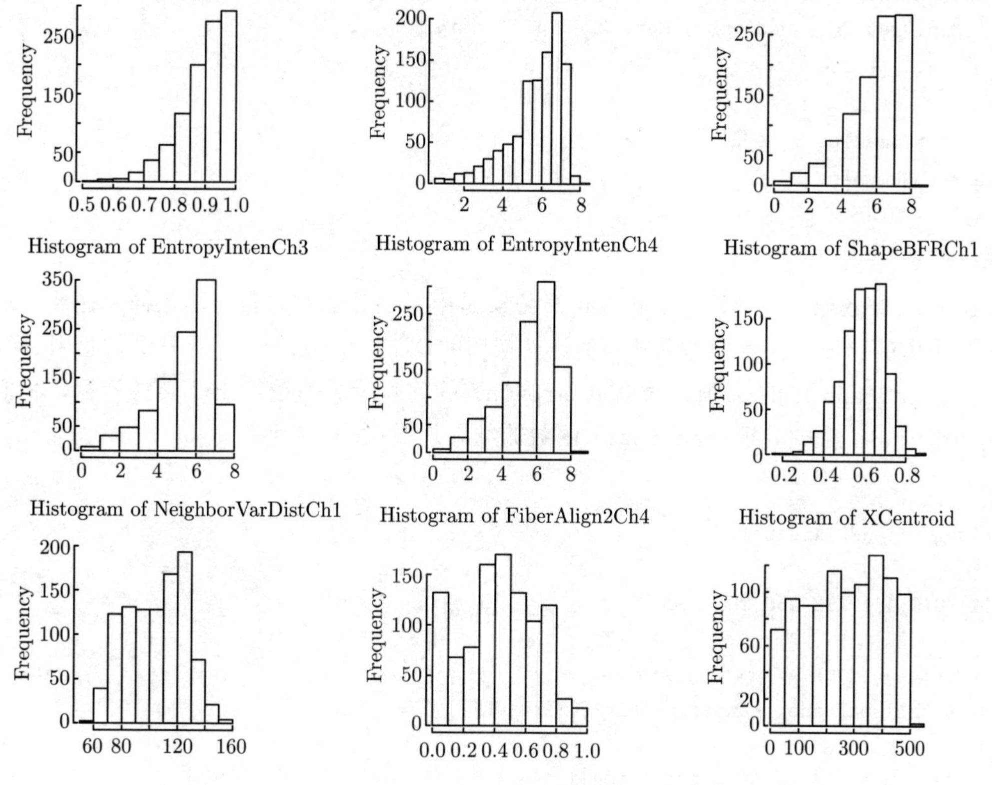

图 2.14 左偏前九高变量的直方图

$$x' = \begin{cases} \dfrac{x^{\lambda}-1}{\lambda}, & \lambda \neq 0 \\ \log x, & \lambda = 0 \end{cases} \tag{2.13}$$

以变量 `AreaCh1` 为例，运用套件 {caret} 中 `BoxCoxTrans()` 函数进行转换计算所需的 λ 估计，此函数背后运用套件 {MASS} 中的 `boxcox()` 函数，程序语言领域通常将前者称为封装函数 (wrapper fucntion)，它们利用现成的函数进行运算。(注：Python 语言中的 BC 转换可用 **scipy.stats** 模块下的 `boxcox()` 函数)

```
library(caret)
# BC 转换报表 (lambda 估计值为-0.9)
(Ch1AreaTrans <- BoxCoxTrans(segTrainXNC$AreaCh1))
```

```
## Box-Cox Transformation
##
## 1009 data points used to estimate Lambda
##
```

```
## Input data summary:
##    Min. 1st Qu.  Median    Mean 3rd Qu.    Max.
##     150     194     256     325     376    2186
##
## Largest/Smallest: 14.6
## Sample Skewness: 3.53
##
## Estimated Lambda: -0.9
```

BoxCoxTrans() 函数返回的报表信息依次是用于估计的样本数、输入样本摘要、最大值与最小值的比值、样本偏态系数与估计转换用的 λ 值。predict() 泛型函数套用 BC 模型 CH1AreaTrans 中的 λ 值，对变量 AreaCh1 的前六笔数值进行 BC 转换计算，我们可以用自编的 BC 公式验证 predict() 函数的结果是否正确。

```
# 前六笔原始数据
head(segTrainXNC$AreaCh1)
```

```
## [1] 819 431 298 256 258 358
```

```
# predict() 泛型函数执行 BC 转换计算
predict(Ch1AreaTrans, head(segTrainXNC$AreaCh1))
```

```
## [1] 1.108 1.106 1.105 1.104 1.104 1.106
```

```
# 自编 BC 公式验证
(head(segTrainXNC$AreaCh1)^(-.9) - 1)/(-.9)
```

```
## [1] 1.108 1.106 1.105 1.104 1.104 1.106
```

Tukey (1977) 在其 *Exploratory Data Analysis* 一书中表示，学习如何有效地转换变量，或是在不同情形下合适地重新表达变量，是数据分析的微妙工艺。也就是说，手边的数据如何衡量，分析时不一定就会原样运用。此外，我们应注意各种特征转换其适用的时机，例如对数转换适合正值数据，且变量数值涵盖两个以上的量级 (10 的幂次) 时可能有用；若非如此，则转换前后并无太大差别。实践时还有许多常用的转换，限于篇幅无法一一介绍，例如值域受限变量的转换、均等化变异的转换、线性关系转换、经济学中的 log-log 回归转换等，都值得我们思索它们适合的场景。

2.3.2 特征提取的主成分分析

大数据最严峻的挑战之一就是信息复杂度随着数据量增大而提高，假如多变量数据集有 100 个变量，我们如何了解所有变量两两间的相互关系呢？即使是 20 个变量，也有

190(C_{20}^2) 个成对的相关系数需要考虑，才可能了解两两变量间的关系。**主成分分析 (Principal Components Analysis, PCA)** 是一种特征提取的技术，广义来说是数据规约，或称为降维的具体方法。它将较大的相关变量集，转换为较小且无关的新变量集合，这些新变量称为主成分。例如，将 30 个相关的 (或可能赘余的) 原始变量，转换为 5 个彼此无关的合成变量 (composite variable)，并尽可能保留原始变量集的信息。特征提取是多个预测变量的转换，不同于单一预测变量的各种转换。合成变量指的是由原始变量的线性组合，综合成与原变量意义不同的主成分，这些主成分可解读为原始可观测的外显变量无法衡量到的潜在变量。

PCA 可称为多变量统计分析之母，背后对应一组模型参数 (前述线性组合系数) 优化的问题，依次计算各个线性**潜在变量 (latent variable)** 形成的新空间坐标系统，其坐标轴彼此正交 (独立，代表各轴信息不重叠)，且新空间中各维度的信息量均尽可能最大化。由于各轴的信息不互相重叠，且都竭尽所能逼近数据集中余留的信息，因此各主成分的重要程度依序递减，后面计算出来的主成分相对越来越不重要。

PCA 因为分析的过程不考虑目标变量 $\boldsymbol{y}$ 的性质，是一种探索式数据分析的方法，属于第 4 章的非监督式学习，实践时可以应用到任何属性矩阵或预测变量矩阵 $\boldsymbol{X}$。图 2.15是 PCA 矩阵运算原理，整个分析从 $n \times m$ 阶的原始数据矩阵 $\boldsymbol{X}$ 出发，目的是寻找 a 个主成分与 m 个原始变量之间的线性组合关系，此 $m \times a$ 的矩阵 $\boldsymbol{P}$ 称为**负荷矩阵 (loading matrix)** 或**旋转矩阵 (rotation matrix)**。在此关系下，通过原始数据矩阵 $\boldsymbol{X}$ 与负荷矩阵 $\boldsymbol{P}$ 的相乘，即可获得原数据在新的变量空间，或称主成分空间中对应的坐标值，所得的 $n \times a$ 矩阵 $\boldsymbol{T}$ 称为**分数矩阵 (score matrix)**。

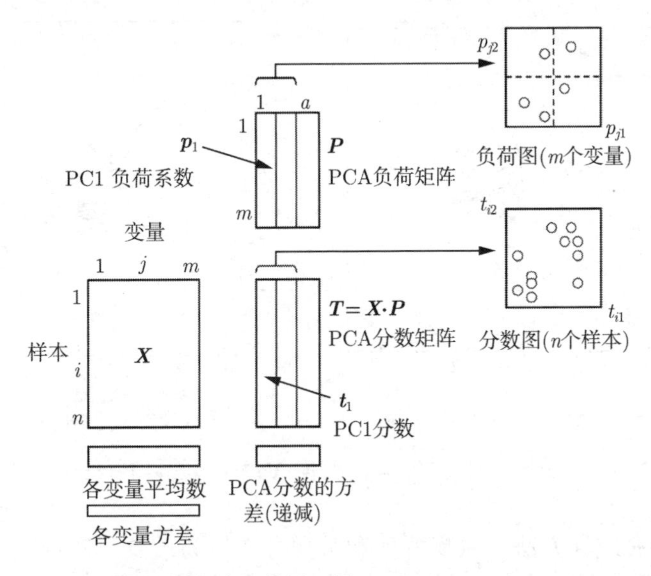

图 2.15 主成分分析矩阵运算原理图 (Varmuza and Filzmoser, 2009)

a 为主成分降维后的空间维度，PCA 的目标是降维，且原始变量通常高度相关，所以 $a < \min(n, m)$。在 $a = 2$ 的情况下，也就是仅考虑最重要的两个主成分时，我们可以绘制图 2.15最右边的原变量与两主成分的负荷图，以及各样本在两主成分空间中的分数图 (或称坐标图)，这两张图可在重要的低维空间中一窥高维数据的行为表现。

PCA 运算前通常先将原始数据标准化 (中心化与尺度归一化)，如此所得的新空间分数矩阵也是中心化 (即分数矩阵的各行平均值为 0)，以及尺度归一化 (分数矩阵各行方差为 1)。如图 2.16所示，$\boldsymbol{p}_1$ 表示二维空间中第一个主成分的方向，图 2.16(b) 可看出数据点投影到两轴的平均值均为 0。而尺度归一化后，如图 2.17所示，让图 2.17(a) 原来的第一个主成分负荷向量 $\boldsymbol{p}_1$，在新空间中呈现 45° 角的直线 (Varmuza and Filzmoser, 2009)。

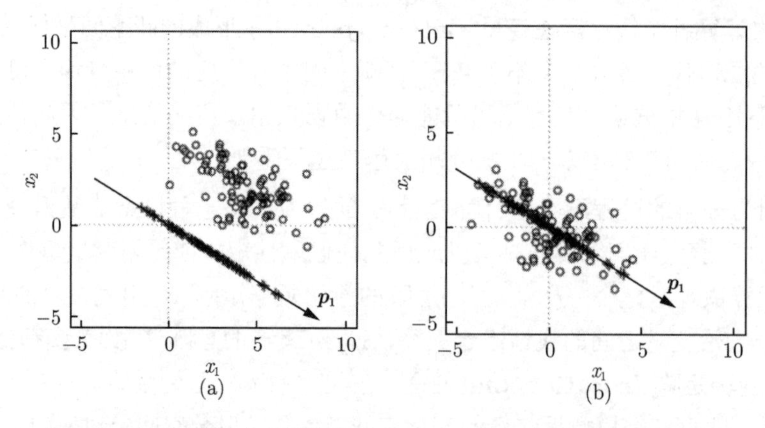

图 2.16　原始数据中心化的影响 (Varmuza and Filzmoser, 2009)

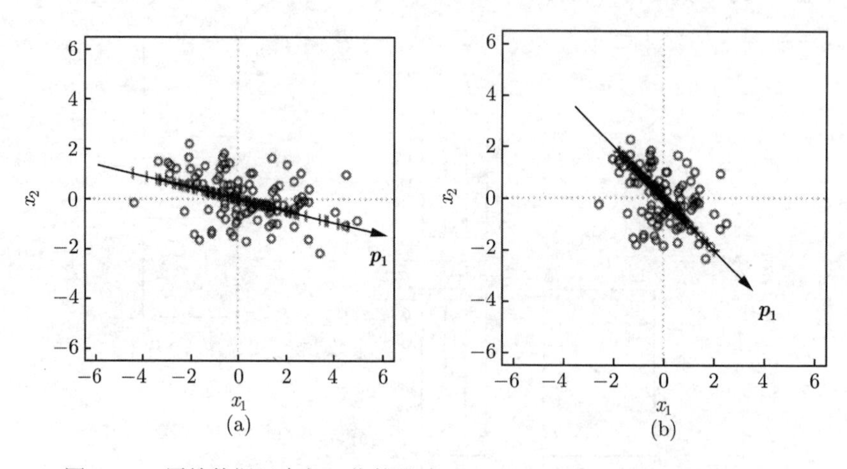

图 2.17　原始数据尺度归一化的影响 (Varmuza and Filzmoser, 2009)

PCA 属于古典统计方法，对离群值和数据分布较为敏感。数据高度偏态时须经对数 (log) 转换，修正其偏态后再进行运算；但是如果数据中有离群值时，似乎不应该在计算前将各变量的尺度归一化，因为归一化后每个变量对于 PCA 的成分权重 (即负荷向量值) 就都相同了。因此，数据建模的工作本质上就是不断多方尝试，从实践中探索成功的方向。

PCA 实战应用上的一个问题是如何决定主成分的个数，分析者通常会依据**陡坡图 (scree plot)** 来决定合适的主成分个数。陡坡图是当新空间中的主成分个数 a 渐次增加时，将图 2.15 PCA 分数矩阵的各纵行的方差绘制成图 2.18的折线图，此图说明各主成分的重要程度 (或称解释变异的能力) 依序递减，因此形成所谓的陡坡图。主成分个数的决定可由此图中膝部区域 (knee area) 或弯头 (elbow) 区域中，挑选数个主成分其累积解释变异量至少达到一定的阈值。常用的经验法则有选定的所有主成分，应至少解释 80% 的总变异；在标准化变量的情况下，数据集的总方差为 m(为什么?)，此时较关心方差大于 1 的主成分。另外，也可以搭配 3.3.1 节重抽样与数据分割方法的**交叉验证 (cross-validation)** 与**拔靴抽样 (bootstrapping)** 技术，来估计最佳的 PCA 成分个数。

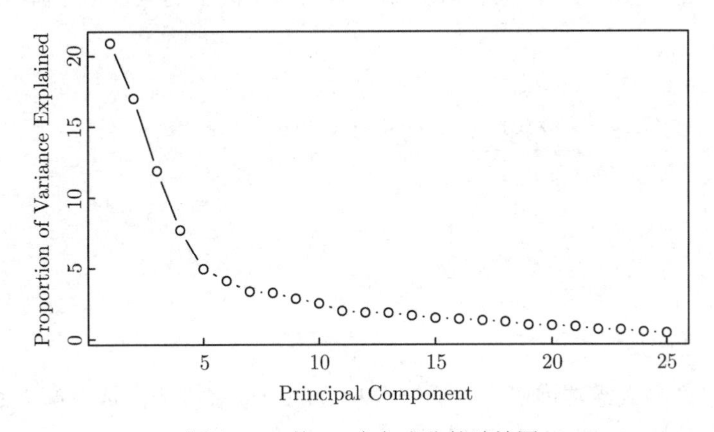

图 2.18　前 25 个主成分的陡坡图

简而言之，PCA 特征提取的目的有：

- 降维后运用二维或三维分布图可视化多变量数据；
- 将高度相关的预测变量矩阵 $\boldsymbol{X}$，转换成无关且量少的潜在变量集合，有利于某些方法的建模；
- 将最相关的信息与无关噪声隔离；
- 将问题领域中的数个变量，组合成数个信息加强的特征变量。

延续上节细胞分裂高内涵筛选数据的特征工程案例，本节用 R 语言函数 `prcomp()` 或 `princomp()`(差异为何？)，对全为数值属性的矩阵 `segTrainXNC` 运用 PCA 进行特征提取，参数 `center` 与 `scale` 设定为 `TRUE` 是 PCA 运算前先将各变量中心化与量级归一化 (也就是标准化)，其好处如前所述 (参见图 2.16与图 2.17)。

```
# 数据标准化后进行 PCA 运算
pcaObject <- prcomp(segTrainXNC, center = TRUE, scale. = TRUE)
```

prcomp() 的计算结果 pcaObject 有各主成分的标准偏差 sdev、各主成分与原始变量线性关系的旋转矩阵 rotation(也称为负荷矩阵)、各变量标准化计算的参考值 center 和 scale，以及在主成分空间下的坐标值矩阵 x。

```
# 查看计算结果
names(pcaObject)
```

```
## [1] "sdev"     "rotation" "center"   "scale"
## [5] "x"
```

我们将原始数据集转为矩阵类别 as.matrix()，标准化后与旋转矩阵 pcaObject-$rotation 相乘 (%*%)，再一一验证各元素是否与新空间下的坐标值矩阵 pcaObject$x 各元素相同 (==)。

```
# 验证分数矩阵的计算
sum(scale(as.matrix(segTrainXNC)) %*% pcaObject$rotation ==
pcaObject$x)
```

```
## [1] 58522
```

```
# 分数矩阵中元素总数为样本数乘以变量个数
1009*58
```

```
## [1] 58522
```

如前所述，许多人经常询问：主成分分析到底要取多少个主成分呢？这个问题与各个主成分方差，占数据集总方差的百分比有关。

```
# 各个主成分方差占总方差的比例逐渐递减
(percentVariance <- pcaObject$sd^2/sum(pcaObject$sd^2)*100)
```

```
##  [1] 2.091e+01 1.701e+01 1.189e+01 7.715e+00 4.958e+00
##  [6] 4.121e+00 3.364e+00 3.278e+00 2.862e+00 2.533e+00
## [11] 2.000e+00 1.885e+00 1.863e+00 1.669e+00 1.496e+00
## [16] 1.423e+00 1.322e+00 1.227e+00 1.004e+00 9.698e-01
## [21] 8.911e-01 6.958e-01 6.697e-01 5.102e-01 4.420e-01
## [26] 4.092e-01 3.396e-01 3.097e-01 2.659e-01 2.446e-01
## [31] 2.163e-01 1.934e-01 1.668e-01 1.600e-01 1.300e-01
## [36] 1.182e-01 9.032e-02 8.466e-02 8.099e-02 7.189e-02
## [41] 6.605e-02 5.854e-02 4.781e-02 4.401e-02 3.795e-02
## [46] 3.600e-02 2.880e-02 2.668e-02 1.965e-02 1.667e-02
## [51] 7.664e-03 6.591e-03 5.292e-03 4.754e-03 1.234e-03
## [56] 7.155e-04 1.415e-06 1.594e-29
```

计算完毕后以前 25 个主成分的陡坡图 (见图 2.18) 寻找膝部区域，决定合适的主成分个数，此图的膝部区域大约在五个主成分附近。

```
# 绘制陡坡图
plot(percentVariance[1:25], xlab = "Principal Component",
ylab = "Proportion of Variance Explained ", type = 'b')
```

也可以用 cumsum() 函数计算各主成分累积解释的总变异百分比，绘制图 2.19并以其图形决定合适的主成分个数。

```
# 累积变异百分比折线图
cumsum(percentVariance)
```

```
##  [1]  20.91  37.93  49.81  57.53  62.49  66.61  69.97
##  [8]  73.25  76.11  78.64  80.64  82.53  84.39  86.06
## [15]  87.56  88.98  90.30  91.53  92.53  93.50  94.39
## [22]  95.09  95.76  96.27  96.71  97.12  97.46  97.77
## [29]  98.03  98.28  98.50  98.69  98.86  99.02  99.15
## [36]  99.26  99.35  99.44  99.52  99.59  99.66  99.72
## [43]  99.76  99.81  99.85  99.88  99.91  99.94  99.96
## [50]  99.97  99.98  99.99  99.99 100.00 100.00 100.00
## [57] 100.00 100.00
```

```
plot(cumsum(percentVariance)[1:25], xlab = "Principal
Component", ylab = "Cumulative Proportion of
Variance Explained", type = 'b') Variance Explained
abline(h = 0.9, lty = 2)
```

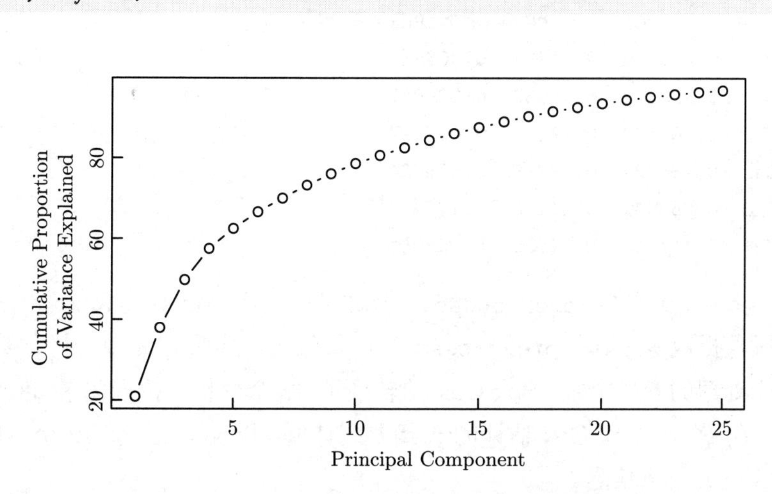

图 2.19　前 25 个主成分累积变异百分比折线图

如果我们提取前五个主成分，则在新空间下前六笔观测值的坐标如下：

```
# PCA 坐标转换后的新坐标值存储在 pcaObject 中的元素 x
head(pcaObject$x[, 1:5])
```

```
##          PC1     PC2      PC3    PC4     PC5
## 2    5.0986  4.5514 -0.03345 -2.640  1.2783
## 3   -0.2546  1.1980 -1.02060 -3.731  0.9995
## 4    1.2929 -1.8639 -1.25110 -2.415 -1.4915
## 12 -1.4647 -1.5658  0.46962 -3.389 -0.3302
## 15 -0.8763 -1.2790 -1.33794 -3.517  0.3936
## 16 -0.8615 -0.3287 -0.15547 -2.207  1.4732
```

PCA 的坐标转换是线性转换，各主成分与原始变量之间存在线性关系，查看 `pcaObject$rotation` 中前三主成分与原始变量的负荷关系，从报表结果可看出主成分 1 与原始变量的线性关系如下 (后续内容读者可将 `pcaObject$rotation` 坐标旋转矩阵全部输出后自行类推)：

$$\begin{aligned}\mathrm{PC1} = &\ \mathrm{AngleCh1} \times 0.001213758 + \mathrm{AreaCh1} \times 0.229171873 - \\ &\ \mathrm{AvgIntenCh1} \times 0.102708778 - \mathrm{AvgIntenCh2} \times 0.154828672 - \\ &\ \mathrm{AvgIntenCh3} \times 0.058042158 - \mathrm{AvgIntenCh4} \times 0.117343465 + \cdots\end{aligned}$$

```
# 查看 PCA 前三个主成分与前六个预测变量的负荷系数值
head(pcaObject$rotation[, 1:3])
```

```
##                   PC1      PC2       PC3
## AngleCh1     0.001214 -0.01284  0.006816
## AreaCh1      0.229172  0.16062  0.089812
## AvgIntenCh1 -0.102709  0.17971  0.067697
## AvgIntenCh2 -0.154829  0.16376  0.073534
## AvgIntenCh3 -0.058042  0.11198 -0.185473
## AvgIntenCh4 -0.117343  0.21039 -0.105061
```

R 语言 {caret} 套件的 `preProcess()` 函数可以一次搞定 Box-Cox 特征转换、标准化以及 PCA 属性提取等工作。`preProcess()` 函数输出的报表首先说明样本数与变量个数、各前处理工作处理的变量个数 (Box-Cox 法转换了 47 个变量、标准化了 58 个变量、PCA 提取了 58 个主成分)、Box-Cox 估计的 λ 摘要统计值，以及 PCA 前 19 个主成分可以捕捉 95% 原始数据变异量等信息。

```
# preProcess () 可以处理各种转换, 包括 PCA
(segPP <- preProcess(segTrainXNC, method = c("BoxCox",
"center", "scale", "pca")))
```

```
## Created from 1009 samples and 58 variables
##
## Pre-processing:
##   - Box-Cox transformation (47)
##   - centered (58)
##   - ignored (0)
##   - principal component signal extraction (58)
##   - scaled (58)
##
## Lambda estimates for Box-Cox transformation:
##    Min. 1st Qu.  Median    Mean 3rd Qu.    Max.
## -2.0000 -0.5000 -0.1000  0.0511  0.3000  2.0000
##
## PCA needed 19 components to capture 95 percent of the variance
```

```
# 对象类别为"preProcess", 通常与创建对象的函数同名
class(segPP)
```

```
## [1] "preProcess"
```

类别为 preProcess 的前处理模型建立完成后，再运用泛型函数 predict() 对原属性矩阵套用转换模型，并查看转换结果 transformed。从其结构可看出原 1009 笔训练数据集，已经转换到 19 维的正交新空间了。请注意此处 transformed 中的值与先前的 PCA 结果不同，因为在 PCA 运算前做了不同的转换 (前为标准化，此处为 Box-Cox 转换后接着标准化)。

```
# 套用模型 segPP 对数值属性矩阵做转换
transformed <- predict(segPP, segTrainXNC)
# 原数据已降到 19 维的正交新空间中
str(transformed)
```

```
## 'data.frame':    1009 obs. of  19 variables:
##  $ PC1 : num  1.568 -0.666 3.75 0.377 1.064 ...
##  $ PC2 : num  6.291 2.046 -0.392 -2.19 -1.465 ...
##  $ PC3 : num  -0.333 -1.442 -0.669 1.438 -0.99 ...
##  $ PC4 : num  -3.06 -4.7 -4.02 -5.33 -5.63 ...
##  $ PC5 : num  -1.342 -1.742 1.793 -0.407 -0.865 ...
```

```
##  $ PC6 : num  0.393 0.431 -0.854 1.109 0.107 ...
##  $ PC7 : num  -1.3178 1.2845 -0.0709 0.7023 0.4964 ...
##  $ PC8 : num  -1.897 -3.083 -0.6 -0.967 -0.657 ...
##  $ PC9 : num  0.711 1.997 0.987 0.497 0.492 ...
##  $ PC10: num  0.1619 0.5867 -0.4723 -0.1093 -0.0165 ...
##  $ PC11: num  1.4406 0.8008 1.2223 1.5996 0.0115 ...
##  $ PC12: num  -0.665 1.448 1.128 -0.667 -0.715 ...
##  $ PC13: num  -0.5034 0.4488 -1.3748 -1.2675 -0.0683 ...
##  $ PC14: num  -0.525 -0.43 -1.488 -0.201 -0.293 ...
##  $ PC15: num  0.20954 -0.61043 -0.71269 0.13589 0.00303 ...
##  $ PC16: num  0.00141 -1.05835 -0.35975 -1.1256 -0.04698 ...
##  $ PC17: num  0.7837 -0.79106 -0.00291 -0.02538 -0.67804 ...
##  $ PC18: num  -0.5552 0.0657 1.3574 -0.6319 -0.5846 ...
##  $ PC19: num  0.6813 0.1416 0.1019 -0.9681 0.0508 ...
```

```
# 新空间前五个主成分下，前六笔样本的坐标值
head(transformed[, 1:5])
```

```
##         PC1     PC2     PC3    PC4     PC5
## 2    1.5685  6.2908 -0.3333 -3.063 -1.3416
## 3   -0.6664  2.0455 -1.4417 -4.701 -1.7422
## 4    3.7500 -0.3916 -0.6690 -4.021  1.7928
## 12   0.3769 -2.1898  1.4380 -5.327 -0.4067
## 15   1.0645 -1.4647 -0.9900 -5.627 -0.8650
## 16  -0.3799  0.2173  0.4388 -2.070 -1.9364
```

```
# predcit() 方法转换后输出的对象类别为 data.frame
class(transformed)
```

```
## [1] "data.frame"
```

PCA 运算原理与矩阵分解有关，下面介绍重要的奇异值分解。

奇异值分解 (Singular-Value Decomposition, SVD) 是将矩阵分解为具备良好性质的多个方阵或矩阵，使得某些矩阵的计算较为简单。

$$\boldsymbol{A} = \boldsymbol{U} \cdot \boldsymbol{\Sigma} \cdot \boldsymbol{V}^{\mathrm{T}} \tag{2.14}$$

式 (2.14) 中，$\boldsymbol{A}$ 是我们欲分解的 $m \times n$ 矩阵；$\boldsymbol{U}$ 是 $m \times m$ 的方阵；$\boldsymbol{\Sigma}$ 是 $m \times n$ 的对角矩阵，只有对角线上才有异于零的元素；$\boldsymbol{V}^{\mathrm{T}}$ 是 $n \times n$ 方阵的转置。

$\boldsymbol{\Sigma}$ 矩阵中对角线元素是原始矩阵 $\boldsymbol{A}$ 的奇异值，$\boldsymbol{U}$ 矩阵的各列称为 $\boldsymbol{A}$ 的左奇异向量，而 $\boldsymbol{V}$ 的各列则称为 $\boldsymbol{A}$ 的右奇异向量。$\boldsymbol{U}$ 与 $\boldsymbol{V}$ 都是正交 (orthogonal) 矩阵，也就是说 $\boldsymbol{U}^{-1} = \boldsymbol{U}^{\mathrm{T}}$ 及 $\boldsymbol{V}^{-1} = \boldsymbol{V}^{\mathrm{T}}$。

矩阵的奇异值分解经常用来求得线性方程组的精确解，因为 $\boldsymbol{A}^{\mathrm{T}} \cdot \boldsymbol{A} = \boldsymbol{V} \cdot \boldsymbol{\Sigma}^2 \cdot \boldsymbol{V}^{\mathrm{T}}$(或是 $\boldsymbol{A} \cdot \boldsymbol{A}^{\mathrm{T}} = \boldsymbol{U} \cdot \boldsymbol{\Sigma}^2 \cdot \boldsymbol{U}^{\mathrm{T}}$)，所以矩阵 $\boldsymbol{A}$ 的奇异值平方是矩阵 $\boldsymbol{A}^{\mathrm{T}} \cdot \boldsymbol{A}$(或 $\boldsymbol{A} \cdot \boldsymbol{A}^{\mathrm{T}}$) 的固有值 (eigenvalues)。

Python 的 **numpy** 矩阵可用 **scipy.linalg** 模块中的 `svd()` 函数进行奇异值分解与重构，首先是 m 与 n 不相等的情况[1]：

```
# 加载数组与奇异值分解类别
from numpy import array
from scipy.linalg import svd
A = array([[1, 2], [3, 4], [5, 6]])
print(A)
```

```
## [[1 2]
##  [3 4]
##  [5 6]]
```

```
# 奇异值矩阵分解，输出 U、s、VT 三个方阵或矩阵
U, s, VT = svd(A)
print(U)
```

```
## [[-0.2298477   0.88346102  0.40824829]
##  [-0.52474482  0.24078249 -0.81649658]
##  [-0.81964194 -0.40189603  0.40824829]]
```

```
# 稍后以 s 中的两个值产生 3*2 对角矩阵
print(s)
```

```
## [9.52551809 0.51430058]
```

```
print(VT)
```

```
## [[-0.61962948 -0.78489445]
##  [-0.78489445  0.61962948]]
```

接着我们验证 SVD 的三个成分 $\boldsymbol{U}$、$\boldsymbol{\Sigma}$ 与 $\boldsymbol{V}^{\mathrm{T}}$，通过矩阵乘法可以重构出 $\boldsymbol{A}$:

```
# numpy 套件与矩阵代数密切相关
from numpy import diag
# 点积运算方法
from numpy import dot
# 零值矩阵创建方法
from numpy import zeros
# 创建 m*n Sigma 矩阵，预存值为零
Sigma = zeros((A.shape[0], A.shape[1]))
```

[1] https://machinelearningmastery.com/singular-value-decomposition-for-machine-learning/

```
# 对 Sigma 矩阵植入 2*2 对角方阵
Sigma[:A.shape[1], :A.shape[1]] = diag(s)
print(Sigma)
```

```
## [[9.52551809 0.        ]
##  [0.         0.51430058]
##  [0.         0.        ]]
```

```
# 点积运算重构原矩阵
B = U.dot(Sigma.dot(VT))
print(B)
```

```
## [[1. 2.]
##  [3. 4.]
##  [5. 6.]]
```

当 $\boldsymbol{A}$ 为方阵时，也就是 m 与 n 相等时，其重构指令更简单 (读者请注意：`Sigma = diag(s)`)。

```
# 3*3 方阵
A = array([[1, 2, 3], [4, 5, 6], [7, 8, 9]])
print(A)
```

```
## [[1 2 3]
##  [4 5 6]
##  [7 8 9]]
```

```
# SVD 方阵分解
U, s, VT = svd(A)
print(U)
```

```
## [[-0.21483724  0.88723069  0.40824829]
##  [-0.52058739  0.24964395 -0.81649658]
##  [-0.82633754 -0.38794278  0.40824829]]
```

```
# 中间的 Sigma 亦为方阵
Sigma = diag(s)
print(Sigma)
```

```
## [[1.68481034e+01 0.00000000e+00 0.00000000e+00]
##  [0.00000000e+00 1.06836951e+00 0.00000000e+00]
##  [0.00000000e+00 0.00000000e+00 3.33475287e-16]]
```

```
print(VT)
```

```
## [[-0.47967118 -0.57236779 -0.66506441]
##  [-0.77669099 -0.07568647  0.62531805]
##  [-0.40824829  0.81649658 -0.40824829]]
```

```
# 点积运算重构原矩阵
B = U.dot(Sigma.dot(VT))
print(B)
```

```
## [[1. 2. 3.]
##  [4. 5. 6.]
##  [7. 8. 9.]]
```

数据分析中 SVD 常见的应用是**降维 (dimensionality reduction)**，许多数据其属性个数大于观测值个数 ($m > n$)，导致参数估计程序失灵或是估计结果不稳定，此时可用 SVD 将数据降维到与预测问题最为相关的属性子集，也就是说用低秩 (low rank) 的矩阵近似原来的矩阵。具体的作法就是对数据矩阵作 SVD 分解后选择 $\boldsymbol{\Sigma}$ 中前 k 个最大的奇异值，以及对应的 $\boldsymbol{V}^{\mathrm{T}}$，据此我们就可以建构出原始矩阵 $\boldsymbol{A}$ 的近似矩阵 $\boldsymbol{B}$ 了：

$$\boldsymbol{B} = \boldsymbol{U} \cdot \boldsymbol{\Sigma}_k \cdot \boldsymbol{V}_k^{\mathrm{T}} \tag{2.15}$$

其中，$\boldsymbol{B}$ 是近似的 $m \times n$ 矩阵；$\boldsymbol{U}$ 仍然是 $m \times m$ 的方阵；$\boldsymbol{\Sigma}_k$ 是 $m \times k$ 的对角矩阵；而 $\boldsymbol{V}_k^{\mathrm{T}}$ 是 $n \times k$ 矩阵的转置 (或 $k \times n$)。下例中，3×10 的矩阵 $\boldsymbol{A}$ 完成 SVD 分解后，对 $\boldsymbol{\Sigma}$ 矩阵植入对角方阵，以前两个最大的奇异值对应的 $\boldsymbol{\Sigma}_2$ 与 $\boldsymbol{V}_2^{\mathrm{T}}$，依此求得式 (2.15) 的近似矩阵 $\boldsymbol{B}$，结果非常准确。

```
# 3*10 矩阵
A = array([
    [1,2,3,4,5,6,7,8,9,10],
    [11,12,13,14,15,16,17,18,19,20],
    [21,22,23,24,25,26,27,28,29,30]])
# SVD 分解
U, s, VT = svd(A)
# 创建 m*n 矩阵，预存值为零
Sigma = zeros((A.shape[0], A.shape[1]))
# 对 Sigma 矩阵植入对角方阵
Sigma[:A.shape[0], :A.shape[0]] = diag(s)
# 以前两个最大的奇异值作 SVD 近似计算
n_elements = 2
```

```
Sigma = Sigma[:, :n_elements]
VT = VT[:n_elements, :]
# 计算近似矩阵 B((3*3).(3*2).(2*10))
B = U.dot(Sigma.dot(VT))
print(B)
```

```
## [[ 1.  2.  3.  4.  5.  6.  7.  8.  9. 10.]
##  [11. 12. 13. 14. 15. 16. 17. 18. 19. 20.]
##  [21. 22. 23. 24. 25. 26. 27. 28. 29. 30.]]
```

实践时经常用下面计算方式求得数据矩阵的降维子集 $\boldsymbol{T}$，它是原始数据矩阵的一个降维投影。

$$\boldsymbol{T} = \boldsymbol{U} \cdot \boldsymbol{\Sigma}_k \tag{2.16}$$

或

$$\boldsymbol{T} = \boldsymbol{A} \cdot \boldsymbol{V}_k \tag{2.17}$$

其中 $\boldsymbol{T}$ 是降维的 $m \times k$ 矩阵，$\boldsymbol{U}$ 仍然是 $m \times m$ 的方阵，$\boldsymbol{\Sigma}_k$ 是 $m \times k$ 的对角矩阵；式 (2.17) 中 $\boldsymbol{A}$ 是 $m \times n$ 的原始数据矩阵，而 $\boldsymbol{V}_k$ 是 $n \times k$ 的矩阵。

```
# SVD 降维运算 ((3*3) * (3*2))
T = U.dot(Sigma)
print(T)
```

```
## [[-18.52157747   6.47697214]
##  [-49.81310011   1.91182038]
##  [-81.10462276  -2.65333138]]
```

```
# 另一种 SVD 降维计算方式 ((3*10).(10*2))
T = A.dot(VT.T)
print(T)
```

```
## [[-18.52157747   6.47697214]
##  [-49.81310011   1.91182038]
##  [-81.10462276  -2.65333138]]
```

式 (2.16) 和式 (2.17) 两种降维计算方式的结果相同。

自然语言处理 (natural language processing) 的语料库 (corpus) 中各文件**分词 (tokenization)** 完成后，会根据断词结果产生关键词库，再统计各字词在各文件中出现的频次，形成**文档词项矩阵 (Document-Term Matrix, DTM)**，方便后续的统计机器学习，这种未考虑字词顺序的建模方式称为**词袋模型 (bag of words)**(参见 5.2.1 节中手机短信过滤案例)。因为词项或关键词通常非常多，所以对文档词项矩阵作 SVD 分解降维，提取出 $k(k < m)$ 个潜在语义变量，这种 SVD 应用称为**潜在语义分析 (Latent Semantic Analysis, LSA)**，或潜在语义索引 (Latent Semantic Indexing, LSI)。

scikit-learn 套件提供运行 SVD 分解的 `TruncatedSVD()` 类别，创建此类对象时，我们须选择欲降维到多少属性，接着将原始数据矩阵 $\boldsymbol{A}$ 传入对象 `fit()` 方法拟合，最后用 `transform()` 方法将 $\boldsymbol{A}$ 降维成 `result`。

```
# 载入 sklearn 的 SVD 分解降维运算类别
from sklearn.decomposition import TruncatedSVD
# 3*10 矩阵
A = array([
    [1,2,3,4,5,6,7,8,9,10],
    [11,12,13,14,15,16,17,18,19,20],
    [21,22,23,24,25,26,27,28,29,30]])
```

```
# 定义 SVD 分解降维空模
svd = TruncatedSVD(n_components=2)
# 拟合实模
svd.fit(A)
# 转换应用
```

```
## TruncatedSVD(algorithm='randomized', n_components=2, n_iter=5,
##              random_state=None, tol=0.0)
```

```
result = svd.transform(A)
print(result)
```

```
## [[18.52157747  6.47697214]
##  [49.81310011  1.91182038]
##  [81.10462276 -2.65333138]]
```

此处介绍的奇异值分解 (简称 SVD) 是线性代数 (linear algebra) 中一种重要的矩阵分解，在信号处理、统计学等领域有重要应用。SVD 与**主成分分析 (PCA)** 密切相关，因而两者容易混淆。SVD 较 PCA 更一般化，因为 SVD 分解出数据矩阵的行与列的基底向量 (basis vectors)，而 PCA 只有行的基底向量。有关 PCA 的案例实践，请读者参考本节前面内容。

2.3.3 特征选择

特征选择也是数据规约常用的方法，包括 2.1.5节与 2.1.6节的数据清理中根据缺失值比率删除观测值或变量的做法，以及 2.3.1节特征转换中移除分布异常 (退化或过度离散) 的预测变量等，都属于数据规约中特征选择或过滤的方法。建模前移除无用的预测变量有许多好处，首先是较少的预测变量意味着能降低计算时间与模型的复杂度。本节从预测变量间的相关性角度，挑选出合适的属性。如果两个预测变量高度相关，这代表它们可能衡量相同的信息，移除其中之一不但不会损害模型，还可能提升模型性能。因为有些模型 (如线性回归、人工神经网络等方法) 会因纳入相关或退化分布的预测变量而表现不佳，排除这些有问题的变量，可能改善模型性能，而且增加模型的稳定性。

继续以细胞分裂高内涵筛选数据为例，说明如何依据数值变量间的相关系数矩阵，过滤掉不重要的变量。

```
# 58 个数值变量的相关系数方阵
correlations <- cor(segTrainXNC)
dim(correlations)
```

```
## [1] 58 58
```

```
correlations[1:4, 1:4]
```

```
##               AngleCh1  AreaCh1 AvgIntenCh1
## AngleCh1      1.000000 -0.002627    -0.04301
## AreaCh1      -0.002627  1.000000    -0.02530
## AvgIntenCh1 -0.043008 -0.025297     1.00000
## AvgIntenCh2 -0.019447 -0.153303     0.52522
##             AvgIntenCh2
## AngleCh1       -0.01945
## AreaCh1        -0.15330
## AvgIntenCh1     0.52522
## AvgIntenCh2     1.00000
```

相关系数方阵通常维数不小，里面数值繁多，目视检查不易。R 语言套件 {corrplot} 中的同名函数可以可视化相关系数方阵，并将高度相关的变量群聚在附近，以了解哪些属性衡量相近的特征。

```
# 加载 R 语言好用的相关系数方阵可视化套件
library(corrplot)
corrplot(correlations, order = "hclust", tl.cex = 0.5)
```

图 2.20显示各高相关变量群内的变量，几乎都属于同一频道下不同细胞影像特征测量值，欲了解其相关性的由来，需要从生化检验与图像处理运算两个专业领域下手，方能彻底理解手上的数据样貌。撇开专业的领域知识不谈，常用的高相关预测变量移除流程如下：

(1) 计算预测变量的相关系数方阵，并设定相关系数的绝对值阈值；

(2) 找出相关系数绝对值最大的两个预测变量 A 与 B；

(3) 计算 A 与其他变量间的相关系数平均值，B 亦同；

(4) 如果 A 有较大的平均相关系数，则删除 A 变量。否则，删除 B 变量；

(5) 重复步骤 (2)~ 步骤 (4) 直到没有相关系数的绝对值超出阈值。

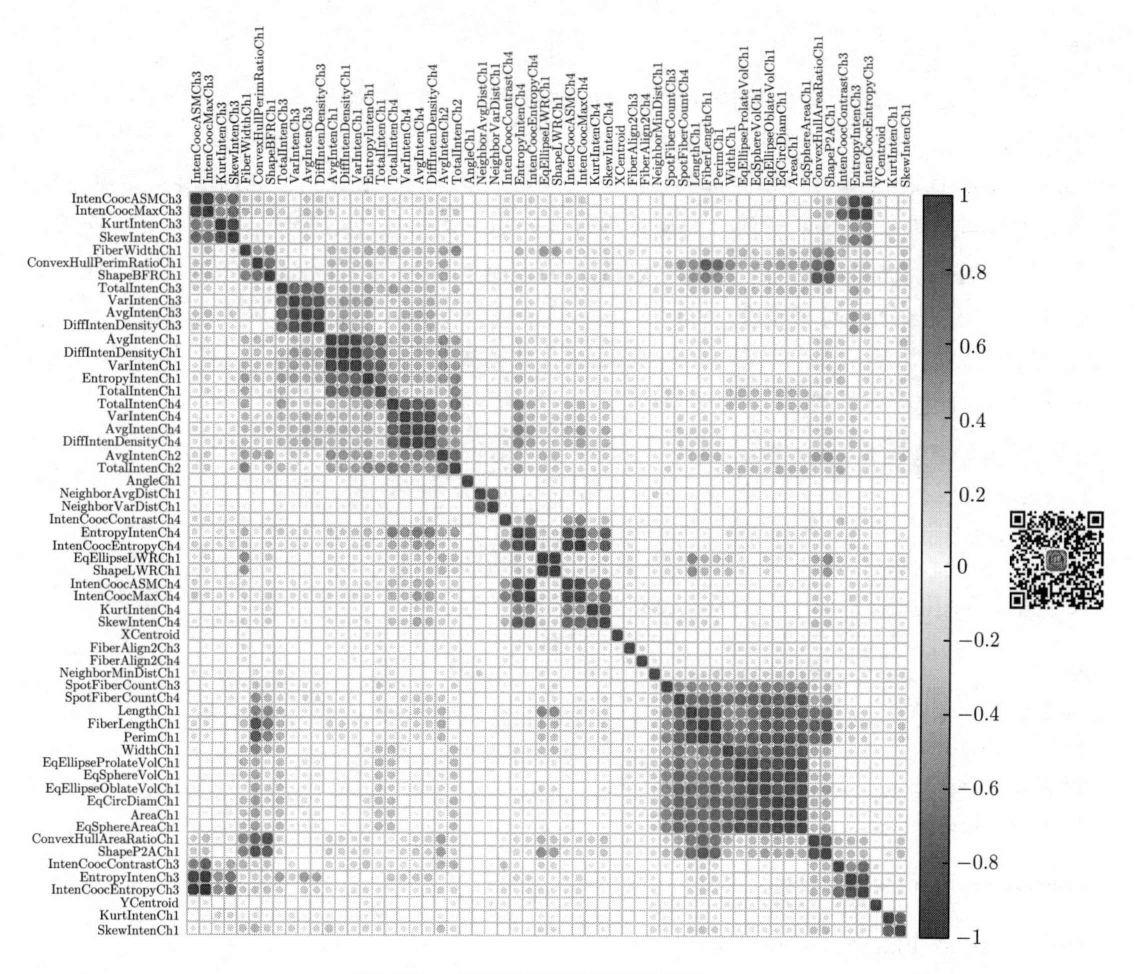

图 2.20　相关系数矩阵可视化图形

R 语言套件 {caret} 中的函数 `findCorrelation()` 实现了上述特征选择的流程，根据 `cutoff` 参数给定的相关系数阈值，返回的整数值向量 `highCorr` 是上述流程下欲删除的变量编号，原 58 个数值变量过滤后剩下 `filteredSegTrainXNC` 的 26 个变量。

```r
# 返回建议移除的变量编号
(highCorr <- findCorrelation(correlations, cutoff = .75))
```

```
##  [1] 23 40 43 36  7 15 19  2  4 17  6 52 11 20 14 18 51
```

```
## [18] 49  3  9 30 29 13 32 31 46 16  5 10 44 45 39
```

```
# 原 58 个数值变量过滤掉 32 个，剩下 26 个
filteredSegTrainXNC <- segTrainXNC[, -highCorr]
dim(filteredSegTrainXNC)
```

```
## [1] 1009   26
```

除了上述 {caret} 套件的特征提取与选择功能外，R 套件 {FSelector} 也常用来做特征选择，此套件将特征选择区分为两种方法：特征排名法 (feature ranking) 与子集挑选法 (subset selection)。前者将属性按照某种准则，如方差、卡方统计量、信息增益 (参见 5.2.4 节分类与回归树)、相关系数等，对属性进行排名后，再根据使用者设定的准则和名次阈值进行特征选择。这种非监督式的属性**过滤法 (filter)**，单纯就预测变量空间选取属性子集后再进行回归与分类问题建模，2.3.4节提及的主成分回归 PCR 也类似这种逻辑，只不过 PCA 是特征提取而非特征选择。下面以鸢尾花数据集为例，运用信息增益与增益率 (5.2.4 节式 (5.42)) 进行属性排名，挑出前两名属性。

```
# R 语言特征选择套件
library(FSelector)
data(iris)
# 属性信息增益排名
(weights <- information.gain(Species~., iris))
```

```
##              attr_importance
## Sepal.Length          0.4521
## Sepal.Width           0.2673
## Petal.Length          0.9403
## Petal.Width           0.9554
```

```
(subset <- cutoff.k(weights, 2))
```

```
## [1] "Petal.Width"  "Petal.Length"
```

```
# 属性信息增益率排名
(weights <- gain.ratio(Species~., iris))
```

```
##              attr_importance
## Sepal.Length          0.4196
## Sepal.Width           0.2473
## Petal.Length          0.8585
## Petal.Width           0.8714
```

```
(subset <- cutoff.k(weights, 2))
```

```
## [1] "Petal.Width"  "Petal.Length"
```

{FSelector} 的另一种方法子集挑选法结合模型性能指标，如回归模型的均方根误差或判定系数，搜索属性子集空间的所有可能组合，试图寻找最佳的属性子集 (参见 5.1.1 节多元线性回归的逐步回归案例)，也就是说子集挑选法在特征选择时即考虑各属性子集与目标变量的互动关系，通常又将这种特征选择方法称为**封装法 (wrapper)**。下面以 1984 年美国国会投票记录为例，运用一致性指标对 16 个类别属性进行最佳属性子集挑选。

```
# 美国国会投票记录数据集 HouseVotes 在套件 {mlbench} 中
library(mlbench)
data(HouseVotes84)
```

```
# 两党 435 位议员对 16 个法案的支持与否结果
str(HouseVotes84)
```

```
## 'data.frame': 435 obs. of 17 variables:
## $ Class: Factor w/ 2 levels
## "democrat","republican": 2 2 1 1 1 1 1 2 2 1 ...
## $ V1 : Factor w/ 2 levels "n","y": 1 1 NA 1 2 1
## 1 1 1 2 ...
## $ V2 : Factor w/ 2 levels "n","y": 2 2 2 2 2 2 2
## 2 2 2 ...
## $ V3 : Factor w/ 2 levels "n","y": 1 1 2 2 2 2 1
## 1 1 2 ...
## $ V4 : Factor w/ 2 levels "n","y": 2 2 NA 1 1 1
## 2 2 2 1 ...
## $ V5 : Factor w/ 2 levels "n","y": 2 2 2 NA 2 2
## 2 2 2 1 ...
## $ V6 : Factor w/ 2 levels "n","y": 2 2 2 2 2 2 2
## 2 2 1 ...
## $ V7 : Factor w/ 2 levels "n","y": 1 1 1 1 1 1 1
## 1 1 2 ...
## $ V8 : Factor w/ 2 levels "n","y": 1 1 1 1 1 1 1
## 1 1 2 ...
## $ V9 : Factor w/ 2 levels "n","y": 1 1 1 1 1 1 1
## 1 1 2 ...
## $ V10 : Factor w/ 2 levels "n","y": 2 1 1 1 1 1
## 1 1 1 1 ...
## $ V11 : Factor w/ 2 levels "n","y": NA 1 2 2 2 1
```

```
## 1 1 1 1 ...
## $ V12 : Factor w/ 2 levels "n","y": 2 2 1 1 NA 1
## 1 1 2 1 ...
## $ V13 : Factor w/ 2 levels "n","y": 2 2 2 2 2 2
## NA 2 2 1 ...
## $ V14 : Factor w/ 2 levels "n","y": 2 2 2 1 2 2
## 2 2 2 1 ...
## $ V15 : Factor w/ 2 levels "n","y": 1 1 1 1 2 2
## 2 NA 1 NA ...
## $ V16 : Factor w/ 2 levels "n","y": 2 NA 1 2 2 2
## 2 2 2 NA ...
```

```
# 一致性指标选取 10 个属性形成的最优子集
(subset <- consistency(Class~., HouseVotes84))
```

```
##  [1] "V3"  "V4"  "V7"  "V9"  "V10" "V11" "V12" "V13"
##  [9] "V15" "V16"
```

此外，许多监督式学习方法有内嵌的特征选择机制，它们在学习的演算过程中也试着找出最佳的属性子集，例如**多元自适应回归样条 (Multivariate Adaptive Regression Splines, MARS)** 与 5.2.4 节的树状模型建模方法、5.1.3 节的**岭回归 (ridge regression)**、**套索回归 (LASSO regression)** 与**弹性网络模型 (elastic nets)** 等惩罚方法，这些被归为特征选择的**内嵌法 (embedded)**。封装法与内嵌法非常类似，因为两种方法都以预测建模的目标函数或性能衡量的优化来挑选属性子集，但是内嵌法在特征选择时涉及的是模型如何建构的指标，而封装法是根据目标变量的性能衡量来决定较佳的属性子集。

2.3.4 结语

特征工程是数据前处理的重要工作，预测建模前的数据准备对模型的预测能力有很大的影响。从 2.3.3 节特征选择内嵌法的说明可以发现，后续建模使用的模型种类也会影响数据前处理的需求，那些算法或模型内嵌有变量选择机制者，对于预测变量中的噪声，或是无信息量的变量较不敏感；而线性回归 (5.1.1 节)、**偏最小二乘法 (Partial Least Squares, PLS)**(5.1.2 节)、**人工神经网络 (artificial neural networks)**(或称类神经网络，6.2.1 节)、**支持向量机 (Support Vector Machines, SVM)**(5.2.3 节) 等就并非如此了，因此这些方法的数据前处理工作相对更为重要。

某些大数据领域有其特有的降维方法，例如，文本数据挖掘 (text mining) 中的**词频-逆文档频率 (term frequency-inverse document frequency, tf-idf)** 可视为降维，因为 tf-idf 修改传统词频计算方式，移除无区分能力的字词，达到降维的目的。同理，**词组提取 (chunk extraction)** 与 **N 元字组 (N-gram)** 合并相邻的字词为词组或字组，也都算是文本数据挖掘的降维方法。简而言之，如何从噪声充斥的文本数据 (noisy text)，到有意义且简洁的属性向量，是文本数据挖掘及其他大数据分析基本且重要的工作。

此外，如何编码预测变量是特征工程的基本工作，对模型性能也有很大的影响。同一预测变量有许多不同的编码方式，例如，日期变量的编码方式可以是距离某参考日期的天数；或是将年、月、日与周几分成不同的预测变量；或是将其编码成一年的第几天；也可以将其编码成上课日、假日或寒暑假等。再者，两数值变量的比值，可能比个别变量还有用。何种编码方式与衍生变量计算公式较优，很难有放之四海而皆准的定论。因为最有效的数据编码可能来自于领域知识，而非数学或计算机技术。也就是说，大数据时代下工具众多且便利，建模工作相对容易，而属性工程涉及各个应用专业领域，因此相对较难。

本节介绍的预测变量缩减策略多属于非监督式的方式 (参见 3.1.1 节统计机器学习类型)，如低变异过滤、主成分分析、高相关过滤等。另外，也有将反应变量 y 纳入考虑的监督式特征提取与回归建模技术，例如，2.3.3节的封装法与 5.1.2 节的偏最小二乘法 (Partial Least Squares, PLS) 回归。PCA 完成后，也可以运用提取出的主成分进行回归建模，这称为**主成分回归 (Principal Components Regression, PCR)**。不过 PCR 与 PLS 的差别在于前段特征提取的步骤，是否提前考虑主成分与反应变量 y 的互动关系，PCR 无而 PLS 有。总结来说，合适的特征工程是大数据分析成功与否的关键，因为伟大的属性通常比伟大的算法更为重要。

2.4　大数据处理概念

统计学是最早论及本书主题“数据处理与分析”的领域，由于它原本是数学的一个分支，所以从理论的角度来看许多统计方法是较为精确的。但也因此统计模型先天有一些缺陷，例如，数据表达方式相对简化、算法缩放性不佳，以及过于强调模型的可解释性等。随着数据收集软硬件技术的进步，以及组织数据的数据库技术的成熟，计算机科学家大量参与了大数据这个领域的最新发展。他们累积了许多处理大量数据的实际经验，能在较少的假设条件下分析结构化 (structured)、低结构化 (highly unstructured)，或可能是任何类型、体量非常大的数据。相较于统计学家在数学角度的精确性要求，计算效率与数据的直觉分析等议题，被计算机科学家认为是更为重要的，尽管数学精确性仍然是他们所强调的。(注：**低结构化数据 (highly unstructured data)** 的说法可能比非结构化数据的说法更好，因为几乎所有数据都呈现一定程度的结构性)

时至今日，大数据处理与分析兼容了许多不同学科领域，尽管这些学科对于某些问题与其解决之道的技术形式和观点仍然或有分歧，但具备计算机科学背景的数据挖掘 (data mining) 与机器学习 (machine learning) 的学者专家们，正更积极地参与这个蓬勃发展且日益重要的大数据研究领域。本节先介绍大数据时代下数据科学家最常遇到的文本数据处理，然后简介顺应大数据需求而发展出来的分布式存储与运算环境。

2.4.1 文本数据处理

文本语料库内的文本数据通常是格式不良且非标准化的，并非像结构化数据一样可以用规整的表格化方式呈现。因此，我们常称文本数据为低结构化数据。文本数据的处理，或者更具体来说，是文本数据的前处理，涉及将原始文本转换为一系列定义完整的语言要素，这些要素必须具有标准的结构与意义，而且转换后的结果能促进后续建模工作的进行 (Sarkar, 2016)。

因为前述结构性较差的原因，文本数据在划分为各层次可理解的最小独立单元 (tokens) 后 (称为 tokenization)，通常需要添加额外的元数据 (metadata)，以改善结构性较差的状况，并增强语言要素的意义。这些元数据通常是以批注标签 (annotated tag) 的方式出现，例如，各词语的**词性标注 (part of speech, POS)**。本节接下来介绍常用的文本前处理技术：分/断词或符号化 (tokenization)、词性标记 (tagging)、词组提取 (chunking)、词干提取 (stemming) 以及词形还原 (lemmatization) 等 (`http://blog.csdn.net/whaoxysh/article/details/16925029`)。而文本数据处理与语言学 (linguistics) 密切相关，所以我们先了解语言学中的相关名词。

- 字词 (words) 是语言中最小的单位，它们是独立的且有自己的意义。
- 词素 (morpheme) 是最小的可辨别单元，但是词素并非像字词一样是独立的，一个字词可能由多个词素 (字首 prefix, 基本词素 base morpheme, 字尾 suffix) 所组成，例如，non-perish-able 一字中包含了字首 (或称前缀)、基本词素 (或称词干 root stem) 与字尾 (或称后缀)。
- 词性标记是给予字词不同记号或标签来分析词性，以进一步了解主要的句法类别。常见的词性标记有冠词 (DET)，用来指出事物；连词 (CONJ)，连接从句 (clauses) 使其成为完整句 (sentences)；代词 (PRON)，用来代表或取代某些名词；当然还包括名词、动词、形容词与副词等开放性字词类别，这些字集允许人们发明并添加新的字词。
- 词组提取：是按照词性标记提取出词组，例如，名词词组 (noun phrase chunk) 或动词词组 (verb chunk)。其用途有信息提取、关键词提取、专有名词辨识与关系提取，并可进一步建立语法树。
- 词干提取：把字词还原成其词干，例如，将 jumps、jumped、jumping 等字去掉其后缀，提取出其基本词素。
- 词形还原：词形还原非常类似词干提取，也是将词缀 (affixes, 包括前缀与后缀) 移除以获得字词的基本形式，区别在于剩下的字根 (root word，或称 lemma)，可在字典中查阅得到，而不像词干提取那样，剩下的词干并非是词典编纂 (lexicographically) 上正确的字词。

上面词性标记提到的开放字集通常通过形态的衍变、用法的创新、混成的词素 (最小的意义单位) 等而扩张形成，例如新增的一些流行名词用语 Internet 与 multimedia。而代词是封闭的字集，它是由封闭且有限的字词所形成的集合，例如，he、she、they、it 等，并不接受新的字词。

文本数据中的文档 (documents) 是有层次的 (hierarchical)，通常由字母 (letters) 组成字词 (words)，再结合为从句与完整句，最后再形成段落 (paragraphs) 与文章 (articles)。反过来说，文章由段落组成，段落包含句子，而句子可进一步切分为从句、词组/词组、字词。任何文本数据，无论是单词、句子还是文件，大多与某种自然语言有关。也就是说，文本数据通常是遵循特定语言下的语法 (syntax) 与语义 (semantics) 的低结构化数据。

了解低结构化文本数据的基本结构后，我们接着来理解分词或符号化。所谓符号 (tokens) 是独立的文字单元，它有明确的句/语法和语义。最常用的符号化为句子与字词符号化，其分别将文本语料拆解为句子，句子再拆解为字词，因此，符号化可定义为将文本拆解成有意义的较小组成部分。因为字词层级经常是分析建模的基础，所以符号化 (tokenization) 一般指的是分词。总而言之，符号化可以是分句、分词或分词组，所以应查看符号是文件中哪个层级的要素。

此外，因为自然语言是可以用不同形式来进行沟通的人类语言，包括演说、写作和手势等。因此，就语义上而言，其他非语言的 (non-linguistic) 因素，如肢体语言、先前的经验、心理因素等，都对自然语言的意义有影响，因为每个人都会将这些因素用自己的方式纳入考虑以理解语言的意义。进入实际操作前请读者们谨记：尽管有自然语言的语法和语义上的规范，文本数据由于结构性较差，因此我们无法直接用数学或统计模型来分析它。只有适当的转换和前处理后，才能运用统计机器学习的方法来挖掘其中的信息。

接下来实际操作的部分先介绍中英文切分工具，在分词过程中，英文与中文分词有很大的不同。对英文来说，基本上以空白切分一个单字为词；对中文来说却没有明显的切分方式，可能的方式是通过默认的字典进行分词，如果在字典中找到一样的词汇可将之切分为一个词，从最多字的词汇开始搜索再慢慢递减字数。

进阶的分词方法有汉语词法分析系统 ICTCLAS(Institute of Computing Technology, Chinese Lexical Analysis System)，这是中国科学院计算技术研究所在多年研究工作积累的基础上，研制出的中文词法分析系统，它是中文信息处理的基础与关键。主要功能包括中文分词、词性标注、命名实体识别、新词识别，同时支持使用者自定义词典。

套件 {Rwordseg} 也是一个 R 环境下的中文分词工具，算法采用开源的 Java 分词工具 Ansj，而 Ansj 是基于中国科学院的 ICTCLAS 中文分词算法，采用隐马尔可夫模型 (Hidden Markove Model, HMM)。而 Python 语言中的 **jieba** 分词是基于前缀词典实现高效的词图扫描，生成句子中汉字所有可能成词情况所构成的有向无环图 (Directed Acyclic Graph, DAG)。它采用了动态规划寻找最优化路径, 找出基于词频的最大切分组合。对于未登录词，则使用基于汉字成词能力的隐马尔可夫模型，具体算法为 Viterbi[1]。**jieba** 同时也应用在许多不同的程序语言中，包括 Java, C++, Node.js, Erlang, R, PHP, .NET(C#), Go 等。

在中文分词工具实际操作部分，我们首先加载三国章回小说片段的文本文件，R 语言 `read.table()` 函数读入文本文件后是单行单列的数据集，因此用 as.character() 函数强制其为字符串向量。

```
# 读入三国章回小说片段内容，注意参数 stringsAsFactors 的设定值
text <- read.table("./_data/3KDText_Mac_short.txt",
stringsAsFactors = F)
# 强制转换为字符串向量
text <- as.character(text)
```

接着加载 R 语言中的 jieba 套件 {jiebaR}，先用 `worker()` 函数定义一个分词器 `seg`，再将字符串向量 `text` 以 `<=` 运算符传入分词器，分词结果存储为 `words`，最后查看前 50 个字词。分词工作也可以运用 `segment()` 函数，输入字符串向量 `text` 与分词器 `seg` 来完成。

```
library(jiebaR)
# 定义分词器
seg <- worker()
# 传入字符串进行分词，注意！text 不可为数据集对象！
words <- seg <= text
words[1:50]
```

```
##  [1] "东汉"      "末年"   "朝政"   "腐败"   "再"
##  [6] "加上"      "连年"   "饥荒"   "老百姓" "的"
## [11] "日子"      "非常"   "困苦"   "巨鹿"   "人"
## [16] "张角""见"  "人民"   "怨恨"   "官府"   "便"
## [21] "与"        "他"     "的"     "弟弟"   "张梁"
## [26] "张"        "宝"     "在"     "河北"   "河南"
## [31] "山东"      "湖北"   "江苏"   "等"     "地"
## [36] "招收"      "了"     "五十万" "人"     "举行"
## [41] "起义"      "一起"   "向"     "官兵"   "进攻"
## [46] "没有"      "几天"   "四方"   "百姓"   "头裹"
```

```
# {jiebaR} 另一种分词语法，结果同上，请自行执行
words <- segment(text, seg)
```

[1]http://www.cnblogs.com/zhbzz2007/p/6084196.html

前面结果因为没有正确断出张宝与张角两兄弟的名字，因此用 new_user_word() 加入新词后重新分词结果如下:

```
# 加入使用者定义的新词
new_user_word(seg, c(" 张宝", " 张角"))
```

```
## [1] TRUE
```

```
# 再次分词，结果断出两兄弟正确的名字
words <- seg <= text
words[1:50]
```

```
##  [1] "东汉"     "末年"     "朝政"     "腐败"     "再"
##  [6] "加上"     "连年"     "饥荒"     "老百姓"   "的"
## [11] "日子"     "非常"     "困苦"     "巨鹿"     "人"
## [16] "张角"     "见"       "人民"     "怨恨"     "官府"
## [21] "便"       "与"       "他"       "的"       "弟弟"
## [26] "张梁"     "张宝"     "在"       "河北"     "河南"
## [31] "山东"     "湖北"     "江苏"     "等"       "地"
## [36] "招收"     "了"       "五十万"   "人"       "举行"
## [41] "起义"     "一起"     "向"       "官兵"     "进攻"
## [46] "没有"     "几天"     "四方"     "百姓"     "头裹"
```

jiebaR
通过 worker() 函数内的参数 type 提供多种分词类型：

- 最大概率分词模型 (maximum probability, mp)：运用 Trie 树 (又称前缀树或字典树，https://zh.wikipedia.org/wiki/Trie) 建构有向无循环图，结合动态规划 (dynamic programming) 进行分词，是 jieba 核心的分词算法。初始化时须给定分词字典 ($dict) 与用户自定义词库 ($user)，两者的默认设定可用下面指令查阅，请注意 $dict 与 $user 结果:

```
# {jiebaR} 系统字典、用户字典等默认设定内容 (PrivateVarible)
# 报表过宽，请读者自行执行下行程序代码
str(seg$PrivateVarible)
```

- 隐马尔可夫分词模型 (hidden Markov model, hmm)：初始化时须提供 hmm 字集，默认使用人民日报语料库。
- 混合分词模型 (mix segment model, mix)：混合使用最大概率分词模型与隐马尔可夫模型，初始化时 dict、hmm 与 user 字集都要提供。

- 查询分词模型 (query segment model, query)：使用混合分词模型进行分词，再枚举字典中所有可能的长字词，初始化时 dict、hmm 与 user 字集都要提供。
- 完全分词模型 (full segment model, full)：会列举出字典中所有可能的字词。
- 词性标记 (speech tagging worker, tag)：使用混合分词模型分词，并运用中国科学院计算技术研究所汉语词法分析系统 ICTCLAS 进行分词后的词性标注。
- 关键词提取 (keyword extraction, keywords)：使用混合分词模型分词后，再根据词频–逆文档频率筛选关键词，用户须提供 dict、hmm、idf、停用字 (stop_word) 与提取字数 (topn) 等私有变量 (private variables)。
- 相似性哈希 (SimHash worker, simhash)：使用 Google 知名的相似性哈希算法提取关键词，相似性哈希算法是 Google 用来处理海量文本去重的算法。SimHash 先将一个文件转换成若干字词与权重值，再运用哈希函数对文件字词矩阵进行降维与降维特征值计算；然后判断它们是否重复时，只需要计算降维后各特征值 (二元值) 的距离 (汉明距离, Hamming distance，参见 3.4 节相似性与距离) 是不是 $< n$(n 经验上一般取 3)，就可以判断两个文件是否相似，此处应用来提取相似性较低的关键词[1]，使用者须提供 dict、hmm、idf 与停用字等。

下面我们实际演练关键词提取的分词器，将 worker() 函数的 type 设定为"keywords"，并抓取三国章回小说短文前 100 个关键词。

```
# 关键词提取分词器使用混合分词模型分词后，再按词频-逆文档频率筛选
# 前 100 个关键词
keys = worker(type = "keywords", topn = 100)
keywords <- keys <= text
keywords[1:10]
```

```
## 117.392  58.696 46.9568 41.9979 35.2176 35.2176
##  "刘备"  "张飞"  "关羽"  "榜文"    "说"  "张角"
## 35.2176 35.2176 35.2176 35.2176
##  "连忙"    "做"  "这人"    "听"
```

接着我们练习中文词性标记，将分词器 worker() 的 type 设定为"tag"，中文词性标记的意义请参考相关文献[2]。

```
# 定义分词类型为词性标记的分词器
tagger = worker(type = "tag")
tagCN <- tagger <= text
tagCN[1:10]
```

[1] https://yanyiwu.com/work/2014/01/30/simhash-shi-xian-xiang-jie.html? utm_source=jiji.io

[2] https://gist.github.com/luw2007/6016931

```
##        t        t        n        an        d        v
##   "东汉"   "末年"   "朝政"   "腐败"     "再"   "加上"
##        d        n        n        uj
##   "连年"   "饥荒"   "老百姓"    "的"
```

```
# 词性标记结果 tagCN 为具名向量
(head(tag <- names(tagCN)))
```

```
## [1] "t"  "t"  "n"  "an" "d"  "v"
```

在英文分句分词、词性标记、专有名词提取与词组提取的部分，我们可以运用 R 套件 {NLP} 与 {openNLP}。首先建立语句，并查看其对象类别与字符数 (Python 的西方语系文字处理多使用 **nltk** 套件，参见 5.2.1 节的手机短信过滤案例)。

```
# 加载 R 语言英语自然语言处理 NLP 套件
library(NLP)
library(openNLP)
# 建立练习语句
s <- c("Pierre Vinken, 61 years old, will join the board
as a nonexecutive director Nov. 29. Mr. Vinken is chairman
of Elsevier N.V., the Dutch publishing group.")
```

```
## [1] "Pierre Vinken, 61 years old, will join the
## board\nas a nonexecutive director Nov. 29. Mr.
## Vinken is chairman\nof Elsevier N.V., the Dutch
## publishing group."
```

```
# 练习语句字符数
nchar(s)
```

```
## [1] 153
```

```
# 转为 {NLP} 套件接受的对象类型 String
s <- as.String(s)
```

Apache Open NLP 分句分词等符号化语法的基本概念是先定义 Maxent_wildcard_Annotator 的标注器 (annotator)，其中 wildcard 须指名是断句 (Sent_Token)、断词 (Word_Token)、词性标记 (POS_Tag)、专有名词辨识 (Entity) 及词组提取 (Chunk) 等任务，接着用 `annotate()` 函数将英文语句 `s` 与标注器 `f` 传入后的结果写出。不过就**自然语言处理 (natural language processing)** 的任务先后顺序而言，须先分句再分词，然后才能进行词性标记、专有名词 (Named Entity Recognition, NER) 与词组提取等任务。因此，我们先进行断句：

```
# 定义断句标注器
sent_token_annotator <- Maxent_Sent_Token_Annotator()
# 将英文语句放入后，通过先前定义的 sent_token_annotator 函数
# 做断句的动作
(a1 <- annotate(s = s, f = sent_token_annotator))
```

```
##  id type     start end features
##   1 sentence     1  84
##   2 sentence    86 153
```

```
# 断出两个句子，注意 start 与 end 对应的字符位置编号
str(a1)
```

```
## List of 2
##  $ :Classes 'Annotation', 'Span'  hidden list of 5
##   ..$ id      : int 1
##   ..$ type    : chr "sentence"
##   ..$ start   : int 1
##   ..$ end     : int 84
##   ..$ features:List of 1
##   .. ..$ : list()
##   ..- attr(*, "meta")= list()
##  $ :Classes 'Annotation', 'Span'  hidden list of 5
##   ..$ id      : int 2
##   ..$ type    : chr "sentence"
##   ..$ start   : int 86
##   ..$ end     : int 153
##   ..$ features:List of 1
##   .. ..$ : list()
##   ..- attr(*, "meta")= list()
##  - attr(*, "class")= chr [1:2] "Annotation" "Span"
##  - attr(*, "meta")= list()
```

根据分句的结果，用 substr() 函数取出两个句子，或直接将分句的结果传入 String 对象 s 中。

```
# substr() 取出第一个句子
substr(s, 1, 84)
```

```
## Pierre Vinken, 61 years old, will join the board
## as a nonexecutive director Nov. 29.
```

```
# substr() 取出第二个句子
substr(s, 86, 153)
```

```
## Mr. Vinken is chairman
## of Elsevier N.V., the Dutch publishing group.
```

```
# 直接将分句标注结果传入 String 对象取值
s[a1]
```

```
## [1] "Pierre Vinken, 61 years old, will join the
## board\nas a nonexecutive director Nov. 29."
## [2] "Mr. Vinken is chairman\nof Elsevier N.V.,
## the Dutch publishing group."
```

另一种呈现断句结果的方式，是将 probs 参数设为 TRUE，如此会显示成句可能性的概率值于 features 字段中。

```
# 加注成句的可能性
annotate(s, Maxent_Sent_Token_Annotator(probs = TRUE))
```

```
##  id type     start end features
##   1 sentence     1  84 prob=0.9998
##   2 sentence    86 153 prob=0.9969
```

断词语法如前所述，非常类似分句，唯一不同的是 annotate() 函数中参数 a 须设定为前面分句后的结果 a1。也就是说，分词须接续分句的结果继续往下做。

```
# 定义断字标注器
word_token_annotator <- Maxent_Word_Token_Annotator()
# 传入语句断字，注意须接续前面断句结果 a1 往下做
(a2 <- annotate(s = s, f = word_token_annotator, a = a1))
```

```
##  id type     start end features
##   1 sentence     1  84 constituents=<<integer,18>>
##   2 sentence    86 153 constituents=<<integer,13>>
##   3 word         1   6
##   4 word         8  13
##   5 word        14  14
##   6 word        16  17
##   7 word        19  23
##   8 word        25  27
##   9 word        28  28
##  10 word        30  33
```

```
## 11 word     35  38
## 12 word     40  42
## 13 word     44  48
## 14 word     50  51
## 15 word     53  53
## 16 word     55  66
## 17 word     68  75
## 18 word     77  80
## 19 word     82  83
## 20 word     84  84
## 21 word     86  88
## 22 word     90  95
## 23 word     97  98
## 24 word    100 107
## 25 word    109 110
## 26 word    112 119
## 27 word    121 124
## 28 word    125 125
## 29 word    127 129
## 30 word    131 135
## 31 word    137 146
## 32 word    148 152
## 33 word    153 153
```

```
# 断词结果
tail(s[a2])
```

```
## [1] ","          "the"        "Dutch"      "publishing"
## [5] "group"      "."
```

如果没给参数 a 则会报错，信息显示没有断句结果无法进行断词，建议读者可以自行尝试。

```
# a2 <- annotate(s=s, f=word_token_annotator)
# Error in f(s, a) : no sentence token annotations found,
# an annotation object to start with must be given
```

断句和断词也可以一次同时做：

```
# 断句做完接续做断词批注
a <- annotate(s, list(sent_token_annotator,
word_token_annotator))
```

```
# 结果同分段做一样
head(a)
```

```
## id type      start end features
##  1 sentence      1  84 constituents=<<integer,18>>
##  2 sentence     86 153 constituents=<<integer,13>>
##  3 word          1   6
##  4 word          8  13
##  5 word         14  14
##  6 word         16  17
```

下一个任务词性标记逻辑上也是须先完成断句及断词，再用 annotate() 函数接续分词的结果进行词性标注。读者可发现输出结果表的 feature 字段，新增了各个字词的词性标记，例如 POS=NNP，而各词性标签的意义请参考下面链接：http://dpdearing.com/posts/2011/12/opennlp-part-of-speech-pos-tags-penn-english-treebank/。

```
# 定义词性标注器
pos_tag_annotator <- Maxent_POS_Tag_Annotator()
# 传入语句标记词性，注意须接续前面断字结果 a2 往下做
(a3 <- annotate(s, pos_tag_annotator, a2))
```

```
## id type      start end features
##  1 sentence      1  84 constituents=<<integer,18>>
##  2 sentence     86 153 constituents=<<integer,13>>
##  3 word          1   6 POS=NNP
##  4 word          8  13 POS=NNP
##  5 word         14  14 POS=,
##  6 word         16  17 POS=CD
##  7 word         19  23 POS=NNS
##  8 word         25  27 POS=JJ
##  9 word         28  28 POS=,
## 10 word         30  33 POS=MD
## 11 word         35  38 POS=VB
## 12 word         40  42 POS=DT
## 13 word         44  48 POS=NN
## 14 word         50  51 POS=IN
## 15 word         53  53 POS=DT
## 16 word         55  66 POS=JJ
## 17 word         68  75 POS=NN
## 18 word         77  80 POS=NNP
## 19 word         82  83 POS=CD
```

```
## 20 word        84  84 POS=.
## 21 word        86  88 POS=NNP
## 22 word        90  95 POS=NNP
## 23 word        97  98 POS=VBZ
## 24 word       100 107 POS=NN
## 25 word       109 110 POS=IN
## 26 word       112 119 POS=NNP
## 27 word       121 124 POS=NNP
## 28 word       125 125 POS=,
## 29 word       127 129 POS=DT
## 30 word       131 135 POS=JJ
## 31 word       137 146 POS=NN
## 32 word       148 152 POS=NN
## 33 word       153 153 POS=.
```

```
# id = 1 & 2 被移掉了！因为 type 设定为"word"
(head(a3w <- subset(a3, type == "word")))
```

```
##  id type start end features
##   3 word     1   6 POS=NNP
##   4 word     8  13 POS=NNP
##   5 word    14  14 POS=,
##   6 word    16  17 POS=CD
##   7 word    19  23 POS=NNS
##   8 word    25  27 POS=JJ
```

专有名词辨识须先完成分词后，再以定义的 NER 标注器 `entity_annotator` 进行专有名词提取，不过须先下载与安装 openNLPmodels.en_1.5-1.tar.gz[1]。从完成的结果表中可以发现 `type` 字段多了一个值为 `entity` 的记录，显示 1~13 的字符是专有名词，而 `features` 域值 `kind=person` 表示是人名的专有名词。

```
# 定义专有名词标注器
entity_annotator <- Maxent_Entity_Annotator()
# 辨识出人名专有名词 (features: kind=person)
tail(annotate(s, entity_annotator, a2))
```

```
##  id type   start end features
##  29 word     127 129
##  30 word     131 135
##  31 word     137 146
```

[1]http://datacube.wu.ac.at/src/contrib/

```
## 32 word      148 152
## 33 word      153 153
## 34 entity      1  13 kind=person
```

```
# 仅返回专有名词辨识结果
entity_annotator(s, a2)
```

```
## id type    start end features
## 34 entity      1  13 kind=person
```

最后是词组提取，它需要先完成词性标注后，再使用定义的词组提取器 `chunk_annotator` 进行词组的提取，`features` 字段的 `chunk_tag` 结合了 IBO 标签与词组标签。前者的 I 表示词组内的字词 (In chunk)、B 是词组的开头字词 (Beginning of the chunk)、O 则是词组外的字词 (Outside of the chunk)；后者的 NP 是名词组、VP 是动词词组，ADJP 是形容词词组，抓取语句中的各类词组。例如，`"Pierre"` 与`"Vinken"` 的标签分别是 `B-NP` 与 `I-NP`，而其下一个字符`","` 为 `O`，所以`"Pierre Vinken"` 即构成一个名词词组。

```
# 定义词组标注器
chunk_annotator <- Maxent_Chunk_Annotator()
# 词组辨识结果
head(chunk_annotator(s, a3))
```

```
## id type start end features
##  3 word      1   6 chunk_tag=B-NP
##  4 word      8  13 chunk_tag=I-NP
##  5 word     14  14 chunk_tag=O
##  6 word     16  17 chunk_tag=B-NP
##  7 word     19  23 chunk_tag=I-NP
##  8 word     25  27 chunk_tag=B-ADJP
```

```
# 取出第一组 B-NP 与 I-NP 标签的内容
s[chunk_annotator(s, a3)][1:2]
```

```
## [1] "Pierre" "Vinken"
```

```
# 确认下一个标签 O 的内容是无关的
s[chunk_annotator(s, a3)][3]
```

```
## [1] ","
```

更详细的结果可以通过下面的代码获得：

```
# 分句、分词、词性标记与词组提取的完整结果
chunk_annotator <- annotate(s = s, f =
Maxent_Chunk_Annotator(), a = a3)
head(chunk_annotator, 11)
```

```
##  id type     start end features
##   1 sentence     1  84 constituents=<<integer,18>>
##   2 sentence    86 153 constituents=<<integer,13>>
##   3 word         1   6 POS=NNP, chunk_tag=B-NP
##   4 word         8  13 POS=NNP, chunk_tag=I-NP
##   5 word        14  14 POS=,, chunk_tag=O
##   6 word        16  17 POS=CD, chunk_tag=B-NP
##   7 word        19  23 POS=NNS, chunk_tag=I-NP
##   8 word        25  27 POS=JJ, chunk_tag=B-ADJP
##   9 word        28  28 POS=,, chunk_tag=O
##  10 word        30  33 POS=MD, chunk_tag=B-VP
##  11 word        35  38 POS=VB, chunk_tag=I-VP
```

最后，根据上述的演练，自然语言处理的流程是 sent_token 分句、word_token 分词、post_tag 词性标注、NER 专有名词提取、chunking 词组标记等，再根据自然语言处理的结果，进行清理与建模等操作流程，请参考 5.2.1.1 节的手机短信过滤案例。

另外，文本数据处理时经常需要使用计算机科学中的**正则表达式 (Regular Expression, RE)**，RE 运用规则来描述符合某些条件的字符，例如所有标点符号形成一种字符类别，因此 RE 常被称为字符串模式 (pattern)。在很多文本编辑器中，正则表达式经常被用来检索或替换符合某个模式的文字。中括号 [ ] 是 RE 重要的语法符号，可以定义正则表达式的字符类别，下面是常用的 RE 字符类别，其阶层关系如图 2.21所示。

- 阿拉伯数字 [:digit:]：任何一个阿拉伯数字 0123456789，其实就是 [0-9]，或者简记为\d。
- 小写英文字母 [:lower:]：任何一个小写英文字母 a-z。
- 大写英文字母 [:upper:]：任何一个大写英文字母 A-Z。
- 英文字母 [:alpha:]：任何一个大小写英文字母 a-z 及 A-Z。
- 数字与字母 [:alnum:]：任何一个数字与英文字母，其实就是 [a-zA-Z0-9]，或者简记为\w。
- 标点符号 [:punct:]：任何一个标点符号。
- 图形字符 [:graph:]：任何一个图形字符，包括 [:alnum:] 与 [:punct:] 等数字与标点符号。
- 空白符 [:blank:]：任何一个空白与定位符。

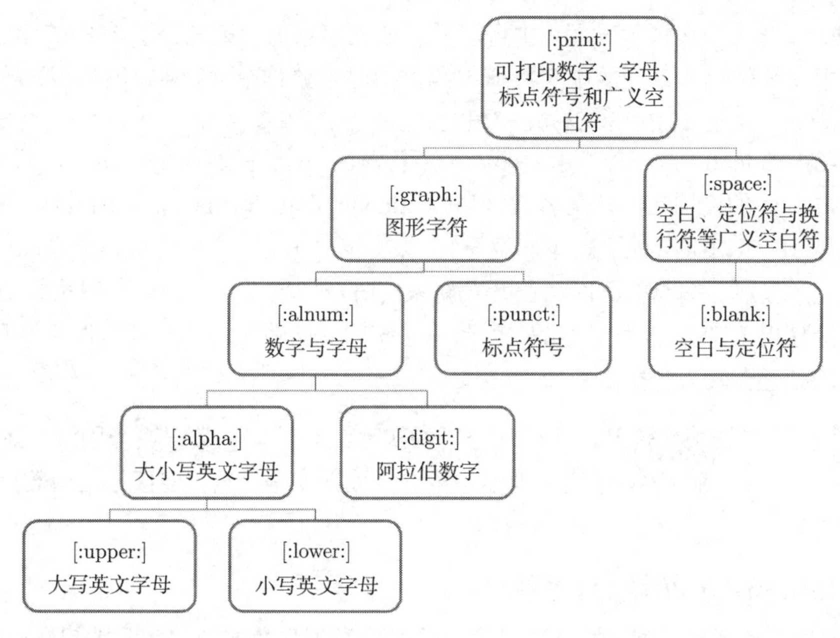

图 2.21　正则表达式常用字符类别阶层图

- 广义空白符 [:space:]：任何一个空白、定位符与换行符等广义空白符，其实就是 [\t\n]，或者简记为\s。
- 可打印字符 [:print:]：任何一个可打印字符，含 [:alnum:]、[:punct:] 与 [:space:] 等数字、标点符号与广义空白符。

除了字符类别外，RE 语法还有下面的重点。[···] 是比对字符串是否有 ··· 当中的任何一个字符，[^···] 是比对除了 ··· 之外的任何一个字符，英文句点. 表示任何一个字符，以上均是比对一个字符的字符串模式符；^··· 是以 ··· 开头的字符串，···$ 是以 ··· 结尾的字符串，\b(或 < 与 >) 表示这数字/非文数字的边界 (也就是空白或其他定位、换行符号)，以上是定位 (anchor) 的字符串模式符；接着是表示接在前面的字符串模式出现次数的量词 (quantifier)，{3} 表示重复 3 次，{2,5} 表示重复 2~5 次，? 表示可有可无 (即 1 次或 0 次)，* 表示重复出现任意次 (包含 0 次)，+ 也表示重复出现任意次，但至少要出现 1 次。

最后，在处理文本数据时，经常碰到编码冲突问题，尤其是中文文本数据，以下介绍几种常见的编码系统。

- ASCII：全名为 American Standard Code for Information Interchange (美国信息交换标准代码)，是基于拉丁字母的一套字符编码系统，由于只用一个字节来显示字符，所以能显示的字符极为有限，较适用于英文的环境中，不适合多字节的语言系统，故逐渐被 Unicode 所取代。

- BIG5：又称大五码或五大码，由台湾财团法人信息工业策进会于 1983 年提出，BIG5 五大中文软件包所设计的中文共通内码，当时是繁体中文社群 (港澳台) 最常见的编码 (https://zh.wikipedia.org/wiki/)。
- UTF-8：Unicode 是一种概念，即一个字符对应一个数字 (code point)，而 UTF-8 即为 Unicode 的应用之一，全名为 8-bit Unicode Transformation Format。由于其兼容于 ASCII，广度够 (能支持不同语系)，深度也够 (几乎能呈现每一语系的所有字符)，故现已逐渐成为编码的标准。在开发新系统时，如果没有必须兼容旧系统的要求，建议直接使用 UTF-8 为默认编码，如此在系统间或同系统内的不同组件交换数据时，编码上的处理会较为轻松。

文本数据因其结构性较差，处理与分析的实践时较结构化数据更为困难。本书限于篇幅，仅说明基本的处理内容，建议读者多积累这方面的实战经验，迎接低结构数据处理与分析工作的挑战。

2.4.2 Hadoop 分布式文件系统

当数据集成长到超过单一实体机器的负荷时，必须将数据切割并分散到多台机器存储。相对于本机端的文件系统而言，分布式文件系统 (Distributed File System, DFS) 是一种允许文件通过网络在多台主机上分享的文件系统，DFS 可让多台机器上的多位使用者分享文件和存储空间。因为是以网络为基础，所以会面临许多挑战，例如其中一台机器出现故障时，必须保证数据不会遗失。**Hadoop 分布式文件系统 (Hadoop Distributed File System, HDFS)** 是用来存储大数据的系统，设计理念之一就是让它能运行在普通的硬件之上，即使硬件出现故障，也可以通过容错 (fault tolerant) 策略来保证数据的高可用性 (high availability)(White, 2015)。

一般来说，HDFS 的特性如下：

- 善于存储特别海量的数据：这里的海量是指每个文件都大于 128MB(Megabytes)，甚至到 TB(Terabytes)，存储巨大的单一文件是 HDFS 的优势。以 2018 年台湾的电信业来说，每天 10TB 以上的数据量已是必须克服的难题，且存储空间已经是 PB(Petabytes) 量级的了。
- 不依赖高效能且昂贵的机器：Hadoop 的设计概念是可用一般机器去架设集群计算机，不需要依赖高性能且昂贵的机器来运作。利用大量的普通机器担任数据节点，即使发生错误，使用者也不会感受到有明显的中断状况。
- 不适合低等待时间的数据进出：Hadoop 的目标是克服大且多的数据进出，一次写入、多次读取是其适用的使用情形，因此不宜以一般关系数据库的读写思维来比较，例如 MariaDB 数据库。想象一下，同时有 100 个使用者都要取得一张 10GB 的表格，此时 15~30s 的等待时间应该是可以接受的。

- 不适合大量的小文件：因为每个文件的元数据 (metadata)，例如，被切割成几份、分别存储在哪几台机器等诠释说明信息，都是存放在集群管理机器的内存中，所以能存放的文件数量也取决于 NameNode 的内存大小。许多使用者因不了解这点而存放许多小文件于 HDFS 中，导致 NameNode 内存空间的浪费。以每个文件 1KB 来算，100 万个文件实际只用 1GB 的硬盘空间，但是很可能受限于元数据占用的内存空间。再者，大数据经过适当的压缩可以节省存储空间，Hadoop 支持的压缩格式有 gzip、bzip2、snappy 与 LZO 等。压缩过的文本数据在分析时 Hadoop 会自动处理解压缩的过程。

另外，HDFS 常用的名词有：

- Blocks：每个 Block 是 128MB，例如 1GB 的数据就会切割成 8 个文件区块，不过实际使用的硬盘空间还是以文件实际的大小为主。
- NameNode 与 DataNode：HDFS 的集群有两个类型的节点，其中一个称为 NameNode，也就是指挥者，另一个称为 DataNode，也就是工作者，指挥者只会有一个，为了避免 NameNode 故障，一般会准备另一个 NameNode 随时待命，也就是 Secondary NameNode。NameNode 会管理整个 HDFS 的名称空间 (namespace) 及元数据，并且控制文件的任何读写动作，同时 NameNode 会将要处理的数据切割成一个个 Block。
- Replication：一般来说，一个文件区块总共会复制成 3 份，并且会分散存储到 3 个不同 Worker 服务器的 DataNode 程序中管理，只要其中任何一份文件区块遗失或损坏，NameNode 会自动寻找位于其他 DataNode 上的副本来恢复，维持 3 份的副本策略。

Apache Hadoop 生态体系相当庞大，且不断地与时俱进、推陈出新，大数据分析师应掌握这方面的趋势，并与负责的大数据工程师 (Big Data Engineer) 保持良好的沟通，促进双方工作的进行。

2.4.3 Spark 集群计算框架

Apache Spark 简称为 Spark，是一个高速且通用的开源集群运算框架，或称平台。除了有丰富的内部函数库外，还能搭配高阶程序语言快速编写集群运算程序，例如 Java、Scala、Python 和 R 语言等都有**应用程序编程接口 (Applications Programming Interfaces, API)** 可以开发 Spark 程序。

图 2.22是 Spark 的三层式系统架构，项目由多个部分整合而成，中层核心负责跨集群运算任务的排程、分散存储安排、内存管理、容错复原与监控等功能。下层显示 Spark 支持独立集群模式 (standalone)，也就是在本机端做运算；如果使用集群运算，可以搭配 Hadoop YARN 或 Apache Mesos 集群管理，接受 HDFS、Cassandra、HBase、Hive、Tachyon(开源分布式容错的内存文件系统) 和任何 Hadoop 数据源的数据。上层则是中层核心框架的

延伸功能，包括结构化数据查询与处理的 Spark SQL、机器学习建模的 MLlib、图形数据处理与建模的 GraphX，以及串流数据处理的 Spark Streaming。

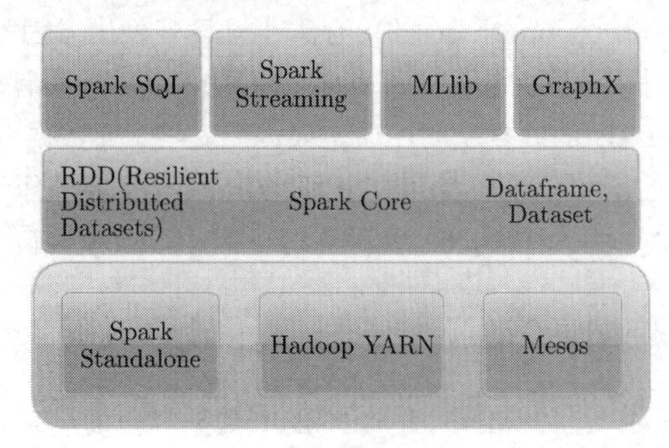

图 2.22 Apache Spark 系统架构图 (图片来源：https://jaceklaskowski.gitbooks.io/mastering- apache-spark/spark-overview.html)

2.4.2 节 Hadoop 的 MapReduce 在执行运算时，需要将中间产生的数据结果存储在硬盘中，使得磁盘 I/O 成为可能的性能瓶颈。Spark 采用内存内运算 (in-memory analytics) 技术，计算或处理时将数据或中间结果暂存在内存中，因此可以加快执行速度。尤其当需要的反复操作次数越多，所需读取的数据量越大时，就越能看出 Spark 的性能。Spark 在内存内执行程序的速度，可能比 Hadoop MapReduce 磁盘 I/O 结合内存的指令周期快很多。即便在硬盘执行程序，Spark 的速度也可能快上好几倍。

图 2.22 中间的 Spark 核心部分包括数据结构，左边的**弹性分布式数据集 (Resilient Distributed Datasets, RDD)** 是 Spark 的基本数据结构，RDD 是不可更改的 (immutable) 分布式数据对象集合，集合中的每个数据对象都细分为不同的逻辑分区 (logical partitions)，各分区分散在集群环境中不同的节点，RDD 能通过平行且容错的方式进行各式转换与操作。

RDD 是 Spark 编程主要的对象，RDD 的集合中也可以包含 Python、Java 或 Scala 等对象，甚至是用户定义的类别[1]。RDD 对象中的数据分割大小可自由设置，亦即可以调整颗粒度，对象也包含了处理数据的方法。Resilient 弹性的意思是数据可完全存放在内存中或完全存放在硬盘中；也可部分存放在内存中，部分存放在硬盘中。容错部分的功能可以设置检查点 (checkpoint)，出错后从检查点重新计算。RDD 可以持久化存储 (persist) 或缓存 (cache) 一个数据对象集合到内存中，每一个节点上参与计算的所有分区数据都会存储到内存中。这样的内存内运算的设计，让运算和处理速度加快，但是内存也就成为非常关键的资源了。

另一个核心数据结构是右边的 Spark 数据集 (DataFrame)，它与 RDD 一样，是不可

[1] https://www.tutorialspoint.com/apache_spark/apache_spark_rdd.htm

更改且分布式的数据对象集合。DataFrame 的设计想法来自于 R 语言及 Python 语言的 pandas 套件，DataFrame 在 RDD 的基础上加了纲要 (schema)，纲要是描述数据的信息，也可称为元数据 (metadata)，因此 DataFrame 过去曾被称为 SchemaRDD。与 RDD 不同的是数据组织为具名的列，类似关系数据库中的数据表，这是为了让大型数据集更容易被处理。此外，Spark 数据集允许开发者在分布式的数据集合上，搭建层次更高的抽象概念。再者，Spark 数据集的 API 亲和性较佳，让非专业的数据工程师也能处理分布式数据。

RDD 和 DataFrame 两个概念出现的比较早，Dataset 相对较晚，它在 Spark 1.6 版本才被提出。Dataset 具有 RDD 强类型 (strongly typed) 的优点，也可以使用 Spark SQL 的优化执行引擎。强弱类型指的是程序语言对于混入不同数据类型的值进行运算时的处理方式，强类型的语言遇到函数参数类型和实际调用类型不符合的情况时，经常会直接出错或者编译失败；而弱类型的语言通常进行隐式转换，也就是尝试将类型转为一致，导致可能产生难以意料的结果[1]。Scala 和 Java 中有 Dataset 的 API，但 Python 与 R 并不支持此 API，因为两者动态程序语言的特性，已经具备 Dataset 的功能了，例如，在 Python 中可以通过对象属性方便地取得域名。

Spark SQL 是 Spark 用来处理结构化数据的模块，如同 Hive 查询语言 (Hive Query Language, HQL) 一样运用 SQL 语句来查询数据，Spark SQL 支持多种数据源，包括 Hive 表、Parquet 和 JSON。Spark SQL 允许开发人员通过 Python、Java 和 Scala 的编程语法，混合 SQL 查询和 RDD 处理于同一个应用或分析程序中。

Spark Streaming 串流数据应用情形包括各种网络服务器的日志文件 (logfiles)、通告使用者的网页服务服务器的状态更新消息队列等。Spark Streaming 对于实时数据串流处理一样有可扩充性与可容错性等特点。图 2.23显示系统可以从 Kafka、Flume、Twitter、Kinesis 等来源取得数据，然后可以通过 Map、Reduce、Join、Window 等高阶函数组成的复杂算法处理与运算数据。最后可将处理后的数据推送到 HDFS 分布式文件系统、数据库与实时仪表板中。图 2.24说明 Spark Streaming 的内部处理流程，接收实时的数据串流后，将其划分为批次数据后再输入 Spark 引擎处理，Spark 引擎运算后输出一批批的结果串流。

图 2.23　Apache Spark Streaming 系统 (图片来源：https://hortonworks.com/tutorial/introduction-to-spark-streaming/)

[1] https://en.wikipedia.org/wiki/Strong_and_weak_typing

Spark 还包含一个叫作 MLlib 的机器学习函数库，它提供多种类型的机器学习算法，包括分类、回归、集群和协同过滤等，并有模型评估和数据导入的功能。MLlib 机器学习函数库的特色是包括知名的推荐系统算法——交替最小二乘法 (Alternating Least Squares, ALS)，此算法考虑推荐数据的稀疏性，运用简单且优化的线性代数平行运算，快速处理大规模的推荐问题。

图 2.24　Apache Spark Streaming 内部处理流程 (图片来源：`https://hortonworks.com/tutorial/introduction-to-spark-streaming/`)

最后，GraphX 是 Spark 中用于图形数据 (graph data) 计算的 API，常见的图形数据有图 2.25的网页关系图和社群网络图。GraphX 延伸了 Spark 的 RDD，基于它来建立顶点 (vertex，或称 node) 和边 (edge，或称 arc) 都具有属性的有向图。GraphX 可对图形数据进行图并行计算，例如，网页排名 (PageRank) 算法，图 2.25中各节点的大小与节点中的排名值成正比，算法的目标是根据网页间的链结 (link) 结构 (连进 backlinks 与连出 inlinks 次数)，给定各网页的排名值。运算时平行更新网络图各节点的排名，多次迭代直到解答收敛。GraphX 还支持许多图形运算，例如，subGraph、joinVertices、aggregateMessages 等基本的图形运算符操作，更重要的是 GraphX 也持续增加图形算法及简化图形分析的工具。

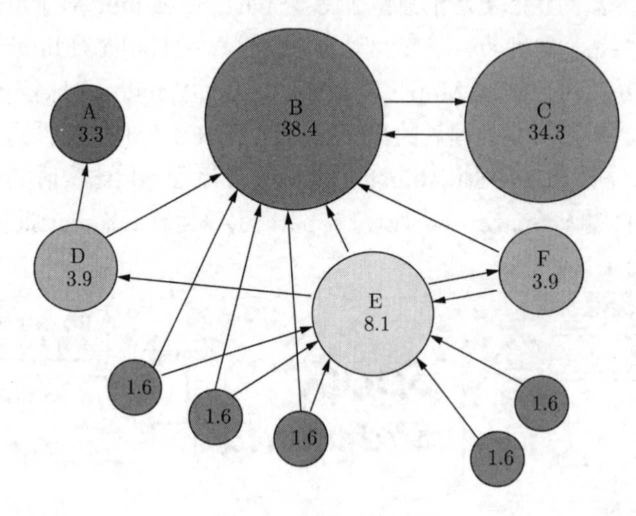

图 2.25　网页关系图

第 3 章

统计机器学习基础

大数据分析常听到的相关名词除了统计学外，还有数据挖掘与机器学习，再加上物联网 (Internet of Things, IoTs) 风行，许多专家提到未来会朝向人工智能 (Artificial Intelligence, AI) 时代迈进，这些名词到底有什么异同呢？本质上它们都与数据分析相关，只是各自的侧重有所区别。作为应用数学的一个领域，统计学是最基础且重要的。它是收集、整理、分析与解释数据及信息的学科，用以回答问题或产生结论。尽管大数据时代下各种数据充斥，数据科学家仍然经常因为建模上的原因，例如特征的信息力、参数估计能力或者结果的可解释性等，使用部分而非全部的数据进行分析。很多人会有一个观念，认为统计学就是一些不切实际的检定，在当今低结构化数据充斥的预测建模中派不上用场。这样的想法不完全正确，最近兴起的数据挖掘与机器学习领域，仍然沿袭了基本的统计分析概念，误差建模、随机化、协变、相关与独立等，再结合进阶抽样与仿真 (simulation)，来获取模型更好的性能表现。国内外数据挖掘或机器学习的学者专家们，都非常精于概率与统计等基本知识，推荐系统、统计自然语言处理、支持向量机、深度学习等背后都与统计学密切相关，许多重要方法的提出者也都来自数学/统计界，况且低结构化数据还是需要转为结构化数据方能进行各种运算，因此，结构化数据理解、处理与计算仍然是最重要的基础。归根结底来说，统计学将林林总总的数据，结合概率论 (probability) 与优化 (optimization) 技术，建构成量化模型 (mathematical models)，因此有人说“统计量化了万事万物”(Statistics quantifies everthing)，大数据时代下它仍然是基础且必备的武器之一。

20 世纪 80 年代信息化风潮崛起，企业资源规划 (Enterprise Resource Planning, ERP)、

顾客关系管理 (Customer Relation Management, CRM)、供应链管理 (Supply Chain Management, SCM) 等企业 e 化系统大行其道，各类组织纷纷架设关系数据库，专家们鼓励企业从结构化的数据库中进行知识发现 (Knowledge Discovery in Database, KDD)，因而数据挖掘开始在大专院校的课程中出现，其主要的目的就是寻找与解释数据中先前未知但有趣的形态，所以数据挖掘是在大量数据中探索形态 (Data mining explores patterns)。

人工智能与大数据时代的来临，许多人推崇机器学习，因为它着眼于可产生准确预测的务实模型，所以机器学习实际进行预测 (Machine learning predicts with practical models)。机器学习所用的手法如归纳 (induction) 法、概率模型与贝叶斯方法 (Bayesian approach) 等非常类似统计学，但它更关注于实际问题的解决，例如，大量数据能否运算？预测是否能更准确？而不像统计学比较强调推理与解释。人工智能不仅仅通过归纳与学习，让机器具备人的感知能力 (例如，计算机视觉、语音识别、自动问答等)，更希望系统能自我推理、顺应环境的变化，以及规划未来的行动能力，因此我们可以说人工智能能理解与行动 (Artificial intelligence behaves and reasons like human beings)。

无论如何，**大数据分析**与**程序设计**两者应该是未来智能化时代的重要方向。从名词层出不穷的角度来看，现代人活得的确比较辛苦，因为很多新名词不断扑面而来，但是读者绝对可以期待这些技术能让我们的世界越来越美好。本书的副标题名为“统计机器学习之数据驱动程序设计”，目的在于结合统计学与机器学习，使它们成为大数据分析的理论与实战。一般说来，机器学习能使计算机实际识别不同形态且能自我学习，统计学从理论的精确性角度探讨建模过程的诸多优点或缺失。两者的结合使它们成为分析许多领域中多元数据的强大技术，包括图像识别、语音识别、自然语言处理、制造系统控制，以及物理、化学、生物、医药、天文学、气象与材料等领域大数据工作的重要支撑。国外著名大学，如加州大学伯克利分校、卡内基梅隆大学、英国伦敦皇家学院、澳大利亚国立大学等，均已实现这一跨领域的大数据分析名词 ——统计机器学习。

3.1 随机误差模型

许多领域中建立反应变量 (response variable) y 与多个预测变量 (predictor variables) $x_1, x_2, \cdots, x_m$ 之间的模型，或称关系 $y = f(x_1, x_2, \cdots, x_m)$ 是一项基本的任务，其中 y 是系统中我们感兴趣的事实性质，可惜它通常无法直接决定，或是要付出较高的代价方能得知，然而 $x_1, x_2, \cdots, x_m$ 的数据却是唾手可得的。因此，我们搜集了能表示问题空间的 n 组样本 y_i 与 x_{ij}，其中 $i = 1, 2, \cdots, n$ 与 $j = 1, 2, \cdots, m$(可记为反应变量向量 $\boldsymbol{y}_{n\times 1}$ 或 $\boldsymbol{y}$，及预测变量矩阵 $\boldsymbol{X}_{n\times m}$ 或 $\boldsymbol{X}$)，尝试建构 y 与 x_j 的关系。反应变量 y 又可称为输出 (output) 变量、因 (dependent) 变量、结果 (outcome) 变量或目标 (target) 变量；而预测变量 $x_1, x_2, \cdots, x_m$ 又称为投入 (inputs) 变量、独立或自 (independent) 变量、解释 (explanatory) 变量、特征

或属性 (features or attributes)，某些特定领域亦称为协变量 (covariates)。

模型 $y = f(x_1, x_2, \cdots, x_m)$ 帮助我们运用 x_j 来预测 y，一般而言，模型分成下面几种层级，分级的关键取决于我们对两者关系的了解程度 (Varmuza and Filzmoser, 2009)。

- 理想状况下的模型：这些模型是基本的科学定律，它们大多是简单的数学方程式，其中所有的参数都是已知的。举例来说，一个自由落体从一定的高度 h 触地的时间为 y，则 y 是重力加速度常数 g 与高度 h 的函数 $(2h/g)^{0.5}$，这个模型适用的前提是忽略空气阻力；牛顿第二运动定律也是理想状况下的模型：$\boldsymbol{F} = m \cdot \boldsymbol{a}$，$\boldsymbol{F}$ 是净外力，是所有施加于实体上的力的向量和，m 是质量，$\boldsymbol{a}$ 是加速度。
- 非理想状况下的模型：前述关系在理想的环境下是精确的 (exact)，然而现实生活中的环境并非理想，因而许多关系不那么精确，这时 y 与 $x_j, j = 1, 2, \cdots, m$ 之间可表达成如下的随机误差 (random error) 模型，或称概率 (probabilistic) 模型：

$$y = f(x_1, x_2, \cdots, x_m) + \epsilon \tag{3.1}$$

其中 ϵ 是随机误差，所以 y 也是随机变量 (random variable)。通常假设随机误差 ϵ 的期望值为 0，方差为 σ^2，因此下面的式子是成立的：

$$E(y \mid x_1, x_2, \cdots, x_m) = f(x_1, x_2, \cdots, x_m) \tag{3.2}$$

其中 $E(\cdot)$ 是期望值函数。也就是说，虽非理想状况，但是 y 的条件期望值与预测变量 $x_1, x_2, \cdots, x_m$ 之间的精确函数形式是成立的。

- 参数未知的模型：前述理想状况下 $y = f(x_1, x_2, \cdots, x_m)$，或非理想状况下 $E(y \mid x_1, x_2, \cdots, x_m) = f(x_1, x_2, \cdots, x_m)$ 的关系可能已知，但是式中的参数未知。举例来说，应用亮度测定物质浓度的 Bouguer–Lambert–Beer's 定律也是理想状况下的物理原则，它指出吸光物质的浓度 c 可由下式来决定：

$$c = \frac{A}{a \cdot l} \tag{3.3}$$

其中 l 是光源到物质的距离，a 为吸收系数 (absorption coefficient)，A 为吸亮度 (absorbance)。A 的定义为 $\log(I_0/I)$，I_0 为入射光强度，I 为光通过物质样本后的强度。I_0、I 及 l 等测量容易，但吸收系数 a 通常是未知的，实践时是用一组已知浓度的标准溶液 (c 已知，I_0、I 与 l 可测量)，应用多变量校验过程 (multivariate calibration procedure) 的回归方法，获得红外线或近红外线光谱中不同波长下吸收系数 a 的值，解决参数未知的问题。

- 关系不确定的模式：更多实战问题中 $x_1, x_2, \cdots, x_m$ 与 y 之间不存在理论关系式，这时只能假设两者存在某种关系。例如，化合物的熔点或毒性与其结构衍生出的变量有关，这些衍生变量通常称为分子描述子 (molecular descriptors)。研究化合物结构与性质间的量化关系 (Quantitative Structure-Property Relationships, QSPR)，或结构与活性关系 (Quantitative Structure-Activity Relationships, QSAR) 时，也需要前述的多变量校准回归过程，但这时两者的关系形式 $f(\cdot)$ 可能是我们预先假设的 (实行有母数统计方法)；或是不限制函数 $f(\cdot)$ 的形式，而用机器学习算法总结 y 与 $x_1, x_2, \cdots, x_m$ 的关系。无论如何，其目的是从搜集的数据中，建立适合的函数形式，来进行估计或预测应用等任务，因此也经常称为预测建模 (predictive modeling)。对于这种纯粹由实证数据推导出来的模型，不仅无理论支持，而且我们事先不知道哪些变量有用，所以分析建模时通常涉及众多变量。因此，如何锁定关键变量进行建模，且模型完成后未来应用的预测性能如何估计，都是预测建模的重要工作 (参见 3.3 节模型选择与评定)。最后，所获得的模型与参数可用来预测无法直接测量的重要性质，并有助于了解 $x_1, x_2, \cdots, x_m$ 与 y 的关系，达成由数据构建随机误差模型的目的。

总结来说，统计机器学习是重要的大数据分析技术，它从所搜集的数据中建构出 (building) 或估计出 (estimate)、学习出 (learning)、拟合出 (fitting)(此后交替使用这些近义词) 预测变量 $x_j, j = 1, 2, \cdots, m$ 与反应变量 y 之间的非精确 (non-exact) 函数关系 $E(y \mid x_1, x_2, \cdots, x_m) = f(x_1, x_2, \cdots, x_m)$，进而自动化某些任务，或者对未知样本进行预测。

以下以 2.1.5 节的水质样本 `algae` 为例，说明如何拟合出上述非精确的函数关系 $E(y \mid x_1, x_2, \cdots, x_{11}) = f(x_1, x_2, \cdots, x_{11})$，其中反应变量 y 为第一种有害藻类的浓度 `a1`，考虑的预测变量有因子与化合物成分 `season`、`size`、`speed`、`mxPH`、`mnO2`、`Cl`、`NO3`、`NH4`、`oPO4`、`PO4` 与 `Chla` 等 11 个变量。首先将样本分割为拟合模型的训练集与评估模型性能的测试集，模型估计最简单的方式是用训练样本估计模型后，再用未参与训练的测试样本评估模型的表现，避免球员兼裁判的情况发生 (参见图 3.1的保留法)。

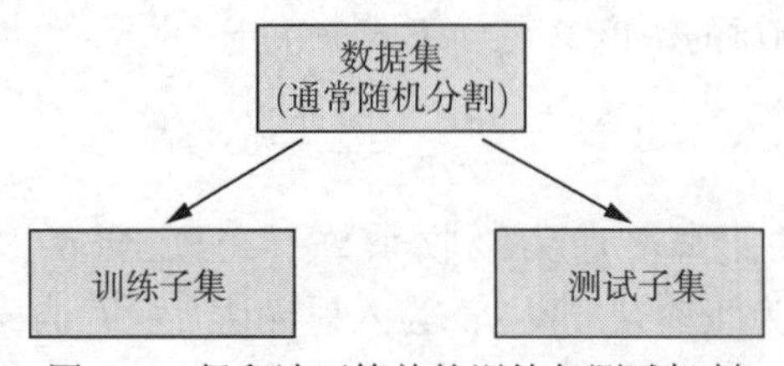

图 3.1　保留法下简单的训练与测试机制

```
library(DMwR)
data(algae)
# 移除遗缺程度严重的样本
algae <- algae[-manyNAs(algae), ]
# 用近邻的加权平均数插补缺失值
```

```
cleanAlgae <- knnImputation(algae, k = 10)
# 确认数据表中已无缺失值
sum(is.na(cleanAlgae))
```

```
## [1] 0
```

```
# 设定随机数种子，使得结果可重复性
set.seed(1234)
# 随机保留 50 个样本稍后进行模型测试
idx <- sample(nrow(cleanAlgae), 50)
# 分割出训练与测试样本
train <- cleanAlgae[-idx, 1:12]
test <- cleanAlgae[idx, 1:12]
# 用 148 个训练样本估计函数关系
a1Lm <- lm(a1 ~ ., data = train)
# 拟合完成后运用模型 a1Lm 估计训练样本的 a1 有害藻类浓度
trainPred <- predict(a1Lm, train[-12])
# 模型 a1Lm 摘要报表
summary(a1Lm)
```

```
##
## Call:
## lm(formula = a1 ~ ., data = train)
##
## Residuals:
##    Min     1Q Median     3Q    Max
## -28.20 -10.76  -1.50   8.69  43.71
##
## Coefficients:
##               Estimate Std. Error t value Pr(>|t|)
## (Intercept)   63.69946   28.14955    2.26   0.0253 *
## seasonspring   2.50500    4.60794    0.54   0.5876
## seasonsummer -0.95031    4.32980   -0.22   0.8266
## seasonwinter   2.90112    4.15964    0.70   0.4868
## sizemedium     0.72169    4.21218    0.17   0.8642
## sizesmall     10.07483    4.66359    2.16   0.0326 *
## speedlow      -1.21957    5.59340   -0.22   0.8277
## speedmedium   -0.27767    3.77575   -0.07   0.9415
## mxPH          -5.70964    3.12319   -1.83   0.0698 .
## mnO2           1.03015    0.81248    1.27   0.2071
```

```
## Cl          -0.04688   0.04739  -0.99  0.3244
## NO3         -2.24869   0.82583  -2.72  0.0073 **
## NH4         -0.00106   0.00177  -0.60  0.5495
## oPO4        -0.04467   0.04954  -0.90  0.3688
## PO4         -0.00868   0.04077  -0.21  0.8318
## Chla        -0.07560   0.08970  -0.84  0.4009
## ...
## Signif. codes:
## 0 '***' 0.001 '**' 0.01 '*' 0.05 '.' 0.1 ' ' 1
##
## Residual standard error: 16.8 on 132 degrees of freedom
## Multiple R-squared:  0.449,  Adjusted R-squared:  0.387
## F-statistic: 7.18 on 15 and 132 DF,  p-value: 2.51e-11
```

```
# 训练样本的模型性能指标 RMSE 值 (参见 3.2.1 节)
# 因为球员兼裁判，所以较为乐观
(trainMSE <- sqrt(mean((train$a1 - trainPred)^2)))
```

```
## [1] 15.9
```

```
# 用模型 a1Lm 估计测试样本的 a1 有害藻类浓度
testPred <- predict(a1Lm, test[-12])
# 测试样本的模型性能指标 RMSE 值
(testMSE <- sqrt(mean((test$a1 - testPred)^2)))
```

```
## [1] 24.85
```

```
summary(algae$a1)
```

```
##    Min. 1st Qu.  Median    Mean 3rd Qu.    Max.
##    0.00    1.52    6.95   17.00   24.80   89.80
```

图 3.1的保留法通常随机分割数据集为训练子集与测试子集，如果没有固定随机数种子，两数据子集的内容不尽相同，因此每次得到的评估结果也不相同 (下面测试集的 RMSE 比训练集 RMSE 还低)，这样的建模机制让人担心无法获得稳定良好的模型 $\hat{f}(x_1, x_2, \cdots, x_{11})$，3.3 节将会介绍进阶的模型建立与评定流程。

```
# 测试集的 RMSE 比训练集 RMSE 还低的结果
(trainMSE <- sqrt(mean((train$a1 - trainPred)^2)))
```

```
## [1] 16.26
```

```
testPred <- predict(a1Lm2, test[-12])
(testMSE <- sqrt(mean((test$a1 - testPred)^2)))
```

```
## [1] 19.4
```

3.1.1 统计机器学习类型

3.1 节中两种层级的统计机器学习模型建构过程，通常称为**监督式学习 (supervised learning)**(第 5 章)，因为是在学习目标 y 的明确指引下，建构出 $E(y \mid x_1, x_2, \cdots, x_m) = f(x_1, x_2, \cdots, x_m)$ 的关系。y 为数值变量时，称为监督式学习的回归 (regression) 建模；y 为类别变量时，则是监督式学习的分类 (classification) 模型。

然而因为前述的关系不确定，或是事先不知道哪些预测变量有用，我们需要对陌生的问题空间进行探索，这时学习的目标 y 不甚明确，或者暂时忽略之，仅在预测变量空间中实行聚类、关联、降维等分析与探索手法，这种学习方式称为**无监督式学习 (unsupervised learning)**(第 4 章)。

监督式学习通常需要大量有标签的 (labeled) 样本，样本标记的过程耗时且费工，如人工分类网页、语音数据誊写、肉眼分类蛋白质结构等。而无监督式学习中没有 y 值的样本称为无标签 (unlabeled) 样本，在数据自动搜集的年代其获得成本相对低廉。而**半监督式学习 (semi-supervised learning)** 融合前述的两种学习方式，交叉运用有类别标签与无类别标签的训练样本来建立预测模型，具有很高的实用价值。以分类问题为例，这种学习方式基本的想法是大量无标签训练样本的类型尽管未知，但是这些样本的信息结合小量标签样本后的有效利用，可能获得不错的结果。

一般而言，有两种类型的半监督式学习，一种是半监督式分类，它运用无标签训练样本的信息，改善标准监督式分类算法的性能。著名的迭代式**自我训练 (self-training)** 即属于这种类型，首先用标签训练样本建立分类模型，接着用模型对无标签样本进行分类预测，预测结果信心度较高的样本直接并入标签样本中加以扩展，扩展完毕后用新的标签样本训练下一迭代的新模型，再将新模型应用到剩余无标签样本，如此反复扩展标签样本与更新分类模型。直到满足收敛准则才停止迭代，输出最终模型结果。另一种是半监督式聚类，借助有标签的训练样本形成的必连 (must-link) 与必分 (cannot-link) 限制，融入聚类算法的距离或相似性计算准则 (参见 3.4 节)，形成聚类。换句话说，就是运用标签样本的信息，修正聚类算法的目标函数。

本书 6.3 节的强化学习 (reinforcement learning) 涉及序列相关的决策，这类决策的解题基本思想非常简单，将循序决策的大问题分解 (decompose) 成不同但相关的子问题，逐一解决子问题后再合并它们的解即可得出原问题的解。序列相关的决策建模符合真实情形，改进许多统计模型中观测值为独立的假设，因为这个假设并非永远成立。此外，典型的机器学习或统计模型只考虑当前状态 (current state) 下的短期最佳解，如果在时间先后彼此相关的多个步骤上运用短期解，则可能取得长期 (整体) 的次优解 (global suboptimal solutions)，因为建模时忽略了观测值间的依存关系 (dependency)。强化学习较监督式学习的问题困难，因为它不是单次 (one-shot) 的决策问题，**马尔可夫决策过程 (Markov Decision Process, MDP)** 是重要的解法之一，常用来解决国际象棋或象棋的对弈问题，以及机器人动作控制等动态问题，棋手或工作中的机器手臂须在不同时间点采取行动，以取得长期最佳解，这里动态是指环境状态会因自身或对手的行动持续改变[1]。

除了前述基本的学习类型，本书第 6 章还介绍团结力量大的集中学习与层层转换的深度学习，帮助数据科学家解决日益复杂的诸多问题。

3.1.2 过度拟合

统计机器学习的出现，开启了新的编程范式 (paradigm)。过去基于人类可读的高层次符号，表达想要解决的问题、解题逻辑与解答搜索方式的老派人工智能，称为符号式 (symbolic) 人工智能，专家系统 (expert systems) 是最典型的表示。传统符号式人工智能的编程方式，是设计师输入数据与处理规则，然后程序根据这些规则输出处理完成的数据 (参见图 3.2)，例如前述的专家系统编程。机器学习出现后，程序员可以输入数据，也就是特征矩阵 $\boldsymbol{X}_{n\times m}$，与各样本期望获得的答案，目标变量向量 $\boldsymbol{y}_{n\times 1}$，程序则是输出如何从输入数据到结果答案的函数关系或运算规则，这些关系或规则运用到新样本的预测变量上，即产生对应的问题答案案 (Chollet, 2018)。

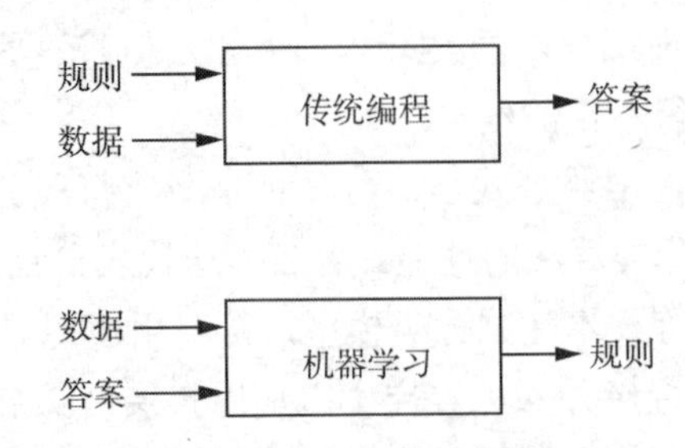

图 3.2 统计机器学习下的新编程范式 (Chollet, 2018)

随机误差模型与统计机器学习就是希望从数据中将隐含且不精确的函数关系学习出来，而非图 3.2上半部的显式编程 (explicit programming)。例如说我们想要建立能自动标记度假照片标签的分类模型，首先要准备许多已经人工标记好的照片，其中包括度假与非度假的照片，作为图 3.2下半部的数据与答案。统计机器学习会学会照片特征与其标签 (度假/非度假) 的统计关系，以此发展出度假照片自动标记的过程，本例就是监督式学习中分类模型的应用。

[1] http://www.moneyscience.com/pg/blog/StatAlgo/read/635759/reinforcement-learning-in-r-markov-decision-process-mdp-and-value-iteration

当今科技进步，许多监督式分类与回归模型的弹性相当大，能够建立非常复杂的模型。然而复杂模型容易过度强调训练样本中未来不会重复出现的 (reproducible) 形态，因而产生过度拟合的 (overfitted) 模型。无监督式学习也会有过度拟合的问题，例如，聚类分析 (clustering analysis) 将特征相似的样本集聚成群，评估聚类模型优劣的一种方式是考虑群内 (intra-cluster) 与群间 (inter-cluster) 样本的相似性或是变异性。随着聚类数的增加，群内样本差异越来越小，相似性持续攀升；而群间差异越来越大，如此渐次将样本分割为更细的聚类，最终导致获得观测值各自成群的过度拟合结果。因此，建模者如果欠缺一套评估模型是否过度拟合的指引方针，很可能会陷入模型性能不佳的危机中。

统计机器学习将数据分割为训练子集与测试子集 (参见图 3.1)，前者用来建立模型，后者用来评估模型性能表现。图 3.3是不同数据子集下模型复杂度与预测误差的变化关系，提供模型是否过度拟合的重要线索。实线 A 表示训练集样本的预测误差，随着模型复杂度的提高，训练预测误差越来越低；虚线 B 为未参与模型建立的测试集样本，其预测误差在模型复杂度适中时达到最低，而当模型小 (复杂度低) 或大 (复杂度高) 时，测试集误差就向上攀升了。整体而言，图中 C 段表示拟合不足 (underfitting)；D 段为较佳的模型复杂度；E 段则是过度拟合 (overfitting) 了，这时模型复杂到与训练集拟合的过度良好，但却逐渐丧失对测试集的预测能力 (Varmuza and Filzmoser, 2009)。

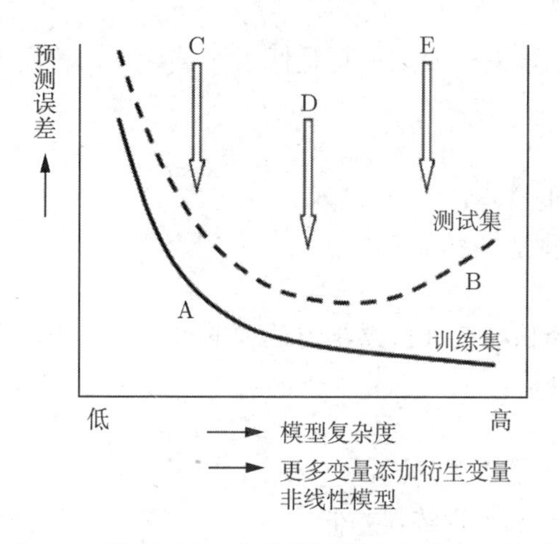

图 3.3　模型复杂度与预测误差之间的变化关系

高度复杂的模型几乎可以分毫无差地拟合任何训练数据，也就是说真实的 y_i 和预测的 $\hat{y}_i$ 之间的偏差 (残差) 几乎是零。很可惜这样的模型对于未用于建模的测试样本，或未知类别标签的样本不一定管用，因为模型很可能是过度拟合的。这种现象说明与训练数据拟合过头的模型，不一定有足够的一般化 (generalization) 的能力。这好比在数学解题时，不幸碰到答案印刷错误的题目，我们却把它的解法死记硬背下来，套用到正常的题目后结果当然就出错了。

基本上数据内涵的消息可分成两个部分：分析师感兴趣的形态 (pattern) 与随机噪声 (stochastic noise)。举例来说，房价取决于房屋面积与卧室间数，卧室越多通常房价越高。但是同一区域且卧室数量相同的房子，也不大可能会有完全相同的房价，所以这些房价的变动就是噪声了。再以弯道驾驶为例，理论上有一个最佳的转向和行驶速度。假设我们观察了 100 位司机行驶经过弯道，大部分的驾驶都接近最佳的转向角度与速度，但是它们不会有完全相同的表现，因为噪声导致各观察值偏离最佳值。

统计机器学习的目标是建立所关心形态的模型，而尽量减少噪声的干扰影响。当算法试图拟合除了形态以外的噪声，所产生的模型就会是过度拟合了。弯道驾驶的例子中，如果想要准确预测转向角度与速度，我们会考虑更多的变量，如弯度、车型、驾驶经验、天气、驾驶情绪等。然而越过某一个临界点后，考虑再多的变量已无法找出更多的形态，而只是拟合噪声了。而因为噪声是随机的，所以过度拟合的模型无法一般化到未知的数据，模型性能呈现的结果就是图 3.3低训练误差与高测试误差的 E 段了[1]。

D 段欲求形态到开始抓取到噪声的 E 段，两者的临界点通常不明显，所以建模者很难有仅捕捉到所要形态，而完全无噪声的万无一失的做法。因此数据分析与建模的工作经常是尝试错误 (trial-and-error) 的过程，及早累积数据处理与分析的实战经验，是成为顶尖数据科学家的不二法门。

图 3.3 也显示，训练误差一般来说总是低于测试误差，然而下列情况可能使得结果并非如此[2]：

- 训练集有许多难搞的样本；
- 测试集大多是容易预测的样本。

虽然异常状况总是潜伏在统计机器学习建模的过程中，不过下列四种状况可帮助数据科学家了解自身建模的处境：

- 拟合不足：测试与训练误差均高；
- 过度拟合：测试误差高，训练误差低；
- 拟合良好：测试误差低，且稍高于训练误差；
- 拟合状况不明：测试误差低，训练误差高。

作为一门实战科学的实践者，数据科学家应该动手实现并多多思考，做中学、学中错、错后修，不断积累失败经验，方能应付随机建模的各种状况。

[1]https://www.quora.com/Can-overfitting-occur-on-an-unsupervised-learning-algorithm

[2]https://stats.stackexchange.com/questions/187335/validation-error-less-than-training-error

3.2 模型性能评量

没有评量就无法管控！任何预测模型只有运用适当的指标，评量其模型性能后才能合理地运用。无论是何种建模方法论，评量该模型性能的方法通常很多，每种评估方法的角度不同，评量结果因此都有些许的差别。为了了解特定模型的优缺点，建议多方评量模型，仅依赖单一评估指标是有误判风险的。本节介绍回归与分类等监督式学习常用的性能评量指标，无监督式学习的性能评估请参见 4.3.4 节聚类结果评估。

3.2.1 回归模型性能指标

对回归模型来说，许多性能评量的计算都基于残差 (residual，或称预测误差 prediction error，也可简称为误差 error)，残差 e_i 定义如下：

$$e_i = y_i - \hat{y}_i \tag{3.4}$$

其中 y_i 是真实的反应变量值；$\hat{y}_i$ 为预测的反应变量值，或称模型输出值，它是将第 i 笔样本的 m 个预测变量值 $(x_{i1}, x_{i2}, \cdots, x_{im})$，代入估计所得的模型 $\hat{f}(\cdot)$，计算出来的预测值 $\hat{y}_i$。也就是说，$\hat{y}_i = \hat{f}(x_{i1}, x_{i2}, \cdots, x_{im})$。残差通常由独立的测试集、交叉验证下或拔靴抽样下的各测试样本集计算得来 (参见 3.3.1 节重抽样与数据分割方法，以及图 3.12校验集运用四折交叉验证估计模型最佳复杂度示意图)。

常用的回归模型预测性能指标有**误差平方和 (Sum of Squared Error, SSE)**，它是残差平方的总和：

$$\text{SSE} = \sum_{i=1}^{z} e_i^2 = \sum_{i=1}^{z} (y_i - \hat{y}_i)^2 \tag{3.5}$$

其中 z 是预测值的个数，通常是训练样本数，或者是测试样本的大小。SSE 是许多回归模型参数优化问题中的目标函数 (参考第 5 章回归建模部分)，误差平方和的缺点是过大的残差，可能因为平方运算而导致过度的影响，这时可以改用残差绝对值的总和**误差绝对值和 (Sum of Absolute Error, SAE)**：

$$\text{SAE} = \sum_{i=1}^{z} |y_i - \hat{y}_i| \tag{3.6}$$

预测误差的算术平均数统计上称为偏误 (bias)$\bar{e}$：

$$\bar{e} = \frac{1}{z} \sum_{i=1}^{z} (y_i - \hat{y}_i) \tag{3.7}$$

偏误公式的物理意义是各评估样本预测误差的平均值，合理的偏误值应该接近零。然而，如果模型拟合不佳，可能导致预测误差平均值不为零。但是仅由预测误差平均值来判定模型性能是有风险的，所以进一步计算**预测误差的标准偏差 (Standard Error of Predictiony error, SEP)**，以了解残差的离散程度 (参见 2.2.1 节摘要统计量)，其公式如下：

$$\mathrm{SEP} = \sqrt{\frac{1}{z-1}\sum_{i=1}^{z}(e_i - \bar{e})^2} \tag{3.8}$$

将式 (3.4) 代入上式后即为下式：

$$\mathrm{SEP} = \sqrt{\frac{1}{z-1}\sum_{i=1}^{z}(y_i - \hat{y}_i - \bar{e})^2} \tag{3.9}$$

性能衡量指标适当地注明下标，可以让人更了解如何运用它。$\mathrm{SEP}_{\mathrm{TRN}}$ 或 $\mathrm{SEP}_{\mathrm{CAL}}$ 通常表示训练集所计算得到的预测误差标准偏差，$\mathrm{SEP}_{\mathrm{TEST}}$ 是测试集计算得到的预测误差标准偏差 (注：训练集 (TRN) 或校验集 (CAL) 经常交替使用)；而 $\mathrm{SEP}_{\mathrm{CV}}$ 是交叉验证重抽样法 (参见 3.3.1 节重抽样与数据分割方法) 计算得到的预测误差标准偏差。其大小关系通常为 $\mathrm{SEP}_{\mathrm{TEST}} > \mathrm{SEP}_{\mathrm{CV}} > \mathrm{SEP}_{\mathrm{TRN}}$(为什么?)，表示模型性能估计乐观程度逐渐增加。

另一个常用的回归模型预测性能指标是**均方预测误差 (Mean Squared Error, MSE)** 或简称为均方误差，它是残差平方值的算术平均：

$$\mathrm{MSE} = \frac{1}{z}\sum_{i=1}^{z}(y_i - \hat{y}_i)^2 \tag{3.10}$$

均表示平均，方则表示预测误差的平方。均方误差可能是最常见到的回归模型性能指标，通常模型拟合得越好，其均方误差值越小。因为均方误差的单位是原始反应变量单位的平方，较易造成数据解读上的困扰。MSE 开方根后取正值的**均方根预测误差 (Root Mean Squared Error, RMSE)** 与反应变量的原始单位相同

$$\mathrm{RMSE} = \sqrt{\frac{1}{z}\sum_{i=1}^{z}(y_i - \hat{y}_i)^2} \tag{3.11}$$

式 (3.10) 的均方误差期望值 $E(\mathrm{MSE})$，经过一些整理后可以得到下面重要的式子：

$$E(\boldsymbol{y} - \hat{\boldsymbol{y}}) = V(\epsilon) + \left(f(\boldsymbol{X}) - \hat{f}(\boldsymbol{X})\right)^2 = \sigma^2 + (\mathrm{bias})^2 + \mathrm{variance} \tag{3.12}$$

其中 $V(\cdot)$ 表示方差；σ^2 是前述随机误差模型中误差项 ϵ 的方差，是随机误差建模**无法减少的必然误差 (irreducible error)**；**偏误 (bias)** 是模型估计或学习得到的函数形式 $\hat{f}(\boldsymbol{X})$ 与真实函数关系 $f(\boldsymbol{X})$ 之间的差距；最后一项是模型 $\hat{f}(\boldsymbol{X})$ 的方差。

除了无法减少的必然误差外，模型偏误与模型变异存在着抵消关系 (trade-off)。一般而言，越复杂的模型其变异越高，亦即训练数据些许变动，估计出来的模型就会不同，因而导

致过度拟合，减损模型一般化的能力。另一方面，简单模型较不易过度拟合，但缺点是弹性不足，较难抓到反应变量与预测变量间的真实关系，因而有高的模型偏误。大数据下许多预测变量高度相关，这种**共线性 (collinearity)** 大幅提高模型的变异。当两预测变量有高的相关系数值时，称这现象为共线性；而多重共线性是超过两个以上的变量彼此相关的状况。统计机器学习中的**惩罚法 (penalized methods)**(参见 5.1.3 节)，通过添加参数估计优化模型中目标函数的惩罚项，适度地提高模型偏误，换取模型变异大幅的降低，减缓共线性导致模型性能不显著或结果不稳定的问题，这就是统计机器学习领域所谓的**变异-偏差权衡取舍 (variance-bias trade-off)** 现象。

有些建模方法须比较不同变量 (或主成分) 数量下的模型性能，例如：多元线性回归与偏最小二乘法 (5.1.1 节与 5.1.2 节)。这时性能衡量准则必须考虑变量数量 m，变量太少的模型性能可能不佳 (拟合不足)，变量太多结果会过度拟合，导致预测性能还是不良。这类指标常用的有**调整后的判定系数** R^2_{adj}**(adjusted coefficient of determination)**，顾名思义它来自于下面的**判定系数** R^2**(coefficient of determination)**：

$$R^2 = \frac{\text{TSS} - \text{RSS}}{\text{TSS}} = 1 - \frac{\text{RSS}}{\text{TSS}} \tag{3.13}$$

其中训练样本的**残差平方和 (Residual Sum of Squares, RSS)** 就是式 (3.5) 的 SSE，表示未被训练模型所解释的信息量，计算公式如下：

$$\text{RSS} = \sum_{i=1}^{n}(y_i - \hat{y}_i)^2 \tag{3.14}$$

而**总平方和 (Total Sum of Squares, TSS)** 是 y_i 与 $\bar{y}$ 差距的平方和，其物理意义表示数据的总信息含量，与反应变量 y 的方差成正比，计算公式如下：

$$\text{TSS} = \sum_{i=1}^{n}(y_i - \bar{y}_i)^2 \tag{3.15}$$

判定系数如上所示，表示数据中的信息 (TSS) 被模型所解释 (TSS-RSS) 的比例 (介于 0 与 1 之间)，因此其值是越高越好。但是 R^2 在回归建模实际应用时，会发生模型中变量越多，其判定系数总是较高的误导现象。因此，将模型中变量个数 m(即模型复杂度) 纳入考虑，即为 R^2_{adj}：

$$R^2_{\text{adj}} = 1 - \frac{n-1}{n-m-1}(1 - R^2) = 1 - \frac{\text{RSS}/(n-m-1)}{\text{TSS}/(n-1)} \tag{3.16}$$

从上式可以看出调整后判定系数 R^2_{adj} 会惩罚较复杂 (较大) 的模型，与判定系数 R^2 一样，其值也是越高越好 (注：m 越大，自由度 $n-m-1$ 越小，式 (3.16) 后项的分子越大，因而 R^2_{adj} 越小)。

须注意的是，这些判定系数指标 (R^2 与 R^2_{adj}) 其实是反应变量观测值与预测值相关系数的平方。因此它们是相关性的衡量，而非准确性衡量。观测值与预测值的相关性高，预测结果不一定就准确，而前述均方误差 MSE 与均方根误差 RMSE 是准确性衡量。举例来说，某测试集反应变量的方差为 5，如果预测模型就测试集计算所得的均方根误差 RMSE 是 1，则 R^2 约为 $1-\dfrac{1^2}{5}=0.8$；假设另一个测试集的均方根误差相同，但是其反应变量的方差较小 (为 3)，则 R^2 约为 $1-\dfrac{1^2}{3}=0.67$。这个例子说明 R^2 的解释与反应变量的变异性有关，反应变量的变异性大，则判定系数 R^2 较优的可能性高 (Kuhn and Johnson, 2013)。

反应变量的变异性在实践时对于用户如何看待模型也有很大的影响，假设台北市的房价是六百万到两亿台币，可想而知其变异非常大。一个 $R^2 = 90\%$ 的模型看似很好，但其均方根误差 RMSE 很可能是数十万元的**量级 (order of magnitude)**，这对中低价位的房产而言可能是无法接受的准确度。话虽如此，某些情况下建模的目标只是要排列新样本，再通过内部校验 (internal calibration) 的方式调整预测值，这时反应变量实际值与预测值的等级相关系数 (rank correlation) 就会派上用场了 (参见 3.5.1 节相关与独立)。(注：根据维基百科，量级是数字以 10 为底的科学计数法表达方式 $a \times 10^n$，其中的 n 即为该数字的量级。换句话说，数字的量级就是该数字以 10 为底的对数值四舍五入。例如：1500 的量级为 3，因为 $1500 = 1.5 \times 10^3$。)

此外，下面两种性能指标常用于逐步回归中的变量挑选 (或回归模型复杂度决定)(参见 5.1 节)。**赤池弘次信息准则 (Akaike's Information Criterion, AIC)** 可用来衡量多个统计模型的相对质量：

$$\text{AIC} = n\ln(\text{RSS}/n) + 2m \tag{3.17}$$

当预测变量 m 越来越多时，式 (3.17) 的残差平方和 RSS 会越来越小，但是 AIC 会根据第二项 $2m$ 惩罚大的模型。建模者通常偏好 AIC 小的模型，此处请注意 AIC 的值无意义，只是用它来比较不同的模型。

另一个是**施瓦茨-贝叶斯信息准则 (Schwarz's Bayesian Information Criterion, BIC)**，简称为贝叶斯信息准则，其公式与 AIC 非常类似，都与残差平方和 RSS 有关：

$$\text{BIC} = n\ln(\text{RSS}/n) + m\ln n \tag{3.18}$$

如果样本数 $n > 7$，式 (3.18) 中的 $\ln n$ 会大于 2。因此，对于较大模型 BIC 会给予比 AIC 更多的惩罚 (注：通常样本要足够多，才能合理估计较大更复杂的模型)。换言之，BIC 会选择比 AIC 更简单的模型。

3.2.2 分类模型性能指标

许多回归建模方法也可以用于监督式分类问题，例如树形模型、人工神经网络、支持向量机等都是回归与分类问题两栖的好手，但是两种问题的评估方式非常不同，例如，回归模型评估指标 RMSE 与 R^2 不适用分类的情形，虽然分类预测模型也可以产生连续的概率预测值。本节从整体与类别相关两个角度介绍分类模型的性能指标，分类模型性能的可视化将在 3.2.3 节与回归模型性能可视化一起说明。

3.2.2.1　模型预测值

分类模型的反应变量为类别或离散型，例如，预测授信客户是否会违约？其反应变量可能为会 (yes) 或不会 (no)；或是病人在患病过程中的等级，第一期、第二期或第三期等。分类模型通常产生两种类型的预测值，一种是类别标签，例如前述的会违约 (yes) 或不会违约 (no)；另一种则是**类别概率值 (class probability)** 或类别隶属度 (class membership)。前者是离散型 (discrete) 的预测值，而后者的概率或隶属度预测值与回归模型预测值一样都是连续值。这两种预测值各有用途，类别预测值使我们有具体根据可做出决策，但是概率预测值却可让我们对分类模型的预测结果更有信心。比如说一封电子邮件预测为垃圾邮件的概率是 0.51，与另一封概率为 0.99 的信，虽然同样被归为垃圾邮件 (当阈值为 0.5 时)，但我们对后者的信心更强！

3.2.2.2　混淆矩阵

常用的分类模型性能评量大多基于**混淆矩阵 (confusion matrix)** 来计算，以图 3.4 的 2×2 混淆矩阵为例，行表示预测的结果 (简称为 predicted)，分别是预测为阴性 (negative, $\mathrm{C_n}$) 与阳性 (positive, $\mathrm{C_p}$)，或是信息检索 (information retrieval) 中的抓取 (retrieved) 与未抓取 (not retrieved)；而列则是样本的真实的类别 (简称为 observed 或 actual)，分别是阴性与阳性，或是信息检索中的有关 (relevant) 与无关 (not relevant)。因此，行列交叉得到**真阳数 (True Positive, TP)**、**真阴数 (True Negative, TN)**、**假阳数 (False Positive, FP)** 与**假阴数 (False Negative, FN)** 等，其中形容词真与假表示预测的结果是否与其真实的类别相同，而真假后方的阴阳则指预测的结果。读者请注意，混淆矩阵的行列是可以任意变换 (或转置) 的，另外，因为矩阵中的样本总数是固定的，所以预测为阳性的个数如果增加，则阴性的预测数自然会减少，也就是说阳性与阴性的预测数量是相依而非独立的。此外，阳性事件通常是我们所关心的事件，如授信客户违约、垃圾邮件与短信、患有某种疾病等，当这些事件发生时，人们通常会采取顺应措施。

数据科学家为了计算模型性能，应将观测与预测的反应变量值存储为向量。混淆矩阵是等长的观测类别标签向量与预测类别标签向量，交叉统计后的二维表格结果。下面是 R 语言产生混淆矩阵的方式，先用随机抽样的方式产生两个向量，再用 `table()` 函数查看其各自的频率分布，最后用 `table()` 函数做交叉统计产生混淆矩阵，结果可看出 TP 为 3、TN 为 16、FP 为 5、FN 为 6。

		真实类别	
		Cp(相关)	Cn(不相关)
预测类别	Cp(检索)	真阳数 True Positive(TP)	假阳数 False Positive(FP)
	Cn(不检索)	假阴数 False Negative(FN)	真阴数 True Negative(TN)

图 3.4　2×2 混淆矩阵

```
# 相同随机数种子下结果可重置 (reproducible)
set.seed(4321)
# 重置抽样 (replace 参数) 与设定各类被抽出的概率 (prob 参数)
observed <- sample(c("No", "Yes"), size = 30, replace = TRUE,
prob = c(2/3, 1/3))
# 观测值向量一维频率分布表
table(observed)
```

```
## observed
##  No Yes
##  21   9
```

```
predicted<-sample(c("No", "Yes"), size = 30, replace = TRUE,
prob = c(2/3, 1/3))
# 预测值向量一维频率分布表
table(predicted)
```

```
## predicted
##  No Yes
##  22   8
```

```
table(observed, predicted)
```

```
##         predicted
## observed No Yes
##      No  16   5
##      Yes  6   3
```

Python 语言的做法如下：

```
import numpy as np
# 随机产生观测值向量
observed = np.random.choice(["No", "Yes"], 30, p=[2/3, 1/3])
# 观测值向量一维频率分布表
np.unique(observed, return_counts=True)
```

```
## (array(['No', 'Yes'], dtype='<U3'), array([21,  9]))
```

```
# 随机产生预测值向量
```

```
predicted = np.random.choice(["No", "Yes"], 30, p=[2/3, 1/3])
# 预测值向量一维频率分布表
np.unique(predicted, return_counts=True)
```

```
## (array(['No', 'Yes'], dtype='<U3'), array([24,  6]))
```

```
# 二维数据集
```

```
import pandas as pd
# 用原生字典对象创建两栏 pandas 数据集
res = pd.DataFrame({'observed': observed, 'predicted':
predicted})
print(res.head())
```

```
##   observed predicted
## 0       No        No
## 1       No        No
## 2      Yes        No
## 3       No        No
## 4       No        No
```

```
# pandas 包建立混淆矩阵的两种方式
# pandas 的 crosstab() 交叉列表函数
print(pd.crosstab(res['observed'], res['predicted']))
```

```
## predicted  No  Yes
## observed
## No         16    5
## Yes         8    1
```

```
# pandas 数据集的 groupyby() 群组方法
print(res.groupby(['observed', 'predicted'])['observed'].
count())
```

```
## observed  predicted
## No        No           16
##           Yes           5
## Yes       No            8
##           Yes           1
## Name: observed, dtype: int64
```

3.2.2.3 整体指标

产生混淆矩阵后可以从中计算**正确率 (accuracy rate)** 或**错误率 (error rate)** 等较为粗略的分类模型性能指标。正确率是整个样本中正确预测的样本比率，它反映了观测向量与预测向量的一致性：

$$\text{Accuarcy} = \frac{\text{TP} + \text{TN}}{\text{TP} + \text{FN} + \text{FP} + \text{TN}} \tag{3.19}$$

```
# numpy 从观测向量与预测向量计算正确率
print(np.mean(predicted == observed))
```

```
## 0.5666666666666667
```

错误率则是 1 减去正确率，乐观主义者喜欢用正确率，悲观主义者倾向用错误率。这种整体的性能统计值有以下缺点：首先是它们没有区分不同类型错误的轻重，也就是假阳与假阴各自的成本代价。假阳与假阴的代价取决于问题领域及建模者的立场，例如，前述预测授信客户是否会违约的问题，站在授信主管的立场，假阴会比假阳更严重，因为前者将劣质客户视为信守承诺的人，因而放款而招致坏账；后者是将信守承诺的人归为劣质客户，则这时银行有机会成本的损失。医学检验也是关注假阴 (实际有病却被诊断为无病)，而垃圾邮件过滤则是假阳 (正常邮件却被归为垃圾邮件) 比假阴的成本高些，读者可以自行推理其他分类情形。当各类错误成本不相等时，整体准确率可能就无法反应重要的模型特征了。

此外，分类模型的优劣应该要考虑各类 (如阴阳) 的频率分布。就医学领域来说，怀孕妇女须定期抽血检验其 $\alpha-$ 胎甲球蛋白，以探测可能的胎儿基因问题，例如，是否可能患唐氏症 (Down syndrome)。假设新生儿患唐氏症比例约为 0.1%(此即为后面 3.2.2.4 节类别相关指标中的普遍率)，如果模型预测所有样本为阴性 (无唐氏症)，则其正确率是几近完美的 99.9%！但这样的模型无助于问题的解决，所以我们应该决定适合的正确率标杆 (benchmark)，才能帮助数据科学家判定模型的优劣。实战时常用**无信息率 (no-information rate)** 为标杆，其意义是无需任何模型 (即空无模型，null model) 即可达到的正确率。有许多方式可以定义空无信息率，在 k 类的问题下，最简单的方式就是随机猜测的 $1/k$，但是这个定义并未考虑训练集中各类的频率分布。以前述唐氏症为例，永远判无唐氏症的模型就轻易打败随机猜测的空无信息率 (50%)。因此，另一个常见的定义是训练集中最大类的百分比，模型正确率高于最大类的先验概率方被视为合理有效。对于实战中常见的类别分布极度不平均问题的处理方式，请参见本小节最后的说明。

除了计算整体正确率并与空无信息率比较外，我们也可以选择有考虑类别分布的**Kappa 统计量 (Kappa statistics)**，Kappa 统计量最早被用来评定两评分方法 (评分员) 给分结果的一致性。应用到分类模型评估时，两评分员分别是实际状况 (ground truth) 与分类模型预测结果。其计算公式如下：

$$\kappa = \frac{P(a) - P(e)}{1 - P(e)} \tag{3.20}$$

$P(a)$ 是实际状况与分类模型的一致性，就是前述的观测正确率 (observed accuarcy，式 (3.19))，$P(e)$ 是预期的正确率 (expected accuarcy)，该值定义为随机分类模型 (random classifier)，根据混淆矩阵预期可达成的结果，预期的正确率是由混淆矩阵的边际和来计算 (参见下面程序代码)。Kappa 值与相关系数一样，介于 -1 与 1 之间，其值越大越好。Kappa 负值较少见，表示两评分结果缺乏有效的一致性，比随机模型预期结果的一致性还要低。Kappa 统计量除了可评估单一模型外，也常用来比较多个分类模型。延续上例计算 Kappa 统计量如下：

```
# 混淆矩阵与正确率
(tbl <- table(observed, predicted))
```

```
##          predicted
## observed No Yes
##      No  16   5
##      Yes  6   3
```

```
# 用混淆矩阵计算正确率
(acc <- (tbl[1,1] + tbl[2,2])/sum(tbl))
```

```
## [1] 0.6333
```

```
# 横向边际和，类似观测值频率分布表
margin.table(tbl,1)
```

```
## observed
##  No Yes
##  21   9
```

```
# 纵向边际和，类似预测值频率分布表
margin.table(tbl,2)
```

```
## predicted
##  No Yes
##  22   8
```

```
# 期望正确率 =(No 横纵边际和乘积 +Yes 横纵边际和乘积)/样本数平方
(exp <- (margin.table(tbl,1)[1]*margin.table(tbl,2)[1] +
margin.table(tbl,1)[2]*margin.table(tbl,2)[2])/(sum(tbl)^2))
```

```
##     No
## 0.5933
```

```
# Kappa 统计值
(kappa <- (acc - exp)/(1 - exp))
```

```
##      No
## 0.09836
```

3.2.2.4 类别相关指标

除了正确率、错误率与 Kappa 统计量等模型整体性能指标外，接下来介绍特定类别的性能评估方法。医学领域关心模型的**敏感度 (sensitivity)**，是指我们所关心的事件 (阳性事件) 被正确预测出的比例，又称**真阳率 (True Positive Rate, TPR)**，也叫作阳性召回率 (positive recall)，就是信息检索领域的**召回率 (recall)**：

$$\text{Sensitivity} = \text{Recall} = \frac{\text{TP}}{\text{TP} + \text{FN}} \tag{3.21}$$

敏感度计算公式的分母是样本中阳性的总数，分子是被分类模型正确预测出的真阳个数。1 减去真阳率后即为**假阴率 (False Negative Rate, FNR)**，它是阳性事件被错误预测 (为阴性) 的比例：

$$\text{FNR} = \frac{\text{FN}}{\text{TP} + \text{FN}} \tag{3.22}$$

特异性 (specificity) 是阴性事件被正确预测出的比例，又称**真阴率 (True Negative Rate, TNR)**，也叫作阴性召回率 (negative recall)：

$$\text{Specificity} = \frac{\text{TN}}{\text{TN} + \text{FP}} \tag{3.23}$$

特异性计算公式的分母是样本中阴性的总数，分子是被分类模型正确预测出的真阴个数。1 减去真阴率后即为**假阳率 (False Positive Rate, FPR)**，它是阴性事件被错误预测 (为阳性) 的比例：

$$\text{FPR} = \frac{\text{FP}}{\text{TN} + \text{FP}} \tag{3.24}$$

从观测面转到预测面来看，**精确度 (precision)** 是预测为阳性的事件中正确的比例：

$$\text{Precision} = \frac{\text{TP}}{\text{TP} + \text{FP}} \tag{3.25}$$

而 **F 衡量 (F-measure)** 其实是在等权值的假设下，精确度与召回率两者的调和平均数 (注：Precision 与 Recall 的调和平均数是 1/Precision 与 1/Recall 的算术平均数的倒数)：

$$F\text{-measure} = \frac{2\text{TP}}{2\text{TP} + \text{FP} + \text{FN}} \tag{3.26}$$

R 语言 {caret} 包与 Python 语言 **pandas_ml** 包中还有下列性能评估指标，**探测率 (detection rate)** 关心的是所有样本中阳性事件被正确探测出来的比例：

$$\text{Detection Rate} = \frac{\text{TP}}{\text{TP} + \text{FN} + \text{FP} + \text{TN}} \tag{3.27}$$

普遍率 (prevalence) 是该类样本占样本总数的比例，以阳性事件为例，所有样本中阳性事件的比例即为阳性事件普遍率。前面 3.2.2.2 节中新生儿唐氏症发生比例为 0.1%，这即为阳性事件 (唐氏症) 的普遍率，医学领域问题经常需要考虑普遍率。

$$\text{Prevalence} = \frac{\text{TP} + \text{FN}}{\text{TP} + \text{FN} + \text{FP} + \text{TN}} \tag{3.28}$$

探测普遍率 (detection prevalence) 是所有样本中预测为阳性事件的比例，普遍率与探测普遍率都必大于探测率：

$$\text{Detection Prevalence} = \frac{\text{TP} + \text{FP}}{\text{TP} + \text{FN} + \text{FP} + \text{TN}} \tag{3.29}$$

还有**阳例预测价值 (Positive Predictive Value, PPV)** 是在类别平衡的情况下，预测为阳性事件其正确的比例，其实就是前面提到的精确度 (式 (3.25))；此外，**阴例预测价值 (Negative Predictive Value, NPV)** 也是在类别平衡的情况下，预测为阴例的正确的比例，两者的公式如下：

$$\text{PPV} = \frac{\text{TP}}{\text{TP} + \text{FP}} \tag{3.30}$$

与

$$\text{NPV} = \frac{\text{TN}}{\text{FN} + \text{TN}} \tag{3.31}$$

当类别分布不平衡时，阳例预测价值与阴例预测价值的公式如下：

$$\frac{\text{Sensitivity} \times \text{Prevalence}}{\text{Sensitivity} \times \text{Prevalence} + (1 - \text{Specificity}) \times (1 - \text{Prevalence})} \tag{3.32}$$

与

$$\frac{\text{Specificity} \times (1 - \text{Prevalence})}{(1 - \text{Sensitivity}) \times \text{Prevalence} + \text{Specificity} \times (1 - \text{Prevalence})} \tag{3.33}$$

上式中都考虑了普遍率，其原因来自于敏感度与特异性都是条件式衡量，前者是阳性样本的正确率，而后者是阴性样本的正确率。因此敏感度为 95% 的意义是：如果胚胎有唐氏症，则检验正确的比率为 95%。然而这样的说法对每位都是新样本的患者是无用的，因为他们关心的是没有任何条件时，唐氏症检验的正确率为何？这个问题取决于三个数值：敏感度、特异性与普遍率，直觉上来说，因为如果是罕见病症，模型评估指标应该将普遍率纳入考虑。总而言之，阳例预测价值与阴例预测价值分别是敏感度与特异性考虑普遍率后的对应指标，前者是样本为阳性事件的概率，后者则是样本为阴性事件的概率。从贝叶斯统计的角度来看，敏感度与特异性是条件概率，普遍率是先验概率，而阳/阴例预测价值则是事后概率。

最后，**平衡正确率 (balanced accuracy)** 为敏感度与特异性的算术平均数，当类别不平衡时平衡正确率较常规的正确率 (式 (3.19)) 为佳，因其较不易受到不良类别分布的影响 (`http://mvpa.blogspot.tw/2015/12/balanced-accuracy-what-and-why.html`)。值得一提的是实战时常见的**不平衡学习 (imbalanced learning)**，指的是各类样本分布差距大的情况，一般处理的方式有：

- 用**过度抽样 (over-sampling)** 或**降低抽样 (down-sampling)** 解决，其缺点分别是模型可能过度拟合及遗失多数样本中的重要信息。
- 运用正负样本的惩罚权重来解决，一般而言，少量样本的类别权重高，大量样本的类别权重低。如果分析建模的算法支持样本权重的设定，这种方法是简单且有效的解决途径。
- 用集成学习 (参见 6.1 节) 的集成模型 (ensembles) 解决，该方法类似随机森林，集合预测能力较弱的小树，形成模型预测能力良好的森林。具体做法是每次训练使用全部的少量样本类别，结合从大量样本类别中随机抽出的数据成为训练集，如此重复多次产生集成中的各个模型，最后应用时用投票或加权投票形成分类预测值。
- 最后是进行特征挑选来解决类别不平衡问题，此法有别于上述基于行的平衡方式，通过列的处理来提高模型性能，其关注的焦点是类别样本不平衡可能导致特征分布也不均，因此可以选择重要的特征辅助上述方法解决类别不平衡的学习问题。

图 3.5 整理了各领域常用的分类模型类别相关性能评量名词与计算方式，机器学习领域的**完备性 (completeness)**、信息检索的召回率与医学诊断的敏感度都是相同的观测面指标，就是真阳率；机器学习的**一致性 (consistency)** 与信息检索的精确度，则是相同的预测面指标，也称为阳例预测价值；而特异性是医学领域关心阴性事件召回的指标。

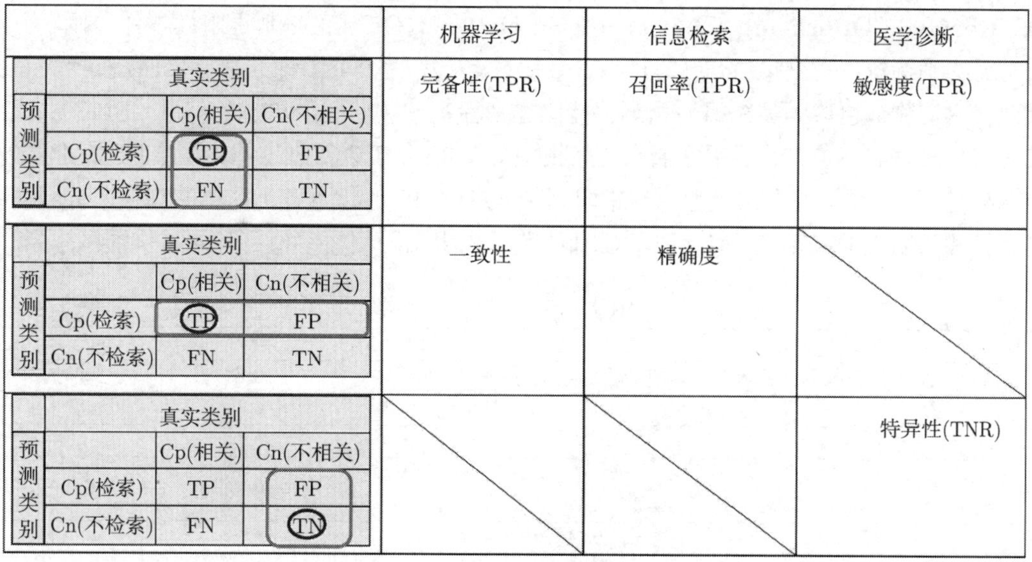

	机器学习	信息检索	医学诊断
真实类别 预测类别 | Cp(相关) | Cn(不相关) Cp(检索) | TP | FP Cn(不检索) | FN | TN	完备性(TPR)	召回率(TPR)	敏感度(TPR)
真实类别 预测类别 | Cp(相关) | Cn(不相关) Cp(检索) | TP | FP Cn(不检索) | FN | TN	一致性	精确度	
真实类别 预测类别 | Cp(相关) | Cn(不相关) Cp(检索) | TP | FP Cn(不检索) | FN | TN			特异性(TNR)

注: 方框为分母, 圆框为分子

图 3.5　不同领域常用分类模型性能评量

3.2.3　模型性能可视化

回归模型建模后，查看**残差分布**是模型性能评量的重要概念，因为分布还是统计特性的重点。预测误差的平均值与标准误，以及预测误差 95% 的允差区间 (tolerance interval)(可由误差分布的 2.5% 与 97.5% 的百分位数构成，预期有 95% 的预测误差会落入该区间) 等，都是经常用来了解误差分布情形的回归模型性能指标。数据科学家除了运用前述不同的性能衡量值外，如果预测误差的数量够多，还可以通过误差分布可视化的方式整体了解误差概况，如残差直方图、密度曲线图、箱形图、预测值与实际反应变量值的散点图等可视化方式，达到图胜于文的效果 (参见第 5 章各回归案例)。此外，预测值与实际值的分布状况，可用两者的相关性来衡量，常见的指标有皮尔逊相关系数与斯皮尔曼相关系数 (3.5 节相关与独立)，辅助解释回归模型性能可视化的结果。

模型性能可视化的部分，3.2.2.2 节我们讨论混淆矩阵图 3.4及分类模型性能指标时，曾经提到在模型正确率固定的情况下，敏感度 (式 (3.21)) 与特异性 (式 (3.23)) 之间存有抵换关系 (trade-off)，如同多目标优化中互相冲突的目标函数。提高模型的敏感度会降低特异性，因为更多的样本被预测为阳性事件，阴性的预测数自然会减少，也就是说阳性与阴性的预测数量是相依而非独立的。

换个角度来说，用 1 减去敏感度与特异性分别是假阴率 FNR 与假阳率 FPR，它们是观测面向假阴与假阳两种错误的发生率。混淆矩阵一节曾提到假阳与假阴两种错误的代价取决于问题领域及建模者的立场，因此两者通常有不同的误归类成本，**接收者操作特性曲**

线 (**Receiver Operating Characteristic curve, ROC**) 正是基于阳性事件的概率预测值与其类别标签，评估敏感度 (即真阳率 TPR) 与假阳率 FPR(即 1− 特异性) 抵换关系的重要技术。前节也谈到类别概率预测值能比类别标签预测值提供更多的信息，ROC 曲线不仅可视化这些概率值，并运用它们来比较模型。表 3.1是 ROC 曲线计算与绘制的简例数据，前两列是 20 个样本的真实类型，其中阳例 P 与负例 N 的样本各半；第三列概率分数是各样本预测为阳性的概率值，绘制 ROC 曲线前须先根据阳例概率值将各样本作降序排列。

表 3.1　ROC 曲线计算与绘制简例数据

样　例	真实类别	概率分数	FPR	TPR	上或右
1	P	0.9	0	0.1	↑
2	P	0.8	0	0.2	↑
3	N	0.7	0.1	0.2	→
4	P	0.6	0.1	0.3	↑
5	P	0.55	0.1	0.4	↑
*6	P	0.54	0.1	0.5	↑
7	N	0.53	0.2	0.5	→
8	N	0.52	0.3	0.5	→
9	P	0.51	0.3	0.6	↑
10	N	0.505	0.4	0.6	→
11	P	0.4	0.4	0.7	↑
12	N	0.39	0.5	0.7	→
13	P	0.38	0.5	0.8	↑
14	N	0.37	0.6	0.8	→
15	N	0.36	0.7	0.8	→
16	N	0.35	0.8	0.8	→
17	P	0.34	0.8	0.9	↑
18	N	0.33	0.9	0.9	→
19	P	0.30	0.9	1.0	↑
20	N	0.1	1.0	1.0	→

接着开始描点,用各样本的阳例概率预测值作为区分阴阳事件标签预测值的阈值 (thresholds)，产生各阈值下的混淆矩阵，以及由混淆矩阵所得的假阳率 FPR 与真阳率 TPR，形成各样本点的横纵轴坐标，最后向上或向右逐点连成 ROC 曲线 (其实是折线)。换句话说，ROC 曲线是将不同阳性事件阈值所对应的 FPR 与 TPR，用直线的方式绘制而成的图形。用样本 #2 说明上述计算，因为各样本阳例概率值大于或等于 0.8 时，即预测为阳例标签，而小于 0.8 时则预测为阴例，所以对应的混淆矩阵如表 3.2 所示。

表 3.2　用样本 #2 的阳例概率值为阈值的混淆矩阵

	阳性事件	阴性事件	边际和
预测为阳性	2	0	2
预测为阴性	8	10	18
边际和	10	10	20

由式 (3.21)、式 (3.24) 和表 3.2，可以求得样本 #2 在 ROC 曲线上的坐标为 (FPR, TPR) = (0, 0.2)，与前点样本 #1 坐标相比，绘制时应该向上 ↑。同理，读者可以推得样本 #3 及其他样本的阳例概率阈值的混淆矩阵 (参见表 3.3) 与 ROC 曲线坐标值。

表 3.3　用样本 #3 的阳例概率值为阈值的混淆矩阵

	阳性事件	阴性事件	边际和
预测为阳性	2	1	3
预测为阴性	8	9	17
边际和	10	10	20

R 语言中 {pROC} 包给定真实类别标签与阳例概率预测值后，可以创建"roc" 类对象并用 plot() 方法绘制 ROC 曲线。

```
# 创建表 3.1 中的真实类别标签与阳例概率预测值
actual <- factor(c(rep("p", 10), rep("n", 10)))
predProb <- c(0.9,0.8,0.6,0.55,0.54,0.51,0.4,0.38,0.34,0.3,
0.7,0.53,0.52,0.505,0.39,0.37,0.36,0.35,0.33,0.1)
ex <- data.frame(actual, predProb)
# 加载 R 语言 ROC 曲线绘制与分析包
library(pROC)
# 建构曲线绘制的 ROC 类别对象
rocEx <- roc(actual ~ predProb, data = ex)
class(rocEx)
```

```
## [1] "roc"
```

```
# plot() 方法绘图，其实是调用 plot.roc() 方法
plot(rocEx, print.thres=TRUE, grid=TRUE, legacy.axes=TRUE)
```

由于 ROC 曲线横轴的 FPR(或 1 − 特异性) 是越小越好，而纵轴的 TPR(或敏感度) 是越大越好，因此 ROC 曲线 (见图 3.6) 越靠近左上方越好 (想想双目标优化问题)。表 3.1是由单一模型所产生的结果，如欲比较两个以上的模型优劣，绘图后可计算 **ROC 曲线下方的面积 (area under curve, AUC)**，根据 AUC 的大小以及各模型 ROC 曲线彼此覆盖情形来选择模型，参见 3.3 节模型选择与评定内容。

```
# 传入 ROC 类别对象至 AUC 计算函数中
auc(rocEx)
```

```
## Area under the curve: 0.68
```

```
# 或直接传入真实标签向量与阳例概率预测向量
auc(ex$actual, ex$predProb)
```

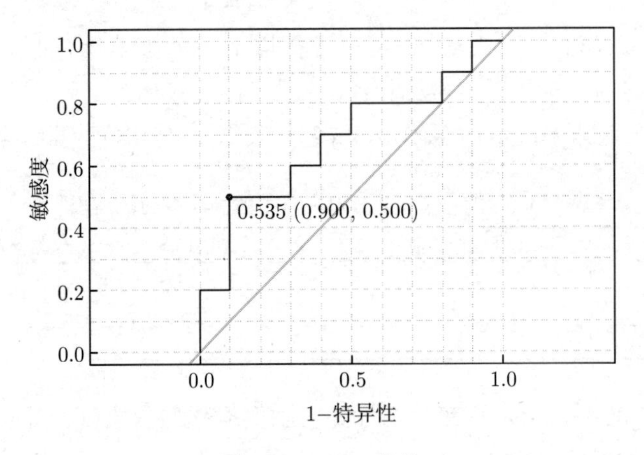

图 3.6　ROC 曲线

```
## Setting levels: control = n, case = p
## Setting direction: controls < cases
## Area under the curve: 0.68
```

图 3.7 列出各领域常用分类模型性能可视化图形，从左到右依次是源自第二次世界大战雷达探测敌机所关心的 TPR 对 FPR 的 ROC 曲线、信息检索的精确度对召回率曲线，以及医学检验的敏感度对特异性曲线，各图中横纵轴指标优化方向是我们看图的重点。限于篇幅，不一一举例说明。

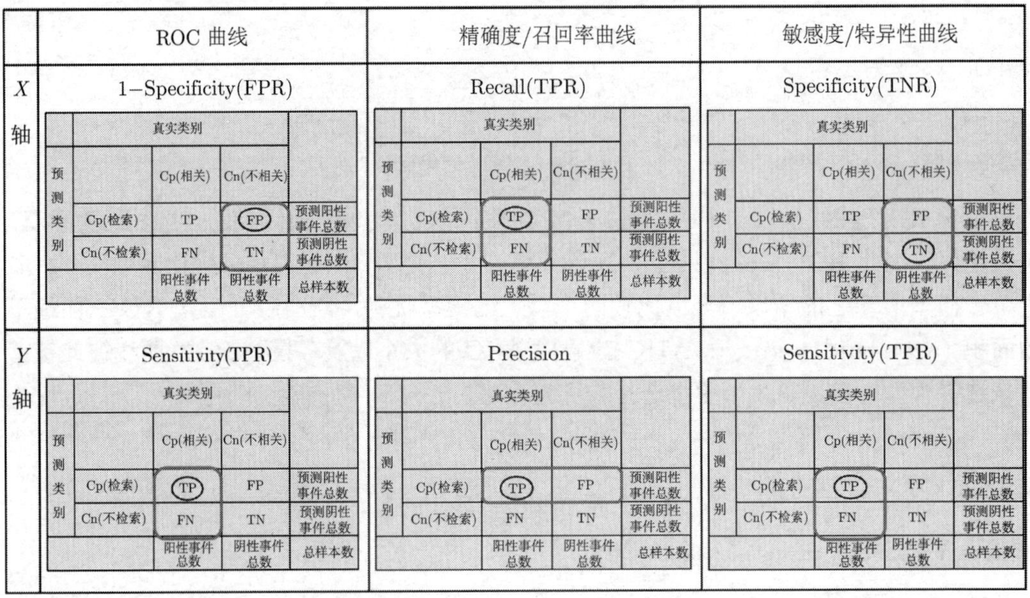

	ROC 曲线	精确度/召回率曲线	敏感度/特异性曲线
X 轴	1−Specificity(FPR) 真实类别 预测类别 Cp(相关) Cn(不相关) Cp(检索) TP FP 预测阳性事件总数 Cn(不检索) FN TN 预测阴性事件总数 阳性事件总数 阴性事件总数 总样本数	Recall(TPR) 真实类别 预测类别 Cp(相关) Cn(不相关) Cp(检索) TP FP 预测阳性事件总数 Cn(不检索) FN TN 预测阴性事件总数 阳性事件总数 阴性事件总数 总样本数	Specificity(TNR) 真实类别 预测类别 Cp(相关) Cn(不相关) Cp(检索) TP FP 预测阳性事件总数 Cn(不检索) FN TN 预测阴性事件总数 阳性事件总数 阴性事件总数 总样本数
Y 轴	Sensitivity(TPR) 真实类别 预测类别 Cp(相关) Cn(不相关) Cp(检索) TP FP 预测阳性事件总数 Cn(不检索) FN TN 预测阴性事件总数 阳性事件总数 阴性事件总数 总样本数	Precision 真实类别 预测类别 Cp(相关) Cn(不相关) Cp(检索) TP FP 预测阳性事件总数 Cn(不检索) FN TN 预测阴性事件总数 阳性事件总数 阴性事件总数 总样本数	Sensitivity(TPR) 真实类别 预测类别 Cp(相关) Cn(不相关) Cp(检索) TP FP 预测阳性事件总数 Cn(不检索) FN TN 预测阴性事件总数 阳性事件总数 阴性事件总数 总样本数

注: 方框为分母, 圆框为分子

图 3.7　不同领域常用分类模型性能可视化曲线整理

3.3 模型选择与评定

模型选择 (model selection)，或称模型优化 (model optimization) 的工作包括同一模型不同参数的调校 (within model)，以及跨越不同模型的比较 (between models)；**模型评定 (model assessment)**，或称未来性能估计 (performance estimate)，则是在确定最优模型后，合理地估计其未来实际应用上可能的性能表现。两者都需要搭配统计机器学习的多种训练与测试的机制，才能客观地完成这些建模任务。各种训练/测试机制的差别在于运用不同的抽样或重抽样 (resampling) 策略，挑选训练样本集 (training set) 用以建立模型，验证集 (validation set) 用以调校 (或优化) 模型参数，以及运用测试集 (test set) 合理估计模型未来性能，其中重抽样方法会在 3.3.1 节进行说明，模型选择与评定工作都必须运用 3.2 节模型性能评量的不同准则进行计算。

对于模型选择工作来说，简单而能快速计算的性能评量准则在实践时较为可行，因为待调的参数组合可能上百成千，建模者有时需要用启发式算法 (如基因算法 genetic algorithms)，评估众多的候选模型，这时计算速度就需要慎重考虑；而就最佳模型的性能估计工作来说，性能准则的计算时间并非是最重要的，建模者要考虑的是如何获致模型未来面对新案例时，其可信的性能表现究竟为何。再者，模型选择与评定估计工作应避免使用相同的样本进行训练、调校与测试，建模者应根据手中样本的多寡，实行 3.3.1 节的数据分割 (data splitting) 方法后进行建模。

3.3.1 重抽样与数据分割方法

抽样理论说明如何有效地从母体中提取所需要的样本信息，进行统计推论与建模。无论是何种抽样方法，都会将抽样变异 (sampling variations) 引入数据中。因此，当分析的对象是样本而非母体时 (或无法确定是母体时)，必须建立能适合刻画抽样变异的概率模型 (probability models) 进行演绎分析，才能获得理论支撑的结果。概率模型经常用来处理非理想状况下的决策，是重要的不确定建模工具之一。从抽样的角度来说，概率模型让我们了解由样本计算而来的统计值 (statistics，或称点估计值 point estimate)，其源自于抽样变异的不确定程度。考虑抽样的变异后，可将点估计延伸为区间估计 (interval estimate)，并据此进行假说检定 (hypothesis testing)。限于篇幅本书将略过此部分，请读者自行参阅相关统计书籍，后续仅讨论与模型选择与评定相关的重抽样方法。

重抽样方法 (resampling methods) 是当代统计学不可或缺的工具之一，resampling 意思是重复抽样，它反复地从训练集或数据集中抽出可能不同的各组样本，并重新拟合各组样本的模型，以获得模型相关的额外信息。举例来说，如欲估计线性回归模型的变异性，对每一组重抽样训练样本拟合模型后查看各模型性能的差异程度，这种做法使我们获得只用原训练集拟合一次而无法获得的额外信息。

常用的重抽样方法有**拔靴抽样 (bootstrapping)** 与k **折交叉验证 (k fold cross validation)**，拔靴法实行多次回置抽样的方式，取出通常与原样本大小相同的子集，因此总有一些样本从未被用来拟合模型，这些样本称为**袋外样本 (out-of-bag samples)**，是估计模型性能的最佳子集。拔靴一词出现在北方寒冷的冬天，穿套长靴时须利用后方靴带，用杠杆原理稍微撬开长靴，才能顺利地套脚入靴 (lever off to great success from a small beginning)。

下面以空气质量数据集 airquality 为例，运用 R 语言包 {boot} 示范重复 1000 次的拔靴抽样，每次取出样本子集后拟合臭氧 Ozone 对风速 Wind 与温度 Temp 的线性回归模型，并计算各次的 R^2 值，最后可视化所有拔靴抽样估计的 R^2，并建构其置信区间，如图 3.8 所示。

```
# 了解 airquality 的数据结构
str(airquality)
```

```
## 'data.frame':    153 obs. of  6 variables:
##  $ Ozone  : int  41 36 12 18 NA 28 23 19 8 NA ...
##  $ Solar.R: int  190 118 149 313 NA NA 299 99 19 194 ...
##  $ Wind   : num  7.4 8 12.6 11.5 14.3 14.9 8.6 13.8 20.1 8.6 ...
##  $ Temp   : int  67 72 74 62 56 66 65 59 61 69 ...
##  $ Month  : int  5 5 5 5 5 5 5 5 5 5 ...
##  $ Day    : int  1 2 3 4 5 6 7 8 9 10 ...
```

```
# 分别可视化 Ozone 与 Wind 与 Temp 的关系
op <- par(mfrow = c(1,2))
plot(Ozone ~ Wind, data = airquality,
main = "Ozone against Wind")
plot(Ozone ~ Temp, data = airquality,
main = "Ozone against Temp")
```

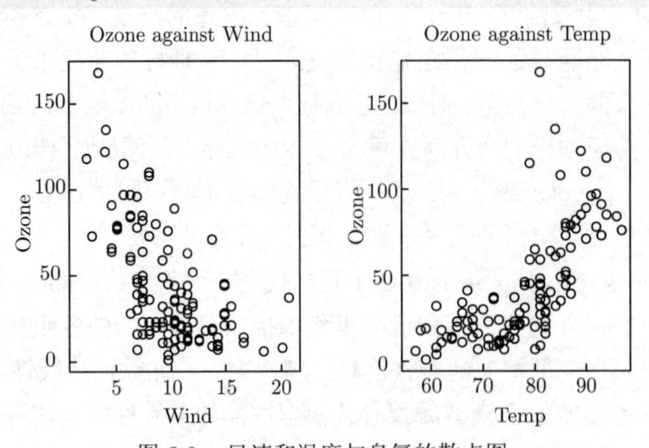

图 3.8 风速和温度与臭氧的散点图

```
# 还原图面原始设定
par(op)
```

接着加载拔靴抽样包 {boot}，并先定义统计值计算函数 rsq()，其内容为根据后面的 boot() 函数传入的样本编号 indices，选取拔靴样本 data[indices]，再拟合模型公式 formula 给定的多元线性模型，最后返回各模型 fit 摘要报表中的统计量 r.square。

```
# R 语言拔靴抽样包 {boot}
library(boot)
# 定义拔靴抽样函数 boot() 所用的统计值计算函数 rsq()
rsq <- function(formula, data, indices) {
  # 结合下面 boot() 函数，选取拔靴样本 d
  d <- data[indices,]
  # 用拔靴样本 d 建立模型
  fit <- lm(formula, data = d)
  # 返回模型适合度统计量 r.square
  return(summary(fit)$r.square)
}
```

拔靴抽样实际上是通过 boot() 函数对 airquality 数据集 (data 参数) 进行 1000 次 (参数 R) 拔靴抽样与统计值计算 (statistic 参数等于上面 rsq() 函数)。查阅 boot() 说明文档?boot 后，可发现参数 formula 在 boot() 函数中并无任何对应的参数关键词，其实它是 R 语言函数中的三点特殊参数...(three dots construct，参见 http://ipub.com/r-three-dots-ellipsis/)，此处利用它将 formula 对应的建模公式，传入前方 rsq() 函数同名的参数。这种特殊参数非常有用，因为在定义函数 rsq() 时无须确定参数 formula 的内容，而是在 boot() 调用 rsq() 时才传入 formula 的具体内容，供 rsq() 函数内 lm() 建模使用，这样的参数传递方式很有弹性，数据科学家应该逐步纯熟运用。

```
# 请读者自行查阅 boot() 说明文档?boot，并注意参数关键词
# 拔靴抽样建模与统计计算完成后存为 bootaq 对象
bootaq <- boot(data = airquality, statistic = rsq, R = 1000,
formula = Ozone ~ Wind + Temp)
```

拔靴抽样统计完成后，用 head() 函数抓取前六次拔靴样本建模后的 R^2，bootaq 报表显示其为普通的无母数拔靴抽样，最下方 Bootstrap Statistics 的内容为所有样本建模拟合一次，计算得到的 R^2(original)，1000 次拔靴抽样建模后 R^2 与所有样本下 R^2 的偏误 (bias)，然后是拔靴抽样 R^2 与所有样本 R^2 的标准误 (std. error)。最后，用 plot() 方法绘出图 3.9 中 1000 次拔靴样本统计量 R^2 的直方图与正态分位数可视化检验图，boot.ci() 返回置信水平为 95% 的 R^2 置信区间。

```
# 1000 次拔靴抽样下回归模型的 r.square 值
head(bootaq$t)
```

```
##        [,1]
## [1,] 0.6430
## [2,] 0.5178
## [3,] 0.5661
## [4,] 0.5585
## [5,] 0.5727
## [6,] 0.5763
```

```
length(bootaq$t)
```

```
## [1] 1000
```

```
# 拔靴抽样统计报表
bootaq
```

```
##
## ORDINARY NONPARAMETRIC BOOTSTRAP
##
##
## Call:
## boot(data = airquality, statistic = rsq, R =
## 1000, formula = Ozone ~
## Wind + Temp)
##
##
## Bootstrap Statistics :
## original bias std. error
## t1* 0.5687 0.01092 0.05043
```

```
class(bootaq)
```

```
## [1] "boot"
```

```
# 拔靴样本统计量绘图
plot(bootaq)
```

```
# r.square 区间估计
boot.ci(bootaq)
```

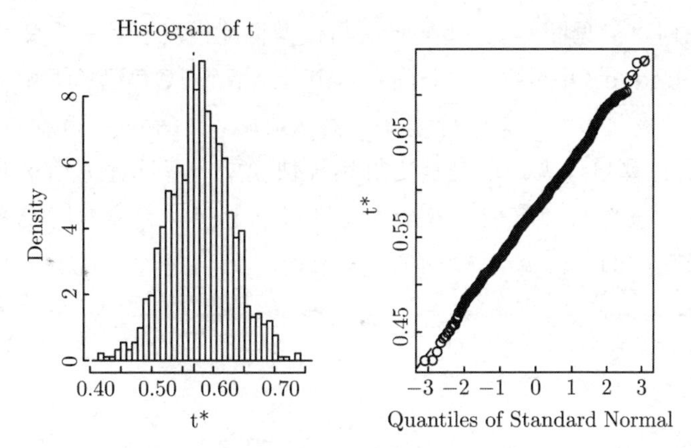

图 3.9 拔靴抽样样本统计量 R^2 直方图与正态分位数图

```
## BOOTSTRAP CONFIDENCE INTERVAL CALCULATIONS
## Based on 1000 bootstrap replicates
##
## CALL :
## boot.ci(boot.out = bootaq)
##
## Intervals :
## Level      Normal              Basic
## 95%   ( 0.4590,  0.6566 )   ( 0.4522,  0.6530 )
##
## Level     Percentile            BCa
## 95%   ( 0.4844,  0.6852 )   ( 0.4455,  0.6506 )
## Calculations and Intervals on Original Scale
## Some BCa intervals may be unstable
```

交叉验证是另一种常用的重抽样方法，它随机 k 等分 (通常是十等分) 样本集后，每次保留一份作为测试集样本，而用其余 $(k-1)$ 份样本进行模型训练。交叉验证执行第一次时用第一份 (折) 之外的所有样本拟合模型，保留下来的第一份样本用来估计拟合模型的性能；接着第一份样本回到训练集，保留下一份样本 (即第二折) 作为测试样本，其余样本拟合模型，如此反复执行直到各折样本均担任过测试估计的任务后才终止。图 3.10 中红色 (x) 与蓝色 (o) 的样本点，在分别担任最后一次的测试集与训练集后，才完成十折交叉验证完整一回合的训练与测试。从上面的说明可发现，交叉验证 k 次训练与测试其测试集样本完全不同，而训练集样本则不尽相同。

k 折交叉验证常用于模型选择 (或优化) 工作上，如果在固定的模型复杂度或参数组合下，完成一回合的 k 折交叉验证，会获得 k 个或有不同的重抽样性能估计值，这些性能估计值可进一步运用平均数与标准偏差等摘要统计计算，以了解各个模型复杂度或参数组合下模型性能表现如何，参见图 3.11 交叉验证与模型性能概况表。k 折交叉验证的极致运用是**留一交叉验证 (Leave-One-Out Cross Validation, LOOCV)**，顾名思义，LOOCV 的折数即为样本数，每次只留下单一样本作为测试数据，其余 $(n-1)$ 个样本用来训练模型，因此 LOOCV 所需计算量最大，但是能更好地评估模型，降低评估结果的变异性。总结来说，交叉验证与拔靴抽样两种重抽样方法的差别只在于样本子集如何被挑出，而汇整与摘要统计的方式则是相同的。

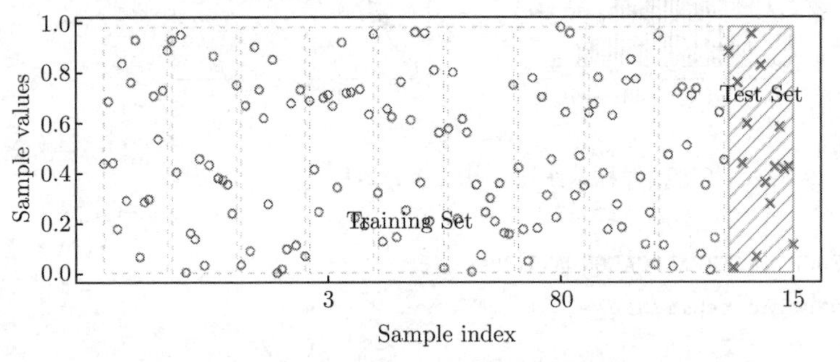

图 3.10　十折交叉验证示意图

<table>
<tr><td colspan="2">参数 / 交叉验证</td><td>组合A</td><td>组合B</td><td>⋯</td><td>组合Q</td></tr>
<tr><td colspan="2">1</td><td rowspan="4">k 次测试性能值</td><td rowspan="4">k 次测试性能值</td><td rowspan="4">⋯</td><td rowspan="4">k 次测试性能值</td></tr>
<tr><td colspan="2">2</td></tr>
<tr><td colspan="2">⋮</td></tr>
<tr><td colspan="2">k</td></tr>
<tr><td rowspan="2">性能统计</td><td>集中趋势</td><td colspan="4">各参数组合下性能概况</td></tr>
<tr><td>分散程度</td><td colspan="4">各参数组合下性能概况</td></tr>
</table>

图 3.11　交叉验证与模型性能概况表

实际应用重抽样策略时应注意各种方法的不确定性 (受数据变异程度或噪声多寡的影响)，一般而言，k 折交叉验证相较于其他方法有较高的变异，但当训练集较大时则此问题较不严重。此外，k 大时计算量大，k 小时偏误 (bias) 与拔靴法差不多，但变异却较拔靴法大很多，因为拔靴法采用回置抽样，所以变异较小。不过实践时多采用十折交叉验证，除了计算量合理，其结果也与 LOOCV 较接近。最后，**重复的 k 折交叉验证 (repeated k-fold**

cross-validation) 可有效提高估计的精确度，同时保持小的偏误，不过其计算工作相对沉重。

数据分割对于模型选择的工作非常重要，基本的想法是避免球员兼裁判，也就是绝对避免使用相同的数据集来训练模型并接着测试。数据分割除了前述两种重抽样方法外，图 3.1 简单**保留法 (holdout)** 也是常见的实战做法，具体而言有下列三种分割方式 (Varmuza and Filzmoser, 2009)：

(1) 第一种方式即在样本充足的情况下，通常将其分割为三个子集：50% 的训练集用来建立模型，25% 的验证集用来进行模型参数优化，以及 25% 的测试集用来测试最终模型，希望获得未来新案例的真实且可靠的性能估计值，上述分割比例可以弹性调整。假设有 A 与 B 两组参数可能值需要比较，各自用完全相同的训练集建模，再代入完全相同的验证集到 A、B 模型中，选择表现优者决定最佳参数，最后用测试集估计模型未来性能。此法因保留部分比例样本进行模型调参与未来性能估计，可视为图 3.1 的保留法。某些领域中较少使用这种训练测试机制，因其所搜集到样本通常较少，例如化学计量学 (也可称计量化学，后交叉发展为生物信息学) 或生物医学等领域。

(2) 第二种方式将数据集分割为校验集 (calibration set)(注：校验集经常称为训练集) 与测试集，分别调校或优化模型复杂度与参数，以及估计新案例预测性能。图 3.12 显示校验集会用前述交叉验证或拔靴法再细分为训练集与验证集，反复进行各模型复杂度 (如 5.1.2 节偏最小二乘法中的最佳成分个数 `ncomp`) 或参数组合 (如 5.2.4 节 C5.0 算法中的叶节点的最小样本数 `minCases`，与建树前是否先行特征筛选 `winnow`) 下的性能估算，以决定最佳的模型复杂度或参数组合，此称为运用重抽样法进行模型优化的过程 (图 3.11交叉验证与模型性能概况表)；最后再以整个校验集建立最佳复杂度或最佳参数组合下的最终模型，并代入测试集估计最终模型的预测性能。

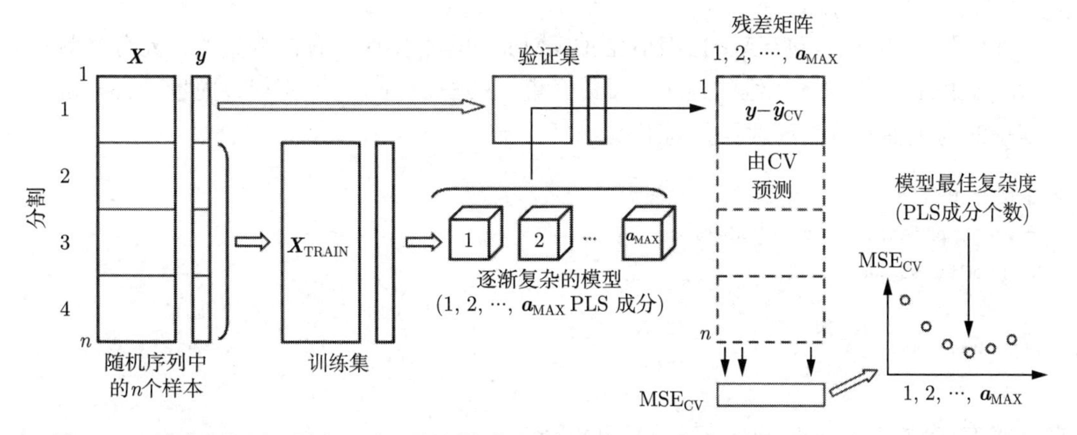

图 3.12 校验集运用四折交叉验证估计模型最佳复杂度示意图 (Varmuza and Filzmoser, 2009)

(3) 第三种方式称为**双重重抽样法 (double resampling)**，此法先用交叉验证或拔靴法将数据集分割为校验集与测试集 (外圈重抽样)；接着对各校验集运行交叉验证或拔靴抽样，实施前述的运用重抽样法来进行模型优化的过程 (此为内圈重抽样)；回到外圈后再用外圈重抽样所决定的测试集估计最佳模型的性能表现，如此内外圈反复执行所需计算量应是负担最重的训练与测试机制 (参见图 3.13)。不过此机制充分运用数据集中的各个样本，基本上所有样本都会作为训练样本、验证样本与测试样本，但不会有样本同时参与模型建立与未来性能的估计工作，也就是说不会发生球员兼裁判的状况。

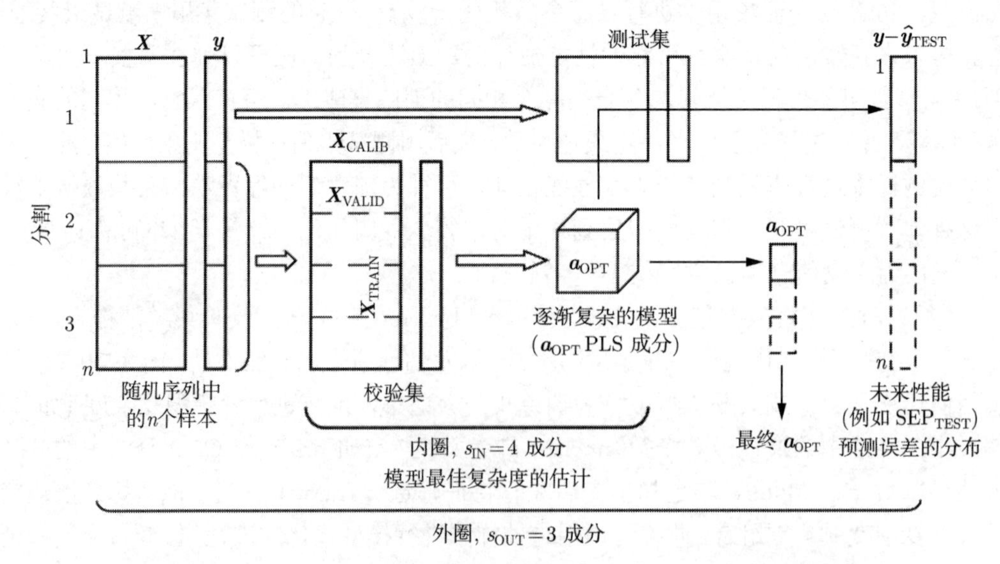

图 3.13　三加四折双重交叉验证优化模型复杂度与估计未来预测性能示意图 (Varmuza and Filzmoser, 2009)

我们加载 R 语言包 {AppliedPredictiveModeling} 中两个预测变量的二元分类数据集 `twoClassData`，它包含二维的预测变量数据集 `predictors` 与类别标签向量 `classes`，实现保留法与重抽样方法的数据分割工作。

```
# 加载 R 语言包与二元分类数据集
library(AppliedPredictiveModeling)
data(twoClassData)
# 查看特征矩阵结构
str(predictors)
```

```
## 'data.frame':    208 obs. of  2 variables:
##  $ PredictorA: num  0.158 0.655 0.706 0.199 0.395 ...
##  $ PredictorB: num  0.1609 0.4918 0.6333 0.0881 0.4152 ...
```

```
# 查看类别标签因子向量结构
str(classes)
```

```
##  Factor w/ 2 levels "Class1","Class2": 2 2 2 2 2 2 2 2 2 2 ...
```

{caret} 包有四种数据分割函数：`creatDataPartition()` 函数产生保留法的训练与测试样本、`createResamples()` 函数进行拔靴抽样、`createFolds()` 函数产生 k 折交叉验证样本，以及产生重复式 (repeated)k 折交叉验证样本的 `createMultiFolds()` 函数。

保留法须设定训练样本比例参数 `p`，参数 `list` 设为 `FALSE` 时返回结果为单列观测值编号矩阵 `trainingRows`，其中行数计算方式为 $\text{floor}(\text{length}(\text{classes})\cdot \text{p})$，参数 `times=1` 表示默认重复一次的保留法数据分割。

```
library(caret)
# 简单保留法
trainingRows <- createDataPartition(classes, p = .80,
list=FALSE)
head(trainingRows)
```

```
##      Resample1
## [1,]         1
## [2,]         2
## [3,]         3
## [4,]         4
## [5,]         7
## [6,]         8
```

根据 `trainingRows` 的观测值编号挑出训练特征矩阵与其对应的类别标签，测试特征矩阵与其类别标签也按此处理。

```
# 训练集特征矩阵与类别标签
trainPredictors <- predictors[trainingRows, ]
trainClasses <- classes[trainingRows]
# 测试集特征矩阵与类别标签 (R 语言负索引值)
testPredictors <- predictors[-trainingRows, ]
testClasses <- classes[-trainingRows]
# 208*0.8 无条件进位后取出 167 个训练样本
str(trainPredictors)
```

```
## 'data.frame':    167 obs. of  2 variables:
##  $ PredictorA: num  0.1582 0.6552 0.706 0.1992 0.0658 ...
##  $ PredictorB: num  0.1609 0.4918 0.6333 0.0881 0.1786 ...
```

```
# 剩下 41 个测试样本
str(testClasses)
```

```
##  Factor w/ 2 levels "Class1","Class2": 2 2 2 2 2 2 2 2 2 2 ...
```

```
length(testClasses)
```

```
## [1] 41
```

只要将参数 times 设定为 3，creatDataPartition() 函数也可以实现重复三次的保留法训练/测试机制：

```
set.seed(1)
# 重复三次的保留法
repeatedSplits <- createDataPartition(trainClasses, p = .80,
times = 3)
# 三次训练集样本编号形成的列表
str(repeatedSplits)
```

```
## List of 3
##  $ Resample1: int [1:135] 1 2 3 4 6 7 9 10 11 12 ...
##  $ Resample2: int [1:135] 1 2 3 4 5 6 7 9 10 11 ...
##  $ Resample3: int [1:135] 1 2 3 4 5 7 8 9 11 12 ...
```

如果实行前述的第二种数据分割方式，trainingRows 挑出的子集可视为校验集，通常再结合交叉验证或拔靴抽样等重抽样方法，将校验集继续分为训练集与验证集，进行模型参数调校；而测试集则留作最后模型的性能估计。接下来对训练集 (应称为校验集) 做 k 折交叉验证，createFolds() 将校验集的类别标签 trainClasses 分为十组 (无法等分)，返回十次的观测值编号。

```
set.seed(1)
# 将校验集样本做十折互斥分割 (图 3.12 为四折)
cvSplits <- createFolds(trainClasses, k = 10, returnTrain =
 TRUE)
# 返回十次测试样本编号 (returnTrain 默认为 FALSE)
cvSplitsTest <- createFolds(trainClasses, k = 10)
# 训练样本无法十等分
# 所以 167/10 ~= 16.7, 每次结果为 151 + 16 或 150 + 17
str(cvSplits)
```

```
## List of 10
##  $ Fold01: int [1:150] 1 2 4 5 6 7 8 10 11 13 ...
```

```
##  $ Fold02: int [1:150] 1 2 3 4 6 7 8 9 10 11 ...
##  $ Fold03: int [1:150] 1 3 4 5 6 7 8 9 10 11 ...
##  $ Fold04: int [1:150] 1 2 3 4 5 6 7 8 9 10 ...
##  $ Fold05: int [1:150] 2 3 4 5 6 7 8 9 10 11 ...
##  $ Fold06: int [1:150] 1 2 3 4 5 6 7 8 9 11 ...
##  $ Fold07: int [1:150] 1 2 3 4 5 6 7 9 10 12 ...
##  $ Fold08: int [1:151] 1 2 3 4 5 6 8 9 10 11 ...
##  $ Fold09: int [1:151] 1 2 3 5 6 7 8 9 10 11 ...
##  $ Fold10: int [1:151] 1 2 3 4 5 7 8 9 10 11 ...
```

```
# 各参数组合第一次交叉验证的 151 个训练样本
cvSplits[[1]]
```

```
##   [1]   1   2   4   5   6   7   8  10  11  13  14  16
##  [13]  17  18  19  20  21  22  23  24  25  26  27  28
##  [25]  29  30  31  32  34  35  36  37  38  39  40  41
##  [37]  42  43  46  47  48  49  50  51  52  53  54  55
##  [49]  56  57  58  60  61  62  63  64  65  66  67  68
##  [61]  69  70  71  72  73  74  75  76  77  78  79  80
##  [73]  82  84  85  86  87  88  89  90  91  92  93  94
##  [85]  95  96  97  98  99 100 101 102 103 104 105 106
##  [97] 107 108 109 110 111 113 114 115 116 117 118 119
## [109] 120 123 124 125 126 127 128 130 131 132 133 134
## [121] 135 136 137 138 139 140 141 142 143 144 145 146
## [133] 147 148 149 150 151 154 155 156 157 158 159 161
## [145] 162 163 164 165 166 167
```

```
# 差集运算函数求取第一次交叉验证的 16 个测试样本
setdiff(1:167, cvSplits[[1]])
```

```
##  [1]   3   9  12  15  33  44  45  59  81  83 112 121
## [13] 122 129 152 153 160
```

3.3.2 节将以实际的 R 程序代码说明如何运用数据分割，决定最佳的模型参数或复杂度。

3.3.2 单类模型参数调校

与随机误差建模相关的参数 (parameters) 有两种：一种是可以直接利用数据估计其值的模型参数；另一种则是不易从数据中估计的**超参数 (hyperparameters)**，通常也简称为参数 (本书明确区分参数与超参数)。以回归模型为例，模型参数指的是回归方程式的截距与斜率系数。然而统计机器学习的过程中，还有其他参数必须在训练与测试开始前就设定好，这些无法在模型训练时估计其值的参数称为超参数，例如，回归方程式的预测变量集、式 (5.39) 支持向量机中径向基底核函数的参数 σ，式 (6.9) 人工神经网络参数优化算法中的学习率 α 与隐藏层节点数等网络拓扑设计参数。广义来说，甚至是建模前对于各种解题方法的选择，例如，究竟要实行 6.1 节的**性能提升树 (boosted trees)**，还是**随机森林 (random forest)** 的方法论选择问题，都可视为是超参数。

姑且不论建模方法的选择，也就是在建模方法确定的情况下，分析者须明确设定超参数的值，或根据运算软件默认的超参数值，才能进行模型的训练与测试。现代数据建模工具便利，我们常常因为有默认值，而忽略对算法超参数应有的关注。数据科学家须注意各种超参数的可能值范围，以及其值对模型的复杂度与训练速度的影响，下面我们用 R 语言实现参数调校与模型选择。

以分类模型为例，模型选择与性能评定流程如图 3.14 所示 (Varmuza and Filzmoser, 2009)。假设手上所有的数据为 k 类的 n 个样本，首先根据 3.3.1 节第二种数据分割方法，随机挑选出校验集样本，剩下的为测试集样本，两子集的 k 类频率分布必须与整体的 k 类频率分布相近。接着用校验集样本进行图 3.15 中模型复杂度或参数组合的调校过程 (Kuhn

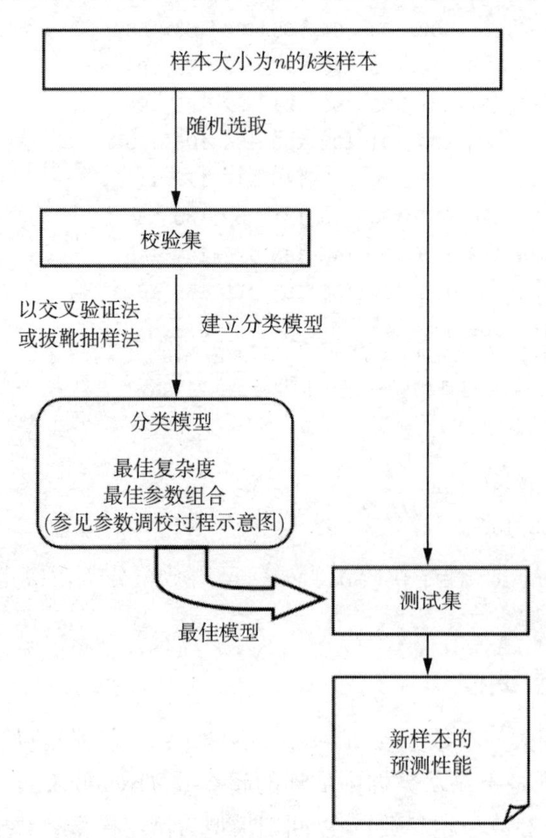

图 3.14　分类模型选择与性能评定流程 (Varmuza and Filzmoser, 2009)

and Johnson, 2013)；找到最佳复杂度或参数组合的模型后，回到图 3.14 再用测试数据集估计最佳模型对未来新样本的预测性能。

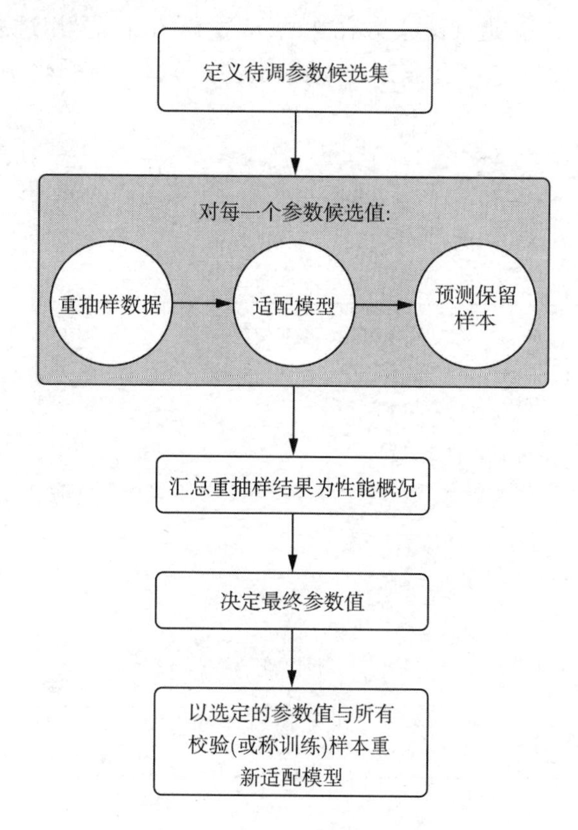

图 3.15　参数调校过程示意图 (Kuhn and Johnson, 2013)

R 语言包 {caret} 提供参数调校的训练与测试流程化函数 `train()`，它结合重抽样方法评估不同模型参数对性能的影响，并从中选出最佳模型 (`https://topepo.github.io/caret/model-training-and-tuning.html`)。用户根据参数调校的校验集，运用重抽样方法分割出参数调校训练集与测试集 (图 3.15)。在待调参数候选集下，例如，偏最小二乘法回归 (5.1.2 节) 须决定欲评估的成分个数 $p = 1, 2, 3, \cdots$；或是下例中 k 近邻法分类 (5.2.2 节) 的近邻个数 $k = 1, 2, 3, \cdots$，($k = 10$ 时，示意图如图 3.16) 对每一个候选值进行校验集数据重抽样。无论是 k 折交叉验证 (单次或重复)、留一交叉验证还是重复多次的拔靴抽样等，每一个候选值都要完成一回合完整的训练与测试，统计图 3.11 中的性能评估概况 (profile)，通常是分类正确率或回归 RMSE 的算术平均数与标准误，最后根据性能评估概况选定最终参数值。`train()` 函数默认用性能评估的最佳方向 (例如，最大化正确率或最小化 RMSE) 为选模准则，虽然仍有其他不同的模型选择方法，如 one-SE 准则 (参见图 3.19)。

R 语言包 {ISLR} 中有 2001—2005 年的 S&P 500 指数数据，每笔日观测值包含当天百分比报酬 (Today)、前五天百分比报酬 (Lag1~Lag5)、成交量 (Volumn)，以及当天报酬的涨跌方向 (Direction)。k 近邻法分类 (5.2.2 节) 建模的目标是用过去五天的百分比报酬，预测当天 S&P 500 涨跌方向 (`https://rpubs.com/njvijay/16444`)。

```
# 加载 R 语言包与数据集
library(ISLR)
library(caret)
data(Smarket)
```

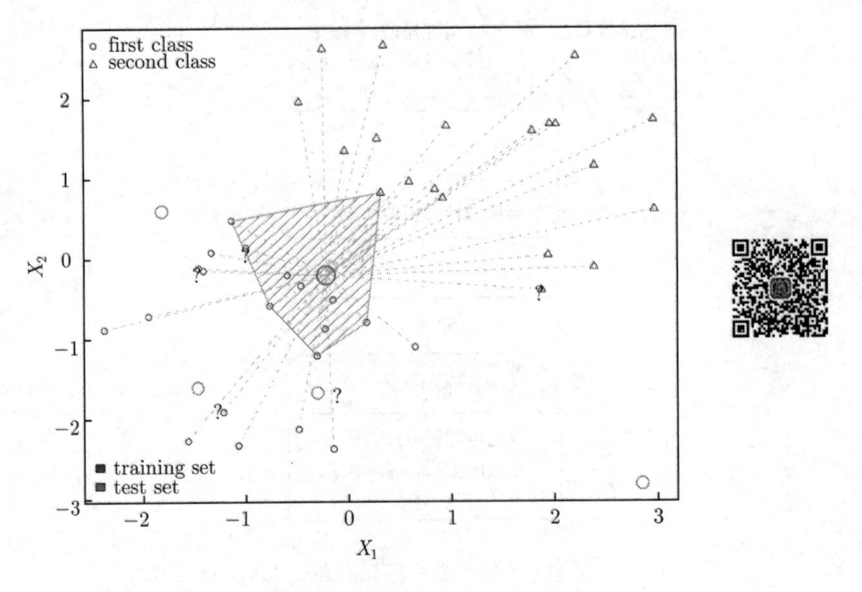

图 3.16　k 近邻法分类 ($k = 10$) 示意图

首先分割出 75% 的校验样本与 25% 的最终模型评定测试集，并查看原始数据与校验集及测试集中类别分布形态是否大致相同。

```
# 校验集与测试集分割
set.seed(300)
indxCalib <- createDataPartition(y = Smarket$Direction,
p = 0.75,list = FALSE)
calibration <- Smarket[indxCalib,]
testing <- Smarket[-indxCalib,]
# 类别分布形态查看 (校验集 vs. 测试集 vs. 整体)
prop.table(table(calibration$Direction)) * 100
```

```
##
```

```
## Down    Up
## 48.19 51.81
```

```
prop.table(table(testing$Direction)) * 100
```

```
##
## Down    Up
## 48.08 51.92
```

```
prop.table(table(Smarket$Direction)) * 100
```

```
##
## Down    Up
## 48.16 51.84
```

接着用逻辑值索引挑出校验集特征矩阵 calibX，并进行必要的标准化前处理，报表显示 8 个预测变量均已完成标准化。

```
# 校验集特征矩阵与前处理
calibX <- calibration[,names(calibration) != "Direction"]
preProcValues <- preProcess(x = calibX, method = c("center",
"scale"))
preProcValues
```

```
## Created from 938 samples and 8 variables
##
## Pre-processing:
##   - centered (8)
##   - ignored (0)
##   - scaled (8)
```

重复三次的十折交叉验证为本案例的重抽样方法 (method = "repeatedcv", repeats = 3)，并用默认的 20 个参数可能值 (k 从 5 到 43 的间距为 2) 进行参数调校。

```
set.seed(400)
# 校验集重抽样方法设定
ctrl <- trainControl(method = "repeatedcv", repeats = 3)
# 图 3.15 对每一个参数候选值进行训练与测试
knnFit <- train(Direction ~ ., data = calibration, method =
"knn", trControl = ctrl, preProcess = c("center","scale"),
tuneLength = 20)
```

结果报表 knnFit 显示 938 个校验样本每次十折重抽样的样本大小不一 (844, 843, 845, 844, 845, 843, $\cdots$)，20 个 k 值下平均正确率与 Kappa 系数紧接在后，最佳参数是根据正确率最高的准则选定 $k = 43$。

```
# 重要的参数调校报表
knnFit
```

```
## k-Nearest Neighbors
##
## 938 samples
##   8 predictor
##   2 classes: 'Down', 'Up'
##
## Pre-processing: centered (8), scaled (8)
## Resampling: Cross-Validated (10 fold, repeated 3 times)
## Summary of sample sizes: 844, 844, 844, 844, 844, 844, ...
## Resampling results across tuning parameters:
##
##   k   Accuracy  Kappa
##    5  0.8828    0.7649
##    7  0.8870    0.7732
##    9  0.8927    0.7846
##   11  0.8973    0.7939
##   13  0.8927    0.7845
##   15  0.8924    0.7837
##   17  0.8959    0.7908
##   19  0.8952    0.7894
##   21  0.8991    0.7973
##   23  0.9037    0.8066
##   25  0.9027    0.8044
##   27  0.9034    0.8058
##   29  0.9044    0.8079
##   31  0.9012    0.8014
##   33  0.9005    0.7999
##   35  0.8998    0.7984
##   37  0.9012    0.8013
##   39  0.9019    0.8027
##   41  0.9002    0.7992
##   43  0.8995    0.7978
##
## Accuracy was used to select the optimal model
##  using the largest value.
## The final value used for the model was k = 29.
```

```
# 各参数候选值更详细的性能评估概况
knnFit$results
```

```
##     k Accuracy  Kappa AccuracySD KappaSD
## 1   5   0.8828 0.7649    0.03078 0.06174
## 2   7   0.8870 0.7732    0.02841 0.05706
## 3   9   0.8927 0.7846    0.02924 0.05877
## 4  11   0.8973 0.7939    0.02965 0.05955
## 5  13   0.8927 0.7845    0.02449 0.04930
## 6  15   0.8924 0.7837    0.02943 0.05942
## 7  17   0.8959 0.7908    0.02709 0.05471
## 8  19   0.8952 0.7894    0.02610 0.05258
## 9  21   0.8991 0.7973    0.02268 0.04578
## 10 23   0.9037 0.8066    0.02304 0.04642
## 11 25   0.9027 0.8044    0.02217 0.04470
## 12 27   0.9034 0.8058    0.02055 0.04136
## 13 29   0.9044 0.8079    0.02159 0.04350
## 14 31   0.9012 0.8014    0.02412 0.04871
## 15 33   0.9005 0.7999    0.02508 0.05069
## 16 35   0.8998 0.7984    0.02378 0.04818
## 17 37   0.9012 0.8013    0.02602 0.05263
## 18 39   0.9019 0.8027    0.02700 0.05463
## 19 41   0.9002 0.7992    0.02257 0.04567
## 20 43   0.8995 0.7978    0.02330 0.04720
```

```
# 图胜于表，上表前两栏的折线图如图 3.17 所示
plot(knnFit)
```

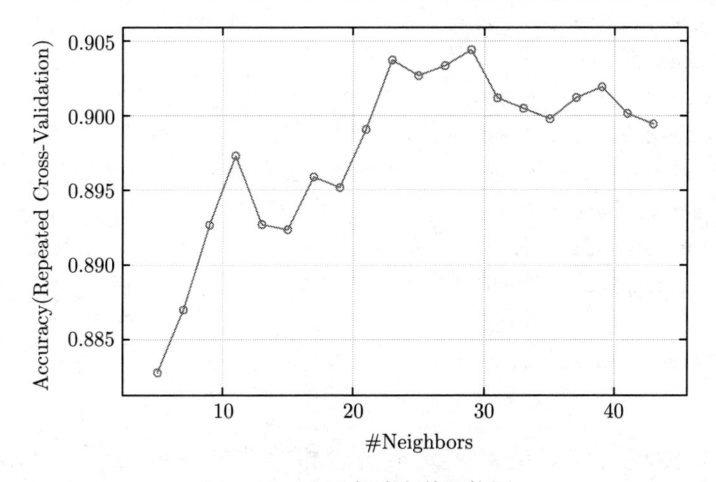

图 3.17　k 近邻法参数调校图

最佳模型确定后，predict() 方法会自动用 $k = 43$ 的最佳模型，对测试数据集 testing 进行预测。再将测试集预测值与实际值两向量传入 confusionMatrix()，产生混淆矩阵、正确率与 Kappa 值及其 95% 置信区间与统计检定的 p 值，除了整体指标外，还有 3.2.2.4 节提到的各种类别相关性能指标。

```
# 自动用最佳模型 (k=43) 预测最终测试集样本
knnPredict <- predict(knnFit, newdata = testing)
# 混淆矩阵、整体分类性能指标与类别相关指标
confusionMatrix(knnPredict, testing$Direction )
```

```
## Confusion Matrix and Statistics
##
##           Reference
## Prediction Down  Up
##       Down  123   6
##       Up     27 156
##
##                Accuracy : 0.894
##                  95% CI : (0.855, 0.926)
##     No Information Rate : 0.519
##     P-Value [Acc > NIR] : < 2e-16
##
##                   Kappa : 0.787
##
##  Mcnemar's Test P-Value : 0.000499
##
##             Sensitivity : 0.820
##             Specificity : 0.963
##          Pos Pred Value : 0.953
##          Neg Pred Value : 0.852
##              Prevalence : 0.481
##          Detection Rate : 0.394
##    Detection Prevalence : 0.413
##       Balanced Accuracy : 0.891
##
##        'Positive' Class : Down
##
```

我们产生预测值与实际值对应元素是否相等的真假值向量，再用其平均值核验 confusionMatrix() 报表中的 Accuracy 是否正确。

```
# 核验 Accuracy 是否正确
mean(knnPredict == testing$Direction)
```

```
## [1] 0.8942
```

最后，用 3.2.3 节模型性能可视化 R 包 {pROC} 的 roc() 函数，传入测试数据真实类别与其为阳例 (这处为 Down) 的预测概率值，产生 ROC 曲线图并计算 AUC，如图 3.18 所示。

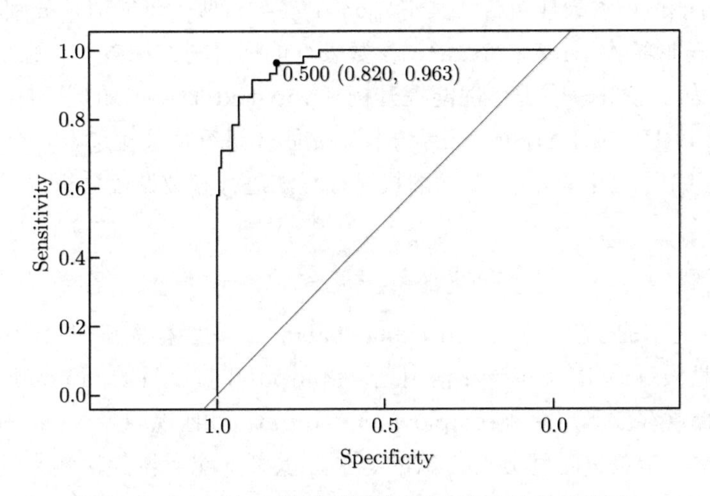

图 3.18 k 近邻分类模型的测试数据操作特性曲线图

```
# 加载 ROC 曲线绘制与分析包
library(pROC)
# 绘制 ROC 曲线须计算测试数据的类别概率预测值
knnPredict <- predict(knnFit, newdata = testing , type="prob")
knnROC <- roc(testing$Direction, knnPredict[,"Down"])
```

```
## Setting levels: control = Down, case = Up

## Setting direction: controls > cases
```

```
# 类别"roc"
class(knnROC)
```

```
## [1] "roc"
```

```
# AUC 值
knnROC$auc
```

```
## Area under the curve: 0.971
```

```
# 绘制 ROC 曲线
plot(knnROC, type = "S", print.thres = 0.5)
```

3.3.2.1 多个参数待调

许多建模方法有多个参数需要调校，以 5.2.4 节分类与回归树的 C5.0 模型参数调校为例，最简单的调校方式是按照 {caret} 包中 `train()` 函数对 `model`、`trials` 与 `winnow` 三个参数的默认可能值搜索最佳组合。其中 `model` 参数有两个可能值，分别是模型输出为规则集 (rules) 或树形结构 (tree)；`trials` 参数表性能提升树的株数 (参见 6.1.2 节多模激发法)，默认设定为 1 次 (即不进行**性能提升树 (boosted trees)** 的学习)、10 次或 20 次；`winnow` 参数为 TRUE 或 FALSE，表示建模前是否先进行特征挑选。三个待调参数所有可能值自动交叉汇编后，用默认为 25 次的拔靴抽样法进行参数调校分析。

```
# 导入信用风险数据集
credit <- read.csv("./_data/credit.csv")
```

因子与整数类型的 17 个特征，checking_balance：支票存款账户余额；months_loan_duration：还款期限；credit_history：信用记录；purpose：贷款目的；amount：贷款金额；savings_balance：储蓄存款账户余额；employment_duration：任现职多久；percent_of_income：缴费率或赔付率，指单位时间分期付款的金额，以可支配所得的比例来计算；years_at_residence：居住现址多久；age：年龄；other_credit：其他分期计划；housing：住屋状况；existing_loans_count：现存贷款笔数；job：职业；dependents：抚养亲属数；phone：名下是否有电话；default：是否违约等。

```
# 变量意义如上
str(credit)
```

```
## 'data.frame': 1000 obs. of 17 variables:
## $ checking_balance : Factor w/ 4 levels "< 0
## DM","> 200 DM",..: 1 3 4 1 1 4 4 3 4 3 ...
## $ months_loan_duration: int 6 48 12 42 24 36 24
## 36 12 30 ...
## $ credit_history : Factor w/ 5 levels
## "critical","good",..: 1 2 1 2 4 2 2 2 2 1 ...
## $ purpose : Factor w/ 6 levels
## "business","car",..: 5 5 4 5 2 4 5 2 5 2 ...
## $ amount : int 1169 5951 2096 7882 4870 9055
## 2835 6948 3059 5234 ...
## $ savings_balance : Factor w/ 5 levels "< 100
## DM","> 1000 DM",..: 5 1 1 1 1 5 4 1 2 1 ...
```

```
## $ employment_duration : Factor w/ 5 levels "< 1
## year","> 7 years",..: 2 3 4 4 3 3 2 3 4 5 ...
## $ percent_of_income : int 4 2 2 2 3 2 3 2 2 4
## ...
## $ years_at_residence : int 4 2 3 4 4 4 4 2 4 2
## ...
## $ age : int 67 22 49 45 53 35 53 35 61 28 ...
## $ other_credit : Factor w/ 3 levels
## "bank","none",..: 2 2 2 2 2 2 2 2 2 2 ...
## $ housing : Factor w/ 3 levels "other","own",..:
## 2 2 2 1 1 1 2 3 2 2 ...
## $ existing_loans_count: int 2 1 1 1 2 1 1 1 1 2
## ...
## $ job : Factor w/ 4 levels
## "management","skilled",..: 2 2 4 2 2 4 2 1 4 1
## ...
## $ dependents : int 1 1 2 2 2 2 1 1 1 1 ...
## $ phone : Factor w/ 2 levels "no","yes": 2 1 1 1
## 1 2 1 2 1 1 ...
## $ default : Factor w/ 2 levels "no","yes": 1 2 1
## 1 2 1 1 1 1 2 ...
```

三个参数的默认可能值共有 12 种组合，每种组合下默认训练与测试 25 次的拔靴样本，模型 C50fit 计算量不小，因此将结果预存为 C50fit.RData，方便下次用 load() 函数加载环境查看模型细节。

```
library(caret)
# C5.0 判定树自动参数调校
set.seed(300)
# 默认为重复 25 次的拔靴抽样法，结果存为 C50fit.RData
# C50fit <- train(default ~ ., data = credit, method =
# "C5.0")
# save(C50fit, file = "C50fit.RData")
# 因模型建立与调校耗时，加载预先跑好的模型对象
load("./_data/C50fit.RData")
```

```
# 多参数调校报表，读者可自行查看其结构 str(C50fit)
C50fit
```

```
## C5.0
##
```

```
## 1000 samples
## 16 predictor
## 2 classes: 'no', 'yes'
##
## No pre-processing
## Resampling: Bootstrapped (25 reps)
## Summary of sample sizes: 1000, 1000, 1000, 1000,
## 1000, 1000, ...
## Resampling results across tuning parameters:
##
## model winnow trials Accuracy Kappa
## rules FALSE 1 0.6960 0.2751
## rules FALSE 10 0.7148 0.3182
## rules FALSE 20 0.7234 0.3343
## rules TRUE 1 0.6850 0.2513
## rules TRUE 10 0.7126 0.3156
## rules TRUE 20 0.7225 0.3343
## tree FALSE 1 0.6888 0.2488
## tree FALSE 10 0.7310 0.3149
## tree FALSE 20 0.7362 0.3271
## tree TRUE 1 0.6815 0.2317
## tree TRUE 10 0.7286 0.3093
## tree TRUE 20 0.7325 0.3201
##
## Accuracy was used to select the optimal model
## using the largest value.
## The final values used for the model were trials
## =
## 20, model = tree and winnow = FALSE.
```

多参数调校报表与上一个案例输出报表结构相同，包括四大区块：投入数据集的简要说明、数据前处理与重抽样方法、候选模型评估结果以及最佳模型选择说明。

3.3.2.2 定制化参数调校

{caret} 包的 `trainControl()` 函数可以改变 `train()` 的控制参数 `trControl` 的内容，参数 `method` 与 `number` 将重抽样策略变更为十折交叉验证，参数 `selectionFunction` 则将默认的`"best"` 换成图 3.19 的一倍标准误择优法 (`oneSE`)，作为选择最佳参数组合的准则。同时用 `expand.grid()` 自定义欲调校参数的网格，`model` 固定为 `tree`，`winnow` 固定为 `FALSE`，而 `trials` 则放大为 8 个可能值。

```
# 自定义校验集重抽样策略与择优方法
ctrl <- trainControl(method = "cv", number = 10,
selectionFunction = "oneSE")
# 自定义待调参数组合 (网格)
grid <- expand.grid(.model = "tree", .trials = c(1, 5, 10,
15, 20, 25, 30, 35), .winnow = "FALSE")
grid
```

```
##   .model .trials .winnow
## 1   tree       1   FALSE
## 2   tree       5   FALSE
## 3   tree      10   FALSE
## 4   tree      15   FALSE
## 5   tree      20   FALSE
## 6   tree      25   FALSE
## 7   tree      30   FALSE
## 8   tree      35   FALSE
```

其实 {caret} 包的 `train()` 函数有三个重要参数：`trControl`、`tuneGrid` 与 `bagControl` (与 6.1.1 节拔靴集成法有关)，此处将 `trControl` 与 `tuneGrid` 设为前面定义好的 `ctrl` 与 `grid`，并用 Kappa 作为选择最佳模型的性能评量指标 (`metric="Kappa"`)，根据 `oneSE` 择优法选定的最佳模型不进行**性能提升树 (boosted trees)** 的学习，即 `trials` 最佳值为 1(为什么?)。

```
set.seed(300)
# C50fitC <- train(default ~ ., data = credit, method =
# "C5.0", metric = "Kappa", trControl = ctrl,
# tuneGrid = grid)
# save(C50fitC, file = "C50fitC.RData")
# 因模型建立与调校耗时，加载预先跑好的模型对象
load("./_data/C50fitC.RData")
# 参数调校报表
C50fitC
```

```
## C5.0
##
## 1000 samples
##   16 predictor
##    2 classes: 'no', 'yes'
##
## No pre-processing
```

```
## Resampling: Cross-Validated (10 fold)
## Summary of sample sizes: 900, 900, 900, 900, 900, 900, ...
## Resampling results across tuning parameters:
##
##   trials  Accuracy  Kappa
##    1      0.735     0.3244
##    5      0.722     0.2941
##   10      0.725     0.2954
##   15      0.731     0.3142
##   20      0.737     0.3246
##   25      0.726     0.2973
##   30      0.735     0.3233
##   35      0.736     0.3194
##
## Tuning parameter 'model' was held constant at a
##  value of tree
## Tuning parameter 'winnow' was
##  held constant at a value of FALSE
## Kappa was used to select the optimal model using
##  the one SE rule.
## The final values used for the model were trials =
##  1, model = tree and winnow = FALSE.
```

```
# 各参数候选值更详细的性能评估概况
C50fitC$results
```

```
##   model winnow trials Accuracy  Kappa AccuracySD
## 1  tree  FALSE      1    0.735 0.3244    0.02224
## 2  tree  FALSE      5    0.722 0.2941    0.03425
## 3  tree  FALSE     10    0.725 0.2954    0.03171
## 4  tree  FALSE     15    0.731 0.3142    0.03665
## 5  tree  FALSE     20    0.737 0.3246    0.04244
## 6  tree  FALSE     25    0.726 0.2973    0.03806
## 7  tree  FALSE     30    0.735 0.3233    0.02799
## 8  tree  FALSE     35    0.736 0.3194    0.03204
##   KappaSD
## 1 0.07934
## 2 0.10245
## 3 0.09591
## 4 0.10133
```

```
## 5 0.10323
## 6 0.09980
## 7 0.06405
## 8 0.07969
```

最佳模型参数值或参数组合的选择，是一件重要但不容易的工作，因为从校验数据集客观地估计各参数组合下的预测误差通常不容易。如前所述，数据科学家通常运用交叉验证或拔靴抽样进行估计，并用预测误差估计值的全局最小值来决定模型复杂度或最佳参数组合，但这样经常导致过拟合。因此预测误差的局域最小值也经常被使用，许多软件提供启发式择优方法，如最陡坡降法。Hastie 等 (2009) 提出一倍标准误法则 (one standard error rule)，简称 **one-SE 法则**，根据全局最佳解下的重抽样预测误差平均值与一倍标准误之和，挑选预测误差平均值不超过该阈值的最简模型，见图 3.19，one-SE 法则参数择优除了上面的案例，也请参考 5.2.4 节分类与回归树案例。

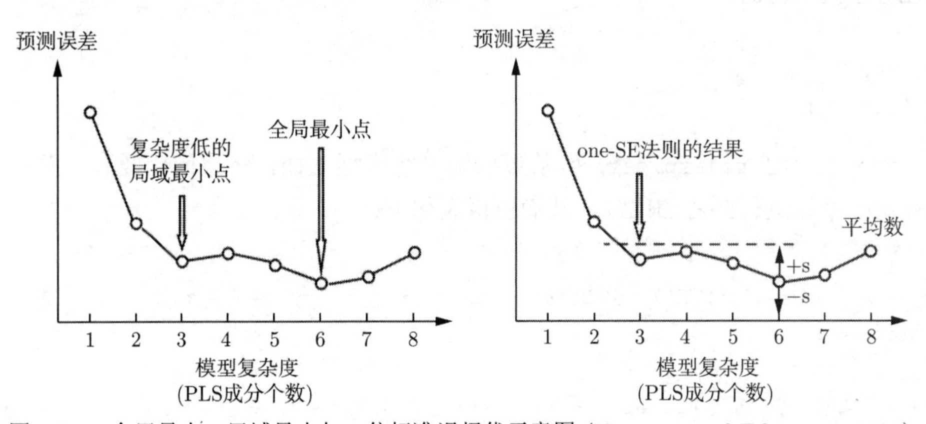

图 3.19　全局最小、局域最小与一倍标准误择优示意图 (Varmuza and Filzmoser, 2009)

3.3.3　比较不同类的模型

获得单类模型的最佳参数后，我们可能还要跨越不同类型的模型进行比较，才能获得最合适的预测模型。使用相同的信用风险数据集 `credit`，先建立下面的逻辑回归分类模型 (参见 5.1.5 节，读者请注意，如果变量全用，则逻辑回归并无参数需要调校)，将之与前述 C5.0 默认参数调校过程所获得的最佳模型 (3.3.2.1 节多个参数待调) 相比。

```
set.seed(1056)
# 逻辑回归建模方法为 glm 广义线性模型
# logisticReg <- train(default ~ ., data = credit, method =
# "glm", preProc = c("center", "scale"))
# save(logisticReg, file = "logisticReg.RData")
# 因模型建立耗时，加载预先跑好的模型对象
load("./_data/logisticReg.RData")
```

```
# 25 次拔靴抽样下的逻辑回归建模报表
logisticReg
```

```
## Generalized Linear Model
##
## 1000 samples
## 16 predictor
## 2 classes: 'no', 'yes'
##
## Pre-processing: centered (35), scaled (35)
## Resampling: Bootstrapped (25 reps)
## Summary of sample sizes: 1000, 1000, 1000, 1000,
## 1000, 1000, ...
## Resampling results:
##
## Accuracy Kappa
## 0.7355 0.3328
```

{caret} 包中的 `resamples()` 函数可以编制跨模型重抽样结果的比较表，默认用正确率和 Kappa 系数进行两者的比较，其摘要报表如下：

```
# 跨模比较函数 resamples()
resamp <- resamples(list(C50 = C50fit, Logistic =
  logisticReg))
# 比较结果摘要报表
# Accuracy 似乎 C50 占上风，Kappa 却是 Logistic 全面胜出
summary(resamp)
```

```
##
## Call:
## summary.resamples(object = resamp)
##
## Models: C50, Logistic
## Number of resamples: 25
##
## Accuracy
##             Min. 1st Qu. Median   Mean 3rd Qu.   Max.
## C50       0.6989  0.7244 0.7394 0.7362  0.7454 0.7705
## Logistic 0.6935  0.7278 0.7346 0.7355  0.7480 0.7640
##           NA's
## C50          0
## Logistic     0
```

```
##
## Kappa
##             Min. 1st Qu. Median   Mean 3rd Qu.   Max.
## C50      0.2731   0.295 0.3328 0.3271  0.3496 0.3996
## Logistic 0.2767   0.307 0.3382 0.3328  0.3582 0.4049
##          NA's
## C50         0
## Logistic    0
```

最后用 diff() 函数对不同类模型差异对象 modelDifferences 进行统计推论，summary() 函数返回跨模型差异的统计检定结果。无论是正确率或 Kappa 系数，返回的 2×2 方阵的上三角元素为两模型性能差距的点估计值，下三角元素则是假说检定的 p 值，本例显示两种性能评量值下的 p 值均相当大，表示模型差距并不显著。

```
# resamples 类别对象
class(resamp)
```

```
## [1] "resamples"
```

```
# 跨模型差异统计检定
modelDifferences <- diff(resamp)
# 假说检定 (H0: 无差异) 摘要报表
summary(modelDifferences)
```

```
##
## Call:
## summary.diff.resamples(object = modelDifferences)
##
## p-value adjustment: bonferroni
## Upper diagonal: estimates of the difference
## Lower diagonal: p-value for H0: difference = 0
##
## Accuracy
##          C50   Logistic
## C50            0.000716
## Logistic 0.887
##
## Kappa
##          C50   Logistic
## C50            -0.00568
## Logistic 0.531
```

3.4 相似性与距离

许多大数据应用情形需要决定数据中相似 (similar) 或不相似 (dissimilar) 的对象、形态、特征或事件等，因为“同中求异，异中求同”是我们解决问题的基本逻辑。数据分析的方法论，包括关联规则分析、聚类、异常值探测、分类与回归等经常需要计算相似性或距离。某些领域的数据，如空间数据 (spatial data)，很自然地会用**距离函数 (distance function)**；而像文本、音频与影像等数据，名为相似性/不相似性的函数 (similarity/dissimilarity function) 可能较常用，两者统称为**接近性函数 (proximity function)**，虽然它们数学上满足的性质有些差异。

撇开应用领域上的差距，这类函数的设计本质上是一样的，因此，我们会交替使用相似性与距离这两个名词。大部分的相似性或距离函数有解析解 (如欧几里得距离)，但在某些领域像是时间序列数据，距离与相似性多用算法定义，而无封闭形式的解。

数据矩阵 $\boldsymbol{X}_{n\times m}$ 中观测值间的接近性衡量，是辨认同质群组不可或缺的信息，一般来说，两观测值 $\boldsymbol{x}_i$ 与 $\boldsymbol{x}_j$ 的接近性 IP_{ij} 是数据矩阵中 i 与 j 行向量的函数 $f(\cdot)$：

$$\text{IP}_{ij}=f(\boldsymbol{x}_i,\boldsymbol{x}_j),i,j=1,2,\cdots,n \tag{3.34}$$

其中 $\boldsymbol{x_i}=(x_{i1},x_{i2},\cdots,x_{im})$ 与 $\boldsymbol{x}_j=(x_{j1},x_{j2},\cdots,x_{jm})$ 是 m 维空间中的两点 (观测值)。对于量化数据，常用的距离衡量为L_p **范数 (L_p norm)**，或称 **Minkowski 距离 (Minkowski distance)**DIST_{ij}^p：

$$\text{DIST}_{ij}^p=\left(\sum_{k=1}^m|x_{ik}-x_{jk}|^p\right)^{1/p},i,j=1,2,\cdots,n \tag{3.35}$$

其中当 $p=2$ 与 $p=1$ 时，分别是**欧几里得距离 (Euclidean distance)** 与**曼哈顿距离 (Manhattan distance)**。相似性函数值越大，表示两观测值相似性越高；而距离函数值越小，表示观测值间有越高的相似性。式 (3.35) 的欧几里得距离向量运算公式如下：

$$\text{DIST}_{ij}^2=\left[(\boldsymbol{x}_i-\boldsymbol{x}_j)^{\text{T}}(\boldsymbol{x}_i-\boldsymbol{x}_j)\right]^{0.5} \tag{3.36}$$

许多情况下数据科学家可能知道某些特征相较其他特征更为重要，例如信用评级时薪水可能比性别更加重要，尽管两者都有其影响力。这时我们可以用下面的加权 Minkowski 距离，或称**广义 L_p 距离函数 (generalized L_p distance)**，纳入特定领域的特征重要程度专业知识：

$$\text{genDIST}_{ij}^p=\left(\sum_{k=1}^m\alpha_k|x_{ik}-x_{jk}|^p\right)^{1/p},i,j=1,2,\cdots,n \tag{3.37}$$

其中 α_k 是特征 k 的重要程度系数。

从另一方面来说，有时我们欠缺领域的专业知识，因而可能所有特征都要考虑，大数据的**维度诅咒 (curse of dimensionality)** 迎面而来，该名词由动态规划之父 Richard Bellman 提出 (`https://en.wikipedia.org/wiki/Richard_E._Bellman`)。随着数据维度的增加，许多距离计算方式随之失效，例如，以距离为基础的聚类算法可能因此将无关的样本点聚类在一起，因为距离函数在高维空间中无法良好反应数据点间的本质语义距离 (intrinsic semantic distances)。不光是聚类，以距离为基础的分类与离群值探测模型，也经常因为维度诅咒而无法发挥作用。

型如 L_p 的范数衡量，在高维的文本数据挖掘时，无法顺应长短不一的文本，适当地反映彼此间的距离。例如，两长文本的 L_2 欧几里得距离，几乎总是大于两短文本的直线距离，即使长文本间有好多共同字词，而短文本间几乎是完全不同的字词，因此 L_2 范数难以判断文本数据之间的相似性。这时，两样本向量之间形成的夹角 α，其余弦函数值是常用的相似性衡量，它与向量的长度无关，可以解决前述 L_p 范数在文本相似性上的问题。

$$\text{cosSIM}_{ij} = \cos\alpha = \frac{\boldsymbol{x}_i^{\text{T}} \cdot \boldsymbol{x}_j}{\|\boldsymbol{x}_i\| \cdot \|\boldsymbol{x}_j\|} \tag{3.38}$$

其中 $\|\boldsymbol{x}_i\| = \sqrt{\sum\limits_{k=1}^{m} x_{ik}^2}$ 与 $\|\boldsymbol{x}_j\| = \sqrt{\sum\limits_{k=1}^{m} x_{jk}^2}$ 分别是两向量的长度。上式**余弦相似度 (cosine similarity)** 衡量相当于两组均值中心化后数据的相关系数，常用来比较分析化学中的远红外线光谱与质谱数据，以及前述的高维文本数据。

计量化学中经常研究化合物的化学结构，所收集的数据许多为二元值向量，亦即某种化学结构是否存在，称为二元架构子 (binary substructure descriptors)。这时 **Tanimoto 距离 (Tanimoto distance)**，或称 **Jaccard 相似性 (Jaccard similarity)** 就是常用的合适衡量。

$$\text{taniDIST}_{ij} = \frac{\sum\limits_{k=1}^{m} \text{AND}(x_{ik}, x_{jk})}{\sum\limits_{k=1}^{m} \text{OR}(x_{ik}, x_{jk})} \tag{3.39}$$

其中 $\sum\limits_{k=1}^{m} \text{AND}(x_{ik}, x_{jk})$ 计算两个预测变量向量同为 1 的个数，而 $\sum\limits_{k=1}^{m} \text{OR}(x_{ik}, x_{jk})$ 计算两个预测变量向量至少有一为 1 的个数。

式 (3.39) 的向量运算版本如下：

$$\text{taniDIST}_{ij} = \frac{\boldsymbol{x}_i^{\text{T}} \cdot \boldsymbol{x}_j}{\boldsymbol{x}_i^{\text{T}} \cdot \mathbf{1} + \boldsymbol{x}_j^{\text{T}} \cdot \mathbf{1} - \boldsymbol{x}_i^{\text{T}} \cdot \boldsymbol{x}_j} \tag{3.40}$$

其中 $\mathbf{1}$ 是各元素均为 1，且与 $\boldsymbol{x}_i$ 与 $\boldsymbol{x}_j$ 等长的向量。无论何种版本，Tanimoto 距离值都介于 0 与 1 之间，最大值 1 表示所有二元描述子都成对相等。因为计量化学中化合物 (即样本) 的化学结构相当多样，刻画特征所需的子结构 (特征) 也为数众多，所以二元描述子的值跨样本看起来大多为 0。换句话说，特征矩阵为稀疏的 (sparse)。Tanimoto 距离指标的计算方式将该稀疏结构考虑进来，也就是说两化学结构有同样的子结构时表示相似，然而都不存在同种子结构时却不具意义，所以上式分母不计入元素同为 0 的个数。相较于下面著名的**汉明距离 (Hamming distance)**，Tanimoto 距离的比对方式更适合计量化学的情形。

$$\text{hammingDIST}_{ij} = \sum_{k=1}^{m} \text{XOR}(x_{ik}, x_{jk}) \tag{3.41}$$

其中 $\sum\limits_{k=1}^{m} \text{XOR}(x_{ik}, x_{jk})$ 计算两预测变量向量对应数值不相同的个数 (即逻辑互斥或 eXclusive OR 的个数)。其实汉明距离等值于 0-1 值向量的欧几里得距离 (L_2 范数) 的平方，以及曼哈顿距离 (L_1 范数)。

高维数据中的大量特征可能许多是与问题无关的，因此另一种距离探讨方式是限定与问题有关的特征。举例来说，包含多种不同疾病患者的高维体检数据，对于糖尿病患者而言，血糖值在计算距离时较为重要；而对于癫痫病患者而言，可能是其他特征较为重要。再者，距离计算的方式，例如欧几里得距离的平方和计算方式，可能造成数据中的噪声有过高的影响。

此外，L_p 范数在计算上只取用两个数据点，而与数据集中其余数据点的全局或局域统计特性无关。**马氏距离 (Mahalanobis distance)** 将数据的全局分布状况，纳入距离计算的方式中：

$$\text{mahDIST}_{ij} = \left[(\boldsymbol{x}_i - \boldsymbol{x}_j)^{\text{T}} \cdot \boldsymbol{\Sigma}^{-1} \cdot (\boldsymbol{x}_i - \boldsymbol{x}_j)\right]^{0.5} \tag{3.42}$$

式 (3.42) 运用数据间的共变结构 $\boldsymbol{\Sigma}$，修正了式 (3.36) 的欧几里得距离。空间中与某一参考点直线距离相同的所有点，集合起来形成了超球体 (hypersphere)，类似二维空间中的圆；而相同马氏距离的点，在空间中形成超椭圆球体 (hyperellipsoid)，对应二维空间中的椭圆，这意味着马氏距离与数据分布的方向有关。马氏距离在分类模型中可用来衡量一未知类别样本，距各类样本原型 (prototypes)(可能是用各类样本子集的质心表示原型) 的距离。马氏距离实际应用上的问题是协方差矩阵 $\boldsymbol{\Sigma}$ 的反矩阵必须存在，但是当各变量间高度相关时，也就是有**多重共线性 (multicollinearity)** 的状况，这时 $\boldsymbol{\Sigma}$ 经常是不可逆的。基于主成分分析发展出来的**类别类比软性独立建模法 (Soft Independent Modeling of Class Analogy, SIMCA)**，可以避免这一缺失 (Wold, 1976)。SIMCA 是第 5 章监督式学习中分类模型的一种，它针对各类样本分别做 PCA 降维，在各自降维的空间中定义原型，再利用新样本与原型之间的距离进行分类。SIMCA 各自降维的做法是为了让各类样本达到最佳的降维结果，希望因此能可靠地分类样本。SIMCA 因为使用 PCA，所以高维样本数据也适合这个方法，因为降维后的空间不存在上述多重共线性的问题。除了将新样本指派到各个类别外，

SIMCA 也提供不同变量与分类任务的相关程度，并且首次将软性建模 (soft modeling) 引入计量化学领域中，有别于以往非黑即白的硬式建模方法 (Varmuza and Filzmoser, 2009)。

数据的局域统计特性，以及数值与类别混合数据的相似性计算方式等，都值得数据科学家投入时间深入研究。

3.5 相关与独立

2.2.1 节单变量摘要统计量，曾提到名目、顺序 (以上称类别，也称分类)、区间、比例 (后两者为数值，也称量化) 等尺度变量，数据科学家该如何对其进行处理与分析，是应该具备的数据敏锐度素养。在多变量的情形下，我们还需要注意多元数据间的相关与独立性，因此本节介绍多个数值变量与类别变量的摘要统计量数。

3.5.1 数值变量与顺序尺度类别变量

多变量数据分析需要探索双变量与多变量之间的关系，双变量最常用散点图来视觉查看两者间的关系。当变量更多时，可以用**散点图矩阵 (scatterplot matrix)** 来挖掘两两变量间可能的关系。图 3.20 中花种 `Species` 用三种不同颜色显示，两两分布关系引发我们思索 2.3.3 节特征挑选排名时，为何 `Petal.Width` 与 `Petal.Length` 总是排在前两名。

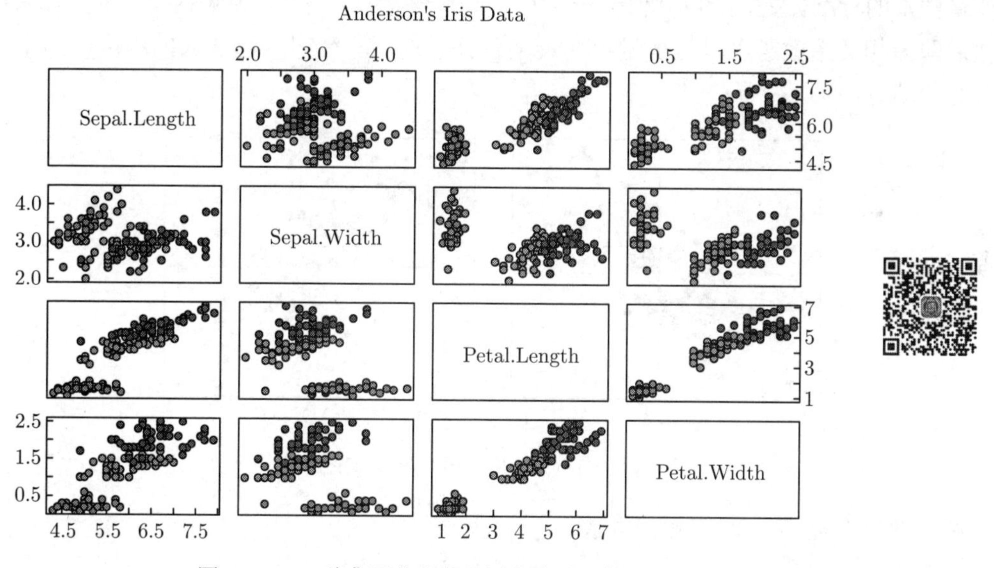

图 3.20 三种鸢尾花花萼花瓣长宽成对散点图

```
# 鸢尾花数据集量化变量成对散点图
pairs(iris[1:4], main = "Anderson's Iris Data", pch = 21,
bg = c("red", "green3", "blue")[as.integer(iris$Species)])
```

2.2.1 节摘要统计量也提到单变量统计指标，即使会流失某些分布的消息，但仍有助于总结单变量分布的特性，促进数据的理解与诠释。多变量情况下的相关与独立也是如此，基于多个变量计算出来的统计指标，不仅总结各变量的分布，也可了解变量间的关系。首先，一致性指标 (concordance) 是指一变量值高 (低) 时，另一变量也高 (低)；另一方面，不一致性 (discordance) 是一变量值高 (低) 时，另一变量反而低 (高)。**协方差 (covariance)** 是最常见的一致性摘要统计量数，母体与样本的协方差 $\mathrm{Cov}(X,Y)$ 与 c_{pq} 计算方式分别如下：

$$\mathrm{Cov}(X,Y)=E[(X-E[X])(Y-E[Y])] \tag{3.43}$$

与

$$c_{pq}=\frac{1}{n-1}\sum_{l=1}^{n}(x_{lp}-\bar{x}_p)(x_{lq}-\bar{x}_q) \tag{3.44}$$

其中 $E(X)$ 与 $E(Y)$ 分别是随机变量 X 与 Y 的期望值，$\bar{x}_p$ 与 $\bar{x}_q$ 分别是 p 与 q 两变量样本的算术平均数。

式 (3.43) 协方差的正负符号表示两随机变量是正向或负向关联的 (参见图 3.21)，不过协方差是绝对指标 (absolute index)，它衡量两变量如何一起变动，亦即同向变动或是反向变动，不太能表达两变量间关系的强度，且其值难以解释。因此，**相关系数 (correlation coefficient)** 将协方差修改为相对指标 (relative index)，也就是将协方差除以两随机变量或变量样本的标准偏差，所以其值介于 -1 与 1(包含端点) 之间。换句话说，将协方差标准化之后即为相关系数了，以此衡量存在着某种关系的两个变量一起变动的程度，而不仅仅只关心变动方向了。

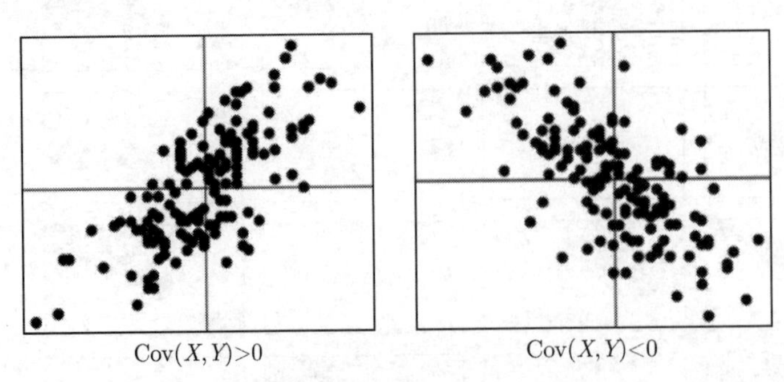

图 3.21 正负向线性关系示意图

两个随机变量 X、Y 的相关系数

$$\mathrm{Cor}(X,Y)=\frac{\mathrm{Cov}(X,Y)}{\sigma(X)\sigma(Y)} \tag{3.45}$$

其中 $\sigma(X)$ 与 $\sigma(Y)$ 分别是随机变量 X 与 Y 的标准偏差。

在数据分析时我们有时希望变量间相关，例如，预测变量与反应变量间的相关性越高，模型越有意义；而对于预测变量，我们通常希望它们之间的独立性高些，也就是避免所谓的**共线性 (collinearity)** 或**多重共线性 (multicollinearity)** 的情况发生，但是很不幸的是，大数据时代下因为搜集的变量非常多，经常发生高度相关的预测变量迫使模型性能不好！因此，数据分析时必须思考下面的问题，以了解两个变量是否相关 (correlated)：当 x 变量增加时，y 是增加还是减少？增减的幅度大吗？当 x 变量减少时又是如何呢？前述相关系数为 1 时表示一个变量为另一个变量的正斜率线性函数；而 −1 时表示一个变量为另一个变量的负斜率线性函数 (Adler, 2012)。最常用的样本相关系数衡量是**皮尔逊相关系数 (Pearson correlation coefficient)**，其公式如下：

$$r_{pq} = \frac{\sum_{l=1}^{n}(x_{lp} - \bar{x}_p)(x_{lq} - \bar{x}_q)}{\sqrt{\sum_{l=1}^{n}(x_{lp} - \bar{x}_p)^2}\sqrt{\sum_{l=1}^{n}(x_{lq} - \bar{x}_q)^2}} \tag{3.46}$$

以 R 语言 {nutshell} 包中 2006 年美国新生儿数据为例，变量 `WTGAIN` 是母亲怀孕期间体重增加的磅数，`DBWT` 是婴儿出生的体重 (克数)，`DPLURAL` 是每胎婴儿数，`ESTGEST` 是估计的怀孕周数。首先挑出 `WTGAIN` 与 `DBWT` 均无缺失值的观测值，再锁定单胞胎 (births2006.smpl$DPLURAL == `"1 Single"`) 并去除早产儿 (births2006.smpl$ESTGEST > 35) 样本，因为样本数 323 117 数量庞大，正常的散点图会因过度绘制 (overplotting，意指在同一绘图位置重复绘制坐标值几乎相同的大量样本) 而难以阅读，图 3.22 用颜色渐层表达样本多寡的平滑分布 (`smoothScatter`) 图，了解母亲怀孕增加体重 `WTGAIN` 与新生儿体重 `DBWT` 两者的关系，并计算两者的皮尔逊相关系数，显然两者只有些许的正相关 (0.175 186 6)。

```
# 加载美国 2006 年新生儿数据集
library(nutshell)
# 取出 WTGAIN 与 DBWT 均无缺失值的样本子集
data(births2006.smpl)
births2006.cln <- births2006.smpl[
!is.na(births2006.smpl$WTGAIN) &
!is.na(births2006.smpl$DBWT) &
# 锁定单胞胎与移除早产儿样本
births2006.smpl$DPLURAL == "1 Single" &
births2006.smpl$ESTGEST > 35,]
dim(births2006.cln)
```

```
## [1] 323117      13
```

```
# R 语言基础绘图包 {graphics} 中的平滑散点图函数
smoothScatter(births2006.cln$WTGAIN, births2006.cln$DBWT,
xlab = "Mother's Weight Gained", ylab = "Baby Birth Weight")
```

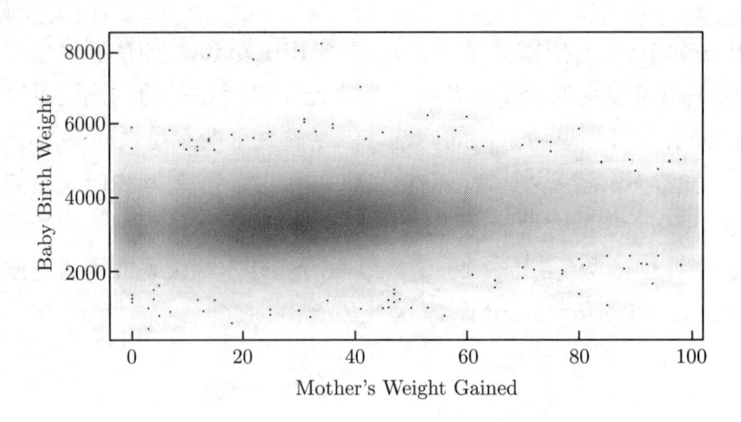

图 3.22 母亲怀孕体重增加值与婴儿体重关系图 (平滑散点图)

```
# corP() 函数默认为皮尔逊相关系数
cor(births2006.cln$WTGAIN, births2006.cln$DBWT)
```

```
## [1] 0.1752
```

当类别变量为顺序尺度时，可以通过数据排序后的排名值 (rank) 方式，将协方差与相关系数的概念延伸到类别变量上，也就是用两顺序尺度类别变量之排名值计算相关系数，这即为**斯皮尔曼相关系数 (Spearman correlation coefficient)**。前面 2006 年新生儿数据中，母亲怀孕增加体重 `WTGAIN` 与新生儿体重 `DBWT` 两者的斯皮尔曼相关系数，也显示两者只有些许的正相关 (0.177 619 2)。

```
# 斯皮尔曼相关系数
cor(births2006.cln$WTGAIN, births2006.cln$DBWT,
method = "spearman")
```

```
## [1] 0.1776
```

相关系数衡量会受到离群值的影响，**Kendall τ 相关系数 (Kendall τ correlation coefficient)** 是一种衡量变量相关程度的无母数方法，计算上较斯皮尔曼相关系数更为耗时，但相对不易受离群值的影响。**最小协方差判别式法 (Minimum Covariance Determinant, MCD)** 是一种更加鲁棒的相关性衡量方法，MCD 从样本大小为 n 的多变量样本中，尝试先搜索具样本协方差矩阵的最小判别式值 (determinant) 的观测值子集 h，再根据这一子集计算鲁棒的位置量数估计值 (location estimate)，然后鲁棒的协方差估计值就是这 h 个观测值的样本协方差矩阵。

h 的抉择显然影响估计式的鲁棒性，将 h 设定为样本数的一半时可能是最鲁棒的，因为另一半的样本被视为离群值。增加 h 降低了估计式的鲁棒性，但是却有较高的估计效率 (估计式的精确性较高)，因此，$h = 0.75$ 是在鲁棒性与估计效率之间一个较佳的折中选择。R 语言包 {robustbase} 的 covMcd 实现了上述的计算 (参见下例)，Python 语言的 **sklearn.covariance** 模块中的 MinCovDet 类别，也可以完成 MCD 鲁棒协方差矩阵的估计工作 (`http://scikit-learn.org/stable/modules/generated/sklearn.covariance.MinCovDet.html`)。

```
# 模拟十笔 5 个变量的数据矩阵
(X <- matrix(runif(50, 1, 7), 10))
```

```
##        [,1]  [,2]  [,3]  [,4]  [,5]
##  [1,] 6.072 6.346 3.804 4.349 1.937
##  [2,] 6.416 1.209 6.052 3.578 2.215
##  [3,] 4.981 3.738 4.509 1.693 5.028
##  [4,] 6.276 2.107 5.770 1.558 3.122
##  [5,] 6.107 4.265 6.675 3.206 6.526
##  [6,] 2.138 2.881 4.462 2.933 1.341
##  [7,] 1.109 6.644 5.328 1.660 2.653
##  [8,] 2.061 4.751 6.610 5.265 3.884
##  [9,] 6.243 5.162 5.131 4.982 2.563
## [10,] 2.714 5.105 2.928 5.815 3.814
```

```
# 协方差矩阵
cov(X)
```

```
##         [,1]    [,2]    [,3]    [,4]    [,5]
## [1,]  4.5865 -1.4032  0.4700 -0.1757  0.5195
## [2,] -1.4032  3.1007 -0.7073  0.8015  0.1317
## [3,]  0.4700 -0.7073  1.4794 -0.4555  0.6133
## [4,] -0.1757  0.8015 -0.4555  2.4701 -0.1707
## [5,]  0.5195  0.1317  0.6133 -0.1707  2.4293
```

```
# 加载 R 语言鲁棒统计方法包
library(robustbase)
```

```
# 最小协方差判别式估计法, alpha 即为前述的 h
covMcd(X, alpha = 0.75)
```

```
## Minimum Covariance Determinant (MCD) estimator
## approximation.
## Method: Fast MCD(alpha=0.75 ==> h=9); nsamp =
## 500; (n,k)mini = (300,5)
## Call:
```

```
## covMcd(x = X, alpha = 0.75)
## Log(Det.): 3.37
##
## Robust Estimate of Location:
## [1] 4.60 4.12 5.37 3.25 3.25
## Robust Estimate of Covariance:
## [,1] [,2] [,3] [,4] [,5]
## [1,] 66.019 -19.01 0.145 4.82 9.76
## [2,] -19.007 46.88 -7.293 8.57 1.19
## [3,] 0.145 -7.29 13.773 2.68 11.71
## [4,] 4.816 8.57 2.684 28.25 -4.92
## [5,] 9.760 1.19 11.713 -4.92 37.41
```

本节另一个主题**统计独立 (statistical independence)** 性与相关性存有下面重要的关系：如果随机变量 X 与 Y 独立，则 X 与 Y 的协方差 $\mathrm{Cov}(X,Y)$ 等于 0，且相关系数 $\mathrm{Cor}(X,Y)$ 亦为 0。但其逻辑逆关系不必然为真：即相关系数为 0，不表示 X,Y 统计独立，只能说两者无线性关系，图 3.23 中左右两图的样本相关系数绝对值都很小，但区别是右图可能有非线性关系；接下来我们说明较为复杂的名目类别变量其相关与独立概念。

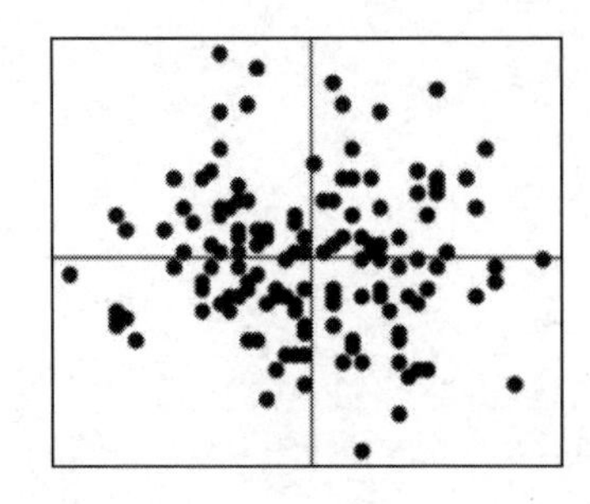
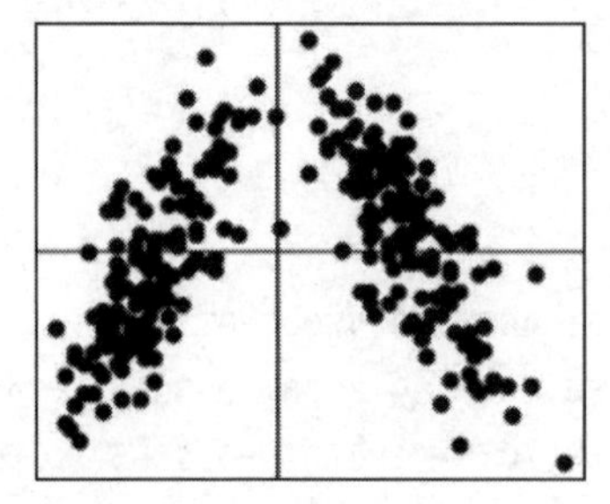

图 3.23　独立与非线性关系示意图

3.5.2　名目尺度类别变量

2.2.1 节摘要统计量曾提到，单一变量下对于数值变量所发展的统计量数均不适用于类别变量，多变量情况下亦是如此。3.5.1 节中的协方差与相关系数等数值变量的计算方法，均不适用于多个名目尺度类别变量间的探索分析。名目尺度类别变量之间的关系强度称为**关联指标 (association indexes)**，这些指标也适用于离散型的数值变量，不过会有信息流失的可能。

分析前须先了解类别数据常用三种不同形式呈现，为了进行统计检验、模型或是可视化呈现等数据分析工作，不同形式间的转换经常是必要的。本小节与 1.3.6 节 R 语言因子类别对象及 2.1.3 节与 2.1.4 节数据变形有关，建议读者复习这些内容。

- 案例形式 (case form)：用数据集搜集多笔个别观测值，每笔观测值包含一个以上的因子变量 (分类变量)，3.2.2.2 节产生混淆矩阵的 observed 与 predicted 双栏数据集即为案例形式。另外，数据集有时也会包含数值变量；

```
# 类别数据可视化 R 包
library(vcd)
```

```
# 内置关节炎案例形式类别数据
str(Arthritis)
```

```
## 'data.frame': 84 obs. of 5 variables:
## $ ID : int 57 46 77 17 36 23 75 39 33 55 ...
## $ Treatment: Factor w/ 2 levels
## "Placebo","Treated": 2 2 2 2 2 2 2 2 2 2 ...
## $ Sex : Factor w/ 2 levels "Female","Male": 2 2
## 2 2 2 2 2 2 2 2 ...
## $ Age : int 27 29 30 32 46 58 59 59 63 63 ...
## $ Improved : Ord.factor w/ 3 levels
## "None"<"Some"<..: 2 1 1 3 3 3 1 3 1 1 ...
```

```
# 除了 Age 之外，其余均为因子变量
head(Arthritis, 5)
```

```
##   ID Treatment  Sex Age Improved
## 1 57   Treated Male  27     Some
## 2 46   Treated Male  29     None
## 3 77   Treated Male  30     None
## 4 17   Treated Male  32   Marked
## 5 36   Treated Male  46   Marked
```

```
# 观测值总数
nrow(Arthritis)
```

```
## [1] 84
```

```
# 变量个数
ncol(Arthritis)
```

```
## [1] 5
```

- 频次形式 (frequency form)：一个以上的因子变量 (全为因子，无其他类型变量)，以及一个频次变量 (通常被命名为 Freq 或 Count) 所组成的数据集，其实是下一个要讨论的表格形式，或称 n 维列联表 (n-way contingency table) 的长数据格式；

```
# 频次形式类别数据
# 用 expand.grid() 建立 sex 与 party 的所有可能组合及其频次
GSS <- data.frame(expand.grid(sex = c("female", "male"),
party = c("dem", "indep", "rep")), count = c(279, 165, 73,
47, 225, 191))
# 所有因子水平组合下的频次形式
GSS
```

```
##      sex party count
## 1 female   dem   279
## 2   male   dem   165
## 3 female indep    73
## 4   male indep    47
## 5 female   rep   225
## 6   male   rep   191
```

```
# 因子变量与频次构成的表格
str(GSS)
```

```
## 'data.frame':    6 obs. of  3 variables:
##  $ sex  : Factor w/ 2 levels "female","male": 1 2 1 2 1 2
##  $ party: Factor w/ 3 levels "dem","indep",..: 1 1 2 2 3 3
##  $ count: num  279 165 73 47 225 191
```

```
# 观测值总数
sum(GSS$count)
```

```
## [1] 980
```

```
# 各因子所有水平的组合数
nrow(GSS)
```

```
## [1] 6
```

- 表格形式 (table form)：n 维列联表的宽数据格式，表中元素为各因子水平组合下的频次，R 语言中用二维矩阵、高维数组或表格对象来呈现，也可称为交叉列表，3.2.2.2 节的混淆矩阵就是这种格式。

```
# 内置的泰坦尼克号四维列联表
str(Titanic) # class 'table'
```

```
##  'table' num [1:4, 1:2, 1:2, 1:2] 0 0 35 0 0 0 17 0 118 154 ...
##  - attr(*, "dimnames")=List of 4
##   ..$ Class   : chr [1:4] "1st" "2nd" "3rd" "Crew"
##   ..$ Sex     : chr [1:2] "Male" "Female"
##   ..$ Age     : chr [1:2] "Child" "Adult"
##   ..$ Survived: chr [1:2] "No" "Yes"
```

```
# 屏幕与纸张为平面，这里用 4 张（为什么?）二维列联表呈现
Titanic
```

```
## , , Age = Child, Survived = No
##
##       Sex
## Class  Male Female
##   1st     0      0
##   2nd     0      0
##   3rd    35     17
##   Crew    0      0
##
## , , Age = Adult, Survived = No
##
##       Sex
## Class  Male Female
##   1st   118      4
##   2nd   154     13
##   3rd   387     89
##   Crew  670      3
##
## , , Age = Child, Survived = Yes
##
##       Sex
## Class  Male Female
##   1st     5      1
##   2nd    11     13
##   3rd    13     14
##   Crew    0      0
##
## , , Age = Adult, Survived = Yes
##
##       Sex
```

```
## Class  Male Female
##   1st    57    140
##   2nd    14     80
##   3rd    75     76
##   Crew  192     20
```

```
# 观测值总数
sum(Titanic)
```

```
## [1] 2201
```

```
# 四个因子变量下的水平
dimnames(Titanic)
```

```
## $Class
## [1] "1st"  "2nd"  "3rd"  "Crew"
##
## $Sex
## [1] "Male"   "Female"
##
## $Age
## [1] "Child" "Adult"
##
## $Survived
## [1] "No"  "Yes"
```

```
# 表格维度
length(dimnames(Titanic))
```

```
## [1] 4
```

```
# 各因子变量（各维度）的水平数（各维长度），即表格大小
sapply(dimnames(Titanic), length)
```

```
##    Class      Sex      Age Survived
##        4        2        2        2
```

```
# 转成长表，即频次形式
df <- as.data.frame(Titanic)
head(df)
```

```
##   Class    Sex   Age Survived Freq
## 1   1st   Male Child       No    0
## 2   2nd   Male Child       No    0
## 3   3rd   Male Child       No   35
## 4  Crew   Male Child       No    0
## 5   1st Female Child       No    0
## 6   2nd Female Child       No    0
```

```
# 请与前面 GSS 数据对象做比较
str(df)
```

```
## 'data.frame': 32 obs. of 5 variables:
## $ Class : Factor w/ 4 levels
## "1st","2nd","3rd",..: 1 2 3 4 1 2 3 4 1 2 ...
## $ Sex : Factor w/ 2 levels "Male","Female": 1 1
## 1 1 2 2 2 2 1 1 ...
## $ Age : Factor w/ 2 levels "Child","Adult": 1 1
## 1 1 1 1 1 1 2 2 ...
## $ Survived: Factor w/ 2 levels "No","Yes": 1 1 1
## 1 1 1 1 1 1 1 ...
## $ Freq : num 0 0 35 0 0 0 17 0 118 154 ...
```

```
# 也是观测值总数
sum(df$Freq)
```

```
## [1] 2201
```

最后一种表格形式呈现了各类别变量各个类型 (统计人群称为水平 levels) 交叉发生的次数，通常称为多维频率分布，其在接下来的名目尺度类别变量的关联分析中扮演重要的角色。

为了方便说明，我们在两个名目类别变量的情况下，先编制表 3.4的二维列联表。表中因子变量 A 有 r 个水平，因子变量 B 有 c 个水平，交叉所得的 n_{ij} 为 A_i 与 B_j 发生的次数。各列横向和为 $n_{i\cdot}$，各行纵向和为 $n_{\cdot j}$，表中所有次数总和即为样本大小 n。任何列联表必满足下面边际化关系式：

$$\sum_{i=1}^{r} n_{i\cdot} = \sum_{j=1}^{c} n_{\cdot j} = \sum_{i=1}^{r}\sum_{j=1}^{c} n_{ij} = n \tag{3.47}$$

如果欲分析的数据表是 $n \times m$ 的二维矩阵，m 个变量全为名目类别型，则可以产生 $C_m^2 = m(m-1)/2$ 个二维列联表，实践时通常只针对可能产生关联的成对变量产生交叉列表进行分析。

表 3.4 $r \times c$ 二维列联表

A/B	B_1	B_2	$\cdots$	B_j	$\cdots$	B_c	横向和
A_1	n_{11}	n_{12}	$\cdots$	n_{1j}	$\cdots$	n_{1c}	$n_{1\cdot}$
A_2	n_{21}	n_{22}	$\cdots$	n_{2j}	$\cdots$	n_{2c}	$n_{2\cdot}$
$\vdots$	$\vdots$	$\vdots$	$\cdots$	$\vdots$	$\cdots$	$\vdots$	$\vdots$
A_i	n_{i1}	n_{i2}	$\cdots$	n_{ij}	$\cdots$	n_{ic}	$n_{i\cdot}$
$\vdots$	$\vdots$	$\vdots$	$\cdots$	$\vdots$	$\cdots$	$\vdots$	$\vdots$
A_r	n_{r1}	n_{r2}	$\cdots$	n_{rj}	$\cdots$	n_{rc}	$n_{r\cdot}$
纵向和	$n_{\cdot 1}$	$n_{\cdot 2}$	$\cdots$	$n_{\cdot j}$	$\cdots$	$n_{\cdot c}$	n

根据表 3.4的 $r \times c$ 二维列联表，如果满足下面条件，则两类别变量 A 与 B 称为**统计独立 (statistical independence)**：

$$\frac{n_{i1}}{n_{\cdot 1}} = \cdots = \frac{n_{ij}}{n_{\cdot j}} = \cdots = \frac{n_{ic}}{n_{\cdot c}} = \frac{n_{i\cdot}}{n}, \quad i = 1, 2, \cdots, r \tag{3.48}$$

或等值于下式：

$$\frac{n_{1j}}{n_{1\cdot}} = \cdots = \frac{n_{ij}}{n_{i\cdot}} = \cdots = \frac{n_{rj}}{n_{r\cdot}} = \frac{n_{\cdot j}}{n}, \quad j = 1, 2, \cdots, c \tag{3.49}$$

式 (3.48) 与式 (3.49) 的意义是 A 与 B 的双变量联合分析，并未给予 A 或 B 的单变量分析带来额外的信息，因此我们称 A 与 B 为统计独立。注意此处统计独立的概念是对称的，也就是说如果 A 独立于 B，则 B 也独立于 A。

上面两式可以更简洁地表达为列 j 与行 i 交叉的相对次数 $\frac{n_{ij}}{n}$ 等于行列边际相对次数 $\frac{n_{i\cdot}}{n}$ 与 $\frac{n_{\cdot j}}{n}$ 的乘积，也就是联合概率分布等于边际概率的乘积，这说明类别与数值变量的统计独立定义是相同的。

$$n_{ij} = \frac{n_{i\cdot} n_{\cdot j}}{n}, \quad i = 1, 2, \cdots, r; j = 1, 2, \cdots, c \tag{3.50}$$

然而真实世界的数据甚少满足上式关系，换句话说，变量间通常呈现某种程度的相依性 (dependence)。因此，如何衡量变量间的相依性相当重要。类别与数值变量的统计独立定义虽然**相同**，然而相依 (dependency) 的概念两者却是有**不同**的定义。数值变量或顺序尺度类别变量可以用相关 (correlation) 系数表示两变量之间的相依性；而名目类别变量大多是基于频次进行关联 (association) 衡量计算，以表达两类别变量之间的相依性。一般来说，可以用三类方式来衡量类别变量的关联性：距离衡量、相依性衡量与基于模型的衡量 (Giudici and Figini, 2009)。

距离衡量方式是计算实际观测频次 n_{ij}，与两类别假设独立下的期望频次 n_{ij}^*，跨 i 与 j 两者间不一致的全局距离衡量，这是英国著名统计学家 Karl Pearson 提出的卡方统计量 (Chi-squared statistics)：

$$\chi^2 = \sum_{i=1}^{r}\sum_{j=1}^{c}\frac{(n_{ij}-n_{ij}^*)^2}{n_{ij}^*} \tag{3.51}$$

其中

$$n_{ij}^* = \frac{n_{i\cdot}n_{\cdot j}}{n}, \quad i=1,2,\cdots,r; j=1,2,\cdots,c \tag{3.52}$$

类别变量 A 与 B 独立时，卡方统计量为 0，因为式 (3.51) 的分子全为 0。此外，式 (3.51) 可以改写成下面的形式：

$$\chi^2 = n\left(\sum_{i=1}^{r}\sum_{j=1}^{c}\frac{n_{ij}^2}{n_{i\cdot}n_{\cdot j}} - 1\right) \tag{3.53}$$

上式显示样本数 n 越大，卡方统计量也越大，这使得卡方距离衡量不够客观。**平均列联系数 (mean contingency)**(或称平均相依系数) 通过去除 n 的方式改进了这个问题：

$$\phi^2 = \frac{\chi^2}{n} = \sum_{i=1}^{r}\sum_{j=1}^{c}\frac{n_{ij}^2}{n_{i\cdot}n_{\cdot j}} - 1 \tag{3.54}$$

式中，ϕ^2 的方根称为 ϕ 系数。如果列联表是两个二元变量所形成的 2×2 表格，这时 ϕ^2 可以归一化到 0 与 1 之间 (含)，式 (3.54) 进一步整理成下式：

$$\phi^2 = \frac{\mathrm{Cov}^2(X,Y)}{\mathrm{Var}(X)\mathrm{Var}(Y)} \tag{3.55}$$

也就是说 2×2 列联表时，ϕ^2 等于线性相关系数的平方。而为了方便比较，$r\times c$ 列联表的卡方统计量可以用下式进行归一化：

$$V^2 = \frac{\chi^2}{n\cdot\min(r-1,c-1)} \tag{3.56}$$

所得到的指标称为 **Cramer 指数 (Cramer index)**，其值介于 0 与 1 之间 (含)。V^2 等于 0 时，当且仅当 A 与 B 是独立的。另一方面，V^2 等于 1 时，$r\times c$ 列联表各行或各列只有一个非零频次，表示两变量呈现最大相依的关联 (maximally dependent)。

卡方统计量的距离衡量方式在真实的应用情形有时难以解释，**误差比例降低指数 (Error Proportional Reduction index, EPR)** 也是一种相依性衡量，它假定在 B 为反应变量，A 为解释变量的情况下，衡量已经知晓 A 的类别信息后，变量 B 的类别不确定性降低的程度。

$$\mathrm{EPR} = \frac{\delta(B) - E\left[\delta(B\mid A)\right]}{\delta(B)} \tag{3.57}$$

其中 $\delta(B)$ 是 2.2.1 节摘要统计量中单变量 B 边际分布的**异质程度 (heterogeneity)** 衡量，它根据变量 B 的边际相对次数 $\{f_{\cdot1}, f_{\cdot2}, \cdots, f_{\cdot c}\}$ 来计算。$E[\delta(B\mid A)]$ 的计算需要

$\delta(B \mid A_i)$，它是已知变量 A 的第 i 行，计算 B 的异质程度，它根据变量 B 的边际条件相对次数 $\left\{f_{1|i}, f_{2|i}, \cdots, f_{c|i}\right\}$ 来计算，$\delta(B)$ 与 $\delta(B \mid A_i)$ 两者相减就表示变量 B 的类别不确定性降低的绝对量。如 2.2.1 节摘要统计量所述，异质程度衡量不止一种，如果具体取用的是**基尼不纯度 (Gini impurity)** 式 (2.1)，则 EPR 可简化成**集中度系数 (concentration coefficient)**：

$$\tau_{B|A} = \frac{\sum\limits_i \sum\limits_j f_{ij}^2/f_{i\cdot} - \sum\limits_j f_{\cdot j}^2}{1 - \sum\limits_j f_{\cdot j}^2} \tag{3.58}$$

而如果是**熵系数 (entropy coefficient)** 式 (2.3)，则 EPR 会变成**不确定性系数 (uncertainty coefficient)**。

$$U_{B|A} = -\frac{\sum\limits_i \sum\limits_j f_{ij} \log(f_{ij}/f_{i\cdot} \cdot f_{\cdot j})}{\sum\limits_j f_{\cdot j} \log f_{\cdot j}} \tag{3.59}$$

上式计算涉及对数函数，频次为 0 时，假设 $\log 0 = 0$。$\tau_{B|A}$ 与 $U_{B|A}$ 都介于 0 与 1 之间 (含)；$\tau_{B|A} = U_{B|A} = 0$ 当且仅当两变量独立；$\tau_{B|A} = U_{B|A} = 1$ 当且仅当 B 最大相依于 A。

最后一种关联性衡量不同于前两种之处在于其不取决于边际分布，而是假定列联表中的细格相对频次服从某种概率模型，因此称为基于模型的衡量。以表 3.5 的 2×2 二维列联表为例，令 π_{00}、π_{11}、π_{01} 与 π_{10} 分别表示观测值被归为表中四个细格的概率，$\pi_{1|1}$ 与 $\pi_{0|1}$ 分别表示已知行变量为成功 (success，水平为 1) 而列获得成功与失败的条件概率，$\pi_{1|0}$ 与 $\pi_{0|0}$ 分别表示已知行变量为失败 (failure，水平为 0) 而列获得成功与失败的条件概率。首先定义两行的**成功胜率 (odds of success)**odds_1 与 odds_0，简称胜率：

表 3.5　2×2 二维列联表

A/B	0	1
0	π_{00}	π_{01}
1	π_{10}	π_{11}

$$\text{odds}_1 = \frac{\pi_{1|1}}{\pi_{0|1}} = \frac{P(B=1 \mid A=1)}{P(B=0 \mid A=1)} \tag{3.60}$$

以及

$$\text{odds}_0 = \frac{\pi_{1|0}}{\pi_{0|0}} = \frac{P(B=1 \mid A=0)}{P(B=0 \mid A=0)} \tag{3.61}$$

胜率其实就是已知行变量为成功或失败的情况下，列变量为成功与失败的条件概率比值。胜率永远是非负的，此比值大于 1 时表示成功比失败的可能性更高，因为 $P(B=1 \mid A=1) > P(B=0 \mid A=1)$ 或 $P(B=1 \mid A=0) > P(B=0 \mid A=0)$，都是 B 成功概率大于失败概率。

胜率比 (odds ratio) 则是上述两胜率的比值，定义为：

$$\theta = \frac{\text{odds}_1}{\text{odds}_0} = \frac{\pi_{1|1}/\pi_{0|1}}{\pi_{1|0}/\pi_{0|0}} \tag{3.62}$$

运用条件概率的定义，可将式 (3.62) 简化为：

$$\theta = \frac{\pi_{11} \cdot \pi_{00}}{\pi_{10} \cdot \pi_{01}} = \frac{n_{11}n_{00}}{n_{10}n_{01}} \tag{3.63}$$

式 (3.63) 表示胜率比是表 3.5的交叉乘积比值，也就是说 2×2 二维列联表中主对角线 (main diagonal) 上的概率乘积，除以副对角线的概率乘积，实际运用时则以式 (3.63) 中最后一项的观测频次进行计算。

胜率比是类别数据分析统计模型的一个基本参数，它的性质如下：

(1) 其值域为 $[0, +\infty)$。

(2) 当 A 与 B 独立时，$\pi_{1|1} = \pi_{1|0}$ 且 $\pi_{0|1} = \pi_{0|0}$，因此 $\text{odds}_1 = \text{odds}_0$，所以 $\theta = 1$。换句话说，应查看胜率比大于或小于 1，借此评估关联的程度：

- 如果 $\theta > 1$，则存在正关联，因为行 1(表已知 A 成功) 的 B 成功胜率比行 0(表已知 A 失败) 的 B 成功胜率更高；
- 如果 $0 < \theta < 1$，则存在负关联，因为行 0 的 B 成功胜率比行 1 的 B 成功胜率还高。

(3) 胜率比是对称性分析的手法，无须考虑其一为反应变量，而另一为预测变量的条件。

3.5.3　类别变量可视化关联检验

R 语言类别数据可视化包 {vcd} 提供多种可视化检验类别变量关联性的函数，首先查看内置的发色、眼色与性别的三维列联表 HairEyeColor。

```
# 注意类别为'table'的表格形式
str(HairEyeColor)
```

```
## 'table' num [1:4, 1:4, 1:2] 32 53 10 3 11 50 10 30 10 25 ...
## - attr(*, "dimnames")=List of 3
##  ..$ Hair: chr [1:4] "Black" "Brown" "Red" "Blond"
##  ..$ Eye : chr [1:4] "Brown" "Blue" "Hazel" "Green"
##  ..$ Sex : chr [1:2] "Male" "Female"
```

```
# 两张二维 (4*4) 列联表
HairEyeColor
```

```
## , , Sex = Male
##
##        Eye
## Hair    Brown Blue Hazel Green
##   Black    32   11    10     3
##   Brown    53   50    25    15
##   Red      10   10     7     7
##   Blond     3   30     5     8
##
## , , Sex = Female
##
##        Eye
## Hair    Brown Blue Hazel Green
##   Black    36    9     5     2
##   Brown    66   34    29    14
##   Red      16    7     7     7
##   Blond     4   64     5     8
```

```
# 总观测数
sum(HairEyeColor)
```

```
## [1] 592
```

```
# dimnames() 返回何种数据结构？
length(dimnames(HairEyeColor))
```

```
## [1] 3
```

```
# 各维长度
sapply(dimnames(HairEyeColor), length)
```

```
## Hair  Eye  Sex
##    4    4    2
```

类别数据常用的可视化图形多是基于列联表来绘制的，条形图 (bar plot)、Cleveland 点图、圆饼图 (pie chart) 等都是基于列联表来绘制的，如果是二维 (含) 以上的列联表，可将各格观测的次数与预期的次数呈现出来，再进行其他的可视化。图 3.24 **滤网图 (sieve diagrams)** 是常用的高维 (二维以上) 列联表可视化工具，图中的矩形宽与各列总次数 $(n_{.j})$ 成比例，矩形高与各行总次数 $(n_{i.})$ 成比例；矩形面积与各格期望次数 $(m_{ij} = n_{i.}n_{.j}/n)$ 成比例；矩形中网格数目表示各格观测次数，蓝色实线表示观测次数大于预期次数 (密)，红色虚线表示观测次数小于预期次数 (疏)。图 3.24 中网格密度变化大，表示两因子不独立。

{vcd} 包中还提供比滤网图可视化功能更丰富的**马赛克图 (mosaic plot)** 函数，读者请自行探索运用。

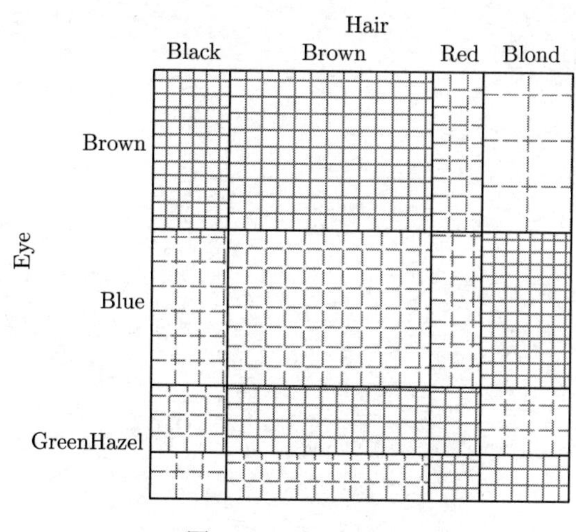

图 3.24 Eye-Hair 滤网图

```
# 发色、眼色与性别三维列联表 HairEyeColor
data(HairEyeColor)
# 沿着 Sex 累加 Hair-Eye 边际频次，并变更为 Eye-Hair 的呈现方式
(tab <- margin.table(HairEyeColor, c(2,1)))
```

```
##         Hair
## Eye      Black Brown Red Blond
##   Brown     68   119  26     7
##   Blue      20    84  17    94
##   Hazel     15    54  14    10
##   Green      5    29  14    16
```

```
# 加载类别数据可视化包，为了调用 sieve()
library(vcd)
```

```
# 表格传入绘制滤网图
sieve(tab, shade = TRUE)
```

{vcd} 包的**四重图 (fourfold display)** 提供可视化方式对胜率比做关联检验，以加州大学伯克利分校入学性别歧视数据集为例，加载三维列联表并作重新排列及汇总计算。

```
# 加州大学伯克利分校入学性别歧视数据集
data(UCBAdmissions)
# 六张二维 (2*2) 列联表
UCBAdmissions
```

```
## , , Dept = A
##
##           Gender
## Admit      Male Female
##   Admitted  512     89
##   Rejected  313     19
##
## , , Dept = B
##
##           Gender
## Admit      Male Female
##   Admitted  353     17
##   Rejected  207      8
##
## , , Dept = C
##
##           Gender
## Admit      Male Female
##   Admitted  120    202
##   Rejected  205    391
##
## , , Dept = D
##
##           Gender
## Admit      Male Female
##   Admitted  138    131
##   Rejected  279    244
##
## , , Dept = E
##
##           Gender
## Admit      Male Female
##   Admitted   53     94
##   Rejected  138    299
##
```

```
## , , Dept = F
##
##           Gender
## Admit      Male Female
##   Admitted   22     24
##   Rejected  351    317
```

```
# 前述表格形式
str(UCBAdmissions)
```

```
## 'table' num [1:2, 1:2, 1:6] 512 313 89 19 353
## 207 17 8 120 205 ...
## - attr(*, "dimnames")=List of 3
## ..$ Admit : chr [1:2] "Admitted" "Rejected"
## ..$ Gender: chr [1:2] "Male" "Female"
## ..$ Dept : chr [1:6] "A" "B" "C" "D" ...
```

```
# 表格重排为 Gender-Admit-Dept
x <- aperm(UCBAdmissions, c(2, 1, 3))
x
```

```
## , , Dept = A
##
##         Admit
## Gender   Admitted Rejected
##   Male        512      313
##   Female       89       19
##
## , , Dept = B
##
##         Admit
## Gender   Admitted Rejected
##   Male        353      207
##   Female       17        8
##
## , , Dept = C
##
##         Admit
## Gender   Admitted Rejected
##   Male        120      205
##   Female      202      391
```

```
##
## , , Dept = D
##
##         Admit
## Gender   Admitted Rejected
##   Male        138      279
##   Female      131      244
##
## , , Dept = E
##
##         Admit
## Gender   Admitted Rejected
##   Male         53      138
##   Female       94      299
##
## , , Dept = F
##
##         Admit
## Gender   Admitted Rejected
##   Male         22      351
##   Female       24      317
```

```
# 因子变量顺序变动
str(x)
```

```
## 'table' num [1:2, 1:2, 1:6] 512 89 313 19 353 17
## 207 8 120 202 ...
## - attr(*, "dimnames")=List of 3
## ..$ Gender: chr [1:2] "Male" "Female"
## ..$ Admit : chr [1:2] "Admitted" "Rejected"
## ..$ Dept : chr [1:6] "A" "B" "C" "D" ...
```

```
# 报刊杂志常见的高维列联表呈现方式 (flatten table)
ftable(x)
```

```
##                 Dept   A   B   C   D   E   F
## Gender Admit
## Male   Admitted      512 353 120 138  53  22
##        Rejected      313 207 205 279 138 351
## Female Admitted       89  17 202 131  94  24
##        Rejected       19   8 391 244 299 317
```

```
# 按照 Dept(第 3 维) 累加边际和
margin.table(x, c(1, 2))
```

```
##          Admit
## Gender   Admitted Rejected
##   Male       1198     1493
##   Female      557     1278
```

图 3.25 是不分院系之性别 vs. 入学与否的四重图[1]，其中 1/4 圆的半径与 $\sqrt{n_{ij}}$ 成比例，所以 1/4 圆的面积与该格观测次数 n_{ij} 成比例，本例的样本胜率比计算如下：

$$\hat{\theta} = \frac{n_{00}n_{11}}{n_{10}n_{01}} = \frac{1198 \cdot 1278}{557 \cdot 1493} = 1.841\,08 \tag{3.64}$$

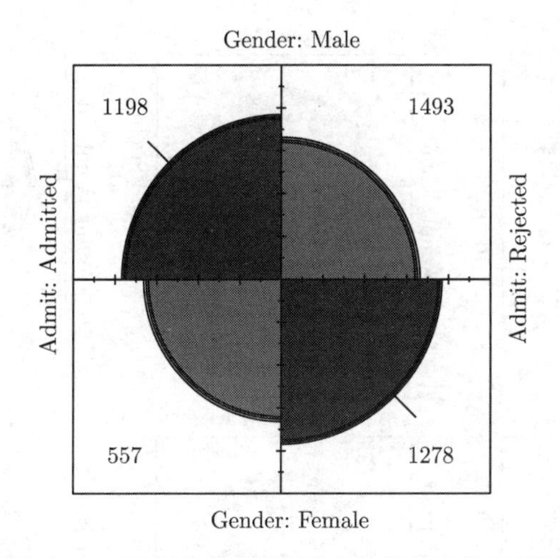

图 3.25 不分院系之性别 vs. 入学与否的四重图

结果显示成功事件存在着正关联，也就是说女性申请入学者的确拒绝率高，不分院系整体来看似乎确实有性别不公的情况。

```
# 不分院系的 Gender-Admit 四重图
fourfold(margin.table(x, c(1, 2)))
```

四重图中，如果主对角线的 1/4 圆，与另一方向副对角线的 1/4 圆的大小不同，则 $\theta \neq 1$。此外，若观测次数计算所得的样本胜率比，与虚无假说 $H_0: \theta = 1$ 的叙述一致，则邻接象限的信心环 (confidence rings) 会连接在一起，该环表示胜率比 99% 的置信区间。

近一步查看各院系分开层别后的胜率比四重图 (见图 3.26) 可发现，六院系中有五个院系男女胜率几乎是相同的，反而在入学接受率最高的院系 A 有明显差异 (院系 A 到 F 的

[1] http://www.datavis.ca/books/vcd/vcdstory.pdf

入学接受率依次递减)，女生的胜率是男生的 2.863 59 倍 $\left(\frac{89 \cdot 313}{512 \cdot 19}\right)$，反而与前述整体来看的胜率关联相反了！此例可作为**辛普森悖论 (Simpson's paradox)** 的例证，分组的关系可能在数据整合下消失或者逆转。这也说明在大数据下经常强调的相关关系的探寻，必须特别小心谨慎地反复求证为宜。

```
# 用院系为层别的 Gender-Admit 四重图
fourfold(x)
```

总而言之，类别变量关联性衡量方式远比数值变量相关性衡量多，所以如何衡量类别变量之间的关联是一个较为复杂的问题，在数据分析的过程中应当特别注意 (参见 4.2.1 节关联形态评估准则)。

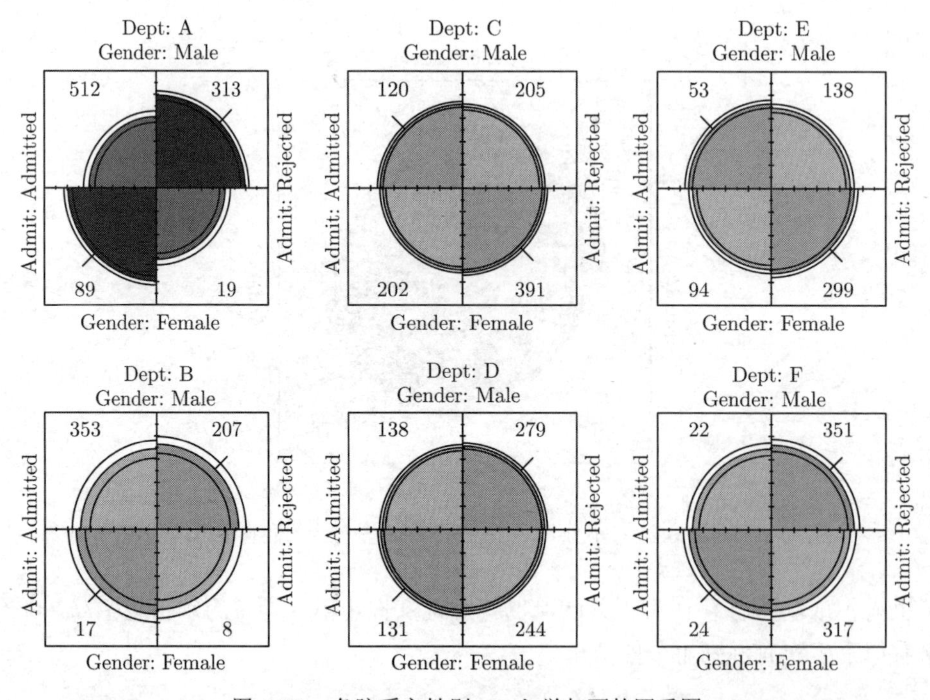

图 3.26 各院系之性别 vs. 入学与否的四重图

第 4 章

无监督式学习

相较于监督式学习，无监督式学习通常更具挑战性。因为没有或暂不考虑具体的学习目标 y，所以在无监督式学习的过程中，难免会掺杂较多的主观见解。或者可以说我们的野心太大，不满足于简单的分析目标，因此失去了目标明确的客观性了。谈到无监督式学习，令人想起描述统计学的探索式数据分析 (Exploratory Data Analysis,EDA)，除了各种统计量数的公式外，描述统计学呈现数据的图表方式，逐渐发展成大数据分析的利器——数据可视化 (data visualization)，其实数据可视化也是数据建模，它结合视觉特征来触发形态探测与信息发现 (参见 3.5.3 节类别变量可视化关联检验)，是贯穿大数据分析的全方位工具，无论建模前的探索与理解 (y 可能不列入分析对象)、建模后结果的诠释，以及中间过程的呈现 (后两种情形可能考虑 y)，都少不了 4.1 节介绍的数据可视化这个好帮手，所以数据可视化不仅仅用于无监督式学习中。

本章考虑的数据集是 n 组 $(x_{i1}, x_{i2}, \cdots, x_{im}), i = 1, 2, \cdots, n$ 共 m 个预测变量的样本，如前所述，我们暂时对预测目标变量 y 不感兴趣，学习目标是发现 m 个预测变量之间的有趣关系，例如，可视化多变量数据集 $\boldsymbol{X}_{n\times m}$，以洞悉它们之间的互动；或是探讨变量间或样本间是否存在着子群体？许多领域中无监督式学习的技术日益重要，癌症研究者化验 200 位肝癌患者的基因表现变量值 (gene expression levels)，他们欲了解样本间或基因变量间是否存在子群，以更聚焦治疗各类肝癌患者。电商网站试图识别有相近浏览与采购历程的消费者，与各群消费者感兴趣的商品项目，这些信息有助于营运者更好地配对消费者与商品。搜索引擎网站可能根据相似搜索形态用户的点击历程，提供特定用户定制化的搜索结果，提高查询速度与满意度。4.2 节关联形态挖掘与 4.3 节聚类分析，有助于完成这些统计机器学习的任务。

无监督式学习结果的优劣可能难以评定，因为它欠缺核验学习结果的公认机制。无论是交叉验证还是独立保留的测试集评估方法 (参见 3.3.1 节重抽样与数据分割方法)，很难公正客观地评鉴无监督式学习模型，因为在监督式学习之下，参与训练或未参与训练的样本，建模者都知晓反应变量 y 的标准答案。而无监督式学习的场景下，我们通常不知道问题的真正答案。

4.1 数据可视化

人类是视觉动物，其视觉神经系统有强大的模式识别与分析能力，可视化是启动这套系统的途径。我们的眼睛善于接收视觉特征，如颜色、大小、形状等。**数据可视化 (data visualization)**，或称数据视觉化，是一种高效的信息压缩与展示方法，能将大量数据快速传输给人的大脑，汲取图形认知优于心智思考的好处。同时，可视化便于探索与提炼数据，并促进新问题的提出与解决。

从数据分析的角度来说，数据可视化是贯穿数据挖掘整个过程的重要技术，可视化图形常被用来找寻数据中的性质、关系、规律或形态，以对结果进行释义并获取信息。各种类型的数据，都有其适合的可视化方法。本节先介绍 Python 绘图的包与模块，接着再用实际数据说明常用的图形。

Python 最常用的绘图包是 **matplotlib**，顾名思义，matplotlib 可以模仿 MATLAB 提供的各种绘图功能。**matplotlib** 让用户可以运用 MATLAB 的语法形式或者 Python 的语法形式来完成图形的绘制。**matplotlib** 包含许多绘图模块与类别，**matplotlib.pyplot** 是最常用来产生图形的模块，它是 **matplotlib** 绘图函数库的应用程序编程接口 (Applications Programming Interface, API)。**pylab** 是另一个便利的绘图模块，该模块在同一个名称空间下加载 **matplotlib.pyplot** 与 **numpy**，分别负责绘图以及数组与数学计算任务。网络上许多程序代码调用 **pylab**，它适合在 **IPython** 的交互式开发环境中使用。

如前所述，Python 可以用类似 MATLAB 的语法产生图形，也可以用面向对象的方式，或称更像 Python 的编程方式来绘图。每种方式各有优劣，为了程序代码的可读性，我们尽可能避免在同一支程序中混合不同的绘图编程方式。

用 **pyplot** 进行图形绘制的编程方式如下 (见图 4.1)：

```
# 加载必要包，并记为简要的名称
import matplotlib.pyplot as plt
import numpy as np
```

```
# 产生或导入数据
x = np.arange(0, 10, 0.2)
y = np.sin(x)

# 产生图形 (pyplot 语法)
plt.plot(x, y)

# 将图形显示在屏幕上
# plt.show()
```

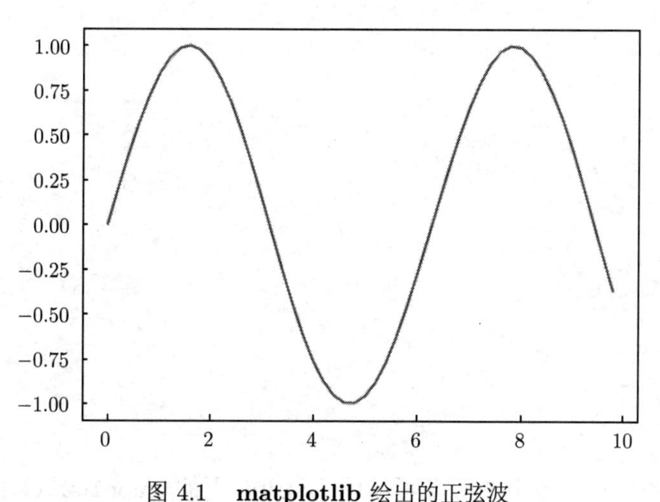

图 4.1 **matplotlib** 绘出的正弦波

Python 面向对象的绘图方式，适合输出多个图形的情况下使用。下方程序代码区域与上面 **pyplot** 编程方式比较，我们可以发现代码中除了存储图形指令 fig.savefig() 外，两者只有“# 产生图形”这部分代码不相同，其余完全没有变动。

```
# 加载必要包，并记为简要的名称
import matplotlib.pyplot as plt
import numpy as np

# 产生或导入数据
x = np.arange(0, 10, 0.2)
y = np.sin(x)

# 产生图形 (面向对象语法)
fig = plt.figure()
ax = fig.add_subplot(1,1,1)
```

```
ax.plot(x, y)

# 将图形显示在屏幕上
# plt.show()
# 图形存储方法 savefig()
# fig.savefig('./_img/plt.png', bbox_inches='tight')
```

如前所述，用 **IPython** 进行交互式数据分析时，常经由 **pylab** 将 **numpy** 与 **matplotlib.pyplot** 加载到当前的工作空间中，这时所用的语法与 MATLAB 相似。

```
# 加载必要包 pylab
from pylab import *

# 产生或导入数据
x = np.arange(0, 10, 0.2)
y = np.sin(x)

# 产生图形 (MATLAB 语法)
plot(x, y)

# 将图形显示在屏幕上
# show()
```

如欲在同一图面输出多个图形，可以用 **pyplot** 下的 subplots() 函数，将图形输出装置 (fig)，即图面或称区域，划分为两行与单列 (axs)，也就是说即将输出两个子图，接着对各子图 axs[0] 与 axs[1] 进行高低阶绘图，高阶绘图产生统计图形，低阶绘图再进行画龙点睛的修饰工作，见图 4.2。(R 语言多图输出的布局指令请参考 1.6.1 节与 2.1.5 节的案例)

```
# 加载必要包，并记为简要的名称
import matplotlib.pyplot as plt
import numpy as np

# 产生或导入数据
x = np.arange(0, 10, 0.2)
y = np.sin(x)
z = np.cos(x)

# 产生图面与子图
fig, axs = plt.subplots(nrows=2, ncols=1)
```

```
# 绘制第一个子图正弦波，加上垂直轴标签
axs[0].plot(x, y) # 高阶绘图
axs[0].set_ylabel('Sine') # 低阶绘图

# 绘制第二个子图余弦波，加上垂直轴标签
axs[1].plot(x, z) # 高阶绘图
axs[1].set_ylabel('Cosine') # 低阶绘图

# 将图形显示在屏幕上
# plt.show()
# 图形存储方法 savefig()
# fig.savefig('./_img/multiplt.png', bbox_inches='tight')

# 还原图形与子图的默认设定
fig, ax = plt.subplots(nrows=1, ncols=1)
```

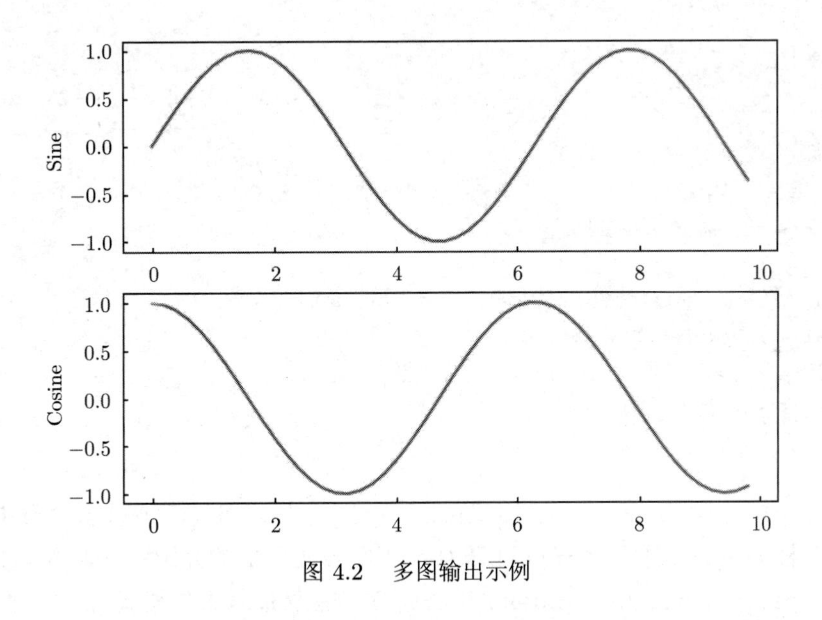

图 4.2　多图输出示例

一般而言，圆饼图、条形图、克里夫兰点图 (Cleveland dotplot)、箱形图、直方图、成对散点图、正态分位数图、马赛克图等是常用的图形。看图与构图时注意图形涉及几个变量，是单纯的类别变量绘图，或是数值变量绘图，还是图中混杂着两类变量的绘图。本节限于篇幅，仅以下面例子说明箱形图与密度曲线图，其他各章案例仍有许多数据可视化技巧的介绍。

在生化领域中经常欲了解药物或疾病等对活体体液的影响，例如体液中细胞大小、形

状、发展状态与数量等。高内涵筛选技术 (High-Content Screening, HCS) 将样本染色后打光，再用探测器测量不同波长的光束散射性质，并用图像处理软件按照散射测量值量化样本的细胞特征。

运用 **pandas** 读入前述生化领域逗号分隔文件 segmentationOriginal.csv，这数据集变量众多，我们挑选五个量化变量为例，首先用 **pandas** 数据集的 `boxplot()` 方法绘制并排箱形图，跨栏比较各量化变量的数值分布。

```
# 加载 Python 语言 pandas 包与生化数据集
import pandas as pd
path = '/Users/Vince/cstsouMac/Python/Examples/Basics/'
fname = 'data/segmentationOriginal.csv'
# 中间无任何空白的方式链接路径与文件名
cell = pd.read_csv("".join([path, fname]))
```

```
# 119 个变量
print(len(cell.columns))
```

```
## 119
```

```
# 挑选五个量化变量
partialCell = cell[['AngleCh1', 'AreaCh1', 'AvgIntenCh1',
'AvgIntenCh2', 'AvgIntenCh3']]

# 用 pandas 数据集的 boxplot() 方法绘制并排箱形图 (见图 4.3)
ax = partialCell.boxplot() # partialCell 是数据集对象
# pandas 图形需要用 get_figure() 方法取出图形后才能存储
fig = ax.get_figure()
# fig.savefig('./_img/pd_boxplot.png')
```

{seaborn} 是 Python 另一个受欢迎的绘图包，它如同 R 语言中重要的数据可视化包 {ggplot2} 一样 ({ggplot2} 已经移植到 Python 中，参见下面的介绍)，只接受长数据。因此将宽数据表 `partialCell` 用 **pandas** 的 `melt()` 方法转成长数据格式后，再将 `variable` 与 `value` 对应至横纵轴，即可绘制 **seaborn** 的并排箱形图，结果与图 4.3大致相同，读者请自行执行下面程序代码来验证。

```
# 用 seaborn 包的 boxplot() 方法绘制并排箱形图
import seaborn as sns
ax = sns.boxplot(x="variable", y="value",
data=pd.melt(partialCell))
```

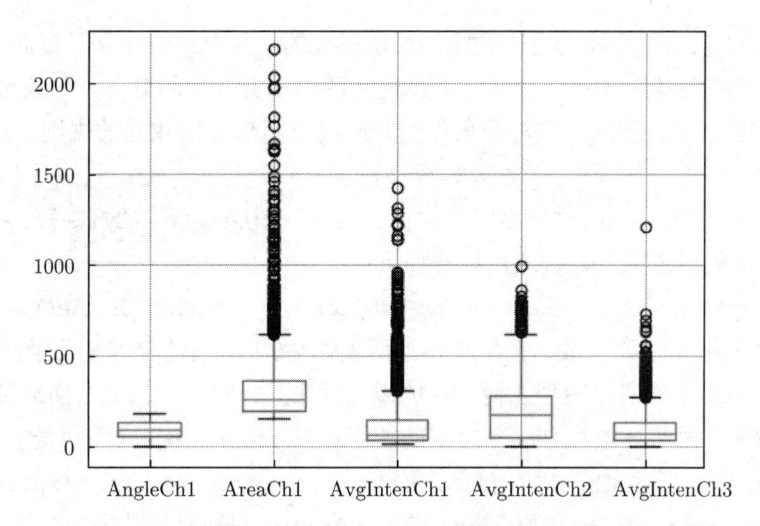

图 4.3　**pandas** 与 **seaborn** 绘图功能绘制的并排箱形图

图 4.3结果显示 `AngleCh1` 分布对称且相对狭窄；其余变量呈右偏分布，其中 `AreaCh1` 面积量级较大，离群值高且多；其他三个频道的平均强度值 `AvgIntenCh1`、`AvgIntenCh2` 与 `AvgIntenCh3`，以频道二 `AvgIntenCh2` 的分布形态较为不同。

```
# 宽表转长表自动生成的变量名称 variable 与 value
print(pd.melt(partialCell)[2015:2022])
```

```
##        variable       value
## 2015  AngleCh1   99.049010
## 2016  AngleCh1   83.319801
## 2017  AngleCh1  116.473894
## 2018  AngleCh1  150.820416
## 2019   AreaCh1  185.000000
## 2020   AreaCh1  819.000000
## 2021   AreaCh1  431.000000
```

```
# seaborn 图形也需要用 get_figure() 方法取出后才能存储
fig = ax.get_figure()
# fig.savefig('./_img/sns_boxplot.png')
```

图形文法绘图

{ggplot2} 是国内外数据可视化社群最为推崇的 R 包，目前已经移植到 Python 环境中，包的名称同样是 **ggplot**(`http://yhat.github.io/ggpy/`)。**ggplot** 是一个以图层 (layers) 语法为基础的绘图包，它实现了 Wilkinson(2005) 的绘图文法 (grammar of graphics) 概念。

Wilkinson(2005) 认为一个图形是由数个图层所组成的，其中一层包含了数据 (data)，图形的绘制须结合数据与绘制规范，规范并非单纯是图形视觉效果的名称，如条形图、散点图、直方图等，规范还应该包括一组与数据内涵共同决定图形如何建立的规则，这即为图形文法一词的含义。

ggplot 核心概念为绘图时依序定义数据、画布、图层与额外的规则等，并用加号“+”串接各部分组成的图形文法，其通用语法如下：

ggplot(aes(x=..., y=...), data) + geom_**object**() + ... + stat_**name**() + 额外组件

其中 `data` 与 `aes` 是主要参数，前者须给定长格式数据集，后者全名是美学映射 (aesthetic mapping)，说明变量如何与图形几何对象的视觉性质互相对应，例如，横纵轴的数据字段、颜色字段、前景字段等；接着是实际绘图的图层规范 geom_**object**()(可能有多个绘图层)，关键词 **object** 是图形效果的名称，例如，`point`、`line`、`smooth`、`bar`、`boxplot`、`errorbar`、`density`、`histogram` 等；stat_**name**() 中的 **name** 是归纳原始数据的统计变换名称，它可以是实际样本累积分布函数 `ecdf`、摘要统计值 `summary`、平滑曲线拟合 `smooth` 等；最后是实现画龙点睛功效的低阶绘图额外组件，例如，刻度控制、坐标控制与分面控制等，各个图层间用加号串连起来。

`diamonds` 是 **ggplot** 包的内置数据集，包括近 54 000 颗钻石的价格、重量、切割质量、色泽、透明度与切割尺寸等特征。

```
# 加载 Python 图形文法绘图包及其内置数据集
from ggplot import *
```

```
# 查看钻石数据集前 5 笔样本
import pandas as pd
print(diamonds.iloc[:, :9].head())
```

```
##    carat      cut color clarity  depth  table  price     x     y
## 0   0.23    Ideal     E     SI2   61.5   55.0    326  3.95  3.98
## 1   0.21  Premium     E     SI1   59.8   61.0    326  3.89  3.84
## 2   0.23     Good     E     VS1   56.9   65.0    327  4.05  4.07
## 3   0.29  Premium     I     VS2   62.4   58.0    334  4.20  4.23
## 4   0.31     Good     J     SI2   63.3   58.0    335  4.34  4.35
```

```
# 数值与类别变量混成的数据集
print(diamonds.dtypes)
```

```
## carat      float64
## cut         object
## color       object
```

```
## clarity     object
## depth      float64
## table      float64
## price        int64
## x          float64
## y          float64
## z          float64
## dtype: object
```

本例 **ggplot** 绘图底部图层除了律定数据集 `diamonds` 外，并将欲进行密度曲线估计与绘图的量化变量 `price` 对应到 x 轴，`color = clarity` 将八种透明度水平映射到不同颜色的曲线，`geom_density()` 是绘制钻石价格密度曲线的几何对象图层，`scale_color_brewer()` 设定颜色 (`clarity` 八个水平) 刻度使用 `div` 类型的色盘，`facet_wrap()` 则按照类别变量 `cut` 的五种不同水平作分面绘图 (见图 4.4)。

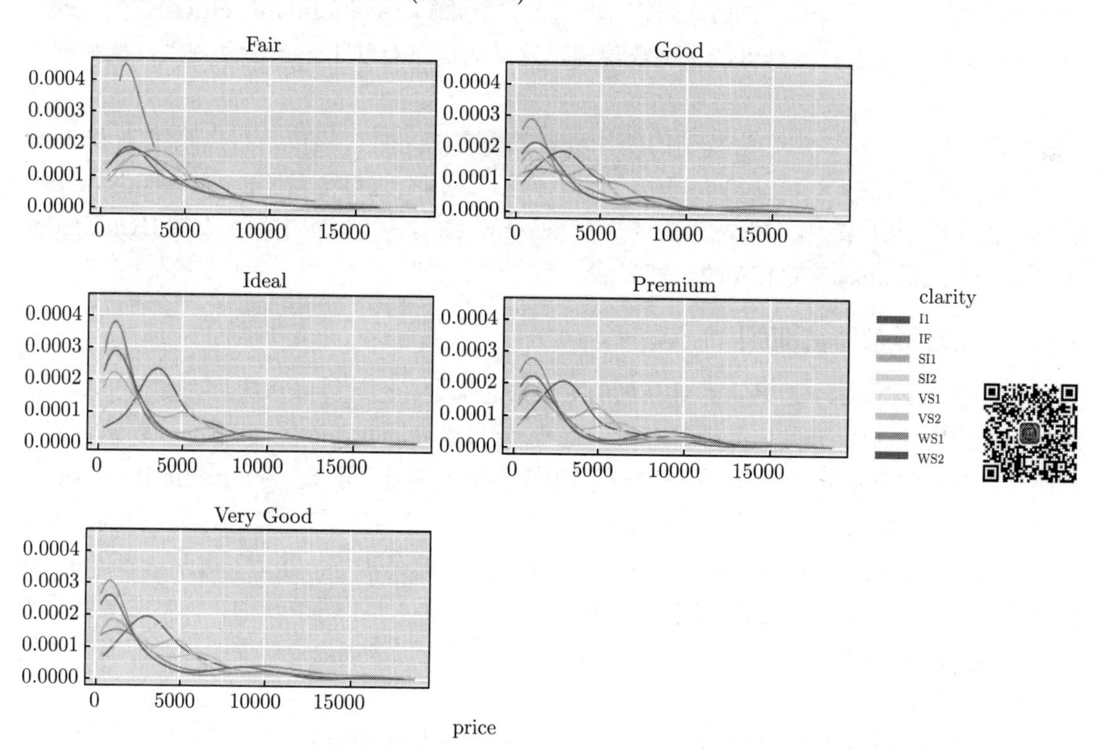

图 4.4 **ggplot** 不同切割等级下，各钻石通透度的价格密度曲线图

```
# 图形文法的图层式绘图
p = ggplot(data=diamonds, aes(x='price', color='clarity')) +
geom_density() + scale_color_brewer(type='div') +
```

```
facet_wrap('cut')
```

```
# ggplot 存储图形方法 save()
p.save('./_img/gg_density.png')
```

最后，{ggplot2} 似乎在 R 语言中产生的图形质量较高，其功能多且弹性大，又能绘制自定义的图形，值得读者进一步深究这个功能强大的数据可视化包。

4.2 关联形态挖掘

典型的关联形态挖掘 (association pattern mining) 是分析超市中顾客购买的品项集合数据，其个别品项间或品项群间共同出现的样貌或关联。顾客在超市的购买记录通常称为交易数据，或购物篮数据，因此关联形态挖掘常与**购物篮分析 (market basket analysis)** 交替使用。形如 {西红柿，黄瓜}=>{汉堡肉} 的**关联规则 (association rules)**，表示顾客购买西红柿与黄瓜后，很有可能也买汉堡肉。这样的信息有助于营销活动规划，例如促销定价或产品陈列。

关联规则是一种以规则为基础的统计机器学习方法，它在超市销售点系统 (point-of-sale,POS) 所记录的大规模交易数据中挖掘规律性，运用有趣性衡量 (measures of interestingness)(参见 4.2.1 节) 找出形态强烈的规则 (strong rule)，是数据库中知识发现 (Knowledge Discovery in Database, KDD) 的一种方法。

4.2.1 关联形态评估准则

支持度 (support) 是最常见且易懂的关联形态衡量，它计算品项集合在整个交易数据库中出现的次数，以此来量化品项集有趣的程度。支持度介于 0 与 1 之间 (含)，若以是否超过最小支持度阈值为基准，从而挖掘出来的品项集合称为**频繁品项集 (frequent itemsets)**。

生成所有支持度大于或等于最小支持度阈值的所有品项集后，接着再从各频繁品项集产生可能的**关联规则 (association rules)**，例如，频繁品项集 $\{A, B\}$ 可生成若 $\{A\}$ 则 $\{B\}$(规则 $\{A\} \Rightarrow \{B\}$)，与若 $\{B\}$ 则 $\{A\}$(规则 $\{B\} \Rightarrow \{A\}$) 两条规则。计算各规则是否有趣的**信心度 (confidence)** 后，再挑出高信心度的规则，这些规则形成的集合即为关联规则挖掘的结果。

上述关联规则 $\{A\} \Rightarrow \{B\}$ 的支持度 $\mathrm{sup}(\{A\} \Rightarrow \{B\})$ 与信心度 $\mathrm{conf}(\{A\} \Rightarrow \{B\})$ 计算公式如下：

$$\mathrm{sup}(\{A\} \Rightarrow \{B\}) = \Pr[\{A, B\}] = \frac{n(\{A, B\})}{n(U)} \tag{4.1}$$

$$\mathrm{conf}(\{A\} \Rightarrow \{B\}) = \Pr[\{B\} \mid \{A\}] = \frac{n(\{A, B\})}{n(\{A\})} \tag{4.2}$$

其中 Pr[·] 表示事件概率；$n(\cdot)$ 表示品项集交易的次数；U 为所有品项形成的宇集合 (universe)，支持度与信心度的值都介于 0 与 1 之间 (含)。此外，**增益率 (lift)** 也是常用的规则评量指标，它是 $\Pr[\{B\} \mid \{A\}]$ 与 $\Pr[\{B\}]$ 的比值，计算公式如下：

$$\text{lift}(\{A\} \Rightarrow \{B\}) = \frac{\Pr[\{B\} \mid \{A\}]}{\Pr[\{B\}]} = \frac{n(\{A, B\})}{n(\{A\}) \cdot n(\{B\})} \tag{4.3}$$

增益率的值恒大于或等于 0，分子可看成是关联规则 $\{A\} \Rightarrow \{B\}$ 的前提部 $\{A\}$ 与结果部 $\{B\}$ 共同出现的概率；分母是两者独立同时出现的概率。如果品项 $\{A\}$ 与 $\{B\}$ 独立，则规则的增益率值恰好为 1。

Python 的 **mlxtend.frequent_patterns.association_rules** 模块中的 `association_rules()` 函数，除了提供支持度、信心度与增益率三个关联形态评估指标外，另有**杠杆度 (leverage)** 与**信服力 (conviction)** 等指标，杠杆度的定义为：

$$\text{leverage}(\{A\} \Rightarrow \{B\}) = \text{sup}(\{A\} \Rightarrow \{B\}) - \text{sup}(\{A\}) \times \text{sup}(\{B\}) \tag{4.4}$$

该指标衡量两品项 $\{A\}$ 与 $\{B\}$ 在交易数据库中同时出现的观测频率与如果两者独立同时出现之期望频率的差距，此差距可以解释为关联形态与独立关系之间的鸿沟大小，其值介于 -1 与 1 之间 (含)，当指标值为 0 时表示两品项独立。

信服力指标的定义为：

$$\text{conviction}(\{A\} \Rightarrow \{B\}) = \frac{1 - \text{sup}(\{B\})}{1 - \text{conf}(\{A\} \Rightarrow \{B\})} \tag{4.5}$$

其值大于或等于 0，高信服力值表示规则的结果部高度相依于前提部。例如，当规则的信心度为完美值 1 时，信服力的分母为 0，使得信服力值达到最高 ∞；而当品项为独立时，信服力值为 1，这情况与增益率相似。

4.2.2 节说明 Python 语言的关联规则分析具体步骤，值得一提的是 R 语言 {arules} 包的 `interestMeasure()` 函数提供超过五十种的频繁品项集与关联规则的评估指标，这些指标与 3.5.2 节名目尺度类别变量的相关与独立内容有关。此外，R 语言包 {arulesViz} 更有频繁品项集与关联规则可视化的诸多绘图方法，有兴趣的读者可再深入研究功能多且效率佳的 R 语言关联规则包。

4.2.2 在线音乐城关联规则分析

在线音乐城数据集 `lastfm.csv` 记录不同国籍与性别用户的聆听记录，首先加载聆听记录的长数据表，查看字段数据类型与交易记录长度 (即用户人数) 与品项数 (即演唱艺人人数)(Ledolter, 2013)。

```
import pandas as pd
# 设定 pandas 行列结果呈现最大宽高值
pd.set_option('display.max_rows', 500)
pd.set_option('display.max_columns', 500)
# 在线音乐城聆听记录加载
lastfm = pd.read_csv("./_data/lastfm.csv")
# 聆听历程长数据
print(lastfm.head())
```

```
##    user                     artist sex  country
## 0     1    red hot chili peppers   f  Germany
## 1     1  the black dahlia murder   f  Germany
## 2     1                goldfrapp   f  Germany
## 3     1         dropkick murphys   f  Germany
## 4     1                 le tigre   f  Germany
```

```
# 查看字段数据类型，大多是类别变量
print(lastfm.dtypes)
```

```
## user        int64
## artist     object
## sex        object
## country    object
## dtype: object
```

```
# 统计各用户在线聆听次数
print(lastfm.user.value_counts()[:5])
```

```
## 17681    76
## 15057    63
## 1208     55
## 19558    55
## 13424    54
## Name: user, dtype: int64
```

```
# 独一无二的用户编号长度，共有 15000 位用户
print(lastfm.user.unique().shape)
```

```
## (15000,)
```

```
# 各艺人被点播次数
print(lastfm.artist.value_counts()[:5])
```

```
## radiohead                   2704
## the beatles                 2668
## coldplay                    2378
## red hot chili peppers       1786
## muse                        1711
## Name: artist, dtype: int64
```

```
# 确认演唱艺人人数，共有 1004 位艺人
print(lastfm.artist.unique().shape)
```

```
## (1004,)
```

进行**购物篮分析** (**market basket analysis**) 之前，须将聆听记录长数据整理成交易数据格式，因此我们根据用户将聆听数据分组 (参考 2.2.3 节 Python 语言群组与摘要)，观察分组数据后发现用户编号有跳号的状况。

```
# 按照用户编号分组
grouped = lastfm.groupby('user')
```

```
# 查看前两组的子表，前两位用户各聆听 16 与 29 位艺人专辑
print(list(grouped)[:2])
```

```
## [(1,     user                   artist sex  country
## 0       1    red hot chili peppers   f   Germany
## 1       1  the black dahlia murder   f   Germany
## 2       1               goldfrapp   f   Germany
## 3       1         dropkick murphys   f   Germany
## 4       1                le tigre   f   Germany
## 5       1              schandmaul   f   Germany
## 6       1                   edguy   f   Germany
## 7       1            jack johnson   f   Germany
## 8       1               eluveitie   f   Germany
## 9       1             the killers   f   Germany
## 10      1            judas priest   f   Germany
## 11      1              rob zombie   f   Germany
## 12      1              john mayer   f   Germany
## 13      1                 the who   f   Germany
## 14      1             guano apes   f   Germany
## 15      1       the rolling stones   f   Germany)]
```

```
## [(3,     user                  artist sex       country
## 16      3     devendra banhart   m  United States
## 17      3     boards of canada   m  United States
## 18      3            cocorosie   m  United States
## 19      3           aphex twin   m  United States
## 20      3    animal collective   m  United States
## 21      3           atmosphere   m  United States
## 22      3        joanna newsom   m  United States
## 23      3                  air   m  United States
## 24      3           portishead   m  United States
## 25      3       massive attack   m  United States
## 26      3  broken social scene   m  United States
## 27      3          arcade fire   m  United States
## 28      3                plaid   m  United States
## 29      3          prefuse 73   m  United States
## 30      3                  m83   m  United States
## 31      3        the flashbulb   m  United States
## 32      3             pavement   m  United States
## 33      3            goldfrapp   m  United States
## 34      3           amon tobin   m  United States
## 35      3         sage francis   m  United States
## 36      3             four tet   m  United States
## 37      3          max richter   m  United States
## 38      3             autechre   m  United States
## 39      3            radiohead   m  United States
## 40      3    neutral milk hotel   m  United States
## 41      3          beastie boys   m  United States
## 42      3           aesop rock   m  United States
## 43      3              mf doom   m  United States
## 44      3            the books   m  United States)]
```

```
# 用户编号有跳号现象
print(list(grouped.groups.keys())[:10])
```

```
## [1, 3, 4, 5, 6, 7, 9, 12, 13, 14]
```

接着统计每位用户的聆听艺人数，并取出分组表艺人名称 artist 一栏，再将之拆解为嵌套列表。

```
# 用 agg() 方法传入字典，统计各用户聆听艺人数
numArt = grouped.agg({'artist': "count"})
print(numArt[5:10])
```

```
##       artist
## user
## 7         22
## 9         19
## 12        30
## 13         7
## 14         8
```

```
# 取出分组表艺人名称一栏
grouped = grouped['artist']
# Python 列表推导，拆解分组数据为嵌套列表
music = [list(artist) for (user, artist) in grouped]
```

```
# 限于页面宽度，取出交易记录长度<3 的数据呈现嵌套列表的整理结果
print([x for x in music if len(x) < 3][:2])
```

```
## [['michael jackson', 'a tribe called quest']]
```

```
## [['bob marley & the wailers']]
```

mlxtend.frequent_patterns 模块中有频繁品项集挖掘的算法 apriori()，挖掘前运用 **mlxtend.preprocessing** 模块中的 TransactionEncoder() 将交易数据列表编码为二元值 **numpy** 数组，查看交易记录笔数与品项数后，再将之转为 **pandas** 数据集。

```
from mlxtend.preprocessing import TransactionEncoder
# 交易数据格式编码（同样是定义空模-> 拟合实模-> 转换运用）
te = TransactionEncoder()
# 返回 numpy 二元值矩阵 txn_binary
txn_binary = te.fit(music).transform(music)
# 查看交易记录笔数与品项数
print(txn_binary.shape)
```

```
## (15000, 1004)
```

```
# 读者自行执行 dir()，可以发现 te 实模对象下有 columns_ 特征
# dir(te)
# 查看部分品项名称
print(te.columns_[15:20])
```

```
## ['abba', 'above & beyond', 'ac/dc', 'adam green', 'adele']
```

```
# numpy 矩阵组织为二元值数据集
df = pd.DataFrame(txn_binary, columns=te.columns_)
print(df.iloc[:5, 15:20])
```

```
##     abba  above & beyond  ac/dc  adam green  adele
## 0  False           False  False       False  False
## 1  False           False  False       False  False
## 2  False           False  False       False  False
## 3  False           False   True       False  False
## 4  False           False  False       False  False
```

将原始聆听数据转换为真假值矩阵后，用 apriori() 函数挖掘频繁品项集，最小支持度设定为 0.01。挖掘完成后计算各频繁品项集长度，并新增字段 length 于后，用逻辑值索引筛选品项集支持度至少为 0.05，且长度为 2 的频繁品项集。

```
# apriori 频繁品项集挖掘
from mlxtend.frequent_patterns import apriori
# 挖掘时间长，因此记录运行时间
# 可思考为何 R 语言包 {arules} 的 apriori() 快速许多？
import time
start = time.time()
freq_itemsets = apriori(df, min_support=0.01,
use_colnames=True)
end = time.time()
print(end - start)
```

```
## 33.48470664024353
```

```
# apply() 结合匿名函数统计品项集长度，并新增'length' 字段于后
freq_itemsets['length'] = freq_itemsets['itemsets']
.apply(lambda x: len(x))
```

```
# 频繁品项集数据集，支持度、品项集与长度三字段
print(freq_itemsets.head())
```

```
##     support               itemsets  length
## 0  0.022733                 (2pac)       1
## 1  0.030933         (3 doors down)       1
## 2  0.032800  (30 seconds to mars)       1
## 3  0.021800              (50 cent)       1
## 4  0.013667        (65daysofstatic)       1
```

```
print(freq_itemsets.dtypes)
```

```
## support      float64
## itemsets      object
## length         int64
## dtype: object
```

```
# 布尔值索引筛选频繁品项集
print(freq_itemsets[(freq_itemsets['length'] == 2)
& (freq_itemsets['support'] >= 0.05)])
```

```
##        support                 itemsets  length
## 921     0.0546     (coldplay, radiohead)       2
## 1503    0.0582  (radiohead, the beatles)       2
```

进一步用 association_rules() 函数从频繁品项集中生成关联规则集 musicrules，生成条件为信心度至少是 0.5，用户可以定义其他生成规则的条件，例如，增益率至少为 5。产生规则集后计算其前提部 (antecedent) 的长度，并添加于规则集后。

```
# association_rules 关联规则集生成
from mlxtend.frequent_patterns import association_rules
# 从频繁品项集中产生 49 条规则 (生成规则 confidence >= 0.5)
musicrules = association_rules(freq_itemsets,
metric="confidence", min_threshold=0.5)
```

```
print(musicrules.head())
```

```
##                antecedents  consequents  antecedent support
## 0                   (beck)  (radiohead)            0.057467
## 1                   (blur)  (radiohead)            0.033533
## 2  (broken social scene)  (radiohead)            0.027533
## 3                  (keane)   (coldplay)            0.034933
## 4            (snow patrol)   (coldplay)            0.050400
```

```
##    consequent support   support  confidence
## 0            0.180267  0.029267    0.509281
## 1            0.180267  0.017533    0.522863
## 2            0.180267  0.015067    0.547215
## 3            0.158533  0.022267    0.637405
## 4            0.158533  0.026467    0.525132
```

```
##         lift  leverage  conviction
## 0  2.825152  0.018907    1.670473
## 1  2.900496  0.011488    1.718024
## 2  3.035589  0.010103    1.810427
## 3  4.020634  0.016729    2.320676
## 4  3.312441  0.018477    1.772002
```

```
# apply() 结合匿名函数统计各规则前提部长度
# 并新增'antecedent_len' 字段于后
musicrules['antecedent_len'] = musicrules['antecedents']
.apply(lambda x: len(x))
```

```
print(musicrules.head())
```

```
##                 antecedents  consequents  antecedent support
## 0                    (beck)  (radiohead)            0.057467
## 1                    (blur)  (radiohead)            0.033533
## 2  (broken social scene)  (radiohead)            0.027533
## 3                   (keane)   (coldplay)            0.034933
## 4            (snow patrol)   (coldplay)            0.050400

##     consequent support   support  confidence
## 0             0.180267  0.029267    0.509281
## 1             0.180267  0.017533    0.522863
## 2             0.180267  0.015067    0.547215
## 3             0.158533  0.022267    0.637405
## 4             0.158533  0.026467    0.525132

##         lift  leverage  conviction
## 0  2.825152  0.018907    1.670473
## 1  2.900496  0.011488    1.718024
## 2  3.035589  0.010103    1.810427
## 3  4.020634  0.016729    2.320676
## 4  3.312441  0.018477    1.772002

##     antecedent_len
## 0                1
## 1                1
## 2                1
## 3                1
## 4                1
```

实际运用规则时我们可以进一步筛选规则，例如，挑选出前提部长度至少为 1、信心度与增益率分别大于 0.55 与 5 的规则子集。

```
# 布尔值索引筛选关联规则
print(musicrules[(musicrules['antecedent_len'] > 0) &
(musicrules['confidence'] > 0.55)&(musicrules['lift'] > 5)])
```

```
##                    antecedents   consequents  antecedent support
## 8                       (t.i.)  (kanye west)            0.018333
## 12        (the pussycat dolls)     (rihanna)            0.018000
## 38  (led zeppelin, the doors)  (pink floyd)            0.017867

##     consequent support   support  confidence
## 8             0.064067  0.010400    0.567273
## 12            0.043067  0.010400    0.577778
## 38            0.104933  0.010667    0.597015

##          lift  leverage  conviction
## 8    8.854413  0.009225    2.162871
## 12  13.415893  0.009625    2.266421
## 38   5.689469  0.008792    2.221091

##     antecedent_len
## 8                1
## 12               1
## 38               2
```

4.2.3 结语

关联形态挖掘经常在数据挖掘领域中，与其他方法论结合运用，例如，聚类、分类与离群值分析。就应用领域而言，除了前述的购物篮分析，关联形态挖掘也出现在时空数据分析、文本数据分析、网页浏览记录分析、软件错误探测及生物化学数据分析等不同的领域中。

本章的关联形态，只考虑交易记录中品项出现比没出现更为重要的形态，此种形态称为频繁形态；有时我们会关心支持度小于最小支持度阈值的品项集或规则，也就是对于**负向关联 (negative association)**、稀少事件或低于预期的异常事件等**非频繁形态 (infrequent patterns)** 感到好奇，例如：规则 $\{\text{coffee}\} \Rightarrow \{\overline{\text{tea}}\}$ 表示喝咖啡的人倾向不喝茶，这就是所谓的负向关联规则。

此外，关联规则挖掘算法通常找出为数众多的形态，其中可能包含赘余或无趣的关联形态，过多的输出导致难以直接进行特定领域的应用，数据科学家必须结合领域知识，客观的规则评估指标，以及主观的规则样板进行筛选，方能挖掘出有趣的规则。

4.3 聚类分析

想象一下，(你) 坐在咖啡厅观察来来往往的人们，是否有些经常出现的衣着打扮？身穿笔挺的西装、手提着公文包的企业总裁肥猫 (fat cat)；戴着时髦眼镜，穿着紧身牛仔裤、搭配绒衬衫的潮人 (hipster)；开着休旅车接送小孩的中产阶级妇女 (soccer mom)。当然，用这些外表穿着的刻板印象妄下断论是有风险的，因为同类型的两个个体不一定完全一样！但是有时寻求一种整体描述的方式，有助于我们对该类事务的理解，因为这些描述捕捉了同类型个体间相似的特征 (Lantz, 2015)。

聚类分析 (cluster analysis) 可以说是无监督式学习任务的表示，在未知或不利用观测值的类别标签下，算法自动将数据分割成相似的群，自动是指我们事先并不知晓各群的样貌。也因为如此，聚类被视为**知识发现**的重要技术，而非预测工具。虽然如此，聚类分析是许多大数据分析工作必备的数据探索工具，它可能挖掘出数据中自然群组之洞见，在数据分析中有许多重要应用，例如：

- 识别功能不正常的服务器。
- 找出使用形态在已知聚类之外的封包，以探测可能的异常攻击行为，例如，未经授权的网络入侵活动。
- 聚集相似的基因表现变量或根据基因表现变量值，识别离群基因。
- 将顾客区隔成人口统计变量与购买形态相近的各群，以利目标营销活动。
- 群聚数据中彼此间相似的特征，以归纳整理数量众多的特征，成为变量较少的同质群组，达到简化大数据集的功效。一般而言，多元且多变的数据，可以较小的聚类来作为例证或典范，以此获得有意义且有助于后续分析的数据结构。精整后的数据其复杂度较低，可获得后续监督式学习着眼之关系形态的洞见。

但是在缺乏各群体组成内涵的外显知识 (类别标签) 下，算法如何得知群与群之间的分界呢？简单来说，聚类的原理是群内的个体彼此非常相似，群间的个体非常不同。因此，聚类对象之间的**相似性 (similarity)** 如何定义就变得非常重要，这项定义会因为应用领域的不同而有所变化，请参考 3.4 节相似性与距离。

因为聚类分析的应用十分广泛，专家学者们已经开发出许多数据聚类的算法，例如，k **均值聚类法 (k-means)**、**阶层式聚类法 (hierarchical clustering)** 以及**噪声探测的空间密度聚类算法 (Density-Based Spatial Clustering of Applications with Noise, DBSCAN)** 等，这些算法表示不同类型的聚类过程。

一般而言，聚类过程的类型有下列几种：

- 分割式聚类 (partitional clustering)；
- 阶层式聚类 (hierarchical clustering)；

- 密度聚类 (density-based clustering);
- 以图形为基础的聚类 (graph-based clustering)。

前述的 k 均值聚类法及其诸多变形，例如，k 中心点聚类法 (k-medoids)、二分 k 均值聚类法 (bisecting k-means)，均属于分割式聚类，即以各群样本的中心，简称为群中心 (centroids 或 medoids) 为归群基础 (centroid-based clustering)，将各样本按照距离各群中心的远近，指派每个样本独一无二的群编号，因此其结果是非黑即白的聚类结果 (well-separated clusters，或称硬聚类)，详细的执行原理将在 4.3.1 节说明。阶层式聚类法是利用两两样本 (或群) 间的距离与树形结构将数据进行聚类 (参考图 1.3 美国 50 州犯罪与人口数据阶层式聚类树形图)，可分为由上而下的分裂法 (divisive) 与由下而上的聚合法 (agglomerative)，4.3.2 节中会涉及这种亦为非黑即白的聚类方法。4.3.3 节介绍密度聚类的 `DBSCAN`，它是以密度为基础的空间聚类法，有离群值探测的能力；密度聚类的另一种方式是**统计信息网格法 (STatistical INformation Grid-based method, STING)**，它将预测变量空间分割为网格，再按照各网格中数据的统计值进行观测值聚类。最后，图形聚类是最近发展出来的方法，最简单的方式是将数据转为**近邻图 (neighborhood graph)**(`https://en.wikipedia.org/wiki/Neighbourhood_(graph_theory)`)，再按照图形计算节点 (表示聚类对象) 之间的相似性，据此进行归群。

4.3.1 k 均值聚类法

k 均值聚类法属于分割式聚类，须预先指定待聚类数据 (此处以观测值为例) 要被分为几个小的群组，初始化各群 (k 群) 中心后，通过算法不断地迭代进行**归群**与**更新群中心**，归群是各观测值按距离各群中心的远近，给予各观测值最近的群归属编号；更新群中心是每次所有观测值归群完成后，重新计算各群各维的算术平均数中心值坐标。这种分割式聚类的目的在于提高各群内部数据点间的相似度 (群内距离极小化)，并使得不同群内的数据点差异较大 (群间距离极大化)，借此找出较佳的聚类结果 (参见图 4.5和图 4.6)。

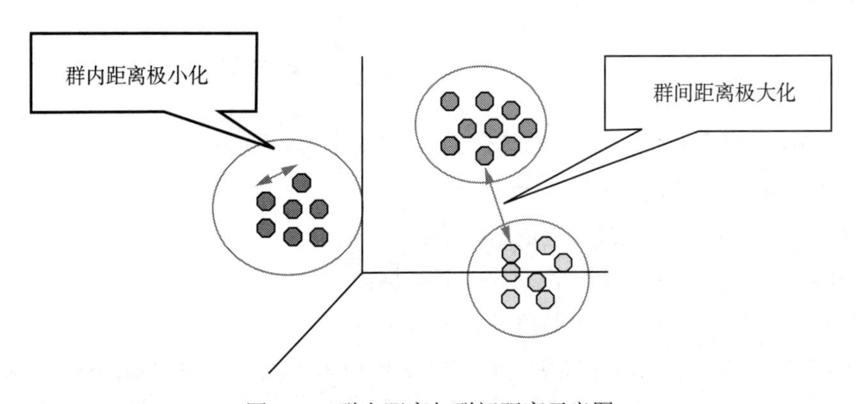

图 4.5 群内距离与群间距离示意图

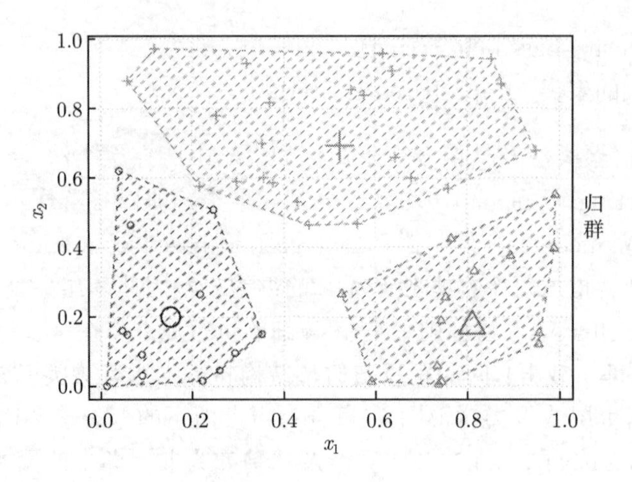

图 4.6 二维空间下 k 均值聚类示意图 ($k=3$)

分割式聚类的优化问题如下，已知数据是 m 个特征的 n 个观测值向量 $(\boldsymbol{x}_1, \boldsymbol{x}_2, \cdots, \boldsymbol{x}_i, \cdots, \boldsymbol{x}_n)$，其中第 i 个观测值 $\boldsymbol{x}_i^{\mathrm{T}} = (x_{i1}, x_{i2}, \cdots, x_{im})$。$k$ 均值聚类以群内平方和最小化为目标函数，将 n 个样本点形成的集合，分割为 k 个不同的互斥聚类 $\boldsymbol{S} = \{S_1, S_2, \cdots, S_k\}$，其中 $k \leqslant n$。也就是说，归群问题在寻找满足下式的 k 群分割 (partition) 方式 $\boldsymbol{S} = \{S_1, S_2, \cdots, S_k\}$：

$$\arg\min_{\boldsymbol{S}} \sum_{j=1}^{k} \sum_{\boldsymbol{x}_i \subseteq S_j} \|\boldsymbol{x}_i - \overline{\boldsymbol{x}}_j\|^2 \tag{4.6}$$

式中 $\overline{\boldsymbol{x}}_j$ 是群 S_j 中所有样本的 m 维平均值向量；范数 $\|\boldsymbol{x}_i - \overline{\boldsymbol{x}}_j\|$ 是 m 维向量 $\boldsymbol{x}_i$ 与 $\overline{\boldsymbol{x}}_j$ 的欧几里得距离 (式 (3.36))。内层累加符号 $\sum$ 对各群样本与该群中心进行范数 (或距离) 运算，外层累加符号 $\sum$ 将各群 (有 k 群) 计算结果再累加起来。范数的计算假设 m 个特征的尺度相同，且不考虑特征间的相关 (参见 3.4 节的马氏距离)。

k 均值聚类算法的动画演示请读者自行执行下列 R 程序代码：

```
library(animation)
kmeans.ani()
```

搭配动画演示帮助我们了解 k 均值聚类算法的四步骤伪码：

(1) 随机选取 k 个初始群集中心点；

(2) 反复指派所有点到距离最近的群中心；

(3) 当归群结果变动时，更新各群的中心坐标；

(4) 重复上面两个步骤，直到归群结果不再变动。

尽管许多新颖的聚类算法不断被提出，但 k 均值聚类法至今仍未被淘汰。实际上，k 均值聚类法不仅应用广泛，而且结合其他思路产生新的方法，例如，通过核函数变换预测变量空间后，在新空间中进行 k 均值聚类 (参见 5.2.3 节的核函数说明)。整体而言，k 均值聚类法有以下的特点：

- 原理简单，且容易用非统计的词汇来解释说明；
- 使用上非常有弹性，经过简单的调整后，例如，各群初始化中心坐标的挑选方式，可以避开许多的缺点；
- 在众多真实的情形下，能将聚类的任务处理得足够好；(以上为优点)
- 不像当代聚类算法那样精细缜密；
- 算法涉及随机抽样，每次运行的结果不尽相同，且无法保证可以获得最佳的聚类结果；
- 运用前需要事先估算数据中有多少聚类存在 (可能的 k 值) 才能执行算法；
- 不适合非球形、数据密度变化大或有离群数据的聚类问题。

青少年市场区隔案例

世界各地的青少年使用 Facebook 等社群网站，似乎是声明其长大成人的前奏曲。商家因此垂涎青少年市场，希望能抓住目标贩卖零食、饮料、电子与卫生保健等产品。因此，找出相同品味的青少年市场区隔，以进行目标营销广告，是一项不容小觑的任务。

本案例搜集 30000 名青少年社群网站注册的个人概况全文数据、入学年、性别、年龄与朋友数等。经文本数据处理与分析后提取出重要的 500 个字，选定其中 36 个字表示 30000 名青少年在各方面的兴趣：运动、音乐、课外活动、流行、宗教、罗曼史与反社会行为等 (注：其实是 5.2.1.1 节的文档词项矩阵)，借此识别兴趣相同的青少年群组 (Lantz, 2015)。

加载数据集后查看各变量数据类型与稠密性，除了性别 `gender` 外，其余均为量化变量，只有 `gradyear` 可能归为顺序尺度的类别变量较为适合，因此将其取出转为字符串类型。

```
import numpy as np
import pandas as pd
teens = pd.read_csv("./_data/snsdata.csv")
# 文档词项矩阵前面加上入学年、性别、年龄与朋友数等字段
print(teens.shape) # 30000 * (4 + 36)
```

```
## (30000, 40)
```

```
# 注意 gradyear 的数据类型
print(teens.dtypes)
```

```
## gradyear          int64
## gender           object
```

```
## age             float64
## friends           int64
## basketball        int64
## football          int64
## soccer            int64
## softball          int64
## volleyball        int64
## swimming          int64
## cheerleading      int64
## baseball          int64
## tennis            int64
## sports            int64
## cute              int64
## sex               int64
## sexy              int64
## hot               int64
## kissed            int64
## dance             int64
## band              int64
## marching          int64
## music             int64
## rock              int64
## god               int64
## church            int64
## jesus             int64
## bible             int64
## hair              int64
## dress             int64
## blonde            int64
## mall              int64
## shopping          int64
## clothes           int64
## hollister         int64
## abercrombie       int64
## die               int64
## death             int64
## drunk             int64
## drugs             int64
## dtype: object
```

```
# gradyear 更新为字符串 str 类型
teens['gradyear'] = teens['gradyear'].astype('str')
```

```
# 除了数据类型外，ftypes 还报告了特征向量是稀疏还是稠密的
print(teens.ftypes.head())
```

```
## gradyear       object:dense
## gender         object:dense
## age           float64:dense
## friends         int64:dense
## basketball      int64:dense
## dtype: object
```

查看各变量的描述统计值及其遗缺状况，前述 36 个字词虽无缺失值，但量级有差距，因此直接挑出 teens.iloc[:,4:] 进行标准化。StandardScaler() 是 **sklearn.preprocessing** 模块中将各变量标准化的类别，其使用方式与 scikit-learn 的建模语法相同，先加载包，接着说明数据标准化规范 (默认设定为 with_mean=True 与 with_std=True)，然后将数据传入进行拟合与转换 (fit_transform 方法)，此处拟合就是计算 36 个变量各自的平均数与标准偏差，转换即为将原始数据扣掉各自对应的变量平均数后再除以同样对应的标准偏差。

```
# 各变量描述统计值 (报表过宽，只呈现部分结果)
print(teens.describe(include='all'))
```

```
##         gradyear gender          age
## count      30000  27276  24914.000000
## unique         4      2           NaN
## top         2008      F           NaN
## freq        7500  22054           NaN
## mean         NaN    NaN     17.993950
## std          NaN    NaN      7.858054
## min          NaN    NaN      3.086000
## 25%          NaN    NaN     16.312000
## 50%          NaN    NaN     17.287000
## 75%          NaN    NaN     18.259000
## max          NaN    NaN    106.927000

##              friends    basketball      football
## count   30000.000000  30000.000000  30000.000000
## unique           NaN           NaN           NaN
```

```
## top             NaN          NaN          NaN
## freq            NaN          NaN          NaN
## mean      30.179467     0.267333     0.252300
## std       36.530877     0.804708     0.705357
## min        0.000000     0.000000     0.000000
## 25%        3.000000     0.000000     0.000000
## 50%       20.000000     0.000000     0.000000
## 75%       44.000000     0.000000     0.000000
## max      830.000000    24.000000    15.000000

##               bible         hair        dress
## count  30000.000000 30000.000000 30000.000000
## unique          NaN          NaN          NaN
## top             NaN          NaN          NaN
## freq            NaN          NaN          NaN
## mean       0.021333     0.422567     0.110967
## std        0.204645     1.097958     0.449436
## min        0.000000     0.000000     0.000000
## 25%        0.000000     0.000000     0.000000
## 50%        0.000000     0.000000     0.000000
## 75%        0.000000     0.000000     0.000000
## max       11.000000    37.000000     9.000000

##              blonde         mall     shopping
## count  30000.000000 30000.000000 30000.000000
## unique          NaN          NaN          NaN
## top             NaN          NaN          NaN
## freq            NaN          NaN          NaN
## mean       0.098933     0.257367     0.353000
## std        1.942319     0.695758     0.724391
## min        0.000000     0.000000     0.000000
## 25%        0.000000     0.000000     0.000000
## 50%        0.000000     0.000000     0.000000
## 75%        0.000000     0.000000     1.000000
## max      327.000000    12.000000    11.000000
```

```
# 各字段缺失值统计（只有 gender 与 age 有遗缺）
print(teens.isnull().sum().head())
```

```
## gradyear       0
## gender      2724
```

```
## age           5086
## friends          0
## basketball       0
## dtype: int64
```

```
# 各词频变量标准化建模
from sklearn.preprocessing import StandardScaler
sc = StandardScaler()
# 拟合与转换接续完成函数
teens_z = sc.fit_transform(teens.iloc[:,4:])
```

返回的标准化数据矩阵 `teens_z` 为 **numpy** 的 `ndarray` 对象，不再是 **pandas** 的 `DataFrame` 对象，这就是 1.9 节数据驱动程序设计注意要点中提到的一项：数据对象经函数处理后产生的输出对象，其类别形态经常会改变。将 `teens_z` 转为 `DataFrame` 对象后方可查看各变量摘要统计报表，可发现各词项变量的平均数与标准偏差皆已接近 0 与 1 了。

```
# 数据驱动程序设计经常输出与输入不同调 (DataFrame 入 ndarray 出)
print(type(teens_z))
```

```
## <class 'numpy.ndarray'>
```

```
# 转为数据集对象取用 describe() 方法确认标准化结果
print(pd.DataFrame(teens_z[:,30:33]).describe())
```

```
##                 0             1             2
## count  3.000000e+04  3.000000e+04  3.000000e+04
## mean  -3.393087e-14 -1.677602e-14 -3.443779e-15
## std    1.000017e+00  1.000017e+00  1.000017e+00
## min   -2.014763e-01 -1.830317e-01 -2.947932e-01
## 25%   -2.014763e-01 -1.830317e-01 -2.947932e-01
## 50%   -2.014763e-01 -1.830317e-01 -2.947932e-01
## 75%   -2.014763e-01 -1.830317e-01 -2.947932e-01
## max    2.575205e+01  2.843431e+01  3.493308e+01
```

接着加载 **sklearn.cluster** 模块中的 `KMeans()` 类别，本案例数据的背景是美国，根据 1985 年出品的美国青少年成长过程影片《早餐俱乐部》(*Breakfast Club*)，导演 John Hughes 在片中将美国青少年划分为五种刻板印象：喜好读书的书呆子 (Brains)、热爱运动的运动员 (Atheletes)、对诸事漠不关心的废人 (Basket Cases)、女生居多的公主病 (Princess)、最后是超龄早熟的小坏蛋 (Criminals)，因此我们将 `n_clusters`(即 k) 设为 5。

各群的群中心初始化方法 `init` 有 `KMeans()` 与 `random()`，虽然 `KMeans()` 说明文档显示前者是较聪明的初始化方式，且可以加速算法的收敛，但对于本案例数据却容易造成单一数据点形成一群的怪异状况，因此我们选择从数据集中随机挑选五笔观测值作为初始群中心的随机方法 random()。

算法的选择方面，KMeans() 提供传统的**期望值最大化 (Expectation Maximization, EM)** 算法 full，以及与运用三角不等式 (triangle inequality) 来加速算法的 elkan 变形，不过该方法不适合数据量大的稀疏矩阵，但显然本例是不受这一限制的，仍然可以套用 elkan 算法。KMeans() 算法的参数 algorithm 默认为 auto，意指稠密数据使用 elkan，而稀疏数据则使用 full，本案例使用默认值。

```
# Python k 均值聚类，随机初始化的聚类结果通常比较好
from sklearn.cluster import KMeans
mdl = KMeans(n_clusters=5, init='random')
```

KMeans 类别对象 mdl 所需的运算参数设定完成后，将标准化后的**文档词项矩阵 (Document-Term Matrix, DTM)** teens_z 传入拟合。mdl 模型对象拟合前的空模，与拟合完成的实模，两者间的特征与方法有差异，我们可以用 dir() 函数在拟合模型前后来查询，再运用集合对象的差集运算掌握拟合计算后新增的结果，其中特征 labels_ 是 30000 名青少年的归群结果。

```
# 拟合前空模的特征与方法
pre = dir(mdl)
# 空模的几个特征与方法
print(pre[51:56])
```

```
## ['verbose']
```

```
# 用标准化文档词项矩阵拟合聚类模型
mdl.fit(teens_z)
```

```
## KMeans(algorithm='auto', copy_x=True, init='random', max_iter=300, n_clusters=5,
##        n_init=10, n_jobs=None, precompute_distances='auto', random_state=None,
##        tol=0.0001, verbose=0)
```

```
# 拟合后实模的特征与方法
post = dir(mdl)
# 实模的几个特征与方法
print(post[51:56])
```

```
## ['score', 'set_params', 'tol', 'transform', 'verbose']
```

```
# 实模与空模特征及方法的差异
print(list(set(post) - set(pre)))
```

```
## ['inertia_', 'n_iter_', 'cluster_centers_', 'labels_']
```

用 pickle 模块存储 scikit-learn 模型，日后可再利用。首先开启二元写出模式 wb 的文件链接 filename，dump() 方法将 mdl 对象存入 filename。稍后欲再加载与利用 mdl 时，load() 方法可将开启为二元读入模式 rb 的文件链接 filename，其中的 scikit-learn 模型 mdl 读入为 res。

```
# sklearn 模型的写出与读入
import pickle
filename = './_data/kmeans.sav'
# pickle.dump(mdl, open(filename, 'wb'))
res = pickle.load(open(filename, 'rb'))
```

各群的青少年人数是我们关心的焦点，因此查看 30000 名青少年归群结果 labels_ 的频率分布。

```
# res.labels_ 为 30000 名训练样本的归群标签
print(res.labels_.shape)
```

```
## (30000,)
```

```
# 五群人数分布
print(pd.Series(res.labels_).value_counts())
```

```
## 2    21633
## 4     3643
## 0     3076
## 1     1041
## 3      607
## dtype: int64
```

```
# 前 10 个样本的群编号
print (res.labels_[:10])
```

```
## [2 4 2 2 1 2 4 2 2 2]
```

聚类分析结果的诠释，对于后续的应用十分重要。我们从模型对象 res 的特征 cluster_centers_，取得五群 36 维的中心坐标，表示 36 个字词根据各群群内样本计算的平均词频矩阵。回想《早餐俱乐部》中的五种刻板印象，及 36 个关键词的意义，下面的结果告诉我们编号 4 的最后一群是公主病，因为其 hollister 与 abercrombie 两个流行服饰品牌的平均词频较高；编号 1 的第二群是超龄早熟的小坏蛋，因为其 sex、kissed、die、drunk 与 drugs 等平均词频较高；编号 2 的第三群是对诸事漠不关心的那一群，因为其所有字词的平均词频均为负值；最后，将编号 0 与 3 的两群比较运动类关键词的词频，发现第一群是运动员，因为其各项运动字词的平均词频相对较高；剩下编号 3 的第四群即为书呆子了，有趣的是其 band 与 marching 两字平均词频异常的高，不知是否因为校方挑选仪队成员的标准就是成绩。

```
# 各群字词平均词频矩阵的维度与维数
print(res.cluster_centers_.shape)
```

```
## (5, 36)
```

```
# 转换成 pandas 数据集，给予群编号与字词名称，方便结果诠释
cen = pd.DataFrame(res.cluster_centers_, index = range(5),
columns=teens.iloc[:,4:].columns)
```

```
print(cen)
```

```
##    basketball  football    soccer  softball  volleyball
## 0    1.214704  1.081711  0.538670  0.949391    0.820817
## 1    0.375685  0.384542  0.146730  0.141802    0.091566
## 2   -0.189690 -0.191948 -0.087036 -0.134433   -0.127664
## 3   -0.096778  0.065057 -0.091998 -0.046434   -0.074354
## 4    0.009493  0.105677  0.035376 -0.036140    0.051212

##    swimming  cheerleading  baseball    tennis    sports
## 0  0.106013      0.017064  0.927980  0.144869  0.942336
## 1  0.243580      0.207307  0.290485  0.113512  0.804049
## 2 -0.080150     -0.108368 -0.134941 -0.038470 -0.160228
## 3  0.042762     -0.108030 -0.112714  0.038206 -0.108273
## 4  0.309598      0.587680 -0.046486  0.067289 -0.055947

##        cute       sex      sexy       hot    kissed
## 0 -0.021528 -0.037940 -0.003281 -0.008428 -0.090919
## 1  0.466758  2.048668  0.540160  0.305162  3.013076
## 2 -0.164779 -0.092240 -0.078631 -0.130502 -0.129284
## 3 -0.032808 -0.038281 -0.024042 -0.051047 -0.040892
## 4  0.868479  0.000720  0.319243  0.703142 -0.009731
```

```
##        dance      band  marching     music      rock
## 0  0.003408 -0.055958 -0.105184  0.128867  0.154572
## 1  0.451490  0.391638 -0.000885  1.209577  1.242423
## 2 -0.143357 -0.117595 -0.110504 -0.128376 -0.106449
## 3  0.046656  4.095387  5.178182  0.513219  0.199645
## 4  0.711389 -0.048750 -0.117524  0.222269  0.113255

##          god    church     jesus     bible      hair
## 0  0.451809  0.533104  0.448376  0.501016  0.005088
## 1  0.433121  0.170073  0.134322  0.083518  2.581999
## 2 -0.101368 -0.127503 -0.072813 -0.070137 -0.189172
## 3  0.109849  0.103433  0.053741  0.056761 -0.044261
## 4  0.078340  0.241081  0.006430 -0.039879  0.388455

##        dress    blonde      mall  shopping   clothes
## 0 -0.041473  0.029405 -0.018999  0.021171  0.002211
## 1  0.520425  0.366488  0.618665  0.265923  1.222356
## 2 -0.122035 -0.027755 -0.174371 -0.207603 -0.174135
## 3  0.057343 -0.011919 -0.071561 -0.030182  0.009971
## 4  0.601225  0.037228  0.886348  1.143593  0.681000

##     hollister  abercrombie       die     death
## 0   -0.123664    -0.117908 -0.001193  0.057026
## 1    0.277760     0.394263  1.706406  0.926075
## 2   -0.163617    -0.157400 -0.087455 -0.069968
## 3   -0.168221    -0.141779  0.011215  0.062838
## 4    1.024344     0.944895  0.030821  0.092189

##        drunk     drugs
## 0 -0.053422 -0.069526
## 1  1.851890  2.724877
## 2 -0.084656 -0.108814
## 3 -0.088316 -0.065242
## 4  0.033313 -0.062919
```

最后，我们将五群中心坐标值矩阵转置后，用 pandas DataFrame 的绘图方法 plot()，绘制五群各个字词平均词频高低折线图 (见图 4.7)，其意义如前段聚类结果命名所述。而转置的原因是 Python 语言如同 R 语言一样，许多函数默认采用行驱动的方式抛传数据完成处理与分析。

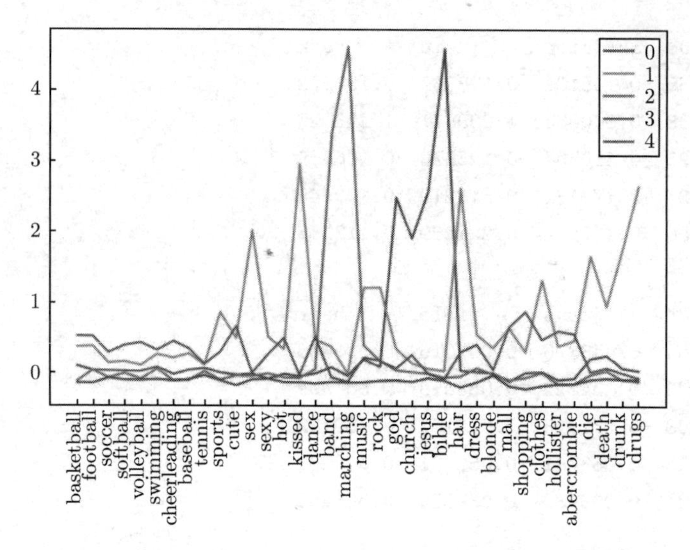

图 4.7　五群各字词平均词频高低折线图

```
# 各群中心坐标矩阵转置后绘图
ax = cen.T.plot()
# 低阶绘图设定 x 轴刻度位置
ax.set_xticks(list(range(36)))
# 低阶绘图设定 x 轴刻度说明文字
```

```
ax.set_xticklabels(list(cen.T.index), rotation=90)
```

```
fig = ax.get_figure()
fig.tight_layout()
# fig.savefig('./_img/sns_lineplot.png')
```

4.3.2 阶层式聚类

阶层式聚类利用两两样本 (或群) 间的距离与树形结构将数据进行聚类，可分为由上而下的分裂法与由下而上的聚合法。分裂法一开始会将所有的数据视为一个完整的群体，在迭代过程中不断地分裂为较小的群体，直到所有数据都成为单独的个体。而聚合法恰好与分裂法相反，先将每一笔数据视为单独的一群，根据各个群体间的相似性，不断地将相似性最高的两群数据合并，直到所有数据全部合并为一个大聚类。

R 语言 {stats} 包的 hclust() 函数可以用聚合法进行阶层式聚类，下面的例子将 32 辆汽车在 11 种特征上的不相似性 (即距离) 矩阵利用 dist() 函数产生出来后，输入 hclust() 函数再搭配 plot() 方法即可绘制阶层式聚类的树形图，如图 4.8 所示。

```
# R 语言美国汽车杂志道路测试数据
str(mtcars)
```

```
## 'data.frame':    32 obs. of  11 variables:
##  $ mpg : num  21 21 22.8 21.4 18.7 18.1 14.3 24.4 22.8 19.2 ...
##  $ cyl : num  6 6 4 6 8 6 8 4 4 6 ...
##  $ disp: num  160 160 108 258 360 ...
##  $ hp  : num  110 110 93 110 175 105 245 62 95 123 ...
##  $ drat: num  3.9 3.9 3.85 3.08 3.15 2.76 3.21 3.69 3.92 3.92 ...
##  $ wt  : num  2.62 2.88 2.32 3.21 3.44 ...
##  $ qsec: num  16.5 17 18.6 19.4 17 ...
##  $ vs  : num  0 0 1 1 0 1 0 1 1 1 ...
##  $ am  : num  1 1 1 0 0 0 0 0 0 0 ...
##  $ gear: num  4 4 4 3 3 3 3 4 4 4 ...
##  $ carb: num  4 4 1 1 2 1 4 2 2 4 ...
```


```
## 'data.frame': 32 obs. of 11 variables:
## $ mpg : num 21 21 22.8 21.4 18.7 18.1 14.3 24.4
## 22.8 19.2 ...
## $ cyl : num 6 6 4 6 8 6 8 4 4 6 ...
## $ disp: num 160 160 108 258 360 ...
## $ hp : num 110 110 93 110 175 105 245 62 95 123
## ...
## $ drat: num 3.9 3.9 3.85 3.08 3.15 2.76 3.21
## 3.69 3.92 3.92 ...
## $ wt : num 2.62 2.88 2.32 3.21 3.44 ...
## $ qsec: num 16.5 17 18.6 19.4 17 ...
## $ vs : num 0 0 1 1 0 1 0 1 1 1 ...
## $ am : num 1 1 1 0 0 0 0 0 0 0 ...
## $ gear: num 4 4 4 3 3 3 3 4 4 4 ...
## $ carb: num 4 4 1 1 2 1 4 2 2 4 ...
```


```
# 阶层式聚类要先产生观测值间的距离值
d <- dist(mtcars)
```

```
# 根据距离进行聚合法阶层式聚类
# 群间距离计算方法默认为最远距离法 (complete)
hc <- hclust(d)
# 绘制树形图 (图 4.8)
plot(hc, hang = -1)
```

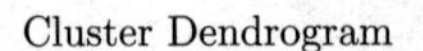

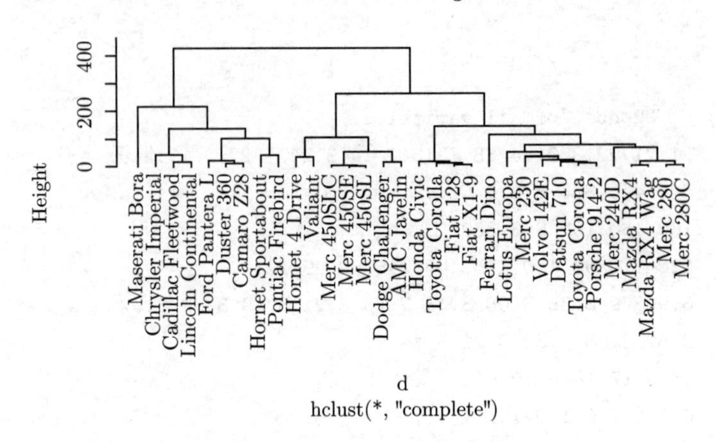

图 4.8 阶层式聚类的树形图

距离函数 dist() 根据数据矩阵 mtcars 计算出来的距离对象 d 是阶层式聚类的关键，按 R 语言惯例，其为与产生函数同名的 dist 类别。从其结构来看，对象 d 是长度为 496 的具名向量 (为什么是 496?)，其下有 Size、Labels(是 32 辆汽车的观测值名称)、Diag、Upper(默认都是 FALSE，因为距离方阵是对称的，且对角在线的距离值为零，默认都不显示)、method(默认为欧几里得距离，可以更改)、call 等特征。{cba} 包中有一个 subset() 函数可显示距离矩阵的部分内容，我们可发现因为 Diag=FALSE，所以距离矩阵的行名从第二辆车 (Mazda RX4 Wag) 开始到第五辆 (Hornet Sportabout)，而列名则为第一辆 (Mazda RX4) 到第四辆 (Hornet 4 Drive)。

```
# 类别名称与产生函数同名
class(d)
```

```
## [1] "dist"
```

```
# 距离对象 d 的结构，为何是 496 个元素？
str(d)
```

```
## 'dist' num [1:496] 0.615 54.909 98.113 210.337
## 65.472 ...
## - attr(*, "Size")= int 32
## - attr(*, "Labels")= chr [1:32] "Mazda RX4"
## "Mazda RX4 Wag" "Datsun 710" "Hornet 4 Drive"
## ...
## - attr(*, "Diag")= logi FALSE
## - attr(*, "Upper")= logi FALSE
## - attr(*, "method")= chr "euclidean"
## - attr(*, "call")= language dist(x = mtcars)
```

```
# 加载 Clustering for Business Analytics 包
library(cba)
# 注意行名与列名
subset(d, 1:5)
```

```
##                    Mazda RX4 Mazda RX4 Wag Datsun 710
## Mazda RX4 Wag         0.6153
## Datsun 710           54.9086       54.8915
## Hornet 4 Drive       98.1125       98.0959   150.9935
## Hornet Sportabout   210.3374      210.3359   265.0832
##                    Hornet 4 Drive
## Mazda RX4 Wag
## Datsun 710
## Hornet 4 Drive
## Hornet Sportabout        121.0298
```

```
rownames(mtcars)[1:5]
```

```
## [1] "Mazda RX4"          "Mazda RX4 Wag"
## [3] "Datsun 710"         "Hornet 4 Drive"
## [5] "Hornet Sportabout"
```

```
# args() 函数返回距离计算函数 dist() 的参数及其默认值
args(dist)
```

```
## function (x, y = NULL, method = NULL, ..., diag
## = FALSE, upper = FALSE,
## pairwise = FALSE, by_rows = TRUE,
## convert_similarities = TRUE,
## auto_convert_data_frames = TRUE)
## NULL
```

最后，dist() 函数中尚有其他距离计算方式，maximum, manhattan, canberra, binary 与 minkowski 等，以及阶层式聚类函数 hclust() 返回的模型结果对象 hc，都是值得进一步学习的数据科学知识。其中对象 hc 下的 merge 与 height 特征说明聚合法执行的过程，merge 的行数与 height 的长度相同，均为样本数减 1，因为要花费 $n-1$ 个步骤方能将 n 个样本/群体两两聚合完成。对照下方两特征内容可以了解，第一次聚合发生在编号 1 的 Mazda RX4 与编号 2 的 Mazda RX4 Wag，两者的距离为 0.615 325 1(请对照距离对象 d 中内容，确认两车距离数值是否正确)；第四次聚合是编号 14 的 Merc 450SLC 与前面第二群编号 12 的 Merc 450SE 及编号 13 的 Merc 450SL 合并成一个较大的群，两者的距离为 2.138 340 5，我们也可对照图 4.8 中的内容确认上述说明。

```
# 阶层式聚类模型对象 hc 的内容
names(hc)
```

```
## [1] "merge"       "height"      "order"
## [4] "labels"      "method"      "call"
## [7] "dist.method"
```

```
# 第一行-1 与-2 表示第一次聚合 (merge) 编号 1 与编号 2 的样本
hc$merge
```

```
##       [,1] [,2]
##  [1,]   -1   -2
##  [2,]  -12  -13
##  [3,]  -10  -11
##  [4,]  -14    2
##  [5,]  -18  -26
##  [6,]  -21  -27
##  [7,]   -7  -24
##  [8,]  -20    5
##  [9,]   -3    6
## [10,]  -22  -23
## [11,]  -19    8
## [12,]  -15  -16
## [13,]    1    3
## [14,]  -32    9
## [15,]  -29    7
## [16,]   -9   14
## [17,]   -4   -6
## [18,]   -5  -25
## [19,]  -17   12
## [20,]  -28   16
## [21,]    4   10
## [22,]   -8   13
## [23,]   20   22
## [24,]   15   18
## [25,]   17   21
## [26,]  -30   23
## [27,]   19   24
## [28,]   11   26
## [29,]  -31   27
```

```
## [30,]   25   28
## [31,]   29   30
```

```
rownames(mtcars)[1:2]
```

```
## [1] "Mazda RX4"     "Mazda RX4 Wag"
```

```
# 第四次聚合是编号 14 的样本与前面第二群中编号 12 与编号 13 的样本
rownames(mtcars)[14]
```

```
## [1] "Merc 450SLC"
```

```
rownames(mtcars)[12:13]
```

```
## [1] "Merc 450SE" "Merc 450SL"
```

```
# 每次聚合对象间的距离值，总共聚合 31 次
hc$height
```

```
##  [1]   0.6153   0.9826   1.5232   2.1383   5.1473
##  [6]   8.6536  10.0761  10.3923  13.1357  14.0155
## [11]  14.7807  15.6224  15.6725  20.6939  21.2656
## [16]  33.1804  33.5509  40.0052  40.8400  50.1094
## [21]  51.8243  64.8899  74.3824 101.7390 103.4311
## [26] 113.3023 134.8119 141.7044 214.9367 261.8499
## [31] 425.3447
```

4.3.3 密度聚类

DBSCAN 算法可对数值变量进行密度聚类，其基本的想法是将密集分布区域中的样本点聚集成群，算法的两个重要参数如下。

- **eps**: 可到达距离 (reachability distance)，该距离决定了邻域 (neighbor) 的球形大小；
- **min_samples**: 可到达范围的最小点数。

如果某样本点 α 其邻域中的样本数大于或等于 **min_samples**，则称 α 为稠密点 (dense point)，样本 α 的邻域中密度可达 (density-reachable) 的所有点都会聚集为相同的群。关于较佳 **eps** 的决定方法，读者请自行参考 `http://www.sthda.com/english/wiki/print.php?id=246`,而 Python 中其他的聚类方法可以参考 `http://hdbscan.readthedocs.io/en/latest/comparing_clustering_algorithms.html`.

密度聚类案例

本案例以加州大学尔湾分校机器学习数据库中的批发客户数据集 (https://archive.ics.uci.edu/ml/datasets/Wholesale+customers) 为例，说明 Python 的 DBSCAN 类别函数实现过程。各变量为客户每年在生鲜 (Fresh)、牛奶 (Milk)、杂货 (Grocery)、冷冻品 (Frozen)、清洁剂与纸 (Detergents-Paper)、熟食 (Delicassen) 等的花费，以及采购的渠道 (旅馆/餐厅/咖啡厅、公司零售) (Channel) 与地区 (Region)。DBSCAN() 函数在 **scikit-learn** 的 **sklearn.cluster** 模块中，首先移除名目尺度类别变量 Channel 与 Region，因为 DBSCAN 算法只能处理数值变量。

```
# 加载 Python 密度聚类类别函数 DBSCAN()
from sklearn.cluster import DBSCAN
import numpy as np
import pandas as pd
# 读取批发客户数据集
data = pd.read_csv("./_data/wholesale_customers_data.csv")
```

```
# 注意各变量实际意义，而非只看表面上的数字
print(data.head())
```

```
##    Channel  Region  Fresh  Milk  Grocery  Frozen
## 0        2       3  12669  9656     7561     214
## 1        2       3   7057  9810     9568    1762
## 2        2       3   6353  8808     7684    2405
## 3        1       3  13265  1196     4221    6404
## 4        2       3  22615  5410     7198    3915

##    Detergents_Paper  Delicassen
## 0              2674        1338
## 1              3293        1776
## 2              3516        7844
## 3               507        1788
## 4              1777        5185
```

```
print(data.dtypes)
```

```
## Channel             int64
## Region              int64
## Fresh               int64
## Milk                int64
## Grocery             int64
```

```
## Frozen              int64
## Detergents_Paper    int64
## Delicassen          int64
## dtype: object
```

```
# 移除名目尺度类别变量
data.drop(["Channel", "Region"], axis = 1, inplace = True)
```

为了方便结果的可视化，取出 `Grocery` 与 `Milk` 两变量，并进行聚类前的标准化转换，让各变量在量级 (参见 2.3.1 节特征转换与移除) 归一化的情况下计算距离，避免某些变量凌驾 (dominate) 其他变量之上的状况发生。

```
# 二维空间方便可视化聚类结果
data = data[["Grocery", "Milk"]]
# 聚类前数据须标准化
data = data.values.astype("float32", copy = False)
from sklearn.preprocessing import StandardScaler
stscaler = StandardScaler().fit(data)
data = stscaler.transform(data)
```

进行 DBSCAN 密度聚类前，我们先绘制标准化后的样本散点图 (见图 4.9)：

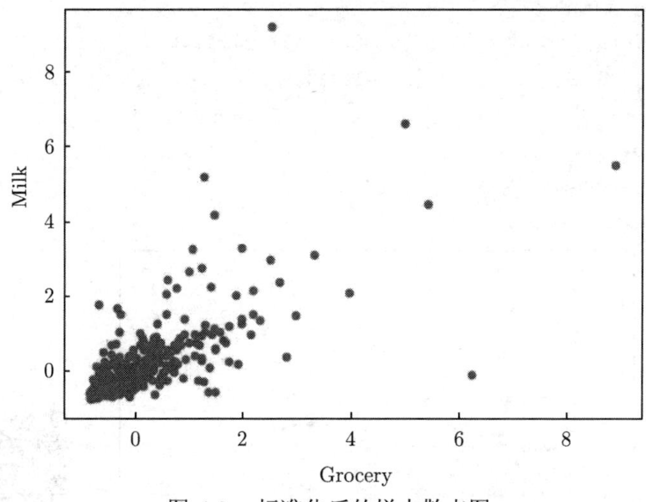

图 4.9 标准化后的样本散点图

```
ax = pd.DataFrame(data, columns=["Grocery", "Milk"])
.plot.scatter("Grocery", "Milk")
```

```
fig = ax.get_figure()
# fig.savefig('./_img/normalized_scatter.png')
```

在 eps 与 min_samples 分别为 0.5 与 15 的参数值下拟合模型 dsbc，模型对象的 label_ 特征显示归群的结果，可以用 np.unique() 函数统计各群的样本数量，其中噪声样本的群标签为 −1。

```
# 用标准化数据拟合 DBSCAN 聚类模型
dbsc = DBSCAN(eps = 0.5, min_samples = 15).fit(data)
# 归群结果写出
labels = dbsc.labels_
# 噪声样本的群标签为-1(numpy 产生频率分布表的方式)
print(np.unique(labels, return_counts=True))
```

```
## (array([-1,  0]), array([ 36, 404]))
```

最后，我们紫 (黑) 色标出散点图中的外围噪声样本点，可以看出这些样本的确多是离群值 (outliers)，DBSCAN 聚类后的样本散点图见图 4.10。

```
# 设定绘图颜色值数组
colors = np.array(['purple', 'blue'])
```

```
# 利用 labels+1 给定各样本描点颜色
ax = pd.DataFrame(data, columns=["Grocery", "Milk"]).plot
.scatter("Grocery", "Milk", c=colors[labels+1])
```

```
fig = ax.get_figure()
# fig.savefig('./_img/dbscan_scatter.png')
```

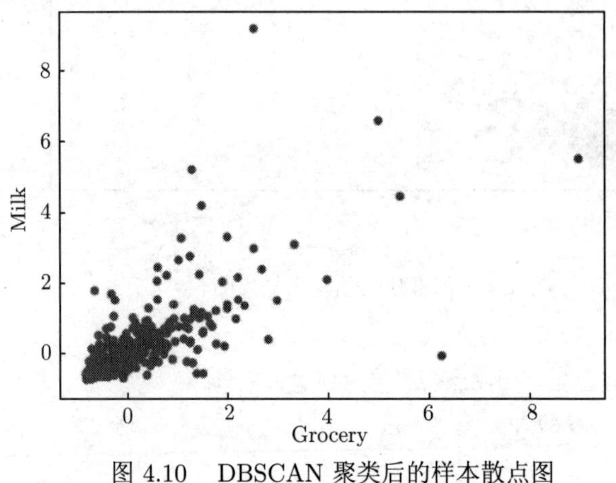

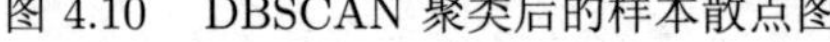
图 4.10　DBSCAN 聚类后的样本散点图

4.3.4 聚类结果评估

本章开头曾提到聚类结果的评估，通常较监督式学习的回归及分类模型评估更为困难，因为聚类是用无监督的方式定义其欲解决的问题，所以不存在任何可用来评估结果的外部核验准则 (external validation criteria)，例如，类别标签。而内部 (internal) 核验的标准经常是运用聚类算法欲优化的模型目标函数，进一步发展准则来评估聚类算法所获得的结果质量。常用的内部核验准则有：

- 各群样本点到中心距离的平方和 (Sum of SQuares distances, SSQ)：该方法显然较适合以群中心为基础的 k 均值聚类法，而不适合以密度为基础的聚类法，例如 DBSCAN。
- 群内 (intracluster) 距离相对于群间 (intercluster) 距离的比值：该值越小显示聚类效果越佳，例如，用群内平方和对群间平方和的比值来决定 k 均值聚类法较好的聚类数。
- **侧影系数 (silhouette coefficient)**：侧影系数结合内聚力与离散力，以评估各个样本点归群结果的优劣。

聚类分析有时会对样本中的类别标签 y 先视而不见，在这种情况下聚类分析完成后，我们可参照类别标签与聚类结果，发展外部核验准则，**scikit-learn** 的 **sklearn.metrics** 模块有下列评核聚类结果质量的外部指标 (`http://madhukaudantha.blogspot.com/2015/04/density-based-clustering-algorithm.html`)：

- **齐质性 (homogeneity)**：聚类的结果满足齐质性，如果所有的聚类都只包括单一类别成员的样本点。
- **完备性 (completeness)**：聚类的结果满足完备性，如果单一类别成员的所有样本点都隶属于同一聚类。
- **v 衡量 (v-measure)**：v 衡量是齐质性与完备性的调和平均数 (harmonic mean)。

$$v = \frac{2 \cdot \text{homogeneity} \cdot \text{completeness}}{\text{homogeneity} + \text{completeness}} \tag{4.7}$$

- **Rand 指数 (Rand Index)**：Rand 指数是考虑聚类结果与样本标签的所有可能配对情况下，计算两者的相似性分数。

- 以相互熵为基础的分数 (mutual information-based scores)：**相互熵 (Mutual Information, MI)** 是在不考虑排列的情况下，衡量两种聚类指派的相似性分数。Python 提供两种 MI 的归一化版本，**归一化相互熵 (Normalized Mutual Information, NMI)** 与**校准相互熵 (Adjusted Mutual Information, AMI)**，NMI 常见于文献中，而 AMI 与 Rand 指数一样，是考虑机遇性后的**相互熵**归一化分数。

4.3.5 结语

虽然 k 均值聚类法容易理解，且在实践时应用广泛，但算法却没有离群值的概念，造成聚类结果易受离群值的影响，使得 k 均值聚类法不够鲁棒 (或称欠缺稳健性)。即便样本中有离群值，所有的样本点还是必须归属到某一群中，在异常值探测时，这样的方法令人有疑义，因为异常点无论如何都会与正常点归到聚类中。再者，群中心会因异常点的存在而朝向其偏移，这使得异常值更难被探测出来。

k 均值聚类法属于**中心聚类法 (centroid-based clustering)**，是以各样本与各群中心的远近为归群根据；密度聚类法试图找出样本稠密的局部，以形成聚类，这使得算法可学习任意形状的聚落，并识别数据中的离群值。总结来说，密度聚类法的优点是可形成形状各异与大小不同的聚类，且不容易受到噪声的影响，相较之下，k 均值聚类法形成的群多为圆球状且大小相近。

前述 k 均值聚类法有多种变形，其中 k-medoids 解决数据中可能有离群值，以及类别变量的问题；ISODATA(Iterative Self-Organizing DATA analysis) 可处理群数与初始聚类中心决定的问题。对于阶层式聚类，数据中如有离群值，则其群间距离的计算建议使用质心法 (centroid)、平均法 (average) 或完全连接法 (complete linkage)；若有先验知识已知各群大小与形状差异不小，群间距离计算可使用单一连接法 (single linkage)；也就是说从质心到单一连接法，形成阶层式聚类的结果光谱 (spectrum)。CURE(Clustering Using REpresentatives) 是另一种运用多个表示点的聚类方法，它比 k 均值聚类法更为鲁棒，较不受离群值影响，且可以形成非圆球形与大小有差异的聚类，其结果多介于使用质心法与单一连接法计算群间距离的阶层式聚类结果。BIRCH (Balanced Iterative Reducing and Clustering using Hierarchies) 聚类法改进了阶层式聚类方法效率不佳的问题，它与 DBSCAN 都能处理噪声数据下的聚类问题，不过 CURE 与 BIRCH 算法更适合大型数据集的问题。

第 5 章

监督式学习

统计机器学习训练模型时需要投入适当的数据，例如，语音识别工作要搜集不同人的声音文件；图片分类工作需要各类不同的图片文件；市场区隔时需要特定区隔客户的人口统计变量，及其与公司往来的记录。监督式学习还要有学习过程期望获得的输出值，例如，声音文件对应的文字 (transcripts)；标记图片文件属于猫或狗的类别标签；客户过去的语音服务用量。衡量监督式学习结果是否良好的方式，通常是计算预测结果与真实结果之间的距离，根据距离大小来调整算法的具体执行，各种调整的变化就是不同的监督式学习方法了。

回归问题与分类问题都是在反应变量 y 引导下的监督式学习，模型又可根据预测变量与反应变量的关系形态，分为线性与非线性模型。本章 5.1 节以线性模型为主，包含多元线性回归、**偏最小二乘法 (Partial Least Squares, PLS)**、**岭回归 (ridge regression)** 与**套索回归 (LASSO regression)**(以上为回归模型)、**逻辑回归 (logistic regression)** 分类与**线性判别分析 (Linear Discriminant Analysis, LDA)** 等。5.2 节进入非线性分类与回归，我们大多介绍分类模型，内容则有**朴素贝叶斯分类模型 (naive Bayes classifier)**、k **近邻法 (k-Nearest Neighbors, kNN)** 分类、**支持向量机 (Support Vector Machines, SVM)** 分类 (以上为分类模型)、**分类与回归树 (Classification and Regression Trees, CART)**(兼谈分类与回归树形模型) 等，**人工神经网络 (artificial neural networks)** 回归与分类则在第 6 章介绍。

5.1 线性回归与分类

3.1 节中的随机误差模型 $E(y \mid x_1, x_2, \cdots, x_m) = f(x_1, x_2, \cdots, x_m)$，当反应变量 y 是数值且 $f(\cdot)$ 为线性函数时，我们要建立的模型就是线性回归模型。R 语言 {stats} 包中 `lm()` 函数，可根据**普通最小二乘法 (Ordinary Least Squares, OLS)** 估计回归方程式的各项系数，OLS 以误差平方和 SSE [式 (3.5)] 或残差平方和 RSS[式 (3.14)] 为最小化目标，`lm.fit()` 用矩阵代数的 QR 分解 C 语言代码，完成参数估计的计算工作。许多统计或机器学习书籍对于 OLS 都有很好的介绍，本节主要介绍 OLS 失灵时的大数据线性回归技术。

除了可以运用 OLS 或其他估计方法求得的方程式，明确表达 y 与 $x_1, x_2, \cdots, x_m$ 的关系，我们也可以通过较不明显的算法结构，总结因变量与自变量两者的互动，例如，5.2.4节的回归树、k 近邻法回归、支持向量机回归、第 6 章的人工神经网络、运用样条函数 (splines) 的广义可加模型 (Generalized Additive Model, GAM) 等就属于这类技术，它们大多对数值反应变量 y 进行局域估计 (Huang et al., 2008)。

另一种情况为反应变量 y 呈现两种或两种以上的形式或类别，英文常称之为 types、classes、groups、categories 等，这时我们所要建立的模型就是分类模型。分类问题是事前已经知道样本归属于哪一类，建模的假设是各类特征可由该类样本的多变量数据结构所刻画，优化的准则是尽可能减少误归类个数。不同分类技术也是运用不同的方法最小化误归类个数，如同回归模型一样，有些分类模型采用数学的方式，不过分类问题因为反应变量 y 并非连续数值型，通常无法像回归模型一样直接对 y 建模，因为涉及类别 y 值的编码问题，尤其在多类别的问题上，符合现实意义的编码更加难求，所以线性判别分析、逻辑回归分类与非线性的朴素贝叶斯分类等，以条件概率 $\Pr[y \mid \boldsymbol{x} = (x_1, x_2, \cdots, x_m)]$ 为建模对象。前述数学的方式毕竟限制较多，许多方法以算法的方式解决分类问题，例如，5.2节非线性分类的 k 近邻法分类、支持向量机分类与分类树等。本节将讨论线性判别分析、逻辑回归分类等线性分类模型。

5.1.1 多元线性回归

多元线性回归模型，可以表示成下面的线性方程式：

$$y_i = \hat{y}_i + e_i = b_0 + b_1 x_{i1} + b_2 x_{i2} + \cdots + b_j x_{ij} + \cdots + b_m x_{im} + e_i \tag{5.1}$$

其中 y_i 与 $\hat{y}_i$ 分别是第 i 个样本的反应变量真实值与预测值；b_0(或 $\hat{\beta}_0$) 是截距估计值；b_1(或 $\hat{\beta}_1$)~b_m(或 $\hat{\beta}_m$) 是回归系数；x_{ij} 是第 i 个样本其第 j 个预测变量值；m 是预测变量个数；e_i 是样本残差 (或误差) 项，也就是模型无法解释的随机误差。

以下以 R 语言包 {AppliedPredictiveModeling} 的溶解度数据 `solubility` 为例，说明各种线性回归模型。

```
library(AppliedPredictiveModeling)
# 加载溶解度数据的若干数据对象
data(solubility)
# 数据对象名都是用 solT 开头的名称
ls(pattern = "^solT")
```

```
## [1] "solTestX"        "solTestXtrans"  "solTestY"
## [4] "solTrainX"       "solTrainXtrans" "solTrainY"
```

溶解度数据 solubility 包括训练集预测变量矩阵 solTrainX 与类别标签向量 solTrainY，测试集预测变量矩阵 solTestX 与类别标签向量 solTestY，以及经过标准化与偏态转换后的两个子集特征矩阵 solTrainXtrans 与 solTestXtrans，后续建模多以转换后的训练集特征矩阵 solTrainXtrans 进行。

```
# 计算样本总数
nrow(solTrainXtrans) + nrow(solTestXtrans)
```

```
## [1] 1267
```

```
# 预测变量个数
ncol(solTrainXtrans)
```

```
## [1] 228
```

溶解度数据总共有 1267 种化合物，228 个预测变量分为下列三种：

- 208 个二元特征，常称为指纹变量 (fingerprints)，从 FP001 到 FP208，表示化合物是否存在某种特殊的化学结构。
- 16 个计数特征 (count descriptors)，例如，化学键数、溴原子个数等。
- 4 个连续特征，例如，分子重量 (MolWeight)、亲水性因子 (HydrophilicFactor) 与表面积 (SurfaceArea1, SurfaceArea2) 等。

为了运用 R 语言的模型公式符号 (见表 5.1)，首先将训练集特征矩阵 solTrainXtrans 与类别标签向量 solTrainY 组合在同一个数据集 trainingData 中。接着用全部 228 个预测变量拟合 solubility 的多元线性回归模型 lmFitAllPredictors。拟合完成后再用泛型函数 summary() 生成 lm 类模型对象的摘要报表，内容包括回归模型残差的摘要统计值、各参数估计值及其标准误，以及各个回归系数是否异于零的统计检定 p 值。最后是残差标准误、模型整体显著性检定 (F 检定) 结果，以及调整前后的 R^2 值。报表最下方说明 R 语言统计检定的显著水平符号，p 值比 0.001 小时记为 ***；p 值比 0.01 小但大于或等于 0.001 时记为 **；p 值比 0.05 小但大于或等于 0.01 时记为 *；p 值比 0.1 小但大于或等于 0.05 时记为.；其余留空白。

表 5.1　模型公式语法运用的符号 (Kabacoff, 2015)

符　号	用 法 说 明
~	区分反应变量与预测变量，y ~x + z + w
+	添加预测变量，y ~x + z + w
:	表示交互作用，x:z，y ~x + z + x:z
*	表示主效应与所有可能的交互作用，y ~x * z * w 会展开成 y ~x + z + w + x:z + x:w + z:w + x:z:w
^	表示主效应与至多为特定幂次的所有可能交互作用，y ~(x + z + w) ^2 展开为 y ~x + z + w + x:z + x:w + z:w
.	表示数据表中除了反应变量以外的所有其他变量主效应，如果数据集有变量 x, y, z, w, 则 y ~. 表示 y ~x + z + w
−	移除模型项，y ~(x + z + w) ^2 − x:w 表示 y ~x + z + w + x:z + z:w
−1	移除截距项，y ~x − 1 拟合通过原点的 y 对 x 回归直线
I( )	逃脱函数，y ~x + I((z + w) ^2) 表示 y ~x + h, 其中 h 是 z 与 w 之和的平方，I( ) 可让其内的运算回归原始的算术意义
function	数学函数也可用于模型公式中，log(y) ~x + z + w 表示由 x, z, w 预测 log(y)

```
# 合并特征矩阵 X 与类别标签向量 y，产生统计人群惯用的数据表
trainingData <- solTrainXtrans
trainingData$Solubility <- solTrainY
# R 语言线性回归建模的主要函数 lm()
lmFitAllPredictors <- lm(Solubility ~ ., data = trainingData)
# 拟合好的模型其类别与建模函数同名
class(lmFitAllPredictors)
```

```
## [1] "lm"
```

```
# summary.lm() 产生 R 语言线性回归摘要报表 lmAllRpt
lmAllRpt <- summary(lmFitAllPredictors)
# 229 个回归系数报表很长，仅挑出其 t 检定显著水平低于 5% 者
sigVars <- lmAllRpt$coefficients[,"Pr(>|t|)"] < .05
# 54 个系数的显著水平低于 5%(至少一星 *)
sum(sigVars)
```

```
## [1] 54
```

```
# 逻辑值索引只查看 54 个显著的回归系数
# 更新原 229 项庞大的回归系数报表
lmAllRpt$coefficients <- lmAllRpt$coefficients[sigVars, ]
lmAllRpt
```

```
##
```

```
## Call:
## lm(formula = Solubility ~ ., data = trainingData)
##
## Residuals:
##     Min      1Q  Median      3Q     Max
## -1.7562 -0.2830  0.0117  0.3003  1.5489
##
## Coefficients:
##                  Estimate Std. Error t value Pr(>|t|)
## FP004             -0.3049     0.1371   -2.22  0.02652
## FP005              2.8367     0.9598    2.96  0.00322
## FP040              0.5477     0.1890    2.90  0.00387
## FP061             -0.6365     0.1440   -4.42  1.1e-05
## FP064              0.2549     0.1221    2.09  0.03721
## FP065             -0.2844     0.1197   -2.38  0.01771
## FP068              0.4964     0.2028    2.45  0.01463
## FP072             -0.9773     0.2763   -3.54  0.00043
## FP073             -0.4671     0.2072   -2.25  0.02447
## FP076              0.5166     0.1704    3.03  0.00253
## FP078             -0.3715     0.1588   -2.34  0.01961
## FP079              0.4254     0.1881    2.26  0.02399
## FP080              0.3101     0.1554    2.00  0.04634
## FP081             -0.3208     0.1117   -2.87  0.00419
## FP083             -0.6916     0.2134   -3.24  0.00125
## FP085             -0.3310     0.1428   -2.32  0.02078
## FP088              0.2416     0.0996    2.43  0.01553
## FP089              0.5999     0.2320    2.59  0.00992
## FP096             -0.5024     0.1459   -3.44  0.00061
## FP107              2.7780     0.8247    3.37  0.00080
## FP109              0.8200     0.2267    3.62  0.00032
## FP111             -0.5565     0.1420   -3.92  9.8e-05
## FP119              0.7515     0.2630    2.86  0.00440
## FP126             -0.2782     0.1177   -2.36  0.01837
## FP127             -0.6123     0.1739   -3.52  0.00046
## FP128             -0.5424     0.1932   -2.81  0.00514
## FP130             -1.0340     0.4106   -2.52  0.01201
## FP134              2.4960     1.1964    2.09  0.03731
## FP142              0.6272     0.1488    4.21  2.8e-05
## FP143              0.9981     0.2929    3.41  0.00069
```

```
## FP154            -1.0272     0.2033   -5.05  5.5e-07
## FP164             0.5096     0.1899    2.68  0.00745
## FP165             0.5793     0.2146    2.70  0.00710
## FP167            -0.6044     0.2515   -2.40  0.01650
## FP169            -0.1705     0.0831   -2.05  0.04065
## FP171             0.4651     0.1186    3.92  9.6e-05
## FP173             0.4243     0.1657    2.56  0.01063
## FP176             0.9736     0.2644    3.68  0.00025
## FP184             0.4876     0.1580    3.09  0.00210
## FP201            -0.4838     0.1980   -2.44  0.01477
## FP202             0.5664     0.1869    3.03  0.00253
## MolWeight        -1.2318     0.2296   -5.36  1.1e-07
## NumAtoms        -14.7847     3.4732   -4.26  2.3e-05
## NumNonHAtoms      17.9488     3.1658    5.67  2.1e-08
## NumBonds           9.8434     2.6815    3.67  0.00026
## NumNonHBonds     -10.3007     1.7927   -5.75  1.3e-08
## NumRotBonds       -0.5213     0.1334   -3.91  0.00010
## NumDblBonds       -0.7492     0.3163   -2.37  0.01811
## NumAromaticBonds -2.3644     0.6232   -3.79  0.00016
## NumHydrogen        0.8347     0.1880    4.44  1.0e-05
## NumNitrogen        6.1254     3.0452    2.01  0.04464
## NumOxygen          2.3894     0.4523    5.28  1.7e-07
## NumSulfer         -8.5084     3.6191   -2.35  0.01899
## NumChlorine       -7.4487     1.9893   -3.74  0.00020
##
## FP004            *
## FP005            **
## FP040            **
## FP061            ***
## FP064            *
## FP065            *
## FP068            *
## FP072            ***
## FP073            *
## FP076            **
## FP078            *
## FP079            *
## FP080            *
## FP081            **
```

```
## FP083            **
## FP085            *
## FP088            *
## FP089            **
## FP096            ***
## FP107            ***
## FP109            ***
## FP111            ***
## FP119            **
## FP126            *
## FP127            ***
## FP128            **
## FP130            *
## FP134            *
## FP142            ***
## FP143            ***
## FP154            ***
## FP164            **
## FP165            **
## FP167            *
## FP169            *
## FP171            ***
## FP173            *
## FP176            ***
## FP184            **
## FP201            *
## FP202            **
## MolWeight        ***
## NumAtoms         ***
## NumNonHAtoms     ***
## NumBonds         ***
## NumNonHBonds     ***
## NumRotBonds      ***
## NumDblBonds      *
## NumAromaticBonds ***
## NumHydrogen      ***
## NumNitrogen      *
## NumOxygen        ***
## NumSulfer        *
```

```
## NumChlorine       ***
## ...
## Signif. codes:
## 0 '***' 0.001 '**' 0.01 '*' 0.05 '.' 0.1 ' ' 1
##
## Residual standard error: 0.552 on 722 degrees of freedom
## Multiple R-squared:  0.945,  Adjusted R-squared:  0.927
## F-statistic:   54 on 228 and 722 DF,  p-value: <2e-16
```

摘要报表最下方显示回归模型整体拟合结果，残差标准误 (即均方根误差 RMSE) 与调整后的回归判定系数 R^2_{adj} 的估计值分别为 0.5524 与 0.9271，请注意这些估计值可能过于乐观，因为它们是由训练集数据计算出来的。比较客观的模型评估方式，是用泛型函数 `predict()` 预测测试样本的溶解度，再与其实际的溶解度进行比较评估。

```
# predict.lm() 预测测试样本溶解度
lmPred1 <- predict(lmFitAllPredictors, solTestXtrans)
head(lmPred1)
```

```
##       20       21       23       25       28       31
##  0.99371  0.06835 -0.69878  0.84796 -0.16578  1.40815
```

我们先将测试集的实际溶解度与预测溶解度组成数据集 `lmValues1`，将其传入包 {caret} 中的函数 `defaultSummary()` 估计测试集性能。

```
# 测试集实际值与预测元组成数据集
lmValues1 <- data.frame(obs = solTestY, pred = lmPred1)
library(caret)
# R 语言 {caret} 包性能评量计算函数
defaultSummary(lmValues1)
```

```
##      RMSE Rsquared       MAE
##    0.7456   0.8722    0.5498
```

从测试集的 $\text{RMSE} = 0.7456$ 与 $R^2 = 0.8722$，的确可看出训练集的性能估计值过于乐观。由于溶解度数据集变量较多，接下来分别用后向式和前向式两种启发式 (heuristic) 逐步回归方法 (stepwise regression) 选择重要的变量进行建模。整个逐步回归尝试错误的建模时间较长，因此将模型对象存储为二进制格式的 R 语言工作空间文件 `reducedSolMdl.RData`，后续仅需用 `load()` 函数将之加载至环境中即可查看模型细节。

```
# 后向式逐步回归 step() 须传入完整模型，再逐次剔除不重要变量
# 建模时间长，system.time() 衡量程序代码运行时间 (1.9 节)
# 逐步回归建模过程 AIC 或 BIC 值越小，模型拟合得越好 (3.2.1 节)
```

```
# system.time(reducedSolMdl <- step(lmFitAllPredictors,
# direction='backward'))
# 存储执行耗时的拟合结果
# save(reducedSolMdl, file = "reducedSolMdl.RData")
# 因模型建立耗时，加载预先跑好的模型对象
load("./_data/reducedSolMdl.RData")
# 原始报表过长，请读者自行执行程序代码
# summary(reducedSolMdl)
```

```
# 129 个模型项表示原 228 个变量，后向式逐步回归挑选了 128 个变量入模
str(coef(reducedSolMdl))
```

```
## Named num [1:129] 3.257 -0.281 2.815 -0.325
## 0.425 ...
## - attr(*, "names")= chr [1:129] "(Intercept)"
## "FP004" "FP005" "FP009" ...
```

```
# 后向式逐步回归摘要报表 lmBackRpt
lmBackRpt <- summary(reducedSolMdl)
# 因回归报表很长，挑出 t 检定显著水平低于 5% 的模型项
sigVars <- lmBackRpt$coefficients[,"Pr(>|t|)"] < 0.05
# 96 个入模变量的系数显著水平低于 5%(至少一星 *)
sum(sigVars)
```

```
## [1] 96
```

```
# 更新原 129 项的后向式逐步回归系数报表
lmBackRpt$coefficients <- lmBackRpt$coefficients[sigVars, ]
```

```
# 更新后的回归报表仍然相当长
lmBackRpt
```

```
##
## Call:
## lm(formula = Solubility ~ FP004 + FP005 + FP009
## + FP010 + FP016 +
## FP017 + FP018 + FP019 + FP023 + FP024 + FP025 +
## FP026 + FP027 +
## FP032 + FP033 + FP035 + FP038 + FP040 + FP041 +
## FP042 + FP044 +
## FP045 + FP048 + FP049 + FP052 + FP055 + FP056 +
```

```
## FP059 + FP060 +
## FP061 + FP062 + FP063 + FP064 + FP065 + FP066 +
## FP068 + FP069 +
## FP071 + FP072 + FP073 + FP074 + FP076 + FP077 +
## FP078 + FP079 +
## FP080 + FP081 + FP083 + FP084 + FP085 + FP088 +
## FP089 + FP092 +
## FP093 + FP094 + FP096 + FP097 + FP098 + FP102 +
## FP103 + FP104 +
## FP107 + FP109 + FP111 + FP113 + FP115 + FP117 +
## FP118 + FP119 +
## FP124 + FP126 + FP127 + FP128 + FP130 + FP131 +
## FP133 + FP134 +
## FP135 + FP140 + FP142 + FP143 + FP145 + FP148 +
## FP150 + FP151 +
## FP153 + FP154 + FP155 + FP157 + FP159 + FP161 +
## FP163 + FP164 +
## FP165 + FP167 + FP169 + FP171 + FP172 + FP173 +
## FP176 + FP180 +
## FP181 + FP184 + FP185 + FP186 + FP187 + FP188 +
## FP190 + FP191 +
## FP192 + FP201 + FP202 + MolWeight + NumAtoms +
## NumNonHAtoms +
## NumBonds + NumNonHBonds + NumMultBonds +
## NumRotBonds + NumDblBonds +
## NumAromaticBonds + NumHydrogen + NumNitrogen +
## NumOxygen +
## NumSulfer + NumChlorine + NumRings +
## SurfaceArea2, data = trainingData)
##
## Residuals:
## Min 1Q Median 3Q Max
## -1.6974 -0.2849 -0.0049 0.3013 1.5382
##
## Coefficients:
## Estimate Std. Error t value Pr(>|t|)
## FP004 -0.2807 0.1068 -2.63 0.00875
## FP005  2.8145 0.6675  4.22 2.8e-05
## FP009 -0.3245 0.1648 -1.97 0.04923
```

```
## FP016 -0.2864 0.0925 -3.10 0.00202
## FP018 -0.4171 0.1174 -3.55 0.00040
## FP023 -0.3064 0.1272 -2.41 0.01623
## FP026  0.2264 0.0980  2.31 0.02108
## FP027  0.3917 0.1096  3.57 0.00037
## FP032 -0.9987 0.3811 -2.62 0.00895
## FP040  0.6076 0.1446  4.20 2.9e-05
## FP049  0.2400 0.1125  2.13 0.03313
## FP052 -0.3405 0.1335 -2.55 0.01096
## FP055 -0.4170 0.1708 -2.44 0.01485
## FP056 -0.2773 0.1342 -2.07 0.03912
## FP061 -0.6453 0.1192 -5.41 8.1e-08
## FP064  0.3413 0.0920  3.71 0.00022
## FP065 -0.2935 0.0901 -3.26 0.00117
## FP068  0.4034 0.1458  2.77 0.00579
## FP069  0.1559 0.0715  2.18 0.02957
## FP071  0.2534 0.0944  2.69 0.00739
## FP072 -1.0596 0.2001 -5.30 1.5e-07
## FP073 -0.3681 0.1236 -2.98 0.00298
## FP074  0.2089 0.0854  2.45 0.01465
## FP076  0.5405 0.1223  4.42 1.1e-05
## FP077  0.1702 0.0851  2.00 0.04584
## FP078 -0.3621 0.1125 -3.22 0.00134
## FP079  0.4007 0.1461  2.74 0.00622
## FP080  0.2371 0.0852  2.78 0.00553
## FP081 -0.3839 0.0840 -4.57 5.7e-06
## FP083 -0.7086 0.1148 -6.17 1.1e-09
## FP084  0.3043 0.1228  2.48 0.01344
## FP085 -0.4038 0.0978 -4.13 4.0e-05
## FP088  0.2031 0.0775  2.62 0.00894
## FP089  0.6019 0.1828  3.29 0.00104
## FP093  0.1896 0.0833  2.28 0.02313
## FP094 -0.2169 0.1008 -2.15 0.03169
## FP096 -0.4963 0.1165 -4.26 2.3e-05
## FP097 -0.2187 0.1073 -2.04 0.04191
## FP098 -0.3598 0.1124 -3.20 0.00142
## FP102  0.3304 0.1616  2.04 0.04122
## FP103 -0.1725 0.0737 -2.34 0.01943
## FP107  2.5607 0.5777  4.43 1.1e-05
```

```
## FP109  0.8500 0.1284  6.62 6.5e-11
## FP111 -0.5451 0.0964 -5.66 2.1e-08
## FP113  0.1786 0.0747  2.39 0.01703
## FP115 -0.2175 0.1037 -2.10 0.03621
## FP119  0.7563 0.1689  4.48 8.7e-06
## FP124  0.3148 0.1005  3.13 0.00180
## FP126 -0.2995 0.0915 -3.27 0.00111
## FP127 -0.5716 0.1232 -4.64 4.1e-06
## FP128 -0.5650 0.1016 -5.56 3.6e-08
## FP130 -0.7030 0.1688 -4.16 3.5e-05
## FP131  0.2851 0.1150  2.48 0.01337
## FP133 -0.1883 0.0912 -2.06 0.03936
## FP134  3.7856 0.7697  4.92 1.1e-06
## FP142  0.6763 0.1124  6.01 2.7e-09
## FP143  0.9282 0.2168  4.28 2.1e-05
## FP148 -0.2250 0.0992 -2.27 0.02362
## FP153 -0.3903 0.1554 -2.51 0.01223
## FP154 -0.8823 0.1403 -6.29 5.2e-10
## FP157 -0.3288 0.1362 -2.41 0.01599
## FP161 -0.2441 0.1170 -2.09 0.03722
## FP163  0.5326 0.1805  2.95 0.00326
## FP164  0.5592 0.1344  4.16 3.5e-05
## FP165  0.5160 0.1699  3.04 0.00247
## FP167 -0.4834 0.1823 -2.65 0.00815
## FP169 -0.1503 0.0676 -2.22 0.02654
## FP171  0.4439 0.0789  5.63 2.5e-08
## FP172 -0.6432 0.1540 -4.18 3.3e-05
## FP173  0.4641 0.1300  3.57 0.00038
## FP176  1.0157 0.1723  5.89 5.5e-09
## FP180 -0.9069 0.3431 -2.64 0.00837
## FP181  0.6819 0.1397  4.88 1.3e-06
## FP184  0.4844 0.1309  3.70 0.00023
## FP185 -0.3387 0.1513 -2.24 0.02549
## FP186 -0.2803 0.1213 -2.31 0.02113
## FP187  0.6509 0.1008  6.46 1.8e-10
## FP188  0.2050 0.1011  2.03 0.04287
## FP190  0.5815 0.1168  4.98 7.8e-07
## FP191  0.3202 0.1125  2.85 0.00455
## FP201 -0.5666 0.1465 -3.87 0.00012
```

```
## FP202  0.4395 0.0685  6.42 2.4e-10
## MolWeight         -1.2574 0.1896 -6.63 6.1e-11
## NumAtoms         -16.6790 2.4476 -6.81 1.8e-11
## NumNonHAtoms      17.5932 2.4516  7.18 1.6e-12
## NumBonds          11.2910 1.9218  5.88 6.1e-09
## NumNonHBonds      -9.7391 1.3427 -7.25 9.4e-13
## NumRotBonds       -0.5381 0.1055 -5.10 4.3e-07
## NumDblBonds       -0.8252 0.2272 -3.63 0.00030
## NumAromaticBonds -2.1913 0.4480 -4.89 1.2e-06
## NumHydrogen        0.8643 0.1533  5.64 2.4e-08
## NumNitrogen        3.1805 0.9844  3.23 0.00128
## NumOxygen          2.6087 0.3071  8.49 < 2e-16
## NumSulfer        -12.0673 2.1129 -5.71 1.6e-08
## NumChlorine       -7.0865 1.3873 -5.11 4.1e-07
## SurfaceArea2       0.1665 0.0235  7.10 2.7e-12
##
## FP004 **
## FP005 ***
## FP009 *
## FP016 **
## FP018 ***
## FP023 *
## FP026 *
## FP027 ***
## FP032 **
## FP040 ***
## FP049 *
## FP052 *
## FP055 *
## FP056 *
## FP061 ***
## FP064 ***
## FP065 **
## FP068 **
## FP069 *
## FP071 **
## FP072 ***
## FP073 **
## FP074 *
```

```
## FP076 ***
## FP077 *
## FP078 **
## FP079 **
## FP080 **
## FP081 ***
## FP083 ***
## FP084 *
## FP085 ***
## FP088 **
## FP089 **
## FP093 *
## FP094 *
## FP096 ***
## FP097 *
## FP098 **
## FP102 *
## FP103 *
## FP107 ***
## FP109 ***
## FP111 ***
## FP113 *
## FP115 *
## FP119 ***
## FP124 **
## FP126 **
## FP127 ***
## FP128 ***
## FP130 ***
## FP131 *
## FP133 *
## FP134 ***
## FP142 ***
## FP143 ***
## FP148 *
## FP153 *
## FP154 ***
## FP157 *
## FP161 *
```

```
## FP163 **
## FP164 ***
## FP165 **
## FP167 **
## FP169 *
## FP171 ***
## FP172 ***
## FP173 ***
## FP176 ***
## FP180 **
## FP181 ***
## FP184 ***
## FP185 *
## FP186 *
## FP187 ***
## FP188 *
## FP190 ***
## FP191 **
## FP201 ***
## FP202 ***
## MolWeight ***
## NumAtoms ***
## NumNonHAtoms ***
## NumBonds ***
## NumNonHBonds ***
## NumRotBonds ***
## NumDblBonds ***
## NumAromaticBonds ***
## NumHydrogen ***
## NumNitrogen **
## NumOxygen ***
## NumSulfer ***
## NumChlorine ***
## SurfaceArea2 ***
## ...
## Signif. codes:
## 0 '***' 0.001 '**' 0.01 '*' 0.05 '.' 0.1 ' ' 1
##
## Residual standard error: 0.532 on 822 degrees of
```

```
## freedom
## Multiple R-squared: 0.942, Adjusted R-squared:
## 0.933
## F-statistic: 104 on 128 and 822 DF, p-value:
## <2e-16
```

后向式逐步回归以所有预测变量建立的完整模型 lmFitAllPredictors 为起点，逐步剔除不重要的变量，最终留下了 128 个变量；而前向式则从只有截距项的最简单模型 (minimum model, mean model 或称 null model)`minSolMdl` 出发，逐步加入变量，单当模型不再有显著改善时选取了 114 个变量，前向式逐步回归程序代码与拟合结果如下：

```
# 先建立只有截距项的最简单模型
minSolMdl <- lm(Solubility ~ 1, data = trainingData)
# 前向式逐步回归 step() 须传入最简单模型，再逐次增加变量入模
# as.formula() 设定 scope 参数的最复杂模型公式
# system.time(fwdSolMdl <-step(minSolMdl, direction='forward'
# , scope = as.formula(paste("~", paste(names(solTrainXtrans)
# , collapse = "+"))), trace=0))
# 存储执行耗时的拟合结果
# save(fwdSolMdl, file = "fwdSolMdl.RData")
# 因模型建立耗时，加载预先建立好的模型对象
load("./_data/fwdSolMdl.RData")
# 原始报表过长，请读者自行执行程序代码
# summary(fwdSolMdl)
```

```
# 115 个模型项表示原 228 个变量，前向式逐步回归挑选了 114 个变量入模
str(coef(fwdSolMdl))
```

```
## Named num [1:115] 7.6456 -1.3411 0.0784 12.2132
## 0.639 ...
## - attr(*, "names")= chr [1:115] "(Intercept)"
## "MolWeight" "SurfaceArea1" "NumNonHAtoms" ...
```

```
# 前向式逐步回归摘要报表 lmFwdRpt
lmFwdRpt <- summary(fwdSolMdl)
# 因回归报表很长，用 t 检定显著水平低于 5% 的标准缩减报表
sigVars <- lmFwdRpt$coefficients[,"Pr(>|t|)"] < 0.05
# 76 个入模变量的系数显著水平低于 5%(至少一星 *)
sum(sigVars)
```

```
## [1] 76
```

```
# 更新原 115 项的前向式逐步回归系数报表
lmFwdRpt$coefficients <- lmFwdRpt$coefficients[sigVars, ]
```

```
# 更新后的报表仍然相当长
lmFwdRpt
```

```
##
## Call:
## lm(formula = Solubility ~ MolWeight +
## SurfaceArea1 + NumNonHAtoms +
## FP142 + FP074 + FP206 + FP137 + FP172 + FP173 +
## FP002 + NumMultBonds +
## FP116 + FP049 + FP083 + FP085 + FP135 + FP164 +
## FP202 + FP188 +
## FP124 + FP004 + FP026 + FP059 + FP040 + FP127 +
## NumCarbon +
## FP039 + FP190 + FP037 + FP154 + FP111 + FP075 +
## FP129 + FP056 +
## FP204 + NumHydrogen + NumSulfer + FP084 +
## NumAtoms + FP078 +
## FP027 + FP022 + FP071 + FP061 + FP099 + NumBonds
## + NumNonHBonds +
## FP076 + FP044 + FP122 + FP079 + FP147 + FP176 +
## FP163 + FP064 +
## FP081 + FP093 + NumRotBonds + FP171 +
## NumChlorine + FP128 +
## FP109 + NumOxygen + NumNitrogen + FP201 + FP096
## + FP072 +
## FP065 + FP119 + FP184 + FP107 + FP077 + FP126 +
## FP131 + FP054 +
## FP069 + FP098 + FP140 + FP103 + FP113 + FP169 +
## FP174 + FP167 +
## FP165 + NumDblBonds + FP066 + FP134 + FP019 +
## FP018 + FP055 +
## FP150 + NumAromaticBonds + FP005 + FP089 + FP068
## + FP145 +
## FP157 + FP067 + FP088 + FP104 + FP051 + FP118 +
## FP052 + SurfaceArea2 +
## FP143 + FP130 + FP159 + FP032 + FP033 + FP017 +
## FP156 + FP045 +
```

```
## FP048 + FP094, data = trainingData)
##
## Residuals:
## Min 1Q Median 3Q Max
## -1.8721 -0.3030 0.0026 0.3107 1.8928
##
## Coefficients:
## Estimate Std. Error t value Pr(>|t|)
## (Intercept) 7.6456 1.1214 6.82 1.8e-11
## MolWeight -1.3411 0.1609 -8.34 3.1e-16
## NumNonHAtoms 12.2132 1.6882 7.23 1.1e-12
## FP142 0.6390 0.1120 5.71 1.6e-08
## FP172 -0.6014 0.1518 -3.96 8.1e-05
## FP173 0.3736 0.1118 3.34 0.00087
## FP083 -0.6112 0.1159 -5.27 1.7e-07
## FP085 -0.5207 0.0881 -5.91 4.9e-09
## FP202 0.4232 0.0700 6.05 2.2e-09
## FP188 0.2134 0.0948 2.25 0.02469
## FP124 0.2584 0.0779 3.32 0.00095
## FP004 -0.2965 0.1049 -2.83 0.00483
## FP026 0.2870 0.0959 2.99 0.00284
## FP040 0.5470 0.1521 3.60 0.00034
## FP127 -0.4490 0.1156 -3.88 0.00011
## FP190 0.5638 0.1172 4.81 1.8e-06
## FP154 -0.8215 0.1413 -5.81 8.7e-09
## FP111 -0.5282 0.1053 -5.02 6.4e-07
## NumHydrogen 0.9214 0.1526 6.04 2.3e-09
## NumSulfer -8.1026 2.6847 -3.02 0.00262
## NumAtoms -17.6293 2.4886 -7.08 3.0e-12
## FP078 -0.4368 0.1214 -3.60 0.00034
## FP027 0.4519 0.1044 4.33 1.7e-05
## FP071 0.3159 0.0812 3.89 0.00011
## FP061 -0.6437 0.1115 -5.77 1.1e-08
## FP099 0.6306 0.1456 4.33 1.7e-05
## NumBonds 11.8519 1.8816 6.30 4.8e-10
## NumNonHBonds -6.3842 0.8653 -7.38 3.9e-13
## FP076 0.4692 0.1116 4.20 2.9e-05
## FP079 0.3574 0.1287 2.78 0.00561
## FP176 0.8925 0.1763 5.06 5.1e-07
```

```
## FP163 0.4782 0.1323 3.61 0.00032
## FP064 0.3690 0.0810 4.55 6.0e-06
## FP081 -0.4061 0.0853 -4.76 2.3e-06
## FP093 0.1683 0.0799 2.11 0.03541
## NumRotBonds -0.4699 0.1018 -4.61 4.6e-06
## FP171 0.3966 0.0792 5.01 6.7e-07
## NumChlorine -5.9072 1.3625 -4.34 1.6e-05
## FP128 -0.4094 0.1011 -4.05 5.6e-05
## FP109 0.7527 0.1419 5.30 1.5e-07
## NumOxygen 2.0844 0.2925 7.13 2.2e-12
## NumNitrogen 1.6024 0.3851 4.16 3.5e-05
## FP201 -0.3932 0.1591 -2.47 0.01369
## FP096 -0.5268 0.1120 -4.70 3.0e-06
## FP072 -0.8086 0.1793 -4.51 7.5e-06
## FP065 -0.2824 0.0889 -3.18 0.00155
## FP119 0.8814 0.1661 5.31 1.4e-07
## FP184 0.5260 0.1287 4.09 4.8e-05
## FP107 2.0340 0.5479 3.71 0.00022
## FP126 -0.3433 0.0938 -3.66 0.00027
## FP131 0.3282 0.1086 3.02 0.00258
## FP140 0.4339 0.1420 3.06 0.00232
## FP103 -0.2080 0.0763 -2.72 0.00658
## FP113 0.1825 0.0797 2.29 0.02229
## FP169 -0.1610 0.0674 -2.39 0.01718
## FP174 -0.2981 0.1401 -2.13 0.03368
## FP167 -0.6866 0.1749 -3.93 9.4e-05
## FP165 0.4942 0.1613 3.06 0.00225
## NumDblBonds -0.4857 0.1922 -2.53 0.01171
## FP134 2.4438 0.9259 2.64 0.00846
## FP019 -0.6536 0.1993 -3.28 0.00108
## FP018 -0.4633 0.1812 -2.56 0.01072
## FP150 0.2844 0.1064 2.67 0.00770
## NumAromaticBonds -1.7608 0.4152 -4.24 2.5e-05
## FP005 2.5176 0.6421 3.92 9.5e-05
## FP089 0.6073 0.1800 3.37 0.00078
## FP068 0.3818 0.1384 2.76 0.00594
## FP145 -0.2092 0.0899 -2.33 0.02019
## FP067 -0.2633 0.1225 -2.15 0.03193
## FP088 0.2239 0.0782 2.86 0.00431
```

```
## FP118 -0.2145 0.0919 -2.33 0.01987
## SurfaceArea2 0.0974 0.0377 2.58 0.00997
## FP143 0.7127 0.2168 3.29 0.00106
## FP130 -0.3326 0.1564 -2.13 0.03377
## FP159 0.2953 0.1400 2.11 0.03523
## FP032 -0.8756 0.3353 -2.61 0.00918
##
## (Intercept) ***
## MolWeight ***
## NumNonHAtoms ***
## FP142 ***
## FP172 ***
## FP173 ***
## FP083 ***
## FP085 ***
## FP202 ***
## FP188 *
## FP124 ***
## FP004 **
## FP026 **
## FP040 ***
## FP127 ***
## FP190 ***
## FP154 ***
## FP111 ***
## NumHydrogen ***
## NumSulfer **
## NumAtoms ***
## FP078 ***
## FP027 ***
## FP071 ***
## FP061 ***
## FP099 ***
## NumBonds ***
## NumNonHBonds ***
## FP076 ***
## FP079 **
## FP176 ***
## FP163 ***
```

```
## FP064 ***
## FP081 ***
## FP093 *
## NumRotBonds ***
## FP171 ***
## NumChlorine ***
## FP128 ***
## FP109 ***
## NumOxygen ***
## NumNitrogen ***
## FP201 *
## FP096 ***
## FP072 ***
## FP065 **
## FP119 ***
## FP184 ***
## FP107 ***
## FP126 ***
## FP131 **
## FP140 **
## FP103 **
## FP113 *
## FP169 *
## FP174 *
## FP167 ***
## FP165 **
## NumDblBonds *
## FP134 **
## FP019 **
## FP018 *
## FP150 **
## NumAromaticBonds ***
## FP005 ***
## FP089 ***
## FP068 **
## FP145 *
## FP067 *
## FP088 **
## FP118 *
```

```
## SurfaceArea2 **
## FP143 **
## FP130 *
## FP159 *
## FP032 **
## ...
## Signif. codes:
## 0 '***' 0.001 '**' 0.01 '*' 0.05 '.' 0.1 ' ' 1
##
## Residual standard error: 0.541 on 836 degrees of
## freedom
## Multiple R-squared: 0.938, Adjusted R-squared:
## 0.93
## F-statistic: 112 on 114 and 836 DF, p-value:
## <2e-16
```

建模工作至此已完成全部变量入模 lmFitAllPredictors(228 个变量)、后向式逐步回归结果 reducedSolMdl(128 个变量) 与前向式逐步回归结果 fwdSolMdl(114 个变量)，接下来用 anova() 函数比较后向式与前向式逐步回归模型，因为传入的模型是 lm 类对象，所以实际上调用 anova.lm() 函数进行 F 检定 (test 参数值默认为"F")。此外，参数 scale 默认为 0，表示传入最大的模型 reducedSolMdl 的残差，估计模型的噪声方差 σ^2。F 检定的对立假设是较复杂的模型比简单模型好，检定的结果是显著的 (p 值为 6.95e-05)，因此我们倾向于选择较复杂的后向式逐步回归为较佳模型。

```
# 前向式与后向式（较大）逐步回归模型 ANOVA 比较（结果显著）
# ANOVA 报表中 1: fwdSolMdl, 2: reducedSolMdl
anova(fwdSolMdl, reducedSolMdl)
# 请自行查看实际调用的检定函数的说明文档
# ?anova.lm()
```

```
##   Res.Df   RSS Df Sum of Sq     F   Pr(>F)
## 1    836 244.8 NA        NA    NA       NA
## 2    822 232.3 14     12.55 3.172 6.95e-05
```

最后再确认 reducedSolMdl 与 lmFitAllPredictors 孰优孰劣，因为 F 检定结果不显著，所以三个模型中 reducedSolMdl 最终胜出。

```
# 后向式与完整（较大）逐步回归模型 ANOVA 比较（结果不显著）
# ANOVA 报表中 1: reducedSolMdl, 2: lmFitAllPredictors
anova(reducedSolMdl, lmFitAllPredictors)
```

```
##    Res.Df    RSS  Df Sum of Sq       F Pr(>F)
## 1     822 232.3  NA        NA      NA     NA
## 2     722 220.3 100     11.95 0.3917      1
```

5.1.2 偏最小二乘法回归

大数据时代下，各种自动化数据收集设备非常便利，许多数据集的变量经常测量相近的特征，因而包含相似的信息，所以大多相关。如果预测变量之间的相关性很高，则 OLS 对多元线性回归模型的估计结果相对不稳定，即回归系数的标准误较高。另外，当预测变量的个数 m 大于观测值个数 n 时，OLS 无法找到可使误差平方和 [式 (3.5)] 最小化的唯一回归系数解，即 OLS 的回归系数有多重解。

上述问题的解决方法是对预测变量进行前处理，移除高度相关的预测变量是常见的处理方式 (2.3.3 节)，或用主成分分析 (Principal Component Analysis, PCA) 对预测变量进行降维 (2.3.2 节)。前者保证预测变量间的成对相关系数值低于预先设定的阈值，但是无法保证预测变量的线性组合与其他预测变量均无相关。因此，移除高相关变量后的 OLS 结果仍有可能不稳定。而后者用 PCA 的前处理能保证主成分之间无关，但是因为新的主成分是原始变量的线性组合，使得新预测变量的实际意义不易了解，降低了模型的可解释性。

前面在进行回归建模前，先通过 PCA 对预测变量做前处理，也就是在降维后主成分各自独立的空间中拟合与反应变量 y 的回归模型，这种方法称为**主成分回归 (Principal Components Regression, PCR)** (Massy, 1965)。PCR 经常运用来处理高相关预测变量，或是变量个数大于观测值数量的问题。不过 PCR 两阶段回归的做法虽然可以成功地建立预测模型，但是结果不一定是理想的。原因在于 PCA 是**无监督式**的降维，其降维后的潜在变量空间不见得会与反应变量有共鸣互动，换句话说，无法保证主成分与目标变量之间是线性相关的。

偏最小二乘法 (Partial Least Squares, PLS) 是一种**监督式**的降维方法，也就是说除了最大化降维空间的变异之外，模型还寻求各主成分与反应变量 y 高度相关，因此 PLS 拟合回归模型的主成分通常比 PCR 更少，能得到更精简的模型。R 语言中的 {pls} 包 (Mevik et al., 2019) 包含进行主成分回归与 PLS 的函数 `pcr()` 与 `plsr()`。我们运用 `plsr()` 对溶解度数据进行 PLS 模型拟合后，再用泛型函数 `summary()` 查看拟合结果，摘要报表显示拟合方法为 `kernelpls` (Dayal and MacGregor, 1997)，并报告每个主成分下诠释的预测变量 X 空间的累积变异百分比 (第一行)，以及与反应变量 `Solubility` 的累积共变百分比 (第二行)。

```
# 加载 R 语言偏最小二乘法估计包
library(pls)
# 模型公式语法拟合模型
```

```
plsFit <- plsr(Solubility ~ ., data = trainingData)
# 凡事总有异常，mvr 类别对象
class(plsFit)
```

```
## [1] "mvr"
```

```
# 拟合结果摘要报表
summary(plsFit)
```

```
## Data:    X dimension: 951 228
##  Y dimension: 951 1
## Fit method: kernelpls
## Number of components considered: 228
## TRAINING: % variance explained
##             1 comps  2 comps  3 comps  4 comps
## X             49.80    65.87    71.13    73.66
## Solubility    26.52    61.86    75.13    84.28
##             5 comps  6 comps  7 comps  8 comps
## X             74.86    76.08    77.37    78.58
## Solubility    87.79    89.44    90.20    90.81
##             9 comps  10 comps  11 comps  12 comps
## X             80.33     81.56     82.32     82.96
## Solubility    91.17     91.52     91.97     92.34
##             13 comps  14 comps  15 comps  16 comps
## X              83.64     84.14     85.13     85.77
## Solubility     92.56     92.77     92.90     93.06
##             17 comps  18 comps  19 comps  20 comps
## X              86.37     86.81     87.47     87.78
## Solubility     93.14     93.26     93.33     93.43
##             21 comps  22 comps  23 comps  24 comps
## X              88.28     88.63     88.89     89.14
## Solubility     93.48     93.53     93.59     93.64
##             25 comps  26 comps  27 comps  28 comps
## X              89.51     89.84     90.06     90.32
## Solubility     93.68     93.71     93.74     93.77
##             29 comps  30 comps  31 comps  32 comps
## X              90.53     90.72     90.90     91.18
## Solubility     93.80     93.82     93.84     93.86
##             33 comps  34 comps  35 comps  36 comps
## X              91.38     91.59     91.84     92.03
```

```
## Solubility     93.87    93.89    93.90    93.91
##             37 comps 38 comps 39 comps 40 comps
## X              92.21    92.35    92.51    92.69
## Solubility     93.92    93.94    93.95    93.95
##             41 comps 42 comps 43 comps 44 comps
## X              92.83    93.00    93.22    93.38
## Solubility     93.96    93.97    93.97    93.98
##             45 comps 46 comps 47 comps 48 comps
## X              93.52    93.69    93.85    93.97
## Solubility     93.99    93.99    94.00    94.01
##             49 comps 50 comps 51 comps 52 comps
## X              94.12    94.25    94.40    94.53
## Solubility     94.02    94.03    94.04    94.05
##             53 comps 54 comps 55 comps 56 comps
## X              94.64    94.73    94.85    94.96
## Solubility     94.06    94.08    94.09    94.10
##             57 comps 58 comps 59 comps 60 comps
## X              95.09    95.21    95.31    95.42
## Solubility     94.11    94.12    94.13    94.14
##             61 comps 62 comps 63 comps 64 comps
## X              95.50    95.59    95.67    95.77
## Solubility     94.15    94.15    94.16    94.17
##             65 comps 66 comps 67 comps 68 comps
## X              95.84    95.91    95.98    96.06
## Solubility     94.17    94.18    94.18    94.19
##             69 comps 70 comps 71 comps 72 comps
## X              96.12    96.21    96.28    96.34
## Solubility     94.20    94.20    94.21    94.21
##             73 comps 74 comps 75 comps 76 comps
## X              96.43    96.53    96.59    96.66
## Solubility     94.22    94.22    94.23    94.24
##             77 comps 78 comps 79 comps 80 comps
## X              96.71    96.77    96.82    96.87
## Solubility     94.26    94.27    94.28    94.30
##             81 comps 82 comps 83 comps 84 comps
## X              96.93    96.99    97.05    97.10
## Solubility     94.31    94.32    94.33    94.34
##             85 comps 86 comps 87 comps 88 comps
## X              97.15    97.21    97.27    97.32
```

```
## Solubility     94.35     94.35     94.36     94.37
##              89 comps  90 comps  91 comps  92 comps
## X              97.38     97.44     97.48     97.52
## Solubility     94.37     94.38     94.39     94.39
##              93 comps  94 comps  95 comps  96 comps
## X              97.56     97.61     97.66     97.71
## Solubility     94.40     94.40     94.41     94.41
##              97 comps  98 comps  99 comps  100 comps
## X              97.76     97.80     97.84      97.89
## Solubility     94.41     94.42     94.42      94.42
##             101 comps  102 comps  103 comps  104 comps
## X               97.93      97.98      98.01      98.05
## Solubility      94.42      94.43      94.43      94.43
##             105 comps  106 comps  107 comps  108 comps
## X               98.09      98.14      98.18      98.21
## Solubility      94.43      94.43      94.43      94.43
##             109 comps  110 comps  111 comps  112 comps
## X               98.25      98.29      98.33      98.36
## Solubility      94.43      94.43      94.43      94.44
##             113 comps  114 comps  115 comps  116 comps
## X               98.39      98.43      98.47      98.50
## Solubility      94.44      94.44      94.44      94.44
##             117 comps  118 comps  119 comps  120 comps
## X               98.53      98.56      98.60      98.63
## Solubility      94.44      94.44      94.44      94.44
##             121 comps  122 comps  123 comps  124 comps
## X               98.67      98.69      98.72      98.75
## Solubility      94.45      94.45      94.45      94.45
##             125 comps  126 comps  127 comps  128 comps
## X               98.78      98.80      98.83      98.86
## Solubility      94.45      94.45      94.45      94.45
##             129 comps  130 comps  131 comps  132 comps
## X               98.88      98.91      98.94      98.96
## Solubility      94.46      94.46      94.46      94.46
##             133 comps  134 comps  135 comps  136 comps
## X               98.98      99.00      99.03      99.05
## Solubility      94.46      94.46      94.46      94.46
##             137 comps  138 comps  139 comps  140 comps
## X               99.07      99.09      99.11      99.13
```

```
## Solubility      94.46      94.46      94.46      94.46
##            141 comps  142 comps  143 comps  144 comps
## X               99.15      99.17      99.19      99.21
## Solubility      94.46      94.46      94.46      94.46
##            145 comps  146 comps  147 comps  148 comps
## X               99.23      99.25      99.27      99.28
## Solubility      94.46      94.46      94.46      94.46
##            149 comps  150 comps  151 comps  152 comps
## X               99.30      99.32      99.33      99.35
## Solubility      94.46      94.46      94.46      94.46
##            153 comps  154 comps  155 comps  156 comps
## X               99.36      99.38      99.39      99.41
## Solubility      94.46      94.46      94.46      94.46
##            157 comps  158 comps  159 comps  160 comps
## X               99.42      99.43      99.45      99.46
## Solubility      94.46      94.46      94.46      94.46
##            161 comps  162 comps  163 comps  164 comps
## X               99.47      99.49      99.50      99.52
## Solubility      94.46      94.46      94.46      94.46
##            165 comps  166 comps  167 comps  168 comps
## X               99.53      99.54      99.56      99.57
## Solubility      94.46      94.46      94.46      94.46
##            169 comps  170 comps  171 comps  172 comps
## X               99.58      99.60      99.61      99.62
## Solubility      94.46      94.46      94.46      94.46
##            173 comps  174 comps  175 comps  176 comps
## X               99.63      99.64      99.65      99.66
## Solubility      94.46      94.46      94.46      94.46
##            177 comps  178 comps  179 comps  180 comps
## X               99.67      99.68      99.69      99.70
## Solubility      94.46      94.46      94.46      94.46
##            181 comps  182 comps  183 comps  184 comps
## X               99.71      99.72      99.73      99.74
## Solubility      94.46      94.46      94.46      94.46
##            185 comps  186 comps  187 comps  188 comps
## X               99.75      99.76      99.77      99.77
## Solubility      94.46      94.46      94.46      94.46
##            189 comps  190 comps  191 comps  192 comps
## X               99.78      99.79      99.80      99.81
```

```
## Solubility      94.46      94.46      94.46      94.46
##            193 comps  194 comps  195 comps  196 comps
## X               99.81      99.82      99.83      99.84
## Solubility      94.46      94.46      94.46      94.46
##            197 comps  198 comps  199 comps  200 comps
## X               99.85      99.85      99.86      99.86
## Solubility      94.46      94.46      94.46      94.46
##            201 comps  202 comps  203 comps  204 comps
## X               99.87      99.87      99.88      99.88
## Solubility      94.46      94.46      94.46      94.46
##            205 comps  206 comps  207 comps  208 comps
## X               99.89      99.90      99.90      99.91
## Solubility      94.46      94.46      94.46      94.46
##            209 comps  210 comps  211 comps  212 comps
## X               99.91      99.92      99.93      99.93
## Solubility      94.46      94.46      94.46      94.46
##            213 comps  214 comps  215 comps  216 comps
## X               99.94      99.94      99.95      99.95
## Solubility      94.46      94.46      94.46      94.46
##            217 comps  218 comps  219 comps  220 comps
## X               99.96      99.96      99.97      99.97
## Solubility      94.46      94.46      94.46      94.46
##            221 comps  222 comps  223 comps  224 comps
## X               99.98      99.98      99.98      99.99
## Solubility      94.46      94.46      94.46      94.46
##            225 comps  226 comps  227 comps  228 comps
## X               99.99      99.99     100.00     100.00
## Solubility      94.46      94.46      94.46      94.46
```

从图 5.1中预测值均方根误差 (Root Mean Squared Error of Prediction, RMSEP) 对 PLS 主成分个数的陡坡图，可看出回归建模需要的主成分数量不多，参照上面的报表结果，我们选定 9 个主成分的模型，绘制训练集实际值与预测值的散点图 (见图 5.2)，两者的相关系数高达 95.48%，而测试集实际值与预测值的相关系数也有 93.54%。

```
# 绘制 PLS 决定主成分个数的陡坡图
# plottype 参数决定绘制不同主成分下的核验统计值 (默认为 RMSEP)
plot(plsFit, plottype = "validation")
```

```
# 绘制 9 个 PLS 主成分下，训练集的预测值对实际值的散点图
plot(plsFit, ncomp = 9)
```

```
# 9 个 PLS 主成分下，训练集的预测值对实际值的相关系数
cor(plot(plsFit, ncomp = 9)[,"measured"], plot(plsFit,
ncomp = 9)[,"predicted"])
```

```
## [1] 0.9548
```

```
# 9 个 PLS 主成分下的模型，预测测试集样本 solTestXtrans 溶解度
pre <- predict(plsFit, solTestXtrans, ncomp = 9)
# 测试集预测值与实际值的相关系数
cor(pre[, 1, 1], solTestY) # 请自行查看 str(pre)
```

```
## [1] 0.9354
```

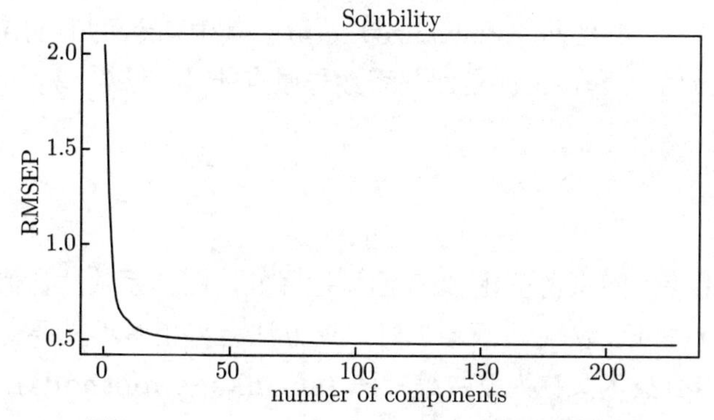

图 5.1 RMSEP 对 PLS 主成分个数的陡坡图

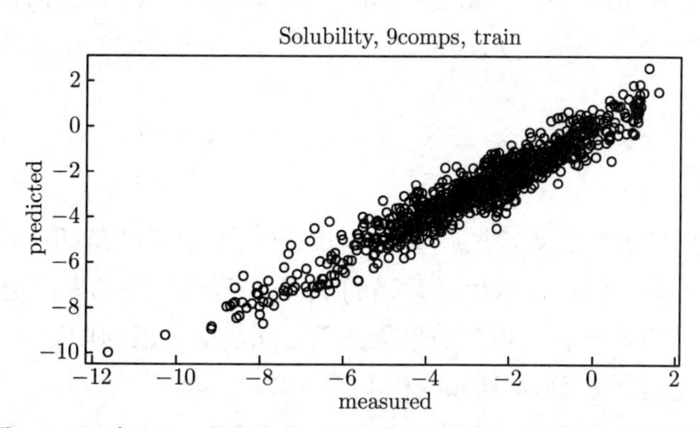

图 5.2 9 个 PLS 在主成分下训练集的预测值对实际值的散点图

5.1.3 岭回归、套索回归与弹性网罩惩罚模型

在适当的假设下，OLS 所估计的线性回归模型系数是所有回归系数无偏估计式中方差最小的，也就是说这些回归系数估计式是数理统计学中定义的**最小方差无偏估计式 (Minimum Variance Unbiased Estimators, MVUE)**。然而如前所述，OLS 并非永远可以

正常执行的。当预测变量个数大于样本个数 ($m > n$)，或者预测变量间相关性高，即存在共线性的问题时，OLS 的估计解将因为方差大而不稳定，甚至根本无法进行计算。这时我们返回到式 (3.10) MSE 来思考如何解决这个实践时常碰到的估计问题，因为 MSE 的期望值可以分解为不可缩减的噪声项、模型偏误的平方项以及模型方差三项，这即为式 (3.12)，其中模型偏误与模型方差两者存有抵换关系 (trade-off)。所以如果我们适度地增加模型的偏误，而能大幅降低模型的方差，则总体目标 MSE 就会相当有竞争力。

OLS 是最小化 3.2.1 节的式 (3.5) SSE，当模型**过度拟合**训练数据，或是有前述的两种情形 (共线性或 $m > n$) 时，OLS 的系数估计值就会**膨胀**。因此，我们想要通过估计 (或参数优化) 过程控制系数估计值的大小，以降低 SSE，这种过程称为**系数正则化 (regularization)**。前述适当地增加估计式的偏误，以降低其方差的具体做法，就是对 OLS 的目标函数 SSE，加上由各回归系数所产生的惩罚项 (penalized term)。其中，**岭回归 (ridge regression)** 是加上 m 个回归系数的平方和，也就是回归系数与原点的 L_2 范数 (3.4 节) 的平方：

$$\text{SSE}_{L_2} = \sum_{i=1}^{n}(y_i - \hat{y}_i)^2 + \lambda \sum_{j=1}^{m} \beta_j^2 \tag{5.2}$$

惩罚项的效果是如果该回归系数可让 SSE 明显地降低，则其系数估计值才被允许增大。因此，当式 (5.2) 中的惩罚系数 λ 逐渐增大时，该方法会将相对不重要变量的估计值依序缩减到零，所以这种拟合技术又称为**系数缩减法 (shrinkage methods)**。

另一种惩罚方式是俗称**套索回归 (LASSO regression)** 的**最小绝对值缩减与特征选择运算符 (Least Absolute Shrinkage and Selection Operator, LASSO)**，它对 SSE 加上 m 个回归系数绝对值和，也就是回归系数与原点的 L_1 范数 (3.4 节)：

$$\text{SSE}_{L_1} = \sum_{i=1}^{n}(y_i - \hat{y}_i)^2 + \lambda \sum_{j=1}^{m} |\beta_j| \tag{5.3}$$

看似小小的修改，但实际的意义却非常重要。虽然回归系数仍然是朝着零的方向缩减，但绝对值的惩罚项会使得某些回归系数值在适当的 λ 值下精确地降到零。也就是说，岭回归倾向于将回归系数值平均地分散在相关的预测变量之间，而套索回归则是挑出最重要的一个，并忽略剩下的相关预测变量 (Friedman et al., 2010)。

R 语言 {caret} 包中的 `train()` 函数可以用十折交叉验证的方式，训练从 0 到 0.1 共 15 个 λ 值的岭回归模型。因为每个 λ 参数要训练十次，模型训练时间耗时，因此利用 {doMC} 包中的 `registerDoMC()` 函数启动 CPU 的多个核心，以缩短岭回归建模的指令周期。同属于第四代动态程序设计语言的 Python 与 R，默认都是用 CPU 的单一核心进行运算，多核运算通常是迈向聚类平行运算的开始。

```
# 设定待调惩罚系数值
ridgeGrid <- expand.grid(lambda = seq(0, .1, length = 15))
# 十折交叉验证参数调校训练与测试
ctrl <- trainControl(method = "cv", number = 10)
set.seed(100)
# Windows 操作系统多核运算
# library(doParallel) # for Windows
# library(snow) # for Windows
# workers <- makeCluster(4, type="sock") # for Windows
# registerDoParallel(workers) # for Windows
# stop Cluster(workers)
# MacOS 或 Linux 操作系统多核运算
# library(doMC) # for Mac & Linux
# registerDoMC(cores = 4) # for Mac & Linux
# 请注意本节 train() 函数并未使用模型公式语法，与第 3 章不同
# system.time(ridgeTune <- train(
# x = solTrainXtrans # 校验集特征矩阵
# y = solTrainY # 类别标签向量
# method = "ridge" # 训练方法
# tuneGrid = ridgeGrid # 待调参数网格
# trControl = ctrl # 训练测试机制
# preProc=c("center","scale"))) # 前处理方式
# 存储耗时参数校验结果
# save(ridgeTune, file = "ridgeTune.RData")
```

从岭回归的训练报表可以看出，总共投入 951 个校验样本，样本中有 228 个预测变量。因为回归模型涉及各预测变量与回归系数的乘积和，所以进行建模前先将各变量标准化。接着再用十折交叉验证的重抽样方法 (3.3.1 节)，进行各参数的调校训练，其训练样本大小介于 855 和 857 之间，剩余的校验集样本即为计算回归性能指标 (RMSE、Rsquared 与 MAE) 的测试集，默认用 RMSE 最小值选择最佳参数，最佳的 λ 为 0.028 571 429(参见报表 `ridgeTune` 与图 5.3)。

```
# 因模型建立与调校耗时，加载预先跑好的模型对象
load("./_data/ridgeTune.RData")
ridgeTune
```

```
## Ridge Regression
##
## 951 samples
## 228 predictors
```

```
##
## Pre-processing: centered (228), scaled (228)
## Resampling: Cross-Validated (10 fold)
## Summary of sample sizes: 856, 856, 855, 855, 857, 856, ...
## Resampling results across tuning parameters:
##
##   lambda    RMSE    Rsquared  MAE
##   0.000000  0.6924  0.8873    0.5195
##   0.007143  0.6842  0.8902    0.5180
##   0.014286  0.6783  0.8924    0.5135
##   0.021429  0.6763  0.8933    0.5130
##   0.028571  0.6762  0.8937    0.5138
##   0.035714  0.6770  0.8937    0.5150
##   0.042857  0.6786  0.8935    0.5170
##   0.050000  0.6806  0.8932    0.5190
##   0.057143  0.6829  0.8929    0.5214
##   0.064286  0.6856  0.8924    0.5238
##   0.071429  0.6885  0.8920    0.5264
##   0.078571  0.6916  0.8915    0.5291
##   0.085714  0.6949  0.8910    0.5319
##   0.092857  0.6983  0.8905    0.5347
##   0.100000  0.7019  0.8900    0.5376
##
## RMSE was used to select the optimal model using
##  the smallest value.
## The final value used for the model was lambda
##  = 0.02857.
```

```
# 不同惩罚系数下，十折交叉验证平均 RMSE 折线图
plot(ridgeTune, xlab = 'Penalty')
```

其实岭回归与套索回归均为下列**弹性网络模型 (elastic nets)** 的特例，该模型引进参数 α 调节 L_1 与 L_2 两惩罚项的权重百分比，α 等于 1 时为套索回归，而 α 为 0 时则是岭回归。

$$\text{SSE}_{\text{enet}} = \sum_{i=1}^{n}(y_i - \hat{y}_i)^2 + \lambda[(1-\alpha)\sum_{j=1}^{m}\beta_j^2 + \alpha\sum_{j=1}^{m}|\beta_j|] \tag{5.4}$$

再次运用 R 语言 {caret} 包中的 `train()` 函数进行十折交叉验证，训练 3 个 λ 值与 20 个 α 的弹性网络模型。

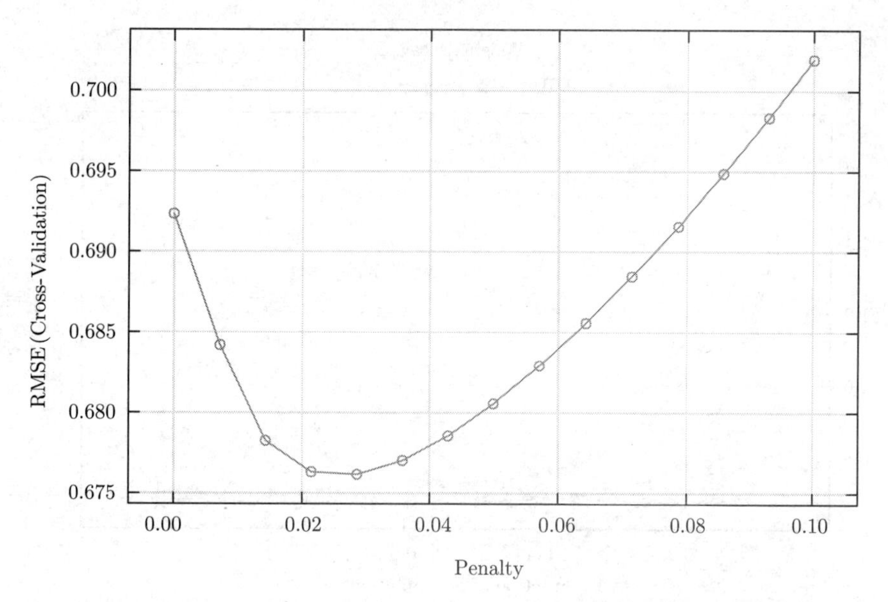

图 5.3 岭回归不同惩罚系数下的模型性能概况图

```
# 两个待调参数形成的 3×20 网格
enetGrid <- expand.grid(lambda = c(0, 0.01, .1), fraction =
 seq(.05, 1, length = 20))
set.seed(100)
# 参数训练方法 method 改为 enet
# system.time(enetTune <- train(x = solTrainXtrans,
            # y = solTrainY,
            # method = "enet",
            # tuneGrid = enetGrid,
            # trControl = ctrl,
            # preProc = c("center", "scale")))
# 存储耗时参数校验结果
# save (enetTune, file = "enetTune.RData" )
```

用 RMSE 最小值所获得的最佳 λ 为 0.01，α 为 0.60，其 RMSE 为 0.666 520。模型 `enetTune` 为 `train` 类别的对象，其绘图方法 `ggplot.train()` 可用`?plot.train` 查阅其说明文档。图 5.4的横轴为弹性网络模型的不同 α 值，不同颜色的线对应三种惩罚权重 λ 值。从不同参数组合下的 RMSE 折线图形，也可获得前述最佳参数组合。

```
# 因模型建立与调校耗时，加载预先建立好的模型对象
load("./_data/enetTune.RData")
enetTune
```

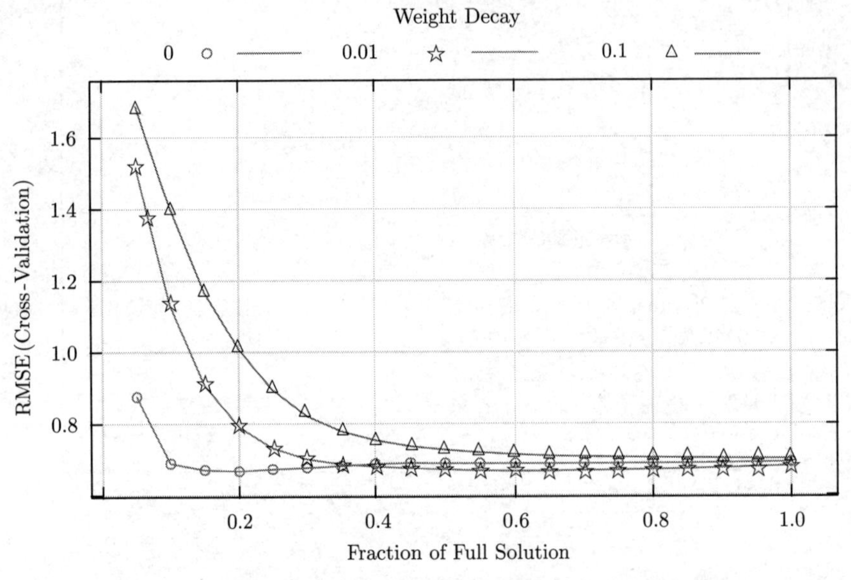

图 5.4 弹性网络模型不同参数组合下的模型性能概况图

```
## Elasticnet
##
## 951 samples
## 228 predictors
##
## Pre-processing: centered (228), scaled (228)
## Resampling: Cross-Validated (10 fold)
## Summary of sample sizes: 856, 856, 855, 855, 857, 856, ...
## Resampling results across tuning parameters:
##
##   lambda  fraction  RMSE    Rsquared  MAE
##   0.00    0.05      0.8756  0.8356    0.6621
##   0.00    0.10      0.6899  0.8891    0.5261
##   0.00    0.15      0.6714  0.8943    0.5121
##   0.00    0.20      0.6674  0.8955    0.5083
##   0.00    0.25      0.6732  0.8935    0.5110
##   0.00    0.30      0.6769  0.8921    0.5129
##   0.00    0.35      0.6818  0.8904    0.5172
##   0.00    0.40      0.6879  0.8884    0.5220
##   0.00    0.45      0.6903  0.8876    0.5234
##   0.00    0.50      0.6894  0.8879    0.5227
##   0.00    0.55      0.6892  0.8880    0.5221
```

```
## 	0.00 	0.60 	0.6888 0.8881 	0.5210
## 	0.00 	0.65 	0.6885 0.8883 	0.5201
## 	0.00 	0.70 	0.6883 0.8884 	0.5194
## 	0.00 	0.75 	0.6886 0.8883 	0.5193
## 	0.00 	0.80 	0.6890 0.8882 	0.5192
## 	0.00 	0.85 	0.6895 0.8881 	0.5192
## 	0.00 	0.90 	0.6902 0.8879 	0.5192
## 	0.00 	0.95 	0.6911 0.8876 	0.5192
## 	0.00 	1.00 	0.6924 0.8873 	0.5195
## 	0.01 	0.05 	1.5165 0.6427 	1.1640
## 	0.01 	0.10 	1.1336 0.7694 	0.8689
## 	0.01 	0.15 	0.9083 0.8266 	0.6888
## 	0.01 	0.20 	0.7912 0.8586 	0.6025
## 	0.01 	0.25 	0.7323 0.8764 	0.5573
## 	0.01 	0.30 	0.7012 0.8858 	0.5343
## 	0.01 	0.35 	0.6869 0.8899 	0.5253
## 	0.01 	0.40 	0.6805 0.8917 	0.5208
## 	0.01 	0.45 	0.6752 0.8933 	0.5169
## 	0.01 	0.50 	0.6714 0.8944 	0.5136
## 	0.01 	0.55 	0.6679 0.8955 	0.5106
## 	0.01 	0.60 	0.6665 0.8959 	0.5091
## 	0.01 	0.65 	0.6667 0.8958 	0.5085
## 	0.01 	0.70 	0.6680 0.8954 	0.5088
## 	0.01 	0.75 	0.6694 0.8950 	0.5087
## 	0.01 	0.80 	0.6708 0.8946 	0.5088
## 	0.01 	0.85 	0.6726 0.8940 	0.5093
## 	0.01 	0.90 	0.6749 0.8933 	0.5110
## 	0.01 	0.95 	0.6779 0.8923 	0.5131
## 	0.01 	1.00 	0.6810 0.8913 	0.5155
## 	0.10 	0.05 	1.6869 0.5082 	1.2945
## 	0.10 	0.10 	1.4054 0.6954 	1.0763
## 	0.10 	0.15 	1.1689 0.7611 	0.8948
## 	0.10 	0.20 	1.0077 0.7896 	0.7677
## 	0.10 	0.25 	0.8951 0.8237 	0.6785
## 	0.10 	0.30 	0.8214 0.8454 	0.6244
## 	0.10 	0.35 	0.7789 0.8584 	0.5970
## 	0.10 	0.40 	0.7543 0.8672 	0.5789
## 	0.10 	0.45 	0.7370 0.8737 	0.5665
## 	0.10 	0.50 	0.7272 0.8777 	0.5596
```

```
##    0.10    0.55      0.7197  0.8808    0.5541
##    0.10    0.60      0.7143  0.8831    0.5502
##    0.10    0.65      0.7099  0.8851    0.5467
##    0.10    0.70      0.7077  0.8862    0.5446
##    0.10    0.75      0.7063  0.8871    0.5427
##    0.10    0.80      0.7049  0.8878    0.5409
##    0.10    0.85      0.7038  0.8885    0.5396
##    0.10    0.90      0.7030  0.8891    0.5385
##    0.10    0.95      0.7023  0.8896    0.5377
##    0.10    1.00      0.7019  0.8900    0.5376
##
## RMSE was used to select the optimal model using
##  the smallest value.
## The final values used for the model were fraction
##  = 0.6 and lambda = 0.01.
```

```
# 参数调校模型对象的类别为 train
class(enetTune)
```

```
## [1] "train"
```

```
# 不同参数组合下，交叉验证性能概况
plot(enetTune)
```

最后，Python 语言将本节讨论的线性回归惩罚模型在 **sklearn** 包中 **linear_model** 模块下的 Lasso() 类别实现，限于篇幅请读者自行运用。

5.1.4 线性判别分析

线性判别分析 (Linear Discriminant Analysis, LDA) 是 5.1 节开头提及采用数学方式分类样本的方法，所以接下来的讨论中数学符号比较多。假设预测变量矩阵为 $\boldsymbol{X}_{n\times m}$，线性分类模型的共同想法是找到一个或多个由 $x_j, j=1,2,\cdots,m$ 所形成的线性函数 (m 维空间中的超平面, hyperplane)，或称为线性潜在变量，将 n 个样本投影到该平面后尽可能正确地分割为 k 类 (参见图 5.5的二维空间两类样本的一维投影示例)，各类分别有 $n_1,n_2,\cdots,n_k$ 个样本，其中 $n_1+n_2+\cdots+n_k=n$。下节的逻辑回归也是常用的古典统计分类方法，对于有许多 x_j 的高维数据集，如果变量间高度相关，或者样本数小于变量个数时 (请注意，是 $\exists\, n_i<m, i=1,2,\cdots,k$)，这时古典统计的线性分类运算，如同多元线性回归模型的 OLS 一样，可能会有反矩阵不存在的矩阵奇异性 (matrix singularity) 问题发生。解决方法与 5.1.2节所述相同，$\boldsymbol{X}_{n\times m}$ 中的信息可以先用 a 个潜在变量摘要其重要信息 (即降维)，例如主成分分析法 (2.3.2 节)，或者偏最小二乘法 (5.1.2节)，接着再用两种方法

(PCA 与 PLS) 产生的分数矩阵 $\boldsymbol{X}_{n\times a}$ 进行线性判别分析或逻辑回归，其中 a 为降维后的预测空间维度，即 $a<m$。

本节的线性判别分析，有两种方法推导出类别间的线性判别函数—— Welch 的**贝叶斯方法 (Bayesian approach)** 与 Fisher 的**费希尔方法 (Fisher approach)**，所得的判别函数像判官一样，将样本的预测变量代入函数后，即根据计算所得的正负值判定样本属于哪一类 (Varmuza and Filzmoser, 2009)。

5.1.4.1 贝叶斯方法

为了了解 Welch 的贝叶斯方法，我们首先说明贝叶斯定理：

$$\Pr[y=l\mid \boldsymbol{x}]=\frac{\Pr[y=l\cap \boldsymbol{x}]}{\Pr[\boldsymbol{x}]}=\frac{\Pr[\boldsymbol{x}\mid y=l]\Pr[y=l]}{\sum\limits_{l=1}^{k}\Pr[\boldsymbol{x}\mid y=l]\Pr[y=l]},l=1,2,\cdots,k \tag{5.5}$$

从右往左计算的逻辑来看，$\Pr[y=l]$ 是样本来自各类别的**先验概率 (prior probability)**，满足 $\sum\limits_{l=1}^{k}\Pr[y=l]=\sum\limits_{l=1}^{k}p_l=p_1+p_2+\cdots+p_k=1$；$\Pr[\boldsymbol{x}\mid y=l]$ 是已知数据来自于类别 l 下，观察到预测变量 $\boldsymbol{x}=(x_1,x_2,\cdots,x_m)$ 的条件概率分布；$\Pr[y=l\mid \boldsymbol{x}]$ 是贝叶斯定理欲求的**后验概率 (posterior probability)**(也称事后概率，本书交替使用)。

当 $k=2$ 时，分类的规则是将 $\boldsymbol{x}$ 归为第 1 类，如果后验概率的大小关系为 $\Pr[y=1\mid \boldsymbol{x}]>\Pr[y=2\mid \boldsymbol{x}]$；$\boldsymbol{x}$ 归为第 2 类，如果 $\Pr[y=2\mid \boldsymbol{x}]>\Pr[y=1\mid \boldsymbol{x}]$。代入式 (5.5)，消掉相同的分母后将 $\boldsymbol{x}$ 归为第 1 类，如果

$$\Pr[\boldsymbol{x}\mid y=1]\Pr[y=1]>\Pr[\boldsymbol{x}\mid y=2]\Pr[y=2] \tag{5.6}$$

反之则将 $\boldsymbol{x}$ 归为第 2 类。

假设数据来自于多元正态分布，具 m 维平均值向量 $\boldsymbol{\mu}_l$，与 m 阶的协方差方阵 $\boldsymbol{\Sigma}_l$，且各类的协方差方阵完全相同 ($\boldsymbol{\Sigma}_1=\boldsymbol{\Sigma}_2=\cdots=\boldsymbol{\Sigma}_k=\boldsymbol{\Sigma}$)，求解式 (5.6) 的等式，或 k 类情况下的对应方程式，可得到第 l 类的判别函数：

$$\boldsymbol{x}^{\mathrm{T}}\boldsymbol{\Sigma}^{-1}\boldsymbol{\mu}_l-0.5\boldsymbol{\mu}_l^{\mathrm{T}}\boldsymbol{\Sigma}^{-1}\boldsymbol{\mu}_l+\log(\Pr[y=l]),l=1,2,\cdots,k \tag{5.7}$$

上式为预测变量 $\boldsymbol{x}$ 的线性函数，式中的 $\boldsymbol{\mu}_l$、$\boldsymbol{\Sigma}$、$\Pr[y=l]$ 等母体参数需要先估计，方能求得贝叶斯方法下的判别函数。如果 $n_l,l=1,2,\cdots,k$ 足以表示母体各类的大小，则先验概率 p_l 可以 n_l/n 来估计，或假设各类机会均等为 $\dfrac{1}{k}$；第 l 类的母体平均数向量 $\boldsymbol{\mu}_l$ 与协方差矩阵 $\boldsymbol{\Sigma}_l$，分别可以用该类样本数据计算 m 维算术平均数向量 $\bar{x}_l$，以及 m 阶方阵 $\boldsymbol{S}_l,l=1,2,\cdots,k$ 估计。因为我们假设各类协方差方阵均相等，所以下面**合并方差矩阵**

(pooled covariance matrix) $\boldsymbol{S}_P$ 的估计方式适合推算 $\boldsymbol{\Sigma}$，其实就是各类样本协方差方阵 $\boldsymbol{S}_l, l=1,2,\cdots,k$ 的加权平均：

$$\boldsymbol{S}_P = \frac{(n_1-1)\boldsymbol{S}_1 + (n_2-1)\boldsymbol{S}_2 + \cdots + (n_k-1)\boldsymbol{S}_k}{n_1+n_2+\cdots+n_k-k} \tag{5.8}$$

各类母体平均数向量与协方差矩阵也可以用鲁棒的方式来估计，如此所得到的判别规则较不受离群样本的影响，因而推估的类型更为鲁棒可靠。如前所述，贝叶斯判别分析当预测变量高度相关，或预测变量个数多于样本数时并不适用，因为式 (5.7) 需要合并协方差方阵的反矩阵代入计算，不过实践时仍有方法可以解决这一问题。最后，如果各类的协方差矩阵不相等时，所得到的各类决策边界就不是线性函数，属于非线性判别分析中的**二次判别分析 (Quadratic Discriminant Analysis, QDA)** 了 (Ledolter, 2013)。

5.1.4.2 费希尔方法

费希尔方法也是推导线性分类函数的方法，它无需贝叶斯方法的多变量正态分布，以及各类协方差矩阵相同的假设。然而如果这些假设都不满足，则费希尔方法所导出的规则，也不会是前节最小化误归类概率的最佳判别规则。

同样以二元分类问题为例，费希尔方法先将多变量数据转换为一线性潜在变量 $z = b_1x_1 + b_2x_2 + \cdots + b_mx_m$，$z$ 也称为判别变量。图 5.5说明转换的目的是使得转换后各类样本尽可能分隔得越开越好，也就是说，以各类样本分隔度 (separation) 极大化为优化目标函数，估计由系数 $b_j, j=1,2,\cdots,m$ 所形成的分类决策向量 $\boldsymbol{b}$，又称为负荷向量 (loading vector)。

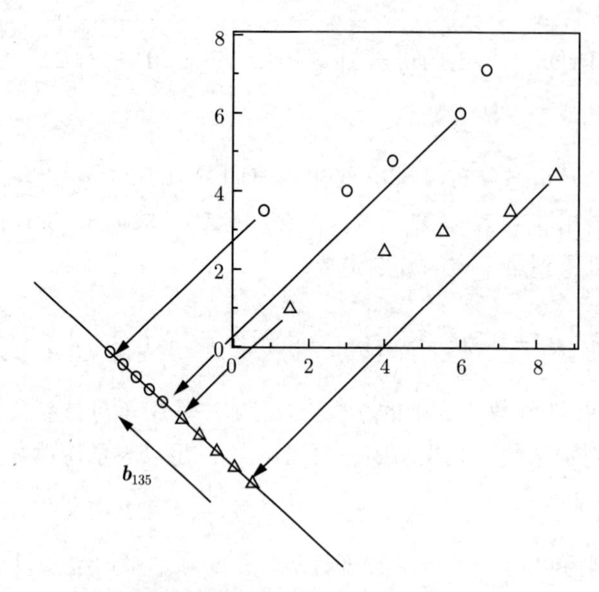

图 5.5　二维空间线性判别函数示意图 (Varmuza and Filzmoser, 2009)

假设第一群样本投影到负荷向量 $\boldsymbol{b}$，得到的判别分数为 $y_{1u}, u=1,2,\cdots,n_1$；同理，第二群样本的投影判别分数为 $y_{2v}, v=1,2,\cdots,n_2$。令 $\bar{y}_1$ 与 $\bar{y}_2$ 分别表示两类样本判别分数的算术平均数，则前述费希尔方法的目标函数为下式的最大化：

$$\frac{|\bar{y}_1-\bar{y}_2|}{s_y} \tag{5.9}$$

上式须计算各类样本投影分数的平均数与标准偏差，其中 s_y 为下面合并方差的正方根值，s_y^2 是两类样本判别分数之方差 s_1^2 与 s_2^2 的加权平均，根据两类样本大小加权，意义与式 (5.8) 相同。

$$s_y^2=\frac{(n_1-1)s_1^2+(n_2-1)s_2^2}{n_1+n_2-2} \tag{5.10}$$

回过头来看式 (5.9)，其意义如同双样本 t 检定一样，分母表示考虑判别分数标准偏差的状况下，查看两类样本判别分数平均值是否有显著的差异。换句话说，费希尔定义下的判别函数系数，是能让两群样本的判别分数的 t 检定统计值 (信噪比 signal-to-noise ratio) 达到最高的系数向量 $\boldsymbol{b}_{\text{Fisher}}$，经求解式 (5.9) 优化问题后，可得最佳二元分类线性判别函数的负荷向量如下式：

$$\boldsymbol{b}_{\text{Fisher}}=\boldsymbol{S}_P^{-1}(\bar{\boldsymbol{x}}_1-\bar{\boldsymbol{x}}_2) \tag{5.11}$$

其中，$\bar{\boldsymbol{x}}_1$ 与 $\bar{\boldsymbol{x}}_2$ 分别是第 1 类与第 2 类的 m 维预测变量的平均值向量 (也就是两类样本原空间下的平均值向量)；$\boldsymbol{S}_P$ 是式 (5.8) 的合并协方差矩阵。新样本 $\boldsymbol{x}_i$ 欲分类时，先计算其在 $\boldsymbol{b}_{\text{Fisher}}$ 投影的分数 y_i：

$$y_i=\boldsymbol{b}_{\text{Fisher}}^{\text{T}}\boldsymbol{x}_i \tag{5.12}$$

再将判别分数与下面临界值 y_c 比较：

$$y_c=\frac{\boldsymbol{b}_{\text{Fisher}}^{\text{T}}\bar{\boldsymbol{x}}_1+\boldsymbol{b}_{\text{Fisher}}^{\text{T}}\bar{\boldsymbol{x}}_2}{2} \tag{5.13}$$

如果 $y_i\leqslant y_c$，则样本 i 被归为第 1 类；否则被归为第 2 类。式 (5.13) 表示两类样本的 m 维预测变量平均值向量 $\bar{\boldsymbol{x}}_1$ 与 $\bar{\boldsymbol{x}}_2$ 在判别函数方向 $\boldsymbol{b}_{\text{Fisher}}^{\text{T}}$ 的投影分数平均值。当问题是二元分类时，如果两类的先验概率相等，则贝叶斯方法的线性判别函数式 (5.7) 与费希尔方法完全相同。此外，费希尔方法也可以推广到多个类别的分类问题，有兴趣的读者请参考 Venables and Ripley (2002)。

R 语言中的 {MASS} 包中有实现了费希尔方法的线性判别分析函数 `lda()`，首先假设第 1 类的二维平均值向量 $\boldsymbol{\mu}_1=(1,1)$，第 2 类的二维平均值向量 $\boldsymbol{\mu}_2=(3.5,2)$，基于共同方差的假设，两类样本的协方差矩阵均为：

$$\boldsymbol{\sigma}=\begin{bmatrix}1 & 0.85\\ 0.85 & 2\end{bmatrix} \tag{5.14}$$

```
# 第 1 类样本母体平均值向量
(mu1 <- c(1,1))
```

```
## [1] 1 1
```

```
# 第 2 类样本母体平均值向量
(mu2 <- c(3.5,2))
```

```
## [1] 3.5 2.0
```

```
# 两类样本共同的母体协方差矩阵
(sig <- matrix(c(1,0.85,0.85,2), ncol = 2))
```

```
##      [,1] [,2]
## [1,] 1.00 0.85
## [2,] 0.85 2.00
```

如果两类样本总数为 1000，根据先验概率 $p_1 = 0.9$ 与 $p_2 = 0.1$ 生成服从多元正态分布的训练样本 dtrain 与测试样本 dtest，rmvnorm() 为 R 语言包 {mvtnorm} 产生多元正态分布的随机抽样函数。

```
# 加载 R 语言多元正态分布随机抽样包
library(mvtnorm)
n1 <- 1000*0.9
n2 <- 1000*0.1
# 定义 0-1 类别标签向量，0 与 1 各重复 n1 与 n2 次
group <- c(rep(0,n1), rep(1,n2))
set.seed(130)
# 仿真抽出第 1 类的二维训练样本
X1train <- rmvnorm(n1, mu1, sig)
# 仿真抽出第 2 类的二维训练样本
X2train <- rmvnorm(n2, mu2, sig)
# 合并两类训练样本为特征矩阵
Xtrain <- rbind(X1train, X2train)
# 特征矩阵与类别标签组织为训练数据集
dtrain <- data.frame(X = Xtrain, group = group)
dtrain[898:903,]
```

```
##         X.1    X.2 group
## 898  3.0962 1.0136     0
## 899  1.9055 2.1808     0
## 900 -0.2579 1.9464     0
## 901  2.4973 2.4516     1
## 902  3.5231 0.4409     1
## 903  4.5462 1.3121     1
```

```
set.seed(131)
# 测试数据集同前仿真与处理
X1test <- rmvnorm(n1,mu1,sig)
X2test <- rmvnorm(n2,mu2,sig)
Xtest <- rbind(X1test,X2test)
dtest <- data.frame(X = Xtest,group = group)
dtest[898:903,]
```

```
##          X.1      X.2 group
## 898 1.3345  1.89888     0
## 899 2.2174  1.51947     0
## 900 0.3513 -0.43571     0
## 901 3.2547  2.28534     1
## 902 1.5572  2.29006     1
## 903 3.0728  0.01891     1
```

建模前先绘制图 5.6训练与测试两类样本散点图：

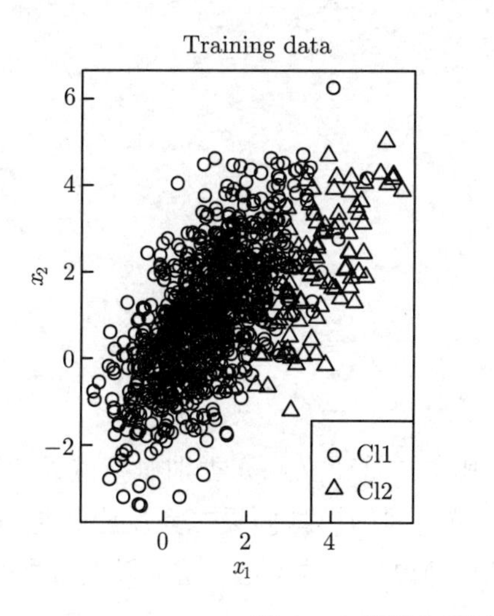

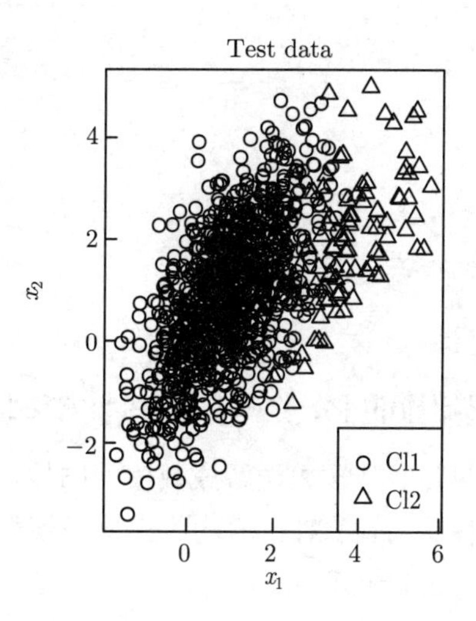

图 5.6　训练与测试两类样本的散点图

```
# 观察两类样本在各子集分布状况是否相似
op <- par(mfrow = c(1,2))
plot(dtrain$X.1, dtrain$X.2, pch = dtrain$group + 1, main =
"Training data", xlab = expression(x[1]),
ylab = expression(x[2]))
legend("bottomright", c("Cl1","Cl2"), pch = 1:2)
plot(dtest$X.1, dtest$X.2, pch = dtest$group + 1, main =
```

```
"Test data",xlab = expression(x[1]),ylab = expression(x[2]))
legend("bottomright", c("Cl1","Cl2"), pch = 1:2)
```

```
par(op)
```

用 lda() 函数对训练数据集建模，并对测试集预测其类别标签，从混淆矩阵可看出测试集归类错误率为 3.7%。

```
# 拟取用 {MASS} 包下的 lda()
library(MASS)
# 训练模型
resLDA <- lda(group~., data = dtrain)
# 预测测试数据的类别隶属度
predLDA <- predict(resLDA, newdata = dtest)$class
# 混淆矩阵
table(dtest$group, predLDA)
```

```
##    predLDA
##       0   1
##   0 887  13
##   1  24  76
```

```
# 正确率计算
mean(dtest$group == predLDA)
```

```
## [1] 0.963
```

5.1.5 逻辑回归分类与广义线性模型

逻辑回归经常被人误解成数值回归技术，其实它是建立二元类别概率值成功胜率 (odds ratio，或称优势比) 对数值的线性分类模型。逻辑回归模型假设二元反应变量 y 为二项式随机变量 (Binomial random variable)(注：另一种说法是式 (3.1) 随机误差模型的误差 ϵ 服从二项式随机变量)：

$$y = \begin{cases} 1, & \text{if the outcome is Success (S) with probability } p \\ 0, & \text{if the outcome is Failure (F) with probability } 1-p \end{cases} \tag{5.15}$$

但我们并非直接对 y 直接建模，而是将其进行一连串转换后，再将转换后的反应变量关联到预测变量的线性函数。

首先定义观察到 $\boldsymbol{x} = (x_1, x_2, \cdots, x_m)$ 后，所关心的事件 S 发生的概率为 p，即 $p = \Pr[y = 1 \mid \boldsymbol{x}]$，而 $1 - p = \Pr[y = 0 \mid \boldsymbol{x}]$，通常所关心的事件为医学检验中的阳性反应、垃圾

邮件与短信、贷款违约事件等。接着对胜率 (定义为关心事件发生与不发生概率的比值，参见 3.5.2 节的成功胜率) 的对数值建立下面模型：

$$\text{logit}(p) = \log\left(\frac{p}{1-p}\right) = \hat{f}(\boldsymbol{x}) = b_0 + b_1x_1 + \cdots + b_mx_m = z \tag{5.16}$$

其中，$\frac{p}{1-p}$ 为所关心事件的胜率，胜率的对数值也就是对概率值 p 做 logit 转换，这种转换常用于计量化学中，将比例值数据转为接近正态分布的数据；m 为预测变量个数，上式右边明显为预测变量 $\boldsymbol{x} = (x_1, x_2, \cdots, x_m)$ 的线性函数，又可称为线性预测子 (linear predictor)z。因为概率值介于 0 与 1 之间 (含)，所以胜率恒非负，因此其对数值为整个实数域 $(-\inf, \inf)$，刚好可以搭配右边线性预测子的无界值域。

式 (5.16) 经过指数函数转换和移项过程后，可以得到所关心事件的概率：

$$p = \frac{1}{1+\mathrm{e}^{-z}} = \frac{1}{1+\mathrm{e}^{-(b_0+b_1x_1+\cdots+b_mx_m)}} \tag{5.17}$$

式 (5.17) 实际上是线性预测子 z 的 S 型函数 (Sigmoid function)，又称逻辑函数 (logistic function)，常作为 6.2.1 节人工神经网络的**活化函数 (activation function)**，它将传入的线性组合值限缩在 0 与 1 之间 (含)，用以估计阳性事件的概率，6.2.1 节中式 (6.5) 也说明逻辑回归与人工神经网络的**感知机 (perceptron)** 是等值的 (equivalent)。此外，除非模型项有包含预测变量的非线性函数，例如 x_j 的二次项 x_j^2，否则逻辑回归是用线性的类别边界线 (class boundary line) 进行二元分类。

至此我们已将预测变量的线性方程式 $\hat{f}(\boldsymbol{x})$ 与反应变量 y 的二项式分布的参数 p 产生关联了，接着根据观测到的数据 $\boldsymbol{X}_{n\times m}$，寻找一组使得函数值最大化的回归系数 b_j's，这组系数就是**最大似然估计 (Maximum Likelihood Estimation, MLE)** 解。有了这些模型系数后，我们就可对样本结果进行阳性事件概率预测。

逻辑回归分类与 OLS 的多元线性回归都属于**广义线性模型 (Generalized Linear Models, GLM)** 中的建模技术，GLM 还包括许多反应变量 y 为不同概率分布的模型 (Dobson and Barnett, 2008)。GLM 表面上看来像是反应变量的某种函数形式，被建立为预测变量 $\boldsymbol{x} = (x_1, x_2, \cdots, x_m)$ 的线性函数，例如：式 (5.16) 中阳性事件概率 p 的 logit 值等于 $b_0 + b_1x_1 + \cdots + b_mx_m$，但实际上它们的关系为非线性的，logit 函数称为链接函数 (link function)。虽然如此，值得注意的是，即便与 p 的关系为非线性，但 GLM 仍是用线性分类边界线完成分类工作，所以 GLM 广义一词的含义正是如此。相较于最近发展的**广义可加模型 (Generalized Additive Model, GAM)**，GAM 是用预测变量空间中不同区段，也就是以子空间中的非线性转换为基础，进行本质上为非线性关系的线性建模工作，限于篇幅，本书略过这部分的介绍。

接下来用 R 核心开发团队维护的统计包 {stats} 当中的 glm() 函数进行逻辑回归分类建模，沿用前节数据集 dtrain 与 dtest 进行建模与测试，并用 0.5 作为分类阈值，可得逻辑回归分类的错误率为 3.5%。

```
# 误差分布为二项式时，链接函数默认为 logit
resLR <- glm(group~., data = dtrain, family =
binomial(link = "logit"))
# 逻辑回归的预测值是关心事件发生概率的 logit 值
predLogit <- predict(resLR, newdata = dtest)
head(predLogit)
```

```
##       1       2       3       4       5       6
##  -8.195  -3.248  -7.232  -3.023 -10.967  -8.238
```

```
# {boot} 包的 inv.logit() 函数，将预测值逆转换回概率值
library(boot)
predProb <- inv.logit(predLogit)
head(predProb)
```

```
##         1         2         3         4         5
## 2.761e-04 3.740e-02 7.226e-04 4.640e-02 1.727e-05
##         6
## 2.643e-04
```

```
# 用 0.5 为阈值，概率再转成类别标签预测值
predLabel <- predProb > 0.5
head(predLabel)
```

```
##     1     2     3     4     5     6
## FALSE FALSE FALSE FALSE FALSE FALSE
```

```
# 混淆矩阵
table(dtest$group, predLabel)
```

```
##    predLabel
##     FALSE TRUE
##   0   889   11
##   1    25   75
```

```
# 正确率计算
mean(dtest$group == predLabel)
```

```
## [1] 0.964
```

二元分类的逻辑回归可以轻易地推广到多分类问题,这时可假设其反应变量 y 服从多项式概率分布 (Multinomial distribution),R 语言中可以运用 {mlogit} 包进行多项式逻辑回归分类建模,Python 语言中则同样用 **sklearn.linear_model** 模块中的 LogisticRegression() 完成二项式与多项式逻辑回归分类模型。

通过线性判别分析与逻辑回归这两节的讨论，我们可以发现分类建模的重点是反应变量 y 在给定 $\boldsymbol{x}$ 的条件概率 $\Pr[y=l \mid \boldsymbol{x}]$，逻辑回归是直接对此后验概率 $\Pr[y=l \mid \boldsymbol{x}]$ 建模；而线性判别分析的贝叶斯方法，并不直接处理后验概率，而是反过来先估计条件概率及先验概率 $\Pr[\boldsymbol{x} \mid y=l]$ 与 $\Pr[y=l]$，再取得后验概率的信息。逻辑回归适合二元分类的问题，而当有多类样本需要分类时，线性判别分析是常用的方法。此外，当两类样本分隔良好，或 $\boldsymbol{x}$ 近似正态且小样本时，线性判别分析的估计较为稳定，所以两种方法没有孰优孰劣的结论，而是应该注意其适用场合 (读者可以想想 No Free Lunch 定理的含义，`https://en.wikipedia.org/wiki/No_free_lunch_theorem`)。

5.2 非线性分类与回归

除非人工加入预测变量的非线性函数到模型中，例如 x_i^2，否则 5.1节介绍的回归与分类模型本质上是线性的。线性模型的优点是容易说明与实现，模型可推理，解释性高，但是预测能力毕竟有限，因为线性关系总让人怀疑是对现实状况的简化假设。本节介绍非线性分类与回归建模，这类模型是本质上 (intrinsic) 为非线性的模型，其与人为添加预测变量高次项的做法不同，区别是在模型训练前，本质非线性模型不需要事先知晓反应变量 y 与预测变量 x_j 之间的非线性关系，算法会自动划分出非线性的决策 (或分类) 边界。

5.2.1 朴素贝叶斯分类

朴素贝叶斯 (naive Bayes) 分类法运用概率或似然表估计新案例属于不同类别的可能性 (likelihood)，它是基于贝叶斯定理发展出来的分类方法。无适当假设时朴素贝叶斯的计算比较耗时，但在特征之间满足条件独立性的朴素贝叶斯假设 (即 naive 一词的由来) 时，能处理非常大的数据集，常用于文本分类，例如邮件与短信分类。

以下用垃圾邮件分类的例子说明朴素贝叶斯分类法的执行原理，首先垃圾邮件分类是 $l=2$ 的二元分类问题，参照贝叶斯定理公式 [式 (5.5)]，$\boldsymbol{x}$ 是某封电子邮件中观察到的词汇，y 是该封邮件为垃圾 (spam, $y=1$) 或正常 (ham, $y=0$) 邮件的类别标签。贝叶斯定理在这里的意义是根据邮件中词汇观察结果 (例如，有/无看到 `Viagra`) 后，推断其为垃圾或正常邮件的事后概率 $\Pr[y \mid \boldsymbol{x}]$。式 (5.5) 从右计算到左表示可根据搜集到的邮件语料库，估算等号右边的事前概率与条件概率，$\Pr[y=1]$、$\Pr[y=0]$、$\Pr[\boldsymbol{x} \mid y=1]$ 与 $\Pr[\boldsymbol{x} \mid y=0]$ 等，最后计算出重要的事后概率 (Lantz, 2015)。由这计算过程可看出重点仍是 $\Pr[y \mid \boldsymbol{x}]$，但贝叶斯方法反过来先估计 $\Pr[\boldsymbol{x} \mid y]$ 与 $\Pr[y]$，并非对后验概率直接建模。

先考虑单词的情况，以 `Viagra` 为例，式 (5.18) 根据贝叶斯定理计算在邮件中观察到 `Viagra`，而该封信为垃圾邮件的事后概率。

$$\Pr[\text{spam} \mid \text{Viagra}] = \frac{\Pr[\text{Viagra} \mid \text{spam}]\Pr[\text{spam}]}{\Pr[\text{Viagra} \mid \text{spam}]\Pr[\text{spam}] + \Pr[\text{Viagra} \mid \text{ham}]\Pr[\text{ham}]} \tag{5.18}$$

其中，各事前概率与条件概率的计算方法如下：

$$\Pr[\text{ham}] \approx \frac{\text{freq}_{\text{ham}}}{\text{freq}_{\text{total}}} \tag{5.19}$$

$$\Pr[\text{spam}] \approx \frac{\text{freq}_{\text{spam}}}{\text{freq}_{\text{total}}} \tag{5.20}$$

$$\Pr[\text{Viagra} \mid \text{ham}] \approx \frac{\text{freq}_{\text{Viagra}\cap\text{ham}}}{\text{freq}_{\text{ham}}} \tag{5.21}$$

$$\Pr[\text{Viagra} \mid \text{spam}] \approx \frac{\text{freq}_{\text{Viagra}\cap\text{spam}}}{\text{freq}_{\text{spam}}} \tag{5.22}$$

而 freq_{ham}、$\text{freq}_{\text{spam}}$ 与 $\text{freq}_{\text{total}}$ 分别为样本中正常邮件数量、垃圾邮件数量与样本总数，$\text{freq}_{\text{Viagra}\cap\text{ham}}$ 与 $\text{freq}_{\text{Viagra}\cap\text{spam}}$ 分别为样本中正常邮件与垃圾邮件中含有 `Viagra` 的数量。

式 (5.19)~ 式 (5.22) 的事前概率与条件概率的实际估计工作非常简单，以下面的二维频率分布表 (表 5.2) 为例，表中各元素除以行总和转为相对频率表 (即前述的概率或似然表，表 5.3) 后，一一把对应的概率值代入式 (5.18) 计算即可，结果是这封邮件为垃圾邮件的可能性是正常邮件的 4 倍。

表 5.2 频率分布表

次数	Viagra	无 Viagra	小计
spam	4	16	20
ham	1	79	80
小计	5	95	100

表 5.3 相对频率表

相对次数	Viagra	无 Viagra
spam	4/20	16/20
ham	1/80	79/80
小计	5/100	95/100

$$\Pr[\text{spam} \mid \text{Viagra}] = \frac{\Pr[\text{Viagra} \mid \text{spam}]\Pr[\text{spam}]}{\Pr[\text{Viagra}]} = \frac{(4/20)\cdot(20/100)}{(5/100)} = 0.8 \tag{5.23}$$

$$\Pr[\text{ham} \mid \text{Viagra}] = \frac{\Pr[\text{Viagra} \mid \text{ham}]\Pr[\text{ham}]}{\Pr[\text{Viagra}]} = \frac{(1/80)\cdot(80/100)}{(5/100)} = 0.2 \tag{5.24}$$

接着考虑多字词的情况 Viagra(W_1)、Credit(W_2) 与 Internet(W_3)，其似然表 (表 5.4) 如下：

表 5.4　似然表

相对次数	W_1	$\sim W_1$	W_2	$\sim W_2$	W_3	$\sim W_3$
spam	$\frac{4}{20}$	$\frac{16}{20}$	$\frac{10}{20}$	$\frac{10}{20}$	$\frac{0}{20}$	$\frac{20}{20}$
ham	$\frac{1}{80}$	$\frac{79}{80}$	$\frac{14}{80}$	$\frac{66}{80}$	$\frac{9}{80}$	$\frac{71}{80}$

假设一封邮件中出现 Viagra，但 Credit 与 Internet 没有出现，根据贝叶斯定理 [式 (5.5)]，这封邮件为垃圾邮件的概率为：

$$\Pr[\text{spam} \mid W_1 \cap \sim W_2 \cap \sim W_3] = \frac{\Pr[W_1 \cap \sim W_2 \cap \sim W_3 \mid \text{spam}] \cdot \Pr[\text{spam}]}{\Pr[W_1 \cap \sim W_2 \cap \sim W_3]} \tag{5.25}$$

显然上式需要计算多个字词的联合概率分布 (joint probability distribution) $\Pr[W_1 \cap \sim W_2 \cap \sim W_3 \mid \text{spam}]$ 与 $\Pr[W_1 \cap \sim W_2 \cap \sim W_3]$，其估计较前面 Viagra 单一字词概率分布的问题更为困难。不过在**条件独立 (conditional independence)** 的假设下，因为联合概率分布等于各字词边际概率分布 (marginal probability distributions) 的乘积，所以式 (5.25) 可整理为式 (5.26)：

$$\frac{\Pr[W_1 \mid \text{spam}]\Pr[\sim W_2 \mid \text{spam}]\Pr[\sim W_3 \mid \text{spam}] \cdot \Pr[\text{spam}]}{\Pr[W_1]\Pr[\sim W_2]\Pr[\sim W_3]} \tag{5.26}$$

而该封邮件为正常邮件的概率为：

$$\frac{\Pr[W_1 \mid \text{ham}]\Pr[\sim W_2 \mid \text{ham}]\Pr[\sim W_3 \mid \text{ham}] \cdot \Pr[\text{ham}]}{\Pr[W_1]\Pr[\sim W_2]\Pr[\sim W_3]} \tag{5.27}$$

忽略式 (5.26) 与式 (5.27) 中相同的分母，我们仅须做下面的计算：

$$\Pr[\text{spam} \mid W_1 \cap \sim W_2 \cap \sim W_3] = (4/20) \cdot (10/20) \cdot (20/20) \cdot (20/100) = 0.020 \tag{5.28}$$

$$\Pr[\text{ham} \mid W_1 \cap \sim W_2 \cap \sim W_3] = (1/80) \cdot (66/80) \cdot (71/80) \cdot (80/100) = 0.007 \tag{5.29}$$

因为 $0.020/0.007 \approx 2.86$，所以这封邮件是垃圾邮件的可能性为正常邮件的近三倍！即是垃圾邮件的概率高达 $\frac{0.020}{0.020 + 0.007} = 0.741$。

最后，朴素贝叶斯算法的优缺点如下：

- 简单、快速且有效。
- 可以处理带噪声与有缺失值的数据。

- 容易获得 3.2.2.1 节中类别概率值的预测值。(以上为优点)
- 特征同等重要且互相独立的假设通常不符合现实的状况。
- 不适合有大量数值特征的数据集。
- 类别概率值须转为类别标签预测值方能做出具体决策。

手机短信过滤案例

sms_spam.csv 是 5559 条手机英文短信的数据集，text 字段包含短信内容，type 字段的频率分布显示其中有 4812 条 (约 87%) 为正常短信，747 条 (约 13%) 是垃圾短信 (Lantz, 2015)。

```
import pandas as pd
# 读入手机短信数据集
sms_raw = pd.read_csv("./_data/sms_spam.csv")
# type: 垃圾或正常短信, text: 短信文字内容
print(sms_raw.dtypes)
```

```
## type    object
## text    object
## dtype: object
```

```
# type 频率分布, ham 占多数, 但未过度不平衡
print(sms_raw['type'].value_counts()/len(sms_raw['type']))
```

```
## ham     0.865623
## spam    0.134377
## Name: type, dtype: float64
```

text 字段的英语文字内容可通过 Python 语言的自然语言处理工具集包 **nltk** 进行分词与语料库的清理。Python 工程师多用**列表推导 (list comprehension)**，或称表推导完成重复性的循环工作，其实列表推导可视为单行的循环写法，从关键词 for 开始向右看，把 sms_raw['text'] 序列中的元素 (即各封短信) 一一取出表示为 txt，再往 for 关键词的左边了解取出的各元素 txt 做了何种处理 (此处为英语分词 nltk.word_tokenize(txt))，最后将处理结果封装成列表 (即最外圈的列表生成中括号对 [])。

```
# Python 自然语言处理工具集 (Natural Language ToolKit)
import nltk
# 列表推导完成分词
token_list0 = [nltk.word_tokenize(txt) for txt in
sms_raw['text']]
print(token_list0[3][1:7])
```

```
## ['4', 'STAR', 'Ibiza', 'Holiday', 'or', '£10,000']
```

一般而言，语料库清理的工作包括：

- 转小写；
- 移除停用字词 (stop words)；
- 移除标点符号；
- 移除数字；
- 移除可能的空白字词；
- **词形还原 (lemmatization)**(参见 2.4.1 节)。

嵌套的表推导也是常用的双层式循环简记指令，这里外层循环将分词后的一条条短信内容取出，内层把各条短信内容的一个个字词找出转成小写后再组织起来。其他语料库清理工作会在适当位置加上逻辑判断条件，例如，是否在英语停用字词库中 (`if word not in stopwords.words('english')`) 等条件，完成语料库不同的清理工作。

```
# 列表推导完成转小写 (Ibiza 变成 ibiza)
token_list1 = [[word.lower() for word in doc]
for doc in token_list0]
print(token_list1[3][1:7])
```

```
## ['4', 'star', 'ibiza', 'holiday', 'or', '£10,000']
```

```
# 列表推导移除停用词
from nltk.corpus import stopwords
# 179 个英语停用字词
print(len(stopwords.words('english')))
```

```
## 179
```

```
# 停用字 or 已被移除
token_list2 = [[word for word in doc if word not in
stopwords.words('english')] for doc in token_list1]
print(token_list2[3][1:7])
```

```
## ['4', 'star', 'ibiza', 'holiday', '£10,000', 'cash']
```

```
# 列表推导移除标点符号
import string
token_list3 = [[word for word in doc if word not in
string.punctuation] for doc in token_list2]
print(token_list3[3][1:7])
```

```
## ['4', 'star', 'ibiza', 'holiday', '£10,000', 'cash']
```

```
# 列表推导移除所有数字 (4 不见了)
token_list4 = [[word for word in doc if not word.isdigit()]
for doc in token_list3]
print(token_list4[3][1:7])
```

```
## ['star', 'ibiza', 'holiday', '£10,000', 'cash', 'needs']
```

```
# 三层嵌套列表推导移除字符中夹杂数字或标点符号的情形
token_list5 = [[''.join([i for i in word if not i.isdigit()
and i not in string.punctuation]) for word in doc]
for doc in token_list4]
# £10000 变成 £
print(token_list5[3][1:7])
```

```
## ['star', 'ibiza', 'holiday', '£', 'cash', 'needs']
```

最后，list(filter(None, doc)) 过滤掉全为空的 token，再用 **nltk.stem** 模块中 WordNetLemmatizer() 进行词形还原。

```
# 列表推导移除空元素
token_list6 =[list(filter(None, doc)) for doc in token_list5]
print(token_list6[3][1:7])
```

```
## ['star', 'ibiza', 'holiday', '£', 'cash', 'needs']
```

```
# 加载 nltk.stem 的 WordNet 词形还原库
from nltk.stem import WordNetLemmatizer
# 定义词形还原器
lemma = WordNetLemmatizer()
# 列表推导完成词形还原 (needs 变成 need)
token_list6 = [[lemma.lemmatize(word) for word in doc]
for doc in token_list6]
print(token_list6[3][1:7])
```

```
## ['star', 'ibiza', 'holiday', '£', 'cash', 'need']
```

语料库清理完成后，将各条短信的 tokens 利用空白字符的 join() 方法重新组合成短文，以便于 **sklearn.feature_extraction.text** 子模块下的类别 CountVectorizer() 产生语料库对应的**文档词项矩阵 (Document-Term Matrix, DTM)**。CountVectorizer() 返回名称为 X 的 DTM 默认是**稀疏矩阵 (sparse matrix)** 类别，因此先将其转为稠密矩阵后 (X.toarray() 方法)，再建立 **pandas** 二维数据结构 sms_dtm。从 sms_dtm 的 shape 特征得知 DTM 维度与维数，5559 条短信断词与清理完成后总计有 7612 个词项，是一个 $m > n$ 且大多为 0 值的矩阵，难怪 **sklearn.feature_extraction.text** 子模块默认用稀疏矩阵来存储 DTM 了 (注：R 语言文本数据处理与挖掘包 {tm} 也是如此)。

```
# 列表推导完成字词的串接
# join() 方法将各条短信 doc 中分开的字符又连接起来
token_list7 = [' '.join(doc) for doc in token_list6]
print(token_list7[:2])
```

```
## ['hope good week checking', 'kgive back thanks']
```

```
import pandas as pd
# 从 feature_extraction 模块加载词频计算与 DTM 建构类别
from sklearn.feature_extraction.text import CountVectorizer
# 定义空模
vec = CountVectorizer()
# 传入短信拟合实模并转换为 DTM 稀疏矩阵 X
X = vec.fit_transform(token_list7)
# scipy 包稀疏矩阵类别
print(type(X))
```

```
## <class 'scipy.sparse.csr.csr_matrix'>
```

```
# 稀疏矩阵存储词频的方式：(行，列) 词频
print(X[:2])
```

```
##   (0, 2945)  1
##   (0, 2604)  1
##   (0, 7217)  1
##   (0, 1073)  1
##   (1, 3426)  1
##   (1, 487)   1
##   (1, 6516)  1
```

```
# X 转为常规矩阵 (X.toarray())，并组织为 pandas 数据集
sms_dtm = pd.DataFrame(X.toarray(),
columns=vec.get_feature_names())
# 5559 行 (条)7612 列 (字) 的结构
print(sms_dtm.shape)
```

```
## (5559, 7612)
```

```
# 模型 vec 取出 DTM 各字词的 get_feature_names() 方法
print(len(vec.get_feature_names())) # 共有 7612 个字词
```

```
## 7612
```

```
print(vec.get_feature_names()[300:305])
```

```
## ['apology', 'app', 'apparently', 'appeal', 'appear']
```

我们尝试查看部分的 DTM，以前段五个字为例，首先用类似 R 语言 which() 的 np.argwhere() 搜索 app 词频大于零的短文位置，选取第 4460~4470 条短信的部分 DTM 输出其结果，可发现多数细格值为零。

```
# 5559 条短信中 app 只有 6 个正词频，的确稀疏
print(np.argwhere(sms_dtm['app'] > 0))
```

```
## [[1527]
##  [2212]
##  [2277]
##  [3738]
##  [4460]
##  [5447]]
```

```
# DTM 部分内容
print(sms_dtm.iloc[4460:4470, 300:305])
```

```
##       apology  app  apparently  appeal  appear
## 4460        0    1           0       0       0
## 4461        0    0           0       0       0
## 4462        0    0           0       0       0
## 4463        0    0           0       0       0
## 4464        0    0           0       0       0
## 4465        0    0           0       0       0
## 4466        0    0           0       0       0
## 4467        0    0           0       0       0
## 4468        0    0           0       0       0
## 4469        1    0           0       0       0
```

训练模型前先建立训练与测试数据集，分割对象包括原始数据集、DTM 矩阵、清理后的语料库等，分割后并确认两子集的标签类别分布与原数据集的分布相仿。

```
# 训练与测试集分割 (sms_raw, sms_dtm, token_list6)
sms_raw_train = sms_raw.iloc[:4170, :]
sms_raw_test  = sms_raw.iloc[4170:, :]
sms_dtm_train = sms_dtm.iloc[:4170, :]
sms_dtm_test  = sms_dtm.iloc[4170:, :]
token_list6_train = token_list6[:4170]
```

```
token_list6_test = token_list6[4170:]
# 查看各子集类别分布
print(sms_raw_train['type'].value_counts()/
len(sms_raw_train['type']))
```

```
## ham     0.864748
## spam    0.135252
## Name: type, dtype: float64
```

```
print(sms_raw_test['type'].value_counts()/
len(sms_raw_test['type']))
```

```
## ham     0.868251
## spam    0.131749
## Name: type, dtype: float64
```

文字云 (word cloud) 是常用的文本数据可视化模型，我们先对整体训练集语料库绘制文字云，再分别对训练集中垃圾与正常短信字集做文字云。Python 包 `wordcloud` 的类别 `WordCloud()`，在绘制文字云前须将各条训练短信的 `tokens` 组成一长串的词项列表 `tokens_train`，其总长为 38 103 个词项。接着活用 `zip()` 捆绑函数，将训练集中的垃圾与正常短信区分开来，成为 `tokens_train_spam` 与 `tokens_train_ham`，绘制前再将三个词项列表用逗号串接起来。

```
# WordCloud() 统计词频须跨篇组合所有词项
tokens_train = [token for doc in token_list6_train
for token in doc]
print(len(tokens_train))
```

```
## 38103
```

```
# 逻辑值索引结合 zip() 捆绑函数，再加判断句与列表推导
tokens_train_spam = [token for is_spam, doc in
zip(sms_raw_train['type'] == 'spam' , token_list6_train)
if is_spam for token in doc]
# 取出正常短信
tokens_train_ham = [token for is_ham, doc in
zip(sms_raw_train['type'] == 'ham' , token_list6_train)
if is_ham for token in doc]
# 逗号串接训练与 spam 与 ham 两子集 tokens
str_train = ','.join(tokens_train)
str_train_spam = ','.join(tokens_train_spam)
str_train_ham = ','.join(tokens_train_ham)
```

文字云的绘制方式仍然沿用 Python 语言惯用的运行方式，先加载包，接着设定绘图规范，然后将数据 (`str_train`, `str_train_spam`, `str_train_ham`) 传入 `generate()` 方法产生文字云对象。最后 **matplotlib.pyplot** 模块可将图 5.7、图 5.8与图 5.9文字云绘制与存储，完成视觉化工作。从文字云的结果可看出，训练语料库中垃圾短信出现的字词，的确与整体训练集与正常短信出现的字词不尽相同。

图 5.7　训练语料库文字云

图 5.8　训练语料库中垃圾短信文字云

图 5.9　训练语料库中正常短信文字云

```
# Python 文字云包
from wordcloud import WordCloud
# 定义文字云对象 (最大字数 max_words 默认为 200)
wc_train = WordCloud(background_color="white",
prefer_horizontal=0.5)
# 传入数据统计，并产生文字云对象
```

```
wc_train.generate(str_train)
# 调用 matplotlib.pyplot 模块下的 imshow() 方法绘图
```

```
## <wordcloud.wordcloud.WordCloud object at 0x7ff4d58afd10>
```

```
import matplotlib.pyplot as plt
plt.imshow(wc_train)
plt.axis("off")
# plt.show()
# plt.savefig('wc_train.png')
# 限于篇幅，str_train_spam 与 str_train_ham 文字云绘制代码省略
```

```
## (-0.5, 399.5, 199.5, -0.5)
```

本案例的 DTM 有众多词项，适用 **sklearn.naive_bayes** 模块下的多项式朴素贝叶斯模型类别 MultinomialNB()。**scikit-learn** 用户指引 (https://scikit-learn.org/stable/user_guide.html) 中提到，多项式朴素贝叶斯分类模型适合离散特征的数据，例如本案例用**各词项的词频分布**来分类手机短信。简易的**保留法 (holdout)** 训练测试结果可以发现，朴素贝叶斯方法表现不俗，且拟合状况良好，也就是说测试误差低，且稍高于训练误差 (参见 3.1.2 节过度拟合)。

```
# 加载多项式朴素贝叶斯模型类别
from sklearn.naive_bayes import MultinomialNB
# 模型定义、拟合与预测
clf = MultinomialNB()
clf.fit(sms_dtm_train, sms_raw_train['type'])
```

```
## MultinomialNB(alpha=1.0, class_prior=None, fit_prior=True)
```

```
train = clf.predict(sms_dtm_train)
print(" 训练集正确率为{}".format(sum(sms_raw_train['type'] ==
train)/len(train)))
```

```
## 训练集正确率为0.9887290167865708
```

```
pred = clf.predict(sms_dtm_test)
print(" 测试集正确率为{}".format(sum(sms_raw_test['type'] ==
pred)/len(pred)))
```

```
## 测试集正确率为0.9690424766018718
```

朴素贝叶斯分类法计算过程如下：

```
# 训练所用的各类样本数
print(clf.class_count_)
```

```
## [3606.  564.]
```

```
# 两类与 7612 个特征的交叉列表
print(clf.feature_count_)
```

```
## [[1. 2. 1. ... 1. 0. 0.]
##  [0. 0. 0. ... 0. 0. 1.]]
```

```
print(clf.feature_count_.shape)
```

```
## (2, 7612)
```

```
# 已知类别下，各特征的条件概率 Pr[x_i/y] 的对数值
print(clf.feature_log_prob_[:, :4])
```

```
## [[ -9.77004187  -9.36457676  -9.77004187 -10.46318905]
##  [ -9.64212279  -9.64212279  -9.64212279  -9.64212279]]
```

```
print(clf.feature_log_prob_.shape)
```

```
## (2, 7612)
```

最后用五折交叉验证收尾，自定义函数 evaluate_cross_validation() 中依序做 k 折数据分割，调用 `cross_val_score()` 计算各次交叉验证模型拟合的性能分数，最后输出各次训练的正确率及**标准误 (Standard Error, SE)**。所谓标准误是指某一统计量 (通常是参数的估计值) 的标准误，它表示该统计量抽样分布 (sampling distribution) 的标准偏差，当统计量是平均值时，就称为**平均值的标准误 (Standard Error of the Mean, SEM)**。Python 统计模块 **scipy.stats** 中 `sem()` 函数计算 `SE` 的公式如下：

$$\mathrm{SE} = \frac{s}{\sqrt{n-1}} \tag{5.30}$$

其中，s 是标准偏差 (standard deviation)，也就是方差的正方根值；n 是样本大小。标准误与标准偏差的区别在于 `SE` 估计样本间的变异性，而 s 则是衡量单一样本内的变异。

```
# 加载 sklearn 交叉验证模型选择的重要函数
from sklearn.model_selection import cross_val_score, KFold
from scipy.stats import sem
# 自定义 k 折交叉验证模型性能计算函数
def evaluate_cross_validation(clf, X, y, K):
```

```
    # 创建 k 折交叉验证迭代器 (iterator), 用于 X 与 y 的分割
    cv = KFold(n_splits=K, shuffle=True, random_state=0)
    scores = cross_val_score(clf, X, y, cv=cv)
    print("{}折交叉验证结果如下: \n{}".format(K, scores))
    tmp = " 平均正确率: {0:.3f}(+/-标准误{1:.3f})"
    print(tmp.format(np.mean(scores), sem(scores)))

evaluate_cross_validation(clf, sms_dtm, sms_raw['type'], 5)
```

```
## 五折交叉验证结果如下:
## [0.9721223  0.96223022 0.96942446 0.96852518 0.97029703]
## 平均正确率: 0.969(+/-标准误0.002)
```

5.2.2 k 近邻法分类

k 近邻法，顾名思义，是在预测变量空间中，决定新样本最近的 k 位训练集邻居，用其目标变量值 $\{y_1, y_2, \cdots, y_k\}$ 的多数决 (majority vote) 结果 (当 y_i 为类别标签时)，或者是中位数、算术平均数等计算结果 (当 y_i 为数值变量时)，进行新样本的分类或回归预测。

前述 k 近邻法的基本执行方式，说明样本间的距离定义是该方法的执行核心。3.4 节的 L_1 与 L_2 范数，即曼哈顿距离与欧几里得距离，是最常见到的近邻距离定义。而 3.4 节中的 Tanimoto 距离、Hamming 距离与 cosine 相似度等，可能更加适合某些特定的领域，例如计量化学。

k 近邻法运用时要注意预测变量的尺度 (必须做尺度归一化) 和缺失值的影响 (需要删除不完整的观测值，或是填补缺失值)。近邻个数 k 是待调参数，k 小容易过度拟合，k 大则可能拟合不足，参见图 5.10。此外，k 近邻法计算耗时，计算时须将数据加载内存中，当数据量大时通常用节省内存的数据结构，以加快计算，例如 k **维树 (k-dimensional tree, k-d tree)**。k 维树利用树形结构将预测变量空间做正交切割，新样本只针对树中接近的训练样本计算距离后寻找近邻。这样的方法明显改善计算效率，尤其是训练样本数远高于预测变量个数时。

相对于其他机器学习方法，k 近邻法其实并未拟合任何模型，它只是把训练样本存储起来，进行**死记硬背的学习 (rote learning)**，或称**记忆基础理解 (Memory-Based Reasoning, MBR)**，所以 k 近邻法又有一个有趣的名称叫**懒惰学习 (lazy learning)**。

整体而言，k 近邻法有以下特点：

- 原理简单但有效；
- 不需要对数据有任何分布上的假设；
- 训练过程快速，其实应该是没有训练过程，或者可以说训练与测试一次完成；(以上为优点)

- 因为没有模型，所以限制了我们了解预测变量与目标变量之间关系的能力；
- 需要选择合适的 k；
- 数据量大时，计算可能耗时缓慢；
- 尺度量级不一的特征、名目特征与遗缺数据需要额外处理 (参见第 2 章数据前处理)。

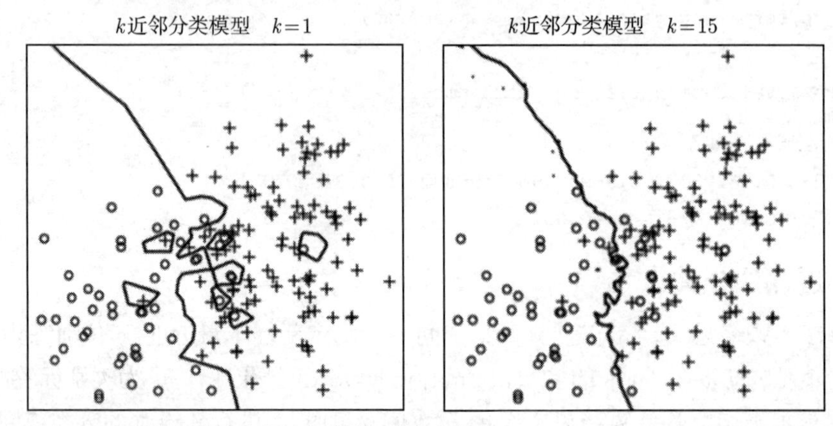

图 5.10 k 近邻法过度拟合与拟合不足示意图 (Varmuza and Filzmoser, 2009)

电离层无线电信号案例

大气层离地表最近的一层是对流层 (troposphere)，它从地面延伸到约 10km 的高处。10km 以上为平流层 (stratosphere)，再向上为中间层 (mesosphere)。约 80km 以上的增温层 (thermosphere) 中大气已经非常稀薄，在那里阳光中的紫外线与 X 射线可以使空气分子电离，自由的电子在与正电荷的离子合并前可以短暂地自由活动，因此在这个高度形成一个电浆体，此处自由电子的数量足以影响电波的传播，所谓的电离层由此处开始向外延伸，包括增温层及更高的外逸层 (exosphere)。(https://en.wikipedia.org/wiki/Ionosphere)

本案例的雷达数据是在加拿大东北沿海拉布拉多 (Labrador) 地区收集的，由 16 个高频天线形成的相位数组 (phased array，https://en.wikipedia.org/wiki/Phased_array)，总传输功率达 6.4kW 的量级 (参见 3.2.1 节关于量级的说明)。目标变量值 Good 表示电离层的自由电子呈现某种结构，而 Bad 则无这结构。接收到的信号 (预测变量) 经由自相关函数 (autocorrelation function) 的处理，函数的参数为脉冲编号及其时间。17 个脉冲编号各有两个特征，分别是电磁信号的两个复数值，因此特征矩阵共有 34 个预测变量 (Layton, 2015)。

读入数据后按机器学习人群的习惯，将数据存为特征矩阵与类别标签向量，并分别查看其维度与维数。分割为 75% 与 25% 的训练集与测试集之前，先检查预测变量是否有名目特征，以及可能的缺失值，结果发现该数据集非常适合 k 近邻法分类学习。数据分割完成后，我们应细心地查看原数据集、训练子集与测试子集的类别分布是否相似。

```
import numpy as np
import pandas as pd
iono = pd.read_csv("./_data/ionosphere.data", header=None)
# 分割特征矩阵与目标向量
X = iono.iloc[:, :-1]
y = iono.iloc[:, -1]
print(X.shape)
```

```
## (351, 34)
```

```
print(y.shape)
```

```
## (351,)
```

```
# 无名目特征，适合 k 近邻法分类学习
print(X.dtypes)
```

```
## 0       int64
## 1       int64
## 2     float64
## 3     float64
## 4     float64
## 5     float64
## 6     float64
## 7     float64
## 8     float64
## 9     float64
## 10    float64
## 11    float64
## 12    float64
## 13    float64
## 14    float64
## 15    float64
## 16    float64
## 17    float64
## 18    float64
## 19    float64
## 20    float64
## 21    float64
## 22    float64
## 23    float64
```

```
## 24    float64
## 25    float64
## 26    float64
## 27    float64
## 28    float64
## 29    float64
## 30    float64
## 31    float64
## 32    float64
## 33    float64
## dtype: object
```

```
# 数据无遗缺，可直接进行 k 近邻法分类学习
print(" 遗缺{}个数值".format(X.isnull().sum().sum()))
```

```
## 遗缺0个数值
```

```
# 训练集与测试集分割
from sklearn.model_selection import train_test_split
X_train, X_test, y_train, y_test = train_test_split(X, y,
random_state=14)
print(" 训练集有{}个样本".format(X_train.shape[0]))
```

```
## 训练集有263个样本
```

```
print(" 测试集有{}个样本".format(X_test.shape[0]))
```

```
## 测试集有88个样本
```

```
print(" 每个样本有{}个特征".format(X_train.shape[1]))
```

```
## 每个样本有34个特征
```

```
print(" 数据集类别分布为：\n{}.".format(y.value_counts()/len(y)))
```

```
## 数据集类别分布为：
## g    0.641026
## b    0.358974
## Name: 34, dtype: float64
```

```
print(" 训练集类别分布为: \n{}."
.format(y_train.value_counts()/len(y_train)))
```

```
## 训练集类别分布为:
## g    0.638783
## b    0.361217
## Name: 34, dtype: float64
```

```
print(" 测试集类别分布为: \n{}."
.format(y_test.value_counts()/len(y_test)))
```

```
## 测试集类别分布为:
## g    0.647727
## b    0.352273
## Name: 34, dtype: float64
```

如前所述，预测变量是否标准化对近邻学习的距离运算有影响，因此先将训练集标准化后，再根据训练集各变量的平均数与标准偏差，将测试集做同样的转换 (为什么?)。为了后续的交叉验证参数调校，整个数据集最后再一起标准化。

```
# 加载 sklearn 前处理模块的标准化转换类别
from sklearn.preprocessing import StandardScaler
# 模型定义 (未更改默认设定)、拟合与转换
sc = StandardScaler()
# 拟合与转换接续执行函数 fit_transform()
X_train_std = sc.fit_transform(X_train)
# 根据训练集拟合的模型，对测试集做转换
X_test_std = sc.transform(X_test)
# 整个特征矩阵标准化是为了交叉验证调参 (注意! 模型 sc 内容会变)
X_std = sc.fit_transform(X)
```

加载 **sklearn.neighbors** 模块中 `KNeighborsClassifier()` 类别，在默认的设定下用 75% 的训练样本拟合模型，再分别对训练与测试样本进行预测，并计算其正确率，两者结果相近显示默认为 5 的近邻学习参数 k 值可能不大适合。

```
# 加载 sklearn 近邻学习模块的 k 近邻分类类别
from sklearn.neighbors import KNeighborsClassifier
# 模型定义 (未更改默认设定)、拟合与转换
estimator = KNeighborsClassifier()
estimator.fit(X_train_std, y_train)
# 用模型 estimator 的 get_params() 方法取出模型参数:
# Minkowski 距离的 p 为 2(欧几里得距离)、邻居数为 5
```

```
## KNeighborsClassifier(algorithm='auto', leaf_size=30, metric='minkowski',
##                      metric_params=None, n_jobs=None, n_neighbors=5, p=2,
##                      weights='uniform')
```

```
for name in ['metric','n_neighbors','p']:
    print(estimator.get_params()[name])
```

```
## minkowski
## 5
## 2
```

```
# 对训练集进行预测
train_pred = estimator.predict(X_train_std)
# 训练集前五笔预测值
print(train_pred[:5])
```

```
## ['b' 'g' 'b' 'g' 'b']
```

```
# 训练集前五笔实际值
print(y_train[:5])
```

```
## 51     b
## 24     g
## 168    b
## 136    b
## 71     b
## Name: 34, dtype: object
```

```
train_acc = np.mean(y_train == train_pred) * 100
print(" 训练集正确率为{0:.1f}%".format(train_acc))
```

```
## 训练集正确率为87.1%
```

```
# 对测试集进行预测
y_pred = estimator.predict(X_test_std)
# 测试集前五笔预测值
print(y_pred[:5])
```

```
## ['g' 'g' 'g' 'g' 'g']
```

```
# 测试集前五笔实际值
print(y_test[:5])
```

```
## 14     g
## 1      b
## 44     g
## 245    g
## 288    g
## Name: 34, dtype: object
```

```
test_acc = np.mean(y_test == y_pred) * 100
print(" 测试集正确率为{0:.1f}%".format(test_acc))
```

```
## 测试集正确率为87.5%
```

接着尝试交叉验证，加载 **sklearn.model_selection** 模块中的函数 cross_val_score()，该函数顾名思义是计算各次交叉验证拟合模型的性能分数 (参见图 3.10 和图 3.11)。使用时依序传入欲拟合的模型 estimator、用以拟合模型的数据 (这里为标准化后的特征矩阵 X_std 与类别标签向量 y) 以及评估各次拟合结果优劣的性能指标 accuracy，运算完成函数返回三次交叉验证 (cross_val_score() 的参数 cv 默认为 3) 的正确率分数 scores，计算其算术平均数后再输出结果，请注意这次结果的近邻数 k 仍为默认值 5。

```
# sklearn 包中模型选择模块下交叉验证训练测试机制的性能计算函数
from sklearn.model_selection import cross_val_score
# 默认为三折交叉验证运行一次
scores = cross_val_score(estimator, X_std, y,
scoring='accuracy')
print(scores.shape)
```

```
## (3,)
```

```
average_accuracy = np.mean(scores) * 100
print(" 三次的平均正确率为{0:.1f}%".format(average_accuracy))
```

```
## 三次的平均正确率为82.3%
```

交叉验证常用来调校统计机器学习模型中的参数 (参见 3.3.2 节 R 语言 k 近邻分类参数调校案例)，列表 parameter_values 存放近邻数 k 从 1 到 20 的整数测试值，for 循环针对每一个可能的 k 值反复执行下列运算，先设定 k 近邻分类模型的规格 (即空模的近邻数)，接着调用 cross_val_score() 函数，取得三次交叉验证的正确率分数 sc，并在计算正确率平均值 np.mean(sc) 后，将结果添加到不同 k 值下的平均正确率分数列表 avg_scores 与各 k 值下三次交叉验证的正确率分数列表 all_scores 中。

```
# 逐步收纳结果用
avg_scores = []
all_scores = []
# 定义待调参数候选集
parameter_values = list(range(1, 21))
# 对每一参数候选值，执行下方内缩语句
for n_neighbors in parameter_values:
    # 定义模型规格 n_neighbors
    estimator = KNeighborsClassifier(n_neighbors=n_neighbors)
    # cross_val_score() 根据模型规格与数据集进行交叉验证训练与测试
    sc=cross_val_score(estimator,X_std,y,scoring='accuracy')
    # 性能分数 (accuracy) 平均值计算与添加
    avg_scores.append(np.mean(sc))
    all_scores.append(sc)
```

```
# 近邻数从 1 到 20 的平均正确率
print(len(avg_scores))
```

```
## 20
```

```
print(avg_scores)
```

```
## [0.8262108262108262, 0.8632478632478632]

## [0.8262108262108262, 0.8461538461538461]

## [0.8233618233618234, 0.8319088319088319]

## [0.7948717948717948, 0.8233618233618234]

## [0.792022792022792, 0.8176638176638177]

## [0.7806267806267807, 0.8005698005698005]

## [0.7806267806267807, 0.792022792022792]

## [0.7806267806267807, 0.7834757834757835]

## [0.774928774928775, 0.7834757834757835]

## [0.7635327635327637, 0.774928774928775]
```

```
# 近邻数从 1 到 20 的三折交叉验证结果
print(len(all_scores))
```

```
## 20
```

```
# 不同近邻数 k 值下 (k=1, 2, 3, 4)，三次交叉验证的正确率
print(all_scores[:4])
```

```
## [array([0.81196581, 0.79487179, 0.87179487])]

## [array([0.85470085, 0.82051282, 0.91452991])]

## [array([0.79487179, 0.77777778, 0.90598291])]

## [array([0.82905983, 0.78632479, 0.92307692])]
```

所谓文不如表，表不如图。我们将 20 次不同近邻数对应的三折交叉验证正确率平均值绘成图 5.11的折线图，可看出平均正确率从 $k=1$ 升高到 $k=2$ 后就渐次振荡递减而下，最高的平均正确率为 0.863 247 863 247 863 2，发生在 $k=2$ 的两个近邻数。

```
# 不同近邻数下平均正确率折线图
from matplotlib import pyplot as plt
fig = plt.figure()
ax = fig.add_subplot(111)
plt.xticks(np.arange(0, 21))
ax.plot(parameter_values, avg_scores, '-o')
# fig.savefig('./_img/iono_tuning_avg_scores.png')
```

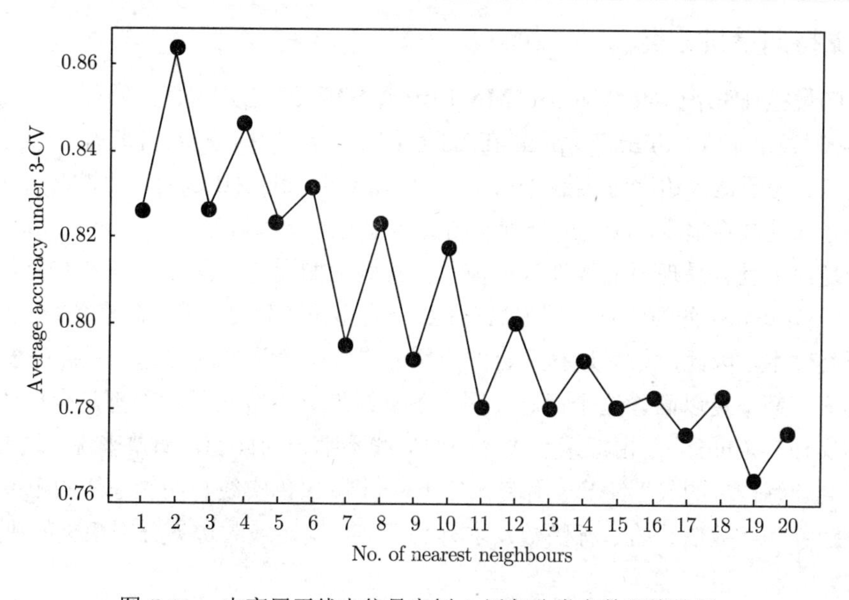

图 5.11　电离层无线电信号案例 k 近邻分类参数调校结果

sklearn.pipeline 模块的 Pipeline() 类别可将数据分析步骤流程化，整个流程名称为 pipe，包括 scale 与 predict 两个步骤，分别调用 MinMaxScaler() 与 KNeighborsClassifier() 函数，进行特征矩阵标准化与 k 近邻分类建模。然后将定义好的流程 pipe、原始预测变量数据集 X、类别标签序列 y 与评估方法 accuracy 等传入交叉验证运算执行函数 cross_val_score()，完成整个分析流程的运行。

```
# 加载 sklearn 前处理模块归一化转换类别
from sklearn.preprocessing import MinMaxScaler
# 加载统计机器学习流程化模块
from sklearn.pipeline import Pipeline
# 流程定义
pipe = Pipeline([('scale', MinMaxScaler()), ('predict',
KNeighborsClassifier())])
# 流程与数据传入 cross_val_score() 函数
scores = cross_val_score(pipe, X, y, scoring='accuracy')
# 三折交叉验证分别
print(" 三次正确率分别为{}%".format(scores*100))
```

```
## 三次正确率分别为[82.90598291 77.77777778 86.32478632]%
```

```
print(" 平均正确率为{0:.1f}%".format(np.mean(scores) * 100))
```

```
## 平均正确率为82.3%
```

5.2.3 支持向量机分类

支持向量机 (Support Vector Machines, SVM) 是分类、异常探测与回归的优秀工具，SVM 最早是 Vladimir Vapnik 在 20 世纪 60 年代中期发展出来的一系列统计模型，其分类模型起源于**最大边界分类器 (maximal margin classifiers)**，通过最大化分类超平面与数据之间的边界幅度，决定出分割不同类样本的最佳决策边界 (Vapnik, 2000)。最大边界分类器是简单且容易理解的线性分类模型，其概念如图 5.12所示。图 5.12是线性可分的 (linearly separabale) 分类问题，图 5.12(a) 显示有多条 (事实上是无限多条) 线性函数可完美切割两类样本。因此，如何选择适合的类别分界线是个重要的问题，然而许多性能衡量，例如正确率，都不足以回答这个问题，因为各条线性分界线其正确率都是等值的。Vapnik (2000) 定义边界 (margin) 指标来解决分类边界线不唯一的问题，简单来说，边界是分类边界线与两类训练样本的最近距离，用图 5.12(b) 为例，黑色实线与两侧虚线的距离即为边界，以最大化边界为参数估计的目标函数，求解后可唯一决定最大边界分类模型的决策边界。

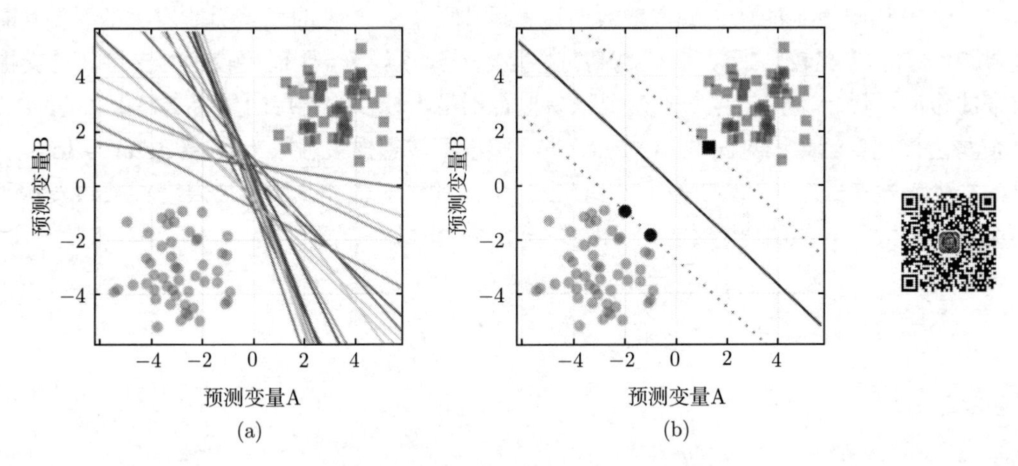

图 5.12 最大边界分类器概念图 (Kuhn and Johnson, 2013)

最大边界分类器可让我们了解 SVM 的数学机理，假设图 5.12(b) 中粗黑的线性分类决策函数为 $D(\boldsymbol{x})$，其中 $\boldsymbol{x}$ 为预测变量所形成的向量，例如 $\boldsymbol{x}_i$ 是训练样本 i 的预测变量向量。如果图 5.12中两类样本类别标签的编码方式为左下 -1、右上 1，则下式为类别标签预测方程式：

$$\hat{y}_i = \begin{cases} -1, & D(\boldsymbol{x}_i) < 0 \\ 1, & D(\boldsymbol{x}_i) > 0 \end{cases} \tag{5.31}$$

现有一未知类别标签样本 $\boldsymbol{u} = (u_1, u_2, \cdots, u_m)$，代入线性分类函数的具体形式为：

$$D(\boldsymbol{u}) = \beta_0 + \sum_{j=1}^{m} \beta_j u_j \tag{5.32}$$

将 $\beta_j = \sum\limits_{i=1}^{n} y_i \alpha_i x_{ij}$ 代入式 (5.32) 中，使之从预测变量的观点转为观测样本的观点：

$$D(\boldsymbol{u}) = \beta_0 + \sum_{i=1}^{n} y_i \alpha_i \left(\sum_{j=1}^{m} x_{ij} u_j \right) = \beta_0 + \sum_{i=1}^{n} y_i \alpha_i \boldsymbol{x}_i^{\mathrm{T}} \boldsymbol{u} \tag{5.33}$$

其中，y_i 是前述各样本的类别标签编码值 (-1 或 1)，每个样本待估计的未知参数 $\alpha_i, i = 1, 2, \cdots, n$ 值均大于或等于零。在两类样本完全可分的情况下，只有位于决策边界上的样本估计的 α_i 才会大于零，其余样本的 α_i 参数全部都是零。正因如此，决策函数式 (5.33) 是部分 α_i 为正的训练样本所形成的函数，因此这些 α_i 大于零的样本称为**支持向量 (support vectors)**，该方法因此称为支持向量机。

SVM 多才多艺，也可以用来建立回归模型，其参数估计优化问题的目标函数如下：

$$C \cdot \sum_{i=1}^{n} L_{\epsilon} (y_i - \hat{y}_i) + \sum_{j=1}^{m} \beta_j^2 \tag{5.34}$$

其中，C 是用户设定的惩罚成本参数，这里因为是惩罚较大的残差而非较大的系数 (请与式 (5.2) 式 (5.3) 比较)，所以 C 值越高时模型越易过度拟合，因而用较少的支持向量支撑起狭窄的边界；反之，C 值越低时模型越易拟合不足，较多的支持向量会支撑起较宽的边界，C 值与边界宽窄示意图见图 5.13。$L_\epsilon(\cdot)$ 是ϵ **限度不敏感损失函数 (ϵ-insensitive loss)**，常见的损失函数有式 (3.5) 的残差平方和或式 (3.6) 的绝对值和，所谓 ϵ 限度不敏感表示残差的绝对值要大于 ϵ 的阈值，才会计入损失函数中：

$$L_\epsilon(y_i - \hat{y}_i) = \sum_{i=1}^{n} |I_\epsilon(y_i - \hat{y}_i)| \tag{5.35}$$

而

$$I_\epsilon(y_i - \hat{y}_i) = \begin{cases} 0, & |y_i - \hat{y}_i| \leqslant \epsilon \\ y_i - \hat{y}_i, & |y_i - \hat{y}_i| > \epsilon \end{cases} \tag{5.36}$$

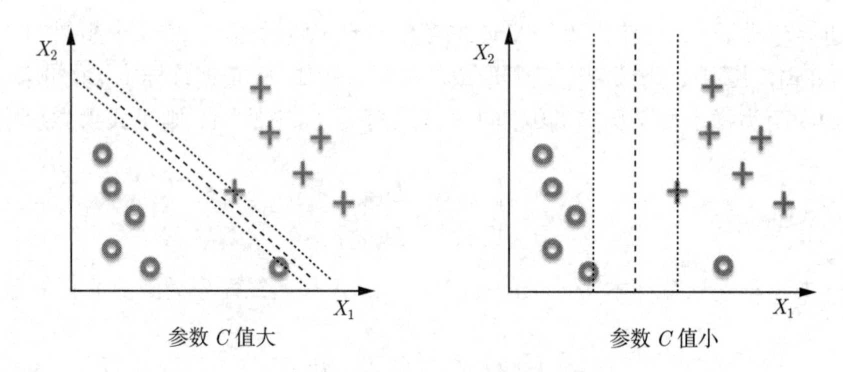

图 5.13　惩罚成本参数 C 与边界宽窄示意图 (Raschka, 2015)

式 (5.34) 中的线性支持向量回归方程式 $\hat{y}_i$ 与式 (5.33) 非常相像：

$$\hat{y}_i = f(\boldsymbol{u}) = \beta_0 + \sum_{i=1}^{n} \alpha_i \boldsymbol{x}_i^{\mathrm{T}} \boldsymbol{u} = \beta_0 + \sum_{i=1}^{n} \alpha_i K(\boldsymbol{x}_i, \boldsymbol{u}) \tag{5.37}$$

式 (5.37) 中最后一项的 $K(\boldsymbol{x}_i, \boldsymbol{u})$ 正是两向量的核函数 (kernel funtion) 运算。在线性运算的情况下，就是两向量的点积运算 $\boldsymbol{x}_i^{\mathrm{T}}\boldsymbol{u}$。其他常用的非线性核函数还有**多项式核函数 (polynomial kernel)**、**径向基底核函数 (radial basis kernel)** 及**双曲正切核函数 (hyperbolic tangent kernel)** 等，各核函数使用时机请参阅 R 语言包 {kernlab} 的说明短文 (vignettes)(Karatzoglou et al., 2004)。其公式分别如下：

$$\mathrm{Poly}(\boldsymbol{x}, \boldsymbol{u}) = \left(\mathrm{scale} \cdot \boldsymbol{x}^{\mathrm{T}}\boldsymbol{u} + \mathrm{offset}\right)^{\mathrm{degree}} \tag{5.38}$$

$$\mathrm{RB}(\boldsymbol{x}, \boldsymbol{u}) = \exp\left(-\sigma\, ||\boldsymbol{x} - \boldsymbol{u}||^2\right) \tag{5.39}$$

$$\text{HyperTan}(\boldsymbol{x},\boldsymbol{u}) = \tanh\left(\text{scale}\left(\boldsymbol{x}^{\mathrm{T}}\boldsymbol{u}\right)+1\right) \tag{5.40}$$

支持向量机广义来说属于**核函数方法 (kernel method)** 的一员，这类方法通过核函数将问题的输入变量空间，转换到一个更高维的空间中，在高维空间运用分析算法建立模型，通常是较简单的模型。然而转换到高维空间后计算量会增大，幸运的是核函数的隐式转换解决了这个问题。以二维空间中的向量 $\boldsymbol{x}=(x_1,x_2)$ 为例，经函数 ϕ 转换到三维空间 $\phi(\boldsymbol{x})=\left(x_1^2,\sqrt{2}x_1x_2,x_2^2\right)$，寻求较简单的建模方法，规避**复杂度的诅咒 (curse of complexity)**。新空间中的点积运算可表达为 $\phi(\boldsymbol{u})^{\mathrm{T}}\cdot\phi(\boldsymbol{v})=(u_1^2v_1^2+2u_1u_2v_1v_2+u_2^2v_2^2)=(u_1v_1+u_2v_2)^2=\left(\boldsymbol{u}^{\mathrm{T}}\cdot\boldsymbol{v}\right)^2$，这个式子最后化简结果的意义是新空间中的点积运算 $\phi(\boldsymbol{u})^{\mathrm{T}}\cdot\phi(\boldsymbol{v})$，仅须在原数据低维的点积空间做平方运算 $\left(\boldsymbol{u}^{\mathrm{T}}\cdot\boldsymbol{v}\right)^2$ 即可，具备这种性质的转换函数 ϕ 就称为核函数了。

总结来说，支持向量机 SVM 有以下的特点：

- 背后的优化问题为凸性的 (convex)，因此只有一个最佳解存在；
- 可用于分类或回归问题，且其性能通常十分卓著；
- 核函数相关数据的映像，也就是说核函数的统计机器学习方法是分析前先做数据映射的建模方法，数据内隐地映射到一高维的特征空间，然后尝试运用较简单的线性分类模型解决低维下困难的问题；
- 学习发生在转换后的特征空间中，但我们仅需要用原始数据的点积来表达算法，因此避免计算高维特征空间的繁复运算过程，这种技巧称为核函数谋略 (kernel trick)；
- 不容易受噪声数据过度的影响，也较不易过度拟合 (参见式 (5.34))；
- 属于灰盒模型，结果不易诠释。

光学手写字符案例

本案例用支持向量机进行光学字符影像识别，加载数据集 `letterdata.csv`，查看变量类型与摘要统计表后发现学习目标 `letter` 为字符串类别变量，其余均为整值类型的特征。目标变量 `letter` 的分布仍然是我们应该关心的，结果显示样本在 26 个英语字母间分布相当平均。

```
import pandas as pd
letters = pd.read_csv("./_data/letterdata.csv")
# 查看变量类型
print(letters.dtypes)
```

```
## letter    object
## xbox       int64
## ybox       int64
## width      int64
```

```
## height      int64
## onpix       int64
## xbar        int64
## ybar        int64
## x2bar       int64
## y2bar       int64
## xybar       int64
## x2ybar      int64
## xy2bar      int64
## xedge       int64
## xedgey      int64
## yedge       int64
## yedgex      int64
## dtype: object
```

```
# 各整数值变量介于 0 到 15 之间 (4 bits 比特像素值)
print(letters.describe(include = 'all'))
```

```
##          letter          xbox          ybox
## count     20000  20000.000000  20000.000000
## unique       26           NaN           NaN
## top           U           NaN           NaN
## freq        813           NaN           NaN
## mean        NaN      4.023550      7.035500
## std         NaN      1.913212      3.304555
## min         NaN      0.000000      0.000000
## 25%         NaN      3.000000      5.000000
## 50%         NaN      4.000000      7.000000
## 75%         NaN      5.000000      9.000000
## max         NaN     15.000000     15.000000
```

```
##                width       height         onpix
## count   20000.000000  20000.00000  20000.000000
## unique           NaN          NaN           NaN
## top              NaN          NaN           NaN
## freq             NaN          NaN           NaN
## mean        5.121850      5.37245      3.505850
## std         2.014573      2.26139      2.190458
## min         0.000000      0.00000      0.000000
## 25%         4.000000      4.00000      2.000000
## 50%         5.000000      6.00000      3.000000
```

```
## 75%        6.000000      7.00000      5.000000
## max       15.000000     15.00000     15.000000

##                xbar          ybar         x2bar
## count  20000.000000  20000.000000  20000.000000
## unique          NaN           NaN           NaN
## top             NaN           NaN           NaN
## freq            NaN           NaN           NaN
## mean       6.897600      7.500450      4.628600
## std        2.026035      2.325354      2.699968
## min        0.000000      0.000000      0.000000
## 25%        6.000000      6.000000      3.000000
## 50%        7.000000      7.000000      4.000000
## 75%        8.000000      9.000000      6.000000
## max       15.000000     15.000000     15.000000

##               y2bar         xybar        x2ybar
## count  20000.000000  20000.000000  20000.00000
## unique          NaN           NaN          NaN
## top             NaN           NaN          NaN
## freq            NaN           NaN          NaN
## mean       5.178650      8.282050      6.45400
## std        2.380823      2.488475      2.63107
## min        0.000000      0.000000      0.00000
## 25%        4.000000      7.000000      5.00000
## 50%        5.000000      8.000000      6.00000
## 75%        7.000000     10.000000      8.00000
## max       15.000000     15.000000     15.00000

##              xy2bar         xedge        xedgey
## count  20000.000000  20000.000000  20000.000000
## unique          NaN           NaN           NaN
## top             NaN           NaN           NaN
## freq            NaN           NaN           NaN
## mean       7.929000      3.046100      8.338850
## std        2.080619      2.332541      1.546722
## min        0.000000      0.000000      0.000000
## 25%        7.000000      1.000000      8.000000
## 50%        8.000000      3.000000      8.000000
## 75%        9.000000      4.000000      9.000000
## max       15.000000     15.000000     15.000000
```

```
##                yedge        yedgex
## count   20000.000000  20000.00000
## unique           NaN          NaN
## top              NaN          NaN
## freq             NaN          NaN
## mean        3.691750      7.80120
## std         2.567073      1.61747
## min         0.000000      0.00000
## 25%         2.000000      7.00000
## 50%         3.000000      8.00000
## 75%         5.000000      9.00000
## max        15.000000     15.00000
```

```
# 目标变量各类别分布平均（默认根据各类频次降序排序）
print(letters['letter'].value_counts())
```

```
## U    813
## D    805
## P    803
## T    796
## M    792
## A    789
## X    787
## Y    786
## Q    783
## N    783
## F    775
## G    773
## E    768
## B    766
## V    764
## L    761
## R    758
## I    755
## O    753
## W    752
## S    748
## J    747
## K    739
## C    736
```

```
## H    734
## Z    734
## Name: letter, dtype: int64
```

预测变量的部分我们先检查是否有低方差预测变量需要移除 (R 语言做法请参见 2.3.1 节特征转换与移除)，**sklearn.feature_selection** 模块的 `VarianceThreshold()` 类别，可根据方差阈值过滤方差过低的预测变量，将阈值设为 0 再传入特征矩阵 `letters.iloc[:, 1:]` 进行拟合，拟合的过程其实就是计算各预测变量的方差值，查看其是否 (`True`/`False`) 超过方差阈值，再返回过滤后的预测变量矩阵。从返回矩阵的维度与维数 (`shape` 特征) 可以发现此例并无零方差的变量，后续如果需要知晓哪个变量被过滤掉，可以从特征挑选模型 `vt` 的 `get_support()` 方法返回的 `False` 位置得知。

```
# 加载 sklearn 特征挑选模块的方差过滤类别
from sklearn.feature_selection import VarianceThreshold
# 模型定义、拟合与转换 (删除零方差特征)
vt = VarianceThreshold(threshold=0)
# 并无发现零方差特征
print(vt.fit_transform(letters.iloc[:,1:]).shape)
```

```
## (20000, 16)
```

```
# 没有超过 (低于或等于) 方差阈值 0 的特征是 0 个
print(np.sum(vt.get_support() == False))
```

```
## 0
```

预测变量之间的相关程度可以运用 **pandas** 数据集的 `corr()` 方法计算相关系数方阵，只是方阵内数字众多，肉眼观察不易，实践时多用可视化图形 (参见图 2.20 相关系数方阵可视化图形)，或下面的布尔值索引方式找出高相关变量对。由于要运用 **numpy** 的 `fill_diagonal()` 与 `argwhere()` 方法，故将相关系数方阵转为 **numpy** 数组后，`diagonal()` 变更对角线元素值为 0，运用**逻辑值索引 (logical indexing)** 结合 `argwhere()` 函数取出超出阈值的高相关变量对位置，但须注意目标类别变量 `letters` 在原变量表的位置，细心仍是掌握大局的数据科学家不可或缺的特征。

预测变量 `width`、`height`、`xbox` 以及 `ybox` 等之间似乎高度相关 (`> 0.8`)，对于参数化建模方法可能造成不良后果，但对支持向量机来说却不是问题。

```
# 计算相关系数方阵后转 numpy ndarray
cor = letters.iloc[:,1:].corr().values
print(cor[:5,:5])
```

```
## [[1.         0.7577928  0.851514   0.67276367 0.61909688]
##  [0.7577928  1.         0.67191188 0.82320706 0.55506655]
##  [0.851514   0.67191188 1.         0.66021536 0.76571612]
##  [0.67276367 0.82320706 0.66021536 1.         0.64436627]
##  [0.61909688 0.55506655 0.76571612 0.64436627 1.        ]]
```

```
# 相关系数超标 (±0.8) 真假值方阵
import numpy as np
np.fill_diagonal(cor, 0) # 变更对角线元素值为 0
threTF = abs(cor) > 0.8
print(threTF[:5,:5])
```

```
## [[False False  True False False]
##  [False False False  True False]
##  [ True False False False False]
##  [False  True False False False]
##  [False False False False False]]
```

```
# 类似 R 语言的 which(真假值矩阵, arr.ind=TRUE)
print(np.argwhere(threTF == True))
```

```
## [[0 2]
##  [1 3]
##  [2 0]
##  [3 1]]
```

```
# 核对变量名称，注意相关系数计算时已排除掉第 1 个变量 letter
print(letters.columns[1:5])
```

```
## Index(['xbox', 'ybox', 'width', 'height'], dtype='object')
```

图 5.14显示变量 xbox(盒子的水平位置) 仅影响字母 A、I、J、L、M 与 W 的辨认，而图 5.15中变量 ybar(盒中像素 y 值的平均值) 可能是全局辨别英文字母非常有用的预测变量。

```
# pandas 数据集 boxplot() 方法绘制并排箱形图
ax1 = letters[['xbox', 'letter']].boxplot(by = 'letter')
fig1 = ax1.get_figure()
# fig1.savefig('./_img/xbox_boxplot.png')
ax2 = letters[['ybar', 'letter']].boxplot(by = 'letter')
fig2 = ax2.get_figure()
# fig2.savefig('./_img/ybar_boxplot.png')
```

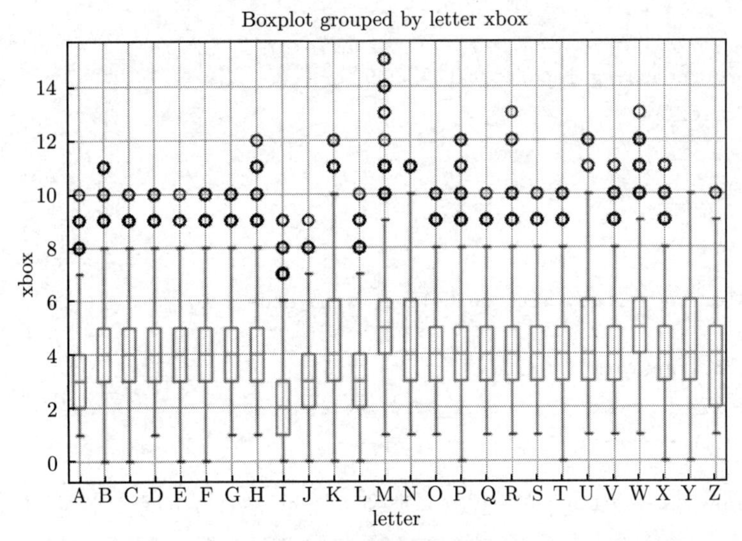

图 5.14 不同字母下，预测变量 xbox 数值分布的并排箱形图

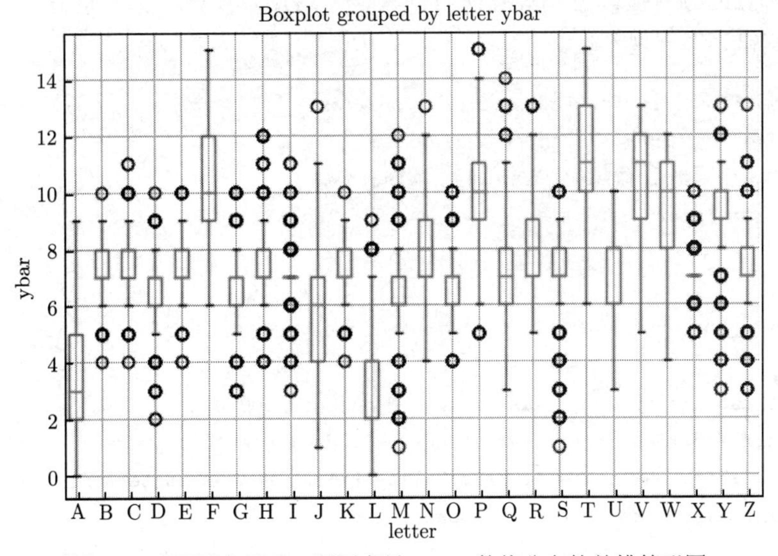

图 5.15 不同字母下，预测变量 ybar 数值分布的并排箱形图

接下来建立训练与测试数据集，SVM 建模涉及向量点积运算，需要对数据进行标准化后方能建模。

```
# 训练与测试集分割
from sklearn.model_selection import train_test_split
X_train, X_test, y_train, y_test = train_test_split(
letters.iloc[:, 1:], letters['letter'], test_size=0.2,
random_state=0)
```

```
# 数据标准化
from sklearn.preprocessing import StandardScaler
sc = StandardScaler()
# 计算 X_train 各变量的 mu 与 sigma
sc.fit(X_train)
# 真正做转换
```

```
## StandardScaler(copy=True, with_mean=True, with_std=True)
```

```
X_train_std = sc.transform(X_train)
# 用 X_train 各变量的 mu 与 sigma 对 X_test 做转换
X_test_std = sc.transform(X_test)
```

加载 **sklearn.svm** 模块下的 SVC() 类别，按照 SVC() 的默认设定进行初建模 (核函数默认为径向基底函数)，模型拟合完成后传入标准化的训练与测试特征矩阵，获得训练与测试集类别标签的预测值。分别计算两者的错误率后，发现模型拟合良好，并无过度拟合的现象，且其错误率表现不俗。

```
# SVC: 支援向量分类 (Support Vector Classification)
# SVR: 支援向量回归 (Support Vector Regression)
# OneClassSVM: 无监督式离群探测 (Outlier Detection)
from sklearn.svm import SVC
# 模型定义 (未更改默认设定)、拟合与转换
svm = SVC()
svm.fit(X_train_std, y_train)
```

```
## SVC(C=1.0, cache_size=200, class_weight=None, coef0=0.0,
##     decision_function_shape='ovr', degree=3, gamma='auto_deprecated',
##     kernel='rbf', max_iter=-1, probability=False, random_state=None,
##     shrinking=True, tol=0.001, verbose=False)
```

```
tr_pred = svm.predict(X_train_std)
y_pred = svm.predict(X_test_std)
# 训练集前 5 笔预测值
print(tr_pred[:5])
```

```
## ['I' 'M' 'Z' 'D' 'G']
```

```
# 训练集前 5 笔实际值
print(y_train[:5])
```

```
## 17815    I
## 18370    M
## 1379     Z
## 14763    D
## 7346     L
## Name: letter, dtype: object
```

```
# 测试集前 5 笔预测值
print(y_pred[:5])
```

```
## ['Y' 'B' 'K' 'X' 'Q']
```

```
# 测试集前 5 笔实际值
print(y_test[:5].tolist())
```

```
## ['Y', 'B', 'K', 'Y', 'Q']
```

```
# 注意 Python 另一种输出格式化语法 (% 符号)
err_tr = (y_train != tr_pred).sum()/len(y_train)
print(' 训练集错误率为: %.5f' % err_tr)
```

```
## 训练集错误率为: 0.04119
```

```
# 测试集错误率稍高于训练集的错误率
err = (y_test != y_pred).sum()/len(y_test)
print(' 测试集错误率为: %.5f' % err)
```

```
## 测试集错误率为: 0.05100
```

径向基底核函数是广泛运用的支持向量机核函数，模型拟合完成后拟合状况良好，且测试集错误率又有改善。

```
# 核函数仍为默认的径向基底函数
# 核函数的参数 gamma 设为 0.2, 式 (5.34) 的 C 为 1.0
svm = SVC(kernel='rbf', random_state=0, gamma=0.2, C=1.0)
svm.fit(X_train_std, y_train)
```

```
## SVC(C=1.0, cache_size=200, class_weight=None, coef0=0.0,
##     decision_function_shape='ovr', degree=3, gamma=0.2, kernel='rbf',
##     max_iter=-1, probability=False, random_state=0, shrinking=True, tol=0.001,
##     verbose=False)
```

```
tr_pred = svm.predict(X_train_std)
y_pred = svm.predict(X_test_std)
# 训练集前 5 笔预测值
print(tr_pred[:5])
```

```
## ['I' 'M' 'Z' 'D' 'L']
```

```
# 训练集前 5 笔实际值
print(y_train[:5])
```

```
## 17815    I
## 18370    M
## 1379     Z
## 14763    D
## 7346     L
## Name: letter, dtype: object
```

```
# 测试集前 5 笔预测值
print(y_pred[:5])
```

```
## ['Y' 'B' 'K' 'X' 'Q']
```

```
# 测试集前 5 笔实际值
print(y_test[:5].tolist())
```

```
## ['Y', 'B', 'K', 'Y', 'Q']
```

```
err_tr = (y_train.values != tr_pred).sum()/len(y_train)
print(' 训练集错误率为: %.5f' % err_tr)
```

```
## 训练集错误率为: 0.01175
```

```
# 测试集错误率也是稍高于训练集的错误率
err = (y_test != y_pred).sum()/len(y_test)
print(' 测试集错误率为: %.5f' % err)
```

```
## 测试集错误率为: 0.02750
```

Python 语言 **pandas_ml** 包的 ConfusionMatrix()，在传入真实与预测标签向量 y_test.values 及 y_pred 后，可产生混淆矩阵，再用 print_stats() 方法完成为数众多的分类模型性能衡量值计算。读者可以搭配 3.2.2 节的分类模型性能指标内容，仔细审视报表中各项指标数据，掌握模型可再改善的空间。最后，**pandas_ml** 亦提供混淆矩阵可视化方法，屏幕呈现效果较佳，请读者自行尝试。

```
# 加载整合 pandas, scikit-learn 与 xgboost 的包 pandas_ml
import pandas_ml as pdml
# 注意！须传入 numpy ndarray 对象，以生成正确的混淆矩阵
cm = pdml.ConfusionMatrix(y_test.values, y_pred)
# 混淆矩阵转成 pandas 数据集，方便书中结果呈现
cm_df = cm.to_dataframe(normalized=False, calc_sum=True,
sum_label='all')
# 混淆矩阵部分结果
print(cm_df.iloc[:12, :12])
```

```
## Predicted    A    B    C    D    E    F    G    H    I    J    K    L
## Actual
## A          147    0    0    0    0    0    0    0    0    0    0    0
## B            0  153    0    0    0    0    0    0    0    0    0    0
## C            0    0  152    0    0    0    3    0    0    0    0    0
## D            1    1    0  166    0    0    0    2    0    0    0    0
## E            0    1    0    0  141    0    1    0    0    0    0    1
## F            0    1    0    1    0  163    0    0    0    0    0    0
## G            0    1    0    2    0    0  175    0    0    0    0    1
## H            0    1    0    2    0    0    0  111    0    0    2    0
## I            0    0    0    0    0    1    0    0  118    8    0    0
## J            0    0    0    0    0    1    0    0    1  156    0    0
## K            0    0    0    0    0    0    0    3    0    0  136    0
## L            0    0    1    0    1    0    0    0    0    0    1  156
```

```
# stats() 方法生成整体 (3.2.2.3 节) 与类别相关指标 (3.2.2.4 节)
perf_indx = cm.stats()
# 存储为 collections 包的有序字典结构 (OrderedDict)
print(type(perf_indx))
```

```
## <class 'collections.OrderedDict'>
```

```
# 有序字典结构的键，其中 cm 代表混淆矩阵
print(perf_indx.keys())
```

```
## odict_keys(['cm', 'overall', 'class'])
```

```
# overall 键下也是有序字典结构
print(type(perf_indx['overall']))
```

```
## <class 'collections.OrderedDict'>
```

```
# 整体指标内容如下：
print(" 分类模型正确率为：{}".format(perf_indx['overall']
['Accuracy']))
```

```
## 分类模型正确率为：0.9725
```

```
print(" 正确率 95% 置信区间为：\n{}".format(perf_indx
['overall']['95% CI']))
```

```
## 正确率95%置信区间为：
## (0.9669490685534711, 0.9773453558266993)
```

```
print("Kappa 统计量为：\n{}".format(perf_indx['overall']
['Kappa']))
```

```
## Kappa统计量为：
## 0.9713890027910028
```

```
# class 键下是 pandas 数据集结构
print(type(perf_indx['class']))
```

```
## <class 'pandas.core.frame.DataFrame'>
```

```
# 26 个字母（纵向）各有 26 个类别（横向）相关指标
print(perf_indx['class'].shape)
```

```
## (26, 26)
```

```
print(perf_indx['class'])
```

```
## Classes                                       A          B
## Population                                 4000       4000
## P: Condition positive                       147        158
## N: Condition negative                      3853       3842
## Test outcome positive                       148        165
## Test outcome negative                      3852       3835
## TP: True Positive                           147        153
## TN: True Negative                          3852       3830
## FP: False Positive                            1         12
## FN: False Negative                            0          5
## TPR: (Sensitivity, hit rate, recall)          1   0.968354
## TNR=SPC: (Specificity)                  0.99974   0.996877
## PPV: Pos Pred Value (Precision)        0.993243   0.927273
```

```
## NPV: Neg Pred Value                                   1     0.998696
## FPR: False-out                              0.000259538   0.00312337
## FDR: False Discovery Rate                    0.00675676    0.0727273
## FNR: Miss Rate                                        0    0.0316456
## ACC: Accuracy                                   0.99975      0.99575
## F1 score                                        0.99661     0.947368
## Matthews correlation coefficient               0.996487     0.945396
## Informedness                                    0.99974     0.965231
## Markedness                                     0.993243     0.925969
## Prevalence                                      0.03675       0.0395
## LR+: Positive likelihood ratio                     3853      310.035
## LR-: Negative likelihood ratio                        0    0.0317447
## DOR: Diagnostic odds ratio                          inf       9766.5
## FOR: False omission rate                              0   0.00130378

## Classes                                              C            D
## Population                                        4000         4000
## P: Condition positive                              156          171
## N: Condition negative                             3844         3829
## Test outcome positive                              154          173
## Test outcome negative                             3846         3827
## TP: True Positive                                  152          166
## TN: True Negative                                 3842         3822
## FP: False Positive                                   2            7
## FN: False Negative                                   4            5
## TPR: (Sensitivity, hit rate, recall)          0.974359      0.97076
## TNR=SPC: (Specificity)                         0.99948     0.998172
## PPV: Pos Pred Value (Precision)               0.987013     0.959538
## NPV: Neg Pred Value                            0.99896     0.998693
## FPR: False-out                              0.000520291   0.00182815
## FDR: False Discovery Rate                     0.012987    0.0404624
## FNR: Miss Rate                                0.025641    0.0292398
## ACC: Accuracy                                   0.9985        0.997
## F1 score                                      0.980645     0.965116
## Matthews correlation coefficient              0.979887     0.963567
## Informedness                                  0.973839     0.968932
## Markedness                                    0.985973     0.958231
## Prevalence                                       0.039      0.04275
## LR+: Positive likelihood ratio                 1872.72      531.006
## LR-: Negative likelihood ratio               0.0256544    0.0292933
```

```
## DOR: Diagnostic odds ratio                  72998      18127.2
## FOR: False omission rate                0.00104004   0.00130651

## Classes                                          E            F
## Population                                    4000         4000
## P: Condition positive                          145          167
## N: Condition negative                         3855         3833
## Test outcome positive                          143          173
## Test outcome negative                         3857         3827
## TP: True Positive                              141          163
## TN: True Negative                             3853         3823
## FP: False Positive                               2           10
## FN: False Negative                               4            4
## TPR: (Sensitivity, hit rate, recall)      0.972414     0.976048
## TNR=SPC: (Specificity)                    0.999481     0.997391
## PPV: Pos Pred Value (Precision)           0.986014     0.942197
## NPV: Neg Pred Value                       0.998963     0.998955
## FPR: False-out                         0.000518807   0.00260892
## FDR: False Discovery Rate                 0.013986    0.0578035
## FNR: Miss Rate                           0.0275862    0.0239521
## ACC: Accuracy                               0.9985       0.9965
## F1 score                                  0.979167     0.958824
## Matthews correlation coefficient          0.978414     0.957159
## Informedness                              0.971895     0.973439
## Markedness                                0.984977     0.941151
## Prevalence                                 0.03625      0.04175
## LR+: Positive likelihood ratio             1874.33      374.119
## LR-: Negative likelihood ratio           0.0276005    0.0240147
## DOR: Diagnostic odds ratio                 67909.1      15578.7
## FOR: False omission rate                0.00103708   0.00104521

## Classes                                          G            H
## Population                                    4000         4000
## P: Condition positive                          182          123
## N: Condition negative                         3818         3877
## Test outcome positive                          179          118
## Test outcome negative                         3821         3882
## TP: True Positive                              175          111
## TN: True Negative                             3814         3870
## FP: False Positive                               4            7
```

```
## FN: False Negative                             7          12
## TPR: (Sensitivity, hit rate, recall)    0.961538    0.902439
## TNR=SPC: (Specificity)                  0.998952    0.998194
## PPV: Pos Pred Value (Precision)         0.977654    0.940678
## NPV: Neg Pred Value                     0.998168    0.996909
## FPR: False-out                        0.00104767  0.00180552
## FDR: False Discovery Rate              0.0223464    0.059322
## FNR: Miss Rate                         0.0384615    0.097561
## ACC: Accuracy                            0.99725     0.99525
## F1 score                               0.969529    0.921162
## Matthews correlation coefficient       0.968126    0.918924
## Informedness                           0.960491    0.900634
## Markedness                             0.975822    0.937587
## Prevalence                               0.0455     0.03075
## LR+: Positive likelihood ratio          917.788     499.822
## LR-: Negative likelihood ratio        0.0385019   0.0977374
## DOR: Diagnostic odds ratio              23837.5     5113.93
## FOR: False omission rate              0.00183198  0.00309119

## Classes                                        I           J
## Population                                  4000        4000
## P: Condition positive                        127         159
## N: Condition negative                       3873        3841
## Test outcome positive                        119         164
## Test outcome negative                       3881        3836
## TP: True Positive                            118         156
## TN: True Negative                           3872        3833
## FP: False Positive                             1           8
## FN: False Negative                             9           3
## TPR: (Sensitivity, hit rate, recall)    0.929134    0.981132
## TNR=SPC: (Specificity)                  0.999742    0.997917
## PPV: Pos Pred Value (Precision)         0.991597     0.95122
## NPV: Neg Pred Value                     0.997681    0.999218
## FPR: False-out                        0.000258198  0.00208279
## FDR: False Discovery Rate             0.00840336   0.0487805
## FNR: Miss Rate                         0.0708661   0.0188679
## ACC: Accuracy                             0.9975     0.99725
## F1 score                                 0.95935    0.965944
## Matthews correlation coefficient       0.958601    0.964637
## Informedness                           0.928876    0.979049
```

```
## Markedness                                     0.989278    0.950437
## Prevalence                                      0.03175     0.03975
## LR+: Positive likelihood ratio                  3598.54     471.066
## LR-: Negative likelihood ratio                0.0708844   0.0189073
## DOR: Diagnostic odds ratio                      50766.2     24914.5
## FOR: False omission rate                     0.00231899 0.000782065

## Classes                                             K           L
## Population                                       4000        4000
## P: Condition positive                             143         159
## N: Condition negative                            3857        3841
## Test outcome positive                             140         158
## Test outcome negative                            3860        3842
## TP: True Positive                                 136         156
## TN: True Negative                                3853        3839
## FP: False Positive                                  4           2
## FN: False Negative                                  7           3
## TPR: (Sensitivity, hit rate, recall)        0.951049    0.981132
## TNR=SPC: (Specificity)                      0.998963    0.999479
## PPV: Pos Pred Value (Precision)             0.971429    0.987342
## NPV: Neg Pred Value                         0.998187    0.999219
## FPR: False-out                            0.00103708 0.000520698
## FDR: False Discovery Rate                  0.0285714   0.0126582
## FNR: Miss Rate                              0.048951   0.0188679
## ACC: Accuracy                                0.99725     0.99875
## F1 score                                    0.961131    0.984227
## Matthews correlation coefficient            0.959763    0.983582
## Informedness                                0.950012    0.980611
## Markedness                                  0.969615    0.986561
## Prevalence                                   0.03575     0.03975
## LR+: Positive likelihood ratio               917.049     1884.26
## LR-: Negative likelihood ratio             0.0490019   0.0188778
## DOR: Diagnostic odds ratio                   18714.6       99814
## FOR: False omission rate                  0.00181347 0.000780843

## Classes                                          M           N
## Population                                    4000        4000
## P: Condition positive                          173         134
## N: Condition negative                         3827        3866
## Test outcome positive                          173         136
```

```
## Test outcome negative                    3827          3864
## TP: True Positive                         169           133
## TN: True Negative                        3823          3863
## FP: False Positive                          4             3
## FN: False Negative                          4             1
## TPR: (Sensitivity, hit rate, recall)  0.976879      0.992537
## TNR=SPC: (Specificity)                0.998955      0.999224
## PPV: Pos Pred Value (Precision)       0.976879      0.977941
## NPV: Neg Pred Value                   0.998955      0.999741
## FPR: False-out                      0.00104521   0.000775996
## FDR: False Discovery Rate            0.0231214     0.0220588
## FNR: Miss Rate                       0.0231214    0.00746269
## ACC: Accuracy                            0.998         0.999
## F1 score                              0.976879      0.985185
## Matthews correlation coefficient      0.975833      0.984697
## Informedness                          0.975833      0.991761
## Markedness                            0.975833      0.977682
## Prevalence                             0.04325        0.0335
## LR+: Positive likelihood ratio         934.629       1279.05
## LR-: Negative likelihood ratio       0.0231456    0.00746848
## DOR: Diagnostic odds ratio             40380.4        171260
## FOR: False omission rate            0.00104521   0.000258799

## Classes                                     O             P
## Population                               4000          4000
## P: Condition positive                     142           165
## N: Condition negative                    3858          3835
## Test outcome positive                     143           162
## Test outcome negative                    3857          3838
## TP: True Positive                         139           159
## TN: True Negative                        3854          3832
## FP: False Positive                          4             3
## FN: False Negative                          3             6
## TPR: (Sensitivity, hit rate, recall)   0.978873      0.963636
## TNR=SPC: (Specificity)                 0.998963      0.999218
## PPV: Pos Pred Value (Precision)        0.972028      0.981481
## NPV: Neg Pred Value                    0.999222      0.998437
## FPR: False-out                       0.00103681   0.000782269
## FDR: False Discovery Rate              0.027972     0.0185185
## FNR: Miss Rate                        0.0211268     0.0363636
```

```
## ACC: Accuracy                                0.99825      0.99775
## F1 score                                    0.975439     0.972477
## Matthews correlation coefficient            0.974538     0.971349
## Informedness                                0.977836     0.962854
## Markedness                                   0.97125     0.979918
## Prevalence                                    0.0355      0.04125
## LR+: Positive likelihood ratio               944.123      1231.85
## LR-: Negative likelihood ratio             0.0211487    0.0363921
## DOR: Diagnostic odds ratio                   44642.2      33849.3
## FOR: False omission rate                 0.000777807   0.00156331

## Classes                                           Q            R
## Population                                     4000         4000
## P: Condition positive                           145          149
## N: Condition negative                          3855         3851
## Test outcome positive                           147          157
## Test outcome negative                          3853         3843
## TP: True Positive                               144          142
## TN: True Negative                              3852         3836
## FP: False Positive                                3           15
## FN: False Negative                                1            7
## TPR: (Sensitivity, hit rate, recall)       0.993103      0.95302
## TNR=SPC: (Specificity)                     0.999222     0.996105
## PPV: Pos Pred Value (Precision)            0.979592     0.904459
## NPV: Neg Pred Value                         0.99974     0.998179
## FPR: False-out                           0.00077821   0.00389509
## FDR: False Discovery Rate                 0.0204082    0.0955414
## FNR: Miss Rate                           0.00689655    0.0469799
## ACC: Accuracy                                 0.999       0.9945
## F1 score                                   0.986301     0.928105
## Matthews correlation coefficient           0.985807     0.925589
## Informedness                               0.992325     0.949125
## Markedness                                 0.979332     0.902637
## Prevalence                                  0.03625      0.03725
## LR+: Positive likelihood ratio              1276.14      244.672
## LR-: Negative likelihood ratio           0.00690192    0.0471636
## DOR: Diagnostic odds ratio                   184896      5187.73
## FOR: False omission rate                0.000259538   0.00182149

## Classes                                           S            T
```

```
## Population                                4000        4000
## P: Condition positive                      154         177
## N: Condition negative                     3846        3823
## Test outcome positive                      156         174
## Test outcome negative                     3844        3826
## TP: True Positive                          154         173
## TN: True Negative                         3844        3822
## FP: False Positive                           2           1
## FN: False Negative                           0           4
## TPR: (Sensitivity, hit rate, recall)         1    0.977401
## TNR=SPC: (Specificity)                 0.99948    0.999738
## PPV: Pos Pred Value (Precision)       0.987179    0.994253
## NPV: Neg Pred Value                          1    0.998955
## FPR: False-out                     0.000520021 0.000261575
## FDR: False Discovery Rate            0.0128205  0.00574713
## FNR: Miss Rate                               0   0.0225989
## ACC: Accuracy                           0.9995     0.99875
## F1 score                              0.993548    0.985755
## Matthews correlation coefficient      0.993311    0.985141
## Informedness                           0.99948     0.97714
## Markedness                            0.987179    0.993207
## Prevalence                              0.0385     0.04425
## LR+: Positive likelihood ratio            1923      3736.6
## LR-: Negative likelihood ratio               0   0.0226048
## DOR: Diagnostic odds ratio                 inf      165302
## FOR: False omission rate                     0  0.00104548

## Classes                                     U          V
## Population                                4000       4000
## P: Condition positive                      160        153
## N: Condition negative                     3840       3847
## Test outcome positive                      160        153
## Test outcome negative                     3840       3847
## TP: True Positive                          157        147
## TN: True Negative                         3837       3841
## FP: False Positive                           3          6
## FN: False Negative                           3          6
## TPR: (Sensitivity, hit rate, recall)   0.98125   0.960784
## TNR=SPC: (Specificity)                0.999219    0.99844
## PPV: Pos Pred Value (Precision)        0.98125   0.960784
```

```
## NPV: Neg Pred Value                      0.999219     0.99844
## FPR: False-out                        0.00078125  0.00155966
## FDR: False Discovery Rate                0.01875   0.0392157
## FNR: Miss Rate                           0.01875   0.0392157
## ACC: Accuracy                             0.9985       0.997
## F1 score                                 0.98125    0.960784
## Matthews correlation coefficient        0.980469    0.959225
## Informedness                            0.980469    0.959225
## Markedness                              0.980469    0.959225
## Prevalence                                  0.04     0.03825
## LR+: Positive likelihood ratio              1256     616.023
## LR-: Negative likelihood ratio         0.0187647   0.0392769
## DOR: Diagnostic odds ratio               66934.3     15684.1
## FOR: False omission rate              0.00078125  0.00155966

## Classes                                        W           X
## Population                                  4000        4000
## P: Condition positive                        141         173
## N: Condition negative                       3859        3827
## Test outcome positive                        139         173
## Test outcome negative                       3861        3827
## TP: True Positive                            137         170
## TN: True Negative                           3857        3824
## FP: False Positive                             2           3
## FN: False Negative                             4           3
## TPR: (Sensitivity, hit rate, recall)    0.971631    0.982659
## TNR=SPC: (Specificity)                  0.999482    0.999216
## PPV: Pos Pred Value (Precision)         0.985612    0.982659
## NPV: Neg Pred Value                     0.998964    0.999216
## FPR: False-out                       0.000518269 0.000783904
## FDR: False Discovery Rate              0.0143885    0.017341
## FNR: Miss Rate                         0.0283688    0.017341
## ACC: Accuracy                             0.9985      0.9985
## F1 score                                0.978571    0.982659
## Matthews correlation coefficient        0.977821    0.981875
## Informedness                            0.971113    0.981875
## Markedness                              0.984576    0.981875
## Prevalence                               0.03525     0.04325
## LR+: Positive likelihood ratio           1874.76     1253.55
## LR-: Negative likelihood ratio         0.0283835   0.0173546
```

```
## DOR: Diagnostic odds ratio              66051.1     72231.1
## FOR: False omission rate               0.001036  0.000783904

## Classes                                       Y           Z
## Population                                 4000        4000
## P: Condition positive                       154         143
## N: Condition negative                      3846        3857
## Test outcome positive                       151         142
## Test outcome negative                      3849        3858
## TP: True Positive                           150         142
## TN: True Negative                          3845        3857
## FP: False Positive                            1           0
## FN: False Negative                            4           1
## TPR: (Sensitivity, hit rate, recall)   0.974026    0.993007
## TNR=SPC: (Specificity)                  0.99974           1
## PPV: Pos Pred Value (Precision)        0.993377           1
## NPV: Neg Pred Value                    0.998961    0.999741
## FPR: False-out                       0.00026001           0
## FDR: False Discovery Rate            0.00662252           0
## FNR: Miss Rate                         0.025974  0.00699301
## ACC: Accuracy                           0.99875     0.99975
## F1 score                               0.983607    0.996491
## Matthews correlation coefficient       0.983008    0.996368
## Informedness                           0.973766    0.993007
## Markedness                             0.992338    0.999741
## Prevalence                               0.0385     0.03575
## LR+: Positive likelihood ratio           3746.1         inf
## LR-: Negative likelihood ratio        0.0259808  0.00699301
## DOR: Diagnostic odds ratio               144187         inf
## FOR: False omission rate             0.00103923 0.000259202
```

```
# 混淆矩阵热图可视化，请读者自行尝试
import matplotlib.pyplot as plt
ax = cm.plot()
fig = ax.get_figure()
# fig.savefig('./_img/svc_rbf.png')
```

5.2.4 分类与回归树

树形模型可分为预测类别变量的**分类树** (**classification trees**) 与预测数值变量的**回归树** (**regression trees**)，两者建模逻辑大体相同，都是用**递归分割** (**recursive partition**)

的过程，根据预测变量与反应变量的共同分布，持续将大小为 n 的训练样本分割为**同质群组**，使得每群反应变量的数值分布较为简单，或是类别变量异质程度 (2.2.1 节) 达到最小 (纯度衡量达到最大)，再对各子群进行预测建模。这种将复杂的建模或求解问题，拆解为较为简单的子问题的解决手法，常见于**运筹学 (Operations Research, OR)** 与**算法 (algorithms)** 学科中，称为**分解法 (decomposition)** 或**各个击破 (divide and conquer)** 算法。

鸢尾花数据集样本虽小，但数值与类别变项都有，适合解说模型的机理。R 语言包 {rpart} 与树形模型算法**分类与回归树 (Classification and Regression Trees, CART)** (Breiman et al., 1983) 大体相同 (注：{rpart} 包实现了 CART 算法的诸多概念)，建模完成后分类树模型报表与树形可视化图形都可轻易获得。

```
# R 语言 Recursive PARTitioning 递归分割建树包
library(rpart)
head(iris)
```

```
##   Sepal.Length Sepal.Width Petal.Length Petal.Width
## 1          5.1         3.5          1.4         0.2
## 2          4.9         3.0          1.4         0.2
## 3          4.7         3.2          1.3         0.2
## 4          4.6         3.1          1.5         0.2
## 5          5.0         3.6          1.4         0.2
## 6          5.4         3.9          1.7         0.4
##   Species
## 1  setosa
## 2  setosa
## 3  setosa
## 4  setosa
## 5  setosa
## 6  setosa
```

```
# 用鸢尾花花瓣花萼长宽预测花种
iristree <- rpart(Species ~ ., data = iris)
```

```
# 分类树模型报表，报表解读请参考后面树形图的说明
iristree
```

```
## n= 150
##
## node), split, n, loss, yval, (yprob)
## * denotes terminal node
##
```

```
## 1) root 150 100 setosa (0.33333 0.33333 0.33333)
## 2) Petal.Length< 2.45 50 0 setosa (1.00000
## 0.00000 0.00000) *
## 3) Petal.Length>=2.45 100 50 versicolor (0.00000
## 0.50000 0.50000)
## 6) Petal.Width< 1.75 54 5 versicolor (0.00000
## 0.90741 0.09259) *
## 7) Petal.Width>=1.75 46 1 virginica (0.00000
## 0.02174 0.97826) *
```

```
# 加载 R 语言树形模型绘图包 {rpart.plot}，轻松可视化分类树模型
library(rpart.plot)
rpart.plot(iristree, digits = 3)
```

图 5.16是鸢尾花分类树，共有 5 个节点，弧角方框内由下往上的信息分别是：落入这节点的样本比例、三类样本的比例，以及比例最高的类别标签。各节点的类别比例若有平手状况，则优先取排在前面的类别标签。从包括全部样本 (100%) 的根节点开始，三种鸢尾花比例相等，分别为 (0.333, 0.333, 0.333)。第一次分割条件为 Petal.Length $<$ 2.45，满足的样本子集有左边的 50 株 (33.3%)，该子集中全为 setosa，因此三类样本比例向量是 (1.000, 0.000, 0.000)；Petal.Length $\geqslant$ 2.45 为右方分支，共有 100 株样本 (66.7%)，versicolor 与 virginica 各占一半，所以三类样本比例向量为 (0.000, 0.500, 0.500)；再次用 Petal.Width $<$ 1.75 分割样本，满足的样本子集有左边的 54 株 (36.0%)，三类样本比例向量为 (0.000, 0.907, 0.093)，叶节点标签为最高比例者 versicolor；Petal.Width $\geqslant$ 1.75 为右方分支，有 46 株鸢尾花 (30.7%)，三类样本比例向量为 (0.000, 0.022, 0.978)，叶节点标签为最高比例者 virginica。

图 5.16鸢尾花分类树的树深为 2，利用两个分支特征运行了两次的样本分割，得到三个终端 (terminal) 或叶子 (leaf) 节点。经上述递归式分割训练集 (`iris` 全部样本) 后，分类树的三个叶节点纯度均提高，再根据叶节点样本子集的类型频率分布，根据最高比例的类别取得模型的预测值，或是各类比例的类别概率值。

树形模型的建构过程涉及下面三项重要的决定 (Kuhn and Johnson, 2013)：

(1) 分割数据集的预测变量与其分割值；
(2) 树的深度或复杂度；
(3) 叶节点的预测方程或方式。

首先分类树会根据各预测变量及其可能的分割值，衡量目标类别变量分割前后的异质程度改善幅度，例如，用于 **ID3(Iterative Dichotomiser 3)** 算法的**信息增益 (information gain)** 衡量：

$$\text{Gain}_{\text{split}} = E(p) - \sum_{i=1}^{k} \frac{n_i}{n} E(i) \tag{5.41}$$

其中，父节点 p 分支成 k 个子集；n_i 是第 i 个子集内的样本数；而 $E(\cdot)$ 为 2.2.1 节中式 (2.3) 的熵系数，也可以是式 (2.1) 的基尼不纯度 (用于 IBM 的 Intelligent Miner)。

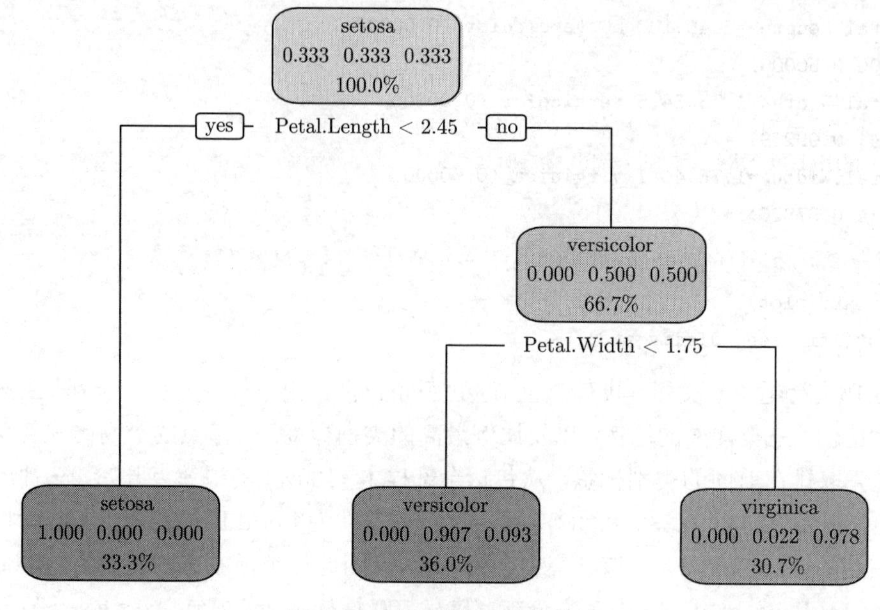

图 5.16 鸢尾花数据集分类树

式 (5.41) 衡量此分割得到多少信息，即熵值降低了多少。等号右边的第二项 (负项) 又称为 splitINFO，是分割后的平均信息量，算法分割的准则是选择信息量提升最多的分割方式，最好是分割后的样本子集大多属于同一类别，但是信息增益有可能产生父到子的分割过细 (例如，偏好各样本独一无二的身份识别特征)，导致过度拟合的问题。因此，另一种衡量分割前后改善幅度的方式是根据分割特征的**本质信息 (intrinsic information)**，进一步调整式 (5.41) 的信息增益：

$$\text{GainRatio}_{\text{split}} = \frac{\text{Gain}_{\text{split}}}{\text{intrinsicINFO}} \tag{5.42}$$

调整后的**信息增益比值 (gain ratio)** 用于 C4.5(Quinlan, 1993) 与 C5.0 算法中，其中分割特征的本质信息 intrinsicINFO 是忽略分类目标变量的信息，单纯查看分割特征的信息量，以惩罚为数众多的小分枝，例如前述分支数量众多的身份识别特征。

各预测变量最佳分割值的计算，取决于变量的类型。连续变量的值可以排序，待评估的切割点自然形成，一一评估后可得最佳分割值；二元变量也很简单，因为只有一个切割点；多元变量的最佳分割寻找就比较费时，原则上要考虑类型的各种可能组合情形。

回归树方面，二元递归分割树试图最小化下面的整体误差平方和 $\text{SSE}_{\text{TwoGrps}}$，来寻找较佳的预测变量及其分割值，原则上也是寻找能让误差平方和降低最多的分割特征与分割值：

$$\mathrm{SSE}_{\mathrm{TwoGrps}} = \sum_{i \in S_1} (y_i - \bar{y}_1)^2 + \sum_{i \in S_2} (y_i - \bar{y}_2)^2 \tag{5.43}$$

其中，$\bar{y}_1$ 与 $\bar{y}_2$ 分别是子集 S_1 与 S_2 的数值反应变量平均值。

树形模型容易过度拟合，因此模型复杂度的控制相当重要。建模前可通过增减树深和落入节点 (中间节点或叶节点) 的最小样本数，来控制树的大小，树越大表示模型越复杂，过度拟合的风险自然增高。也可以在树完全长成后，利用不同复杂度下的错误率对树进行事后修剪 (post-pruning)，希望降低树的大小后，对未知数据能作出较佳的预测。R 语言中 CART 算法 {rpart} 包提供下面的**成本-复杂度修剪 (cost-complexity pruning)** 所需要的 cptable。

```
# 导入报税稽核数据集，纳税义务人人口统计变量与稽核结果
audit <- read.csv('./_data/audit.csv')
head(audit)
```

```
##        ID Age Employment Education    Marital
## 1 1004641  38    Private   College Unmarried
## 2 1010229  35    Private Associate     Absent
## 3 1024587  32    Private    HSgrad   Divorced
## 4 1038288  45    Private  Bachelor    Married
## 5 1044221  60    Private   College    Married
## 6 1047095  74    Private    HSgrad    Married
##   Occupation Income Gender Deductions Hours
## 1    Service  81838 Female          0    72
## 2  Transport  72099   Male          0    30
## 3   Clerical 154677   Male          0    40
## 4     Repair  27744   Male          0    55
## 5  Executive   7568   Male          0    40
## 6    Service  33144   Male          0    30
##   IGNORE_Accounts RISK_Adjustment TARGET_Adjusted
## 1    UnitedStates               0               0
## 2         Jamaica               0               0
## 3    UnitedStates               0               0
## 4    UnitedStates            7298               1
## 5    UnitedStates           15024               1
## 6    UnitedStates               0               0
```

```
# 目标变量稽核后是否有修正的 (0: 无, 1: 有) 频率分布
table(audit$TARGET_Adjusted)
```

```
##
##    0    1
## 1537  463
```

```
# 加载模型对象 ct.audit
load("./_data/ct.audit.RData")
```

```
# 分类树模型报表 (Too wide to show here. 参见图 5.17)
ct.audit
```

```
# 修剪前分类树模型可视化
library(rpart.plot)
rpart.plot(ct.audit, roundint = FALSE)
```

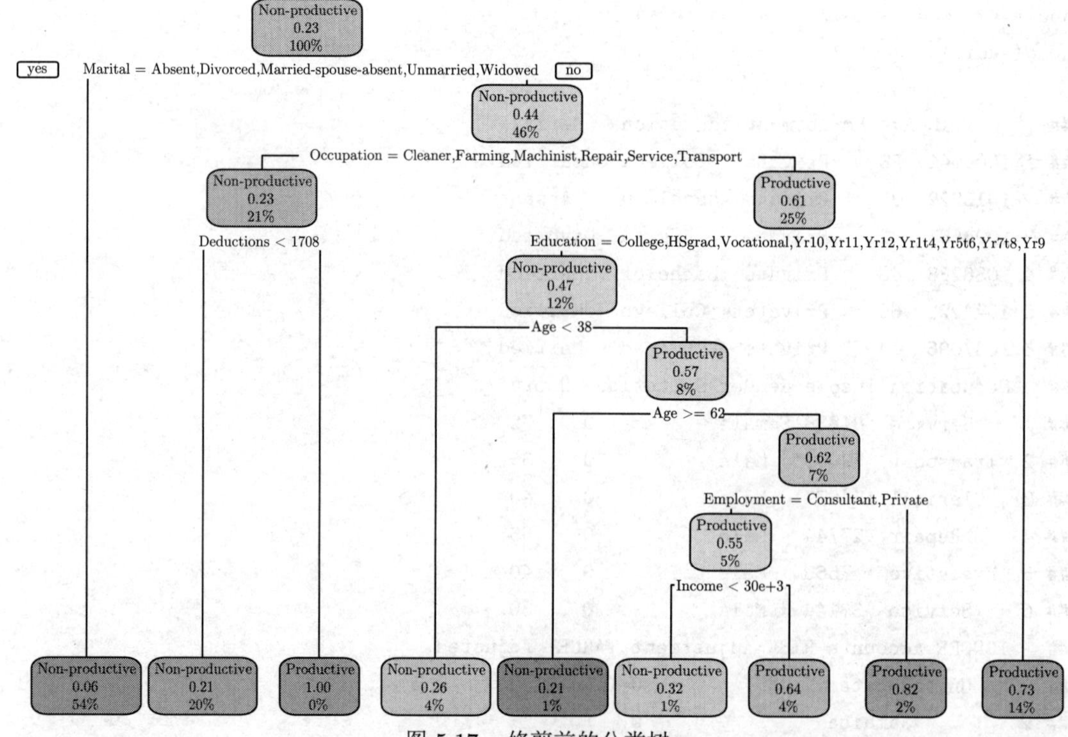

图 5.17 修剪前的分类树

成本-复杂度修剪是 Breiman 等 (1983) 提出的，其目标是找到错误率或误差平方和最小，而且大小又适中的树，以回归树为例将式 (5.43) 的整体误差平方和加上惩罚项后修改如下：

$$\mathrm{SSE_{CP}} = \mathrm{SSE} + \mathrm{CP} \times (\text{number of leaf nodes}) \tag{5.44}$$

其中，CP 是复杂度参数。

在特定 CP 值下，Breiman 等 (1983) 建立了求得惩罚错误率最低的最简修整树 (pruned trees) 的理论与算法。与 5.1.3节中其他系数归一化方法的 λ 一样 (式 (5.2)、式 (5.3) 与式 (5.4))，CP 越小，产生的树越复杂 (树大招风！)，较大的 CP 可能产生只有一个分支单层树深的**决策树桩 (decision stump)**，甚至是没有任何分支的**树根 (root)**。后者显示在给定的复杂度参数下，没有一个预测变量可以解释目标变量的变动。

为了找到最佳的修整树，表 5.5返回了一系列 CP 值的数据，字段 `nsplit` 是特定复杂度参数 CP 下树的分支数；`rel error` 是各复杂度参数下，对应的分类树相对于根节点错误率 (root node error) $\frac{\text{Errors at root}}{\text{Sample Size}} = \frac{463}{2000} \approx 0.23$ 的百分比。此表最下方是最复杂的分类树，表格往上评估了其各可能子树 (sub-trees) 的性能。因为使用不同样本计算所得的错误率会不同，为了获得每个 CP 值下更可靠的错误率，Breiman 等 (1983) 建议用交叉验证的方式估算 `xerror` 与 `xstd`。

表 5.5　分类树复杂度参数表

CP	nsplit	rel error	xerror	xstd
0.1188	0	1.0000	1.0000	0.0407
0.0410	2	0.7624	0.7840	0.0372
0.0238	4	0.6803	0.7516	0.0366
0.0173	5	0.6566	0.7149	0.0359
0.0108	6	0.6393	0.7041	0.0357
0.0100	8	0.6177	0.6890	0.0354

```r
# 取出复杂度参数表 (表 5.5 cptable)
knitr::kable(
  ct.audit$cptable, caption = ' 分类树复杂度参数表',
  booktabs = TRUE
)
```

```
##
## Classification tree:
## rpart(formula = as.factor(TARGET_Adjusted) ~ .,
## data = audit[,
## -c(1, 11:12)])
##
## Variables actually used in tree construction:
## [1] Age Deductions Education Employment
## [5] Income Marital Occupation
##
```

```
## Root node error: 463/2000 ≈ 0.23
##
## n= 2000
##
## CP nsplit rel error xerror xstd
## 1 0.119 0 1.00 1.00 0.041
## 2 0.041 2 0.76 0.78 0.037
## 3 0.024 4 0.68 0.75 0.037
## 4 0.017 5 0.66 0.71 0.036
## 5 0.011 6 0.64 0.70 0.036
## 6 0.010 8 0.62 0.69 0.035
```

运用表 5.5中相对错误率 `rel error` 小于交叉验证错误率 `xerror` 与一倍标准误 `xstd` 之和的树修剪方法，将完全长成的分类树 `ct.audit` 进行修剪，即为 3.3.2.2 节定制化参数调校中图 3.19 的一倍标准误择优法则。另外一种择优的方法是挑选交叉验证错误率最小的 CP 值后，代入 `prune()` 函数中进行修剪 (请读者自行练习)。

```
# 从 cptable 定位交叉验证错误率的最小值
(opt <- which.min(ct.audit$cptable[,"xerror"]))
```

```
## 6
## 6
```

```
# 从 cptable 定位相对错误率小于交叉验证的最小错误率，
# 加上其对应的一倍标准误
(oneSe <- which(ct.audit$cptable[, "rel error"] <
ct.audit$cptable[opt, "xerror"] +
ct.audit$cptable[opt, "xstd"])[1])
```

```
## 3
## 3
```

```
# 取得 one-SE 准则下的最佳 CP 值
(cpOneSe <- ct.audit$cptable[oneSe, "CP"])
```

```
## [1] 0.02376
```

```
# cpOneSe 输入 prune() 函数，完成 one-SE 事后修剪
ct.audit_pruneOneSe <- prune(ct.audit, cp = cpOneSe)
```

```r
# 绘制修剪后的分类树图形 (图 5.18)
rpart.plot(ct.audit_pruneOneSe, roundint = FALSE)
```

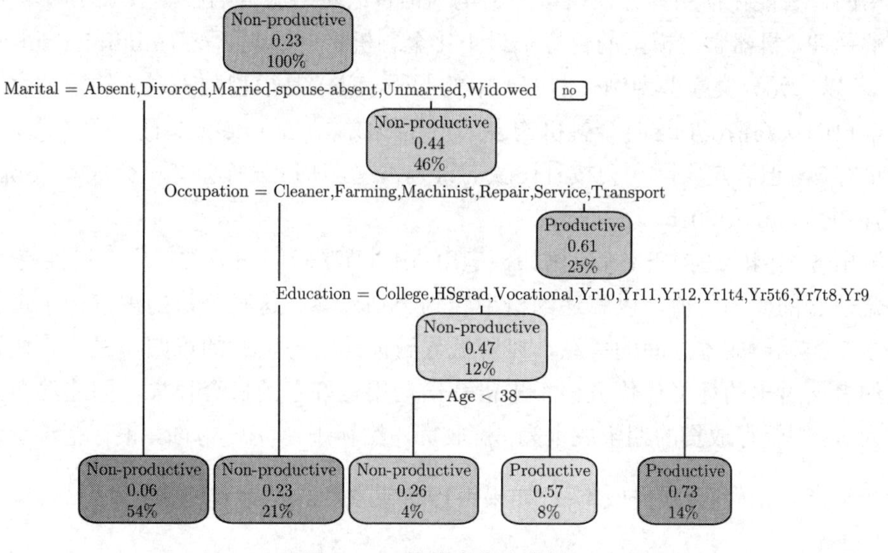

图 5.18　修剪后的分类树

分类树与回归树分别是以落入叶节点的数据子集,进行投票多数表决 (majority voting),或是以反应变量的算术平均数作为最终预测值。最后，树形模型可以转成嵌套的 if-then 规则语句，以鸢尾花分类树为例，对应的分类规则如下：

If Petal.Length $\geqslant$ 2.45 then

If Petal.Width $<$ 1.75 then Class = versicolor

else Class = virginica

else Class = setosa

上面的嵌套 if-then 规则，对于任何样本都有一条到达分类树叶节点的路径。将嵌套规则拆解为一条条独立的规则，即为统计机器学习的规则模型 (rule-based models)：

If Petal.Length $\geqslant$ 2.45 and Petal.Width $<$ 1.75 then Class = versicolor

If Petal.Length $\geqslant$ 2.45 and Petal.Width $\geqslant$ 1.75 then Class = virginica

If Petal.Length $<$ 2.45 then Class = setosa

值得注意的是，规则模型可由树形模型产生，也可从机器学习的**规则归纳 (rule induction)** 算法中得出，限于篇幅，有兴趣的读者请参考 (Witten et al., 2016)。

5.2.4.1　银行贷款风险管理案例

2008 年全球金融危机凸显出金融实战的透明化与严谨性的重要性，因为信用收缩，银行希望借助机器学习更准确地找出高风险的贷款。机器学习模型必须能给出某个案例被拒绝，而另一个案例却可获得授信的理由。因此，银行贷款风险管理的可解释性 (interpretability) 是选择模型时必须考虑的因素，解释的信息对于想要了解为何其信用评等不良的消费者而言是有用的，智能化信用评分模型可用于电话语音或网络服务的小额放款立即申贷服务中。除了可解释性，机器学习模型的目标是最小化金融机构的误判情况 (minimize misclassifications)，若以二元分类模型为例，图 3.4 中的假阴 (FN) 是模型判为遵守约定的客户，但实为不良客户的误判情况，这时金融机构会产生坏账成本 (bad debt)；而假阳 (FP) 是模型判定为不良客户，但客户实际上会按时还款的误判情况，所以银行会有机会成本 (opportunity cost) 的损失 (Lantz, 2015)。

预测出各案例的违约概率后 (例如，运用 5.1.5节逻辑回归分类与广义线性模型)，建模者再决定适合的概率阈值，以将违约概率转为类别标签。这时分析的重点在于理解违约概率与各误归类期望成本之间的关系，以降低导致前述财务损失的误归类成本。假设银行贷款为违约者所付出的坏账代价五倍于未借款给信用良好者的机会损失，因违约概率的估计值假定为 p，则银行放贷的期望成本为 $5p$(放贷违约坏账)；另一方面，银行拒绝贷款的期望成本为 $1 \times (1-p)$(机会损失成本)。如果银行希望 $5p < 1-p \left(\text{其中 } p < \dfrac{1}{6}\right)$，即放贷的期望坏账成本小于拒绝贷款的期望机会成本，则决策法则为放贷给客户；如果 $p \geqslant \dfrac{1}{6}$，则预测客户违约，即不放贷给客户。

本节案例用 Python 语言对申贷数据进行分类树建模，直接预测各样本的类别标签值 (No 或 Yes)。首先读入数据集并查看维度维数、各字段类型及目标变量 Default 的分布特性，其中 0 表示按时还款的客户，1 表示违约的客户。

```
import numpy as np
import pandas as pd
# 读入 UCI 授信客户数据集
credit = pd.read_csv("./_data/germancredit.csv")
print(credit.shape)
```

```
## (1000, 21)
```

```
# 查看变量类型
print(credit.dtypes)
```

```
## Default              int64
## checkingstatus1     object
## duration             int64
## history             object
## purpose             object
```

```
## amount             int64
## savings           object
## employ            object
## installment        int64
## status            object
## others            object
## residence          int64
## property          object
## age                int64
## otherplans        object
## housing           object
## cards              int64
## job               object
## liable             int64
## tele              object
## foreign           object
## dtype: object
```

```
# 目标变量 Default(已为 0-1 值) 频率分布
print(credit.Default.value_counts())
```

```
## 0    700
## 1    300
## Name: Default, dtype: int64
```

由于后续探索与分析会对目标变量做交叉列表，因此先将目标变量的 0 与 1 转为字符串 Not Default 与 Default，待建模前再将之转回数值。

```
# 变量转换字典 target
target = {0: "Not Default", 1: "Default"}
credit.Default = credit.Default.map(target)
```

接着产生其他类别变量的频率分布表，我们可发现数据表中各类别变量的可能值为代号 (例如，A11、A12 与 A13 等)，造成数据理解上的困扰，因此在查阅数据字典后，将各类别变量的各代号，重新设定为易了解的名称。

```
# 成批产生类别变量 (dtype 为 object) 的频率分布表 (存为字典结构)
# 先用逻辑值索引取出 object 域名
col_cat = credit.columns[credit.dtypes == "object"]
# 逐步收纳各类别变量次数供统计结果用
counts_dict = {}
# 取出各栏类型统计频次
```

```
for col in col_cat:
    counts_dict[col] = credit[col].value_counts()
# 输出各类别变量频率分布表
print(counts_dict)
```

```
## {'Default': Not Default    700
## Default        300
## Name: Default, dtype: int64, 'checkingstatus1': A14    394
## A11    274
## A12    269
## A13     63
## Name: checkingstatus1, dtype: int64, 'history': A32    530
## A34    293
## A33     88
## A31     49
## A30     40
## Name: history, dtype: int64, 'purpose': A43     280
## A40     234
## A42     181
## A41     103
## A49      97
## A46      50
## A45      22
## A44      12
## A410     12
## A48       9
## Name: purpose, dtype: int64, 'savings': A61    603
## A65    183
## A62    103
## A63     63
## A64     48
## Name: savings, dtype: int64, 'employ': A73    339
## A75    253
## A74    174
## A72    172
## A71     62
## Name: employ, dtype: int64, 'status': A93    548
## A92    310
## A94     92
## A91     50
```

```
## Name: status, dtype: int64, 'others': A101    907
## A103     52
## A102     41
## Name: others, dtype: int64, 'property': A123    332
## A121    282
## A122    232
## A124    154
## Name: property, dtype: int64, 'otherplans': A143    814
## A141    139
## A142     47
## Name: otherplans, dtype: int64, 'housing': A152    713
## A151    179
## A153    108
## Name: housing, dtype: int64, 'job': A173    630
## A172    200
## A174    148
## A171     22
## Name: job, dtype: int64, 'tele': A191    596
## A192    404
## Name: tele, dtype: int64, 'foreign': A201    963
## A202     37
## Name: foreign, dtype: int64}
```

水平名重设的具体做法是将数据表中各字段类型用句点语法取出，将各变量 unique 后的原代号与其后的易了解名称对应捆绑为字典对象，再运用 map 方法根据代号与易了解名称关系对照字典，逐一转换为有意义的名称。

```
# 代号与易了解名称对照字典
print(dict(zip(credit.checkingstatus1.unique(),["< 0 DM",
"0-200 DM","> 200 DM","no account"])))
```

```
## {'A11': '< 0 DM', 'A12': '0-200 DM', 'A13': 'no account'}
```

```
## {'A14': '> 200 DM'}
```

```
# 逐栏转换易了解的类别名称
credit.checkingstatus1 = credit.checkingstatus1.map(dict(zip
(credit.checkingstatus1.unique(),["< 0 DM","0-200 DM",
"> 200 DM","no account"])))

credit.history = credit.history.map(dict(zip(credit.history.
```

```
unique(),["good","good","poor","poor","terrible"])))

credit.purpose = credit.purpose.map(dict(zip(credit.purpose.
unique(),["newcar","usedcar","goods/repair","goods/repair",
"goods/repair","goods/repair","edu","edu","biz","biz"])))

credit.savings = credit.savings.map(dict(zip(credit.savings.
unique(),["< 100 DM","100-500 DM","500-1000 DM","> 1000 DM",
"unknown/no account"])))

credit.employ = credit.employ.map(dict(zip(credit.employ.
unique(),["unemployed","< 1 year","1-4 years","4-7 years",
"> 7 years"])))
```

基于篇幅考虑，上面只显示前五个变量的转换代码。整理完成后我们查看重新给定各类别名称的数据表，及其摘要统计表。

```
# 数据表内容较容易了解
print(credit.head())
```

```
##          Default checkingstatus1  duration history        purpose
## 0  Not Default             < 0 DM         6    good         newcar
## 1      Default          0-200 DM        48    good         newcar
## 2  Not Default           > 200 DM        12    good        usedcar
## 3  Not Default             < 0 DM        42    good   goods/repair
## 4      Default             < 0 DM        24    poor   goods/repair

##     amount     savings      employ  installment          status
## 0     1169    < 100 DM  unemployed            4       M/Div/Sep
## 1     5951  100-500 DM    < 1 year            2  F/Div/Sep/Mar
## 2     2096  100-500 DM   1-4 years            2       M/Div/Sep
## 3     7882  100-500 DM   1-4 years            2       M/Div/Sep
## 4     4870  100-500 DM    < 1 year            3       M/Div/Sep

##            others  residence     property  age otherplans
## 0            none          4         none   67       bank
## 1            none          2         none   22       bank
## 2            none          3         none   49       bank
## 3    co-applicant          4  co_applicant   45       bank
## 4            none          4    guarantor   53       bank
```

```
##   housing  cards        job  liable  tele
## 0     A152      2  unemployed       1  none
## 1     A152      1  unemployed       1   yes
## 2     A152      1   unskilled       2   yes
## 3     A153      1  unemployed       2   yes
## 4     A153      2  unemployed       2   yes
##    foreign
## 0  foreign
## 1  foreign
## 2  foreign
## 3  foreign
## 4  foreign
```

```
# 授信客户数据摘要统计表
print(credit.describe(include='all'))
```

```
##              Default checkingstatus1     duration history
## count           1000            1000  1000.000000    1000
## unique             2               4          NaN       3
## top      Not Default        > 200 DM          NaN    good
## freq             700             394          NaN     823
## mean             NaN             NaN    20.903000     NaN
## std              NaN             NaN    12.058814     NaN
## min              NaN             NaN     4.000000     NaN
## 25%              NaN             NaN    12.000000     NaN
## 50%              NaN             NaN    18.000000     NaN
## 75%              NaN             NaN    24.000000     NaN
## max              NaN             NaN    72.000000     NaN
##               purpose        amount     savings    employ
## count            1000   1000.000000        1000      1000
## unique              5           NaN           5         5
## top      goods/repair           NaN  100-500 DM  < 1 year
## freq              615           NaN         603       339
## mean              NaN   3271.258000         NaN       NaN
## std               NaN   2822.736876         NaN       NaN
## min               NaN    250.000000         NaN       NaN
## 25%               NaN   1365.500000         NaN       NaN
## 50%               NaN   2319.500000         NaN       NaN
## 75%               NaN   3972.250000         NaN       NaN
## max               NaN  18424.000000         NaN       NaN
```

```
##        installment      status others    residence
## count  1000.000000        1000   1000  1000.000000
## unique         NaN           4      3          NaN
## top            NaN  M/Div/Sep   none          NaN
## freq           NaN         548    907          NaN
## mean      2.973000         NaN    NaN     2.845000
## std       1.118715         NaN    NaN     1.103718
## min       1.000000         NaN    NaN     1.000000
## 25%       2.000000         NaN    NaN     2.000000
## 50%       3.000000         NaN    NaN     3.000000
## 75%       4.000000         NaN    NaN     4.000000
## max       4.000000         NaN    NaN     4.000000

##        property          age otherplans housing
## count       668  1000.000000       1000    1000
## unique        3          NaN          3       3
## top        none          NaN       bank    A152
## freq        282          NaN        814     713
## mean        NaN    35.546000        NaN     NaN
## std         NaN    11.375469        NaN     NaN
## min         NaN    19.000000        NaN     NaN
## 25%         NaN    27.000000        NaN     NaN
## 50%         NaN    33.000000        NaN     NaN
## 75%         NaN    42.000000        NaN     NaN
## max         NaN    75.000000        NaN     NaN

##              cards         job       liable  tele
## count  1000.000000        1000  1000.000000  1000
## unique         NaN           4          NaN     2
## top            NaN  unemployed          NaN   yes
## freq           NaN         630          NaN   596
## mean      1.407000         NaN     1.155000   NaN
## std       0.577654         NaN     0.362086   NaN
## min       1.000000         NaN     1.000000   NaN
## 25%       1.000000         NaN     1.000000   NaN
## 50%       1.000000         NaN     1.000000   NaN
## 75%       2.000000         NaN     1.000000   NaN
## max       4.000000         NaN     2.000000   NaN

##        foreign
## count     1000
```

```
## unique        2
## top     foreign
## freq        963
## mean        NaN
## std         NaN
## min         NaN
## 25%         NaN
## 50%         NaN
## 75%         NaN
## max         NaN
```

建模前我们查看某些直觉上与贷款违约相关的类别特征，二维 (two-way) 列联表适合两个变量均为类别的情况，结果显示似乎支票与储蓄存款账户余额较高者，贷款违约概率较低。

```
# crosstab() 函数建支票存款账户状况，与是否违约的二维列联表
ck_f = pd.crosstab(credit['checkingstatus1'],
credit['Default'], margins=True)
# 计算相对次数
ck_f.Default = ck_f.Default/ck_f.All
ck_f['Not Default'] = ck_f['Not Default']/ck_f.All
print(ck_f)
```

```
## Default            Default  Not Default   All
## checkingstatus1
## 0-200 DM          0.390335     0.609665   269
## < 0 DM            0.492701     0.507299   274
## > 200 DM          0.116751     0.883249   394
## no account        0.222222     0.777778    63
## All               0.300000     0.700000  1000
```

```
# 储蓄存款账户余额状况，与是否违约的二维列联表
sv_f = pd.crosstab(credit['savings'],
credit['Default'], margins=True)

sv_f.Default = sv_f.Default/sv_f.All
sv_f['Not Default'] = sv_f['Not Default']/sv_f.All
print(sv_f)
```

```
## Default                  Default  Not Default   All
## savings
```

```
## 100-500 DM          0.359867    0.640133   603
## 500-1000 DM         0.174603    0.825397    63
## < 100 DM            0.174863    0.825137   183
## > 1000 DM           0.125000    0.875000    48
## unknown/no account  0.330097    0.669903   103
## All                 0.300000    0.700000  1000
```

金额与还款是贷款的两个重要特征，贷款金额为 250 ～ 18 420 德国马克，还款期为 4～72 个月，中位数分别为 2319.5 德国马克与 18 个月。

```
# 与 R 语言 summary() 输出相比，多了样本数 count 与标准偏差 std
print(credit['duration'].describe())
```

```
## count    1000.000000
## mean       20.903000
## std        12.058814
## min         4.000000
## 25%        12.000000
## 50%        18.000000
## 75%        24.000000
## max        72.000000
## Name: duration, dtype: float64
```

```
print(credit['amount'].describe())
```

```
## count     1000.000000
## mean      3271.258000
## std       2822.736876
## min        250.000000
## 25%       1365.500000
## 50%       2319.500000
## 75%       3972.250000
## max      18424.000000
## Name: amount, dtype: float64
```

建模前须将目标变量再转回数值，与 R 语言相比，因为 R 语言的因子变量外表为字符串，但模型运算时会自动取用标签编码的数值，所以是较为方便的类别变量处理机制。

```
# 字符串转回 0-1 整数值
inv_target = {"Not Default": 0, "Default": 1}
credit.Default = credit.Default.map(inv_target)
```

除了目标变量外，其余类别预测变量也需要完成编码。循环设计可完成所有类别预测变量的编码工作，读者应注意从数据表 credit 中取出各字段后，先将其类型转为字符串 (astype(str)) 再进行标签编码 (参见 1.4.3 节 Python 语言类别变量编码)。

```
# 成批完成类别预测变量标签编码
from sklearn.preprocessing import LabelEncoder
# 先用逻辑值索引取出类别字段名
col_cat = credit.columns[credit.dtypes == "object"]
# 定义空模
le = LabelEncoder()
# 逐栏取出类别变量值后进行标签编码
for col in col_cat:
    credit[col] = le.fit_transform(credit[col].astype(str))
```

机器学习人群将数据集分为类别标签向量 $\boldsymbol{y}$ 与特征矩阵 $\boldsymbol{X}$，可以用保留法对 $\boldsymbol{X}$ 与 $\boldsymbol{y}$ 做 90% 与 10% 的训练集及测试集分割，再确认两集合的类别标签分布与原样本集合是否大致相仿。

```
# 分割类别标签向量 y 与特征矩阵 X
y = credit['Default']
X = credit.drop(['Default'], axis=1)
# 分割训练集及测试集, random_state 参数设定随机数种子
from sklearn.model_selection import train_test_split

X_train, X_test, y_train, y_test = train_test_split(X, y,
test_size=0.1, random_state=33)
```

```
# 训练集类别标签频率分布表
Default_train = pd.DataFrame(y_train.value_counts(sort =
True))
```

```
# 计算与建立累积和字段'cum_sum'
Default_train['cum_sum'] = Default_train['Default'].cumsum()
```

```
# 计算与建立相对次数字段'perc'
tot = len(y_train)
Default_train['perc']=100*Default_train['Default']/tot
```

```
# 计算与建立累积相对次数字段'cum_perc'
Default_train['cum_perc']=100*Default_train['cum_sum']/tot
```

```
# 比较训练集与测试集类别标签分布
print(Default_train)
```

```
##    Default  cum_sum       perc    cum_perc
## 0      635      635  70.555556   70.555556
## 1      265      900  29.444444  100.000000
```

```
print(Default_test)
```

```
##    Default  cum_sum  perc  cum_perc
## 0       65       65  65.0      65.0
## 1       35      100  35.0     100.0
```

sklearn.tree 模块在 Python 语言中专门建立分类与回归问题的树形模型，背后的算法为优化后的分类与回归树 CART 算法。使用方式同前所述：先加载模块或类别，接着定义模型及其规格 (空模规格)，再传入训练样本估计模型参数 (拟合实模)，最后则是运用模型，也就是对训练或测试样本集进行预测或转换。从预测结果可以发现，训练集与测试集的预测误差差距很大 (见图 3.3)，因此可以判定模型为过度拟合的。

```
# 加载 sklearn 包的树形模型模块 tree
from sklearn import tree
# 定义 DecisionTreeClassifier() 类别空模 clf(未更改默认设定)
clf = tree.DecisionTreeClassifier()
# 传入训练数据拟合实模 clf
clf = clf.fit(X_train,y_train)
# 预测训练集标签 train_pred
train_pred = clf.predict(X_train)
print(' 训练集错误率为{0}.'.format(np.mean(y_train !=
train_pred)))
```

```
## 训练集错误率为0.0.
```

```
# 预测测试集标签 test_pred
test_pred = clf.predict(X_test)
# 训练集错误率远低于测试集，过度拟合的征兆
print(' 测试集错误率为{0}.'.format(np.mean(y_test !=
test_pred)))
```

```
## 测试集错误率为0.35.
```

数据科学家须设法改善模型过度拟合的状况，首先用 get_params() 方法了解目前分类树模型的参数，最大树深 max_depth 与叶节点最大数量 max_leaf_nodes 均无默认值(None)，且叶节点最小样本数 min_samples_leaf 默认为 1。相较之下前述 R 语言实现 CART 算法诸多想法的 rpart(Recursive PARTition) 包，其最大树深 maxdepth 默认为 30，但是同样没有控制叶节点的最大数量 (rpart.control() 没有这个参数)；且其叶节点最大样本数 minbucket 设定为 round(minsplit/3)，其中分支节点最小样本数 minsplit 默认为 20，所以叶节点最大数量默认值为 7，这些较佳的默认值似乎是 R 语言受数据科学家喜爱的原因之一。

```
# print(clf.get_params())
keys = ['max_depth', 'max_leaf_nodes', 'min_samples_leaf']
print([clf.get_params().get(key) for key in keys])
```

```
## [None, None, 1]
```

将 Python 最大树深与叶节点最大样本数分别设为 30 与 7, 并将叶节点的最大数量控制在 10，结果可发现过度拟合的现象改善很多。

```
# 再次定义空模 clf(更改上述三参数设定)、拟合与预测
clf = tree.DecisionTreeClassifier(max_leaf_nodes = 10,
min_samples_leaf = 7, max_depth= 30)

clf = clf.fit(X_train,y_train)


train_pred = clf.predict(X_train)
print(' 训练集错误率为{0}.'.format(np.mean(y_train !=
train_pred)))
```

```
## 训练集错误率为0.22666666666666666.
```

```
# 过度拟合情况已经改善
test_pred = clf.predict(X_test)
print(' 测试集错误率为{0}.'.format(np.mean(y_test !=
test_pred)))
```

```
## 测试集错误率为0.24.
```

Python 语言产生树形模型报表[1] 与图形较为烦琐，不过也可借此磨炼程序编写技巧。模型将相关信息存放在类别为 sklearn.tree._tree.Tree 的 clf.tree_ 下的各个特征中，包括二元分类树共有 19 个节点 node_count、各个节点的左右子节点编号 children_left 与 children_right、对应的分支特征与特征分割值 feature 及 threshold。

[1] https://scikit-learn.org/stable/auto_examples/tree/plot_unveil_tree_structure.html

```
n_nodes = clf.tree_.node_count
print(' 分类树有 {0} 个节点.'.format(n_nodes))
```

```
## 分类树有 19 个节点.
```

```
children_left = clf.tree_.children_left
s1 = ' 各节点的左子节点分别是 {0}'
s2 = '\n{1}(-1 表示叶节点没有子节点).'
print(''.join([s1, s2]).format(children_left[:9],
children_left[9:]))
```

```
## 各节点的左子节点分别是 [ 1  3 -1  9  5  7 -1 -1 -1]
## [11 -1 13 -1 15 17 -1 -1 -1 -1](-1表示叶节点没有子节点)
```

```
children_right = clf.tree_.children_right
s1 = ' 各节点的右子节点分别是 {0}'
s2 = '\n{1}(-1 表示叶节点没有子节点).'
print(''.join([s1, s2]).format(children_right[:9],
children_right[9:]))
```

```
## 各节点的右子节点分别是 [ 2  4 -1 10  6  8 -1 -1 -1]
## [12 -1 14 -1 16 18 -1 -1 -1 -1](-1表示叶节点没有子节点)
```

```
feature = clf.tree_.feature
s1 = ' 各节点分支特征索引为 (-2 表示无分支特征)'
s2 = '\n{0}.'
print(''.join([s1, s2]).format(feature))
```

```
## 各节点分支特征索引为(-2表示无分支特征)
## [ 0  1 -2 11  5  1 -2 -2 -2  2 -2  4 -2  1  6 -2 -2 -2 -2]
```

```
threshold = clf.tree_.threshold
s1 = ' 各节点分支特征阈值为 (-2 表示无分支特征阈值)'
s2 = '\n{0}\n{1}\n{2}\n{3}.'
print(''.join([s1, s2]).format(threshold[:6],
threshold[6:12], threshold[12:18], threshold[18:]))
```

```
## 各节点分支特征阈值为(-2表示无分支特征阈值)
## [ 1.5 22.5 -2.   2.5  0.5 47.5]
## [ -2.    -2.    -2.     1.5  -2.  967. ]
## [-2.   7.5  0.5 -2.   -2.   -2. ]
## [-2.]
```

了解上述信息意义后，用 while 循环逐一建立其在树结构的深度 node_depth，及是否为叶节点的布尔值列表 is_leaves，最后运用 for 循环从根节点逐一内缩产生分类树报表。

```
# 各节点树深列表 node_depth
node_depth = np.zeros(shape=n_nodes, dtype=np.int64)
# 各节点是否为叶节点的真假值列表
is_leaves = np.zeros(shape=n_nodes, dtype=bool)
# 元组（节点编号，父节点深度）形成的堆栈列表，初始化时只有根节点
stack = [(0, -1)]
# 从堆栈逐一取出信息产生报表，堆栈最终会变空
while len(stack) > 0:
    node_i, parent_depth = stack.pop()
    # 自己的深度为父节点深度加 1
    node_depth[node_i] = parent_depth + 1
    # 如果是测试节点 (左子节点不等于右子节点)，而非叶节点
    if (children_left[node_i] != children_right[node_i]):
    # 加左分枝节点，分枝节点的父节点深度正是自己的深度
        stack.append((children_left[node_i],parent_depth+1))
    # 加右分枝节点，分枝节点的父节点深度正是自己的深度
        stack.append((children_right[node_i],parent_depth+1))
    else:
    # is_leaves 原默认全为 False，最后有 True 有 False
        is_leaves[node_i] = True
```

```
print(" 各节点的深度分别为：{0}".format(node_depth))
```

```
## 各节点的深度分别为：[0 1 1 2 2 3 3 4 4 3 3 4 4 5 5 6 6 6 6]
```

```
print(" 各节点是否为终端节点的真假值分别为：\n{0}\n{1}"
.format(is_leaves[:10], is_leaves[10:]))
```

```
## 各节点是否为终端节点的真假值分别为：
## [False False  True False False False  True  True  True False]
## [ True False  True False False  True  True  True  True]
```

```
print("%s 个节点的二元树结构如下：" % n_nodes)
```

```
## 19 个节点的二元树结构如下：
```

```
# 循环控制语句逐一输出分类树模型报表
```

```
for i in range(n_nodes):
    if is_leaves[i]:
        print("%snd=%s leaf nd."%(node_depth[i]*" ", i))
    else:
        s1 = "%snd=%s test nd: go to nd %s"
        s2 = " if X[:, %s] <= %s else to nd %s."
        print(''.join([s1, s2])
              % (node_depth[i] * " ",
                 i,
                 children_left[i],
                 feature[i],
                 threshold[i],
                 children_right[i],
                 ))
## nd=0 test nd: go to nd 1 if X[:, 0] <= 1.5 else to nd 2.
##  nd=1 test nd: go to nd 3 if X[:, 1] <= 22.5 else to nd 4.
##  nd=2 leaf nd.
##   nd=3 test nd: go to nd 9 if X[:, 11] <= 2.5 else to nd 10.
##   nd=4 test nd: go to nd 5 if X[:, 5] <= 0.5 else to nd 6.
##    nd=5 test nd: go to nd 7 if X[:, 1] <= 47.5 else to nd 8.
##    nd=6 leaf nd.
##     nd=7 leaf nd.
##     nd=8 leaf nd.
##      nd=9 test nd: go to nd 11 if X[:, 2] <= 1.5 else to nd 12.
##      nd=10 leaf nd.
##       nd=11 test nd: go to nd 13 if X[:, 4] <= 967.0 else to nd 14.
##       nd=12 leaf nd.
##        nd=13 test nd: go to nd 15 if X[:, 1] <= 7.5 else to nd 16.
##        nd=14 test nd: go to nd 17 if X[:, 6] <= 0.5 else to nd 18.
##         nd=15 leaf nd.
##         nd=16 leaf nd.
##          nd=17 leaf nd.
##          nd=18 leaf nd.
```

```
print()
```

接着说明树形模型的可视化输出图[1]，首先加载所需包与模块，然后调用 tree.export_graphviz() 函数将模型 clf 写入内存中，命名为 dot_data。

[1] https://scikit-learn.org/stable/modules/tree.html

```
# 加载 Python 语言字符串读写包
from io import StringIO
import pydot
```

```
import pydotplus
# 将树 tree 输出为 StringIO 包的 dot_data
dot_data = StringIO()
tree.export_graphviz(clf, out_file=dot_data, feature_names=
['checkingstatus1', 'duration', 'history', 'purpose',
'amount', 'savings', 'employ', 'installment', 'status',
'others', 'residence', 'property', 'age', 'otherplans',
'housing', 'cards', 'job', 'liable', 'tele', 'foreign',
'rent'], filled=True, rounded=True,
class_names = ['Not Default', 'Default'])
```

最后使用 **pydotplus** 包将 `dot_data` 转换为 `graph` 对象，输出为 png 文件后显示分类树可视化图形。

```
# dot_data 转换为 graph 对象
graph = pydotplus.graph_from_dot_data(dot_data.getvalue())
# graph 写出 pdf
# graph.write_pdf("credit.pdf")
print(graph)
# graph 写出 png
# graph.write_png('credit.png')
# 加载 IPython 的图片呈现工具类别 Image(还有 Audio 与 Video)
# from IPython.core.display import Image
# Image(filename='credit.png')
# 或者直接显示图形
# Image(graph.create_png,)
```

```
## <pydotplus.graphviz.Dot object at 0x7ff4bbba4510>
```

图形输出需要安装同样是开源的网络图形可视化软件 `Graphviz`，网络图形 (graph 或 network) 在网络工程、生物信息、软件工程、数据库与网页设计、机器学习等领域有重要应用。读者请从官网 `http://www.graphviz.org/` 下载相应操作系统的安装文件后进行安装，Windows 操作系统用户记得将安装路径加入控制面板的环境变量中，确保 `Graphviz` 的正常运行。

图 5.19 中有些分支是无谓的，例如 `duration <= 47.5` 与 `employ <= 0.5`，因为它们下方的两个叶节点的 `class` 都是相同的，我们可以手工剪枝 (manual pruning) 将之去除，获得较为简单的模型，避免树形模型容易过度拟合的缺点。此外，分类树报表或图形中类

别分支特征的阈值阅读不易，例如，根节点的 `checkingstatus1<=1.5`，这些都是树形建模算法较多的 R 语言所没有的缺点。

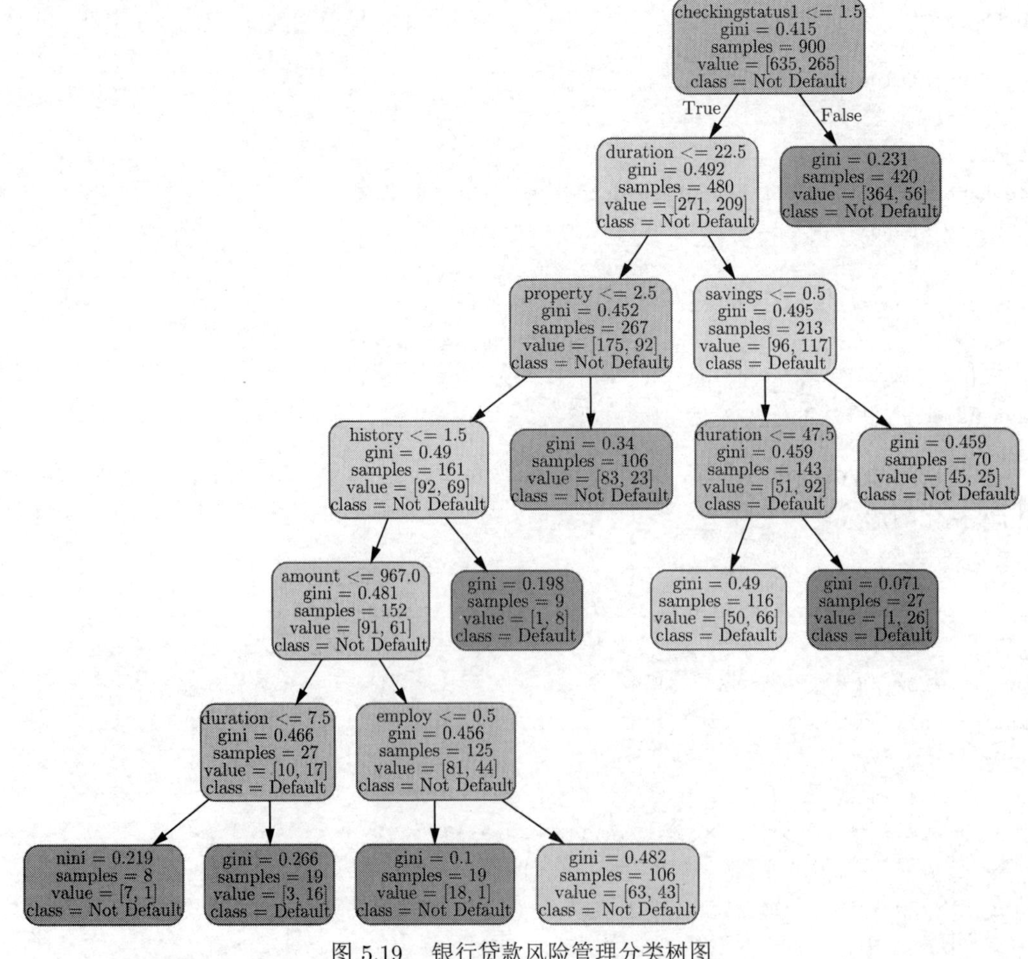

图 5.19 银行贷款风险管理分类树图

5.2.4.2 酒品评点回归树预测

酿酒业是竞争激烈且挑战性高的行业，但也包含庞大的潜在商机。影响酒厂利润的因素很多，例如气候、生长环境、装瓶与制造过程、酒瓶及包装的设计，以及定价等。这些有形或无形的因素，影响了顾客品尝酒类产品的认知。案例背后运用辅助制酒决策的数据收集机制，结合机器学习方法，打造模仿品酒专家评比酒类质量的计算机辅助酒品评测系统，希望找出葡萄酒产品评比高的关键因素 (Lantz, 2015)。

加载加州大学尔湾分校 (University of California at Irvine, UCI) 机器学习数据库中的葡萄牙青酒数据集，或称绿酒数据，共有 4898 笔 Vinho Verde 青酒。查看变量类型与摘要统计表，数据共有 12 个数值或整数类型的特征，并绘制葡萄酒评点分数 `quality` 的分布。图 5.20显示大多数的酒质量平均，少数特别差或特别好，呈现正态分布，适合建立回归模型。如果酒间质量变异很小，或者呈现双峰分布 (bimodal distributions，较好或较差的酒各自呈单峰分布)，这时数据建模可能会遭遇困难 (层别后再建模？请思考一下!)。

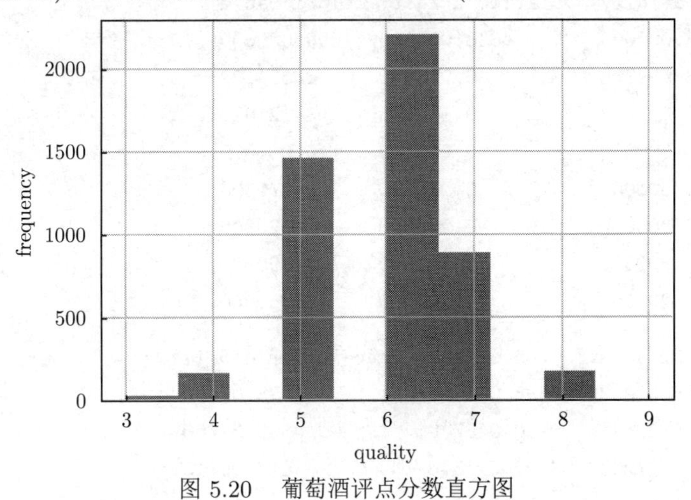

图 5.20 葡萄酒评点分数直方图

```
# Python 基本包与数据集加载
import numpy as np
import pandas as pd
wine = pd.read_csv("./_data/whitewines.csv")
```

```
# 查看变量类型
print(wine.dtypes)
```

```
## fixed acidity           float64
## volatile acidity        float64
## citric acid             float64
## residual sugar          float64
## chlorides               float64
## free sulfur dioxide     float64
## total sulfur dioxide    float64
## density                 float64
## pH                      float64
## sulphates               float64
## alcohol                 float64
## quality                   int64
## dtype: object
```

```
# 葡萄酒数据摘要统计表
print(wine.describe(include='all'))
```

```
##        fixed acidity  volatile acidity  citric acid
## count    4898.000000       4898.000000  4898.000000
## mean        6.854788          0.278241     0.334192
## std         0.843868          0.100795     0.121020
## min         3.800000          0.080000     0.000000
## 25%         6.300000          0.210000     0.270000
## 50%         6.800000          0.260000     0.320000
## 75%         7.300000          0.320000     0.390000
## max        14.200000          1.100000     1.660000

##        residual sugar    chlorides  free sulfur dioxide
## count     4898.000000  4898.000000          4898.000000
## mean         6.391415     0.045772            35.308085
## std          5.072058     0.021848            17.007137
## min          0.600000     0.009000             2.000000
## 25%          1.700000     0.036000            23.000000
## 50%          5.200000     0.043000            34.000000
## 75%          9.900000     0.050000            46.000000
## max         65.800000     0.346000           289.000000

##        total sulfur dioxide      density           pH
## count           4898.000000  4898.000000  4898.000000
## mean             138.360657     0.994027     3.188267
## std               42.498065     0.002991     0.151001
## min                9.000000     0.987110     2.720000
## 25%              108.000000     0.991723     3.090000
## 50%              134.000000     0.993740     3.180000
## 75%              167.000000     0.996100     3.280000
## max              440.000000     1.038980     3.820000

##          sulphates      alcohol      quality
## count  4898.000000  4898.000000  4898.000000
## mean      0.489847    10.514267     5.877909
## std       0.114126     1.230621     0.885639
## min       0.220000     8.000000     3.000000
## 25%       0.410000     9.500000     5.000000
## 50%       0.470000    10.400000     6.000000
## 75%       0.550000    11.400000     6.000000
## max       1.080000    14.200000     9.000000
```

```
# 葡萄酒评点分数分布
ax = wine.quality.hist()
ax.set_xlabel('quality')
ax.set_ylabel('frequency')
fig = ax.get_figure()
# fig.savefig("./_img/quality_hist.png")
```

将特征矩阵与类别标签独立后，分割两者为训练集与测试集 (注：确认 wine 数据集内的观测值顺序是随机时，可以采用这种方式分割数据)。

```
# 分割特征矩阵 X 与类别标签向量 y
X = wine.drop(['quality'], axis=1)
y = wine['quality']
# 分割训练集与测试集
X_train = X[:3750]
X_test = X[3750:]
y_train = y[:3750]
y_test = y[3750:]
```

首先用 **sklearn.tree** 模块回归树建立类别 DecisionTreeRegressor() 的默认设定拟合模型，结果发现是一株节点非常多 (两千多个节点！) 的过度拟合回归树。

```
from sklearn import tree
# 模型定义 (未更改默认设定) 与拟合
clf = tree.DecisionTreeRegressor()
# 存储模型 clf 参数值字典 (因为直接输出会超出边界)
dicp = clf.get_params()
# 取出字典的键，并转为列表
dic = list(dicp.keys())
# 用字典推导分六次输出模型 clf 的参数值
print({key:dicp.get(key) for key in dic[0:int(len(dic)/6)]})
```

```
## {'criterion': 'mse', 'max_depth': None}
```

```
# 第二次输出模型 clf 参数值
print({key:dicp.get(key) for key in
dic[int(len(dic)/6):int(2*len(dic)/6)]})
```

```
## {'max_features': None, 'max_leaf_nodes': None}
```

```
# 第三次输出模型 clf 参数值
print({key:dicp.get(key) for key in
dic[int(2*len(dic)/6):int(3*len(dic)/6)]})
```

```
## {'min_impurity_decrease': 0.0, 'min_impurity_split': None}
```

```
# 第四次输出模型 clf 参数值
print({key:dicp.get(key) for key in
dic[int(3*len(dic)/6):int(4*len(dic)/6)]})
```

```
## {'min_samples_leaf': 1, 'min_samples_split': 2}
```

```
# 第五次输出模型 clf 参数值
print({key:dicp.get(key) for key in
dic[int(4*len(dic)/6):int(5*len(dic)/6)]})
```

```
## {'min_weight_fraction_leaf': 0.0, 'presort': False}
```

```
# 第六次输出模型 clf 参数值
print({key:dicp.get(key) for key in
dic[int(5*len(dic)/6):int(6*len(dic)/6)]})
```

```
## {'random_state': None, 'splitter': 'best'}
```

```
# 回归树模型拟合
clf = clf.fit(X_train,y_train)
# 节点数过多 (2123 个)，显示模型过度拟合
n_nodes = clf.tree_.node_count
print(' 回归树有 {0}个节点'.format(n_nodes))
```

```
## 回归树有 2127个节点
```

接着调用 R 语言回归树 {rpart} 包的默认设定值，结果呈现过度拟合的现象已大幅改善。进一步查看训练与测试性能，可发现准确度衡量 MSE 表现不俗，测试集相关性衡量 R^2 略低于训练集的合理状况。

```
# 再次定义空模 clf(同上小节更改为 R 语言 {rpart} 包的默认值)
clf = tree.DecisionTreeRegressor(max_leaf_nodes = 10,
min_samples_leaf = 7, max_depth= 30)
clf = clf.fit(X_train,y_train)
```

```
# 节点数 19 个，显示拟合结果改善
n_nodes = clf.tree_.node_count
print(' 回归树有{0}个节点'.format(n_nodes))
```

```
## 回归树有 19个节点
```

```
# 预测训练集酒质分数 y_train_pred
y_train_pred = clf.predict(X_train)
# 查看训练集酒质分数的实际值分布与预测值分布
print(y_train.describe())
```

```
## count    3750.000000
## mean        5.870933
## std         0.886389
## min         3.000000
## 25%         5.000000
## 50%         6.000000
## 75%         6.000000
## max         9.000000
## Name: quality, dtype: float64
```

```
# 训练集酒质预测分布内缩
print(pd.Series(y_train_pred).describe())
```

```
## count    3750.000000
## mean        5.870933
## std         0.483282
## min         4.545455
## 25%         5.460245
## 50%         6.063140
## 75%         6.202265
## max         6.596992
## dtype: float64
```

```
# 预测测试集酒质分数 y_test_pred
y_test_pred = clf.predict(X_test)
print(y_test.describe())
```

```
## count    1148.000000
## mean        5.900697
## std         0.883186
```

```
## min          3.000000
## 25%          5.000000
## 50%          6.000000
## 75%          6.000000
## max          9.000000
## Name: quality, dtype: float64
```

```
# 测试集酒质预测分布内缩
print(pd.Series(y_test_pred).describe())
```

```
## count    1148.000000
## mean        5.888550
## std         0.484564
## min         4.545455
## 25%         5.460245
## 50%         6.063140
## 75%         6.202265
## max         6.596992
## dtype: float64
```

```
# 计算模型性能
from sklearn.metrics import r2_score
from sklearn.metrics import mean_squared_error
print('训练集 MSE: %.3f, 测试集: %.3f' % (
        mean_squared_error(y_train, y_train_pred),
        mean_squared_error(y_test, y_test_pred)))
```

```
## 训练集MSE: 0.552, 测试集: 0.560
```

```
print('训练集 R^2: %.3f, 测试集 R^2: %.3f' % (
        r2_score(y_train, y_train_pred),
        r2_score(y_test, y_test_pred)))
```

```
## 训练集R^2: 0.297, 测试集R^2: 0.282
```

回归树模型报表与树形图产生方式与 5.2.4.1节所述相同，从图 5.21 中我们发现特征 alcohol、voltality acidity 与 free sulfur dioxide 等进入回归树中成为分支特征，且都多次成为树中的分支特征，尤其是 alcohol 与 voltality acidity 较为重要，因为根节点或接近根节点的特征通常是数据表中影响预测的关键因素。

图 5.21 也显示各特征与量化反应变量 quality 的变化方向如下：酒精与二氧化硫数值越高 (http://www.my5y.com/Wine-Health/201211/456.html，适当的二氧化硫可以灭菌)，酒质分数越高；而当葡萄酒香气的主要来源——挥发酵较低时，酒质分数通常较高。最后，无论何种模型的诠释，建议读者最好向该领域的专家请教。

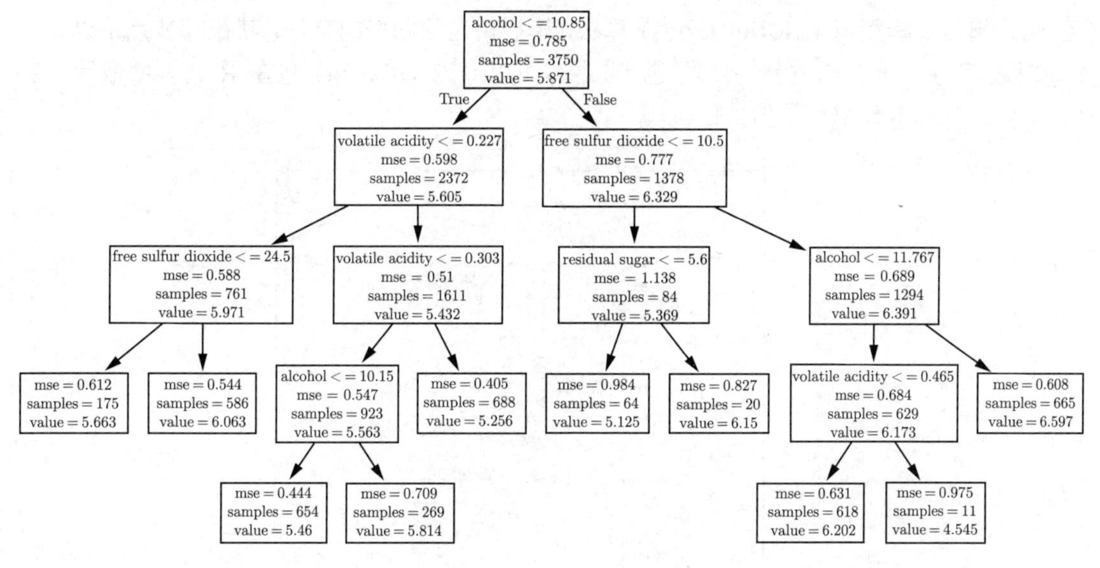

图 5.21　酒品评点回归树树形图

5.2.4.3 结语

树形模型的优点为模型结果容易解释，因为可以转成 if-then 的规则；适合处理多种类型的预测变量，即数据表可以混合各种形式的变量，而且稀疏与偏态的状况无需特别处理；具有缺失值的变量也可以顺利建模 (注：Python 的 scikit-learn 包似乎并非如此)；内置变量挑选机制会排除不重要的特征，也就是说较不易受无关特征的影响。

树形模型的缺点是模型不稳定，训练数据集中些许的变动，可能导致不同的树形模型决策逻辑；算法参数如未适当调校，容易过度拟合，或产生拟合不足的模型；另外，一株过度拟合的大树，其结构难以解释，且容易造成决策违反直觉的状况；再者，因为树形模型的知识表达形式为轴平行分割 (axis-parallel splits) 的方式 (参见图 5.22鸢尾花分类树的预测变量空间分割图，该图来自图 5.16)，所以当问题不适合这种知识表达形式时，树形模型的性能就不会是最佳的了。最后，树建构算法要避免选择偏误 (selection bias)，防止算法倾向于挑选类型较多的特征，GUIDE(Generalized, Unbiased, Interaction Detection and Estimation) 与条件推论树 (conditional inference trees) 是减缓上述偏误的无偏树形模型建构算法 (Loh, 2002; Hothorn et al., 2006)。

本书编写时 **sklearn** 包尚无法在各误归类成本不同的情况下训练分类树模型 (`https://stackoverflow.com/questions/37616410/unequal-misclassification-costs-in-python-sklearn`)，有这类需求的读者可以参考 R 语言中的 {C50} 包。另外，R 语言树形模型建构包除了前述 {rpart} 之外，还有 {tree}、{C50}、{party} 等值得读者尝试运用，其中 {party} 包含条件回归树算法。最后，Java 开源机器学习函数库 Weka 包含许多分类/回归树以及**模型树 (model trees)** 算法，模型树是回归树的延伸，其在叶节点是以同质样本子集所建立的回归方程进行预测，读者也可以通过 {RWeka} 包在 R 语言中取用 (注：Python 3 目前也有 Weka 的接口包)。

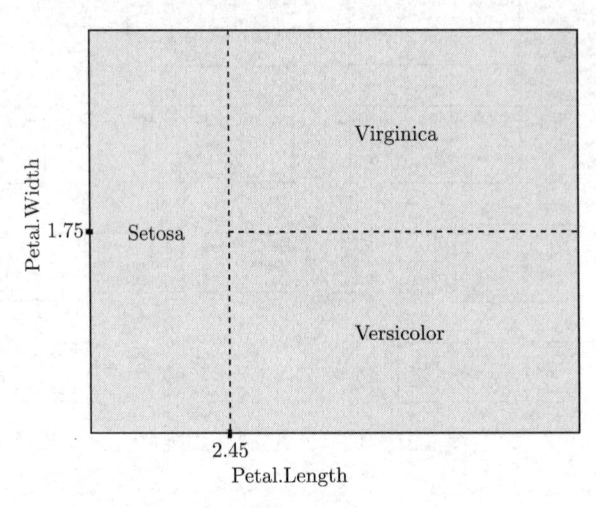

图 5.22　鸢尾花分类树轴平行分割图

第 6 章

其他学习方式

第 4、5 章分别介绍无监督式学习与监督式学习，前者属于问题定义尚未十分清楚时探索与知识发现的方法，其目的仍是为了建立更好的监督式学习模型。大数据时代下我们面临的问题日益复杂，专家学者们在无监督式学习与监督式学习的基础上，延伸了更多解决复杂问题的统计机器学习方式，本章将介绍集成学习、深度学习与强化学习等三种常用的学习方式。

6.1 集成学习

集成学习 (ensemble learning) 着眼于不同分类模型的特征及其对训练数据中随机噪声的不同敏感程度，集合多个同类或不同类模型的预测结果，期望总结出来的预测值能准确命中目标。ensemble 一字来自音乐领域 (请注意其读音)，原意为合奏，我们可以试着想象数十人组成管弦乐团或交响乐团，乐手们各司其职演奏出优美的乐章，呈现出与独奏截然不同的风貌。统计机器学习人群借鉴其义，运用投票、平均或建模等机制，集合各分类或回归模型的预测结果，发挥团结力量大的优势，以解决更复杂难理的问题。因为集成学习用拔靴重抽样方法，产生多个**基本模型 (base learner)**，成为共同决策的一系列模型，因此也有人称这种学习方式为**委员会式学习 (committee learning)**。从另一个角度来看，集成学习根据基本模型的预测结果，再将最终预测结果学习出来，因此也可称之为**后设学习 (meta-learning)**。

简而言之，集成学习汇集模型为群组，用团队合作的方式解决富有挑战性的问题。

接下来我们分节探讨**拔靴集成法 (Bootstrap AGGregatING, BAGGING)**、**多模激发法 (boosting)** 与**随机森林 (random forest)** 这三种常用的**集成模型 (ensembles)**。

6.1.1 拔靴集成法

拔靴集成法是最早提出的集成学习技术之一，其算法如下：

for i = 1 to m **do**

从原数据集中产生一组拔靴样本 (参见 3.3.1 节)

根据抽出的拔靴样本训练一株无修剪的树形模型

end

产生集成模型中的 m 株树后，各自对新样本进行预测，再将 m 个预测值进行投票多数决 (表决) 的最终分类预测，或是计算反应变量平均值的最后数值预测，完成 BAGGING 的预测任务。BAGGING 是一种相对简单的集成模型，用于集成不稳定的学习模型时效果很好，例如树形模型。为何要挑选不稳定的学习算法来集成呢？答案是为了确保集成模型的多样性 (diversity)。

在预测结果评估方面，如同 3.3.1 节所述，拔靴抽样法实行多次回置抽样的方式，因此总有一些样本从未被用来拟合模型，这些样本称为**袋外样本 (out-of-bag samples)**，是估计模型性能的最佳子集。

6.1.2 多模激发法

多模激发法 (boosting) 或译为性能提升法，是经常在 Kaggle 竞赛中扬名立万的统计机器学习算法之一，性能提升之意是建立多个**互补**的**弱模型 (weak learner)**，将其集成后达到团结力量大的效果。所谓弱模型指的是其模型性能只比**随机猜测模型 (random model)**，或**空无模型 (null model)** 稍好的模型。随机猜测是根据训练样本的类别标签分布随机产生预测结果；而空无模型则是以训练样本的数值反应变量的平均值进行预测，两者其实都没有用到任何预测变量的消息。

多模激发法类似 BAGGING，以重新抽样的数据训练集成模型，并投票多数决，或是计算平均决定最终预测结果。与 BAGGING 的关键差异在于关注经常误归类的样本，强调训练互补的模型，并且在最终预测时根据各模型的性能表现，决定投票或计算平均的权重。

图 6.1 说明多模激发法的执行原理，4 个方形表示依序产生的分类模型，模型试图将 10 个 + 与 − 的两类样本尽可能分开 (`https://www.datacamp.com/community/tutorials/xgboost-in-python`)。

(1) 模型 1：第一个模型用一条垂直线 D1 将训练样本切割，这种单层树深只有一个分支的树形模型称为**决策树桩 (decision stump)**，对困难的问题而言，这种模型通常性

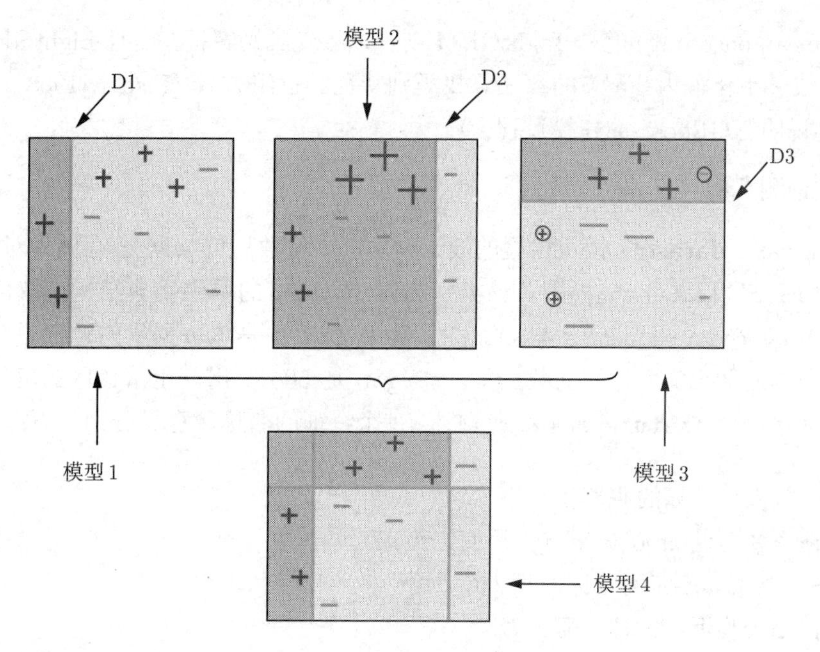

图 6.1　多模激发法算法说明图

能不佳。其决策边界是仅根据单一特征建立的 D1，其左方分类为 +，右方为 −，模型误归类了右方 3 个 +。

(2) 模型 2：第二个模型给予 3 个误归类的 + 较大的权重 (图中 + 较大)，产生第二个模型的垂直线 D2，左方为 +，右方为 −，模型仍然误归类了左方的 3 个 −。

(3) 模型 3：同理，第三棵树给予上述三个模型 2 误归类的 − 号样本较大的权重，产生 D3 水平线，上方为 +，下方为 −，模型 3 仍然误归类了某些样本点 (用圆圈表示)。

(4) 模型 4：集成模型将上面 3 个弱模型组合起来后，可以将所有样本点正确归类。

上面的简例说明多模激发法算法背后基本的想法，利用先前弱模型的误归类结果，尝试强化后面的模型以降低错误率。这种方法因为前面模型预测不准的样本，后续被抽出的概率增大，使得后面的模型加强对这些样本做出更准确的预测，互补合作提升整体性能。

就具体算法来说，**极端梯度多模激发法 (eXtreme Gradient BOOSTing, XGBoost)** 与**轻量级梯度多模激发机 (LIGHT Gradient Boosting Machines, lightGBM)** 是两种较新的算法，LightGBM 用新奇的抽样方法 Gradient-based One-Side Sampling (GOSS) 找出建树时的切割特征值，而 XGBoost 结合排序算法与直方图计算最佳的特征分割值[1]。此外，XGBoost 无法像 LightGBM 那样直接处理类别特征，与 6.1.3 的随机森林一样，XGBoost 只能接受数值数据，因此类别数据必须先进行标签编码、单热编码或

[1]https://towardsdatascience.com/catboost-vs-light-gbm-vs-xgboost-5f93620723db

均值编码 (mean encoding) 等[1]。LightGBM 则可以接受类别特征，而且 LightGBM 用最大化齐质性 (或最小化群内变异) 的算法寻找类别特征的群组方式 (Fisher, 1958)。下面我们用实际数据说明 XGBoost 的建模过程。

房价中位数预测案例

加载 **sklearn.datasets** 模块内置的波士顿房产中位数均价数据集,存储为对象 `boston`，其为 `sklearn.utils.Bunch` 类别。该类别类似 Python 的原生字典结构，取值的键包括 `data`、`target`、`feature_names` 与 `DESCR`，其中 `DESCR` 是该数据集的详细说明与参考文献，`data` 为 506 笔 13 个特征的数据集，`target` 是 506 笔房产坐落该区的房价中位数值 (以 $1000 为单位)，`feature_names` 是前述 13 个特征的名称，意义分别如下：

(1) `CRIM`：按人口计算的犯罪率。
(2) `ZN`：住宅区超过 25 000 平方英尺的比例。
(3) `INDUS`：该镇非零售商业区面积 (亩) 比例。
(4) `CHAS`：是否临近 Charles 河。
(5) `NOX`：一氧化氮浓度。
(6) `RM`：每个寓所平均房间数。
(7) `AGE`：1940 年以前建造的比例。
(8) `DIS`：距 Boston 5 个就业中心的加权距离。
(9) `RAD`：高速公路交流道接近性指数。
(10) `TAX`：每 $10 000 的全值财产税率。
(11) `PTRATIO`：该镇生师比。
(12) `B`：该镇黑人比例。
(13) `LSTAT`：低社经地位人口比例。

```
# 加载 Boston 房价数据导入方法 load_boston ()
from sklearn.datasets import load_boston
boston = load_boston()
print(type(boston))
```

```
## <class 'sklearn.utils.Bunch'>
```

```
# Bunch 对象的键
print(boston.keys())
# print (boston.DESCR)
```

[1] https://towardsdatascience.com/why-you-should-try-mean-encoding-17057262cd0

```
## dict_keys(['data', 'target', 'feature_names', 'DESCR', 'filename'])
```

```
# Python 句点语法查看特征矩阵 data 与目标变量 target 维度与维数
print(boston.data.shape)
```

```
## (506, 13)
```

```
print(boston.target.shape)
```

```
## (506,)
```

```
# 13 个特征名称
print(boston.feature_names[:9])
```

```
## ['CRIM' 'ZN' 'INDUS' 'CHAS' 'NOX' 'RM' 'AGE' 'DIS' 'RAD']
```

```
print(boston.feature_names[9:])
```

```
## ['TAX' 'PTRATIO' 'B' 'LSTAT']
```

接着加载 **pandas** 包，将特征矩阵 boston.data 转为 DataFrame 类型对象 data，并在特征矩阵后新增 PRICE 字段，存放 506 笔该区房产的房价中位数值 (以 $1000 为单位)。

```
# Bunch 对象转为 DataFrame
import pandas as pd
data = pd.DataFrame(boston.data)
data.columns = boston.feature_names
```

```
print(data.head())
```

```
##       CRIM    ZN  INDUS  CHAS    NOX     RM   AGE     DIS  RAD
## 0  0.00632  18.0   2.31   0.0  0.538  6.575  65.2  4.0900  1.0
## 1  0.02731   0.0   7.07   0.0  0.469  6.421  78.9  4.9671  2.0
## 2  0.02729   0.0   7.07   0.0  0.469  7.185  61.1  4.9671  2.0
## 3  0.03237   0.0   2.18   0.0  0.458  6.998  45.8  6.0622  3.0
## 4  0.06905   0.0   2.18   0.0  0.458  7.147  54.2  6.0622  3.0
```

```
##      TAX  PTRATIO       B  LSTAT
## 0  296.0     15.3  396.90   4.98
## 1  242.0     17.8  396.90   9.14
## 2  242.0     17.8  392.83   4.03
## 3  222.0     18.7  394.63   2.94
## 4  222.0     18.7  396.90   5.33
```

```
# 添加目标变量于后
data['PRICE'] = boston.target
```

用 **pandas** 数据集的 info() 方法查看索引、各字段笔数、遗缺状况、数据类型与占用内存大小等，describe(include='all') 方法产生摘要统计值表。

```
# DataFrame 的 info () 方法
print(data.info())
```

```
## <class 'pandas.core.frame.DataFrame'>
## RangeIndex: 506 entries, 0 to 505
## Data columns (total 14 columns):
## CRIM       506 non-null float64
## ZN         506 non-null float64
## INDUS      506 non-null float64
## CHAS       506 non-null float64
## NOX        506 non-null float64
## RM         506 non-null float64
## AGE        506 non-null float64
## DIS        506 non-null float64
## RAD        506 non-null float64
## TAX        506 non-null float64
## PTRATIO    506 non-null float64
## B          506 non-null float64
## LSTAT      506 non-null float64
## PRICE      506 non-null float64
## dtypes: float64(14)
## memory usage: 55.4 KB
## None
```

```
# 摘要统计表
print(data.describe(include='all'))
```

```
##              CRIM          ZN       INDUS        CHAS
## count  506.000000  506.000000  506.000000  506.000000
## mean     3.613524   11.363636   11.136779    0.069170
## std      8.601545   23.322453    6.860353    0.253994
## min      0.006320    0.000000    0.460000    0.000000
## 25%      0.082045    0.000000    5.190000    0.000000
## 50%      0.256510    0.000000    9.690000    0.000000
## 75%      3.677083   12.500000   18.100000    0.000000
## max     88.976200  100.000000   27.740000    1.000000
```

```
##              NOX          RM         AGE         DIS
## count  506.000000  506.000000  506.000000  506.000000
## mean     0.554695    6.284634   68.574901    3.795043
## std      0.115878    0.702617   28.148861    2.105710
## min      0.385000    3.561000    2.900000    1.129600
## 25%      0.449000    5.885500   45.025000    2.100175
## 50%      0.538000    6.208500   77.500000    3.207450
## 75%      0.624000    6.623500   94.075000    5.188425
## max      0.871000    8.780000  100.000000   12.126500

##              RAD         TAX     PTRATIO           B
## count  506.000000  506.000000  506.000000  506.000000
## mean     9.549407  408.237154   18.455534  356.674032
## std      8.707259  168.537116    2.164946   91.294864
## min      1.000000  187.000000   12.600000    0.320000
## 25%      4.000000  279.000000   17.400000  375.377500
## 50%      5.000000  330.000000   19.050000  391.440000
## 75%     24.000000  666.000000   20.200000  396.225000
## max     24.000000  711.000000   22.000000  396.900000

##            LSTAT       PRICE
## count  506.000000  506.000000
## mean    12.653063   22.532806
## std      7.141062    9.197104
## min      1.730000    5.000000
## 25%      6.950000   17.025000
## 50%     11.360000   21.200000
## 75%     16.955000   25.000000
## max     37.970000   50.000000
```

加载 XGBoost Python 包 **xgboost** 与类别 `mean_squared_error()`，后者计算回归性能评估指标的均方误差。

```
# 加载建模包与性能评估类别
import xgboost as xgb
from sklearn.metrics import mean_squared_error
import pandas as pd
import numpy as np
```

将特征矩阵与目标变量分开，并将两者转为 XGBoost 支持的优化数据结构 `DMatrix`，以获得较高的运算效率。

```
# 分割特征矩阵与目标变量
X, y = data.iloc[:,:-1],data.iloc[:,-1]
# xgboost 包的数据结构 DMatrix
data_dmatrix = xgb.DMatrix(data=X,label=y)
# xgboost.core.DMatrix
print(type(data_dmatrix))
```

```
## <class 'xgboost.core.DMatrix'>
```

分割数据集后设定极端梯度多模激发回归树的参数，因为预测房价中位数是回归问题，所以目标函数为 reg:linear；接下来的参数 colsample_bytree 是每株树运用的特征百分比，其值过高时容易过度拟合；参数 learning_rate 称为学习率，它是防止过度拟合的步距缩减值 (step size shrinkage)，其值的范围为 $[0,1]$；max_depth 决定在任何性能提升的迭代中，每一株树允许成长的深度；alpha 是叶节点权重的 L_1 正则化 (regularize) 惩罚参数 (参见 5.1.3 节)，值越大，正则化程度越高；n_estimators 是欲训练的多模激发树株数。

```
# 分割训练集（80%）与测试集（20%）
from sklearn.model_selection import train_test_split
X_train, X_test, y_train, y_test = train_test_split(X, y,
test_size=0.2, random_state=123)
# 定义 xgboost 回归模型规格
xg_reg = xgb.XGBRegressor(objective ='reg:linear',
colsample_bytree = 0.3, learning_rate = 0.1, max_depth = 5,
alpha = 10, n_estimators = 10)
```

传入数据拟合模型后，将拟合好的模型对测试数据进行预测，并计算其均方根误差。

```
# 传入数据拟合模型
xg_reg.fit(X_train,y_train)
# 预测测试集数据
preds = xg_reg.predict(X_test)
# 传入实际值与预测值向量计算均方根误差（一万元左右）
rmse = np.sqrt(mean_squared_error(y_test, preds))
print("RMSE 为 %f" % (rmse))
```

```
## RMSE为 10.517005
```

交叉验证可以获得更鲁棒的模型，xgb.cv() 函数中 nfold=3 设定三折交叉验证；num_boost_round=50 执行 50 回合的 XGBoost 训练与测试；early_stopping_rounds=10 启动算法提早停止的机制，交叉验证的错误率至少每隔 10 回合要有降低 (与截至目前最好的结果相比)，方能继续训练与测试。

```
# 训练参数同前
params = {"objective":"reg:linear",'colsample_bytree': 0.3,
'learning_rate': 0.1, 'max_depth': 5, 'alpha': 10,
'silent': 1}
# k 折交叉验证训练 XGBoost
cv_results = xgb.cv(dtrain=data_dmatrix, params=params,
nfold=3, num_boost_round=50, early_stopping_rounds=10,
metrics="rmse", as_pandas=True, seed=123, verbose_eval=False)
# 三次交叉验证计算训练集与测试集 RMSE 的平均数和标准偏差
print(cv_results.head(15))
```

```
##      train-rmse-mean  train-rmse-std  test-rmse-mean
## 0          21.680257        0.025607       21.719121
## 1          19.740500        0.072068       19.818879
## 2          18.007202        0.119744       18.109862
## 3          16.463924        0.115086       16.587236
## 4          14.990313        0.112001       15.132976
## 5          13.725513        0.097874       13.915506
## 6          12.589606        0.092036       12.812787
## 7          11.541967        0.122749       11.809534
## 8          10.609466        0.083412       10.949816
## 9           9.759409        0.040994       10.147333
## 10          9.045877        0.086567        9.488919
## 11          8.390126        0.100773        8.872467
## 12          7.805447        0.116594        8.343327
## 13          7.242207        0.094252        7.851984
## 14          6.737295        0.096157        7.412014

##      test-rmse-std
## 0         0.019025
## 1         0.061769
## 2         0.129375
## 3         0.182339
## 4         0.166282
## 5         0.128639
## 6         0.156502
## 7         0.190163
## 8         0.156486
## 9         0.120019
## 10        0.130246
```

```
## 11       0.117923
## 12       0.131250
## 13       0.135502
## 14       0.119330
```

```
# 50 回合（行编号）的 XGBoost 训练与测试，RMSE 平均值逐回降低
print(cv_results.tail())
```

```
##      train-rmse-mean  train-rmse-std  test-rmse-mean
## 45          2.303110        0.095324        3.929727
## 46          2.284013        0.099422        3.921385
## 47          2.262122        0.099400        3.914916
## 48          2.233371        0.089460        3.884679
## 49          2.202443        0.085125        3.862102

##      test-rmse-std
## 45        0.418970
## 46        0.420554
## 47        0.421881
## 48        0.438200
## 49        0.439726
```

从最后一回合 XGBoost 测试集的三次 RMSE 平均值可看出，均方根误差平均值最后下降到四千元左右。

```
# 最后一回合 XGBoost 测试集 RMSE 的平均值
print(cv_results["test-rmse-mean"].tail(1))
```

```
## 49    3.862102
## Name: test-rmse-mean, dtype: float64
```

最后，XGBoost 也可以作为特征挑选的工具，从图 6.2 的特征重要程度绘图，我们发现 NOX 是所有特征中影响该区房价中位数最重要的一个预测变量。虽然深度学习近来大放异彩，多模激发等集成学习似乎有点褪色，不过在训练数据有限的情形下，多模激发法仍然是非常强大的建模技术。

```
# 训练与预测回合数设为 10
xg_reg = xgb.train(params=params, dtrain=data_dmatrix,
num_boost_round=10)
# XGBoost 变量重要程度绘图
import matplotlib.pyplot as plt
ax = xgb.plot_importance(xg_reg)
```

```
plt.rcParams['figure.figsize'] = [5, 5]
# plt.show ()
fig = ax.get_figure()
# fig.savefig ('./_img/importance.png' )
```

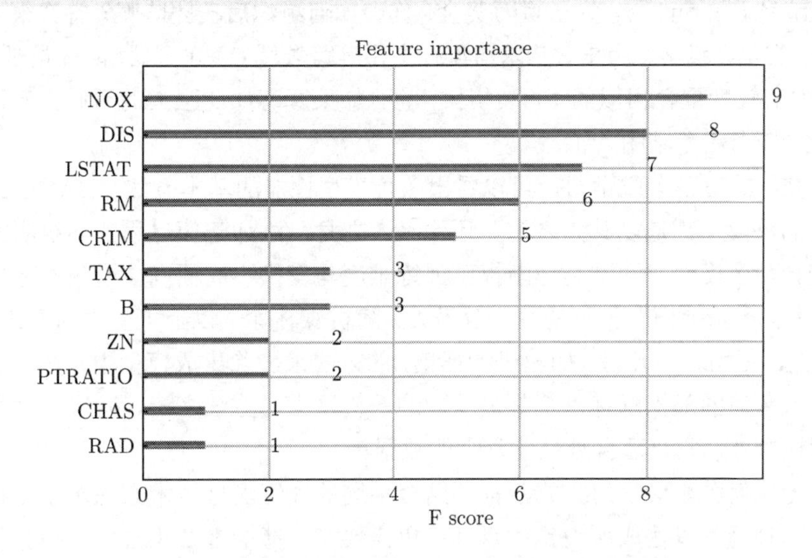

图 6.2 波士顿房价数据集 XGBoost 特征重要程度图

6.1.3 随机森林

6.1.1节 BAGGING 产生的装袋树 (bagged trees) 集成模型，可改善高变异低偏误的单株树的预测性能，因为在各装袋树建构过程中纳入拔靴抽样的随机性，每个新样本通过集成模型中各株树的不同预测值形成一个分布，有效降低了预测变量间相关性对模型性能的不良影响。可惜的是这些装袋树亦非完全独立，因为每株装袋树都使用相同的 (全部的) 特征集合建树，所以各装袋树虽然使用不尽相同的拔靴样本，但在拔靴样本数够大的情况下，却因为考虑的特征均相同，导致各装袋树的结构相似，尤其是越接近根节点的结构越相似，如此因为集成模型中各树的相关性，使得 6.1.1节 BAGGING 无法进一步降低预测值的方差。

随机森林 (random forest) 将特征随机挑选的机制，融入 BAGGING 的基本原理中，以提升决策树模型的多样性。它从原训练样本特征集合中随机挑选各装袋树建树的特征子集，有效降低装袋树间的相关性。不过随机森林必须调校随机挑选的特征个数 $k(k \leqslant m)$，调校的范围通常设为 $2 \sim m$。此外，随机森林已被证明不会因增加树的数量而过度拟合，也就是说森林中包括大量的树将不会有不良的影响，但是树越多，计算的负担越重。原则上 1000 株树是不错的起始点，当交叉验证的模型性能轮廓在 1000 株树附近仍然有改善时，再考虑在随机森林中增加更多的树 (Kuhn and Johnson，2013)。

6.1.4 结语

集成学习的解题思路，就像追求奥运金牌的球队教练，思索着该如何训练其队员，才能克敌制胜；或像参加机器学习竞赛的带队老师，该如何引领团队成员，才能赢得殊荣。假想你参加电视节目 call-out 秀，为了百万奖金，你会如何组织后援团队呢？答案很可能是结合各领域专家 (文学、科学、历史、艺术与流行文化等跨领域专家)，让团队成员是互补 (如多模激发法) 而非较为重叠相似的 (如装袋树) 的。如果真有如此强大的后盾，应该很难有问题可以难倒这个多元专家团队了。

从本节介绍的三种集成学习，可以看出改善模型性能的基本方法。BAGGING 解决模型变异过高的手段，正是以其人之道，还治其人之身，添加建模过程的随机噪声，反而能有效降低变异。多模激发法则是逐渐提高训练难度与变换不同面向，避免构建重蹈覆辙的模型，以最大化委员会中弱模型的每一分潜力。随机森林除了以上下交火的方式 (如拔靴抽样) 降低变异，更用左右开弓 (如随机特征集) 的方式来去除集成模型中基本模型之间的相关性。双向改善后的随机森林不愧是最受欢迎的机器学习方法之一，除了前述增加树的数量不易过度拟合外，它还适合处理非常大的数据集。

最后，无论何种集成学习方式，都要结合不同的训练测试技术来探求基本模型之间可能的团队合作技巧，以达成所设定的目标；更需要在可能的参数集合中，搜索最佳的训练条件集，调校机器学习模型的预测性能。**层积法 (stacking)** 或称层积一般化 (stacked generalization) 于集成模型产生各自的预测值后，再运用简单的建模方法，学习出各个预测值更好的组合方式 (除了常用的投票多数决与加权投票等)。层积之意是在集成模型之上，架构一个扮演最终仲裁者 (arbiter) 的模型，将投票过程取代为后设学习模型 (metal-learner)，了解哪些基本模型是值得信赖的。虽然层积法理论上分析困难，不过其应用情形仍十分广泛 (Witten et al., 2016)。

6.2 深度学习

深度学习 (deep learning) 是具备多个隐藏层的各式人工神经网络 (请参见图 6.5 及其相关说明，了解何谓隐藏层)，通过各隐藏层中的神经元，对前层传递来的预测变量或潜在特征，进行深层的特征提取、知识发现与形态识别等的挖掘，让机器具备跟人一样的感知能力，看图辨物、聆听乐音、理解自然语言、品尝美味、呼吸新鲜空气等，或发展与环境及其他代理人交流沟通的能力，最终期望能达到机器自我行动的目标。

前面介绍的传统机器学习技术，诸如决策树、随机森林与支持向量机等虽然强大，但它们并非深度学习技术。决策树与随机森林仅对原始投入数据进行建模，没有做转换或产生新的特征。支持向量机也是浅建模的技术，因为它只运用核函数与线性转换。传统的线性回归模型亦非深度技术，因为并未对数据 (输入变量) 进行多层的非线性转换。6.2.1节与

6.2.2节的人工神经网络也不是深度技术，因为它们至多只包含单一一层隐藏层。

6.2.1 人工神经网络简介

最简单的**人工神经网络 (artificial neural networks)** 是图 6.3 的**感知机 (perceptron)**，它是一种线性分类模型，图 6.3(a) 和图 6.3(b) 的差别在于是否有偏差项 (bias term)，或称截距项 (intercept term)。感知机只有单一输入层与一个输出节点 (或称神经元 neuron)，两者中间并无隐藏层，每个训练样本为 $(\boldsymbol{x}, y)$，其中 $\boldsymbol{x}$ 包括 m 个特征 $(x_1, x_2, \cdots, x_m)$，而 $y \in \{-1, 1\}$ 是二元类别的目标变量 (Aggarwal, 2018)。

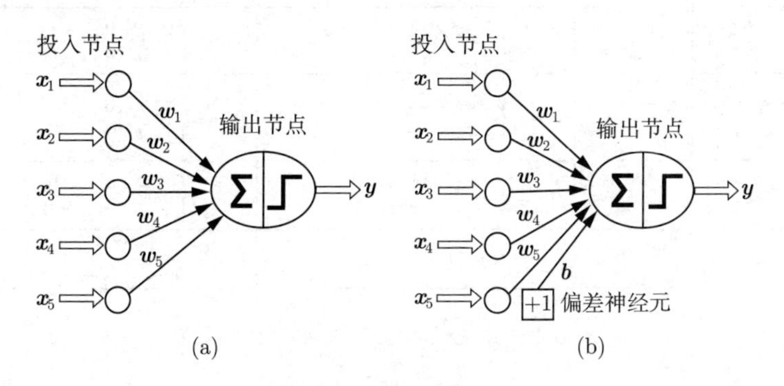

图 6.3 感知机神经网络示意图 (Aggarwal, 2018)

图 6.3 中输入层有 m 个节点 $(m = 5)$，将 m 个输入特征沿着权重边线 $\boldsymbol{w} = (w_1, w_2, \cdots, w_m)$ 传到输出节点，输入层未做任何计算。输出神经元先做线性组合计算 $\boldsymbol{w} \cdot \boldsymbol{x} = \sum_{j=1}^{m} w_j x_j$，再将整合计算的结果投入值域为 $\{-1, 1\}$ 的 step(·) 二元阶梯 (binary step) 函数 (活化函数请参见图 6.4，参考网页：`https://towardsdatascience.com/activation-functions-neural-networks-1cbd9f8d91d6`) 中，根据正负号预测 $\boldsymbol{x}$ 的因变量 $\hat{y}$，这样的逻辑可用来解决二元分类问题。

$$\hat{y} = \text{step}\{\boldsymbol{w} \cdot \boldsymbol{x}\} = \text{step}\left\{\sum_{j=1}^{m} w_j x_j\right\} \tag{6.1}$$

神经元是神经网络中基本但重要的单元，图 6.3 显示其结构包括三个部分：权重系数、线性函数与**活化函数 (activation function)**。权重系数搭配线性函数对上层传来的信息做线性加权，活化函数最后决定传送到下一层神经元的信号，这里感知机的输出神经元运用 $\{-1, 1\}$ 二元阶梯活化函数进行预测。

图 6.3(b) 为有偏误项的感知机，当预测变量均已均值中心化 (mean-centered)，而二元类别变量 $\{-1, 1\}$ 的各样本预测值的平均不为 0 时，模型需要纳入偏差项 b 以校正预测值，这种情况在二元类型分布高度不平衡时经常发生，其数学模型修正如下：

函数名称	图形	函数式	导函数
恒等函数		$f(x)=x$	$f'(x)=1$
二元阶梯函数		$f(x)=\begin{cases}0, & x<0\\1, & x\geqslant 0\end{cases}$	$f'(x)=\begin{cases}0, & x\neq 0\\?, & x=0\end{cases}$
S型函数		$f(x)=\dfrac{1}{1+\mathrm{e}^{-x}}$	$f'(x)=f(x)(1-f(x))$
双曲正切函数		$f(x)=\tanh(x)=\dfrac{2}{1+\mathrm{e}^{-2x}}-1$	$f'(x)=1-[f(x)]^2$
反正切函数		$f(x)=\tan^{-1}(x)$	$f'(x)=\dfrac{1}{x^2+1}$
整流线性单元		$f(x)=\begin{cases}0, & x<0\\x, & x\geqslant 0\end{cases}$	$f'(x)=\begin{cases}0, & x<0\\1, & x\geqslant 0\end{cases}$
参数式整流线性单元		$f(x)=\begin{cases}\alpha x, & x<0\\x, & x\geqslant 0\end{cases}$	$f'(x)=\begin{cases}\alpha, & x<0\\1, & x\geqslant 0\end{cases}$
指数线性单元		$f(x)=\begin{cases}\alpha(\mathrm{e}^x-1), & x<0\\x, & x\geqslant 0\end{cases}$	$f'(x)=\begin{cases}f(x)+\alpha, & x<0\\1, & x\geqslant 0\end{cases}$
SoftPlus函数		$f(x)=\log_e(1+\mathrm{e}^x)$	$f'(x)=\dfrac{1}{1+\mathrm{e}^{-x}}$

图 6.4　常见的人工神经网络活化函数

$$\hat{y}=\text{step}\left\{\boldsymbol{w}\cdot\boldsymbol{x}+b\right\}=\text{step}\left\{\sum_{j=1}^{m}w_jx_j+b\right\} \tag{6.2}$$

图 6.3(b) 多出的偏差神经元 (bias neuron) 的输入值固定为 +1，边线的权重系数为 b，借此将式 (6.2) 中的偏差项引入模型中。解决单层架构 $\hat{y}$ 校正问题的另一种方式是在式 (6.1) 中增加值永远为 1 的特征，而其估计所得的系数扮演偏差项的角色，因此我们还是可以用式 (6.1) 进行后续的讨论。

当 y 为数值变量时，感知机参数学习的目标仍然是最小化预测误差；如果是 y 为类别的分类问题，则其参数优化目标就是最小化误归类的情况。以前述二元分类为例，感知机参数优化的目标如下：

$$\underset{\boldsymbol{w}=(w_1,w_2,\cdots,w_m)}{\text{Minimize}}\sum_{i=1}^{n}(y_i-\hat{y}_i)^2=\sum_{i=1}^{n}\left(y_i-\text{step}\left\{\sum_{j=1}^{m}w_jx_{ij}\right\}\right)^2 \tag{6.3}$$

式 (6.3) 欲最小化的函数，貌似式 (3.5) 的误差平方和，许多领域 (含人工神经网络) 称之为损失函数 (loss function)，然而两者有是否可微分的细微差异，式 (3.5) 是连续平滑的函数，而式 (6.3) 中 step(·) 是具阶梯跳跃点的整体不可微函数，其可微点的梯度值为零 (图 6.4)，不适合 1.6.2 节梯度陡降的解法。因此分类问题感知机算法，通常会另觅近似式 (6.3) 目标函数的平滑精确梯度函数。

人工神经网络的活化函数众多，至少有恒等函数 (identity function，也称为线性活化函数)、$\{0,1\}$ 二元阶梯函数、线性函数、饱和线性 (saturated linear)、整流线性单元 (Rectified Linear Unit, ReLU)、S 型函数 (Sigmoid function)、双曲正切函数 (hyperbolic tangent function)、硬式 (hard) 双曲正切函数、高斯函数 (Gaussian function)、Softmax 函数等 (`https://www.jiqizhixin.com/articles/2017-10-10-3`)。图 6.4 中双曲正切函数与 S 型函数形状接近，都可称为挤压 (squashing) 函数 (为什么?)，不过前者的纵轴范围是 $[-1,1]$，后者为 $[0,1]$，且双曲正切函数的曲线更为陡峭。因为活化值域的关系，当计算结果需要有正有负时，双曲正切函数比 S 型函数更为适合。此外，因为双曲正切函数转换出来的值为均值中心化且梯度较大，使得使用它的神经网络更容易训练，不过两者都是人工神经网络走向非线性建模不可或缺的选项。

近年来一些分段线性活化函数渐受欢迎，整流线性单元与硬式双曲正切函数大范围地取代了 S 型函数与双曲正切函数，因为后两者更适合训练本节以后的多层神经网络。值得注意的是，图 6.4 中所有活化函数均为单调 (monotonic) 非递减函数，而且大部分的活化函数，当投入值超过一定的界线后，输出值即呈现饱和，不再增加其活化值了。

不同活化函数的选择，让感知机模拟出机器学习里不同类型的模型，例如，如果目标变量为实数，选用恒等活化函数的感知机等同于最小二乘数值回归，因为式 (6.1) 变成形如 5.1.1 节多元线性回归的式 (5.1)。

$$\hat{y} = \text{identity}\{\boldsymbol{w}\cdot\boldsymbol{x}\} = \sum_{j=1}^{m} w_j x_j \tag{6.4}$$

如果目标变量为二元类型，除了前述的 $\{-1,1\}$ 二元阶梯活化函数外，也可结合 S 型函数，输出如下的 $\hat{y}$:

$$\hat{y} = \text{sigmoid}\{\boldsymbol{w}\cdot\boldsymbol{x}\} = \frac{1}{1+\mathrm{e}^{-\left(\sum\limits_{j=1}^{m} w_j x_j\right)}} \tag{6.5}$$

根据式 (5.17)，上式表示 $y=+1$ 的阳性事件概率，这时感知机仿真出**广义线性模型 (Generalized Linear Models, GLM)** 中的逻辑回归分类模型 (5.1.5 节)。上述类比让我们了解深度学习如何将传统机器学习推广到更困难的问题解决领域，虽然本节介绍的感知机是最简单的单一输出层人工神经网络。

6.2.2 多层感知机

如果在 6.2.1 节感知机的输入层与输出层间，至少再架构一层的运算层，就成为图 6.5 的**多层感知机 (Multi-Layer Perceptron, MLP)** 了。介于输入层与输出层之间进行运算的中间层称为隐藏层 (hidden layers)，一来因为一般用户只关心头尾可见的输入层与输出层；二来从仿生信息系统 (bio-inspired information systems) 的角度来看 MLP，中间层的神经元既非输入层中的可观测变量 (manifest variables)，亦非直接对外在世界有所行动的输出神经元，它们只与其他神经元进行信息沟通，因此称为隐藏神经元 (也就是潜在变量 latent variables)。

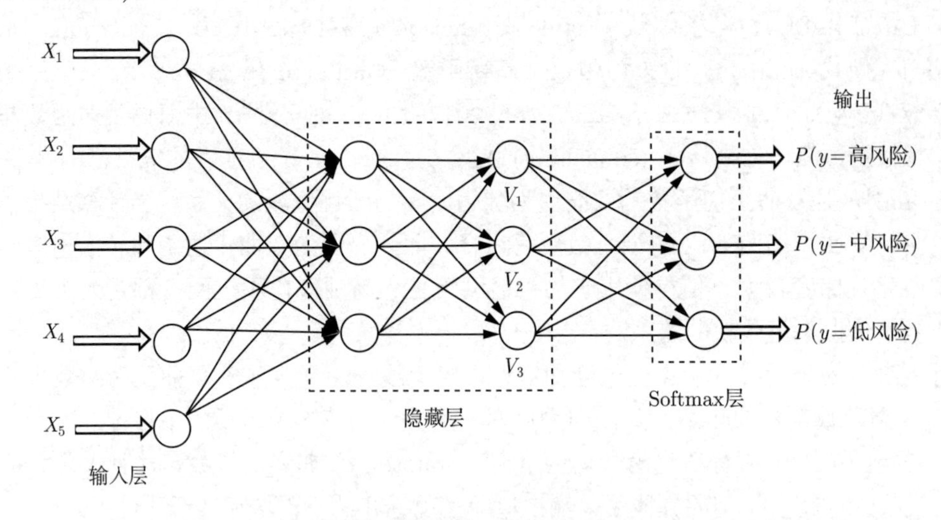

图 6.5　多层感知机神经网络 (类别型 y)(Aggarwal, 2018)

MLP 因为信息连续地从前端输入层往后传递到输出层，因此它是前向式网络 (feed-forward networks)。前向式网络默认的结构假设各层的所有节点，会连接下一层的所有节点，满足这个条件者称为完全连通层 (fully connected layer，或称稠密层 dense layer)。因此，一旦定义好层数与各层神经元的个数后，MLP 的架构几乎就完全确定，只剩下与优化损失函数有关的输出层神经元了，而层数与神经元个数这两者都取决于神经网络要解决的问题。用二元分类问题来说，除了式 (6.3) 的损失函数外，常用的还有与 Sigmoid 输出神经元搭配的**二元交叉熵 (binary crossentropy)** 损失函数：

$$\text{BCE} = -\sum_{i=1}^{n}\left(y_i \log \hat{y}_i + (1-y_i)\log(1-\hat{y}_i)\right) \tag{6.6}$$

其中，$\hat{y}_i$ 是式 (6.5) 的样本 i 阳性事件发生的可能性；多元分类问题 (假设 k 类) 则是根据神经网络的 k 个输出节点，估计 k 个类别的可能性 $\hat{\boldsymbol{y}}_i = (\hat{y}_{i1}, \hat{y}_{i2}, \cdots, \hat{y}_{ik})$，下面的 Softmax 活化函数再将 $\hat{\boldsymbol{y}}_i$ 归一化为 $\Phi(\hat{\boldsymbol{y}}_i)_1, \Phi(\hat{\boldsymbol{y}}_i)_2, \cdots, \Phi(\hat{\boldsymbol{y}}_i)_k$，也就是让 $\Phi(\hat{\boldsymbol{y}}_i)_l, l=1,2,\cdots,k$ 的总和为 1。

$$\Phi(\hat{\boldsymbol{y}}_i)_l = \frac{\mathrm{e}^{\hat{y}_{il}}}{\sum\limits_{j=1}^{k}\mathrm{e}^{\hat{y}_{ij}}}, \quad l=1,2,\cdots,k \tag{6.7}$$

进一步计算各样本 i 真实类别 l 下的**交叉熵 (cross-entropy)** 损失函数：

$$\text{CE} = -\sum_{i=1}^{n}\sum_{l=1}^{k} y_{il}\log \Phi(\hat{\boldsymbol{y}}_i)_l \tag{6.8}$$

上式可视为式 (6.6) 推广到 k 类情况下的对应式。

最后，当问题的 y 是数值时，神经网络只有一个输出神经元 (参见图 6.6、图 6.8 与图 6.10)，其活化函数是恒等函数，因此根据前层传来的值，原封不动再计算误差平方和 [式 (3.5)] 或误差绝对值和 [式 (3.6)] 的损失函数。SSE 损失函数因平方项的原因，较易受极端值的影响，然而其可微分性可能是优化过程中的优点，虽然损失函数不可微的问题，如前所述有时也可以用近似方式予以解决。

确定损失函数后，多层感知机常用**倒传递算法 (backpropagation)** 训练权重参数，以下以目标变量 y 是数值的神经网络为例进行说明：

(1) 设定人工神经网络的基本结构和初始参数值：

- 隐藏层层数与各层神经元数；
- 初始化隐藏层与输出层内所有神经元的权重系数与偏差系数；
- 所有神经元使用的活化函数。

(2) 将样本 1 的自变量输入人工神经网络进行 $\hat{y}_1$ 的计算，该步骤称为前向传递 (forward pass)。

(3) 根据样本 1 前向传递的结果 $\hat{y}_1$，计算其与实际目标变量值 y_1 的误差 $y_1 - \hat{y}_1$ 及损失函数值 $(y_1 - \hat{y}_1)^2$，根据损失函数与各个权重的偏导函数关系，从输出层反向往前传播，不断地调整各个神经元的权重系数与偏差量，最后得到修正后的权重系数与偏差系数，该步骤中计算偏导函数的过程称为反向传递 (backward pass)。

(4) 重复上述的前向传递与反向传递这两个步骤，依序使用训练集中的样本数据，参照下式修正人工神经网络中的参数：

$$w_{t+1} = w_t - \alpha \frac{\partial L}{\partial w} \tag{6.9}$$

最后根据预先设定的终止条件 (例如，迭代次数上限或相邻两次解的变化程度) 停止学习，输出最终的人工神经网络模型。对于复杂的网络模型，训练数据集可以重复地使用，不因训练集数据被用尽而停止学习。训练集每完整遍历一次，即完成一个世代 (epoch) 的训练。

图 6.6 倒传递算法简例的神经网络有两个投入节点 x_1 与 x_2，单一隐藏层内有两个隐藏神经元 g_1 与 g_2，输出层为前层投入的线性组合 $g_1w_5+g_2w_6$。图 6.7 将样本 $(x_1, x_2) = (-1, 2)$ 从左依序计算到右是步骤 (2) 的前向传递 (上半部为隐藏神经元 g_1，下半部为 g_2)，而从右反向到左则是步骤 (3) 的反向传递，遍历整个神经网络图形的过程，其中各弧线上方涉及以连锁律 (chain rule) 计算相邻两节点偏导函数的连乘过程 (Pal and Prakash, 2017)。最后，图 6.5 的 MLP 有两层隐藏层，因此是深度学习神经网络，而下面案例建构的 MLP 却非深度网络，因为只有一层隐藏层，不过模型仍然表现不俗！

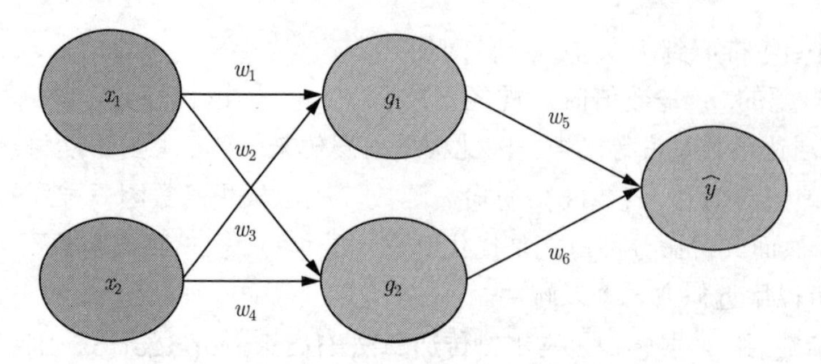

图 6.6　倒传递算法图示简例 (Pal and Prakash, 2017)

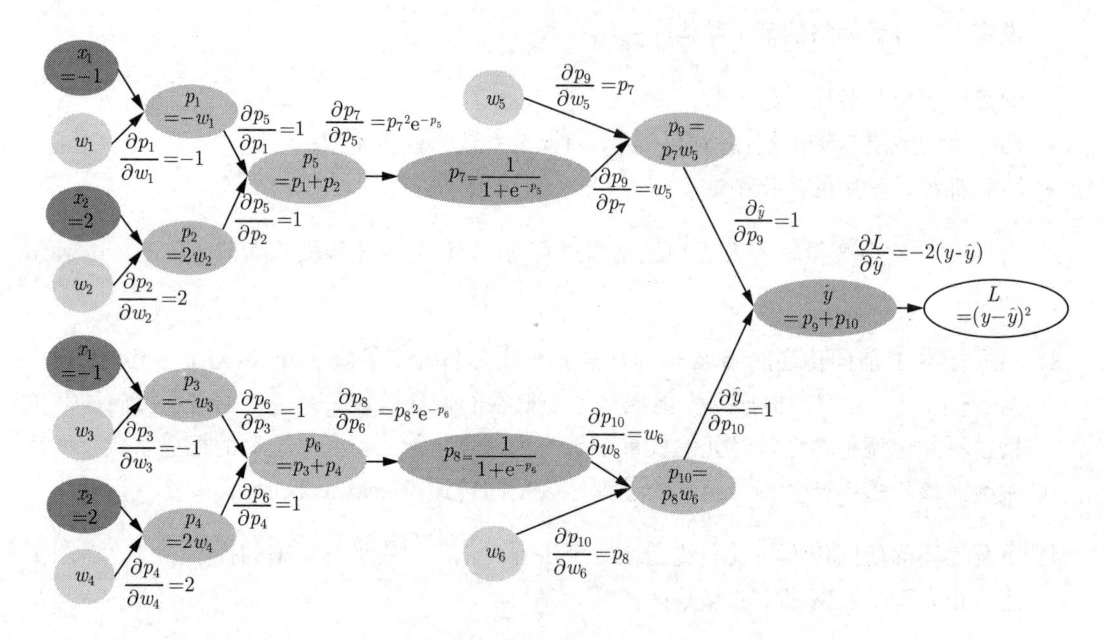

图 6.7　倒传递算法计算图形 (Pal and Prakash, 2017)

混凝土强度估计案例

为了正确估计建筑材料的性能，以发展安全的建筑实战，混凝土强度一直是建筑物质量的关键，`concrete.csv` 是 1030 笔混凝土配方与强度的数据集 (Yeh, 1998)。

```
# R 语言读入混凝土配方与强度数据
concrete <- read.csv("./_data/concrete.csv")
# 水泥、炉渣、煤灰、水、超塑料、粗石、细砂、历时与强度等变量
str(concrete)
```

```
## 'data.frame':	1030 obs. of  9 variables:
##  $ cement      : num  141 169 250 266 155 ...
```

```
## $ slag        : num  212 42.2 0 114 183.4 ...
## $ ash         : num  0 124.3 95.7 0 0 ...
## $ water       : num  204 158 187 228 193 ...
## $ superplastic: num  0 10.8 5.5 0 9.1 0 0 6.4 0 9 ...
## $ coarseagg   : num  972 1081 957 932 1047 ...
## $ fineagg     : num  748 796 861 670 697 ...
## $ age         : int  28 14 28 28 28 90 7 56 28 28 ...
## $ strength    : num  29.9 23.5 29.2 45.9 18.3 ...
```

人工神经网络模型对于数据相对敏感，数据输入网络训练前，须归一化到 0 与 1 之间 (2.3.1 节特征转换与移除的式 (2.12))。

```
# 定义 0-1 归一化函数 normalize
normalize <- function(x) {
  return((x - min(x)) / (max(x) - min(x)))
}
# 运用隐式循环函数逐栏 (含 y) 归一化后再将等长列表转为数据集
concrete_norm <- as.data.frame(lapply(concrete, normalize))
```

输出数据转换前后的最小值、最大值及摘要统计值，确认调整后的反应变量介于 0 到 1 之间，再分割训练与测试数据集。

```
# 转换前后的摘要统计值
summary(concrete$strength)
```

```
##    Min. 1st Qu.  Median    Mean 3rd Qu.    Max.
##    2.33   23.71   34.45   35.82   46.14   82.60
```

```
summary(concrete_norm$strength)
```

```
##    Min. 1st Qu.  Median    Mean 3rd Qu.    Max.
##   0.000   0.266   0.400   0.417   0.546   1.000
```

```
# 训练与测试数据分割 (确认样本顺序已为随机)
concrete_train <- concrete_norm[1:750, ]
concrete_test <- concrete_norm[751:1030, ]
```

用 R 语言 {neuralnet} 包训练单一隐藏层人工神经网络 (非深度学习网络)，与包同名的函数 `neuralnet()` 有许多参数可设定人工神经网络结构与训练方式。

- hidden 是各隐藏层神经元个数所形成的整数值向量，默认值为 1，表示单一隐藏层且只有一个隐藏神经元；
- threshold 是停止学习的误差函数的偏导函数阈值，默认为 0.01；

- stepmax 是停止学习的最大迭代次数，默认值为 100 000；
- rep 为人工神经网络训练重复次数，或称世代 (epoch) 数，默认为 1；
- startweights 权重向量初始值，默认为 NULL，也就是随机产生初始的权重向量值；
- learningrate.limit 最低与最高学习率形成的向量或列表，用于弹性倒传递算法 (Resilient backPROPagation, RPROP) 与修正全局收敛倒传递算法 (modified Globally convergent veRsion backPROPagation, GRPROP)；
- learningrate.factor 学习率上下界的乘数因子向量或列表，用于 RPROP 与 GRPROP，默认值为 list(minus = 0.5, plus = 1.2)；
- learningrate 用于传统倒传递算法 (backpropagation) 的学习率，默认值为 NULL；
- lifesign 训练期间信息报告量，默认为`"none"`；
- lifesign.step 当 lifesign 为`"full"`时，消息报告的间隔步数，默认为 1000；
- algorithm 人工神经网络训练算法，默认为`"rprop+"`，另有`"backprop"`、`"rprop-"`、`"sag"`与`"slr"`，算法说明请参见使用说明；
- err.fct 计算误差的可微分函数，默认为`"sse"`，另一个误差计算损失函数是`"ce"` **交叉熵 (cross-entropy)** 函数；
- act.fct 活化函数，默认为`"logistic"`，另一个活化函数是`"tanh"`；
- linear.output 当 act.fct 活化函数不应用于输出神经元时 (如数值预测时)，则设定为 TRUE(默认值)；否则应设定为 FALSE；
- constant.weights 训练过程视为固定的权重值，默认为 NULL；
- likelihood 误差函数是否为负的对数似然函数，如是 (TRUE) 则计算 AIC 与 BIC(参见式 (3.17) 与式 (3.18))，且置信区间是有意义的，其默认值为 FALSE。

```
# 加载 R 语言人工神经网络简易包 {neuralnet}
library(neuralnet)
concrete_model <- neuralnet(formula = strength ~ cement +
slag + ash + water + superplastic + coarseagg + fineagg +
age, data = concrete_train)
```

{neuralnet} 包可将网络拓扑可视化，图 6.8 显示所有权重、偏差神经元、训练步数 (Steps) 与误差平方和 (Error)。

```
# 网络拓扑可视化
plot(concrete_model, rep = "best")
```

将 280 笔测试数据的特征矩阵传入 `compute()` 函数，以评估模型性能：

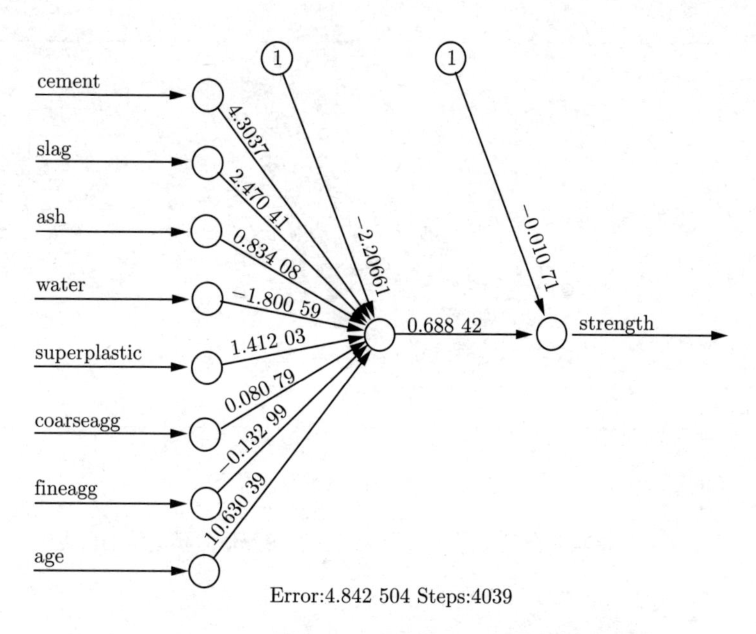

图 6.8 单一隐藏层单一隐藏神经元人工神经网络图

```
# 用测试集评估模型性能
model_results <- compute(concrete_model, concrete_test[1:8])
predicted_strength <- model_results$net.result
# 测试集前六笔强度预测值
head(predicted_strength)
```

```
##        [,1]
## 751 0.5811
## 752 0.3108
## 753 0.4472
## 754 0.5778
## 755 0.6776
## 756 0.6777
```

查看混凝土强度预测值与真实值的相关系数：

```
cor(predicted_strength, concrete_test$strength)
```

```
##         [,1]
## [1,] 0.7938
```

用图 6.9 实际值对预测值的散点图查看模型性能：

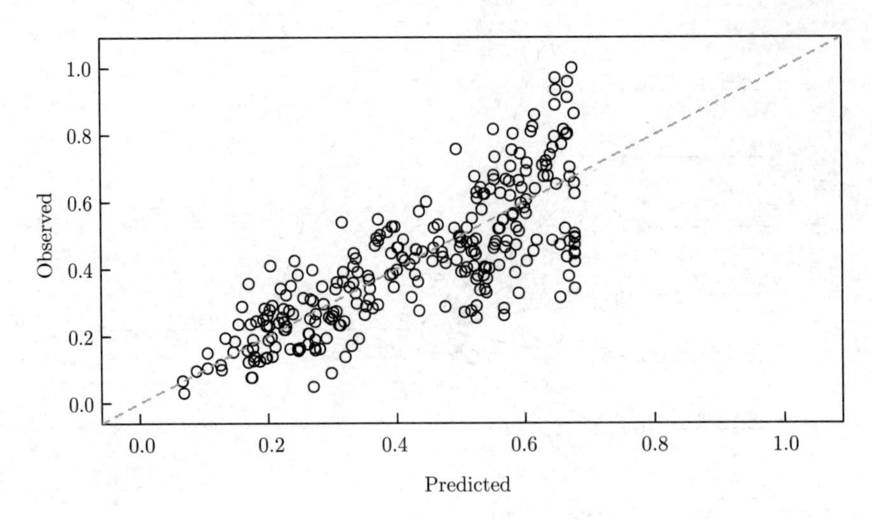

图 6.9 单层单隐藏神经元下，混凝土强度实际值对预测值的散点图

```
# 强度预测值与实际值的最小最大值
(axisRange <- extendrange(c(concrete_test$strength,
predicted_strength)))
```

```
## [1] -0.01795  1.04847
```

```
# 在预测值与实际值分布范围中绘制散点图
plot(concrete_test$strength ~ predicted_strength, ylim =
axisRange, xlim = axisRange, xlab = "Predicted", ylab =
"Observed")
# 加 45° 角斜直线
abline(0, 1, col = 'darkgrey', lty = 2)
```

为了改善模型性能，我们将隐藏层神经元增加为 5 个 (图 6.10)，结果显现预测值与真实值的相关系数的确提高，而且预测值对实际值的分布状况更往 $y = \hat{y}$ 的 45° 角斜直线靠拢了 (图 6.11)。

```
# hidden=5 增加单一隐藏层内的神经元
concrete_model2 <- neuralnet(strength ~ cement + slag + ash +
water + superplastic + coarseagg + fineagg + age, data =
concrete_train, hidden = 5)
```

```
# 多个隐藏神经元的网络拓扑可视化
plot(concrete_model2, rep = "best")
```

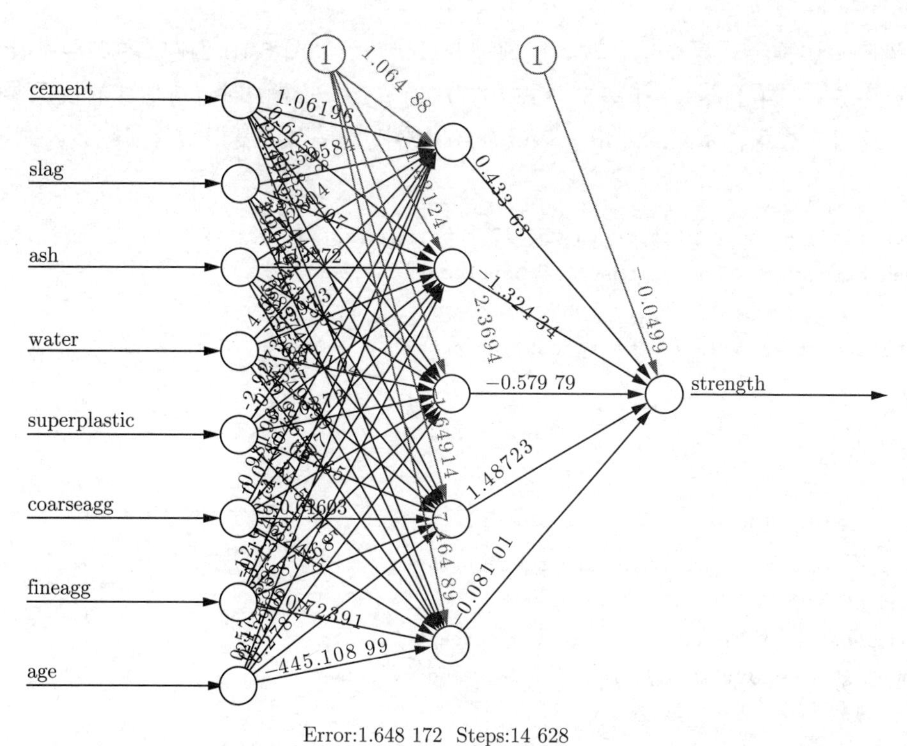

图 6.10 单一隐藏层多个隐藏神经元人工神经网络图

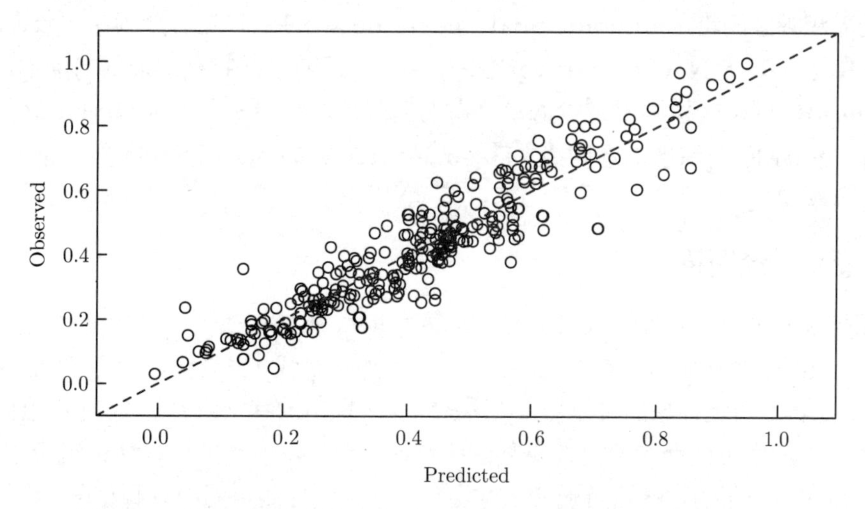

图 6.11 单层多隐藏神经元下，混凝土强度实际值对预测值的散点图

最后，图 6.8 与图 6.10 的神经网络参数个数计算公式为：

$$\text{No. of parameters} = h \times (m+1) + h + 1 \tag{6.10}$$

其中 h 为隐藏层神经元数，m 是输入层预测变量个数。以图 6.10 为例，总共要估计的权重参数个数为 $5\times(8+1)+5+1=51$，式 (6.10) 当 m 或 h 增大时，待估计的权重参数会快速增加，这时应注意样本是否足够，以及神经网络模型是否过度拟合等问题。

```
# 用测试集评估新模型性能
model_results2 <- compute(concrete_model2,concrete_test[1:8])
predicted_strength2 <- model_results2$net.result
# 预测值与实际值相关程度提高
cor(predicted_strength2, concrete_test$strength)
```

```
##          [,1]
## [1,] 0.9293
```

```
# 实际值对预测值散点图
axisRange <- extendrange(c(concrete_test$strength,
predicted_strength2))
plot(concrete_test$strength ~ predicted_strength2, ylim =
axisRange, xlim = axisRange, xlab = "Predicted", ylab =
"Observed")
abline(0, 1, col = 'darkgrey', lty = 2)
```

基于人工神经网络的深度学习技术，除了本节说明的多隐藏层感知机外，还有擅长影像识别的**卷积神经网络 (convolutional neural networks)**、适合序列相关数据的**递归神经网络 (Recurrent Neural Networks, RNN)**、无监督式特征提取的**自动编码器 (autoencoders)**，以及建构样本生成概率分布的**受限玻尔兹曼机 (Restricted Boltzmann Machine, RBM)** 与**深度信念网络 (Deep Belief Network, DBN)** 等，下面将分节简述这些深度学习模型。

6.2.3 卷积神经网络

卷积神经网络是在多个维数较小的过滤器 (filter) 层层堆栈下，对欲识别的二维图形由左而右从上至下，辨认图形中是否有某些特征，例如水平线、垂直线、曲线、明暗度等，见图 6.12。下一层再运用更抽象的过滤器，从这些前层识别出的特征组合，或称**特征图 (feature maps)**，找出其中可能存在的更抽象复杂的特征。例如，前述的曲线特征组合起来可能形成圆圈；而在下一层的过滤器可能又从圆圈与一些直线探测出图中有脚踏车。

特征过滤 (filtering) 是计算机视觉中图像增强或强化的核心任务，强化一词的意思是通过**空间域 (spatial)** 与**频域 (frequency)** 来完成图像特征的提取。前述过滤器 (也称核函数 kernel) 即是空间域的图像增强，其处理对象是图像中所有像素 (pixel 或 voxel) 及其间的距离；对图像进行**傅里叶变换 (Fourier transformation)** 则是频域空间的特征提取。

过滤器有移除图像中不需要的噪声或不纯杂质的功用，线性与非线性是两种类型的过滤器，前者包括平均值、拉普拉斯 (Laplacian)、高斯拉普拉斯 (Laplacian of Gaussian) 等过滤器；后者包括中位数、最大值、最小值与 Canny 等其他过滤器。图像处理与识别的信号过滤工作已超出本书的范围，有兴趣的读者请参考 (Chityala and Pudipeddi, 2014) 与 (Joshi, 2015)。

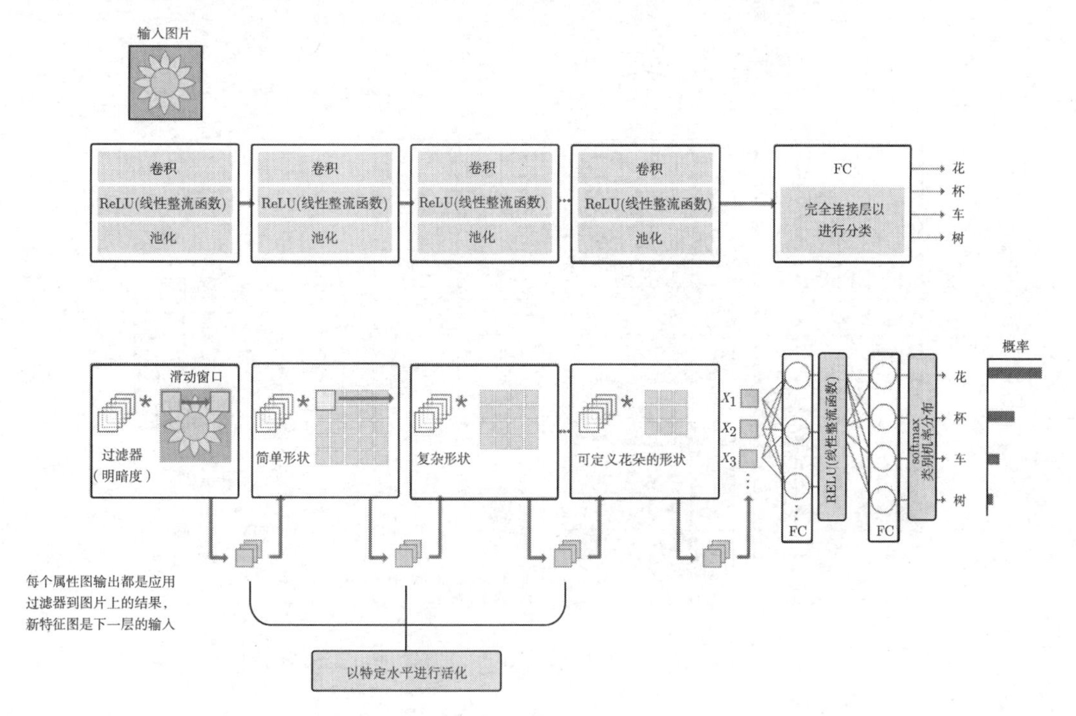

图 6.12 卷积神经网络示意图 (图片来源：MATLAB 官方网站)

卷积神经网络的输入是由像素值所形成的三维数组，根据图像大小与分辨率，像素值数组可能为 $32 \times 32 \times 3$、$480 \times 480 \times 3$ 或其他的宽高深值，其中 480×480 是图像的宽与高，3 是色彩的 RGB 频道。数组中的数值与图像的位数或比特数 (bit depth) 有关，如果是 8 位的图像，则像素值范围为 $0 \sim 2^8 - 1 = 255$。计算机根据这些输入，计算图像是猫、狗或鸟等的概率。

输入层后接卷积层与输入图像进行图 6.13 的**卷积运算 (convolution operation)**，该运算以前述的过滤器与图像局部的 (local) 像素值 (请注意是所有色彩频道的宽高像素值，参见 `http://machinelearninguru.com/computer_vision/basics/convolution/convolution_layer.html`) 进行点积运算 (例如，图 6.13 左上角的 $1 \times 1 + 1 \times 2 + 2 \times 2 - 1 \times 1 = 6$，以此类推，该图只计算一个色彩频道)，整张图像卷积运算的结果再组织为二维的特征图。

卷积运算受两大关键参数影响，**过滤器大小 (kernel size)** 与输出的**特征图深度**，前者通常选择 3×3 或 5×5 或 7×7，后者就是过滤器的个数。也就是说，卷积运算实际上是在三维的数组上计算，两个空间轴 (高与宽) 与深度轴 (亦称为频道轴)，通过层层堆栈的网络结构学习数据中特定的抽象概念，例如，是否存在人脸？或是猫狗？

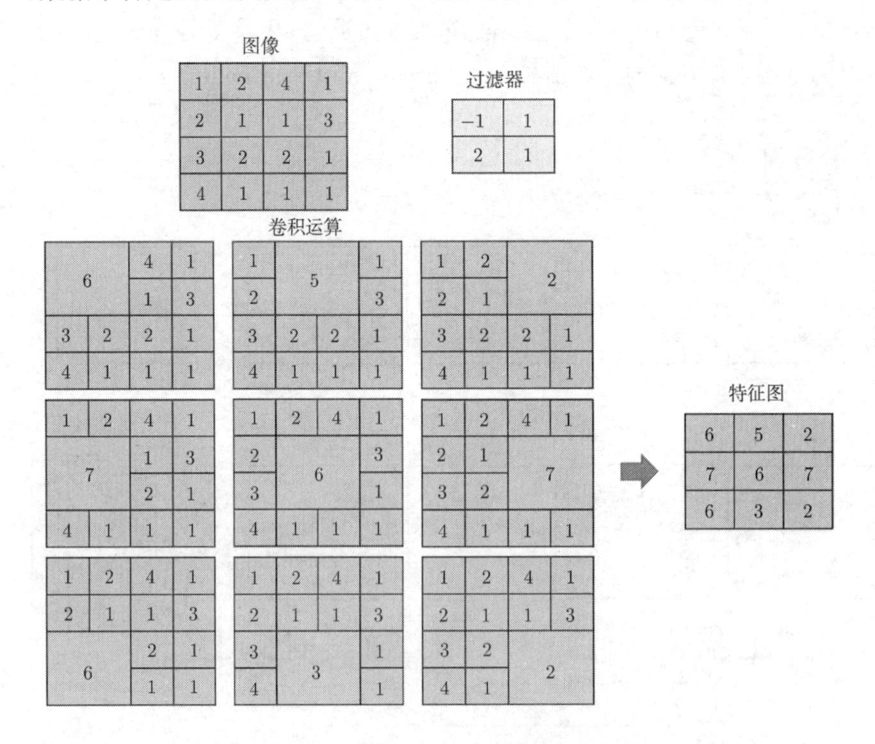

图 6.13　二维卷积运算示意图 (Pal and Prakash, 2017)

除了前述两个参数外，过滤器每次滑动的格数称为**跨度 (stride)**，默认的跨度为 1。如图 6.13 所示，无论跨度为何大小，卷积运算的输入输出并不同调，也就是说输出的宽高与输入的宽高不同。为使卷积层运算出来的结果与原图像宽高一样，**补缀层 (padding layer)** 在上下左右填补适当的 0 值。图 6.14 中输入图片原为 $32 \times 32 \times 3$，为了让 $5 \times 5 \times 3$ 卷积计算后的结果与原输入维数相同，因此在四边补上大小为 2 的一串 0，形成 $36 \times 36 \times 3$ 的图。

卷积层输出的特征图尺寸计算公式如下：

$$O = \frac{W - K + 2P}{S} + 1 \tag{6.11}$$

其中 O 是输出的宽/高；W 是输入的宽/高；K 是过滤器大小；P 是补缀大小；S 则是跨度。

深度学习神经网络超参数众多，许多人会问卷积层数、过滤器大小、跨度和补缀值等该如何设定？这些都没有一套既定的标准可以遵循，因为网络的结构与运行很大程度取决于手上的数据，图像数据可能有不同的大小、复杂度、打算处理的任务 (图像分类、对象框出与探测、对象轮廓描绘) 等，都会影响到各种超参数如何组合，只有随各种情况做出适当的调整方能用适当的尺度捕捉到图像的抽象概念。

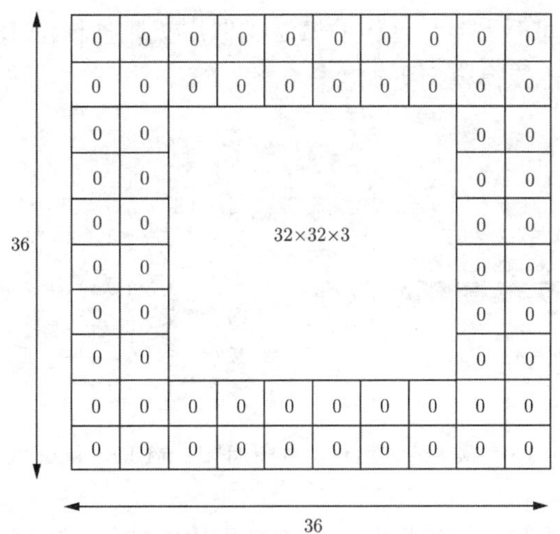

图 6.14 补缀处理示意图

前面所说明的卷积相关运算仍属于线性运算，线性整流活化函数为网络引入了非线性元素，ReLU 比 tanh 与 Sigmoid 好的原因是在正确率差不多的情况下，前者训练得更加快速。而且采用 ReLU 可以减缓**梯度爆炸与消失 (gradient explosion and vanishing)** 的现象，该问题是因为神经网络逐层更新权重时，会运用微分连锁律求取相邻两层的梯度 (偏导函数)，再由后往前做连乘积 (参见图 6.7 倒传递算法计算图形)，这时前层的梯度值可能降到非常小的数值，或是蹿升到非常大的值，导致神经网络层数越多时，其参数最终不可训练 (untrainable)。解决之道是选用性质良好的活化函数，或是当梯度值过大或过小时，将其修剪到适当的值 (gradient clipping)。ReLU 活化函数将负值输入转为 0，正值输入部分的梯度值为固定，且线性部分不改变卷积层传入的值，这些都是 ReLU 的优点。

ReLU 层通常后接合并层 (pooling layer)，或称为池化层，它实现降抽样 (downsampling) 的功能。图 6.15 显示合并层的过滤器大小是 2×2，且跨度与大小相同。空值过滤器屏蔽住底部特征图后进行最大值、平均值或 L_2 范数的合并运算，其中最大值合并运算是最常见的合并层。这层直觉的理解是一旦我们知晓特定特征在原图像 (或特征图) 是存在的，也就是说过滤器与局部像素值卷积运算所得的值相当高，则该特征之于其他特征的相对位置比其绝对位置更为重要。合并层大幅降低了宽高两空间维数，图 6.15 中从 4×4 的输入特征图降到 2×2 的输出特征图，参数或权重的数量少了 $75\%\left(\dfrac{16-4}{16}\right)$，当然减少了计算成本。再者，参数的减少也将控制过度拟合的问题，因此，对于复杂的卷积神经网络，这种降抽样的机制是必要的，而这些机制偏好的顺序为最大合并优先，然后是跨度加大，最后是平均合并。

前述过度拟合的问题还可以通过丢弃层 (drop-out layer) 有效地改善，所谓丢弃是在训练阶段的某次更新权重步骤，用某个比例随机丢弃某些神经元 (输入层、隐藏层等) 的所有连接，而非整个训练期间都丢弃。这样的做法类似用拔靴抽样法 (3.3.1 节) 进行模型训练，强化模型抗噪声的能力，使得模型更加鲁棒。

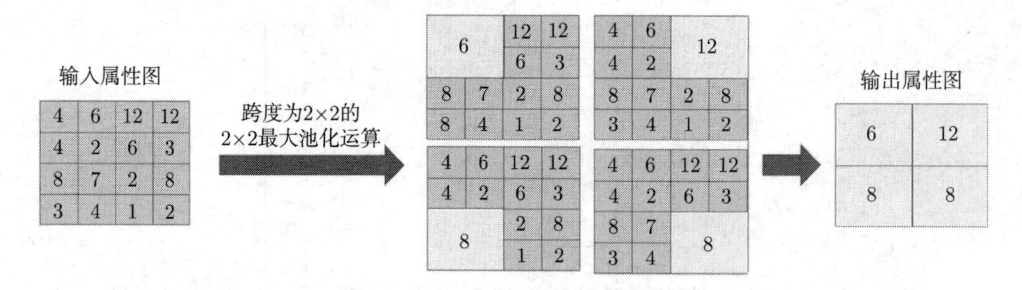

图 6.15　最大合并运算示意图 (Pal and Prakash, 2017)

通过前面各层的运算我们可以探测图像中高层次的特征，例如，猫、狗或鸟等 (图 6.16)，网络结构的最后一层会是完全连通层，将上层传来的高阶特征活化图，与某个图像类别产生关联。例如，如果要判断某些图像是否为狗，则四条腿与爪子等高阶特征图的值应该要高。最后，**过滤器**、**卷积运算**与**合并运算**可以说是卷积神经网络执行的三个基础，后者在二维空间实行降抽样，以提高计算效率与避免过度拟合；前两者构成卷积层这种局域小范围的特征学习特性，类似人眼识别不受位置变换影响 (translation-invariant) 的能力，层层堆栈后更能以空间的形态阶层，学习更复杂抽象的视觉概念，有别于 MLP 稠密层的全局学习方式 (Chollet, 2018)。

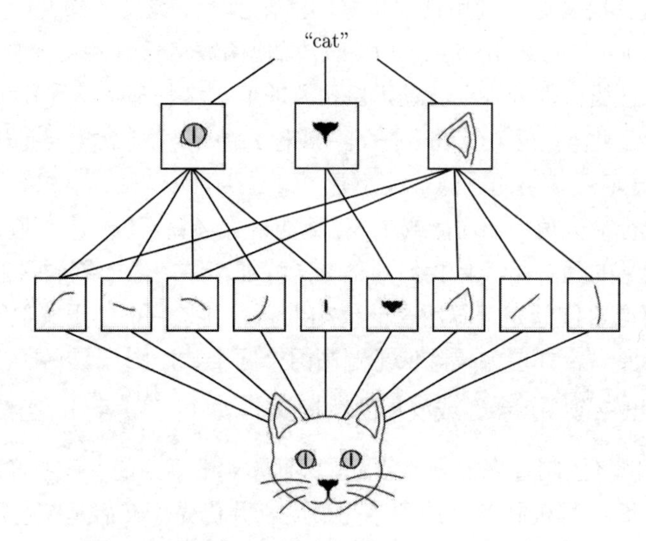

图 6.16　图像识别的空间阶层 (Chollet, 2018)

6.2.4 递归神经网络

Elman 神经网络 (Elman neural networks) 是一种**递归神经网络 (Recurrent Neural Networks, RNN)**，所谓递归神经网络是网络中的神经元，**向后连接**到其前层的神经元，使得神经网络中的信息流呈现回路 (loop) 的现象。图 6.17 中 Elman 神经网络在隐藏层与输出层之间多了**脉络层 (context layer)**，脉络层中引入**延迟神经元 (delay neuron)**，这类神经元将前一步 $t-1$ 时间下的输出值传入隐藏层神经元中，使得递归神经网络包含记忆力。

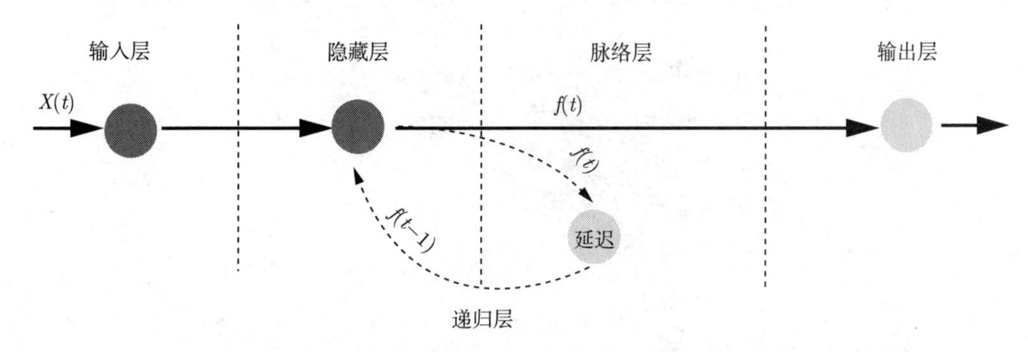

图 6.17　脉络层与简单递归神经网络 (Lewis, 2016)

递归神经网络因有时间观念，且能记住先前网络的状态 (states)，使得它能学习序列数据沿着时间或先后顺序的变化形态，用以执行分类任务或预测未来的状态。图 6.18 为预测每小时太阳辐射的 Elman 递归神经网络，网络有三层，输入层有 8 个输入特征：经度、纬度、温度、日照比率、湿度、月、日与时等。隐藏层有五个神经元，Lewis(2016) 提及如果隐藏神经元有多个，则脉络层神经元的个数会与隐藏层神经元个数一样。因此脉络层也有五个神经元，而且脉络层神经元与所有隐藏层的神经元完全连通。最后，输出层的两个神经元分别预测全天空太阳辐射 (global solar radiation) 与太阳漫辐射 (diffused solar radiation)。

Jordan 神经网络与 Elman 神经网络结构类似，唯一不同的是其脉络层神经元信息来自输出层，而非隐藏层 (参见图 6.19)。Jordan 神经网络可以说是把整个网络最终的输出 (输出层的输出)，经过延迟回馈到网络的输入层，所以 Jordan 神经网络的所有层都是递归的。

Elman 与 Jordan 神经网络是递归神经网络的起源，都是基于不算深的三层网络结构定义的，两者其实就是现在一般说得简单 RNN(simple RNN)。Elman 神经网络中相对独立的递归层运用起来比较灵活，例如可以与其他不同类型的层堆栈组合起来；而 Jordan 神经网络在网络的输出层维度很大的时候，可能需要降维处理以方便输入层接受前一时刻输出层的输出。

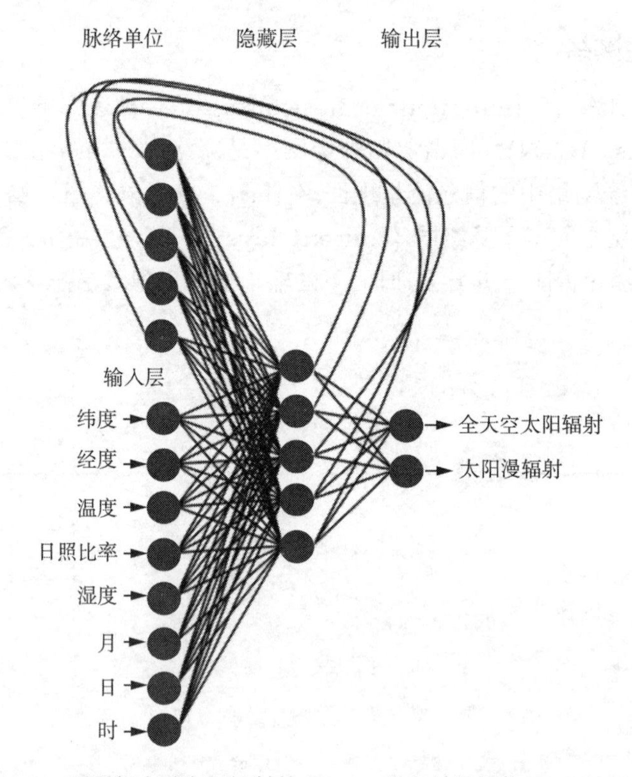

图 6.18　预测每小时太阳辐射的 Elman 递归神经网络 (Lewis, 2016)

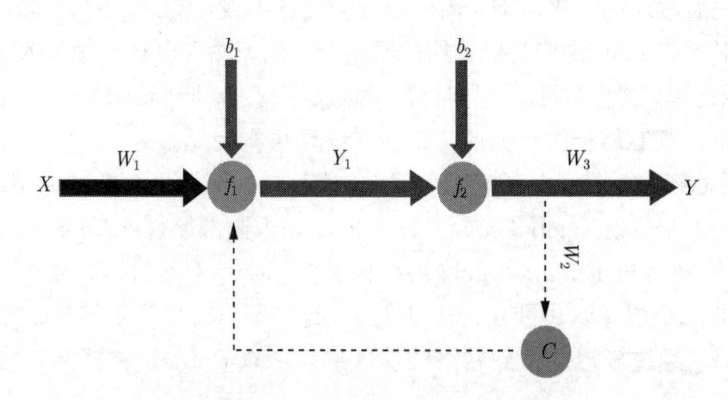

图 6.19　Jordan 神经网络 (Lewis, 2016)

图 6.20 是递归神经网络卷包与展开的示意图，等号左方以循环表示节点 A 的输出经延迟反馈给自己，这里已经将图 6.17 中的脉络层省略了，简化地表达成**递归层 (recurrent layer)**，也就是说递归层的输出经过延迟后作为下一时刻这一层的输入的一部分，然后递归层的输出同时送到网络后续的层。右方沿着时间轴将各时刻的输入输出展开来，节点 A 在各时刻结合当下的输入 $x^{(t)}$(或记为 x_t)，与前一时刻的状态 $h^{(t-1)}$(或记为 h_{t-1})，输出状态

$h^{(t)}$，形成下面的计算模型：

$$h^{(t)} = \mathrm{ReLU}\left(\boldsymbol{u}x^{(t)} + \boldsymbol{w}h^{(t-1)} + b\right) \tag{6.12}$$

接着再根据状态 $h^{(t)}$ 计算输出 $\hat{y}^{(t)}$:

$$\hat{y}^{(t)} = \mathrm{softmax}\left(\boldsymbol{v}h^{(t)} + c\right) \tag{6.13}$$

其中 $\boldsymbol{u}$、$\boldsymbol{w}$、$\boldsymbol{v}$、b 与 c 分别是与输入、前期状态、当前状态相关的权重和偏差项，式 (6.12) 与式 (6.13) 的活化函数只是举例说明，用户可以自行变换 (Ketkar, 2017)。

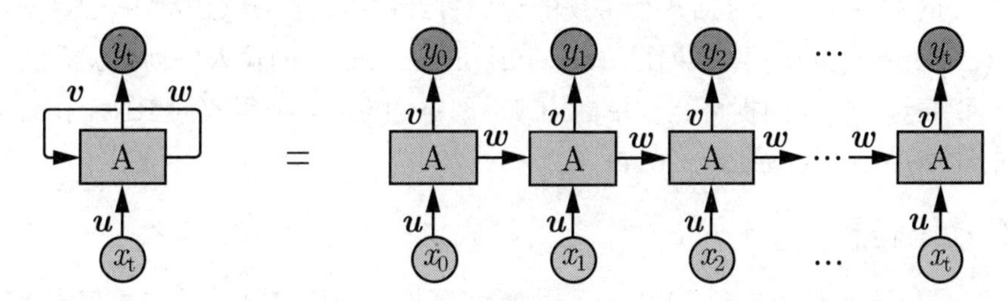

图 6.20 递归神经网络卷包与展开示意图 (图片来源：http://colah.github.io/posts/2015-08-Understanding-LSTMs/)

许多问题我们不只需要网络从最近期的记忆中学习，还需要更久远的信息回馈至节点中以利预测。**自然语言处理 (natural language processing)** 有许多近邻的上下文无法提供有用的预测线索，反而是长距离 (long-distance) 或是长期 (long-term) 的相依性方能进行正确的预测。举例来说：

(1) 文法上的相依性 (syntactic dependencies)：

The *man* next to the large oak tree near the grocery store on the corner *is* tall.
The *men* next to the large oak tree near the grocery store on the corner *are* tall.

(2) 语义上的相依性 (semantic dependencies)

The *bird* next to the large oak tree near the grocery store on the corner *flies* rapidly.
The *man* next to the large oak tree near the grocery store on the corner *talks* rapidly.

很明显地，我们想要预测的目标，与辅助预测的信息所在位置有一段不小的落差，复杂的语言模型需要处理这些相依性。简单 RNN 虽然能够考虑前面字词来预测当前的字词，但是距离当前位置远的字词其影响力会递减，这点可以从式 (6.12) 中观察出来，因为不断将 $h^{(t-1)}, h^{(t-2)} \cdots$ 代入等号右式可以发现 $\boldsymbol{w}$ 的幂次会持续增加，导致越前面的字词对 $h^{(t)}$ 影响越小，也就是说越远越被遗忘了。这样的模型忽略了人们有时对久远但特有的事物，是有强烈记忆能力的。**长短期记忆网络 (Long Short Term Memory Networks, LSTM)** 通过记忆功能来解决长期相依性的问题，利用**遗忘门 (forget gate)** 与**输入门 (input gate)** 来决定更新记忆的程度，**输出门 (output gate)** 则决定当前状态影响输出的程度。**闸式递归单元 (Gated Recurrent Unit, GRU)** 层也是一种递归神经网络，其原理与 LSTM 相同，不过结构相对精简，因此训练成本较低。但是 GRU 的知识表达能力会略逊于 LSTM，这种计算代价与表达能力的权衡取舍，在统计机器学习领域中随处可见 (Chollet, 2018)。

最后，**双向递归神经网络 (bidirectional RNN)** 聪明地运用序列中未来的信息，帮助预测当前的状况，打破只用过往消息预测未来的惯例。双向 RNN 抓取递归神经网络对于数据先后顺序的敏锐度，它包括两个常规的递归神经网络，例如 GRU 和 LSTM，各自处理**顺时序 (chronological)** 与**逆时序 (antichronological)** 的输入序列数据，再合并两者学习到的知识表达，借此捕捉可能被单向 RNN 忽略的形态，使得双向 RNN 在许多情况下获得更好的预测准确性 (Ketkar, 2017)。

6.2.5 自动编码器

自动编码器 (autoencoders) 是一种用于特征提取的无监督式前向式三层人工神经网络，其结构如图 6.21 所示，类似**多层感知机 (Multi-Layer Perceptron, MLP)**，有输入层、隐藏层与输出层 (Lewis, 2016)。输入层的神经元数量与输出层的神经元数量相同，因此自动编码器并非意图以输入的 $\boldsymbol{X}$ 来预测目标变量 $\boldsymbol{y}$ 的值，而是通过隐藏层将输入数据压缩表达后，再解码重构其输入的预测变量 $\boldsymbol{X}$。三层结构中前段输入层到隐藏层的映像可视为**编码器 (encoder)**，而隐藏层到输出层则是**译码器 (decoder)**，参见图 6.22 (Chollet, 2018)。

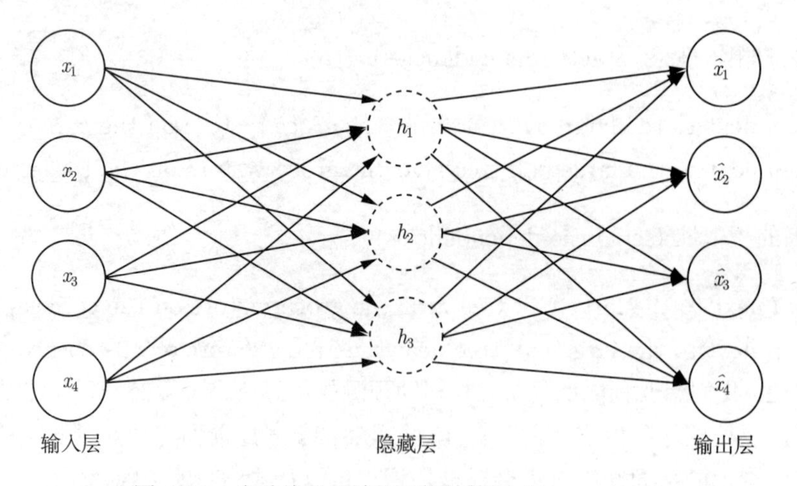

图 6.21 自动编码器神经网络结构图 (Lewis, 2016)

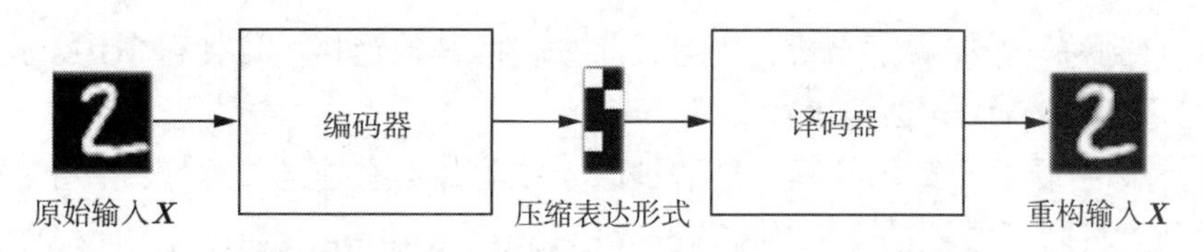

图 6.22 编码器与译码器示意图 (Chollet, 2017)

6.2.6 受限玻尔兹曼机

受限玻尔兹曼机 (Restricted Boltzmann Machine, RBM) 也是一种无监督式学习模型，用来近似生成 (generate) 样本数据的概率密度函数，因此称为**生成式模型 (generative model)** 或**生成式学习**。生成式学习尝试估计输入数据的概率分布，目的是为了重新建构输入的数据，以对其拟合更适合的模型。这对数据分析与建模是件非常重要的工作，因为找到数据生成的机制 (即上帝之手)，可能比直接对**后验概率 (posterior probability)**$P(y \mid \boldsymbol{x})$ 进行建模的**判别式模型 (discriminant model)**(例如 5.1.5 节逻辑回归分类) 来的更好。

RBM 是**玻尔兹曼机 (Boltzmann Machine, BM)** 的特例，而 BM 又源自于统计力学 (statistical mechanics) 中的**玻尔兹曼分布 (Boltzmann distribution)**，该分布描述系统在某一状态下的概率，取决于该状态的能量，以及玻尔兹曼常数和热力温度的乘积。图 6.23 的 BM 又称具隐藏层的**随机霍普菲尔德网络 (stochastic Hopfield networkswith hidden units)**，有三个隐藏层单元与四个可见层单元，是神经网络中能学习内部知识表达的源头，但因节点间的连通不受限制，在机器学习或知识推论的实际问题中用处不大 (`https://en.wikipedia.org/wiki/Boltzmann_machine`)。RBM 限制每一个可见层

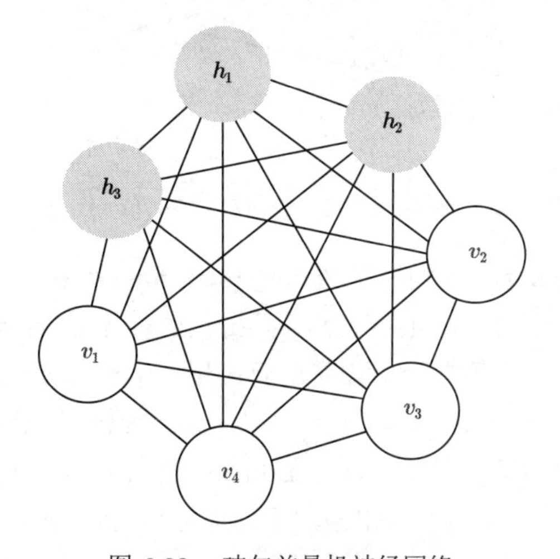

图 6.23 玻尔兹曼机神经网络

节点必须连接到每一个隐藏层节点，而且没有任何的其他连接，这使得 RBM 是一个如图 6.24 的**二分图 (bipartite graph)**。

RBM 名称中受限的意思是同一层的神经元彼此并没有连通，概率统计上的意义正是 5.2.1 节中朴素贝叶斯方法的**条件独立 (conditional independence)** 假设，在该假设下 RBM 模型参数较容易由最大化样本的**似然函数 (likelihood function)** 估计而得。而 RBM 网络中各层间的连接是**对称的**，使得信息用**双向的**方式传递。图 6.24 左边输入层 (visible layer) 包括四个节点，右方隐藏层中有三个节点，可见层的节点数与数据表中输入特征个数相同，这就是可见层为何是可观测的原因 (Lewis, 2016)。

一般来说，RBM 可看成是可见变量与隐藏变量的联合概率分布的参数估计模型 (parametric model)，因此它也可以说是一种自动编码器 (参见 6.2.5节)，用联合概率分布的形式，针对一组数据学习其潜在的表达 (或编码) 方式。RBM 本质上是二元版本的**因素分析 (factor analysis)** (注：因素分析是多变量统计中，用来提取隐藏于外显变量之后的潜在变量的重要方法)，以电影评分为例，假设用户用连续的尺度对一组电影评分，尝试告诉他是否喜欢 (二元值) 该部影片，在这种情况下 RBM 试图找出用户电影偏好的二元潜在因子。

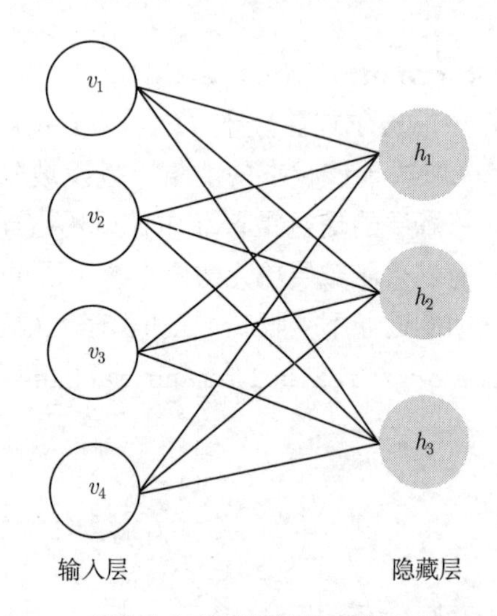

图 6.24 受限玻尔兹曼机神经网络 (Lewis, 2016)

从技术上来说，RBM 是一种**随机神经网络 (stochastic neural network)**，神经网络意指模型包括类似神经元的单元，根据它们邻近链接的神经元，决定其二元活化值；随机是指这些神经元 (可见单元、隐藏单元与偏差单元) 活化函数值的计算涉及概率的运算。

RBM 的训练理论比较复杂，基本上是以 **Gibbs 抽样 (Gibbs sampling)**，以及最小化 **Kullback-Leibler 距离 (Kullback-Leibler distance)** 的**对比收敛 (contrastive divergence)** 技术为基础，从而发展出来的不同训练手法。本书不对此作介绍，有兴趣的读者可参阅 (Lewis, 2016) 第 7 章内容。

6.2.7　深度信念网络

深度信念网络 (Deep Belief Network, DBN) 是一种概率生成式的多层人工神经网络，包含多个堆栈起来的受限玻尔兹曼机 RBM(6.2.6节)。也就是说，在 DBM 中循序的两个隐藏层，可视为一个 RBM 的结构，其输入实际上是上一组 RBM 的输出。每一组 RBM 模型对输入进行非线性转换，产生输出后再投入 DBN 序列结构的下一个模型，堆栈中的每一个 RBM 合起来组成 DBN，将图 6.25 最下方可观测的输入数据进行深层的转换表达。

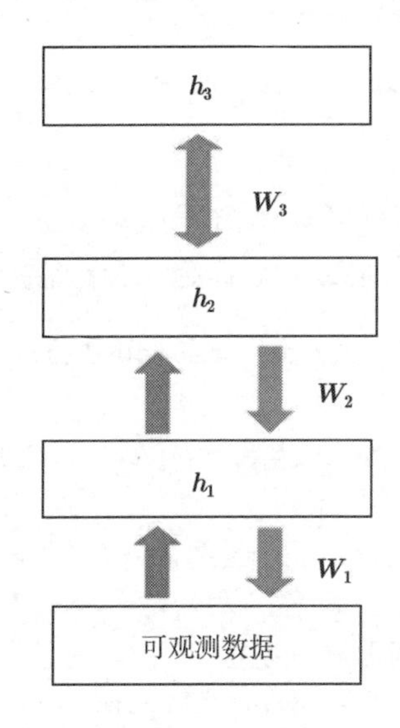

图 6.25　三层学习下的深度信念网络 (`https://en.wikipedia.org/wiki/Deep_belief_network`)

如同 RBM 的训练理论一样，DBN 的训练也比较艰涩难懂。预先训练 (pre-training) 以及随后的精细调校 (fine tuning) 是深度信念网络强大而有效的训练机制，预先训练有助于学习所得形态的一般化 (generalization)，它采用逐层贪婪式的学习策略，也就是说从底层开始，每个 RBM 个别地运用**对比收敛 (contrastive divergence)** 算法进行训练，然后再将结果一个个堆栈起来形成 DBN (Lewis, 2016)。

6.2.8　深度学习参数调校

经常有人问起，深度学习神经网络如何在众多的参数可能组合下决定最佳的模型，**Keras** 可以结合 **scikit-learn** 进行深度学习的参数调校工作，下面的案例我们用 **scikit-learn** 里的交叉验证网格搜索功能 **GridSearchCV** 来调校训练批量大小 (batch size) 与训练代数 (epochs)。首先加载必要的模块，其中 **KerasClassifier** 是在 **Keras** 中调用 **scikit-learn** 的 API 封装程序 (wrapper)。

```
import sys # 系统相关参数与函数模块，是一个强大的 Python 标准函数库
print (sys.version) # 直译器版本号与所使用的编译程序
```

```
## 3.7.6 (default, Jan  8 2020, 13:45:03)
## [Clang 4.0.1 (tags/RELEASE_401/final)]
```

```
import numpy
# 加载模型选择模块中重要的交叉验证网格调参类别
from sklearn.model_selection import GridSearchCV
# Python 深度学习友善 API Keras
from keras.models import Sequential
```

```
## Using TensorFlow backend.
```

```
from keras.layers import Dense # 加载神经网络稠密连通层
from keras.wrappers.scikit_learn import KerasClassifier
```

接着定义创建 **Keras** 模型的函数 `create_model()`：

```
def create_model():
    # 大 eras 循序语法建立单层隐藏层神经网络模型
    model = Sequential()
    model.add(Dense(12, input_dim=8, activation='relu'))
    model.add(Dense(1, activation='sigmoid'))
    # 设定损失函数、优化算法与性能衡量
    model.compile(loss='binary_crossentropy', optimizer=
    'adam', metrics=['accuracy'])
    return model
```

然后我们用 **numpy** 的 `loadtxt()` 函数加载糖尿病检测数据集，并将数据分割为特征矩阵 ($\boldsymbol{X}$) 与类别标签向量 ($\boldsymbol{y}$)，再用 **KerasClassifier**API 建立深度学习模型，请注意 `build_fn` 参数指向前述的自定义函数 `create_model()`。

```
# 读入数据文件与建立多层感知机模型
path = '/Users/Vince/cstsouMac/Python/Examples/DeepLearning/'
fname = 'py_codes/data/pima-indians-diabetes.csv'
dataset =numpy.loadtxt(''.join([path, fname]), delimiter=",")
X = dataset[:,0:8]
y = dataset[:,8]
model = KerasClassifier(build_fn=create_model, verbose=0)
```

参数调校是在待调参数的各种可能元组合下，进行交叉验证的反复训练，本例有六种批量大小与三种训练代数，用原生字典结构结合两列表后，再建立交叉验证网格参数搜索对象 `grid`。

```
# 建立待调参数网格字典
batch_size = [10, 20, 40, 60, 80, 100]
epochs = [10, 50, 100]
param_grid = dict(batch_size=batch_size, epochs=epochs)
# 定义交叉验证网格调参模型对象
grid = GridSearchCV(estimator=model, param_grid=param_grid,
n_jobs=4)
```

为了让训练结果有可重复性 (reproducible)，将随机数种子设为固定，并计算其所耗的时间。

```
seed = 7
numpy.random.seed(seed)
import time
start = time.time()
# 传入数据进行调参拟合
grid_result = grid.fit(X, y)
end = time.time()
print(end - start)
```

```
## 43.50233197212219
```

模型拟合的结果存储为 grid_result，读者应注意其类型，及其所包含的特征和方法。

```
print (type (grid_result))
# print(dir(grid_result)) # 请自行执行
```

```
## <class 'sklearn.model_selection._search.GridSearchCV'>
```

从 grid_result 的特征中抓取最佳参数 best_params_ 下，三次 (默认值) 交叉验证性能结果的平均值 best_score_。

```
# 查看参数调校的最佳结果
print("Best: %f using %s" % (grid_result.best_score_,
grid_result.best_params_))
```

```
## Best: 0.697917 using {'batch_size': 10, 'epochs': 100}
```

最后从特征 cv_results_ 中，取出所有参数组合下交叉验证的测试集性能平均值与标准偏差。

```
# 用循环输出所有调参结果
means = grid_result.cv_results_['mean_test_score']
stds = grid_result.cv_results_['std_test_score']
params = grid_result.cv_results_['params']
for mean, stdev, param in zip(means, stds, params):
    print("%f (%f) with: %r" % (mean, stdev, param))
```

```
## 0.649740 (0.012890) with: {'batch_size': 10, 'epochs': 10}
## 0.667969 (0.019918) with: {'batch_size': 10, 'epochs': 50}
## 0.697917 (0.021236) with: {'batch_size': 10, 'epochs': 100}
## 0.574219 (0.041707) with: {'batch_size': 20, 'epochs': 10}
## 0.661458 (0.031304) with: {'batch_size': 20, 'epochs': 50}
## 0.679688 (0.017758) with: {'batch_size': 20, 'epochs': 100}
## 0.605469 (0.072940) with: {'batch_size': 40, 'epochs': 10}
## 0.638021 (0.069974) with: {'batch_size': 40, 'epochs': 50}
## 0.645833 (0.009207) with: {'batch_size': 40, 'epochs': 100}
## 0.559896 (0.104150) with: {'batch_size': 60, 'epochs': 10}
## 0.601562 (0.030758) with: {'batch_size': 60, 'epochs': 50}
## 0.632812 (0.008438) with: {'batch_size': 60, 'epochs': 100}
## 0.489583 (0.023510) with: {'batch_size': 80, 'epochs': 10}
## 0.592448 (0.088523) with: {'batch_size': 80, 'epochs': 50}
## 0.656250 (0.014616) with: {'batch_size': 80, 'epochs': 100}
## 0.473958 (0.084945) with: {'batch_size': 100, 'epochs': 10}
## 0.578125 (0.050126) with: {'batch_size': 100, 'epochs': 50}
## 0.675781 (0.033603) with: {'batch_size': 100, 'epochs': 100}
```

6.3 强化学习

近年来**强化学习 (reinforcement learning)** 是人工智能领域非常热门的技术，强化学习处理的问题涉及序列相关的决策，解决这类问题的目标在于寻找长期或跨期规划下的最佳决策 (optimal long-term planning)，**运筹学 (Operations Research, OR)** 中的确定性模型与随机模型均有涉及这类问题，**马尔可夫决策过程 (Markov Decision Process, MDP)**、**动态规划 (dynamic programming)**、**马尔可夫链 (markov chain)**、**随机过程 (stochastic processes)**、**赛局理论 (game theory)** 等，都是可能的解决方法。循序决策背后的基本思想非常简单，给定一个问题的范围后，我们仅须解其不同部分但相关的子问题，也就是说首先要将问题拆分为多个子问题 (decompose into subproblems)，并在考虑其相关性的状况下求解子问题，最后再合并子问题的解即可得出原问题的解，这种解题逻辑即 5.2.4 节提到的运筹学或优化问题的分解法。

典型的机器学习或统计模型只考虑当前状态 (current state) 的最佳解 (称为短期解)，但是如果在时间先后的多个步骤上运用短期解，可能导致**次优解 (suboptimal solutions)**，因为观测值间多存在依存关系 (dependency)。然而许多统计模型假设各笔观测值间彼此独立，不过这个假设无法永远成立。AI 领域经常用 MDP 解决国际象棋或象棋中，对弈方的最佳序列决策，以及机器人依环境自主学习的动态决策问题，前述对弈方或机器人也称为参与者 (agent)，他/它们须在不同时间点采取行动，结合各阶段行动成为长期的最佳解，所谓动态指的是环境条件会因自身决策，或对手的行动而持续改变，循序且依存是许多决策的真实状况，因此，强化学习在 AI 时代日益重要。

接下来我们用方格导航游戏 (gridworld) 说明强化学习中的马尔可夫决策过程 MDP，图 6.26 参加者从起始点 (Start) 出发，目标是到达出口 (Exit) 而且不跌入坑中 (Pit) 或撞墙 (Wall)。就每个时点而言，游戏的**状态**定义为参加者所在的格位 (共有 9 种状态)，参加者的**行动集** (actions set) 有 Left、Right、Up 与 Down 等四个方向可以航行，一般人可以轻易判断出最佳行动集为 Up -> Up -> Right -> Right。

MDP 评估由行动集所展开的诸多**政策 (policies)**，但对于不可行的行动会有规则 (rules) 加以限制，例如撞墙或跌坑。此外，我们需要设定**报酬矩阵 (reward matrix)**，每多走一步会有**小惩罚**，因为**时间**是强化学习优劣的重要评估因素。跌坑或撞墙会**严厉惩罚**，而到达出口则有**奖励**，如此我们便可以从经验中学习到成功的策略。

		Exit
	Wall	
Start		Pit

图 6.26　3×3 方格导航游戏

总结来说，强化学习或 MDP 根据下列五种元素进行学习：

(1) 可能的状态所形成的集合 S；

(2) 可能的行动所形成的集合 A；

(3) 惩罚与奖励所形成的报酬矩阵 $\boldsymbol{R}$；

(4) 可能的行动形成的各种政策 π；

(5) 政策沿着时间折现后的价值 (value)v。

强化学习尝试用各种行动 A 探索可能的状态 S，根据惩罚与奖励 $\boldsymbol{R}$ 的计算，期望获

得价值 v 最大的最佳政策 π^*。

我们用简化的方格导航游戏来实现强化学习，首先加载 R 语言 MDP 工具箱，然后定义四种行动下的**状态转移概率矩阵 (state transation probabilities matrix)**，因为图 6.27 中有四个状态 S1、S2、S3、S4，所以四种行动下都是 4×4 的状态转移方阵，各概率矩阵的行列代表四种状态，其中行总和均为 1。

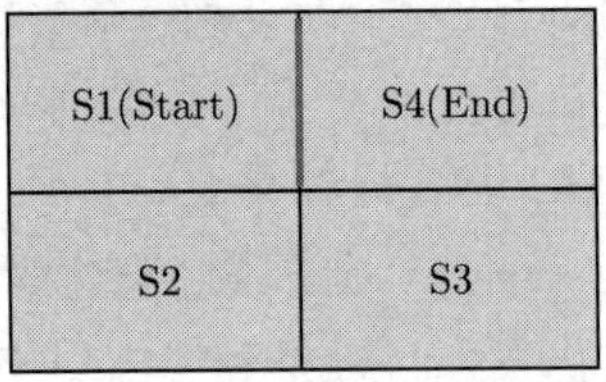

S1(Start)	S4(End)
S2	S3

图 6.27　2×2 简化版方格导航游戏

```
# 加载 R 语言马尔可夫决策过程包
library(MDPtoolbox)
# 上行行动的状态转移概率矩阵
(up = matrix(c( 1, 0, 0, 0,
                0.7, 0.2, 0.1, 0,
                0, 0.1, 0.2, 0.7,
                0, 0, 0, 1),
             nrow = 4, ncol = 4, byrow = TRUE))
```

```
##      [,1] [,2] [,3] [,4]
## [1,]  1.0  0.0  0.0  0.0
## [2,]  0.7  0.2  0.1  0.0
## [3,]  0.0  0.1  0.2  0.7
## [4,]  0.0  0.0  0.0  1.0
```

```
# 下行行动的状态转移概率矩阵
(down = matrix(c(0.3, 0.7, 0, 0,
                 0, 0.9, 0.1, 0,
                 0, 0.1, 0.9, 0,
                 0, 0, 0.7, 0.3),
               nrow = 4, ncol = 4, byrow = TRUE))
```

```
##      [,1] [,2] [,3] [,4]
## [1,]  0.3  0.7  0.0  0.0
## [2,]  0.0  0.9  0.1  0.0
## [3,]  0.0  0.1  0.9  0.0
## [4,]  0.0  0.0  0.7  0.3
```

```
# 左行行动的状态转移概率矩阵
(left = matrix(c( 0.9, 0.1, 0, 0,
                0.1, 0.9, 0, 0,
                0, 0.7, 0.2, 0.1,
                0, 0, 0.1, 0.9),
             nrow = 4, ncol = 4, byrow = TRUE))
```

```
##      [,1] [,2] [,3] [,4]
## [1,]  0.9  0.1  0.0  0.0
## [2,]  0.1  0.9  0.0  0.0
## [3,]  0.0  0.7  0.2  0.1
## [4,]  0.0  0.0  0.1  0.9
```

```
# 右行行动的状态转移概率矩阵
(right = matrix(c( 0.9, 0.1, 0, 0,
                0.1, 0.2, 0.7, 0,
                0, 0, 0.9, 0.1,
                0, 0, 0.1, 0.9),
             nrow = 4, ncol = 4, byrow = TRUE))
```

```
##      [,1] [,2] [,3] [,4]
## [1,]  0.9  0.1  0.0  0.0
## [2,]  0.1  0.2  0.7  0.0
## [3,]  0.0  0.0  0.9  0.1
## [4,]  0.0  0.0  0.1  0.9
```

```
# 结合为行动集矩阵
Actions = list(up=up, down=down, left=left, right=right)
```

接着定义报酬矩阵，并调用 `mdp_policy_iteration()` 函数用 MDP 求解转移概率为 `Actions`，报酬矩阵为 `Rewards`，折现因子 `discount` 为 0.1 的循序决策问题，因为是多期优化问题，所以必须考虑折现因子。

```
# 定义报酬矩阵 (负值表示惩罚，正值表示奖励)
(Rewards = matrix(c( -1, -1, -1, -1,
                  -1, -1, -1, -1,
                  -1, -1, -1, -1,
                  10, 10, 10, 10),
               nrow = 4, ncol = 4, byrow = TRUE))
```

```
##      [,1] [,2] [,3] [,4]
## [1,]   -1   -1   -1   -1
## [2,]   -1   -1   -1   -1
## [3,]   -1   -1   -1   -1
## [4,]   10   10   10   10
```

```
# 迭代式评估各种可能的政策
solver = mdp_policy_iteration(P = Actions, R = Rewards,
discount = 0.1)
```

最后我们可以从结果 solver 中取出最佳政策为 Down -> Right -> Up -> Up，以及算法迭代次数与运算时间。

```
# 最佳政策：2(下)4(右)1(上)1(上)
solver$policy
```

```
## [1] 2 4 1 1
```

```
names(Actions)[solver$policy]
```

```
## [1] "down"  "right" "up"    "up"
```

```
# 迭代次数
solver$iter
```

```
## [1] 2
```

```
# 求解时间
solver$time
```

```
## Time difference of 0.04931 secs
```

参考文献

[1] Adler J. *R in a Nutshell: A Desktop Quick Reference. 2nd edition.* O'Reilly Media, Sebastopol, California, 2012.

[2] Aggarwal C C. *Neural Networks and Deep Learning: A Textbook.* Springer, New York, 2018.

[3] Breiman L, Friedman J H, Olshen R A, et al. *Classification and Regression Trees.* Wadsworth Publishing, 1983.

[4] Chambers J M. *Programming with Data: A Guide to the S Language.* Lucent Technologies, New York, 1998.

[5] Chityala R, Pudipeddi S. *Image Processing and Acquisition using Python.* CRC Press, Florida, 2014.

[6] Chollet F. *Deep Learning with Python.* Manning, Shelter Island, New York, 2018.

[7] Cichosz P. *Data Mining Algorithms: Explained Using R.* John Wiley and Sons, Padstow, Cornwall, 2015.

[8] Dayal B S, MacGregor J F. Improved pls algorithms. *Journal of Chemometrics,* 1997, 11: 73-85.

[9] Dobson A J, Barnett A G. *An Introduction to Generalized Linear Models. 3rd edition.* Chapman and Hall/CRC, Florida, 2008.

[10] Fisher W D. On grouping for maximum homogeneity. *Journal of the American Statistical Association,* 1958, 53: 789-798.

[11] Friedman J, Hastie T, Tibshirani R. Regularization paths for generalized linear models via coordinate descent. *Journal of Statistical Software,* 2010, 33: 73-85.

[12] Giudici P, Figini S. *Applied Data Mining for Business and Industry. 2nd edition.* John Wiley and Sons, Padstow, Cornwall, 2009.

[13] Hastie T, Tibshirani R, Friedman J. *The Elements of Statistical Learning: Data Mining, Inference, and Prediction. 2nd edition.* Springer, New York, 2009.

[14] Hothorn T, Hornik K, Zeileis A. Unbiased recursive partitioning: A conditional inference framework. *Journal of Computational and Graphical Statistics,* 2006, 15: 651-674.

[15] Huang K, Yang H, King I, et al. *Machine Learning: Modeling Data Locally and Globally.* Springer, Berlin, 2008.

[16] Joshi P. *OpenCV with Python by Example: Build real-World Computer Vision Applications and Develop Cool Demos using OpenCV for Python.* Packt Publishing, Birmingham, 2015.

[17] Kabacoff R I. *R in Action: Data Analysis and Graphics with R. 2nd edition.* Manning, Shelter Island, New York, 2015.

[18] Karatzoglou A, Smola A, Hornik K, et al. Kernlab—an S4 package for kernel methods in R. *Journal of Statistical Software,* 2004, 11(9): 1-20.

[19] Ketkar N. *Deep Learning with Python: A Hands-on Introduction.* Apress, California, 2017.

[20] Kuhn M, Johnson K. *Applied Predictive Modeling.* Springer, New York, 2013.

[21] Lantz B. *Machine Learning with R. 2nd edition.* Packt Publishing, Birmingham, 2015.

[22] Layton R. *Learning Data Mining with Python: Harness the Power of Python to Analyze Data and Create Insightful Predictive Models.* Packt Publishing, Birmingham, 2015.

[23] Ledolter J. *Data Mining and Business Analytics with R.* John Wiley and Sons, Hoboken, New Jersey, 2013.

[24] Lewis N D. *Deep Learning Made Easy with R: A Gentle Introduction for Data Science.* N.D. Lewis, 2016.

[25] Loh W—Y. Regression trees with unbiased variable selection and interaction detection. *Statistica Sinica,* 2002, 12: 361-386.

[26] Massy W F. Principal components regression in exploratory statistical research. *Journal of the American Statistical Association,* 1965, 60: 234-256.

[27] Matloff N. *The Art of R Programming: A Tour of Statistical Software Design.* No Starch Press, San Francisco, 2011.

[28] Mevik B—H, Wehrens R, Liland K H. *Pls: Partial Least Squares and Principal Component Regression.* R package version 2.7-2, 2019.

[29] Pal A, Prakash P. *Practical Time Series Analysis: Master Time Series Data Processing, Visualization, and Modeling using Python.* Packt Publishing, Birmingham, 2017.

[30] Quinlan J R. *C4.5: Programs for Machine Learning.* Morgan Kaufmann, California, 1993.

[31] Raschka S. *Python Machine Learning: Unlock Deeper Insights into Machine Learning with This Vital Guide to Cutting-Edge Predictive Analytics.* Packt Publishing, Birmingham, 2015.

[32] Sarkar D. *Text Analytics with Python: A Practical Real-World Approach to Gaining Actionable Insights from your Data.* Apress, California, 2016.

[33] Torgo L. *Data Mining with R: Learning with Case Studies.* Chapman and Hall/CRC, Florida, 2011.

[34] Tukey J W. *Exploratory Data Analysis.* Addison-Wesley, Massachusetts, 1977.

[35] Vapnik V. *The Nature of Statistical Learning Theory. 2nd edition.* Springer, New York, 2000.

[36] Varmuza K, Filzmoser P. *Introduction to Multivariate Statistical Analysis in Chemometrics.* CRC Press, Florida, 2009.

[37] Venables W N, Ripley B D. *Modern Applied Statistics with S. 4th edition.* Springer, New York, 2002.

[38] Verzani J. *Using R for Introductory Statistics. 2nd edition.* CRC Press, Florida, 2014.

[39] White T. *Hadoop: The Definitive Guide. 4th edition.* O' Reilly Media, Sebastopol, California, 2015.

[40] Witten I H, Frank E, Hall M A. *Data Mining: Practical Machine Learning Tools and Techniques. 4th edition.* Morgan Kaufmann, Massachusetts, 2016.

[41] Wold S. Pattern recognition by means of disjoint principal component models. *Pattern Recognition,* 1976, 8: 127-139.

[42] Yeh I—C. Modeling of strength of high performance concrete using artificial neural networks. *Cement and Concrete Research,* 1998, 28: 1797-1808.

索　引